建筑电气工程师 BBS 精选

第1集

唐 海 主编

中国建筑工业出版社

图书在版编目(CIP)数据

建筑电气工程师BBS精选. 第1集/唐海主编. —北京：
中国建筑工业出版社，2007
ISBN 978-7-112-09516-2

Ⅰ. 建… Ⅱ. 唐… Ⅲ. 房屋建筑设备：电气设备
—技术 Ⅳ. TU85

中国版本图书馆 CIP 数据核字（2007）第125288号

主　　编：唐　海
参加人员：任玉琴，王海平，万永胜，林建明，李兴龙

建筑电气工程师 BBS 精选
第1集
唐　海　主编

*

中国建筑工业出版社出版、发行（北京西郊百万庄）
各地新华书店、建筑书店经销
千辰公司制作
北京建筑工业印刷厂印刷

*

开本：787×1092毫米　1/16　印张：37½　字数：597千字
2008年1月第一版　　2008年1月第一次印刷
印数：1—3,000册　　定价：**62.00**元
ISBN 978-7-112-09516-2
(16180)

建筑电气技术发展日新月异，本书以建筑电气专业技术网络为平台，对来自全国建筑电气设计一线的建筑电气工程师最新关注的具体技术课题进行研讨，以利指导工作。全书共分6章内容260个话题。主要内容包括：基础；供配电系统；照明系统；电气减灾；信息系统；行业话题。本书特点是专业BBS论坛的广泛性、重要性、实效性非常突出地显现出来，对于建筑电气工程最新关注的技术课题，BBS论坛能非常迅速地反映出来，便于电气工程技术人员的信息交流与启发。

本书可供建筑电气工程设计与施工工程技术人员使用，也可供相关专业师生参考。

* * *

责任编辑　余永祯
责任设计　赵明霞
责任校对　王雪竹　王金珠

前　言

建筑电气技术发展日新月异，新观点、新技术、新规范都不断出现，作为权威主管部门，如何做到对诸多问题进行判断并做出结论已经刻不容缓，而作为设计个体，在工作中也不是仅仅严格遵守规范这一个原则就可以畅通无阻的，作为网络平台，专业bbs的广泛性、重要性、实效性已经非常突出地显现出来。对于建筑电气工程师所最新关注的具体问题，在bbs上能够非常迅速地反映出来，而来自全国各地的专业工程师的讨论，也能够在最大程度上反映了对不同话题的来自设计一线的最新理解。

本书所有讨论话题均来自建筑电气专业网站http://co.163.com/index_dq.htm（网易电气在线）gobocad时期，为保持BBS之特色，本书编者基本保留了其讨论形式，只是对其进行了问题分类、对其语言进行了浓缩，使得内容更加精练和精彩。相信其中讨论的绝大多数问题，是一线设计师真正关心的问题，而大家七嘴八舌的讨论，总能够使人得到多方面的启发。

必须强调的是BBS上发表各自的观点是一种技术研讨，个人技术观点为各自ID的独立思索过程，其本身也非一成不变的，更不能够代替规范作为依据指导一线的设计工作。这一种全新的技术讨论模式更多的是给工程师们以启发，让我们的思想在技术研究领域走得更远，更深入。

唐　海

2007年6月20日

目　　录

1 基　础

2 供配电系统

3 照明系统

4 电气减灾

5 信息系统

6 行业话题

1 基　础

1-1　电气术语“耦合”的意思

城市边缘 头衔：缘空和尚 等级：版主	楼主 电气书籍经常出现“耦合”这么一个词，很是费解，查汉语词典，“耦”的意思为一种农用耕耘工具，还是没办法真正理解，请教各位兄弟姐妹，“耦合”是什么意思？更正：“耦”指两人并肩而耕！
linweid 等级：一星客人	第2楼 我想是指：因电场、磁场的作用（干扰）在临近回路产生出感应电场（磁场）（电压）的现象。
信凌 等级：四星客人	第3楼 一个线圈的磁通交链另一个线圈的现象，称为磁耦合。
城市边缘 头衔：缘空和尚 等级：版主	第4楼 有点明白了，耦合的意思可能是通过某种工具或者方法使两个独立的物体动作保持一致。
dree 等级：游客	第5楼 指没有关联的几个电量通过电场或磁场或其他的途径相互影响。
sandra 头衔：紫电狂龙 等级：两星客人	第6楼 载流线圈之间通过彼此的磁场相互联系的物理现象称为磁耦合。

1-2 平面图中插座的画法

 wljnj 头衔：不惑 等级：一星客人	楼主 平面图中插座的画法？各设计院平面图中插座的画法不同，有的把半圆的一边靠墙，有的把分叉的一边靠墙。《建筑电气工程设计常用图形和文字符号》中并没规定方向。感觉前一种画法看起来合理一些，各位同仁你们是如何画的？请发表一下看法。
 tyq 等级：一星客人	第 2 楼 分叉的一边靠墙。
 sea2008 等级：一星客人	第 3 楼 老的画法是前一种，新的是后一种。
 ttt001 头衔：般若禅师 等级：管理员	第 4 楼 92DQ1 图集 21 页有规定。分叉的一边靠墙。
 zhoushu8 头衔：达摩院寺监 等级：版主	第 5 楼 当然是分支的靠墙啊，怎么没规定？早就规定了的！
 Dlq 头衔：水印和尚 等级：五星客人	第 6 楼 应该分叉的一边靠墙。不过分叉的一边靠墙，没有半圆靠墙好看和容易理解。
 ttt001 头衔：般若禅师 等级：管理员	第 7 楼 大头朝外，1992 年规定的，到现在还有人说不知道。统一制图标准的路就这样长。其中一个原因或者是专业软件提供了不同的画法。这实在是专业软件的“专业”的讽刺。
 urrey 等级：游客	第 8 楼 版主这么说，让我很是惭愧！

caml 等级：常客	第 9 楼 不过有的省设计院是分叉那边不靠墙哦！我觉得只要表示的清楚就行了，不用太过拘束了！
 ttt001 头衔：般若禅师 等级：管理员	第 10 楼 当然，这是很小的问题。就此事情我也发过帖子，这是态度问题，不是水平问题。严格说来，只要你的图例完整清楚，就是甲骨文也不能说是错误。不过，这样一来，我们如何交流？如何和国际接轨？国家的权威在哪里？连统一的符号体系都没有，我们行业的尊严在哪里呢？
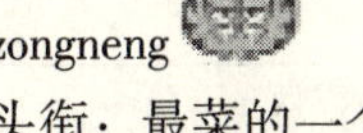 zongneng 头衔：最菜的一个 等级：贵宾	第 11 楼 国标图集中早就有正确画法，不过我们这里的大部分设计人员还是老画法，不知是不知道还是习惯难改。
ROSE 头衔：掌门-天虹剑 等级：版主	第 12 楼 版主说得不错，可是如何能按标准执行呢？现在最好由图纸审查部门提出，不过他们都是老前辈，比较接受大头向里。
ttt001 头衔：般若禅师 等级：管理员	第 13 楼 这是非常典型的一个小事情，反映了我们一些同行的性格，有法不依，我行我素。或者我也不喜欢或者反对标准中某个具体的画法，但是我们应该知道，这是标准，这是应该的做法，我们必须维护法的尊严。如果需要修改它，也是需要按照一定的法律程序进行，而不是利用自己的力量，先改了再说。这其实就是目无法纪。因为这件事情显然是造不成任何伤害，所以思想上更容易忽视。我并不是一个偏激的人，以上的观点并不是我的发明，但是，这个观点教育过我。
XM204 头衔：风清扬 等级：版主	第 14 楼 我在不同的设计院呆过，有国营的，有外资的，也看过其他院的图，给我的感觉是越是大院的图对图例及画法就比较规范，大都是照图集来！
dlq 头衔：水印和尚 等级：五星客人	第 15 楼 谈谈我对该图例成为国标以后的一点感受：1. 感觉图比较乱（大头朝外）。2. 字的标注方向也乱了。提议啥时修改图集的时候改成大头朝里吧。

liangzaiwf 头衔：孤独狼 等级：常客	第 16 楼 新办法比老办法更好吗，我看还是半圆靠墙好一些，新办法规定不合理，就像人上厕所时屁股朝外一样。
july 等级：游客	第 17 楼 我是半圆的一边靠墙，我觉得比较容易被人理解，连线后也比较清晰。虽然师傅说过，但我还是没改。今后当改掉。
hys_ nc 头衔：阿凡提 等级：两星客人	第 18 楼 我以前是分支靠墙，实在是难看，又不好连线！后来看了一位老工程师的大头靠墙的画法，就改成了大头朝里，这样一来图更整洁了，线也更好连了！
bigsong 头衔：重振武当 等级：贵宾	第 19 楼 看来大头朝里有很多的优点，我们为什么为了与世界接轨改掉我们的优点呢，看来编标准的人是不动脑筋的拿来。我看这个标准不执行也罢，说不定国际标准看到我们的图纸这么清楚，它们改成我们这样了。我想最好不要发生这样的事情，我们改成他们的标准了，他们改成我们的样子，然后我们又改回来。我的意思是明显有优点的东西，就不要照搬别人的东西。
白丁 等级：常客	第 20 楼 就算是标准也应该说出让人接受的道理啊，谁能说说新标准好在哪里？
bigshoes 等级：常客	第 21 楼 这个问题我跟我们这里那个老总工争论了 n 次，最后我拿了本《住宅智能化电气设计施工图集》给他看，终于平息了。大头朝外！他们怎么都看不顺我画的图。
w3556843u 等级：常客	第 22 楼 大师说的对，既然有了标准，有了规范，我们有什么理由凭自己的喜好去做，我想是很不应该的。
jyhang 等级：常客	第 23 楼 原来是分叉的一边靠墙，老觉得连线困难；后来改成半圆的靠墙，解决了困难，图纸又清楚。
hanghost 头衔：寒秋 等级：版主	第 24 楼 平面中插座很形象啊，就是个插座的样子，怎么安的就怎么布，腿靠墙才对吧，呵呵。

lhplgy 等级：游客	第 25 楼 一个图例有它代表的意思，插座的平面代表它的底板，分叉代表它的插孔插头。为什么非要把插孔靠墙呢？难道我们伸到墙里插插头吗？
ttt001 头衔：般若禅师 等级：管理员	第 26 楼 楼上个人理解是个人的聪明，就像楼上另外一位同行上厕所的比喻，相信如果你已经工作有了一定阅历和资历，就是院总工也很难说服 2 位如此的比喻！但是，这仅仅是口舌之争，不是我们做设计人员应该有的态度。

1-3　强电插座与电话插座的间距

hpisme 头衔：潇湘生 等级：版主	楼主 强电插座与电话插座的间距？ 一个工程施工完毕，监理提出一严厉要求：强电插座与电话插座的水平间距要大于 150mm。我找了半天规范也没有看到有此要求，监理也没有给施工单位规范依据，想请教大家。
linjianming 头衔：江南小生	第 2 楼 我一般设计要求间距 500mm。
浪淘沙 头衔：CS 毛毛虫 等级：三星客人	第 3 楼 好像是一本国标图集上有 97SD×××智能小区×××，全名我记不清了，我现在没有那本书，以前看见过是不小于 15cm。
hsr 等级：一星客人	第 4 楼 以前查过，记得是 0.5m，不过在大开间办公场所，如果用地插，好像很难离得那么远。
hpisme 头衔：潇湘生 等级：版主	第 5 楼 那有没有 380V 和 220V 的区别呢？兄弟能否可以给出详细出处，最好可以在规范上找到。
i916877 等级：游客	第 6 楼 一般电气设计时，强弱电插座要求间距为 300mm，但验收规范要求达到 500mm；但验收规范没有考虑到家具的布置。

 w3556843u 等级：贵宾	第 7 楼 我查阅了机械工业出版社的《建筑电气监理手册》，其中：电气照明安装及验收和弱电工程施工及验收二部分中，均没有要求强弱电插座水平安装位置必须大于 150mm 的明确规定！
 板桥傻子 头衔：黄花菜 等级：两星客人	第 8 楼 强弱电的施工图不是分开的吗？而且各种插座的具体位置又不标的，如何能确保 150mm 的距离？或者在说明里头注一下？或者施工单位自己搞定？盼指点。
 fanzhong 头衔：www323 等级：一星客人	第 9 楼 在弱电施工图中用文字注一下就可以啦。
 ttt001 头衔：般若禅师 等级：管理员	第 10 楼 GB 50303-2002《建筑电气工程施工质量验收规范》4.2.5 条：线路的跳线、过引线、接户线的线间和线对地间的安全距离，电压等级为 6～10kV 的，应大于 300mm；电压等级为 1kV 及以下的，应大于 150mm。用绝缘导线架设的线路，绝缘破口处应修补完整。

1-4　审图意见-漏电断路器的选择

gdsjy 头衔：中立奇迹 等级：版主	楼主 ［讨论］审图意见-漏电断路器的选择： 一实验楼，低压配电柜馈出回路带漏电断路器（图中为三极）审图意见：违反强制性条文，应为四极。见 GB 50054-95 第 4.5.6 条，当装设漏电电流动作的保护电器时，应能将其所保护的回路的所有导线断开。我准备这样答复：本工程已做总等电位联结，n 线可不需断开。若采用四极断路器，可能存在断零隐患。以上请大家讨论。 PS：近一年来，类似问题在审图中频频出现。（不是同一审图单位）
zhoushu8 头衔：达摩院寺监 等级：版主	第 2 楼 你错了啊！你的做法根本就合不了闸，一合就会跳，三极开关带漏电只能用在电动机等回路里，零线只要有电流就会误判为漏电而跳，赶快改，真照你的图施工就有大麻烦的。你确实违反强制性条文了，很抱歉！除非你不设漏电。 你的答复意见不正确，等电位联结不能保证零线上没有危险电压。

zongneng 头衔：最菜一个 等级：贵宾	第3楼 本人在无需断零的场合经常采用1P+N，3P+N漏电断路器（零线也接入断路器但不断开，不存在合不上闸的问题）。
cpav 等级：一星客人	第4楼 塑壳漏电有三种：三极；三极四线；四极。我一直用三极四线的。
大鼻山 头衔：最逍遥 等级：版主	第5楼 楼主采用是TN系统吗？如果是TN系统，而且你可以保证n线为地电位时，就可以采用三极漏电开关。因为，当n线为地电位时，只要断开相线回路，n线就没有电流流过，所以开关不会出现2楼所说的一合就跳。但如果你无法确保n线为地电位，此时开关理论上很可能误跳，此时最好是选用四极开关。
SJM1972 头衔：翠羽黄衫 等级：版主	第6楼 我猜实验楼的低压配电回路带的可能是单相、三相插座都有的插座箱，那的确会出现2楼说的问题。如果只是单纯的三相负载，用3极漏电应该没问题。另外想请教3楼3P+N漏电保护断路器，我一直没见过这样的产品。我手里的样本，梅兰日兰和ABB都只有1P+N、2P、3P、4P。
大鼻山 头衔：最逍遥 等级：版主	第7楼 其实跟单相负荷，还是三相负荷的关系不大。不管是单相负荷，还是三相负荷，n线通电回路都已经被三极开关（相线上）无情地切开；因此，理论上说，此时n线不会因为电源情况存在而产生电位的。不过实际情况中，由于杂散电荷等影响，n线很难保证100%的地电位，因此就有可能有微小对地电位和对地微小放电电流，从而导致漏电开关误动作。正因为设计人员无法保证n线100%的地电位，稳妥起见，还是选择四极开关较多。
 poplhx 头衔：保镖 等级：佳客	第8楼 我的图纸：我的做法是在低压的总受电柜的总开关带3P的漏电脱扣器，比如三菱的开关AE 4000－SS/4P－3200A＋US3P。在低压配电柜的出线开关为NF 400SP/4P、NF 250SP/4P。在具体的分体配电箱、柜设置漏电保护装置，审图的没有疑义。不明白的？怎么会合不上闸呢？没有道理的。

SJM1972 头衔：翠羽黄衫	第 9 楼 漏电保护器检测的是通过漏电保护器线圈的所有线路电流的矢量和，如果正常工作时 n 线上有电流通过（有单相负荷），当然应该把 n 线和相线共同纳入漏电保护开关中。
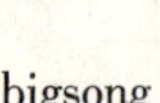 bigsong 头衔：重振武当 等级：贵宾	第 10 楼 9 楼，跟 n 线是否为地电位有关？如用三极漏电断路器，出 n 线，有单相负荷必跳。固有 n 线的单相负荷用四极或三极四线漏电断路器。楼主的问题应该用四线或四极漏电断路器（要么不用），但审图的回答的方向出了问题。不是从单相负荷引起跳闸的角度，而引到了 n 线不断会引起安全事故的角度，楼主的答复是在审图的基础上的一个答复。大家都糊涂了！
ttt001 头衔：般若禅师 等级：管理员	第 11 楼 不必用 4 极，7 楼的分析是正确的。2 楼说跳闸的可能性也是存在的，但不是使用 4p 正确的理由。楼主的设计有问题，但不是完全是对应的这个条款。因为，即使楼主使用 3p + N 或 4p 在这里，也是存在问题的。正确的设计应该是在配电柜出线地方取消漏电开关，只在末端可能漏电的回路设置。
 大宗师 头衔：齐物论 等级：两星客人	第 12 楼 3P 漏电开关的原理是始终要 3 相电流的矢量和为零，否则就会跳闸。在使用过程中谁能保证三相矢量和始终为零？所以总开关若用漏电保护的就要用 4P，不用漏电保护的可以用 3P。
 ttt001 头衔：般若禅师 等级：管理员	第 13 楼 漏电开关不是加上就好用的，在总开关处设置漏电开关的只有住宅总进线处，而且性质是防火的，漏电电流值一般 300mA。而其他场所使用，推荐用在最末一级。这样才能最大限度发挥作用啊！而用在中间任何地方，都会把问题搞复杂了，没有意义。
 大鼻山 头衔：最逍遥 等级：版主	第 14 楼 根据 SJM1972 提供的证据说，ABB 的三相漏电开关只有相线穿过线圈，而 n 线不穿；我正在落实其他产品是否全部如此？CM1L 似乎也是。如果落实所有三极漏电开关都是 n 线不穿过线圈，那么采用三极漏电开关的机会的确很少了；只能用在纯粹的三相平衡回路，如风机和水泵回路等。

sfeiy  头衔：喽罗 等级：游客	第 15 楼 三极漏电开关用于二相三线制系统或用做零序电流保护。三相不平衡负载系统只能用四极漏电开关做接地故障保护，也可用三极开关加漏电继电器形式，但要求所有相线连同 n 线共同穿过互感器。
gdsjy  头衔：中立奇迹 等级：版主	第 16 楼 1. TTT001 你的说法有问题，低压配电柜馈出回路是应该加漏电保护的。（除非不允许断电的场所）要不然，你就得用断路器过负荷保护来满足接地故障保护。在长距离的配电条件下，要满足 Zs × Ia 不大于 220，电缆截面是要大好几级。一般的做法是末端为 30mA 的漏电保护，配电干线是 300mA ~ 500mA 加延时的漏电保护。 2. 对于审图的套用这条规范，我一直不太理解，什么是可靠的保证地电位？ 3. 本工程实验室中大量采用组合插座箱，（既有三相插座，也有单相插座），在这些回路上，我的断路器全部为 C65D + vigiC65/4P。因为在这里单相负荷一投用，n 线中流过较大单相负荷电流，漏电模块中电流矢量和不为零，进线漏电开关即刻误动。 4. 在低压配电干线回路上，我的图纸上标注 vigiNSD/3P，因为施耐德样本中对于 vigiNSD 没有结构图，（不像 vigiC65 一目了然）并且其 vigiNSD 的 4P 断路器是分断了 n 线（n 线可带保护，也可不带），在样本下方注明“vigiNSD/3P 可用于单相保护，详情请向施耐德电气公司咨询”，所以我一直认为 vigiNSD/3P 在结构上可能是一个 3P 的断路器但带了 4P 的漏电模块。 5. 在低压配电干线回路上，可不可以就认为其三相平衡呢？在负荷计算中不就是以平衡来算的吗？其实审图引用的这条规范并非是说因单相负荷或三相负荷不平衡而可能误动，审图是出于人身安全考虑，仍是接地故障保护的范围。仔细看条文，前提是 TT 或 TN-S 系统，那么第二段开始，也就是审图所引用的一句话，“当装设漏电电流动作的保护电器时，应能将其所保护的回路的所有导线断开”。是特指 TT 系统。对于 TN-S 系统，当能满足保持 n 线是地电位时，可不断开 n 线。什么是地电位？在户外地电位是指大地的电位；在有总等电位联结的户内，地电位是指总等电位联结地母排处的参考电位。4. 5. 6 条规范是原文引用 IEC 规定，因为 TT 系统的 RCD 动作后切断相线，若不切断 n 线，可导致电击事故。但对于 TN-S 系统中（包括 TN-C-S 系统的户内 TN-S 部分）却不存在这种危险。这是因为在 TN-S 系统中，中性线和 PE 线互相导通而电位接近，而 PE 线又纳入等电位联结内，这使整个建筑物处于同一电位水平上，而不出现

 gdsjy 头衔：中立奇迹 等级：版主	电位差，无由发生电击事故，自然不要求断开 n 线。综上所述，我的答复没错。当然对于是否误动，仍可讨论。我已 email 施耐德，待明确其内部构造后我再做结论。所以，审图如果说可能会误动，这可以根据所选用的断路器不同再讨论，但套用 4.5.6 条说违反强制性条文，我不能接受。
 zhoushu8 头衔：达摩院寺监 等级：版主	第 17 楼 三极漏电断路器的零线可接进漏电保护线圈，我可是从没见过有此产品。只有梅兰日兰的小型才能做到，但也必须自己修改而且不方便。按三极施工，基本上95%的马上跳，还有5%可改造，把 n 线和相线共同纳入漏电保护开关，也是马虎应付的事。
 犀牛望月 头衔：俗家弟子 等级：一星客人	第 18 楼 同意 3p + n 或 4pRCD。三相空调加 RCD 吧，如果用 3p，你只能急得出汗。谁能保证过负荷保护能切除单相接地故障？还是 RCD。防止线路电气火灾，RCD 应该设在首端。另：RCD 动作与 N 电位关系，现在 RCD 都是电流型的，只要 n 线有电流，它就动作。说电位就扯远啦。
 ttt001 头衔：般若禅师 等级：管理员	第 19 楼 如果希望干线加漏电做接地故障火灾的保护，应该是加在进线总断路器处，而非出线断路器处。理由是，漏电是有延时的，在区域内发生漏电，本级总断路器应该直接切断，而非将上级断路器跳闸。如果输电线路发生可观测意外漏电而非短路，（这种情况在正常运行时并不常见），只有通过加装系统接地故障检测设备才能根本解决，这属于配电系统安全自动化的范畴了。
 cxy 等级：游客	第 20 楼 我认为首先要看开关所带负载是三相设备还是单相，如为三相，可以用三极漏电开关，如为单相或单相和三相均有，我认为还是应该使用四极（3P + N）开关，否则，会因总零线断线而导致单相设备损坏。
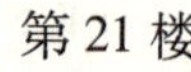 大鼻山 头衔：最逍遥 等级：版主	第 21 楼 1. 加紧落实“三相三极漏电开关是否全部为 n 线不穿过线圈”？如果 N 不穿过，楼主的设计就有问题；如果楼主所选开关型号是 n 线穿越线圈，那么问题就不大，基本可以正常工作。2. 审图的用语确实不够恰当。3. 优先用过载保护兼做接地保护。只有当它无法兼任时，才采用楼主的低压屏上加漏电保护。常规距离和线路，过载保护都可以兼做接地保护。4. 正因为设计者无法口头保证“地电位”，所以还是选四极开关为稳妥。

jyhang 头衔：游泳的客人 等级：常客	第22楼 漏电开关所管辖的供电范围不能太大，否则正常泄漏电流就能引起跳闸。昨天我刚碰到这样的事，一大学学生宿舍，总开关为4P漏电开关400A，300mA，每一间宿舍也带单相2P漏电开关20A，30mA，100间宿舍。系统为TN-C-S。投入运行后，总开关经常跳闸。校方召集施工、开关厂家、设计、监理会诊，接地电阻、绝缘电阻测试均满足要求，查不出原因，各方都在推脱责任。大家说说，这是谁的错。
zongneng 头衔：重振武当 等级：贵宾	第23楼 说起这个话题就比较长了：是王厚余老先生力主在总电源进线和电源倒换处加漏电开关，后来发现四极开关的N极经常烧断（在很多场合由于奇次谐波电流在n线上叠加，造成n线电流远大于L线），又发了篇《四极开关应该慎用》，算是自己修正自己。现在比较让人接受的观点是TT系统应该为电气维修装设四极开关，因为TT系统的n线和建筑物内的PE线不等电位（未作电气联结），这一电位差会威胁电气维修人员的安全。TN系统不必设四极开关，除了带漏电保护的电源倒换处。但比较矛盾的是相关的产品并不配套，小型断路器中已有1P+N，3P+N产品，塑壳断路器中还未见到。因此我在设计中尽量回避这个矛盾：除了三相绝对平衡的可以加三极漏电断路器外，尽量不在开关柜中加漏电断路器（放到配电箱中）。
jyhang 头衔：游泳的客人 等级：常客	第24楼 楼主的做法绝对有问题，1. 开关合不上，2. 低压配电柜馈出回路带漏电断路器，供电范围太大。审图说的也有问题，3P+N漏电断路器是零线接入断路器但不断开，不一定要所有导线断开。
林夕 等级：游客	第25楼 支持楼主！我也遭遇了这样的问题困惑！前些年都用4P，听了王厚余老先生的话，改用3P，结果审图有的不提（多数），有的提强条，最后请示老总，他认为可以用3P，尤其在住宅进线处防电气火灾用时！用4P理论上没问题，在TN-C-S系统总等电位联结时我总担心施工的会在开关后接地，所以害怕。现在还是想坚持用3P，工程实际中真的有问题吗？还请高手接着讨论。

 gdsjy 头衔：中立奇迹 等级：版主	第 26 楼 现在一个主要问题是很多人对干线是否加漏电有疑问，其实大家仔细看看 GB 50054-95 的第 4.4.6，4.4.7 条和技术措施有关漏电的设置就明白了。对于一个建筑，总进线处，干线回路，末端其所加的漏电保护是不一样的。其漏电电流，动作时间均不同。因而一般我做两级保护，只是相应各级漏电保护器的漏电动作电流值与动作时间协调配合，实现具有选择性的保护。甚至可以做三级漏电保护。大鼻子说的过电流保护可兼做接地保护时，应先选用过电流保护，这是正确的。但是实际上如果这样画图，每条干线回路你得算出电缆长度，再校验灵敏度，确保过电流保护可兼做接地保护，工作量太大。对于另外漏电保护三极四线的问题，相应的规范、措施、参考书上均有：单相电源供电的电气设备应选用二极二线式或单极二线式漏电保护器。三相三线式电源供电的电气设备，应选用三级式漏电保护器。三相四线式电源供电的电气设备，或单相设备与三相设备共用的电路。应选用三极四线式，四极四线式漏电保护器。对于地电位的问题，TN-S 系统，做了可靠的总等电位联结，就是地电位，否则规范这句地电位就没有可操作性和实际意义。
电气美眉 头衔：真实的我 等级：佳客	第 27 楼 3 极 4 线式、单极两线式的漏电保护器是有的，我昨天还看到过相关文章。
christ888 头衔：光明使者 等级：三星客人	第 28 楼 使用 TN 系统，3 极断路器，设总等电位联结，去掉漏电保护器。
林夕 等级：游客	第 29 楼 中立奇迹：三极四线是否应该算四极的一种形式呢？这里 n 线是否安装过流脱扣，是断开还是始终接通都没有说明白呀。
zhoushu8 头衔：达摩院寺监 等级：版主	第 30 楼 梅兰的三极开关与漏电附件是拼装的，选三极就意味着 n 线不通过漏电线圈。若硬要说附件可以是四线的，那也勉强可以说得过去，且必须强调漏电附件是 4 线，只不过是给人理亏后狡辩的感觉，要知道n线怎么接还很费劲的，因为附件上n线那个端子本来是用来

zhoushu8 头衔：达摩院寺监 等级：版主	接 4P 开关出线端的，现在要剥开它再接 n 线，奇丑无比，还有，开关的接线盖子就盖不上了，丑死了。主流产品只有四极开关才是指 n 线进检测线圈，所谓的 3P + N 是你们想像出来的，市场上还没有此类产品。
林夕 等级：游客	第 31 楼 同意楼上观点！三极四线应该就是 3P + N，说法不规范，常熟 CM1L 只在四极产品中对 N 极分了四种形式，分别为 N 极是否装过流保护及是否跟相线一起断开，前提应该都是 n 线进检测线圈。
 ttt001 头衔：般若禅师 等级：管理员	第 32 楼 “对于一个建筑，总进线处，干线回路，末端其所加的漏电保护是不一样的。其漏电电流，动作时间均不同。因而一般我做两级保护，只是相应各级漏电保护器的漏电动作电流值与动作时间协调配合，实现具有选择性的保护。甚至可以做三级漏电保护”。做多级漏电保护是可行的，但是没有必要。漏电主要是保护人身安全的，设在末端就可以了。300 ~ 500mA 防火漏电也才刚刚应用不久。为保护设备而进行的多级漏电实在是过于超前的举动，由此引出的新问题不是简单几句话能够说清楚的。
 林夕 等级：游客	第 33 楼 查了半天资料，好像明白了——这么说来不管什么产品我们在设计中标 3P 都是不妥的，应该标 4P（至少标 3P + N），TN 系统 n 线断不断都无所谓，关键是 n 线要进检测线圈！所以楼主的理解是没错的，审图要求 4P 也没错，但理由不对，明显的断章取义！我所遇到的审图的也是写了这前半句，当时我也是拿后半句答复他，现在想来自己原来对 RCD3P、4P 的了解还不够透彻！
 大鼻山 头衔：最逍遥 等级：版主	第 34 楼 “关键是 n 线要进检测线圈!”，林夕再仔细翻翻前面的帖子，你这个关键点我已经说了半天呀。所以，现在当务之急，就是查出楼主选择的 VigiNSD/3P 的 n 线情况！楼主是否正确，就是取决于这个 n 线是否穿越漏电线圈！穿越，她的设计就没大错；不穿越，她的设计就有问题了。
 电气美眉 头衔：真实的我 等级：佳客	第 35 楼 支持 gdsjy 妹妹。目前在市场上供应的 4 极断路器（塑料外壳式）有 6 种结构形式：1. N 极不装过电流脱扣器，且始终连通；2. N 极不装过电流脱扣器，与其余 3 个相线一起分合；3. N 极装过电流脱扣器，与其余 3 个相线一起分合；4. N 极装过电流脱扣器，且始终连通；

<table>
<tr><td>电气美眉
头衔：真实的我
等级：佳客</td><td>5. N 极装“中性线断线保护器”，与其余 3 个相线一起分合；6. N 极装“中性线断线保护器”，且始终连通；第一种情况，是不是就是我们说的 3 极 4 线呢？这样和 zhoushu8 先生说的四极漏电附件就可以很好的结合到一起了吧？</td></tr>
<tr><td>大鼻山
头衔：最逍遥
等级：版主</td><td>第 36 楼
我刚才仔细翻阅了梅兰的 2003 年产品资料，发现：
1. 我没有找到楼主的 VigiNSD/3P 漏电开关，因此，无法做出对或错判断；
2. 根据其他梅兰的漏电保护产品研究，对于三极三相漏电开关（3P），只是三根相线穿越漏电保护线圈，压根没显示 n 线。</td></tr>
<tr><td>
城市边缘
头衔：缘空和尚
等级：一星客人</td><td>第 37 楼
同意楼主的意见！但大鼻兄的意见让我觉得应该马上去查一下资料，现在的 RCD 是否有 n 线穿过，我以前一直以为 n 线没有穿过 RCD 的产品已经被淘汰，在王老的书中也是这样说的。</td></tr>
<tr><td>
大鼻山
头衔：最逍遥
等级：版主</td><td>第 38 楼
如果只有三根相线、压根没有 n 线的回路呢？比如水泵回路要配漏电开关怎么办？在没搞清楚那个开关的结构之前，支持楼主属于盲目的，呵呵。</td></tr>
<tr><td>
zhoushu8
头衔：达摩院寺监
等级：版主</td><td>第 39 楼
电气美眉说的“目前在市场上供应的 4 极断路器（塑料外壳式）有 6 种结构形式”就是指的 4P 开关啊，而你又支持“gdsjy 妹妹”可“gdsjy 妹妹”是 3P 呢，很矛盾啊，哈哈。无论零线是断开还是直通的，都叫 4P，标了 3P 就算错。</td></tr>
<tr><td>
ZYZZYZ
等级：两星客人</td><td>第 40 楼
n 线上有电流，就必须用 4 极漏电开关！各位大男人还讨论了半天，凡是说用 3 极开关不跳闸的，肯定是不认识四极开关，把自己用的 4 极开关说成是 3 极开关。看来注册考试要考理论是非常重要的！各位快快回去看电路原理吧，不要胡整！</td></tr>
<tr><td>
zongneng
头衔：菜鸟帮里最菜一个
等级：贵宾</td><td>第 41 楼
TCL 漏电断路器就有 3P、3P + N 和 4P 之分，各种含义不用解释了吧？</td></tr>
</table>

大鼻山 头衔：最逍遥 等级：版主	第 42 楼 哪有这么绝对？某三相回路无 n 线引出（比如水泵回路），如果要用漏电开关，请问选择 3P 还是 4P 呢？3P 的漏电开关比比皆是呀。
 林夕 等级：游客	第 43 楼 你仔细看看楼主的本意就是以为 VigiNSD/3P 的 n 线进了检测线圈！所以观点是一致的，（我以前也这么认为呢）如果她直接标 3P + N 也就完全没问题了，我手头的 VigiNS 样本只有 4P3d，3P 应该是 n 线不进检测线圈的。
christ888 头衔：光明使者 等级：三星客人	第 44 楼 真是不明白，为什么非要使用这个“漏电开关”呢，有没有搞错啊？就楼主所指的工程而言，有必要在配电柜内设置漏电开关吗？在民用建筑中，使用到“塑壳断路器”的场合下，电气保护的重点已经不在漏电这个范畴了。设计也一样，在这个级别的开关中，需要重点考虑的不是漏电问题呀！为什么非要使用漏电开关呢？所以各开关厂不需要研制很多用于塑壳断路器的漏电脱扣附件，也就没有那么严格的定义了。
 gdsjy 头衔：中立奇迹 等级：版主	第 45 楼 zhoushu8，我不知道你怎么说所谓的 3P + N 是我们想像出来的。请你仔细看看 GB 13955-92《电保护器的安装和运行》5.2 条；再请你看看技术措施 P48 最下行；再请你看看《现代建筑电气技术资质考试复习问答》P227，难道国家规范，技术措施都是想像出来的吗？这里要说明的是：漏电三极四线与四极四线是不同的，其共同点是 n 线穿过检测元件，不同点是前者不断 n 线，而后者分断 n 线。所以，要区别使用。首先是我的第一贴，这个答复是没错的。再重复一遍，审图引用的这条规范并非是说因单相负荷或三相负荷不平衡而可能误动，审图是出于人身安全考虑，仍是接地故障保护的范围．我的回答即是针对这条来答。其次，我说的 vigiNSD 断路器是三极四线制是根据我对施耐德多种系列产品的了解，并且其在样本上注明可用于单相负荷保护。当然大鼻子说得对，应再落实。其实 zongneng 的话意味深长。这也是无奈，一方面专家极力推荐三极四线，一方面电气产品明确标注三极四线的又少之又少。CM1L 的 A 型产品应算是一种吧。虽然常熟把它叫四极，但对于一个不带过流保护，且始终接通的 n 线，这个“极”从何谈起？只是不知 zongneng 加在配电箱中是指什么？是不是也是只做一级漏电呢？

 zhoushu8 头衔：达摩院寺监 等级：版主	第 46 楼 固执饶舌的家伙，检讨一下自己吧，我明白了一个道理，原来没几个人懂漏电开关的结构，但一个个牛皮得不得了，其实连简单的道理都要如此大讨论，这真没想到的，包括我们版主级的都是这水平。我们这行业真的要好好搞注册。
 gdsjy 头衔：中立奇迹 等级：版主	第 47 楼 呵呵，饶不饶舌，不是你说了算的。想来我说的几本书你也翻了吧，既然国家规范上这么饶，你还是饶着点吧。除非你把规范改了。请教楼上，你的漏电如何标注。
sfeiy 头衔：喽啰 等级：游客	第 48 楼 开关跳的原因是因为三相不平衡所致。大家知道：对于三相供电系统，若各相线路规模（线路泄漏）差不多、隔相所接设备性质和容量差不多，则回路中各相漏电电流相位差 120 度角，叠加后总矢量近乎为零。但当不满足条件时，甚至发生在只有单相在起作用时，漏电流矢量和超过 300mA 时，漏电开关肯定要跳了！还是建议总开关设置漏电报警功能，而不直接作用于跳闸。
 城市边缘 头衔：缘空和尚 等级：一星客人	第 49 楼 昨晚上回去重温了一下两个概念：1. 零序电流保护器，安装的时候只包绕三根相线，正常的情况检测三相不平衡电流，谐波电流以及正常泄漏电流之和，这个值往往很大，要以安培计算，所以它的整定值很大，不能保护人，只能保护线路，这是以前经常用 TN-C 时安装使用的。2. 现在我们说的漏电保护器，它要包绕相线和中性线，所以在单相也可以使用，电路不平衡电流和谐波电流被互相抵消，正常时只检测出正常泄漏电流，这个值一般都很小，以毫安计，所以整定值可以做到 30mA 甚至更小。
 ROSE 头衔：掌门-天虹剑 等级：版主	第 50 楼 gdsjy 和电气美眉都提到《现代建筑电气技术资质考试问答》：单相电源供电的电气设备应选用二极二线式或单极二线式漏电保护器三相三线式电源供电的电气设备，应选用三极式漏电保护器三相四线式电源供电的电气设备，或单相设备与三相设备共用的电路应选用三极四线式，四极四线式漏电保护器等。注：单极两线、两极三线、三极四线漏电保护器均有一根穿过检测元件但不能断开的中性线。从以上各条来看，3P、3P + N 开关是有区别的，看了 VigiNSD 开关，我个人认为 3P 开关的 n 线是不穿过检测元件的，样本上说 3P 开关可用于单相保护，令人费解，的确有待咨询。我查了其他样本，海格、罗格朗 TCL、环宇、ABB 等样本，TCL 如 zongneng 所说，有 3P + N。

城市边缘 头衔：缘空和尚 等级：一星客人	第 51 楼 ABB 的产品有 2 极的和 1 + NA 极的，这更令人费解，如果 1 极的偏要说成 1 + NA 极的，那么 2 极的也要说成 2 + NA 极的才对。
电气美眉 头衔：真实的我 等级：佳客	第 52 楼 管它算 3 极 4 线还是 4 极呢，没有必要咬文嚼字，问题的本质在于 N 是不是断开的！
林夕 等级：游客	第 53 楼 ROSE 你应该看塑壳漏电的样本！只有 3 极和 4 极之分，有详细说明的都是讲 3 极 4 线属于 4 极范畴！现在讨论的好像已经不是 N 断不断的问题，是 n 线是否进检测线圈的问题。事实就是 3P 漏电无论微断还是塑壳 n 线都没有进检测线圈呀，所以楼主的本意是对的，而标注是不对的！审图的给出的理由不对也已经是公认的！
电气美眉 头衔：真实的我 等级：佳客	第 54 楼 N 进不进检测元件没有必要讨论，事实已经很清楚。可是审图的那个老先生也许不清楚，非要加个断 N 的 4 极，这才是楼主妹妹提出讨论的本意。楼上小妹妹就认定了 3 极 4 线的说法不对?！非要说成 4 极才行？看看前面的帖子，不同意见的人都不认为有 3 极 4 线可选，而是非要选 N 断开的那种 4 极，对吧？既然确定了有这种产品，你觉得还需要选 N 断开的那种吗？
zhoushu8 头衔：达摩院寺监 等级：版主	第 55 楼 标成 3P，基本就是不清白，施工单位按图就一定是 n 线进不了线圈，还狡辩什么。
qianzy 头衔：未名 等级：贵宾	第 56 楼 从上面讨论，基本了解了什么时候需要 n 线，什么时候不需要断 n 线，同时了解了什么时候用 3P 漏电，3P + N 漏电，4P 漏电，现在还没得到回音，VigiNSD 是否可穿过 n 线？讨论后对问题实质有了了解，只是侧重点不同罢了。如同两位妹妹知道如何配置漏电断路器，不知道谁大谁小而已。

城市边缘 头衔：缘空和尚 等级：一星客人	第 57 楼 回去又看了王老的书，他对漏电保护器有如下分类：四线四极，四线三极，两线两极，两线单极。（都是指包绕中性线的 RCD）。极数还是指闸刀的数量。又重复看了大家的意见，其中有一点分歧比较大，那就是对三极漏电开关的理解，也就是对极数的理解，我还是认为极数只是指闸刀的数量，就像一般断路器，有一到四极的，就是指闸刀的数量，而不是指断路器的接头，那应该是线数，像王老的分类一样。
 bigsong 头衔：重振武当 等级：贵宾	第 58 楼 说一点，漏电开关的标注要清楚，3p，3p + n，4p 这种表示法用于漏电与空开一体的产品，一般国产的较多。国外产品一般是带漏电附件。这就要求另标注漏电附件型号。楼主的表示法是有问题的，审图的也没抓住问题的本质。

1-5 材料表面处理方法求教

LL 等级：游客	楼主 材料的表面处理方法求教：各位高手，电缆桥架、钢管等材料表面处理有冷镀锌、热镀锌、电镀锌，这几种镀锌方法有什么不同吗？一般都怎样选用？设计好像一般都不指定，可是这些材料依据表面处理的方法不同，价格有差距。手头查不到相关的资料，请高手帮助。谢谢！
 ruoranmasm 头衔：龙行天下 等级：三星嘉宾	第 2 楼 制作工艺不同；因而成本、防腐、防氧化的效果也不同，根据具体的区域的空气 pH 值用在不同环境里。其实从名字上你就可以大概知道它的工艺流程是怎样的。防腐防氧化效果从强到弱（好像是这样，有误请大家指出）：热浸冷镀锌、热镀锌、冷镀锌、电镀锌（电镀与冷镀谁好一些就不记得了请各位指教，）我也好温习一下。
 luozi8250 头衔：明教掌旗使 等级：贵宾	第 3 楼 工艺不一样，镀层的厚度、均匀程度也不一样！楼上的理由没有研究过！ 另外：热浸冷镀锌这个我可是第一次听！

黑客 等级：一星客人	第4楼 一般都用冷镀锌的，可是一焊接就破坏了，所以该丝接还是要丝接。
yant 等级：贵宾	第5楼 一般都用热镀锌的，冷镀锌表面镀层不均匀，容易剥落。我也没研究过，只是听说。
anca_ qin 头衔：笨狼 等级：五星客人	第6楼 俺来介绍一下： 喷涂：适用室内、常温、干燥，价格一般，寿命10年。 镀锌：适用室外轻腐蚀，价格一般，寿命12年。 镀锌+喷涂：适用室外、高温、潮湿，价格较高，寿命14年。 热浸锌：适用室外重腐蚀，价格较高，寿命大于40年（镀层80μm）。 镀锌镍：适用室外重腐蚀，价格较高，寿命大于30年。 热喷锌：适用室外重腐蚀，价格较高，寿命大于30年。
ruoranmasm 头衔：龙行天下 等级：三星嘉宾	第7楼 这个名词是我打电话给番禺的天虹桥架公司问到的，里面的技术人员说的，热浸冷镀锌，它价格最高，防腐性能最强，耐用时间也最长。

1-6 电缆桥架中的电缆是否需要有间隙

GOUGOU 等级：游客	楼主 请问大家，电缆桥架中的电缆，是否需要有间隙，如果有是多大？多谢。
暗夜流星 等级：两星客人	第2楼 考虑填充率，无间距要求。
zbyjxp 等级：一星客人	第3楼 有，电力电缆间10kV及以下平行0.1m，交叉0.5m；10kV以上平行0.25m，交叉0.5m。控制电缆，平行无，交叉0.5m。不同使用部门的电缆平行、交叉都为0.5m。还有好多规定参照GB 50168-92《电气装置安装工程电缆线路施工及验收规范》。

zhoushu8
头衔：达摩院寺监
等级：版主

第 4 楼
考虑间距，那一副桥架只能装 2 根电缆，只有室外电缆沟里才有间距要求。

混在电气
等级：一星客人

第 5 楼
在允许的填充率内载流量会降低很多吗？

Sdmzq
等级：一星客人

第 6 楼
按照一定尺寸的线槽套资料表格可以容纳多少根导线就可以了。

bigshoes
等级：两星客人

第 7 楼
流量的修正系数可以参考《全国民用工程电气技术措施》P58 页表 4. 6. 3-8。

桥架上无间距排列多层并列载流量修正系数 K5　表 4. 6. 3-8

层数 / 桥架	1	2	3	4
梯形桥架	0. 80	0. 65	0. 55	0. 50
托盘式桥架	0. 70	0. 55	0. 50	0. 45

1-7　继电器的触点发热

ccyy1122
头衔：虚竹子
等级：两星客人

楼主
继电器的触点发热的问题。
我公司增容时采用电容补偿用 CJ 19-63 切换的 25kVar 电容器但现在经常出现继电器的触点发热损坏线路的情况，请教各位是什么原因。

c45n
等级：版主

第 2 楼
我不知道发热损坏是在接触器投切状态还是稳定运行后发生的，也不知道线路损坏的具体情况，只好随便猜猜。一种可能是 CJ 19 的旁路电阻烧毁了，那么接触器闭合时的涌流可能造成触点损坏；另一种可能是该配电系统存在较多谐波源，而电容器组未串联一定比率的电抗器，造成电容器对某次谐波产生谐振放大而出现过流现象；也许是少数电容器击穿（无自带熔断器）或运行电压过高造成的过流。

ccyy1122 头衔：虚竹子 等级：两星客人	第3楼 谢谢版主分析，公司系统所用CJ 19在运行时烧坏，据配电屏厂家分析为没有加单独电抗器所致。同样也有做这种配置的但都没有出现这种情况。在不改变现有设备的情况下如何解决？谢谢！
senica 等级：三星客人	第4楼 可选择专门用于投切电容器的交流接触器，如CJ 20C（最后一位为C）等。
c45n 等级：版主	第5楼 不改变现有设备的情况下？如果的确是由于谐波谐振引起的，那恐怕不可能。不加电抗器，也可以加滤波器，不过更贵了。你最好用仪器测一下，看看谐波含量到底有多少，搞清楚原因才好想办法解决问题。senica兄，CJ 19也是专用的接触器，印象里最大就到63A。换大接触器也许触点不烧了，可万一烧了电容器损失更大。
ccyy1122 头衔：虚竹子 等级：两星客人	第6楼 我公司没有高频设备应没有什么谐波谐振，但公司照明多用电子镇流日光灯组有几千根不知是否有影响如何解决？
MAGN 等级：游客	第7楼 电子镇流日光灯应该是容性负荷吧？再说电子镇流器谐波也多呀。
somah 等级：游客	第8楼 1. 切换频繁：投切范围过小造成；2. 负荷不平衡：COSϕ采样有问题（一般是采单相）；3. 接线有松动处：工作不认真；4. 接触器动作不是很好：质量问题。
wys-3638 头衔：风清网 等级：版主	第9楼 1. 接触器质量问题（更换品牌或者特制）。 2. 从结构和电气方面解决好散热问题。 3. 必要时加装电抗器。

1-8 平面图画法的重大改变

城市边缘 头衔：缘空和尚 等级：一星客人	楼主 2004 年的一本新出图集画法，平面布线不用打断了！对我来说真是好消息，我画图基本不用专业电气软件提供的工具，都是手工打断，太烦了，还老是担心好不好看，现在好了，省事多了。
ttt001 头衔：般若禅师 等级：管理员	第 2 楼 这个信息很重要，具体哪本图籍？是什么等级的？
雨过天晴 头衔：天山青虹剑 等级：一星客人	第 3 楼 不打断交叉太多，很混乱啊。这些细节问题图集也会有要求吗？
ROSE 头衔：掌门－天虹剑 等级：版主	第 4 楼 是呀，如果不打断，的确很乱，给看图的人无端增加困难。如果真是这样，不合理。
hanghost 头衔：寒秋 等级：版主	第 5 楼 不打断？那外行更没法看了！呵呵，如果线多，本行也难看懂！具体是什么图集？
城市边缘 头衔：缘空和尚 等级：一星客人	第 6 楼 3T 在北京都还没听说吗？《民用建筑工程电气施工图设计深度图样》中国建筑标准设计研究所出版 04DX003 有接线图例。

moonlight 头衔：虫窠居士 等级：版主	第 7 楼 线路交叉不用打断了？真的吗？什么道理？
zhoushu8 头衔：达摩院寺监 等级：版主	第 8 楼 我从来就没打断过，看得清楚就没必要打断，这消息对我没用，哈哈。

1-9 关于低压配电室进线开关保护的问题

 lidongpo 等级：游客	楼主 关于低压配电室进线开关保护的问题。我单位为炼油厂，配电室低压进线保护原来一直没有重视，现在想整定一下，考虑了很久，没有一个满意的结果，基本思路如下：过流长延时动作值取为：变压器低压额定电流的 1.2 倍，2 倍动作时间：60s，短延时：取为变压器低压侧最小短路电流的 0.8 倍，时间：0.4s，速断不动作，以便与上下级配合，不知道如何，请有经验的同仁，或做过这类保护的，指导一下。低压进线，有没有一定之规？谢谢。
 ROSE 头衔：掌门-天虹剑 等级：版主	第 2 楼 短路短延时应注意躲过“最大一台电动机起动电流与其他负荷电流之和”，0.4s 好像有点偏大，说不定会造成高压侧过流保护先越级动作。
lidongpo 等级：游客	第 3 楼 因我厂不能停电，所以要和下一级单回路配合好，不能因为单个回路的故障，使进线也跳掉，那样，整座装置有可能停工。
 wys-3638 头衔：风清网 等级：版主	第 4 楼 一个问题问一下：低压进线断路器的型号厂家，电子脱扣器的型号？因为有些断路器的延时时间是无法整定的，如 DW15、ME 等。

lidongpo 等级：游客	第 5 楼 进线柜的型号为：1. 三菱 $AE3200-SSI=3200A$。2. $ABBF5SI=4000A$ 等，他们的形式不一样，有的低 2 倍电流动作时间，有的低 6 倍电流的动作时间。像 ABB 的我找不到曲线的某一点的动作时间为何？
秦湘鸣 头衔：办公室老头 等级：三星客人	第 6 楼 低压侧的电流整定值应该躲过低压侧电动机启动电流来选择的吧，设计手册里有此项公式。还有 0.4s 是不是短了点？我一般选 1.5s。
NLB 等级：版主	第 7 楼 谈一下个人看法： 1. 变压器的短时过载能力很强，油浸变压器最大可过载 30%，环氧树脂变压器在强制风冷时最大可过载 50%。有时需要利用变压器的这种短时过载能力，所以单独运行的变压器不需装设过载保护，可用变压器的温度保护替代。 2. 并联运行的变压器需装设过载保护，整定值为（1.05～1.1）×变压器额定电流。动作时间按躲过最大冲击电流的持续时间整定，一般整定在 9～15s，保护动作于信号。不宜用变压器低压侧出口断路器的长延时脱扣器作变压器的过载保护，因为它只能动作于跳闸。 3. 变压器低压出口断路器的短延时保护可与配出支线断路器的瞬动或短延时保护配合整定，可将其中最大整定电流的 1.1 倍作为变压器低压出口断路器的短延时保护整定值。灵敏度系数按低压母线末端最小相保短路电流（如变压器未装低压单相接地保护）或最小两相短路电流（如变压器装了低压单相接地保护）校验，其值为 1.3。如各支线断路器均为瞬动保护，该短延时时限可取 0.2s；如支线断路器有装 0.2s 短延时的，该短延时时限可取 0.4s。如果变压器低压出口断路器采用 0.4s 短延时，可不必考虑其与变压器高压侧 0.5s 过电流保护时限的配合。因为对于同一台变压器来说，无论是高压侧还是低压侧跳闸结果都是一样的。 4. 变压器低压出口断路器在装设了短延时保护的同时也可装设瞬动保护，瞬动保护按变压器低压母线最大短路电流时能可靠动作整定。它可以在低压母线发生特大短路时迅速切断电源，但也降低了与支线断路器的选择性配合。
lidongpo 等级：游客	第 8 楼 谢谢楼上的指点，总开关的速断保护和分支回路的速断在分支空开下口短路时，可能同时动作，而扩大事故范围。

NLB 等级：版主	第 9 楼 兄弟说得对，所以我在 4. 中说：“……同时也可装设瞬动保护，……但也降低了与支线断路器的选择性配合”。变压器低压出口断路器在装设了短延时保护的同时是否还装设瞬动保护，要看具体情况：1. 如果系统运行方式变化较大，且低压母线及分支空开上端元件在最大短路电流时不能通过总开关短延时保护的热稳定校验，总开关可装瞬动保护。此时可不考虑总开关与分支空开的选择性配合，而用备用电源自投装置补救。2. 如无上述问题，可不装瞬动保护。
 lengbing 头衔：最菜的那个 等级：贵宾	第 10 楼 NLB 老兄在保护上，确实是强项，听他的应该没有错，所以楼主的问题，只是在短延时电流值的整定上值得商榷外，其他没有问题。
 hncxj 等级：游客	第 11 楼 正如楼上各位兄台所见，变压器低压出口断路器一般必须设长延时、短延时和瞬动保护以满足上下级的选择性配合，那么低压成套中的母线联络断路器和发电机的进线断路器是否有必要配置这三段保护呢？愿与各位交流。
ROSE 头衔：掌门-天虹剑 等级：版主	第 12 楼 我的设计中，母联还是设三段保护的。还有一个问题，想跟 NLB 探讨一下：恐怕现在很多变压器高压侧取 0.4s 都不多见，如果变压器取 0.4s，那么全厂总进线呢？假如该厂系统比较大的话。供电系统恐怕难以做到那么大的时限差。还有，高压配电装置离变压器较远不在一个变电所的时候，恐怕越级跳高压侧会造成不便。
c45n 等级：版主	第 13 楼 NLB 兄，如果我没有理解错的话，你 7 楼帖子的 1、2 两条说的是变压器的高压侧继电保护。我不同意老兄的一个观点，就是“单独运行的变压器不需装设过载保护”，温度保护不能完全取代过载保护，变压器温度升高可以由多种原因引起，过载只是其中之一；同时，变压器温度变化与过载电流变化相比，明显滞后，且可能受环境因素影响，不是直接的反映过载情况，特别是在短时间过载情况下。所以通常 10/0.4kV 变压器（400kVA 以下除外），之所以能不在高压侧装设过负荷保护，并非因为是单独运行，而是因为变压器低压侧主进开关已经设置了过负荷保护。为了满足选择性要求，变压器低压侧主进开关可以取消瞬动，但不宜取消过载长延时保护。变压器低压侧主进开关设置过载长延时保护，并不会影响在必要时允许变

c45n 等级：版主	压器过载运行，我们通常都将变压器低压侧主进开关的框架电流和低压主母线载流量放大一级，目的就是留出余地，可以根据需要，在运行中将过载长延时保护整定值调大，来充分利用变压器的短时过载能力。不过变压器过载运行是要付出损耗增加、谐波含量增加、总运行寿命减少的代价的，因此“设计”变压器低压侧主进开关时，还是应该按变压器低压侧额定电流来整定过载长延时动作值。
lidongpo 等级：游客	第 14 楼 感谢大家的指导，我认为长延时还要考虑母线的允许长期载流量，否则，变压器过载能力较强，母线不行，则也会出现问题，谁有母线的过流量的允许时间，请传给我，谢谢。
大鼻山 头衔：最逍遥 等级：版主	第 15 楼 前面大家已经谈得很充分，我也来凑凑热闹：1. 低压侧变压器主开关。大家知道，通常情况下，过载保护通过电流选择性来获得选择性，而短路保护则可以通过电流选择性或时间选择性来获得选择性。而低压侧变压器主开关的瞬时短路保护，极难与下一级的开关瞬时保护满足电流选择性，而主开关的选择性又是至关重要的，因此，为了确保这种选择性，主开关的瞬时整定往往设为 OFF，即取消。主开关短路保护功能只有通过短延时来实现，其整定值大致是变压器额定电流的 5 倍左右；同时，该值还须与下一级所有配出开关的短延时电流整定值配合（为后者 1.3 倍以上）。那么延时多少呢？鉴于配出开关的短延时保护（通常可取 0.2s）几乎必不可少，因此，为了保证选择性，主开关的短路短延时多取为 0.4s。由于断路器的长延时特性跟变压器的正常过负荷能力基本是矛盾的，二者无法有效配合，因此，主开关的长延时整定，很少考虑变压器自身的正常过负荷能力（相当于“浪费”了该能力），而以接近于（稍大）变压器额定电流即可。延时时间可取 15s。2. 配出开关。若为动力（电机）干线线路或者线路较长、容量较大的线路，一般设置长延时、短延时以及瞬时（无选择性要求的除外），采用选择型断路器；若为照明干线线路，当有选择性要求且自身可以满足时，可以只设置长延时、瞬时，采用非选择型断路器。3. 末端开关。仅设置长延时、瞬时。时间关系，不想展开多扯了。
ROSE 头衔：掌门-天虹剑 等级：版主	第 16 楼 C45N：变压器可不装设过载保护，但过流保护没说不装呀？

大鼻山 头衔：最逍遥 等级：版主	第17楼 老土问题：过载保护、过负荷保护、过流保护，三者有什么本质区别？
c45n 等级：版主	第18楼 NLB兄在7楼的帖子说：“不宜用变压器低压侧出口断路器的长延时脱扣器作变压器的过载保护，因为它只能动作于跳闸”。大鼻山兄，过载保护就是过负荷保护。在低压系统里，将短路保护（瞬动和短延时）和过负荷保护（过载长延时）统都称为过流保护；在高压系统里，短路保护的概念没有变，但过流保护和过负荷保护是分别设置的，过流保护是针对某条线路或某个系统，而过负荷保护是针对某个具体高压设备：如变压器、高压电机。
NLB 等级：版主	第19楼 非常欢迎大家的讨论。我是按照机电式继电器及DW-15断路器说的。机电式继电保护的各种误差加到一起，动作时限级差为0.5s，这样总降变电所变压器的过流时限就得1.0s，总进线断路器的过流时限就得1.5s。老企业就是这种情况。随着新型元器件的出现应该有变化。微机型综保装置配真空断路器的时限级差可取0.3s，进口品牌低压断路器短延时的时限级差可取0.1s。这样低配变电所低压配出断路器的短延时时限可取0.1s，变压器低压主断路器的短延时时限可取0.2s，变压器高压断路器的过流时限可取0.3s。总进线断路器的过流时限0.9s就可搞定了。另外，采用施耐德NS断路器时，如满足其上、下级配合的规定，瞬动脱扣器之间也可实现选择性配合，这样动作时限还可进一步降低。以上仅为个人看法。至于越级跳高压会造成不便的问题倒不必担心，像这样的企业都能有内部电话，到时候打个电话就可以了。 变压器的低压总断路器与分支断路器之间无法在电流上实现配合。举例来说：如短路发生在分支断路器下端，应由分支断路器切断；而短路发生在分支断路器上端，就只能由总断路器来切断了。但这两种情况的短路电流大小基本一样，电流元件根本无法区分，只能靠时间元件去区分，这就是短延时保护之间要有个0.1～0.2s级差的原因。上级的短延时整定电流为下级瞬动的1.2倍，其目的是为了在上级元件启动时确保下级元件可靠动作。因为断路器的瞬动和短延时脱扣器的动作值与整定值之间都有一定误差，考虑到当上级负误差而下级正误差的时候，如整定值相同，有可能出现短路时下

NLB 等级：版主	级未启动而上级却动作的情况。我在前面的帖子说的 1.1 倍是按高压继电保护的经验说的，现在想想有点小，因为低压脱扣器的误差较大，应取 1.2 ~ 1.3。另外，回 c45n，我不主张单独运行的变压器低压总开关装过载长延时脱扣器有以下几个原因： 1. 低压断路器过载长延时脱扣器的特性适用于保护线路，因变压器的热容量很大，所以它与变压器的过载能力极不配合。2. 变压器与电机不同，电机有可能意外过载，而变压器出现过载情况一般都事先知道。3. 变压器出现过载时，运行人员有足够的反应时间，所以即使是发电厂的大型变压器，过载保护也只是动作于信号。而低压断路器长延时脱扣器是动作于跳闸的，反而降低了供电可靠性。 变压器的过流保护与过载保护不同。过流保护是防御变压器外部短路（即二次侧短路）的主保护，兼作变压器内部故障及配出线故障的后备保护。过流保护需按躲过最大负荷电流整定，整定值甚至有达到 3 ~ 4 倍变压器额定电流的；按变压器二次母线末端最小短路电流校验灵敏度，保护带时限动作于跳闸。过载保护整定值为(1.05 ~ 1.1）倍变压器额定电流，不需校验灵敏度，保护动作于信号。
 ROSE 头衔：掌门-天虹剑 等级：版主	第 20 楼 现在低压万能断路器有减载功能了，不知道大家有没有用过？还有 NLB 不主张低压装过载长延时脱扣，好像还是和规范和习惯做法有冲突，起码少了一个后备保护啊？对于柴油发电机组是否需要短延时，大家怎么看？我觉得还是不要的好。
 lidongpo 等级：游客	第 21 楼 谢谢大家的指点，我受益匪浅，我认为短延时短路电流值是否可取为：在满足灵敏系数 2 的前提下，即以变压器低压侧最小运行方式下二相短路电流除以 2，得到的电流值为动作值。设置速断，显然也不满足灵敏系数的要求。不知我说得对不对，请指点。低压单相接地短路电流和三相短路电流有一个固定关系吗？楼上的朋友能否简单说明一下。
 ROSE 头衔：掌门-天虹剑 等级：版主	第 22 楼 我不是很同意 c45n 对过流和过负荷的解释。不管高压和低压，过流和过负荷都是两个不同的概念。大家都知道低压电动机一般要设过负荷保护，但特殊的也有过流保护的。作为过流保护的一种，反时限过流曲线基本和过负荷曲线类似。但通常过流保护也可能是一条平直的曲线。NLB 几乎还忽略了一个很重要的问题：固然变压器过负荷能力很强，但开关柜母线未必如此！长时间过负荷还会造成绝缘强度变差从而酿成事故。

c45n 等级：版主	第 23 楼 这是我的观点但不是个人的解释，而是规范中的确把低压的短路和过负荷保护都算做过电流保护，例如规定在条件允许时（动作时间），宜采用过流保护兼做接地故障保护等等。高压系统的继电保护相对来说比低压系统要严谨，重视程度也更高。
大鼻山 头衔：最逍遥 等级：版主	第 24 楼 呵呵，关于三种保护的概念，本来我是基本赞同 c45n 的说法的，但经 ROSE 和 NLB 一说，我又得去仔细琢磨一下了。此外，我不认同 NLB 的"单台变压器低压主开关不宜设置过载保护"的说法。无论变压器单台运行还是并联运行，低压主开关的过载保护，主要是针对保护主母线而言，只是"凑巧"地保护了变压器，因此过载保护必不可少。我前面已经说过，低压主开关的反时限动作特性跟变压器的正常过载能力其实是矛盾的，或者说变压器过高的过载能力是多余的，因为其无法得到充分利用（除非母线和主开关都加大）。实际设计中，鉴于母线等的瓶颈限制，一般不会因挖掘变压器的过载能力而放大主开关。
ROSE 头衔：掌门-天虹剑 等级：版主	第 25 楼 除非人为加大母线规格，否则母线、开关设备、电缆都是不能长时间过载的。对于变压器其实也一样，变压器的过负荷能力跟它的环境温度有比较大的关系，所以不能简单地说变压器的过负荷能力能达到其额定容量的多少倍，有个过负荷能力的表格，如能找到的话可以上传。一般而言，变压器多少是有些过负载能力的，但不推荐长时间过载运行。
大鼻山 头衔：最逍遥 等级：版主	第 26 楼 我来分析母线的过载从何而来：选择母线时，都是按照需要系数（小于 1）来计算的，因此就存在过载的可能性。搞个最简单例子：假设一根母线带三个分回路，都为 100A 开关；而低压主开关为 250A。当每个分开关的负荷都为 90A 时，分开关显然都不过载，因此不跳闸，而主开关却因为 3 ×90A 大于 250A 而跳闸。
NLB  等级：版主	第 27 楼 我不赞成变压器低压总开关装长延时脱扣器的观点源于我在运行中的经历而产生的一些想法。下面再把它谈一下，可能某些方面不符合规范，仅供大家参考。

NLB  等级：版主	1. 变压器有很强的过载能力，并且在运行中有时需要利用它的过载能力。 2. 变压器的正常过载能力受很多条件制约，包括环境温度、变压器油温、昼夜温差、季节温差、过载前的负荷率等。在北方冬季寒冷天气运行的变压器过载30%运行一点问题都没有，而南方夏季高温天气运行的变压器恐怕就没有多少过载的余地了。所以当变压器发生过载时，靠简单的低压断路器长延时脱扣器无法判断是否让该变压器继续运行。 3. 变压器过载的效应是导致变压器的温度升高，这种温度的升高是逐渐积累的，而只有当变压器线圈的温度升高到一定程度才会对其绝缘造成伤害（老化）。如果是一个仅持续十几分钟的波动性过载负荷，不可能给变压器造成太大的温升，就没必要在过载的几十秒内将变压器切除，而低压断路器长延时脱扣器无法判断这个过载是波动性的还是持续性的。 4. 不要过分惧怕变压器的绝缘老化，一定程度的绝缘老化是正常的也是需要的。A级绝缘的变压器绝缘与其温度遵循一个8度法则，即变压器温度每上升或下降8度，其绝缘寿命就要缩短或延长一倍。而我们按设计手册的需用系数确定的变压器计算负荷往往偏大，再加上正常的负荷波动，气候变化，变压器很少在额定的工况条件下运行。这样变压器的实际使用寿命一般都远远大于其设计寿命，于是就有了变压器正常过负荷的概念。规范规定了允许变压器正常过负荷的两种方式，总结其原则，无非是用变压器过载运行时对其绝缘老化的增加量去弥补变压器低负荷运行时对其绝缘老化的减少量，从而使变压器的实际使用寿命接近但不低于其设计寿命。事故过负荷会降低变压器的使用寿命，但在需要时也不得不采用。其实无论是变压器正常过负荷运行还是事故过负荷运行，实际运行中都是在关键时刻为了救急而偶尔使用的。对变压器绝缘老化的累积量，包括损耗什么的，都不会很大，只要按规范去做，应该在可接受的范围内。 5. 我觉得在作保护设计时应同时兼顾设备安全与供电可靠性，在保障设备安全的前提下应尽量保障供电。即便是普通民用，也应能不停电就尽量不停电。尤其像变压器过载这种情况，跳闸不是唯一的解决办法，减少负荷也是可行的。我看到一张环氧树脂干式变压器的二次图，对变压器设了三级温控：第一级启动冷却风扇，第二级报警，第三级跳闸。例如在南方夏季高温天气，空调使用量大增可能要造成变压器过载。我觉得不应在过载一开始就跳闸，可以根据变压器的温度情况等等看。如果是波动性过载，变压器温度没有上

NLB 等级：版主	升到第二级温控点，就不必采取措施。如果过载持续时间较长使变压器温度上升到第二级温控点报警，运行人员可以手动切除部分负荷，而保留大部分负荷。无人值班变电所此时可通过自动装置按预定方案切除部分负荷。这样做要比跳闸全停电好得多。实在不行温度升到第三级温控点再跳闸也不晚。 6. 变压器低压总开关长延时脱扣器有时会给你添乱。例如两台带有I类负荷的变压器互为备用，分列运行。如其中一台变压器甲因故障退出运行，另一台变压器乙会因备自投动作合上母联开关向变压器甲的负荷供电。一般情况下，此时变压器乙都要处于事故过负荷状态。正当运行人员手忙脚乱地拉闸非重要负荷时，一个没照顾到，那边变压器乙的低压总开关又跳闸了。变压器低压总开关如装长延时脱扣器真就能给你出这种状况。加大变压器低压总开关长延时脱扣器的整定值也不是办法。规范规定：气温20℃时，变压器如事故过负荷一倍，可运行11min。低压总开关的长延时脱扣器如此时都能不动作，那跟不装也就没什么区别了。 7. 对于单独运行的高压变压器，继电保护设计规范并未要求必须装过负荷保护。只是规定可根据需要装设，有人值班的变电所动作于信号，无人值班的变电所可根据情况动作于跳闸或减载。我看过一些高压变压器的二次图就有不设过负荷保护的。 8. 低压断路器和母线的热容量小，不能随变压器一起过载运行。但是我们设计时选变压器低压总开关和母线一般都要放大一些，比如1000kVA的变压器，额定二次电流为1440A，可能没人选1500A的断路器，一般都要选2000A的。那么究竟应该放大多少？为什么要放大这些？我建议就按规范规定的变压器最大允许正常过负荷倍数30%放大。这就不会存在变压器过载运行时其低压总开关和母线的瓶颈了。
大鼻山 头衔：最逍遥 等级：版主	第28楼 1. 低压主开关主要是为了保护低压主母线的（保护了变压器只是“凑巧”）。具体设计中，绝大多数工程是变压器过负荷能力远超过实选母线的负荷能力，因此，讨论是否应该装设低压主开关过载保护时，就应重点讨论低压母线是否容易过载，而非变压器。2. 具体设计中，主开关还是接近变压器额定电流的为多（例如本地即如此）。例如1000kVA大多选1600A，而非2000A。此外，母线规格若按手册选择，也是跟变压器的额定负荷（而非正常过负荷能力）基本对应的，实际中去刻意放大的人，并不是很多。

NLB 等级：版主	第 29 楼 那天答这个帖子的时候，时间已经很晚了，有些问题未考虑周全。“比如 1000kVA 的变压器，额定二次电流为 1440A，可能没人选 1500A 的断路器，一般都要选 2000A 的。”这个说法确实不妥。只是有些企业的电气运行人员有这个要求，他们希望在处理非正常运行状态时能有较大的选择余地。尽管这些企业内部的电气设计人员（包括我）赞同这个观点。但这个观点并未反映在规范或设计手册中，也未成为正规设计院的主流意见。这方面确如大鼻山先生所说的那样，刻意去加大断路器规格的人并不多（但母线规格还是加大了）。包括电业局为我现在的单位设计的一个变电所，1000kVA 的变压器，他选的 DW15-1600，不过我把它换成 DW15-2500 的了。另外，母线是否需要装过负荷保护？因为继电保护设计规程并未有母线需要设过负荷保护的规定，高压母线也未见有设过负荷保护的，大家都怎么认为？
大鼻山 头衔：最逍遥 等级：版主	第 30 楼 按额定电流选取主开关，不一定就是设计人员本身的意愿，更多的时候，就是因为供电部门的干预所致。比如，在本地，1000kVA 变压器，你选择 2000A 开关也许没事，但更多的时候，供电局会让你改为 1600A。（但我也听说有极个别相反的例子）。实际工程中，正如 NLB 所说：供电局往往不希望用户的开关太大（用电紧张？感觉没什么必要哇），而用户都希望自己的用电裕度大一些。其实我本人也倾向于主开关按放大一级的变压器额定电流选择（可惜本地不好使），但大二级就无必要了。因为母线也会随之增大，而且变压器设计都按手册来选择的，很少会过载（相反，轻载倒是家常便饭）。

1-10　什么是“分励脱扣”

 电气美眉 头衔：真实的我 等级：佳客	楼主 什么是“分励脱扣”？经常在低压保护和高压继电保护中看到这个名词，只知道是跳闸的，具体含义请哪位先生指教一下，谢谢！

dv100 等级：一星客人	第 2 楼 分励分闸脱扣器：用于远程控制断路器分闸需配备一个辅助限位开关触点。分励分闸脱扣器通常情况下可替代欠电压脱扣器的功能。订货插头装置时须注明断路器的型号和规格。欠电压脱扣器：在电压下降情况下或在脱扣器中电压不足时，它使断路器作分闸动作。欠电压脱扣器能替代分励分闸脱扣器的功能。
电气美眉 头衔：真实的我 等级：佳客	第 3 楼 谢谢指教！曾经看到过一篇文章，说欠电压脱扣器在某些情况下不能替代分励分闸脱扣器的功能。塑壳开关只能安装两者其中之一，我同学告诉我的。在进线总开关处据说一定要安装分励脱扣器的。以上为低压部分。至于高压部分，弹簧储能操作时，二次回路中利用它来跳闸，驱动这个分励脱扣器的信号是人为发出的，还是故障发出的？不过故障时有电流脱扣器呀？而且昨天看了一篇文章，谈到继电保护时（交流），指出应该用分励脱扣，而不用以前的去分流时，这样可以免去脱扣器校验和强力触点的校验。所以我想，分励脱扣和去分流是不是一个对立的概念呢？即电流脱扣器应该为分励脱扣器的一种，是不是这样呢？我觉得可能不对，不过我现在只能理解到这个程度啦，请哪位大侠帮下忙，说说它的由来。谢谢！
yukanlee 头衔：明清散人 等级：版主	第 4 楼 高压断路器的合分闸都是通过合闸、分闸线圈带动合、分闸机构来完成的。正常的操作可以通过按钮完成，即电动操作；另外断路器本身还有机械合分闸装置。故障跳闸时，也是使分闸线圈带电后带动分闸机构来完成的（此时弹簧释放）。在图纸上故障跳闸的接点是与跳闸按钮并联的。
电气美眉 头衔：真实的我 等级：佳客	第 5 楼 谢谢楼上，你说的是采用直流电磁操作机构的情况。现在不少带有储能弹簧的，电流先以很小值（1A 以下）驱动脱扣机构然后预储能的弹簧再动作。是不是这样就叫做分励脱扣呢？我做的第一个 10/0.4kV 的变电所就采用这种形式，交流操作，操作回路里有电容储能。我在 lingdian 先生上传的标准图集里也看到了。请大家帮助一下，谢谢！

 蝙蝠侠 头衔：gaod 好友 等级：一星客人	第 6 楼 明清所说得完全适合带有储能弹簧的机构，分励脱扣和预储能的弹簧完全是独立的！
 电气美眉 头衔：真实的我 等级：佳客	第 7 楼 楼上先生的说法，我还是想不通。明清所说我认为是靠直流线圈产生电磁力吸合衔铁，从而带动操作机构，操作能量来源于直流电源装置。而预储能是电动机带动出能弹簧提前做好能量的储备，通过脱扣器完成能量的释放。脱扣器是由相关继电保护装置控制的。虽然二者都有弹簧，但是显然分合闸前状态完全不同的。话题扯远了，大家还是给我说一下分励脱扣器的由来吧。谢谢帮助、指教。那为什么要叫做“分励”呢？比如失压我们可以望文生义，就是电压低了，分励是怎么回事呢？有什么含义呢？是不是专门为人为操作而设的呢？大家帮助一下，十分感谢！
 蝙蝠侠 头衔：gaod 好友 等级：一星客人	第 8 楼 二者都有弹簧？弹簧机构和电磁机构是不同的，电磁机构没有弹簧，分励脱扣器是一种实现断路器的远距离分闸的附件，当分励脱扣器的外施电压为分励脱扣器额定控制电压的 70% ~110% 时，就能可靠地分断断路器。通常分励脱扣器用于应急状态下对断路器进行远距离分闸操作和作为漏电继电器等保护电器的执行元件。目前较多使用在配电柜开门断电保护电路中。分励脱扣器也有多种额定控制电压和不同电源频率，可供不同场合、不同电源时选用。
 fjgolden 头衔：古龙大侠 等级：两星客人	第 9 楼 电气美眉怎么工作了还书呆子气，搬那么多框框来，建筑工程各专业都是应用科学，知道用就 OK 了，什么二次回路啦，分励脱扣器是怎么回事啦，你费了那么多工夫，是不是觉得没用啊，在做无用功，你都知道了，电器厂不是要倒闭吗？开关厂工人不是要失业了吗？分励脱扣器一般用于切断非重要负荷（空调，住宅用电等等）。
 家辉 头衔：天山内务总管 等级：两星客人	第 10 楼 在低压断路器中对分励脱口器定义：分励脱扣器是对断路器进行远距离分闸操作的装置。它是低压断路器各类脱扣器（断路器的感测元件）中的一种（分励、欠电压、过电流、过载等）；各种脱扣器在线路出现故障时动作，经由自由脱扣机构使断路器的主触点分断；分励脱扣器可以由主电源或其他控制电源供电，就我理解：在断路

家辉 头衔：天山内务总管 等级：两星客人	器机械操作机构里只有分励脱扣可进行远距离分闸（人员指令、其他信号），只有电动操作机构才可对断路器进行远距离操作分、合闸。
电气美眉 头衔：真实的我 等级：佳客	第11楼 谢谢家辉先生的指教。再多问一下，分励脱扣器好像大多是装在断路器本身或配电柜上的吧？装在远距离的情况，我从来没见过，当然我不是否定，我只是觉得它可以装在远处，但这不是主要目的，主要目的是用来人为主观去分闸用的，所以才叫"分励"，是吗？请大家批评一下。这个问题来源于我看到的一张二次图标准图集，上面提到了分励脱扣，我以前见到过的二次图都没有这个提法，所以有些疑惑，我把这张图上传一下，在"图纸下载"区，还有几个问题一起提出来，请大家帮忙解答一下。1. 电动机的保护，设计手册推荐电流互感器采用不完全星型接线，可是我见到的这张图采用的是3个互感器的星型接线，而且我见到过别的设计院也有这么做的，为什么？2. 从图纸上可以看出，它的跳闸方式既采用了电流互感器作为电流源方式、也采用了电压源电容储能跳闸方式，我只是在学习《工业与民用配电设计手册》时看到略微提了一下这样的方式(282页)，以前没看到有这么用的，是不是有点太烦琐了？请大家指教一下，什么情况下必须采用这样的保护方式呢？本来准备高高兴兴的套用这张标准图集，可是一看，问题太多了，先提两个，请大家帮忙解答一下，非常感谢！
家辉 头衔：天山内务总管 等级：两星客人	第12楼 分励脱扣器和断路器是一体的，它就在断路器内；其远距离分断原理：是远距离接通其电磁线圈回路（线圈得电、线圈在断路器内），从而带动其杠杆装置动作，使断路器分断。对于电流互感器接法：采用三相三继电器完全星型接法特点，可反映各种相间短路和中性点直接接地电网中得单相短路；两相三继电器不完全星型接线：正常运行或三相对称短路时（或中性点不接地系统），可反映L2相电流；当Y/△或△/Yn－11变压器二次侧发生两相短路和Y/yn变压器二次侧发生单相短路时与三相继电器接法效果相同。对于电气美眉这种追求真知的精神我非常佩服；上传的二次图我会去研究一下，可是你不能对我们这个行业所有的人都抱很大的希望，像你这样的有点少，特别是二次原理（对大家不恭的话：我觉得能把变配电所二次原理完全搞明白的不是很多），你应该理解很多人无法回答你的问题(包括我，现在回答都是现查资料)国标图籍同样有不少

家辉 头衔：天山内务总管 等级：两星客人	问题，可是如果让我自己画一套，可能问题更多（别误会，如果工程进度时间允许我很赞同你的做法）老专家对这方面研究可能多一点，现在很多采用微机综合保护装置，成套产品就不需画二次图了。
电气美眉 头衔：真实的我 等级：佳客	第 13 楼 非常感谢指教！家辉先生提到的电流互感器接法，我赞同，不过这也正是我迷惑的地方：高压电动机在大多数情况下不需要单相接地保护，两相两继电器不完全星型接线已经能反映相间短路、可以进行速断和过负荷保护了，对于单相接地，用的是系统的绝缘监察装置报警、也可以用零序电流互感器呀，为什么还要用 3 个电流互感器呢？我没觉得我有那么高的热情去追求真知。我只是想把我工作中能遇到的问题都尽快搞明白，以后可以从容应付了，这样就可以腾出点精力学点别的，我可不想一辈子搞设计呀！所以说只要能把工作做好，我就谢天谢地啦！采用微机综合保护装置，我倒是没做过，但我觉得保护类型的选择应该知道吧？整定值应该知道吧？所以我觉得无论采用什么方式，本质上的东西永远也不会变。一个电气工程师如果连这么点东西都不想去搞明白，我就觉得很奇怪，大学都白学了吗？刚才找出一本微机综合保护装置的样本看了一下，天水的电动机保护 MMP－MI，粗浅的认识就是它的主要作用就是取代了 GL 继电器，虽然保护更加完善、可靠，但还是离不开断路器的控制回路，更离不开直流小母线、信号系统那些讨厌的东西。它只是输出接点供跳闸用的。看以前的帖子好像不少先生用过，我的理解对不对，请大家给批评一下，谢谢！
 yehaiziesp 等级：一星客人	第 14 楼 直流小母线哪家都取消不了，信号系统看你怎么做了。
电气美眉 头衔：真实的我 等级：佳客	第 15 楼 谢谢大家指教。我也觉得分励脱扣与分闸线圈应该是一回事，可我看到《电世界》上一篇文章在提到交流操作继电保护时提出最好不用去分流式，而采用分励脱扣，那么他们之间是不是对立的关系呢？跳闸线圈是不是属于分励脱扣线圈的一种呢？越想越糊涂，大侠们快来帮一下忙。另外，讨论这些我不觉得没有意义，在低压系统中还好说些，在高压二次回路里弄不明白分励脱扣的含义，就不会应用标准图集，我也是在前几天学习标准图集才发现这个问题的，那张图纸我已经上传，可惜让谁给删掉了：（如果谁要的话，给我发短消息，连同前面的问题帮我解释一下，先谢谢了。楼上先生，信号

电气美眉 头衔：真实的我 等级：佳客	系统如果用直流的，现在还是用 ZC-23 冲击继电器吗？如果用交流的，信号要少一些，至少应该有哪些信号才能满足有关规范的要求呢？信号系统从来没做过，只是翻看了一些图纸，没有找到一套完整的交流系统的图纸，所以一直很迷惑，请大家帮忙解答一下或提供图纸，谢谢！
c45n 等级：版主	第 16 楼 对于非电动操作的低压开关而言，分励脱扣器可以装在开关内，也可以附加在开关外，这要根据具体产品确定。不论是为了保护、消防安全或其他原因，装分励脱扣器的目的都是一个：能够远距离的、非现场手动操作的实现分断。对于高压断路器，它操作机构内的各种脱扣器都可以实现上述目的，从这个角度可以说，高压断路器不需要什么分励脱扣器。标准的去分流方式，是依靠短路电流的能量（经过 CT 转换）来驱动脱扣器，而实际发生的短路电流准确值是难以预先确定的。因此，相对而言，CT 二次侧只接入过电流继电器，由过电流继电器提供动作信号，高压断路器的脱扣器依靠其他外部电源（交流或直流）来执行，这种方式的可靠性和灵敏度要高得多。当然，去分流也有优点：简单、方便。
电气美眉 头衔：真实的我 等级：佳客	第 17 楼 谢谢 c45n 先生，看了您的帖子，我心情也开朗了许多，原来我也是这样认为的，我学习《工业与民用配电设计手册》的时候，看到去分流校验那么复杂，头都晕了，于是就想找张标准图籍的交流操作来研究一下，以后好套用，可是一下子看到个什么“分励脱扣”，就有点着急了，上来问问，图纸上的那个“分励脱扣”就是分闸时用一下，我也觉得没有什么必要。那张图纸不知道谁还想要？如果要的话，我也不知道上传到哪儿才好，就给我发邮件吧，我很想听听大家对它的评论，谢谢。今天查到了，分励脱扣器就是分闸电磁铁！CT8 的操作机构里有，里面还有瞬时过电流脱扣器，失压脱扣器那么失压保护是不是就不用从电压互感器那里取得低压信号了呢？请大家帮助，谢谢！
大鼻山 头衔：最逍遥 等级：版主	第 18 楼 呵呵，我要休息了，这里先顶一下，改日来细聊。这个分励脱扣，也困扰我多年了，尤其是为何叫“分励”这个奇怪的称呼。你这个情形，让我想起 N 年前，刚从学校毕业（电力系统专业），第一次接触到分励脱扣，也是非常纳闷；看书，很少资料介绍；请教老同志，也是言而不详。直到后来才慢慢了解，和你们上面理解的差不多，呵呵，已经逼近真理的颠峰。

dv100 等级：一星客人	第 19 楼 我来说说综保吧。天水的 MMP 系列综保其实我认为其主要就是替代了一些继电器，它的功能真的还很是不完善，没有“防跳”，没有电量累计等等功能，我认为它就是将老式的过流继电器等缩小放在一个壳子里面，没有很新的东西！我还用过 ABB 的 REF541 和 REF542PLUS 智能控制保护单元，效果还是不错的。功能很是强大的。不过它的“防跳”功能是在 VD4 断路器上实现的，用它做出来的控制原理相当简单！也不需要信号回路，用上位机就可以全部监控开关所有状态及进行视在功率、有功功率、无功功率、功率因素，有功和无功电度都可计算显示。有具有故障录波功能。其中 REF541 中保护完全不同于老式继电器的保护，全部是采用各种曲线，根据负载特性选择曲线就能进行保护。SEL 的综保也是不错的，不过 SEL 用在大型电站、主变功能是强大的，因为它分得比较细，各种负载用不同型号的 SEL 综保。而 ABB 的 REF 系列用在馈电回路还是很好的，它电动机和变压器可用一种型号就可保护。
河图 头衔：藏经阁——思尘 等级：两星客人	第 20 楼 唉，我们搞电气的学点知识真难呀！学校学的不实用（那时也贪玩，没学到什么），现在想学点什么，连相应的书都找不到，不知这是不是我们电气专业的悲哀？我们国家的九位政治局常委有七位以上所学专业与电有关，但我没有看到我们的地位什么时候才能提高！
 电气美眉 头衔：真实的我 等级：佳客	第 21 楼 河图先生说的深有同感。有时想学习都不知道从哪儿下手。再问几个问题吧： 什么时候低压空气开关必须安装欠压脱扣器？什么时候低压空气开关必须安装分励脱扣器？如果用塑壳开关这两个就不能同时安装，那怎么办呢？
cnvisitor 等级：游客	第 22 楼 低压开关中分励脱扣器用于远程控制开关分断，其原理如同接触器，通过外加电源电压（交流、直流均可，订货时注明，可引自断路器上方）使分励脱扣器线圈得电，驱动断路器跳闸。其可靠动作电压通常为 0．7～1．1Ue。由于塑壳断路器分励脱扣器与欠压脱扣器安装在同一位置，所以只能二选一，不能同时安装。分励脱扣器通常用

cnvisitor 等级：游客	于控制非消防负荷，在火灾时由消控中心发出指令接通分励脱扣器线圈电源，分断分区内非消防负荷。至于切断位置，在配电柜或现场箱柜均可，但注意不要扩大事故范围，只停止相关部位的空调设备和电力、照明设备。欠压脱扣器工作原理与分励脱扣器大致相同，用于限制电动机自启动而非保护电动机本身。对于不允许或不需要自启动的电机，或同一回路次要电动机主回路，当电源电压降低或中断时，应断开足够数量的电动机，以保证重要电动机在电压恢复时自启动。 塑壳断路器由于操作力矩不大，通常可直接操作（扳把或加手柄），大容量开关（630A 以上）及框架式断路器，力矩很大，手动操作难以实现，需加电动操作机构（电操）。电操有两种：直接电动操作和弹簧预储能操作。二者都通过电动机实现，后一种较广泛，价格也较贵。它通过分闸后电动机给弹簧施加能量以实现下一次合闸操作。作为后备，开关面板上还有一个手柄，当电机故障时可按压手柄三~四次给弹簧储能以实现分合闸。所以并不是主开关一定要带分励和欠压脱扣器的，二者包括电操机构是三个互不相关的系统，但电操可实现分励的功能，分励只能远程分闸，电操可以分、合闸。在楼宇自控系统中电操用的较多，但一个电操 2400 多元，分励只要 800 多元（呵呵，ABB 的价格，我曾在 ABB 工作），在功能要求不高的地方多用分励。ABB 的 Emax 开关合闸、分闸、欠压线圈通用，可以互换，只是安装位置不同，这是跟 Schneider 相比的一个优点。（我通常用国产的:）关于分励、欠压、电操的知识，建议各位要上面两个厂家送一套完整的塑壳、框架开关的资料，介绍得很详细，各种附件都有，不懂就问他们的产品经理，给他们一次卖弄的机会，呵呵，他们很乐意的。综上所诉： 1. 非消防负荷各防火分区主开关要加分励脱扣器，分路开关可不加。 2. 欠压我基本没用过。理论上在由自备发电机供电的负荷，若全压启动时，在电动机主回路（非消防负荷）装设。3. 可能性不大，就我见的图纸，很少二者同时均用的，因为分励后电动机已分断不可能再自启动。若要，可以用电操 + 欠压实现。4. 分励脱扣器通常用于塑壳断路器，因为它通常无电操，远程分断只能通过分励，只是一种经济的做法。5. 框架开关和高压断路器都自带有电操机构，内含有合闸、分闸线圈，虽然说分闸线圈的作用和分励脱扣相同，但此处不再用分励的提法，而称电操的合闸、分闸线圈。ABB 的资料中，有时也称分励合闸、分励分闸。

<table>
<tr><td>
大鼻山
头衔：最逍遥
等级：版主</td><td>第 23 楼
我基本赞同楼上的 90% 的观点，但是我严重不同意兄弟的“由于塑壳断路器分励脱扣器与欠压脱扣器安装在同一位置，所以只能二选一，不能同时安装。”，请你咨询厂家后再发表见解！</td></tr>
<tr><td>
cnvisitor
等级：游客</td><td>第 24 楼
呵呵，大鼻兄弟，我不巧正好在 ABB 工作了几年，对 ACB，MCB 正好多少有一些了解，ABB 也许进不了你的法眼，但我想一般做电气设计的多少还是知道的。所以，咨询厂家的应该是你而不是我。同时，你随便翻翻 Schneider，CM1，HSM1（分别是施耐德、常熟、杭州之江）的资料，看看他们的配件是不是写着分励/失压而不是分励和失压，是不是附件代号图标中分励、失压画在同一位置呢？</td></tr>
<tr><td>大鼻山
头衔：最逍遥
等级：版主</td><td>第 25 楼
塑壳开关在安装分励脱扣器之后，能否再安装一个欠压脱扣器？其实很早就有朋友就此问题咨询过我，我又转为咨询厂家，得到的 N 次答复都是：两个脱扣器可以同时安装在同一开关上。</td></tr>
<tr><td>
qianzy
头衔：未名
等级：贵宾</td><td>第 26 楼
以前的塑壳断路器讲究左边脱扣器，右边辅助触点，所以分励脱扣器与欠压脱扣器安装在同一位置，不能同时安装。但是现在产品已经不分左右，附件左右安装均可，并且最多可带三个附件。因此，两个脱扣器可以同时安装在同一开关上。附件方案号：250/350 请参见最新样本。</td></tr>
<tr><td>浪里鱼
等级：游客</td><td>第 27 楼
分励脱扣可以理解为线圈励磁后断路器脱扣跳闸。高、低压断路器远方控制或另加保护时应有此脱扣线圈。欠压脱扣可以理解为线圈电压低至规定值时断路器脱扣跳闸。欠电压脱扣器不能完全替代分励分闸脱扣器的功能。因为目前大部分低压断路器的欠压脱扣直接测量一次交流回路的电压而动作，而分励脱扣器采用的控制回路电压通过外部命令而实施跳闸。</td></tr>
</table>

cnvisitor 等级：游客	第28楼 家里装修，有一段时间没来了。我又咨询了一下Schnerder售后服务人员，了解到目前Schnerder及ABB的塑壳断路器是不能同时安装分励和欠压的，因为都在开关的同一位置。进口产品我比较了一下，Schnerder、ABB及moeller是这样，Siemens的样本手上没有而不太清楚。国产断路器我看过CM1的最新样本，这两者可以同时安装，即qianzy先生所说的250/350V。但并不是所有国内厂家的产品可以同时安装，而且现在国内型号也很多，大家在选型时仍要注意。知无不言，言无不尽。

1-11 电动机功率问题的困惑

玄黄 等级：贵宾	楼主 标准图集中电动机功率如2.2kW等是指输入功率还是输出功率？我觉得是输入功率，但无法算出效率和功率因数。其他专业样本中的功率是指输入功率还是输出功率呢？其他专业样本中有时很不明确。电动机效率和功率因数大家怎么取的？
zhaokaikai 头衔：华山一壶饮 等级：版主	第2楼 是额定功率，额定功率是电气计算的基础，一般的计算就用该功率就行了。
玄黄 等级：贵宾	第3楼 总负荷计算难道不是以设备输入功率为准的？输入功率＝输出功率/效率！标准图集中电动机功率如4kW，计算电流为8.7A，$4/(0.38\times\sqrt{3}\times8.7)=0.7$，我认为0.7为功率因数×效率，因为我记得在以前的手册中功率因数大多数0.75以上，有的只有2.2kW。很多设备样本上提供的电动机的输出功率就是轴功率，请问一下大家计算时有没有换算成输入功率来计算总负荷？
zhaokaikai 头衔：华山一壶饮 等级：版主	第4楼 不要了，就用额定功率算就行了，其实铭牌上的就是额定功率。求出额定电流就可以整定开关、导线了。电气技术措施里说的挺明确的，不要再换算了。

玄黄 等级：贵宾	第5楼 kai兄说的不明确，额定功率是输入还是输出功率，如果是输入功率，不是还要考虑效率吗？在措施的那个部分，请告知！谢谢！
realkey 等级：游客	第6楼 从《98系列建筑标准设计图集98D1》上就能按功率查出各种需要的数据。
玄黄 等级：贵宾	第7楼 我目的不是找数据，比如暖通专业提供的电机功率6.4kW（入）/4.5kW（出），那么电流$=4.5/(0.38\times\sqrt{3}\times\cos)$，总负荷是按6.4算还是4.5算。大家以前可能很少注意这点。
zhaokaikai 头衔：华山一壶饮 等级：版主	第8楼 小玄子，看看03版措施p8页2.5.1条。你说的也不是没道理。可是不要难为自己呀。
海兰兰 等级：常客	第9楼 轴功率为设备专业根据自己的风量、水量、出力等要求计算出来的机械设备运行点的功率，根据此值，考虑电机的传动效率等因素来选择配套电机，所以电机功率要高于轴功率。而我们电气专业在我们的计算中，要根据电机功率来计算。即是楼主所说的6.4kW。
玄黄 等级：贵宾	第10楼 小楷子，多谢了，我才不愿难为自己，任何事情要搞清楚原理才能触类旁通，实际设计时我也是和你一样设计的！这是偶然想到的，我觉得有讨论的必要！你讲的余量问题没错，设计时是留有一定余量，但不等于留有一定余量这个计算就是正确的，设计归设计，既然是讨论，我觉得就要有个正确的答案！我要强调的是动力箱的设备功率是按单台电动机输入功率算还是电动机铭牌上的功率（你说的电动机在额定运行状态下输出的机械功率）算！我们习惯按铭牌上的功率算，对不对?!
realkey 等级：游客	第11楼 我认为额定功率也就是额定输出功率，也就是平时说的xxkW电机的输出功率就是××kW。

 ROSE 头衔：掌门-天虹剑 等级：版主	第 12 楼 我认为是电机铭牌额定功率是输入功率。功率因数是计算视在功率的，和输入、输出功率没关系。输出功率考虑了电机效率的，这也是我们平常负荷计算时为什么有需用系数的缘故。
NLB  等级：版主	第 13 楼 电机的额定功率就是它的输出功率，对于电动机来说，就是它的轴功率。电动机的输入电功率要比它的额定功率大，用$\sqrt{3}$乘电动机的额定电压、额定电流，再乘功率因数，其值要比额定功率大。只有再乘效率，其值才等于额定功率。确定一台电动机的计算电流直接用它的额定电流，2 台以上用计算负荷算。2～3 台取设备总功率，4 台取设备总功率乘 0.9，4 台以上可按需要系数查表。需要系数是经验数据，电机数量少时用需要系数法误差较大。利用系数法的理论根据是概率论和数理统计，计算结果较准确。我用过，计算过程不太麻烦。
麦克白  头衔：香积厨大师傅 等级：版主	第 14 楼 电动机额定功率不是轴功率。比如水专业根据流量、扬程计算得出电机轴功率，然后查表得出配套电机的额定功率。轴功率是考虑了电机效率和可靠系数的。电机额定功率 = 1.1～1.3 轴功率。详细计算公式： $Pm = P(1 + a)/n$ Pm：所需的电动机功率；P：泵的轴功率；a：电压、频率变化，设计、制造上的余量（0.1～0.2）；n：传递方式决定的效率（0.9～0.98）； $P = 0.1635rQH/np$ Q：泵排出量；H：泵总扬程；r：液体相对密度；np：泵效率。
Mrfep 头衔：白水 等级：常客	第 15 楼 电动机的额定功率是轴输出的有功功率，是工程计算的基础资料。工程上为简化计算，其他因素均在各种系数中加以考虑。
 ROSE 头衔：掌门-天虹剑 等级：版主	第 16 楼 不同意 NLB 关于电动机的输入电功率的计算方法，可以找个电机的参数试试。同意小麦。

NLB  等级：版主	第 17 楼 小麦先生，咱俩说的不是一个轴功率。你说得是机械所需的轴功率，我说的是电动机额定输出轴功率。套用你的公式就是：电机额定输出轴功率 =1.1 ~1.3 机械所需轴功率
大鼻山 头衔：最逍遥 等级：版主	第 18 楼 ROSE 认为：电机铭牌额定功率是电机输入功率？谬也！乃电机的输出功率呀。NLB 的大部分意见我认同，但是这句话“用$\sqrt{3}$乘电动机的额定电压、额定电流，再乘功率因数，其值要比额定功率大”，我认为是不对的。实际上，功率因数是针对额定功率而言的，并非针对输入功率而言。因此，三者的乘积应该等于额定功率，而非输入功率。我总结本人意见如下，仍然欢迎大家讨论、指正：电动机的额定功率 Pe（即铭牌上所注功率），是电动机的轴输出有功功率，也是电气负荷计算通常所采用的功率。另一方面，该功率等于用电机械（如泵）的轴输入功率 $P2$（前面有朋友认为二者存在 1.1 ~1.3 的倍数关系，不妥），它实际上就是设备专业（水暖）所提资料的设备功率（输入有功功率），即 $Pe = P2$。此外，对于电动机本身而言，根号 3 乘以电机额定电流，再乘以电机额定电压，再乘以电机功率因数，就等于电机额定功率 Pe，即$Pe = 1.732 \times Ue \times Ie \times \cos\phi$。 电动机的输入功率 $P1$ 跟上述电动机额定功率 Pe 根本不是一码事，二者存在关系式：$P1 = Pe/\mu1$，（μ1 为电机效率）。或者，$P1 = 1.732 \times Ue \times Ie \times \cos\phi/\mu1$。上面有朋友询问，负荷计算到底按 $P1$ 还是 Pe？回答就是：理论上二者都行。但要注意，若采用电机输入功率 P1 进行负荷计算，其对应的功率因数需要换算一下，其值等于 $\cos\phi/\mu1$ 而非 $\cos\phi$。实际工程中，几乎没人这样进行负荷计算，因为太傻而且太繁琐！最后，顺便再谈谈设备专业所提资料中的设备用电功率 $P2$ 的由来。$P2$ 实际上就是设备专业样本上直接给出的设备输入有功功率（或称“设备轴输入功率”）。由于设备本身也存在效率（$\mu2$）问题，因此，设备实际所需功率 $P3$ 要小于输入功率 $P2$，二者满足 $P3 = P2 \times \mu2$。这个 P3 值，其实跟电气的关系已经不大了，水暖专业一般也无须提给我们的。有兴趣的朋友可以接着往下看。假设某潜水泵的扬程为 9m，流量为 20m^3/h，水泵效率为 50%，求 P3 及 P2？答：$P3 = 9 \times (20/3600) \times 9.8 = 0.49$kW，$P2 = 0.49/0.5 = 0.98$kW，取 1kW。此 1kW 一般直接标在设备样本中，就是设备专业提给我们的用电量 $P2$，也是配套电机的额定功率 Pe，无须再计入什么保险系数了。 偶觉得大家讨论问题里，尽量抓住问题本质呢，虽不宜表面化，但也不要扩大化、复杂化了。

 大鼻山 头衔：最逍遥 等级：版主	第19楼 1. 水专业还提两个功率值吗？我接触的都是一个功率值。如果水专业只提一个功率，那么这个功率是什么功率呢？因为我们电气最关心的就是这个数值。我认为这唯一的数值，就是水泵所需的输入功率，也就是我们须提供的电机的额定功率，无须再进行换算的。 2. 为了更直观和简化运算，可以当把常数 a，n，np 给以合并，就是一个水泵总效率 $N = (1+a)/(n \times np) =$ 常数。把小麦的公式与我的比较，可以发现，小麦的 P 基本相当于我的 P3，而小麦的 Pm 相当于我的 $P2$，他的总效率跟我的水泵效率是一致的。水专业提供的就是 Pm（或者我说的 $P2$）。 3. 但是，小麦的公式 $P = 0.1635rQH/np$，跟我的计算不太一致？我的公式是 $P(\text{kW}) = (9.8/3600)rQH/np = 0.272rQH/np$,式中，$Q$ 为泵流量（m^3/h），H 为扬程（m）。 呵呵，我重新解读小麦的原意：小麦认为 p（1 + a）才是电动机额定功率，也是水专业要求的设备输入功率，Pm 是电动机输入功率，n 是电动机功率；而 P 仅仅是泵的输出功率（一般不提给电气的）。兄弟是这个意思吧？
 麦克白 头衔：香积厨大师傅 等级：版主	第20楼 请注意传递方式效率0.9～0.98，这只能是电动机效率，需要注意的是，任何一种机械装置的传动效率都不可能这么高，能达到0.8的恐怕都没有，比如吊车，其效率可能只有0.5，其他输出功率都转化为热能了—中学物理课上知道的。我的公式是摘自国外某设计手册，也许跟国内有点出入，但道理都一样。在我们单位，工艺提条件时既要提电机额定功率，还要提机泵轴功率，我算过，基本上轴功率在0.8额定功率。NLB兄说的对是对，电机额定功率 = 电机额定输出功率 = $UnXInX$ 效率，但实际上电机的负载率并没有那么高，都是有余量的，所以精确地讲，输出的功率不等于电动机铭牌额定功率。

1-12　关于0类、Ⅰ类、Ⅱ类、Ⅲ类设备的具体定义是什么

hitwb 头衔：达摩堂堂主 等级：一星客人	楼主 关于0类、Ⅰ类、Ⅱ类、Ⅲ类设备的具体定义是什么？

 wys-3638 头衔：风清网 等级：版主	第 2 楼 好像是根据绝缘强度来划分的吧，哈哈，具体的记得不是很清楚。
XLPE 头衔：紫衫龙王 等级：版主	第 3 楼 0 类设备：仅靠基本绝缘作为防触电保护的设备，当设备有能触及的可导电部分时，该部分不与设施固定布线中的保护（接地）线相连接，一旦基本绝缘失效，则安全性完全取决于使用环境。 Ⅰ类设备：设备的防触电保护不仅靠基本绝缘，还包括一种附加的安全措施，即将能触及的可导电部分与设施固定布线中的保护（接地）线相连接。 Ⅱ类设备：设备的防触电保护不仅靠基本绝缘还具备像双重绝缘或加强绝缘这样的附加安全措施。这种设备不采用保护接地的措施，也不依赖于安装条件。 Ⅲ类设备：设备的防触电保护依靠安全特低电压（SELV）供电，且设备内可能出现的电压不会高于安全特低电压。

1-13　关于隔离电器的一点说明

c45n 等级：版主	楼主 关于隔离电器的一点说明 在实际工程中，有不少人对电气回路维修和机械维修的概念含混不清，隔离电器混乱使用的情况经常可见，因此我将所了解的情况做一个简单的说明，欢迎各位同行指正。规范中对于隔离电器的要求是很详细明确的，包括触头在断开位置能够承受的冲击电压、泄漏电流限值，其功能是有效地将所有带电供电导体与有关回路隔离，断开的触头应可见或有明显标识，应能防止意外闭合等。而用于机械维修时断电的电器必须能够切断电气装置有关部分的满载电流，但不一定需要断开所有带电导体，像断路器、接触器都可以满足用于机械维修时断电的电器的相关要求。按现行各种规范要求，必须或宜安装隔离电器的场所主要有：1. 低压电源进户处；2. 每台电梯电源线及多台电梯共用的每路电源线；3. 每台电焊机的电源线；4. 由放射式线路供电的配电箱的进线开关；5. 成套高低压开关设备（柜）中的断路器之上下口等。其他常见的安装位置还有用于住宅户

c45n 等级：版主	内箱的进线、电源派接或分界的开关、因保护电器与被保护设备距离较远而在设备现场安装的检修开关、有独立维护检修要求的回路等。按规范定义，隔离电器除了规范中列出的插头插座、连接片、熔断器等隔离电器以外，能够当作隔离电器使用的电器元件还包括：1. 传统的 HD、HS 类的刀闸；2. OETL 类的真正意义上的负荷开关；3. 未安装保护脱扣装置的类似 MCCB 或 ACB 的负荷开关；4. 抽出式、插入式（或称插拔）的 MCCB、ACB 甚至某些 MCB（有插拔式接线底座），因其开关本体与接线底座可以明显分离，也可以作为隔离电器使用；5. 抽屉式配电柜的抽屉等类似装置；移开式开关柜的手车等类似装置；6. 符合 GB 16895.4（IEC 364-5-537）要求的 MCB、MCCB 和 ACB。例如 ABB 公司的 S260 系列、施耐德公司的 C65H 等可以兼做隔离电器，而 S250、C45N、C65N 等则不满足要求。上述隔离电器大部分能够分断额定电流，甚至有些可以分断短路电流，但对于少数无载型隔离电器来说，锁定或其他防止意外断开的措施是必须的，也可以将无载型隔离电器与一个能带负荷开断的电器联锁，例如高压柜手车与真空断路器的联锁。应该注意“隔离电器”、“用于机械维修时断电的电器”以及“紧急开关用电器”的区别和使用要求。
大胡子 等级：佳客	第 2 楼 请问 c45n 版主：如何判断一个 MCB、MCCB 和 ACB 满足隔离电器的要求呢？实际的使用中审图者往往不认可断路器兼做隔离开关的功能。第 4 条由放射式线路供电的配电箱的进线开关为什么要设置，第 5 条断路器之下口也要设吗？请指教！
大鼻山 头衔：最逍遥 等级：版主	第 3 楼 根据了解，目前国产断路器的确不能兼做隔离开关使用。
zhoushu8 头衔：达摩院寺监 等级：版主	第 4 楼 CM1 型开关的样本都注明有隔离功能。难道是虚假的？那应该承担由此引起的民事责任啊。假设设计人员用的是 CM1 开关，我审他的图说他违反规范，人家不服，明明人家样本上有隔离功能，那我怎么解释，说那个 CM1 不算，说人家是假的，那么依据呢？有技术监督局的裁定书吗？

大鼻山 头衔：最逍遥 等级：版主	第5楼 老周啊，CM1确实是那么注的，但是它无法提供“明显的断开点”，因此无法代替隔离开关。就此问题，我数次跟CM1厂家交流，他们默认了。实际上，全部国产塑壳开关都不能兼做隔离电器。我以前都是一个CM1搞定；一段时间以来，已经改为“CM1+GL”模式了。
麦克白 头衔：香积厨大师傅 等级：版主	第6楼 那外国的呢？哪个提供明显的断开点了？好像只是有断开标志，也许我记错了。
zhoushu8 头衔：达摩院寺监 等级：版主	第7楼 这事很重要，我有2个疑问：一是，ABB的可以做隔离开关，这点似乎大家没争议，那它有明显的开断点吗？其实也没有，只是触头有表示而已，可这点国产的开关也同样能做到啊，也不需要很高尖的技术，更何况我国的模仿能力很强的，CM1也是同样的原理，我觉得是不是有双重标准？二是，符合GB 16895.4（IEC 364-5-537）要求的MCB、MCCB和ACB。例如ABB公司的S260系列、施耐德公司的C65H等可以兼做隔离电器。隔离电器也没说非得要有明显肉眼可见到的分断点，如《技术措施》第4.5.7条就说只要明显的通断显示，并没说要直接看见，ABB的开关就是明显的通断显示，望鼻兄再谈看法，也请C45兄明确CM1是否可作隔离开关用。
zhaokaikai 头衔：华山一壶饮 等级：版主	第8楼 楼主把需加隔离的几条的规范出处说一下，有好几条看着新鲜，不是自己编的规范吧。还是你那里的地方性要求，我认为，明显的断开点是能明显的看到触点断开，我们这里审图的也是这么说得，有人说刀开关有壳，看不到呀。好吧，检修的时候把壳卸了，看到了吧，安全，放心。微断，塑壳开关咋卸呀，那个电工会，告诉我，有一种塑壳带小窗户。能看到触电，以前我们这边认得，现在又不承认了。
c45n 等级：版主	第9楼 传统的隔离电器像胶盖闸、HD刀闸等产品虽然是敞开式可以目视断点，但几乎没有灭弧能力，各方面性能指标都很低，应用范围越来越小。目前主流的隔离电器像OETL、GL等都是负荷开关，能够开断额定电流，具有一定的灭弧能力，因此都是封闭式的，无法直接

<table>
<tr><td>c45n
等级：版主</td><td>目视断点，只能通过视窗标示或手柄位置来判断触头开闭位置。除了穆勒的产品以外，还很少见过其他公司有透明外壳的开关。规范中对此的要求是：“断开触头之间的隔离距离应该是可见的或明显的，并用标记<开>或<断>可靠地标示出来。这种标示只有在每极断开触头之间已经达到隔离距离时才出现”。也就是说，通过视窗标示或手柄位置来判断触头开闭位置是允许的。绝大多数 MCB（除 S260）、MCCB 是没有视窗的，那么如果要能兼做隔离电器，一个首要条件就是其手柄位置只能有通/断两个，而不能像有些断路器那样存在通、断、脱扣三个位置，其内部机构必须保证手柄位置与触头位置直接可靠的对应，不能出现触头已经焊死而手柄却能够扳下的情况。如果生产厂家在技术资料中标明能够具备隔离电器的功能，是要负法律责任的，没有根据我想不应该怀疑人家。在无法确定的时，我建议利用断路器的插拔式底座做隔离（选择插拔式断路器）。
大胡子老兄，放射式线路供电的配电箱的进线开关采用隔离电器目的是减少一级保护，在开关用于联络、下口侧有多电源联络或并列等情况时开关下口做隔离。
Zhoushu8 兄，不好意思，我虽然做了十几年设计，但从未用过国产开关，对国内产品比较生疏，不知道 CM1 是否可以当作隔离电器使用。
zhaokaikai 兄，老兄既然认为看着新鲜是我瞎编的，呵呵，那就不用查规范了，算是我编的吧。</td></tr>
<tr><td>zhaokaikai
头衔：华山　壶饮
等级：版主</td><td>第 10 楼
我们这边用的刀的作用类似于配电柜里隔离刀的作用，就是用于检修隔离，还要加断路器做线路保护的，就是断路器前加把刀。</td></tr>
<tr><td>暗夜流星
等级：一星客人</td><td>第 11 楼
刚查了一下《建筑电气常用法律及规范选编》中国电力出版社出版中册 1372 页 537.2.1.2。断开触头之间的隔离距离应该是可见的或明显的，并用标记“开”或“断”可靠的标示出来，这种标示只有在每极断开触头之间已经达到距离时才出现。注：此标志可用“O”或“I”来分别指示断开和闭合的位置。这样看来，CM1 及 C65N 都不能代替隔离开关。</td></tr>
<tr><td>板桥傻子
头衔：做梦都想飞
等级：一星客人</td><td>第 12 楼
如此说来，我们这边的图纸都有问题啊！断路器前面都没有加隔离开关的！晕！关注中……</td></tr>
</table>

zhoushu8 头衔：达摩院寺监 等级：版主	第 13 楼 如果生产厂家在技术资料中标明能够具备隔离电器的功能，是要负法律责任的，没有根据我想不应该怀疑人家。同意你的这句话，CM1 的技术资料中明确有隔离功能，我们没理由怀疑人家，出了事故由 CM1 厂家负责，我还是那么认为，认定他是不是有隔离功能，是另一个专业的事，不是我们搞设计的范围，就跟开关的遮断容量是不是可信，不由我们搞设计的判断是一个道理。因为那是更专业的东西，说实话，对开关电器，搞民建设计的只知道一点点皮毛。
暴雨 等级：常客	第 14 楼 我们这儿被电死一个，故障跳闸后电工看到断路器在断开位置，未拉开隔离开关就去拆线，被电死。因为断路器的触点并未真的断开，22 岁，死亡结论：违章操作！惨！此后我做设计从不忘记加隔离开关！
zhaokaikai 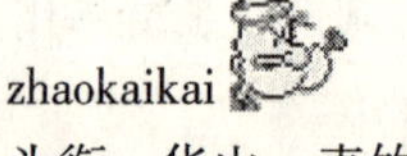 头衔：华山一壶饮 等级：版主	第 15 楼 是呀，据说该条规范的出台是有血的教训的，慎重呀。
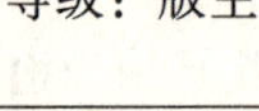 ttt001  头衔：般若禅师 等级：管理员	第 16 楼 具备可见视窗的断路器，尤其是微断和多数塑壳，是极少的。暗夜流星所引的规范解释是应该被执行的。也就是说，即使产品说明书上进行了性能标示，也不能够代替隔离开关电器。因此，应该按照目前多数审核的意见，在规范明确要求加隔离电器的地方，多加一个隔离电器。这不应该被理解为仅仅是对付审核图纸和国家规范，应该看作是对设计质量和生命的负责。
大鼻山 头衔：最逍遥 等级：版主	第 17 楼 没有明显断开点的断路器，就不可作为隔离开关。跟文字标示无关的。

wys-3638 头衔：风清网 等级：版主	第 18 楼 抽出式断路器可以不用加隔离开关吧。
矛盾共同体 等级：常客	第 19 楼 就国内的塑壳开关是不能作为隔离开关用的，小电流的可以用 C65H 等，大电流的可以用 XCF8 或者 GL 等负荷-隔离开关。
大鼻山 头衔：最逍遥 等级：版主	第 20 楼 大家见过 GLD 隔离开关吧：只有两个位置，合或者断，机械地对应着两个状态显示，其转换时间非常短暂。
西牛望月 头衔：俗家弟子 等级：一星客人	第 21 楼 低压配电系统中，应用隔离开关者很少，一般用微断替代，价格也差不多。如果说明显断开点的话，那是闸刀，我一般用微断，至于隔离开关，我认为主要用在高压系统中。
zhoushu8 头衔：达摩院寺监 等级：版主	第 22 楼 我还是不同意鼻兄和禅师的看法，而且越来越不同意，呵呵，走着瞧！
大鼻山 头衔：最逍遥 等级：版主	第 23 楼 我再解释一下：我本人只用 CM1 做总开关，也有很长时间了；其实我心中一直有疑虑，就是 CM1 到底能否兼做隔离开关的问题。尽管厂家样本声称有此功能，而且其表达符号已经有所变化，但当我当面咨询 CM1 厂商时，他们又含糊其辞、模棱两可了。我现在设计很老实，总开关改为 CM1 + GLD 了。目前，如果碰到有人设计 CM1 直接做总开关，作为审图人，我其实还是默许的。毕竟这不是十分定论的东西。只不过，我自己的设计习惯慢慢改变了，以防万一嘛，呵呵。

1-14 5（20）A，2级单相电度表的确切含义

大鼻山 头衔：最逍遥 等级：版主	楼主 5（20）A，2级单相电度表的确切含义？ 5（20）A，2级单相电度表中，5A为电表的标定电流，20A为额定最大电流，20/5=4（倍）为最大倍数。对于经CT接入的电度表，最大倍数不得小于1.2；对于直接接入式电表，不得小于2.0。但国家关于最大倍数的最大能到多少，无明确规定，目前厂家多做到2～6倍。显然，最大倍数越大越好（表明其承载能力越强，但制造成本也随之上升）。住宅内选用2级有功计量电表时，这表明其启动电流为0.5%倍的标定电流。对于5（20）A，2级单相电度表而言，启动电流为0.5%×5=25mA，或者说启动负荷为25mA×220=5.5W。简言之就是，只要住户内开启了5.5W的电器，电表就启转、计量。因此，选择电表时，1.电表的启动负荷要小于允许的最小负荷；2.日常用电负荷要在额定电流附近；3.用户最大负荷不得超过额定最大电流。是不是这样，大家也讨论一下。
麦克白 头衔：香积厨大师傅 等级：版主	第2楼 数字式电表启动电流要小于传统机电式电表。
christ888 头衔：光明使者 等级：四星客人	第3楼 2.0级是指启动电流吗，我还以为是测量精度呢（惭愧）。
sofar 等级：一星客人	第4楼 电表在额定电压、额定频率及功率的条件下：1级表为0.004Ib、2级表为0.005Ib。ib是标定电流。
zhoushu8 头衔：达摩院寺监 等级：版主	第5楼 满量程范围内误差不超过±2%吧。

欧零圈 等级：三星嘉宾	第 6 楼 电子是最小计量瓦数是 2W，那我选的 20(80) 的那最小计量瓦数 = 20 × 0.05 × 22 = 22W 天啊，那怎么办啊？压到 15(60) = 15 × 0.05 × 220 = 16.5kW？
大鼻山 头衔：最逍遥 等级：版主	第 7 楼 是 0.005 而不是 0.05。你的 16.5kW 更是离谱啊？
xw8765 等级：两星客人	第 8 楼 想问问在 5(20A) 在不调整线圈接线的情况下，启动电流是不是 5 × 2%？谢谢！
zbyjxp 等级：一星客人	第 9 楼 5(20)A，2.0 级单相电度表中，5A 为电表的标定电流，20A 为额定最大电流，20/5 = 4（倍）为最大倍数，这是对的，2.0 是满量程范围内误差不超过 ±2% 吧。 1 级表为 0.004Ib、2 级表为 0.005Ib。Ib 是标定电流。是表示表的灵敏度。
heartsun 头衔：门前站岗的 等级：两星客人	第 10 楼 2.0 级到底指的是什么啊？师兄们指教！启动负荷应怎么计算？
liangjie 头衔：乐在逍遥 等级：版主	第 11 楼 “用户最大负荷不得超过额定最大电流。”这句有问题，应该是不宜，电表可过负荷 50%。
lengbing 头衔：苦菜汤 等级：贵宾	第 12 楼 我们这里一般住宅供电局不同意装 15(60)A 的表。只允许装 10(40)A 的。

 大鼻山 头衔：最逍遥 等级：版主	第 13 楼 供电局就是害怕有电漏计了！也就是启动负荷的问题。

1-15　单相配电计算

gdsjy 头衔：中立派掌门奇迹 等级：版主	楼主： 单相配电计算的问题： 单相进线，设备容量 8kW，需要系数 0.9，功率因数 0.8，请问计算电流？请写过程。
luochihua 等级：两星客人	第 2 楼 8 ×0.9/(220 ×0.9）对不对啊?!
hpisme 头衔：潇湘生 等级：版主	第 3 楼 （8 ×0.9/220)/0.8。
gdsjy 头衔：中立奇迹 等级：版主	第 4 楼 我一直也这样算，可是标准图不是啊，唉! 新的标准图集把 RCB 称为过电流保护，唉!
poplhx 头衔：tianyi 的保镖 等级：五星客人	第 5 楼 gdsjy 您解释一下标准图的计算方法，我看了半天有点糊涂!

 linjianming 头衔：江南小生 等级：版主	第 6 楼 (8×0.9/0.22)/0.8 这样算呀！
gdsjy 头衔：中立奇迹 等级：版主	第 7 楼 03D603 住宅小区建筑电气设计与施工 P30 这是其计算住宅户内配电箱的数据： 1. $Pe = 6.0\text{kW}$，$Kx = 0.8$，$\cos\varphi = 0.8$，$Pjs = 4.8\text{kW}$，$Ijs = 21.8\text{A}$。 2. $Pe = 8\text{kW}$，$Kx = 0.8$，$\cos\varphi = 0.8$，$Pjs = 6.4\text{kW}$，$Ijs = 29.1\text{A}$。 同样是这本图集 P39，MCB 微型断路器，RCB 带过电流保护功能的断路器。
SJM1972 头衔：翠羽黄衫 等级：版主	第 8 楼 国标图集居然有这么低级的错误！
gdsjy  头衔：中立奇迹 等级：版主	第 9 楼 现在图集越来越贵了。我做一个图总怕出错，怕带来不必要的损失，若国标图集出错，由此带来的负面影响谁负责？
ROSE  头衔：掌门-天虹剑 等级：版主	第 10 楼 图集上的东西也是设计人员做的，难免不出错。
小菜  等级：五星客人	第 11 楼 世风日下，图集越出越快，质量越来越差，就像设计人员的图纸，甲方催得急呀！@#$%^&*()有天审图，说别人图上有个错误，后来他翻出图集给我看（还不是国标图集），我无语。
sxtyfgy  头衔：岩石忍者 等级：五星嘉宾	第 12 楼 看来图集中的计算把 $\cos\varphi$ 漏掉了！

小小新人 头衔：呵呵俩星啦！ 等级：三星客人	第 13 楼 再说了，功率因数为什么要取 0.8 啊？0.85 或者 0.9 不成吗？有哪位同志能给解释一下吗？
zhaokaikai 头衔：华山一壶饮 等级：版主	第 14 楼 哈哈，我们这边一个审图的老大爷说图集的做法不合适，我一问，原来就是该老大爷主编的，哈哈，真够幽默的。
prezhjian 等级：两星客人	第 15 楼 功率因数取 0.8 是大家的常规做法，好多设备功率因数都在 0.8 左右。但是住宅的可以取 0.85 左右，这里面主要考虑了一个空调用电的功率因数在 0.88 左右。
zylz 等级：游客	第 16 楼 我还真没注意这个问题，我也买了图集，还那么贵。再提一下，P30 页 $Kx=0.8$，P39 页 $Kx=0.6$，随他定的。住户配电箱用单位指标负荷好像也不应该乘需要系数的吧！

1-16　插座线径的问题

scpxh 头衔：川妹子 等级：两星客人	楼主 插座线径问题： 各位，你们选电脑插座线一般是用 $4mm^2$ 的，还是 $2.5mm^2$ 的啊，我看了好多，有选 $4mm^2$ 的，也有 $2.5mm^2$ 的，大家来谈谈。
du_ wen_ bo 头衔：超级工具 等级：两星客人	第 2 楼 楼主是让我们抛砖的吧，我选 $2.5mm^2$，再大，我怕插座跟不上。一台电脑照 300mA 算，也够好几台的了。
arthur 等级：一星客人	第 3 楼 我这审图的意见是，末端断路器是 16A 的用 $2.5mm^2$ 的。以前我给空调插座配线，末端断路器是 16A，用 $4mm^2$ 的，审图要我改为 $2.5mm^2$ 的。

Walter 等级：一星客人	第4楼 我正做一工程，开敞式办公，每16张桌（电脑）一组即16个插座，我想用一条回路带，选6.0mm^2的导线。
ADANDAN 头衔：csxd 等级：游客	第5楼 那么你选的漏电动作电流多大？若为30mA，因每台计算机的漏电电流为3.5mA，在加上导线的漏电电流，估算每个配电回路最多允许7台计算机同时工作，才能保证漏电保护断路器正常工作，现在你选粗的导线，负荷肯定没问题，但还应该考虑线路和电脑的泄露电流，我的意见是16台电脑不能用一个回路。
scpxh 头衔：川妹子 等级：两星客人	第6楼 16张台接一条回路太多了，何不分二回路呢？且你用6mm^2的线插座不好接线。我的做法是一张台配二个插座用4mm^2的线。
Bajcf 等级：一星客人	第7楼 你要根据设备负荷来定用多大的线。建议：16A的开关用2.5mm^2的线（16A的开关用4mm^2的线是多余的）；20A的开关用4mm^2的线。
moonlight 头衔：虫窠居士 等级：版主	第8楼 6.0mm^2导线插不到插座孔里了。最大就是4mm^2，20A，30MA漏电。按规范要求，一条插座回路不要超过10组插座，一组插座为双联三极加两极的那种。
浪淘沙 头衔：CS毛毛虫 等级：四星客人	第9楼 电脑的泄漏电流大概在3.1mA左右吧，用30mA的开关最好漏电电流不要超过15mA，好像是这样吧？我一般电脑回路不会超过5~6个插座的。
Linjianming 头衔：江南小生 等级：版主	第10楼 《民规》第11.8.11条规定：当灯具和插座混为一回路时，其中插座数量不宜超过5个（组）。当插座为单独回路时，数量不宜超过10个（组）。但住宅可不受上述规定限制。
ADANDAN 头衔：csxd 等级：游客	第11楼 插座回路不宜多于10个，到底是考虑到什么情况才这样的？是考虑到负荷，还是考虑到泄露电流？

 城市边缘 头衔：缘空和尚 等级：版主	第 12 楼 主要指商场和办公室，住宅不受此限制，因为商场和办公室以后很可能会增加插线板，此规范主要是为了预留容量。
linjianming  头衔：江南小生 等级：版主	第 13 楼 应该是考虑现在的电器产品的功率在逐渐变大，为了保证在一个回路中接入的用电功率不致于超出导线的载流量。

1-17　当空调功率大时，可否不用插座

 ranner 头衔：华山-长空栈道 等级：一星客人	楼主 请教：当空调功率大时，可否不用插座，而用断路器直接接线，做个小箱子来代替插座？如题，空调为三相配电，5.5kW。
枫-舞之九天 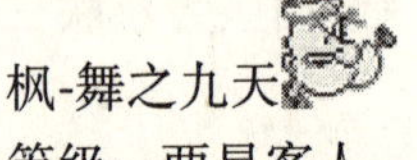 等级：两星客人	第 2 楼 我觉得用断路器做个小箱对我们来说更好！
 ranner 头衔：华山-长空栈道 等级：一星客人	第 3 楼 我想断路器的寿命是不是会缩短？因为相对较频繁的开启。
sxywmx  头衔：沧海一粟	第 4 楼 空调关了，一定要断开断路器吗？一般能用到大功率空调的地方，其空调一般不会断开电源的，只是在不用的时候用遥控器将空调关了而已，所以就不存在断路器寿命的问题。楼主的问题最好做一个箱子，里面装断路器，就如那种小插座箱一样，从安全等方面考虑都会好点的。

 wys-3638 头衔：风清网 等级：版主	第5楼 可以做个开关箱来控制空调，5.5kW应该可以用插座。 回3楼空调可以遥控启动或者前面板启动，没有必要老是折腾这空开的。
 雨过天晴 头衔：帮主 等级：三星客人	第6楼 本来就应该用空气开关箱。
 电气设计师 等级：一星客人	第7楼 这种问题没什么好说的了，当然可以啊，工程上不同做法而已，即使有插座插头，你也可以把线剥出来直接接空开。
 linjianming 头衔：江南小生 等级：版主	第8楼 现在买的三匹以上的空调本身就没有带插头，所以要用插座还得去买插头，还不如就用一个P30的小箱子装一个断路器来的好。办公室前几天刚装了空调，才知道空调根本就不带电源插头。
 玄黄 等级：贵宾	第9楼 留个出线盒吧！

1-18 "局部TT系统"到底是什么东西

 大鼻山 头衔：最逍遥 等级：版主	楼主： "局部TT系统"到底是什么东西？ 前面时间，不时有朋友断言："路灯采用TT系统时，故障电压不会沿着PE线蔓延"。这种说法正确吗？答：错误。为什么错误呢？因为他混淆了TT系统跟"局部TT系统"的区别，是只玩理论概念、不管具体电路的后果。路灯若配TT系统，那么自第一个路灯到最后一个路灯之间，拉的线路依然是三相五线，每一处路灯的PE线做重复接地（n线当然悬空）。因此，此时任一路灯的PE带电，都会蔓

 大鼻山 头衔：最逍遥 等级：版主	延到其他路灯！因为PE线本身就是连通的，故障电压怎么可能不蔓延呢?！路灯若配“局部TT系统”，情况就不一样了。所谓局部TT系统，是指每个路灯之间是三相四线（无PE线连通），每路灯处的金属外壳等做重复接地（n线当然悬空）。此时，某一路灯的外壳带电，显然不会蔓延到其“邻居”身上了。总之，TT系统跟“局部TT系统”是不同的，一定要注意区分。
小电容美眉 头衔：女排主攻手 等级：三星客人	第2楼 如果第二种做法叫局部TT系统，那整体叫什么系统？我有点不明白了。
城市边缘 头衔：缘空和尚 等级：版主	第3楼 局部TT系统我从王老的书上看过，他的定义是：一幢建筑里用的是TN系统，建筑外园林用电如果从建筑里面取电源，应用局部TT，从建筑里面引出相线和中性线，不引出PE线，室外用电设备金属外壳单独接地，加漏电保护。室内室外用电是一个系统，室外局部用的是TT，所以称局部TT。
小电容美眉 头衔：女排主攻手 等级：三星客人	第4楼 大家都这么聪明一学就会，我怎么就不明白呢？那这个局部TT到底是个什么东西啊？一般提局部某某系统，那整体一般就不是那个系统，局部TT，那整体是TN？如果每个灯都打接地叫局部TT，我为了省接地极，我两个灯之间联接PE线，做一接地，还叫不叫局部TT？麻烦大鼻山师傅再深入讲讲。
玄黄 头衔：玄黄 等级：贵宾	第5楼 没错，局部TT的含义我认同，但是鼻兄讲的TT系统的概念好像不对，五线配出应该是TN-S系统，PE重复接地后也不会变成TT系统啊?!
zyzzyz 等级：三星客人	第6楼 TT系统是5根线，少一根线就变为局部TT系统，真是深刻的理论。

小电容美眉 头衔：女排主攻手等级：三星客人	第 7 楼 坚决反对，这叫什么深刻的理论？四根线的 TT 系统太正常了。今天太晚，明天上班再理论。TT 系统里也没说非得共用一个接地极，可以每个用电设备都可以用自己的接地极，凭什么就变局部 TT 了？
大鼻山 头衔：最逍遥 等级：版主	第 8 楼 别激动，我前面没 TT 公用一个接地极呀，你看清楚的。“四根线的 TT 系统太正常了。”你这句话不太对，因为不严谨。4 线的 TT 系统，实际上就是“局部 TT 系统！”。你实在不服，请你给出局部 TT 系统的含义？你仔细查找相关资料、定义，再激动吧，呵呵。“TT 系统没有 PE 引出”?? 这句话不正确。严格的说法是：“TT 系统的电源处 n 线为一点接地，而受电设备的外露可导电部分通过 PE 线接至跟 n 线接地点无关的接地极上”。因此，兄弟认为 TT 系统无 PE 线引出，是不太正确的认识。什么整体？整体就是“局部 TT 系统”啊。这是一个完整不可分割的概念，不能再细分了。我给出“局部 TT 系统”的定义就是，“不引出 PE 线的 TT 系统”，因此它属于一种特殊的 TT 系统，也可以归类到 TT 系统中的。但是，若真的需要区分时，就一定要注意二者的细微差别。
jingkong12 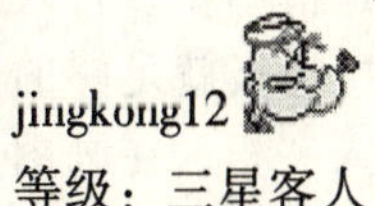 等级：三星客人	第 9 楼 我觉得 TT 系统从电源引出应该为 4 根线（L1、L2、L3、N，如果为 5 根那就 TN 系统了），对于设备外壳的接地，例如可以按每栋楼分别共用一个接地装置（如每栋楼的电气设备分别独立接地似乎不可能），因此对于共用一个接地装置的电气设备有故障电压沿 PE 线传递的可能！
 玄黄 等级：贵宾	第 10 楼 路灯按 TT 系统做就应该是单灯就地接地，以前老王讲课时也是这么说的！也就是大鼻子说的［局部接地］，我觉得这个问题没必要咬文嚼字！
jingkong12 等级：三星客人	第 11 楼 至于局部 TT 可以这样理解：该区域内的电气设备外壳分别独立接地（应该说没有电气联系），这样即使任一电气设备外壳带电也不传递给其他设备。如果该区域内的电气设备一部分共用一接地装置，还是要传递故障的；当然了电气设备共用接地也不叫局部 TT 了！

hys_ nc 头衔：阿凡提 等级：三星客人	第 12 楼 我的理解和大鼻山的理解有所不同。我认为所谓局部 TT 系统是指工程中某局部的供配电系统（TT 系统）在和整个工程中所采用的供配电系统不同时相对而言的！如整个工程中所采用的系统为 TN-S 系统，TN-C 系统或 IT 系统。但是如果整个工程中采用的也是 TT 系统，我认为该局部系统不应称之为局部 TT 系统.
zhaokaikai 头衔：华山一壶饮 等级：版主	第 13 楼 呵呵，对于路灯的做法就是按大鼻子说的，四线然后灯杆接地。至于系统的名称值得商榷。
小电容美眉 头衔：女排主攻手 等级：三星客人	第 14 楼 支持 hys_ nc。其实楼主所采用的两种方式，均为正宗的 TT 系统，两种方式各自有所偏重而已，在路灯设计上，采用第一种方式，是强调故障电压“就地消灭”，但牺牲的是单独的灯杆处接地电阻做法降低阻值难度的增加，因为，如果不加漏保护的 TT 系统中，单杆接地阻越小，保护电器跳闸越灵敏。第二种做法虽然故障电压可以殃及其他灯杆，但它有一条完整的 PE 线将所有的接地极都联在一起，总接地电阻要比单杆的接地极电阻要小得多，同样也经济得多。就是再加上漏电开关保护的话，也会避免单杆的接地极断裂而造成漏电保护拒动情况。在路灯设计中，我强调的经济性是指不要多打入接地极，因为每个灯处单独接地，原来只需打一根接地极就足够的地方，现在为了保证接地电阻的满足，至少要多打入一根，在画图时我们可以一带而过，但是实际中，一般是将两米五长的角钢垂直打入三米多深，施工的难度相当大，因为在道路边有各种市政管网，经常发生光缆打断，水管漏水。再就是打到一半，顶到金属管道上，不得不重新再打。所以，我赞成用 TT 系统用 PE 线将全部路灯联接起来的做法。再：楼主问我局部 TT 系统的定义，我想应该说目前还没有完整的定义，我们知道了什么叫 TT 系统，那无非就是在一个非 TT 系统的“局部”里，从某种安全角度考虑，采用一下 TT 系统。
bigsong 头衔：重振武当 等级：贵宾	第 15 楼 其实没有局部 TT 系统之说。一个系统必须从电源到负荷整体来看，才能称做系统，局部的东西是说不清楚的。真确的说法是：一种系统的四线部分或五线部分。如 TN-S 系统均为五线，TN-C-S(TT) 系统的四线部分或五线部分。

 城市边缘 头衔：缘空和尚	第 16 楼 在接地系统的分类里有 TN-S，TN-C，TN-C-S，TT，IT。“局部 TT”是不包括在里面的，提出局部 TT 只是为了某种需要，我觉得相当好理解，就是一个系统（非 TT 系统）的局部用了 TT 接地方式，所以称之为“局部 TT”，类似的应该还有“局部 IT”等。
 bigsong 头衔：重振武当 等级：贵宾	第 17 楼 再次提醒大家，接地系统的划分是很明确的，种类也是明确的，现在有很多人把有重复接地的各种接地系统说成局部 TT，局部 TN-C 系统，把问题搞混了。严格把握定义，搞清各种重复接地的形式，关键把握故障电流通路。如楼主所说的，用 PE 线把路灯外壳都相联，然后集中接地，到这里并不知道这是何种系统，要明确前端接线才能确定。其实由于路灯线一般较长又在室外，做成 TN-S，或 TN-C-S 系统都有较长的 PE 线，怕 PE 线断线故障，所以一般做成 TT 系统，而且各灯外壳均就地接地，只是有很多的接地体而以，它是一个标准 TT 系统。只是这个 TT 系统是一个理想的 TT 系统，他把每一个设备都直接接了地，PE 线做到了最小化，杜绝相互传播电位，其实我们做 TT 系统是想达到这个境界的，只是我们房子里的每一个设备都要直接分开接地不可能，只好把他们都联起来集中接地，这是不得已而为之，我们做惯了集中接地方式，把他认为是正宗的 TT 系统，而把路灯系统这种最为正宗的 TT 系统，有灌以局部 TT 系统，那是本末倒置呀。
大鼻山 头衔：最逍遥 等级：版主	第 18 楼 谁说没有“局部 TT 系统”之说?《低压配电设计规范》和《民用建筑设计规范》都提到了“局部 TT 系统”！设计手册和专业杂志提到的更是数不胜数。前面不少人认为“讨论 TT 系统和局部 TT 系统”是咬文嚼字，那么我只问他一个问题：你设计路灯时，到底是 4 线还是 5 线?！你必须面对这个问题，无法回避；既然无法回避，就必须搞清楚二者的区别。最后重申一下：局部 TT 系统不是本人的发明创造，而是低规和民规都明确提到的！既然国家规范都提到，就证明局部 TT 就和单纯的 TT 系统肯定是有区别的，而且不要混淆；如果还有人有异议，那么请他去翻阅 2003 年第 5 期的《建筑电气》，它会详细告诉你好多东西的。忽然又发现有朋友说，“路灯一般都采用 TT 系统”？而作为市政设计院的一员，我所做路灯工程和我所了解的路灯工程，恰恰相反，均为 TN-S 系统，很少见到 TT 系统，其中原因大家也谈到了，就是 TT 系统的漏电电流无法准确把握和整定的缘故。再如果 TN-S 也配以漏电开关，其效果会比 TT + 漏电开关差吗?！真的需要做实验，看看路灯的正常泄露电流到底有何规律了。

城市边缘 头衔：缘空和尚 等级：版主	第 19 楼 在《民规》288 页第 14.3.13 条有这样的文字："当……可采用局部 TT 系统或 TN-S 系统。"但在这之前，我找不到"局部 TT"的字样了。到是在 285 页第四行有这样的文字："在同一低压配电系统中，当全部采用 TN 系统确有困难的时，也可部分采用 TT 接地型式"。我觉得这是局部 TT 的含义，和王老的解释也吻合。我不同意鼻兄的"局部 TT 和单纯的 TT 是有区别"的说法，如果是这样，那怎么在接地型式里面没有提出来，就像 TN 系统分三种系统一样，TT 也应该分两种啊？我还是认同这样的解释："局部 TT 就是局部用了 TT 系统"。TT 系统区别其他系统的依据就是两个接地点有没有直接连接。
bigsong 头衔：重振武当 等级：贵宾	第 20 楼 同意大鼻山。说法，也就是一个大系统中，局部有 TT 形式，但这种叫法真是别扭。我门仔细想想其实他是二种系统的合用。但是民规真是需要修改了，我门知道 TT 与 TN-S 可合用，TT 与 TN-C-S 系统一般不能合用，要合用必须有很多的前提条件。可民规？民规好像成了一些不规范概念的根源了，废了吧。电气还分什么民规、工规的，要以人为本。

1-19　有关电流互感器的变比

xhf2411 头衔：设计 等级：一星客人	楼主 电流互感器的变比？我看过关于低压柜抽屉上电流互感器的变比有两种不同的选择依据：一是计算电流，二是断路器的整定电流。请大家说说哪种比较合理。
jbqzxm 等级：游客	第 2 楼 我选择 1 计算电流。
elhf 等级：三星客人	第 3 楼 我选择 2 断路器整定电流。

yoyo 等级：一星客人	第 4 楼 我觉得应该看情况而定。
wys-3638 头衔：风清网	第 5 楼 断路器应该按照计算电流来选择，而互感器则可以按照断路器来选择，这没有什么矛盾的地方啊？
xhf2411 等级：一星客人	第 6 楼 一般我们按整定值的 1.5 倍来选择电流互感器，但由于整定值比计算电流大，所以有时候电流表指针可能就在不到 1/2 处，读数就可能不准了啊。
一剑封喉 头衔：吾谁与归 等级：一星客人	第 7 楼 按计算电流，但是断路器的整定电流要小于互感器一次电流。一般我们让电流表的指针指到电流表量程的三分之二出。
zyzzyz 等级：两星客人	第 8 楼 再问个关于互感器的问题：当有大电流时，记费电表都要通过电流互感器二次接电表。若正常时一次线路是直接通过互感器的线圈，现在将一次线路在互感器上绕一圈，会出现什么情况？
sleeper 头衔：白板 等级：一星客人	第 9 楼 “现在将一次线路在互感器上绕一圈”打个结，留个疙瘩么？哈哈！
yukanlee 头衔：明清散人 等级：版主	第 10 楼 $I1/I2=N2/N1$，N1 增大 1 倍，I2 = ？呵呵……运行中常用此方法与电流表等配套使用。更正一下，I2 应该是 5A（或其他）不变的，算 I1 值为？sleeper 不要笑！有时候绕 2、3 圈的情况也有的。
sleeper 头衔：白板 等级：一星客人	第 11 楼 二次上面是瘸腿，学的不多还都还给老师了！现在又没怎么做这方面，这么严肃的论坛还是学要点幽默的嘛！我又不是恶意灌水，哈哈。

Rick_ pan 等级：游客	第 12 楼 是扩大电流表量程吗？我不是很清楚。这样做，二次侧的电流要比正常事的电流要大，对于一定的表，是缩小量程啊，还有可能就是多计费。
yukanlee 头衔：明清散人 等级：版主	第 13 楼 先举个实际的例子吧：电流互感器变比为 30/5，需测量的电流为 1 到几安培，怎么办？——导线在互感器上绕了 4 圈，也就是 5 次穿过互感器！这时互感器变比相当于 6/5。我上面所说的“I2 应该是 5A（或其他）不变”不太准确，应该是额定电流 5A 不变。所以我认为改变电流互感器变比（测量小电流）这种说法比较准确一些。实际中在测量电流没有合适的互感器时常常这样做。楼主的问题，应该是如 12 楼所说的多计费（2 倍），但也局限于 1/2 倍 I1 的电流以下。否则，将可能烧毁互感器。呵呵，我的理论很差，不对之处请大家指正。
dv100 等级：一星客人	第 14 楼 电缆在互感器缠绕几圈一般都是在小电机里面，下面是在手册上查到的一句话：LMZJ1-0.66 系母线型穿心式结构，一次绕组由用户根据产品铭牌数据自行穿绕，以改变被测的一次电流范围，而不影响其准确级，因此具有多变比功能。
lengbing 头衔：最菜的那个 等级：贵宾	第 15 楼 电流比是匝数的反比，原来是 50/5 的电流互感器，当一次为一匝时，二次为 10 匝，当一次为二匝时（即绕了一圈），二次仍为 10 匝，其变比变为 25/5，是提高精度，不是扩大量程。可以用来测量小电流，绕 n 圈，测出的电流除以 n + 1，就得出导线上的电流。
cy555boy 等级：游客	第 16 楼 1. 互感器铁芯内产生的交变主磁通的电流来原于串联的高压回路电流通过其一次绕组产生的。和变压器有区别的！$I1 = n \times I2$。 2. 和电流互感器的极性有关，绕一圈极性有变化吗？大家讨论，呵呵。
vlsa 等级：佳客	第 17 楼 没看过互感器吗？有说明的嘛！50/5，100/5，200/5，300/5……绕的圈数不同就是不同的变比，可以根据要求设置。看产品吧！

 小草 等级：游客	第 18 楼 这个问题应该是指电流互感器为穿芯式的，厂家在铭牌上一般都有给出穿过互感器中心孔次数的电流变比，增强了灵活性，方便实际使用。$I1/I2 = N2/N1$ 就是一次电流：二次电流 = 二次匝数：一次匝数，即二次匝数不变的情况下（制造时已经定死了），要保证二次电流在 5A 以内供电表使用，可以调整穿过互感器中心孔的次数，比如：穿过互感器中心孔一匝时的变比为 300/5，则电流的倍率为 60，一般适用负荷电流在 150 ~ 300A 范围；台果负荷电流在 150A 以下，为提高测量精度，可改变穿过互感器中心孔的匝数为二匝，同时实际变比改为 150/5，电流的倍率为 30，余此类推。总之，对选定的穿芯式互感器来说，他的二次匝数是固定的，二次输出电流也是要求固定的。所以，改变穿过互感器中心孔的次数（匝数）是人为地改变了互感器的一次电流，因此，要同时改变倍率才能正确计算电表计量。最主要的是要确定穿过互感器中心孔的次数，并不是看绕几圈，因为绕一圈可以只穿一次，也可以是二次。
bogey 等级：游客	第 19 楼 $I1 \times N1 = I2 \times N2$ 这个大家都知道的，绕了一圈肯定是增加了一次的匝数，所以二次的电流肯定变大，前面有兄弟说了这是增大了电流表的量程，同意！当然变比也就变小了！

2 供配电系统

2-1 环网柜的保护

hnshj 等级：一星客人	楼主 请教环网柜的保护问题 如果箱变一般都是 800kVA 以下，不设瓦斯保护对么？
西牛望月 头衔：俗家弟子 等级：两星客人	第 2 楼 负荷开关有电动操作机构的，应该设 *PT*，充电模块，直流输出。
hzliu 等级：一星客人	第 3 楼 800kVA 这么小的箱变，不需要瓦斯保护！一般环网柜二次的电源都从 PT 上引。
yndlj 等级：一星客人	第 4 楼 尽量不用在大于 800kVA 的油变上。
wys-3638 头衔：风清网 等级：版主	第 5 楼 后备式的比较贵，好像要一两千块。
小电容美眉 头衔：女排主攻手 等级：三星客人	第 6 楼 接于母线上的 PT，作为电动操作的电源，将来配电馈线自动化的监控终端也需要电源，可以远距离遥控分合。
hnshj 等级：一星客人	第 7 楼 我们这里变电所有 1000kVA 的油变，没见有瓦斯保护，直接用跌落时熔断器。

du_ wen_ bo 头衔：超级工具 等级：两星客人	第 8 楼 瓦斯是气体，是一氧化碳和氢气的混合物，油变哪里来的瓦斯？油变的体积比干变的小吧？请指正。
wys-3638 头衔：风清网 等级：版主	第 9 楼 1000kVA 的箱变应该使用的是干变，油变的话体积会太大的。也就不存在瓦斯保护了。电源可以在进线柜加一个 PT（10/0.22kV），也可以加 UPS，不过最好用后备式的。
暴雨 等级：一星客人	第 10 楼 用环网柜时瓦斯只能给出信号了，油变大部分是匝间断路时产生瓦斯气体，负荷开关切不掉断路电流，等熔断器熔断吧！
yangzj11 等级：两星客人	第 11 楼 负荷开关可以选用电动操作机构，如果要求不是很高，操作电源是否可取自低压柜，瓦斯保护动作前操作电源还是有电的，负荷开关动作后可手动储能。
yndlj 等级：一星客人	第 12 楼 规程能不能给我们点启发？电力装置的继电保护和自动装置设计规范 GB 50062—92 第 4.0.2 条 0.8MVA 及以上的油浸式变压器和 0.4MVA 及以上的车间内油浸式变压器，均应装设瓦斯保护。当壳内故障产生轻微瓦斯或油面下降时，应瞬时动作于信号；当产生大量瓦斯时，应动作于断开变压器各侧断路器。当变压器安装处电源侧无断路器或短路开关时，可作用于信号。
ROSE 头衔：掌门-天虹剑 等级：版主	第 13 楼 可我见网上有 1000kVA 的箱变呀！好吧，就算箱变只到 800kVA，那么变电所用负荷开关，还是同样的问题：瓦斯保护怎么做？
NLB 等级：版主	第 14 楼 如系统比较简单，可用电解电容储能跳闸方案。选 3000μF、450V 电解电容，用 220V 半波整流充电，可同时使两台分闸功率不大于 550W 的开关分闸。

lengbing 头衔：苦菜汤 等级：贵宾	第 15 楼 电动操作的负荷开关就要加瓦斯保护，不过一般手动操作，瓦斯的电源可取低压侧。
aks 等级：游客	第 16 楼 我做过 4000kVA 的 35kV 变压器，用负荷开关，没装瓦斯。用负荷开关作用于信号就行了，不然用断路器算了。“当变压器安装处电源侧无断路器或短路开关时，可作用于信号。”意思是负荷开关可以不装瓦斯保护。
大鼻山 头衔：最逍遥 等级：版主	第 17 楼 不是这个意思的；按照规范，800kVA 及以上的油变要设瓦斯保护，但是负荷开关保护时，可以仅作用于信号，并非可以取消瓦斯保护。以上针对 10kV 及以下。
管生林 等级：游客	第 18 楼 800kVA 的油变带瓦斯继电器，保护不需要考虑！电源可以从低压侧取！不需要加 PT。

2-2　一个误操作引起变电站保护动作的案例

wys-3638 头衔：风清网 等级：版主	楼主： 一个误操作引起变电站保护动作的案例 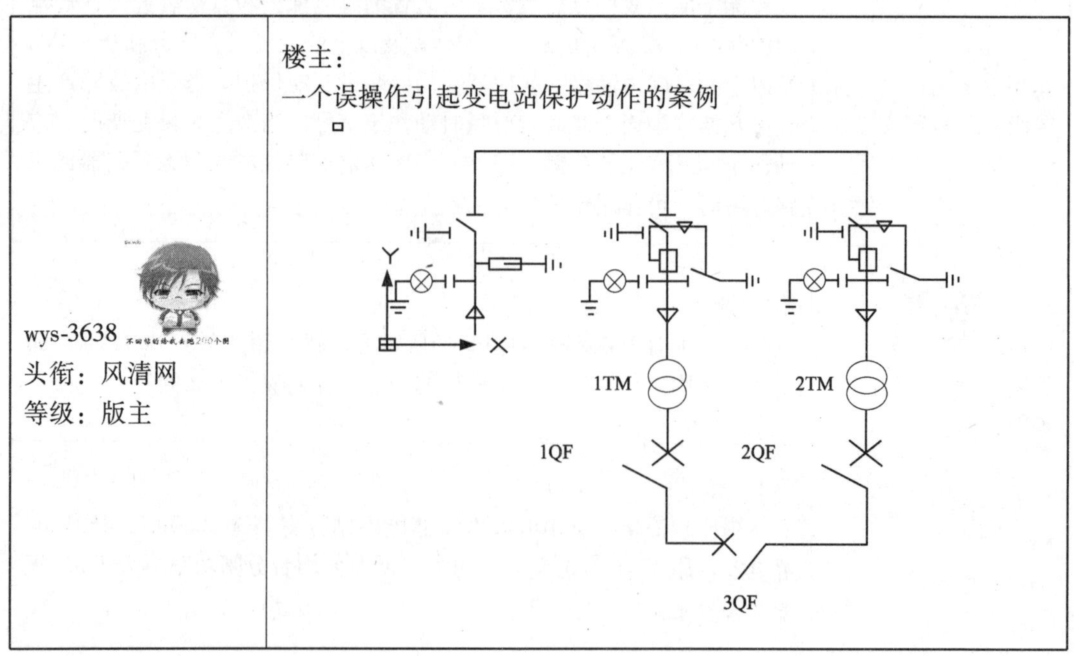

wys-3638 不回答的给我去地200个啊 头衔：风清网 等级：版主	上面的图中为两台变压器进线（1QF，2QF 分别为两台变压器进线断路器，均设有欠压保护。3QF 为联络开关）系统，两台变压器允许并列运行。发生故障时的情况如下：两台变压器并列运行，即 1，2，3QF 均为合闸状态，此时值班电工发现 2TM 有异声想停电检查。该电工即到高压配电房先将 2TM 的上面的负荷开关分掉，随即将其接地。接地后马上就停电了，后来知道是变电站保护动作了。此类误操作在于没有验电的情况下（看带电显示器，实际上此时通过 2QF 和 2TM 反送电到了熔断器下座，此时带电显示器是闪烁的）就合接地刀闸。值得注意的是该供电及配电系统存在缺陷，不知道各位在此类工程中是怎么做的？有没有发现此类问题？如果发现了，你们是怎么解决的？欢迎在此发表你们对此次案例的看法和意见。不清楚之处可以发贴。
yukanlee 头衔：明清散人 等级：版主	第 2 楼 像此类操作应该严格执行倒闸操作制度！该电工的操作顺序有误：应该先断开 2QF，再分负荷开关，然后验电合接地刀闸。
wys-3638 不回答的给我去地200个啊 头衔：风清网 等级：版主	第 3 楼 明清说的有道理，实际上的操作人员很少按照严格执行倒闸操作制度。操作人员认为负荷开关可以带负荷操作。
liuyu89 头衔：breaker 等级：一星客人	第 4 楼 这不仅需要操作工严格按照操作规程执行，我觉得是否它们之间需要联锁？还有一个想请教各位，两变压器要像这样并列运行应该注意哪些问题？
NLB 等级：版主	第 5 楼 像这种并联运行的变压器要在一次、二次开关之间加联锁，使一次负荷开关分断时（无论是手动还是保护动作）都应同时动作于二次断路器分闸。
aks 等级：游客	第 6 楼 接地开关应与分段开关之间有程序锁，即断开分段联络开关后，拔出钥匙才能合进线开关的地刀闸。
大鼻山 头衔：最逍遥	第 7 楼 如果按照楼主电工的操作，他直接把 2TM 退出，那么全部负荷就只有 1TM 承担，其主开关当然要因过负荷而跳闸了。我觉得如下操作做合适：先断开联络开关 3QF，其次断 2QF，最后断高压负荷开关。

tanji_ hz 等级：两星客人	第 8 楼 是不是理解有误？我觉得楼主提出的问题不是因为过负荷跳闸的，而是由于误操作引起上级变电站检测到线路的接地故障而跳闸的吧？
xzm 等级：两星客人	第 9 楼 目前好像还没有做低压侧的联锁的，做起来也是很麻烦的吧？如果负荷开关不是在一起的话。我看过一些技术协议，对于像这种有可能反送电的，要求安装快速接地开关。
yndlj 等级：一星客人	第 10 楼 为避免如上缺陷的发生，一方面运行人员要在操作制度方面不断完善，另一方面设计人员设计过程应在设计方案上不断优化。
ruoranmasm 头衔：龙行天下 等级：三星嘉宾	第 11 楼 糊涂的电工，起码是个不合格的电工，难道他不知道变压器并列运行的？怎么可以断开负荷开关就合接地刀，乱来！取消他的上岗资格！
NLB 等级：版主	第 12 楼 过负荷保护仅动作于信号，经过二级变压器的隔离，单纯接地故障也不可能使上级变电站的保护作出反应。事故是由于接地刀闸将 2TM 一次侧三相短路（并接地），使上级变电站过流保护动作造成停电。要指出的是：1、2、3QF 的保护可能有问题。而上级变电站的过流保护定值也不对，这个整定值应躲过系统最大运行方式下变压器二次侧三相短路电流。而此例中，相隔两台变压器发生短路它居然还能在 1、2、3QF 之前动作，也太没有选择性了。变压器一、二次开关联跳实施并不困难。像楼主的例子，用变压器一次负荷开关操动机构辅助开关的触点，在分断负荷开关同时断开该变压器二次断路器失压脱扣器即可。我认为变压器一、二次开关联跳很重要。凡是其一、二次侧均有可能存在电源的，如并列运行的变压器、二次侧接有柴油发电机的变压器、接于不同母线段且其二次侧有联络的电压互感器，如仅断开一次开关，就有从二次倒送电的可能。楼主的例子应该说还算幸运，这种情况下发生人身事故的案例也有发生。本案例中电工违章操作是事实，对电工加强教育、进行技术培训、促使其提高责任心都是必须的。但设计方面也应尽量采取措施提高安全可靠性。水平再高的人也有一时疏忽而失手的时候，关云长既有过五关斩六将也有败走麦城。如果电工都能不出错，高压开关柜也就不需要做“五防”了。我觉得在设计的时候要尽量为日后工人的安装、运行、维护和检修多做考虑。

xzm 等级：两星客人	第 13 楼 你说的都在理。但在本案例中，我觉得技术上的措施已经足够了。如果要搞联锁，必须增加控制电缆的，并电路也复杂化了。
大鼻山 头衔：最逍遥	第 14 楼 事实正好相反：目前绝大多数的低压是设置电气连锁的（很容易实现），一般不推荐变压器并联运行。
xzm 等级：两星客人	第 15 楼 倒！我工作十多年，还没有见过哪里变压器的高、低压侧开关是联锁的。低压侧的联锁是为了防止将两个不同系统的电源并列运行的。本案例中的变压器是可以并列的。
大鼻山 头衔：最逍遥 等级：版主	第 16 楼 我看你似乎只会一个“倒”字，呵呵。以下是我的回复意见： 1. 兄弟你认为开关联锁只是为了防止双电源并网之间联锁，这只是你个人片面的、狭义的理解；你认为，高压是单电源进线时，那么低压侧主开关和联络开关就无须联锁，变压器就一定适合并列运行，对吗？事实并非如此。 2. 本人上面提到的联锁，是指低压联络开关与变压器低压主开关之间的电气联锁，是为了保证两台变压器不同时投在同一段母线上。但这种联锁，此时显然不是为了防止双电源并网！简单说，这种联锁，只是为了减小变电所出口处（或线路上）的短路电流，从而保证断路器和导线选型不要无谓地提高规格和标准。 3. 可能很多人有疑问，单电源为什么还要这种联锁呢？变压器为什么要尽量分列运行呢？我不知道兄弟你做变电所设计时，是否要做短路校验（反正据我了解，很多人把这个关键步骤给“省略”了）？大家其实都可以算一算：变压器并列运行和分列运行时，出口处的短路电流相差多大？其实很简单，二者基本是 2 倍关系！当延伸到导线末端时，电流相差倍数有所减小，但并列短路电流仍然恒大于分裂电流。由此导致的结果就是，开关和导线选型要提高若干档次！而这种提高，是无谓的“提高”、是无价值的“提高”。打个简单比喻，当变压器分列运行时，某出线线路选择 $4mm^2$ 的电缆就足够了；而变压器并列运行之后，该 $4mm^2$ 电缆一般就有问题了，可能要提高 1～2 个档次，6 或 $10mm^2$ 才够！其原因就在于并列短路电流增大的缘故。

 大鼻山 头衔：最逍遥 等级：版主	4. 那么变压器并列运行，违反规范吗？不违反！我也从来没说过它违反规范的话。事实上，只要设计人能够确保断路器和导线选型满足短路检验，变压器并列运行肯定是允许的，只不过，此时甲方无谓地多付出一些“银子”为代价。值得庆幸的是，大部分的电气设计人员概念还是清晰的、还是知道要替业主着想的，因此，我所见到的绝大多数民用变压器设计都是分列运行的，也就不足为奇了。 5. 兄弟你从事设计10多年了，却声称“从来没有做过变电所的高压或低压主开关及联络开关的联锁设计”，这本身证明不了任何其他问题，仅仅是证明你确实没有那样设计而已。 6. 最后顺便问一句，楼主的变压器既然是并列运行的，那么联络开关3QF是用来干吗的？
 gsw 头衔：AAA 等级：一星客人	第17楼 这个进线好像是外桥线方式，没画全！接地刀应用带电显示装置闭锁！这样就不会有这样的问题发生！
 wys-3638 头衔：风清网 等级：版主	第18楼 首先谢谢各位朋友的积极回帖，同时也谢谢鼻哥将这个帖子设为精华贴。发这个帖子的初衷在于：1. 对于操作人员如果你们的电房是现在这样的话，要注意这样操作不符合操作规程。在以后的操作中避免误操作。2. 对于设计人员，在设计的工程中考虑怎样尽量避免此类误操作。3. 对于供电部门，对有此类缺陷的电房，应加强管理和审批，以免造成大面积的停电。现在我们的改进方法是：负荷开关上面加辅助触点，此触点和变压器进线断路器的跳闸回路的跳闸按钮并联。就是说负荷开关不合闸，低压进线开关不能合闸；负荷开关分闸时低压进线开关立即跳闸。这样可以避免此类误操作。另外：请问接地刀带电显示装置闭锁在环网柜中如何实现？有什么型号可供参考？
 hzliu 等级：一星客人	第19楼 其实最简单的办法就是1QF、2QF装失压保护，多一个失压线圈回路作用于跳闸，高压失电，低压开关自动分开，也就是电压低到一定程度开关自动动作，必须要手动才能重新合闸。所有的低压开关厂家都有。不过一般运行中还是推荐变压器分列运行，这样损耗也小一些，出类似问题的概率也小多了！
wys-3638 头衔：风清网 等级：版主	第20楼 装失压保护没有用的，不信的话你做个试验试试？

tanji_ hz 等级：两星客人	第 21 楼 请问楼主：对于这个故障，上级变电所跳闸的真正原因是由于什么引起的？（单相接地还是过流？还是别的？）
xzm 等级：两星客人	第 22 楼 先答复下大鼻山版主的质问： 1. 如果符合并列条件的变压器我认为都可以并列，它有个极大的好处是可以不停电切换变压器等设备；当然能不长时间并是尽可能不并的，但如果现场在某一段接上一个大设备，一台变压器带不起时呢？ 2. 楼主的变压器显然也不大的，既然使用负荷开关进行操作、没有气体继电器保护的，最多也就是 500kVA，两台合起来也就 1000kVA，其短路电流大多数的开关也是可以承受得了的。不存在提高规格的问题。 3. 出线电缆一般还有塑壳开关进行保护的，几乎不存在提高档次的问题。 4. 本公司使用的配电室全部是可并列的。 5. 本人从来没有说明是从事设计工作的。我只是说明我工作这么长时间从来没有见过变压器高、低压侧间进行联锁的，而不是两高压侧或低压侧进行联锁的。主要是针对 NLB 朋友的“像这种并联运行的变压器要在一次、二次开关之间加联锁，使一次负荷开关分断时（无论是手动还是保护动作）都应同时动作于二次断路器分闸。” 6. 联络开关的使用你们设计人员应该更清楚的。 其本人不是在设计部门工作的，设计部门设计出来的东西好不好我一用就知道了。对于楼主的变压器的用法在小型的工厂的使用也较多的，如负荷小就开单台，负荷大时再投多一台的。如本地的某油库，就是使用 1 台 200kVA 和 1 台 315kVA 的，根据业务的情况随时调整变压器的切投的。 对于楼主的案例，我还是保留我的意见，这不是值班人员失误就可以说得过去了，也就是说不是关云长败走麦城的问题，而是关云长会不会用刀的问题。
大鼻山 头衔：最逍遥 等级：版主	第 23 楼 TOXZM：呵呵，兄弟你的帖子我又翻过、看过，原来误以为你是设计人员呢，抱歉。其实，变压器并联最大的问题就是，平时设计的电缆截面必须凭空提高 1 ~ 2 个档次，开关断流能力必须凭空提高一倍，否则一旦发生短路故障，后果不堪设想。而所有这些，在平常运行时，却又是看不出任何毛病的，一切看上去似乎都正常；其实，潜在的危险种子已经埋下。

wys-3638 头衔：风清网	第 24 楼 鼻哥能不能详细解释一下为什么：变压器并联最大的问题就是，平时设计的电缆截面必须凭空提高 1 ~2 个档次，开关断流能力必须凭空提高一倍，否则一旦发生短路故障，后果不堪设想。
BOBO 等级：游客	第 25 楼 设计图纸不全，依照操作规程执行顺序是先摘 3QF 联络开关，再断 2QF、在断负荷开关这个顺序。
yukanlee 头衔：明清散人 等级：版主	第 26 楼 “五防”里倒是有断路器与接地开关之间的相互联锁。
wys-3638 头衔：风清网 等级：版主	第 27 楼 楼上：五防里面提到的断路器与接地开关之间的相互联锁指的是高压断路器，和低压断路器没有关系。
xzm 等级：两星客人	第 28 楼 我想了一下，高、低压断路器的配合可能有问题，按理是低压母联先跳，如果它跳不了会跳低压的进线断路器，应不会搞到上级变电站跳闸的。
gsw 头衔：AAA 等级：一星客人	第 29 楼 呵呵，这个贴子没来看，用带电显示装置闭锁有几种方法，从设计角度讲“五防”一定要做好，实现只要你告诉厂家就能实现，可以写在定货协议上。方法是人想出来的，说一句我是做 10kV 以上的，但我也问了一下我们这搞低压的，说可以。（电磁锁应该可以）。顺便说一下，我碰到过这样的厂（10kV），说不行，后来告诉他，没这闭锁就不能用，结果，当然可以！五防，在设计上就是尽量避免误操作，用五防在设计人员来看就是认为操作人员不懂，操作人员素质高了就用不到五防了，现场管理要提高操作人员水平，设计人员尽量从技术上就是尽量避免误操作，也有操作人员将五防拆了操作造成事故的。呵呵，在这次的事件中，最简单可行的办法就是用带电显示装置闭锁接地刀，实现应该很简单，不能看别人怎么做，以前没人做自己就不能做吗？实现可以用机械的办法，也可以用电气的办法吗？可能在低压这一块重视的不够。
zxcvbnm 头衔：玄黄 等级：一星客人	第 30 楼 总之用环网柜作高压柜，操作要加强管理！

2-3 住宅过电压

nhpam 等级：一星客人	楼主 住宅过电压的问题。 我们这有一个别墅小区，变压器的中性线短了，造成部分线路的过电压，烧了很多家的电器，哪位大侠能分析一下造成过电压的原因和住宅的保护措施？
宝玉 等级：一星客人	第 2 楼 零点漂移，造成某相电压升高。
zhoushu8 头衔：达摩院寺监 等级：版主	第 3 楼 没有遵守规范。中性线断了，造成有的电压高有的电压低。设计肯定没做重复接地，中性线肯定较相线小，其实中性线比相线重要 10 倍，下次还敢小看中性线吗？保护措施？一般是设计或施工太马虎了造成的，现在很少有这情况发生了。
loyal7 等级：五星客人	第 4 楼 3 楼认为中性线重复接地，用大地通路代替中断的中性线作返回电源的通路，可避免烧毁设备的事故，其实是不可能的。中性线阻抗以若干毫欧计，而大地通路阻抗以若干欧计，相差悬殊，断零后电压依然严重不平衡，只是程度稍微轻一点而已。
hzliu 等级：一星客人	第 5 楼 在这种情况下，有重复接地的地方可以有效控制中性点偏移，电压不平衡但可以限制电压升高到线电压、烧电器的程度。在烧用户电器以前会有电压忽高忽低、接地点发热等现象出现，告诉运行维护人员接地有问题！
zhoushu8 头衔：达摩院寺监 等级：版主	第 6 楼 重复接地就是防止这类事故引起严重后果的措施之一。你装了，烧毁电器的概率就很小了。若接地电阻很小，基本上就能杜绝烧毁电器的可能性。这类事故绝对不是设计的责任就是施工单位的责任，索赔去吧！
hitwb 头衔：达摩堂堂主 等级：五星客人	第 7 楼 住宅内单相入户，但中性点漂移后，电器上不也会承受高于 220V 的电压吗？另外，请问如果 TN-S 系统，N 线怎么重复接地？怎么保证 N 线的电位？

小电容美眉 头衔：女排主攻手 等级：三星客人	第 8 楼 中性点偏移的结果，只能是负载重的相电压下降，负载轻的相电压升高，按矢量图分析，绝不会升到线电压的水平。就像我们住宅，应不会出现中性点偏移到了进了分户箱里是 380V 的极限程度。
hzliu 等级：一星客人	第 9 楼 三相四线，如果不重复接地，中性线在前面断开，后面的中性线电位点就会通过所接的电器漂移到另一相的相线，两个相线间不就是 380V 了！这在实际应用中属于基本常识！
小电容美眉 头衔：女排主攻手 等级：三星客人	第 10 楼 当然是“后”重复接地也主要是防止加空线的 N 线断线。
hzliu 等级：一星客人	第 11 楼 在重复接地点之后 N 线断线也会烧电器，不过概率实在太低。
小电容美眉 头衔：女排主攻手 等级：三星客人	第 12 楼 回 11 楼，天啊！但是我很想知道这是哪个实际中的基本常识？你要清楚一点，就是三相进户处中性点全断开，你的电路运行也是处于一种星接。中性点漂到极限，你安那些保护都是摆样子的？
麦克白 头衔：香积厨大师傅 等级：版主	第 13 楼 单相变压器供电和住宅单相进线但主要供电电源采用三相不一码事。零点漂移，即使不会升高到线电压，也会超过 220V，所以烧毁是很可能的，我们这里就出过这样的事。重复接地：限制三相不平衡造成 N 线上的电位升高，但重复接地点之前（还是后？）断线就没用了。
大鼻山 头衔：最逍遥 等级：版主	第 14 楼 小麦的“单相变压器供电和住宅单相进线不一码事”。我未明白老弟是针对什么问题呀？根据资料介绍，美国的住宅区（哪怕几百千瓦），也大多是单相变压器供电的，其主要目的就是保证万一出现 N 线断掉时，也不危及住户内设备及人身安全。你的下半句“零点漂移，即使不会升高到线电压，也会超过 220V，所以烧毁是很可能的”，我认为是正确的。 *hitwb* 兄弟你仔细想想，N 线已经断了，相当于“悬空”了，回路已经不通了，此时你住户内的电器两端哪里来的高压？想清楚再回帖吧。

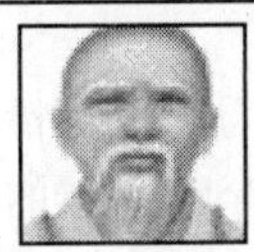 ttt001 头衔：般若禅师	第 15 楼 装过压保护电器。
小电容美眉 头衔：女排主攻手 等级：三星客人	第 16 楼 N 线在进户处悬空，可户内的所有的 N 线均与这个悬空点联接呢，是一个星型负载系统，每个回路都是通的。你说中性点参考电压偏移到了线电压，那不是 380V，那是多少啊？你不是说另两相断线了吧？
wys-3638 头衔：风清网 等级：版主	第 17 楼 哈哈，这个问题以前在一本书上面看过（好像是什么电工故障分析之类的吧）。鼻哥分析的有道理，三相四线供电 N 线断线造成单相负载电压升高（380V）烧坏电器，预防措施：重复接地。
 hzliu 等级：一星客人	第 18 楼 如果不带负载或者三相负荷绝对平衡，N 线悬空，三相电压也会平衡；但带负载以后，N 线悬空，中性点就会飘移，极限情况下就会达到 380V！对单相而言，这样看：零线断线后，通过负载后的“零线”对断线前“零线”的电压是否为 220V，这就是极限情况！实际上，烧电器不需要 380V，电压升高到什么程度要看负载的分布，但达到烧电器的程度是很正常的。
小电容美眉 头衔：女排主攻手 等级：三星客人	第 19 楼 极限的情况下就是两相在一直短路（负荷无限的大），另一相只有极轻的负荷，这时会出现 380V 电压。我也承认有这理论上的极限，但这理论上的极限能在实际中出现吗？我们安哪些短路及过载保护都不发挥作用？好吧，我回去好好学习一下，哪位大师再帮帮我。呵！
 大鼻山 头衔：最逍遥 等级：版主	第 20 楼 18 楼的话我有点看不懂？为什么极限情况下，线电压才是 380V？只要三相绝对平衡、负载性质一致，那么线电压就应该是 380V 呀；为什么是“极限”情况呢？我认为，正常的三相平衡电路，出现 N 断时，线电压基本就应该在 380V 左右，而不是其他电压值。但是电容也谈到极限情况才是 380V。请二位详细讲解一下。“极限的情况下就是两相在一直短路（负荷无限的大），另一相只有极轻的负荷，这时会出现 380V 电压。”至于如此吗？

hzliu 等级：一星客人	第 21 楼 不好意思没看见！我说的极限情况是相电压升高到线电压。实际情况中，因为负荷分布不均匀，都达不到极限情况，但是能够达到烧电器的电压。供电营业规则规定，正常情况下 220/380 电压波动范围在 +7%，-10%，非正常情况下，不能超过 ±10%，也就是说上限是 220×1.1 = 242V。现在电器的承受电压也基本上是 240V，超过就烧电器了。
 小电容美眉 头衔：女排主攻手 等级：三星客人	第 22 楼 “极限的情况下就是两相在一直短路（负荷无限的大），另一相只有极轻的负荷，这时会出现 380V 电压。”至于如此吗？我说的这个极限 380V 电压，是指中性点漂移后处在最轻载相施加在电器上的相电压。从三相不相等负载矢量图分析，只有另两相的负载极大，而这相负载极轻，才会使中性点的电位漂移成了相电位，而轻载相的电位上升到了线电位为 380V。但实际应用中，不可能有这情况，估计正常情况下，最轻载的相的相电压持续升到 280V 也就是较高了。
zhaokaikai 头衔：华山一壶饮 等级：版主	第 23 楼 N 线断路，负荷间是线电压，最大值 380V，有效值不到 380V。可用重复接地保护接地点之前的断线。在户内加两极过压附件保护接地点之后的断线。有人说导线接地电阻小重复接地达不到要求是瞎说。导线不就是中性点引过来的呀。
 fsanson 等级：游客	第 24 楼 220V 回路变 380V 回路了，电器不烧才怪。所以工程完成后送电时对末端电压测量是很有必要的。
 大鼻山 头衔：最逍遥 等级：版主	第 25 楼 断 N 以后，线电压（大致是 380V）就加在两户的电器两端，如果该两户的电器阻抗不相等，则大阻抗的电器要承担较大电压（大于 220V），很容易被烧毁。有人谈到重复接地的问题，确实很有必要；可是当 N 线在住宅内部（接地之后）再断开的话，重复接地也无济于事了。楼上，不是那样的，而是两户的电器串联后，共同承担 380V；因此，二者的阻抗如果不相等，就可能烧毁电器。
城市边缘 头衔：缘空和尚 等级：一星客人	第 26 楼 以下是引用王厚余老前辈的话：“不少同行认为中性线做重复接地后，用大地通路代替中断的中性线做返回电源的通路，可避免烧毁设备事故。经相量分析和计算可知这是不可能的。因为中性线阻抗以若干毫欧计，而大地通路阻抗以若干欧姆计，相差太多，‘断零’后三相电压依然严重不平衡，只是程度稍轻一些而已。”王老认为防止‘断零’的措施是加大中性线线截面，中性线上尽量不装设开关和减少端子连接和接头。

板桥傻子 头衔：黄花菜 等级：两星客人	第 27 楼 不是那样的，而是两户的电器串联后，共同承担 380V；因此，二者的阻抗如果不相等，就可能烧毁电器，恍然大悟啊！

2-4　负荷分配及变压器选择

暴雨 等级：一星客人	楼主 请教高手，在线等！负荷分配及变压器选择 做一配电室，中央空调负荷 300kW，办公负荷约 150kVA，选用一台 250kVA 变压器和一台 200kVA 变压器并列运行，中央空调不用时停掉 250kVA 变压器，请问这种方案是否可行？由于中央空调负荷超过任何一台变压器容量，其启动时会不会造成某台变压器过载而开关跳，从而引起另一台也跳开？
limit 头衔：透视迷雾 等级：两星客人	第 2 楼 如果是同一电压等级，这样做太浪费呢！怎么能让一台变压器休息呢！
shlmail 等级：两星客人	第 3 楼 中央空调负荷超过任何一台变压器容量，你怎么分配负荷呢？
暴雨 等级：一星客人	第 4 楼 春秋季节中央空调可以不用，由于是高供高计，停一台主变压器可降低变损。负荷应该成正比分配到两台变压器上吧？
jinzita 等级：一星客人	第 5 楼 “并列运行”？你是说同时运行吧？并列运行要求电压等级、变比、容量等参数必须相同。
KTGDS 等级：游客	第 6 楼 变压器停用要办理暂停手续的，不办还是按变压器容量要收固变损的，供电部门一年中能办 2 次变压器暂停手续吗？

ananda007 等级：一星客人	第7楼 好像变压器的负载率在20%至80%都算是经济的。总的装机容量不大，选一台630kVA为好。中央空调的负荷可不能低估，真正到了夏天，变压器容量小了，中央空调开不起来，那才真的不经济。
暴雨 等级：一星客人	第8楼 回5楼并列运行不一定要求容量相同，容量差不超过1/3就行。高供高计不收固变损，而且停变压器不用给供电局办手续。俺女朋友在供电局，询问过。变压器我选用非包封线圈干变，可长期超载20%运行，变压器容量不成问题。变压器并列运行也没问题。客户要求用两台变压器，要不然我也就用630kVA了，也省了这些问题。主要问题是：由于中央空调负荷超过任何一台变压器容量，其启动时会不会造成某台变压器过载而开关跳，从而引起另一台也跳开？以前算过两台不同容量变压器并列运行时负荷分配（主变负荷），由于阻抗的不同有所偏移，但现在单回出线负荷超过主变压器容量，自己没把握。如果负荷确能分配到两台主变压器应没问题。请教俺师傅说可以，变压器并列运行大大小小也做了上十个，但单回出线负荷超过任一主变压器容量。这种情况第一回遇上，大家可以讨论一下！
zhoushu8 头衔：达摩院寺监 等级：版主	第9楼 回“暴雨”你的做法不太好，变压器容量小了一点，但是按你的做法也可以用的，只是损耗大一点，开关不会跳的，不过要整定好主开关，中央空调是什么机组？都是些水泵，主机还有冷却塔之类，不是一下集中开的。
大鼻山 头衔：最逍遥 级：版主	第10楼 你准备把两台变压器的主开关分别整定为多大电流的？
lingyan 等级：两星客人	第11楼 我觉得这样比较好：用一台400kVA变压器给空调供电，一台200kVA变压器给办公用电，两台变压器各带两段母线，两段母线之间用一个联络柜联络。
暴雨 等级：一星客人	第12楼 我准备把主开关整定为500A，可以吗？回zhoushu8，其总负荷450kW，办公的150kW考虑同期率也没这么大，而且非包封线圈变压器可以超载20%长期运行，可以超载40%运行3h，想给业主省一点，才这么做。该中央空调没有冷却塔，业主说是双冷，自己有点不明白。

oywb8 头衔：无名氏 等级：三星客人	第 13 楼 我觉得用一台变压器带空调负荷，一台带办公负荷，停空调就停变压器，这样不是更好吗。
yangsj_ jms 等级：游客	第 14 楼 还有一个问题就是消防负荷你是如何考虑的？如果有消防负荷的话两台变压器就要同时工作了，这样才可满足供电等级的要求。
WjYee 等级：一星客人	第 15 楼 向供电局申请 MD 的范围在变压器运行容量的 0.4 ~ 0.8 倍之间，最低 0.4，最高 0.8，超过要付双倍的 MD 费用。变压器采用并列运行方式，供电局是否同意？变压器并列运行的条件：相同的接法、相位、初次侧的电压、阻抗电压比等，同一变电站内同一电压等级一般都采用相同型号的变压器，采用两台不同型号的情况不多见。尽量采用变压器解列运行的方式，中央空调的出线不止一个回路吧？分配点给办公侧，平衡一下，空调停用的时候停该低压侧的变压器及办公另一侧的出线开关，这样既解列运行，又保留并列运行的技术条件。新建的变电站开始就满载？最大的实际运行容量在夏季吧？建议采用两台 315kVA 变压器。
zhaokaikai 头衔：华山一壶饮 等级：版主	第 16 楼 我们这边一般不让变压器并列运行，尤其是民用项目。况且你的双电源如何解决呀。用低压联络吗？附近有吗？再说，改个变电所，还到处找电，也不太合适吧？季节性负荷可设专用变压器。可你这 300kW，真是没啥了，太小了。我一般做大厂房，一些空调电量巨大的。才考虑设专用变压器。别把自己累着。空调负荷分到两台变压器上。不要长时间过负荷运行。一是费电，二是糟蹋东西。
wys-3638 头衔：风清网 等级：版主	第 17 楼 又提到了两台变压器的并列运行了，这个帖子和我以前发的帖子有类似的地方： 1. 两台变压器并列运行是否成正比分配负荷？ 2. 想节约一台变压器的损耗。 建议斑竹加精华，让更多的人关注此类现象。现在全国缺电，能省电就省一点吧。
暴雨  等级：一星客人	第 18 楼 谢谢各位高手指点。现在准备用两台 250kVA 变压器并列运行。

2-5　变压器速断保护灵敏系数不够如何整定

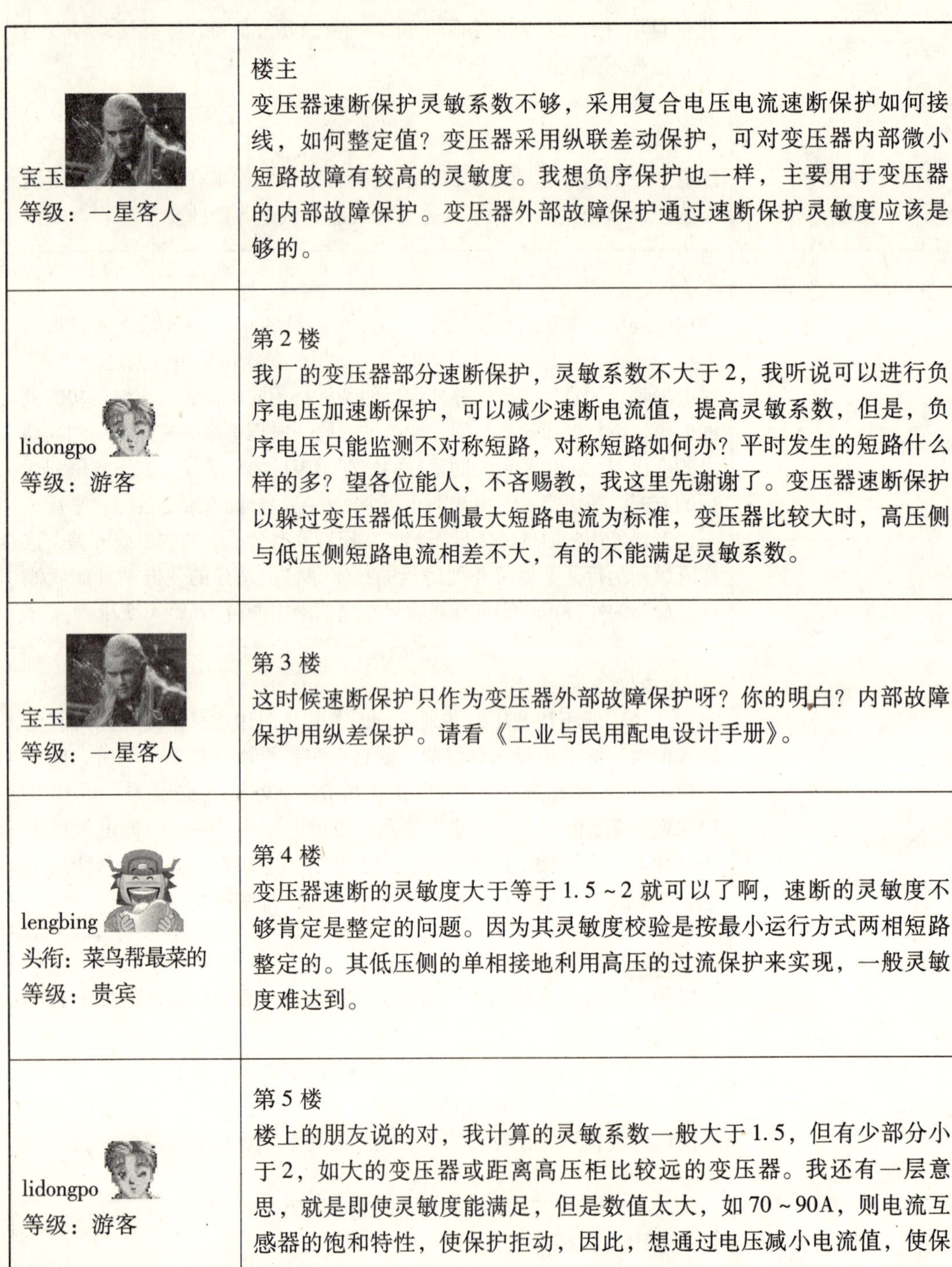

宝玉 等级：一星客人	楼主 变压器速断保护灵敏系数不够，采用复合电压电流速断保护如何接线，如何整定值？变压器采用纵联差动保护，可对变压器内部微小短路故障有较高的灵敏度。我想负序保护也一样，主要用于变压器的内部故障保护。变压器外部故障保护通过速断保护灵敏度应该是够的。
lidongpo 等级：游客	第 2 楼 我厂的变压器部分速断保护，灵敏系数不大于 2，我听说可以进行负序电压加速断保护，可以减少速断电流值，提高灵敏系数，但是，负序电压只能监测不对称短路，对称短路如何办？平时发生的短路什么样的多？望各位能人，不吝赐教，我这里先谢谢了。变压器速断保护以躲过变压器低压侧最大短路电流为标准，变压器比较大时，高压侧与低压侧短路电流相差不大，有的不能满足灵敏系数。
宝玉 等级：一星客人	第 3 楼 这时候速断保护只作为变压器外部故障保护呀？你的明白？内部故障保护用纵差保护。请看《工业与民用配电设计手册》。
lengbing 头衔：菜鸟帮最菜的 等级：贵宾	第 4 楼 变压器速断的灵敏度大于等于 1.5 ~ 2 就可以了啊，速断的灵敏度不够肯定是整定的问题。因为其灵敏度校验是按最小运行方式两相短路整定的。其低压侧的单相接地利用高压的过流保护来实现，一般灵敏度难达到。
lidongpo 等级：游客	第 5 楼 楼上的朋友说的对，我计算的灵敏系数一般大于 1.5，但有少部分小于 2，如大的变压器或距离高压柜比较远的变压器。我还有一层意思，就是即使灵敏度能满足，但是数值太大，如 70 ~ 90A，则电流互感器的饱和特性，使保护拒动，因此，想通过电压减小电流值，使保护有效。

NLB 等级：版主	第 6 楼 楼上，应校验互感器 10% 误差，如通过，则上述问题不存在。
lidongpo 等级：游客	第 7 楼 楼上的朋友说的太对了，设计在设计时，未考虑 10% 误差，但是已经这样，我只有采取补充措施，但是我厂的变压器速断保护全部是这样，我想采用复合电压速断保护，也没有合适的接线图，哪位有？请发到我的邮箱里，谢谢！
NLB 等级：版主	第 8 楼 负序电压继电器与一只低电压继电器（用于检测对称短路）共同构成复合电压保护。楼主的情况可先用低电压启动的速断保护算一下，一般它的灵敏度系数就够用，而且整定较为简单。变压器速断保护的灵敏度系数，在系统最小运行方式下保护安装处两相短路时，不应小于 2。此保护范围可深入到大约 15% 变压器一次线圈。
lengbing 头衔：菜鸟帮最菜的 等级：贵宾	第 9 楼 低电压闭锁保护一般用在提高过流保护的灵敏度，至于速断嘛。
lidongpo 等级：游客	第 10 楼 虽然负序对不对称短路较灵敏，但是保护安装处的电流值没有达到，它也不动作。不过楼上说的也有道理，低压侧短路电压不会降低太多，而高压侧短路电压降的比较低。不过，我说的负序电压闭锁电流速断，以前，听人说用过，但是一直在书中找不到依据。真想有人帮我。
NLB 等级：版主	第 11 楼 我觉得楼主的情况不宜用复合电压起动电流速断保护，因为负序电压继电器对变压器后不对称短路的灵敏度较高，会使保护整定有困难。如变压器容量在 2000kVA 及以上，应用纵联差动保护；如变压器容量在 1600kVA 及以下，我建议用电流闭锁电压速断保护。如果你能够使电流速断保护定值满足既躲过变压器二次最大短路电流而又不小于 2 倍保护安装处最小短路电流的条件，就不需要电压闭锁元件去配合了。正因为电流元件不能满足条件，才需要电压元件，而电压元件整定也需要满足相应条件才行。复合电压闭锁电流速断没有现成电路，而复合电压闭锁过电流保护电路在各继电保护专业书上都能找到，把其中的延时元件取消就可以了。这个接线并不困难，但您的情况整定却非常困难。

2-6 对常规做法的一点怀疑

Michael. W 头衔：想写经书的和尚 等级：五星客人	楼主 对常规做法的一点怀疑 对民用建筑设计我可能不是很懂！对于一些供配电的方案我存在太多的疑问了，我认为我是对的，可是别人认为我的做法是错的，因为我的不合常规，常规没有见过这种做法的！对于这种解释我不满意，我不想受限于常规，可我也不想脱离实际，所以……这是对配电方案的两种思路！ 方案一：这是大家都很熟悉的配电方式，尤其是民用建筑设计的同行更是熟悉。每层设竖井，每层设桥架，每层的现场配电箱均有其本层的桥架穿管沿墙由上往下暗设引下至现场配电箱！ 方案二：此套方案对于从事于工厂配电设计的同行来说可能会更熟悉一些。两层共用一个桥架，上层现场配电箱由下层的桥架穿管沿墙暗设由下往上引。两层共用一个强电井。 本人倾向于方案二在做民用建筑设计的时候，因为可以省掉部分桥架，可以省掉部分线缆，其次可以实现强弱电竖井交替出现（想法很大胆哦）！当然交替是交替，可是内部竖井内所走的桥架还是一样的，强电桥架有穿弱电竖井，弱电管线有穿强电竖井！只是在摆竖井内的设备的时候，可以不用担心强弱电设备会碰在一起，产生干扰的问题了！以上是我的个人看法，不知同行对此配电方案有何看法，希望大家多多讨论！讲出理由，赞同或否定的理由！我个人觉得层数可能不是这么几层！当然也不是每层都这些方案！只是很多情况下，我觉得方案二好点！
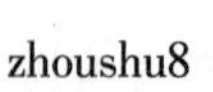 zhoushu8 头衔：达摩院寺监 等级：版主	第 2 楼 防火分区不允许线路穿越。事故停电范围广，没一点好处。常规有他的道理，今天没时间跟你讲道理，下回给你讲。
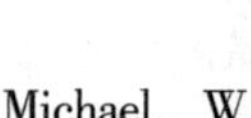 Michael. W 头衔：想写经书的和尚 等级：五星客人	第 3 楼 理由觉得不是很充足！防火分区不允许线路穿越？桥架都可以穿越防火分区，加点封堵就是了，更不用说我是穿管了，还是暗设在墙内了！对于防火分区的蔓延，我个人认为不存在这个隐患！当然如果规范上有规定的话，请问在哪里？我一直没有找到！其次，停电面积广？从何说起！假设一层设了一个层箱，二层也设了一个层箱！那么

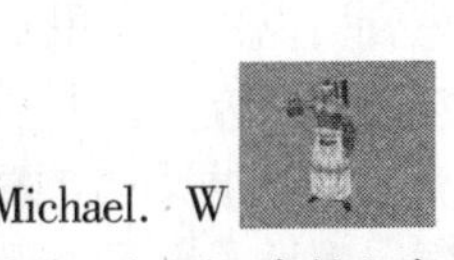 Michael. W 头衔：想写经书的和尚 等级：五星客人	我两层共用的话，把两个层箱都放在一个电井里了就是了，比如说都放在一层井内！当然也存在这么一个问题，两层整合完以后，可以用一个层箱，回路分配得更充实一点！楼上你这个回答，跟我碰到的几个人的回答都差不多，说不出什么反驳的理由，然后就抛给我一句话，我没空跟你讲，常规没有你这样做的！郁闷啊！我想说的是，你们见识不广，其实在工业厂房里边，这种配电方案已经司空见惯了！尤其是两层工业厂房！至少我所见到的都是这样！希望大家接着讨论！可能我的想法是天真的，但是我希望你们说出一个让我死心的理由！
小电容美眉 头衔：女排主攻手 等级：三星客人	第 4 楼 支持……支持创新意识，看见过南韩有过这样的做法。感觉没有什么不妥的，中国人就是墨守陈规。
chengshen 等级：一星客人	第 5 楼 支持。我就做过第二种，但建议高层或多层不便采用。
Michael. W 头衔：想写经书的和尚 等级：五星客人	第 6 楼 为什么？理由是什么？是不是因为没见过这样做的，所以……!!
mumu 头衔：天山派纯钧剑 等级：两星客人	第 7 楼 呵呵，可能是我毕业的时间太短了，我见到的大多厂房都是如此设计的，我还以为大家都是这样做的呢！没有想到还是创新！
麦克白 头衔：香积厨大师傅 等级：版主	第 8 楼 当心把楼板穿成筛子了，呵呵。

Michael. W 头衔：想写经书的和尚 等级：五星客人	第 9 楼 其实不是创新，只是把工厂的做法和民用的做法结合而以！在民用方面，好像很多人都反对此种做法，不知道为什么？在工厂方面，大家都同意这种做法，而很反对方案一！说真的，我有时候也很反对方案一！但反对你这种可能性的存在！如果你要是把每层都设了很多个现场箱，密密麻麻的话，那我也没办法了，这就不是我的错了！见得最多的也就是写字楼要求每间都做计量的情况下，现场放了好多的箱！不过可以和方案一相结合使用！设计就是在尽可能合理、不违反规范的情况下，节约投资！要不然要你们干吗！都按常规做法的话，每层一个大电井，每层一个桥架，习惯性的体力劳动，谁会说我们有科技含量呢？不画图都可以了！
西牛望月 头衔：俗家弟子 等级：两星客人	第 10 楼 岂止是穿楼板？这样会把大梁搞坏的，设电井的目的之一就是防止穿大梁，以免破坏结构。设计要有整体意识。
河图 头衔：藏经阁-思尘 等级：三星客人	第 11 楼 对于公建（如办公），如果每层水平走线能用到线槽，那么引到每层配电箱的电线保护管大概大于 32，也就是说得在吊顶内明敷设。如果这样，那第二套方案就不行了。
大鼻山 头衔：最逍遥 等级：版主	第 12 楼 1. 楼主的做法在很少楼层时，一般没有违反规范性的问题，也算是常规设计的一种吧。2. 但在多层或高层时，应用就不多了。主要原因就是，此时往往出现了 zhoushu8 所说的防火分区和消防配线问题。根据民规 24. 9. 14 条，消防支线不应跨越防火分区，消防分支干线不宜跨越防火分区。照楼主的设计，则很难满足规范。3. 你每两层共用一个强电井，某些楼层的设备间就更紧张了（而某些楼层设备间却闲置着），而且日后检修也不方便。4. 这样画图也很累：本来是标准层，却要画两种图，带桥架和不带桥架的。

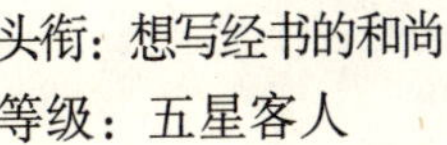 Michael. W 头衔：想写经书的和尚 等级：五星客人	第13楼 1. 不反对！ 2. 我还是有疑问啊！对于穿越防火分区这个说法，我还是理解不过来！请问大家在设计卷帘门两侧的探头的时候，是怎么连线的？难道是分成两个回路来！关于跨越防火分区的问题，我在这方面说实话真的不懂，电缆桥架在跨越防火分区的时候进行封堵，那么如果是穿管跨越防火分区的时候，怎么处理？还是就压根不让穿越？疑问中……。 3. 其实对于强弱电共用井的时候，大家都会尽量得让他们之间能有多大间隔就留多大间隔，布置起来的时候如果要是紧张的话，会觉得心力憔悴感，这样两层交替使用的话，就不会了哦！当然如果要是强弱电分开井来的话，那方案一是很好的，因为布置就可以很紧凑了，也可以省面积！想说明的就是，不会有什么楼层设备间闲置着！ 4. 完全同意！ 另外，对于犀牛望月的这句话，完全同意！以前做的时候，我师傅就说过，我们的这种方法就是要注意和结构的配合，问问结构可不可行！方案二这一点是尤其要注意的！设计要有整体意识！完完全全同意！除了有各专业的配合之外，设计也应该考虑在尽可能的合理不违规满足使用要求的情况下，节省造价！就像结构专业一样，要不然还买什么pkpm啊！板厚加大，梁加大，钢筋加粗，我也会做，那还要设计干什么！ 麦克白啊，是你自己的想象还是真正的工业设计！我做了很多医药厂房的设计，都是按方案二考虑！第一次做的时候，按方案一！一个房间内，假如说有四台设备，不像制冷机房一样还有很多上下的管子，电管不起眼！这四台设备，又不靠墙，在当中，也不靠柱，也没有什么上下的管子，就纯粹的一台设备，成套的，5个千瓦以上吧，请问你怎么设计？第一次的时候，我就是按方案一，直接连设备到桥架！施工就这样做了！反馈回来就是，进了房间，放眼望去，简直就像进了竹林一样，这一根竖管，那一根竖管！要设备还多呢？你怎么处理？以上是我做工厂的经验，可能也不是很多！但我做了至少不下十个大型药厂主车间的设计，都是方案二！可能经验还是不足！你也可以问问其他一些做工厂设计的同行看看，哪种方案用得多？当然我们的讨论都只是针对新建项目而言，改造不算！希望大家接着讨论！ 河图啊！其实说实话，我说了半天吧，也就是想把这方案二用到公建里头去，呵呵……！我想说的是这样的一个看法：对于二层现场箱的配电假如，按方案一原本是在二层的吊顶内明敷设然后沿墙暗设的，变成方案二以后，就变成在一层吊顶内明敷设了，敷设到具体位置的时候，在往上穿板墙暗设！

麦克白 头衔：香积厨大师傅 等级：版主	第 14 楼 看来我们的看法有分歧。但像你这种做法在化工院恐怕是不会有人赞成的。在我们院，我师傅是这样的观点，我跳槽到另一个设计院，还是这样的观点。恰恰是因为电气设备多，所以才不这样做。因为要穿楼板的话，应该先埋套管，但这样施工的时候很麻烦，还有经常冲洗地面怎么办？化工装置内，除了走廊以外，本来就立管密布。况且工艺专业会考虑电机排列的整齐美观的，所以从桥架引下的管子基本都是成排排列的，我看这也没什么不妥的。
Michael. W 头衔：想写经书的和尚 等级：五星客人	第 15 楼 同意！不过不好意思我师傅就是省化工设计院的一个刚退休同志！在我们省是权威，他怎么没有反对呢？谁对啊我都不知道了？其实你的做法，也是有道理的。对于有用水冲洗的地方的话，我也用方案一！对于管子林立的地方，我也用方案一，电管不起眼了，再多竖一根管跟少竖一根管没太大区别，我也没有意见，就像我说的制冷机房，空调机房！你说了，你师傅是这个观点，别人还是这个观点，我完全相信！你看大家现在都是这个观点！但我不认为这是否定方案二的理由！我要的是能说服人的理由，拿出点规范来！你说了那么多还不如就说一句，没见过常规有这样做的，不就得了！那还讨论什么！
ttt001  头衔：般若禅师 等级：管理员	第 16 楼 我认为：从配电技术上来说，两种方案各有利弊，并不是省桥架就可以证明方案二应有优势。民用建筑所以经常采用方案一，我个人的理解如下：民用建筑有很多种类，多数是不适合方案二的。比如住宅，从每层竖井配线，逻辑清楚，维护方便。比如商场，几乎很少有标准层的，且不说每层需要多处穿越楼板，能够找到合适的上下对应的墙也不是100%有把握。而且，要适应未来格局变化的需要，配电箱的位置不是固定不变的，很可能出现需要反复凿楼板也未必能够对应上的局面。民用建筑和工业建筑有很多不同，其中一点就是工业厂房一般是超大开间，楼板多数地方很薄，主要依靠梁柱承载，而民用建筑，楼板多数是承重主体，还间隔有防火3h的任务，其厚度不允许反复开凿。而且，民用建筑用途多变，经常变化布局产权，也经常需要严格的分区管理，跨层配电，是无法进行正常的维护和管理的。

Michael. W 头衔：想写经书的和尚 等级：五星客人	第 17 楼 楼上大师有根有据地说，这样才能服人！我早在一楼的时候，就说了，不要拿常规没这样做之类的话来作为理由！我也说了，管多的地方，我还常用方案一呢！再说了，就算你来吃药厂的饭我也不反对，我早就不做药厂了！油库啊加油站啊什么的我现在都不做了，觉得累，又没钱，你还不跳！算面积都没法算！我还是有疑问啊！对于穿越防火分区这个说法，我还是理解不过来！请问大家在设计卷帘门两侧的探头的时候，是怎么连线的？难道是分成两个回路来！关于跨越防火分区的问题，我在这方面说实话真的不懂，电缆桥架在跨越防火分区的时候进行封堵，那么如果是穿管跨越防火分区的时候，怎么处理？还是就压根不让穿越？疑问中……！看火规的时候，好像没有讲到怎么跨越防火分区的问题！别人倒是跟我说，支线尽量不要跨越防火分区，干线也尽可能不要跨越！跨越的地方就封堵上吧，既然都有封堵了，跨就跨吧，那前面的话还有什么意义，不让跨越防火分区！我就是不明白穿管怎么处理跨越防火分区的地方，图集上我只找到桥架跨越防火分区的做法！到目前我还没找到管子怎么处理？请问怎么处理大家？
zhoushu8 头衔：达摩院寺监 等级：版主	第 18 楼 不是说给你一个人听：1. 消防线路是不能跨越的，有《高规》规定，理由是着火层线路烧了，不要烧了别的线路。很好理解。你的做法就会是都烧了。那么没着火的层就没电，人员疏散怎么办？灭火没电怎么行？2. 普通的供电回路你的做法也不行：因为着火时，只能切除着火层的电源，不能切除非着火层工作电源，否则会造成人员紧张，《火灾报警设计规范》里条文解释里有，你的做法会影响其他层的混乱。3. 也就是串火串烟，下面可以串烟火上去，特别是干线管，管子粗，可怕着呢，给排水里的排水管都要求加阻火圈的，塑料一熔，金属圈就堵住洞口。你说的防火卷帘两侧的探头有连线，不对，不宜有连线，每个防火分区各走各的线，严格，但尽量不要跨越。因为土建也有规定，防火墙上不能有洞。不能有管道穿越，见《高规》5.2.4 条，防火卷帘就是代替防火墙的。4. 管理方面的问题，前面的人都说了，从哪里不是一样的走线？走下面一起，桥架尺寸就要加大，省得了多少钱？每一层都要设防火漏电开关，你的办法就不好办。这么多规范都指向一点，不要跨越防火分区，那么你的做法是非法的，不要试图堵洞，没意义的，遵守规范很容易的，就是：按第一方案做！

 大鼻山 头衔：最逍遥 等级：版主	第 19 楼 Michael. W 啊！1. 我前面引用的规范条文（民规 24.9.14 条），并非你所说的火灾报警线路呀，只是消防设备的电力及应急照明的配电线路。请兄弟看清规范，再来质问。2. 民规的规定，虽然并非强制规定；但在条件允许时，设计人应该尽量去满足。如果照你的第二方案，则是直接与规范对立、对抗。
电气工程师 等级：一星客人	第 20 楼 对于工业厂房这么做的确可以，但是必须小心对准位置，如果工艺把现场设备挪了位置，你的管就没用了影响美观，我曾经做过不少水厂，我们的做法也是尽量不直接去穿楼板！往往都是从设备上端引管下来！对于楼上刷地这个完全不必考虑，因为管子离开地面会有一段距离，穿楼板处应该做好防水的！民建也的确不适合，因为变数更大，经常需要改动其功能和布局，不可能整齐的对准上部电气设备，反而造成麻烦！而且布置的不规则反而不方便检修！
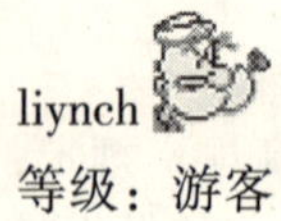 liynch 等级：游客	第 21 楼 请问如果厂房用方案二设计，说明其没有考虑周全，可以说是设计的失败，如果按方案一来做，虽然多了一条桥架，但是截面较小，而方案二增大了截面，所以说单从造价来说没有多大的出入，但是从二次安装来说，却有大大的不妥了，请问你用方案二设计的话，二楼的二次安装怎么办？你这样的做法是不负责任的！
Michael. W 头衔：想写经书的和尚 等级：五星客人	第 22 楼 你的说法有点太夸张了吧！好像一棒子打死！其实我同意，各有优缺点的说法！但是我倾向于方案二，由于很多人都说不行！可是很多人都没能说出具体原因，理由，你的理由以偏概全了！zhoushu8 说的理由，我还是比较服的！不过也还是有疑问，因为本人确实还是有疑问没有完全解决！憋死在我心中！
 lshj888 等级：一星客人	第 23 楼 我有时先从一层的桥架，再分别用竖向桥架靠墙引上至二层的一些小配电箱的！一层是大开间，而二层做了很多功能分隔，不好走桥架。

bigsong  头衔：重振武当 等级：贵宾	第 24 楼 第二种设计法，在一些特定的场合也是很有用处的，但对已有竖井，或防火分区要相互穿越的场所不应采用。我做过这样的一些设计。 厂房：为二层厂房，一层为仓库和机加工，二层为小型流水线。我的桥架从底层顶走，二层的动力线路走桥架后穿楼板，这种设计可使二楼非常的整洁，当然控制还是在二层。民用类：如一小型宿舍楼，共六层，在二，四层设桥架，上下分开各带三层。特别对于弱电，是省很多的线，由于信息点的位置一般在同一位置，几层上下同穿一管，真的很省，当然对少量消防用电，单独穿楼板就可以了。更省的是建设方在二、四层走廊拉一下吊顶，就很整洁了。对于对结构的担心，那就不必，由于穿管点分散，并是竖向穿管，管径很小，不必担心。我上说的第一个厂房，甲方不想在二层走桥架，配电点在地面上要拉很多路下来不美观，横穿楼板线路太多，结构不同意，只好如此了。要说明的是，这样画图太累了。设计要因地制宜，不然要你设计干吗，实事求是。
jinzita  等级：一星客人	第 25 楼 配电方式只有两种：树干式和放射式，只要做到符合规范、运行管理方便，可以将两种配电方式任意组合，无所谓常规不常规。但是设计者要负责是最重要的，设计的基本原则是用最经济的方式实现最可靠的配电，即不要为了省事人云亦云，也不要为了仅仅个人的喜好标新立异。
施工员 等级：一星客人	第 26 楼 我觉得方法二比较适合工业厂房那种设备位置相对固定，用途修改少的情况；方法一则对于公共及民用建筑来讲比较适宜，因为公建和民建的平面使用功能改变实在是太常见了。要因地制宜，不要想当然，这点很关键。
枫-舞之九天 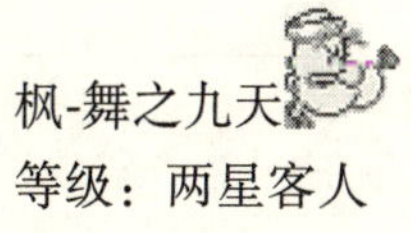 等级：两星客人	第 27 楼 对，是有防火分区的问题，见民规的消防部分。一般和消防有关的支线不应穿防火分区（钢管暗埋设在楼板内的不在此列），干线是不宜穿越防火分区，但配电干线在很多防火分区的地下室以及竖井又不能不穿，所以要做防火封堵。我理解楼板穿越的还是要越少越好，不排除你在工业上那么做的可能。

zhaokaikai 头衔：华山一壶饮 等级：版主	第 28 楼 我来谈谈：1. 干线穿分区，楼层没关系，只要封堵就行了。2. 支线不要穿。原因：1. 消防断电实现困难。2. 不利于管理，不利于保护消防救火人员的人身安全。3. 墙内管线较多。施工时分层作业，不利于施工。4. 消防时可能出现下层着火，烧坏本层报警，联动，广播线路的可能。怎么说呀，我认识一个哥们。他的原则是用平方米数换钱。有电就行。一万平方米强弱电，一天画完。啥方案都用过。也有好多就过了审图。要知道审图也不能老不让过呀。哈哈，难得糊涂呀，收工吧。

2-7　700V 低压配电问题

暗夜流星 等级：两星客人	楼主 动力和照明可以采用 690V 配电方式么？
之清 等级：一星客人	第 2 楼 动力可以采用 690V。照明没必要，辅助均采用 380V，可行，我就是这样设计的。
dv100 头衔：画图匠 等级：两星客人	第 3 楼 同意！动力用 690V 配电，照明及其他辅助设施可用 220V 或 380V 供电！我们这里用过的，电缆没有问题，照明用 220V，两个变压器一个变 690V，一个变 380V。更为有意思的是，我们 690V 电机配的是一个 500V 冷却风扇，没办法我们又用 380V 变 500V 小型升压变。
之清 等级：一星客人	第 4 楼 动力采用 690V 电机完全没问题，优点明显，辅助设施因采购原因用 220V 或 380V 供电！系统设 690V 和 380V 配电柜。
lhkwgs 等级：游客	第 5 楼 690V 一般用在港口码头，工厂还没听说。

 runner 头衔：福子 等级：贵宾	第 6 楼 因为煤矿大部分设备，尤其是井下设备均采用 690V 电压等级，地面大的生产系统也采用 690V，涉及到 690 与 380 的切换问题，这里与大家探讨一下。 1. 我认为 690V 在工厂、企业会成为一种趋势。 2. 大部分电机，尤其是一些设备的配套电机，均支持 690/380V 两种电压等级。 3. 现在最新的电缆标注方法 如以前的固定电缆 VV22 - 3 × 50 + 1 × 25 ，已改成VV22 - 0. 66/13 × 50 + 1 × 25， 移动电缆 U-1000，UP-1000 等，改成 YP-0. 38/0. 66，或 YP-0. 66/1. 14 既大部分电缆也同样支持两种不同的电压等级。 4. 地面 690V 系统的照明和其他 380V 等级如何解决？我常用的方法是：（1）电压等级为 690V，选取专用的 380/220V 配电柜，如：JDK，JDR，CKY，GGD 等型号均有相应的柜子可选。（2）电压等级为 380V，690V 系统选专用的升压变压器。常用的 S9，SCL 变压器 690/380均有相应的产品。 5. 低压规范完全适合 690V 系统，接地也如麦兄所说。另外，不用担心电压等级的不同就会有什么问题，我的经验是 380V 你怎么做，690V 也怎么做。还是以煤矿为例，一个中型矿井，会有 35kV，10kV，690V，380V，220V，127V，12V 七种电压等级，一般各等级均各成系统，可以这样理解，各成系统，中间的联系就是变压器和配电柜以及不同等级的保护。 6. 强调一下接地的问题：大接地网之外，各配电点的开关、起动器和电机，应该加做局部接地网。
dv100 头衔：画图匠 等级：两星客人	第 7 楼 一下子这么多问题。呵呵，挨个说说。1. 可以。2. 我得查查，忘了。3. 大接地是。局部 TT。各个开关、启动器根据性质的不同可统一做成一个局部接地网。如某车间的所有配电开关、启动器可做一个总的接地。不用每个开关都局部接地。4. 有，690/380V，可以的，不好选定做都没问题。5. 用第二种，第一种方法我建议不要用。6. 一般工厂、企业等工程上，我建议还是用 VV 等电力电缆好一些。BV 线我没有用过，可能民用上能行，毕竟 500V 的范围对电机的启动、瞬时冲击电流等的适应性还是差些。7、8 两条：380V 的各种表、互感器等与 690V 的一样，只是在变比、整定上根据电压等级再计算一下就好。补偿装置也一样。另外，不是 700V，标准说法是 660/690V。我找一个 660V 系统的配电系统上传下来，看有没有用！

LMG2002 等级：两星客人	第 8 楼 学到很多知识，谢谢！企业，厂矿做过，我觉得企业，厂矿的 380V 用电业不少，690V，380V 都有在建设成本上是否合适？
 runner 头衔：福子 等级：贵宾	第 9 楼 我的经验是，如果单纯的照明负荷，则 10kV 侧接 10/0.4kV 所用变压器是最好的。但如果 380V 还存在其他动力负荷，则在变压器的容量、尺寸的选择方面会有些困难，这时不妨设 690/400V 变压器好做一些。我民用做的不多，这里说的接地（包括局部接地）是在工、矿企业中，根据负荷性质、位置分布、配电点等，通过开关外壳、电缆接地芯线等构成的某一用电部分的接地网，各个局部接地相连到某一专设的主接地极（一般还设有副接地极）构成整个生产系统的大接地网。这里要强调的是各局部接地必须带具有选择性的漏电保护。前天刚买到最新的图集，不过没有电子版的，其穿墙方式，灵敏度等和 380V 系统没有太大的分别。还是那句话，根据我的经验，380V 怎么做，660V 也怎么做，不会有太大出入的。用过流保护我得查查是否可以，我的印象里漏电保护是必须的。660V 常用的有：1. 馈电开关。老式的有 DW-80，120，200，350，400 等，就是俗称的“大肚子”开关，相应的配电原则是用 DW 系列配电开关必须配检漏继电器。现在常用的是 KBZ-200，300，400，500。此为真空开关，且开关本身就带有检漏继电器，无须另外再配。2. 起动器常用的有 QC83 系列、DQB10 系列、BQD 系列、QJZ 系列等等。3. 变频我手头没现成的样本，我去查查。如果需要可与西安开关设备厂、河南济源开关设备厂、北京开关设备厂等取得联系。另外，相应产品很好找，网上一搜一大堆的。
dv100 头衔：画图匠 等级：两星客人	第 10 楼 我们这里刚引进两台荷兰泵电机采用的是 690V 配电，1000kW，专用两台 1250kV，6.3kV/690V 变压器，进线柜采用 ABB 的 MNS 柜（据我们了解只有 ABB 的 MNS 柜能做到 690V，国内厂家好像最大做到 660V），变压器与进线柜电缆采用两根 VV-0.6/1.01（3×240+1×120），电机采用西门子装机装柜型变频器（原装进口，不过看起来有点粗糙），从变频器到电机采用两根 VV-0.6/1.01（3×185+1×95），接地与 380V 接地共用，运行没有问题。

 liypxy 等级：一星客人	第 11 楼 runner 是说把井下设备用在地面上一般场所，合适吗?
 runner 头衔：福子 等级：贵宾	第 12 楼 呵呵，楼上的 MM 看来是同行！没问趣的，现场都是这样干的。而且上述设备不光是煤矿，像钢厂、铁厂等的生产系统 690V 也经常用相关设备。煤矿上井下的电压等级一般为 690V，所以相关的厂家的 690V 产品是信的过的。而且，井下设备无论从防爆、保护等方面都要比地面设备要求高。如果觉得没必要，也可选择相应的低压开关柜，与 380V 的也没有很大区别。河南信阳开关厂、陕西天水电器有限公司等的低压开关柜都很不错，很多一次接线都带有变频、降压功能，而且适用于 690V。
微风  等级：一星客人	第 13 楼 请教一下：对于 690V 系统，计量怎么做?
 树袋熊 头衔：天山一颗草 等级：一星客人	第 14 楼 首先电压等级应该为 660V 而不是 690V，就像 10/0.4kV 的变压器，低压侧的电压等级是 380V 而不是 400V，采用 660V 配电可以降低电流，节约电缆，减少电能损耗，是工厂矿山配电的发展方向，煤矿 660V 设备很全，电缆可选用 0.6/1kV 电压等级的电缆。
dv100  头衔：画图匠 等级：两星客人	第 15 楼 不同意楼上，应该就是 690V 而不是 660V。
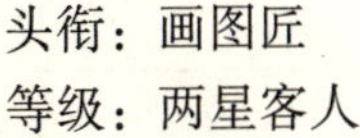 树袋熊 头衔：天山一颗草 等级：一星客人	第 16 楼 690V 是变压器二次侧电压，电网和设备电压为 660V。

2-8 热稳定校验

sxtyfgy 头衔：岩石忍者 等级：五星嘉宾	楼主： 热稳定校验！ 离变配电站距离小于20m，用电负荷为5kW设备，变压器容量为SCB-1000kVA，放射式配电，电缆选择多大的才能满足热稳定要求？
xm204 头衔：风清扬 等级：贵宾	第2楼 $10mm^2$的线缆。
wl220 等级：一星客人	第3楼 这么小的容量与这么大的变压器来说是小意思了。5kW用$4\times6mm^2$的电缆也不会有问题的。
大胡子 等级：实习会员	第4楼 公式：$Smin = I\infty \div C \times \sqrt{tjx}$ 请问tjx取值多少比较合理呢？
大鼻山 头衔：最逍遥 等级：版主	第5楼 楼主的条件不齐全，比如变压器短路阻抗值、高压侧系统容量、低压母线、保护开关的保护类型等情况，都未提供。因此算出来的不是精确结果，假设的因素太多，其结果可能差别数倍。
枫-舞之九天 等级：两星客人	第6楼 回4楼，要根据你选择的断路器或者熔断器的动作时间来确定吧！我的理解。
河图 头衔：藏经阁-思尘 等级：三星客人	第7楼 我按照其中一种假设情况来计算一下：高压为无穷大容量，变压器阻抗系数为4.5%，低压母线为$3\times125\times10+2\times80\times8$（$mm^2$），长度为5m，用16A开关保护设备（长延时，10倍瞬时0.1s内动作），电缆拟选用YJV-$5\times4mm^2$。短路电流大致为2.1kA。因此，电缆截面要大于：$2.1\times1000\times(\sqrt{0.1})/143=4.6mm^2$。可以看出，当初的$4mm^2$偏小，要放大一级，就选$6mm^2$电缆应该可以满足了。

NLB 等级：版主	第 8 楼 像这种距变电站很近的小负荷，用有限流作用的熔断器保护比较好。可选 BV(4～5) ×2.5mm^2 穿管，用 NT 0—20A 保护
大鼻山 头衔：最逍遥 等级：版主	第 9 楼 7 楼的计算有点恐怖！根据我后来的计算（试值法），试值电缆 6mm^2 时，要求为 6.8mm^2；10mm^2 时，要求为 11.3mm^2；16mm^2 时，要求为 16.4mm^2。直到 25mm^2 时，才要求 24.6mm^2！换言之，随着电缆截面增大，其阻抗不断减小，因此短路电流随之增大，导致所要求的电缆也大，最后可知：楼主的情形竟然需要 YJV-25mm^2 的电缆！因此我的看法如下：1. 就本题而言，计算时，不宜假设高压为短路无穷大系统，否则要直接影响到计算结果；若换成有限系统，也许 4mm^2 电缆就够了。2. 断路器的动作时间也是至关重要的一个参数。
大胡子 等级：实习会员	第 10 楼 请问大鼻山，无穷大系统和有限系统怎样区分呢？楼主这种情形不应视为无穷大系统吗？
NLB 等级：版主	第 11 楼 无穷大系统或有限系统的概念（现在称为远离发电机端或靠近发电机端）不是用在这里的，楼主的就是无穷大系统，大鼻山先生的计算中其实是变压器高压侧的系统阻抗是否取为零的问题。作有限系统的短路计算需要发电机的参数。
sfeiy 头衔：喽罗	第 12 楼 7 楼的计算没错，并且完全可以按无穷大系统来做设计计算，但 1000kVA 变压器阻抗电压一般为 6%，这样实际算 4mm^2 已够。开关的动作时间起关键作用：若选用动作时间 0.01s 的断路器或采用熔断器保护，实际上 2.5mm^2 已经满足要求。如果仍采用 0.1s 断路器，若距离减为 10m 以内（如变电所用电），恐怕要算到 120mm^2 才满足要求！此中情况下，唯一的解决办法（用 0.1s 断路器）是将线路延长，即在柜下多盘几圈。因为短路电流因线路距离延长减小的非常明显。
枫-舞之九天 等级：两星客人	第 13 楼 好像 YJV 电缆属于 PVC 绝缘电缆，也就是聚乙烯电缆，好像 C 要取 114 的，不知理解可对？请大家给意见，谢谢！

大鼻山 头衔：最逍遥 等级：版主	第 14 楼 技术措施（电气）第 32 页有讲，YJV 按 142 取值（工厂配电与设计手册也有类似规定）。
枫-舞之九天 等级：两星客人	第 15 楼 请教一个问题，选变压器的时候变压器的阻抗比一般选择多大？（我们这里一般按 6%，查工业民用配电手册上一般 4.5% 多一点。到底哪个更好呢？还是根据工程具体确定？
 大鼻山 头衔：最逍遥 等级：版主	第 16 楼 阻抗值，干式变压器 630kVA 及以下时为 4%，800～2500kVA 可取 6%。此外谈到断路器动作时间问题，也可以认为是瞬时动作还是短延时的问题。而根据一些资料介绍，0.1s 似乎是二者的分界点。
 江雨 等级：游客	第 17 楼 按有限算？要出笑话了，呵。完全同意 NLB 的观点，其实只是是否把高压侧的短路容量考虑进去而已，和有限还是无限没有关系的，而且即使考虑进去了，对计算结果影响也不会很大！另外，个人觉得在这种情况下，最好用刀熔开关配出电缆，要烧，就先烧熔断器吧！
大鼻山 头衔：最逍遥 等级：版主	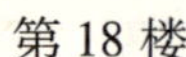 第 18 楼 楼上把我所说的有限系统理解成什么了？我所说的无限大系统就是高压短路容量无穷大呀，而有限系统是指其短路容量是个具体值，比如 300MVA 或者 200MVA。实际工程中，无穷大系统是不可能存在（经常是工程人员简化、假设的），绝大多数是有限系统，即 300MVA 或者 200MVA，另外极少数是 500MVA。当然，无限和有限，对于计算结果影响并不显著的。对于楼主的计算条件，根据无穷大系统，$4mm^2$ 的电缆不够，要用到 $25mm^2$ 电缆；而根据 200kVA 计算，$4mm^2$ 基本满足要求了。这就是我推荐采用有限容量计算的原因，也是跟实际相符的。此外，我想问一下楼上，你在低压屏中用过几次刀熔开关配电？看来，我前面所说的“无限系统”和“有限系统”，引起了一些朋友误解；重申一下，那仅仅是我本人采取的简称，专针对“短路容量”而言，而非“电源容量”。大家注意鉴别。

langji88 等级：一星客人	第 19 楼 高压侧取无穷大对结果有这么大影响吗？BV 导线一样也要做热稳定校验。
大鼻山 头衔：最逍遥 等级：版主	第 20 楼 可以从我的计算结果看出，按无穷大计算时，正好比试值的电缆大一丁点，所以若换成有限系统，估计正好满足要求，也许 4 mm^2 就够了。BV 线要校验吗？我还没找到依据。呵呵，手册的确提到绝缘导线也要校验；而规范却仅仅提到电缆校验，奇怪啊！
moonlight 头衔：虫窠居士 等级：版主	第 21 楼 手册上没有明确提出电线要进行热稳定校验，但规范上有。手册上还指出架空线和熔断器保护的导体不用校验热稳定，这种差异究竟有没有道理？个人认为：手册是老的，过去设计低压短路保护常常使用熔断器，因此只按熔断器限流特性来校验，不做导体的热稳定校验。如果是用熔断器保护，不需要做热稳定校验，如果用断路器做保护就要做校验。另外明敷的导线不需要做热稳定校验。多根暗敷或穿管保护的导线要做热稳定校验。以上手册是《工业与民用配电设计手册》第二版 380 页和 169 页。
langji88  等级：一星客人	第 22 楼 手册是比较老了。以前的断路器（低压的）分断时间可能比较长，所以要做热稳定校验。现在应该不会有太大问题了。考虑全分断时间，我认为取 0.1s 就足够了。
 大鼻山 头衔：最逍遥 等级：版主	第 23 楼 实际上，现在 0.1s 的断路器，热稳定校验还是需要的，这个步骤还是不能省略。纯粹按照载流量或压降选择的电缆，可能截面不够。
yndlj 等级：一星客人	第 24 楼 出线电缆的热稳定校验与短路电流的大小有关，应先明确 10kV 系统的短路电流，再计算 400V 系统的短路电流，然后再进行热稳定校验，这么小的回路一般不由变压器低压母线直供，否则低压电缆将非常之大，大家如果有兴趣可考虑 10kV 系统短路电流为 20kA，SCB9，Ud＝6%，s＝0.1s 来计算一下。好大的电缆！再明确一下高阻抗变压器对限制短路电流有很好的优势，就是损耗大。

 jingkong12 等级：一星客人	第 25 楼 我的意思是：变压器一次侧短路容量不应该按无穷大考虑，按有限值考虑；可不是按电源容量考虑的“有限容量”，我成众矢之的了，呵呵！谈到热稳定校验，我想到另一个问题，就是热稳定校验如电动机回路，为什么不按过负荷时校验？我考虑是不是这样：过负荷时，其在过负荷时间内，其热量积聚远小于短路时热量积聚，因此不按过负荷时考虑，应该按短路时考虑。各位以为呢？
 大鼻山 头衔：最逍遥 等级：版主	第 26 楼 BV 和电缆，都要做热稳定校验。技术措施里，强调的是电缆校验。

2-9　折线法计算防雷设计

 SJM1972 头衔：翠羽黄衫 等级：版主	楼主 为什么通常使用折线法计算防雷设计？是因为折线法简单些吗？
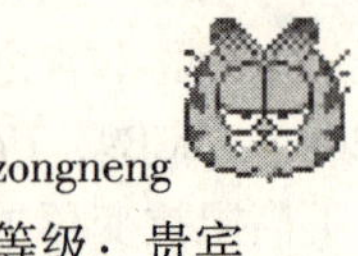 大鼻山 头衔：最逍遥 等级：版主	第 2 楼 其实也没什么，电力系统的防雷设计规范和民用的国家防雷规范确实不同：前者依然采用折线法，而后者采用滚球法。估计电力设备是套用了电力系统的规范。
zongneng 等级：贵宾	第 3 楼 我对两者做过比较，折线法与滚球法相比，计算结果较为保守，保护的范围小，相当于近似计算。

Jxhao 等级：游客	第 4 楼 全国电力系统高电压专业工作网《过电压专家工作组 1998 ~ 2001 年工作总结》最近，有不少同志反映，电力设计院在完成一些工程的电力设备直击雷保护设计后，在审批时受到当地标准化部门的拒绝。他们认为，其设计没有根据建筑物防雷设计国标中规定的滚球法进行，不予批准。目前电力系统的电气设备直击雷防护都是根据现行行业标准设计的，而按照现行行标进行的电力设备直击雷防护设计从 1949 年到现在已经经历了半个多世纪的安全运行经验的考验，没有问题。当时在该建筑物防雷设计国标送审稿审查时，电力系统过电压方面的专家已经指出，电力设备不是建筑物，因此该国标不适用于电力系统中电力设备的直击雷防护，建议在国标中加上这一条，对此起草人也持赞同意见。
langji88 等级：一星客人	第 5 楼 难道电力设计规范能凌驾于国标之上？拜托有电力设计院的朋友回答一下！
zongneng 等级：贵宾	第 6 楼 行标严于国标，没有错啊。
Jxhao 等级：游客	第 7 楼 全国电力系统高电压专业工作网《过电压专家工作组 1998 ~ 2001 年工作总结》过电压专家工作组于 1990 年 5 月 18 日成立，11 年来过电压专家组成员虽已进行了两次调整，但专家组的成员都能主动的收集本地区的问题和经验，积极参加专业活动。在首次会议上根据 1987 年全国高电压专业工作会议对过电压专业提出的问题，确定本组工作的重点为：接地网检查改造、不接地系统限制过电压的措施、全国性防雷数据库的筹建以及过电压保护及接地方面的运行经验。其后在第三次专家工作组会议上又把消雷器问题列入了本组的重点。 1. 专业基本概况： （1）见 4 楼已经引用，不再重复。 （2）西北地区 750kV 电气设备的过电压及其保护设备是目前正在进行研究的内容。 （3）中性点不直接接地系统的单相接地故障选线和故障点定位一直是一个较难解决的问题，尤其是带消弧线圈的系统，经常有单位反映单相接地故障选线装置不灵而引起两相短路接地故障，烧毁电缆头等事故。有的单位还反映，事故后检查发现配电室内所有设备都有被烧痕迹，但就是找不到最先出现接地故障的位置。

Jxhao  等级：游客	（4）目前在许多城市，中压配电线路采用了绝缘导线。但有些单位反映雷雨天会出现断线现象，影响供电。虽说断线原因已经查明，但还需进一步做工作，防止雷击断线事故的发生。 2. 关于消雷器问题：电力系统于20世纪80年代末开始采用消雷器，发展较快，在1993年的工作会议时，已了解到有的地区的消雷器在运行中发生装置本身或被保护设备损坏事故，各地专家对消雷器的防雷效果提出了不同的看法，决定对消雷器的运行情况进行调研和总结。1995年工作会议上广东专家提出了书面总结：半导体消雷器24台，其中，站型17台的故障率达20.8次/百台年，线路型7台，故障率为3.2次/百台年。导体型消雷器268台，运行时间不到1年，站型74台还未发生故障，线路型194台，故障率为2.4次/百台年。河南、广西、浙江专家也反映了本地区运行中发生的故障情况。一些省局已做出暂停使用半导体消雷器的决定。为防止雷击损坏设备或造成绝缘子闪络，专家组提出“不论是装避雷针还是消雷器，都必须严格执行过电压保护规程和其他有关规程规定的防雷保护的综合措施”。由于消雷器在电力系统的运行时间还较短，对消雷器的看法分歧还较大，难于做出结论。过电压专家组会议明确消雷器属于试用阶段，不宜大量推广使用。1997年工作会议对消雷器问题进行了重点讨论，14个网、省局代表对本地区消雷器的运行情况提出了报告。此外：南电公司13套半导体消雷器都因不同程度的损坏而更换过，从第2代产品一直更换到第5代产品。福建省1条110kV线路在63基杆塔上安装消雷器，其雷击跳闸率为3.279基次/百基年，而同期该线路未装消雷器的杆塔，平均雷击跳闸率为0.479基次/百基年。陕西在35kV和110kV线路杆塔上安装的消雷器分别运行128基年和173基年，均有跳闸事故。四川在3条平行的35kV线路上进行对比试用，运行3年，雷击跳闸率以装消雷器的一条最高，改善接地电阻的一条最低。一些省采用自制导体消雷器，认为运行情况良好。但这些省在使用消雷器时，都严格执行了过电压保护规程和微波通讯设备防雷保护措施中的均压、分流、屏蔽、保护、隔离和接地的措施。总之，自使用消雷器以来，半导体消雷器本体和被保护设备故障率较高，未到达消雷器厂家宣传的效果。导体消雷器故障率虽然较小，但使用时同时采用了其他防雷保护措施，保护效果分不清，而与避雷针相比，投资增加很多。建议目前还在运行消雷器的省份注意总结经验，完善过电压保护措施。 3. 关于接地网问题：20世纪80年代末发生大面积接地网事故，随后各地区对接地网进行了开挖检查和改造，过电压专家工作组在首次会议上对接地网的改造工作提出了建议，90年代初，各地完成了接地

Jxhao  等级：游客	网的改造工作。随后专家组将工作重点放在降阻剂上。1992 年组织专家组成员单位制订了“降阻剂暂行技术条件”，对 13 个单位的降阻剂样品进行了试验和评议。1990 年抽样试验发现参评的 13 个单位产品性能存在不同程度的问题，其中以对钢材的腐蚀问题最为严重，高压网已通知这些单位停止生产该型产品。经改进，1991 年参评产品通过了试验。随后，一些组员对本地区使用的降阻剂进行了跟踪检查。有的地区发现降阻剂对接地体腐蚀严重，降阻效果逐年减小。至 2000 年，总体看，线路杆塔采用降阻剂有一定的效果，但要注意腐蚀问题。对大面积的变电站接地网，一般不主张使用降阻剂，一是降阻效果不好，二是对接地体会造成腐蚀。 4. 关于不接地系统限制过电压的措施问题：广州、上海等地已大量采用小电阻接地方式，运行情况良好。此接地方式已列入过电压保护规程。消弧线圈接地系统已有不少地区采用自动调谐消弧线圈，总体运行情况良好。但目前生产厂家较多，应注意产品质量。使用中须注意：a. 防止串联阻尼电阻烧毁；b. 在单相接地故障消除后，串联阻尼电阻要及时投入，以防止发生串联谐振过电压；c. 对于调抽头式和调铁芯间隙式的自动调谐消弧线圈，一般把残流限制在 20% ~ 50% 即可，以免自动调谐消弧线圈装置调节过于频繁。d. 故障选线的准确度还有待提高。 5. 关于过电压保护运行经验问题 a. 500kV 断路器并联电阻价格昂贵，变压器断路器不需采用并联电阻，在采用避雷器保护可以满足要求的过电压水平的线路，其断路器也可不用并联电阻，不少地区已有成功运行经验。对于 500kV 同塔双回线路的雷电、操作过电压及其保护和带电作业间隙问题应进一步进行研究。b. 一些地区在 35kV ~ 220kV 线路易击段、易击杆上安装线路型避雷器，对降低雷击跳闸率取得了较好效果。有的省反映不固定型间隙优于固定型间隙。建议进一步研究线路避雷器的安装方式和使用范围，建议有关标委会尽快编制线路避雷器标准。 6. 关于全国性防雷数据库的问题： 我国过电压保护规程所用雷电参数主要来自少数地区和线路的雷电观测资料，不能全面反映全国的情况。目前各地都建立了雷电定位系统，在确定雷击故障点的位置方面发挥了很好的作用，受到运行调度等方面的欢迎。建议进一步发挥该系统在雷电参数测量方面的作用，以制订本地区和全国的雷电参数、改进防雷保护措施。国内对雷电的基本参数研究很少，很多计算公式都来自于外国，如地面落雷密度与雷电日（或雷电时）的统计关系，雷电流概率分布的统计关系，击距与雷电流的统计关系等。由于我们缺少对雷电的基础性研究，不得

Jxhao 等级：游客	不采用外国的这些经验公式。近几年来，国内上了不少套“雷电定位系统”。可否利用这些设施针对中国的具体情况开展雷电基本参数的统计研究，找到适合于中国的雷电经验公式，是否将其加入到过电压组的工作安排中去，请代表们提出意见和建议。 7. 今后的工作： 针对1.1，如果有可能，可召集过电压专家组的全体成员开会讨论，研究解决两个标准在电力设备防直击雷方面不一致的问题。(1) 维护现有电力行业标准的权威性，在专家会议上形成一致意见，向国电公司反映这种情况，通过国电公司与相关国标管理部门和起草单位找到起草人，将“电力系统中的电力设备不属于建筑物，该标准不适用于电力系统中的电力设备直击雷防护”一条写进国标的修订说明。(2) 可否列专题对滚球法进行深入研究，使它能科学地应用于外形复杂、布置独特的电力系统电力设备（如高压断路器、变压器、互感器等）的直击雷防护，修订行标，使之更科学。针对1.2，西北地区的750kV输变电工程只是在设计阶段，虽说已经进行了过电压的计算研究，但工程毕竟还没有实施，更谈不上运行经验。因此，这种电压等级的过电压和绝缘配合问题还有待今后继续研究。1.3情况实际上一直是一个老大难问题。10kV和35kV中性点不直接接地系统的单相接地故障选线以及消弧线圈自动调谐补偿装置，虽然有许多单位都在开发、生产和销售，但是据反映，有的选线装置不灵，有的消弧线圈自动调谐装置经常乱调或者经常不调。但是灵与不灵、经常乱调与经常不调之间没有一个适当的标准进行衡量。因此建议，可否请各位过电压专家进行一定的理论计算研究，提出一些措施和具体指标，在这些装置安装投运之前，进行适当的试验，以检验其性能是否能满足系统的要求。对于那些最初起因不明的10kV或35kV配电室火烧连营事故，可否进行专门的调查，并列专题进行试验研究，查明火烧连营的具体起因，以制定相应措施，防止类似事故的再次发生（有的可能不是过电压问题）。
jingkong12 等级：一星客人	第8楼 对于“电力设备防雷采用折线法”而“建筑物防雷采用滚球法”这一问题，我曾请教过“建筑物防雷设计规范”的编制专家。他说，1.（大致内容是）折线法随着高度的增加，其保护范围减小，当高度超过120m（我记不清了，抱歉）时就没有保护范围了，而电气设备高度一般都不是太高，因此采用折线法；2. 而建筑物高度很高，例如超过120m（我记不清了，抱歉），折线法没有保护范围了，采用滚球法就没有这个问题，例如高度为150m建筑物，其上加一避雷针，用滚球法只要球体触及部分以下就可保护，但采用折线法就没有保护范围。所以，电力设备防雷保护沿用折线法，建筑物防雷采用滚球法。

2-10 住宅户内配电箱进线开关用 2P 还是 1P + N

ROSE 头衔：掌门-天虹剑 等级：版主	楼主 住宅户内配电箱进线开关用 2P 还是 1P + N?
yukanlee 头衔：明清散人 等级：版主	第 2 楼 我选 2P。
大鼻山 头衔：最逍遥 等级：版主	第 3 楼 请教：单相回路中，1P + N 和 2P 的区别?
长河落日 等级：游客	第 4 楼 2P。尤其住宅，就安全性考虑。
ttt001 头衔：般若禅师 等级：管理员	第 5 楼 1P，1P + N，2P 均可以，要是说好的话，用 2P。记得以前我打过一个比喻，不知道大伙儿还有没有印象。使用开关切断单相电路，就如同判断一个人是否已经死亡。 1P 是基本上死了。1P + N 是在脖子上再补上一刀。2P 就是把脑袋割下来。
LJM 头衔：陪主席喝酒的 等级：一星客人	第 6 楼 1P + N 和 2P 对于住宅楼户箱来说功效是一样的。我认为两者皆可。

长河落日 等级：游客	第 7 楼 单相回路中，1P + N 和 2P 的区别虽不明显，但很关键，尤其在针对具体用户上（非仅指住宅）不可大意。
 大鼻山 头衔：最逍遥 等级：版主	第 8 楼 对于单相住户而言，我还是不明白 2P 和 1P + N 二者的区别，真的。关键是不明白那个第二 P 是指什么？制造工艺？形状？性能？差别到底是什么？
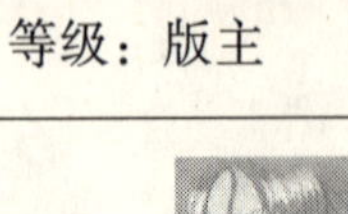 liuhinly 头衔：4P 等级：一星客人	第 9 楼 我也觉得选 2P 更保险。
 ttt001 头衔：般若禅师 等级：管理员	第 10 楼 要回路，才有电流，这是大家都知道的。要切断电流，要切断危险，就要使得回路不能够成为回路就可以了。1P 是一根线上有保护装置，2P 是 2 根线上有保护装置，1P + N 是一根线上有保护装置，动作时却要切断 2 根线。
长河落日 等级：游客	第 11 楼 当然不一样，1P + N 开关仅是相线电流出现问题时动作，2P 同时关及零线。而于住宅言，用户大都没有用电常识，非集中管理性质的，故用 2P 为宜。
大鼻山 头衔：最逍遥 等级：版主	第 12 楼 2P 保险？那么 1P + N 不保险吗？对于单相住宅用户，2P 和 1P + N 有什么区别吗？如有，到底是什么区别呢？怎么没人给我一个详细解释呢？
长河落日 等级：游客	第 13 楼 举个例子，住宅内用户经常会自己改线，如果零相线接反了安全性怎么保证？

<table>
<tr><td>lvbokele
头衔：ROSE 新聘保镖
等级：两星客人</td><td>第 14 楼
我一直用 1P + N，规范没规定，而且老前辈这么做，供应商也推荐，2p 的还贵。说到技术上，1P + N 的 N 也就是零线，只是跟着火线动作，本身不带过流、短路等保护。一般情况下单相电源对零线要求不高完全可以 1P + N 替代 2p。请指教！
1P + N 完全可以都切断。</td></tr>
<tr><td>
ttt001
头衔：般若禅师
等级：管理员</td><td>第 15 楼
我个人理解使用这 3 种开关的根据是使用场所的危险性，而与用户是谁无关。
基本上选择 1P 断路器。需要加装漏电的话，一定是 1P + N 或者 2p。开断电流较大时，如 40A，一定不用 1P + N，宁可选择 1P。有串电位可能的场所用 2P。
对于住宅，有规范要求使用双断点，我一般是在表后选择 2P 的隔离开关。也可以接受 2P 断路器。但是，个人不推荐 1P + N。理由是：如果真的需要切断 2 根线，还是 2 个线上都有保护切起来放心。要么不用，要用不省。合格的电工是不会接反零线的。如果接反了零线，1P + N 比 1P 好多少？一样不会动作的。</td></tr>
<tr><td>
yant
头衔：实习生
等级：一星嘉宾</td><td>第 16 楼
二者构造上的区别：2P 是两个触点同时动作的。1P + N 分断时是先断 L，后断 N 线，合闸时先 N 后 L，在住宅单相用户，支路我使用 1P + N，总开关应《住宅规范》要求，使用 2P。咨询了一下厂家，1P + N的跟 2P 的价格相近，高出 1P 的价格 60% 左右，看来是有点贵，但是有的地方供电部门明确要求使用能切断相线和中性线的。</td></tr>
<tr><td>yukanlee 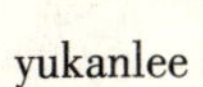
头衔：明清散人
等级：版主</td><td>第 17 楼
呵呵，一石激起千层浪呀！刚刚上传了施耐德 C65N/H 小型断路器的样本，回头大家不妨下载看看，希望会有所帮助。</td></tr>
<tr><td>
LJM
头衔：陪主席喝酒的
等级：一星客人</td><td>第 18 楼
再说明一下 1P + N 和 2P 的区别：1. 1P + N 在合闸时零线比相线先接通，跳闸时同时切断零线和相线。2P 断路器零线和相线合分都是同时。2. 1P + N 仅相线有过载和短路保护，而 2P 都有。3. 1P + N 体积小，只相当于单极断路器，价格也比 2p 的低。4. 1P + N 断路器只能应用于单相回路中，而 2P 断路器也可用于少数两相回路。故在民用住宅中 1P + N 被广泛使用。但是用了 2P 断路器只能说是更保险（万一出现了大脑发晕的电工可怎么办？）</td></tr>
</table>

ttt001 头衔：般若禅师 等级：管理员	第19楼 楼主的2个选择项目应该说都是不违反规范的。不主张1P＋N的理由依然是：要么不用，要用不省。价格差异有限。1P＋N从分类上和1P的功能相似处要比和2P多。直接带断N线，虽然在小电流上是可以实现的，但是其可靠性是打了折扣的，在多次通断后，能否保持？并无把握。我的想法是：如果使用1P还不足以判断一个人是否死了，就干脆割下头来，不要搞补一刀的事情，因为补这一刀不足以保证你最初的目的。
电气美眉  头衔：真实的我 等级：佳客	第20楼 家用及类似场所必须用2P的，主要是考虑没有专业的维修人员，可能接反线。
 ROSE 头衔：掌门-天虹剑 等级：版主	第21楼 我与3T的观点相同，1P＋N，N线是没有保护的，我一直是用2P的。只是如果这样，1P＋N用在什么地方呢？
 westwindo 等级：四星客人	第22楼 1P＋N用在住宅配电，其他的性质配电用1P和2P。1P＋N更全面的切断线路（相线和零线），对非专业人员更安全。1P，2P侧重对线路的保护的方面理解。至于电工接错线，价钱，我觉得不应该考虑。自己的想法，与同志们不一样，别打我。
 ttt001 头衔：般若禅师 等级：管理员	第23楼 普通插座带漏电。我只觉得这个场合有必要。
mczzy 等级：常客	第24楼 我觉得应该用2P，很多住宅用户出现一点电气小问题，都会自己维修（本人一直都这么做），有一部分会以为断开断路器线路就肯定不带电了。如果当初安装人员或维修人员把零、火线接错了，就怕出事故。一般设计者都应该“安全第一”。我以前学电，但毕业以来一直从事消防工作，平时也难得做强电的工作。如有不当之处，请指教。

lengbing 头衔：菜鸟帮最菜的 等级：贵宾	第 25 楼 还是用 2P，家用电气中谐波电流较多，常出现 N 线电流比相线电流大的情况，所以 N 线也要加保护。
chenhutu 等级：游客	第 26 楼 单相电路不存在谐波导致零线电流大于相线的问题，总是相等。
c45n 等级：版主	第 27 楼 楼上说的对，正常运行时一个单相回路里不可能出现 N 线电流大于相线电流的情况，呵呵，老兄的名字过于自谦了。N 线上的谐波电流是零序谐波汇聚造成的（3 次、6 次、9 次……），单相回路不存在正序、负序、零序问题。就 1P + N 类产品本身来说，它是一个针对中国国情的简化产品（我没有见过国外用），宽度小，造价低。虽然牺牲了 N 线的保护，降低了分断能力，但用在住宅里还是没问题的（通常低压供电的小区住宅末端回路的短路电流只有几百安培），也符合现行的规范。我从不用 1P + N 类产品，是因为它的接线端子靠的太近（我觉得是个隐患），接线不方便也无法使用梳状小母排，就像我只用电磁式漏电开关一样，这属于个人习惯。1P + N 在低成本住宅里还是有用武之地的，但我建议大家不要在公共建筑中使用。
檐下听雨 等级：游客	第 28 楼 小型断路器 1P + N 的相同之处是：都可以同时切断相线和中性线，不同之处一是 1P + N 中性线不提供保护功能，而 2P 是中性线和相线都提供保护功能；二是两个的模数不一样。《住宅设计规范》（GB 50096—2003 年版）6.5.2 条第 5 小条："每套住宅应设置电源总断路器，并应采用可同时断开相线和中性线的开关电器"；1P + N 和 2P 都满足此条规范要求，我认为无论选择 1P + N 和 2P 都是可行的。
OTTO 等级：游客	第 29 楼 从价格上比较，1P + N 比 2P 便宜一点，价格不是相差很大。《住宅设计规范》明确规定进户开关要能同时切断相线和中线性，我们一般用双极开关 2P 的；1P + N 用在空调回路比较好，因为它也可断开 N 线，且只有 1 个模数宽，不占用配电箱体积。

chgangy 等级：游客	第 30 楼 应该选用 1P 的，不用 1P + N 或 2P 的，因为那样会增加“断零”的故障。
城市边缘 头衔：缘空和尚 等级：一星客人	第 31 楼 楼上兄弟，单相回路，断零危害并不大，因为零线断了，灯就灭了，不像三相用电，零线断了，电动机还在运转，如果不平衡电流过大导致电压不平衡，就可能烧毁电机。一般三相电路才不提倡用四极开关。
yangsj_ jms 等级：游客	第 32 楼 我认为 1P + N 既可，2P 更好。他们的区别应该是零线是否有保护，当然对于住宅来说零线过负荷，过载的可能很小，所以可以不用考虑零线的保护只需用相线的保护就可以保护回路了，而且 1P + N 只占 1 个模数完全可以。
 城市边缘 头衔：缘空和尚 等级：一星客人	第 33 楼 看了一些资料，终于明白，1P + N 是什么意思的，就是相线上有保护，动作时零线也一起断开，既然这样，还有 2P 的必要吗？单相回路，中性线的电流会比相线大吗？还有对于 TN 系统，不是特别情况没必要零线也断开吧，看了一下报价，两极开关价格几乎是一极的两倍。

2-11 路灯是否必须接地

饿饿饿 2000 等级：一星客人	楼主 路灯是否必须接地？如必须请问哪本规范上有？请指点。
yehaiziesp 等级：一星客人	第 2 楼 要，灯具的灯架等正常时不带电的部分都要接地。接地电阻要求 $<4\Omega$！
Lvbokele 头衔：ROSE 新聘保镖 等级：三星客人	第 3 楼 部分同意，但是好像小于 10Ω 就可以吧。

newniu 等级：两星客人	第 4 楼 若采用 TT 接地，是否就是将灯杆的金属壳用一根圆钢引入地下，在每个灯杆下打个接地极，与引入的圆钢联结？这样，从路灯配电箱引来的电源线就不用地线啦，是吗？
Jscasper 等级：三星客人	第 5 楼 采用 TN-S 比较好，每个路灯做重复接地，接地电阻不大于 10Ω。
chinaren 头衔：领导： 等级：一星客人	第 6 楼 第 5.1.9 条可触及的金属灯杆和配电箱等金属照明设备均需保护接地，接地电阻应小于 10Ω。
xudah 头衔：徐辉 等级：一星客人	第 7 楼 不是的，当然是 PE 线做重复接地，我想主要原因是怕线路太长。 本人认为：除金属部分要做接地外，按规范还要做重复接地。
唐龙 头衔：戒律院纪委书记 等级：版主	第 8 楼 是指 N 线的重复接地吗？那可不太好！
lc 头衔：光明顶首席大厨 等级：三星嘉宾	第 9 楼 怎样理解重复接地不好？
zyzzyz 等级：三星客人	第 10 楼 用 TT 制接地电阻不大于 30Ω，不过橡皮杆就免了。
饿饿饿 2000 等级：一星客人	第 11 楼 规范有无明确规定要做？还有如要做，一般怎么做，就地打接地体还是采用 5 芯引入？

Huashengh 等级：游客	第 12 楼 接地是需要的，否则应装漏电保护形成 TT 系统。但漏电保护往往无法实现保护灵敏度太高了，接地用 5 芯电缆。
小电容美眉 头衔：女排主攻手 等级：三星客人	第 13 楼 接地常见的有工作接地及保护接地，最次你也应工作接地吧？
 大鼻山 头衔：最逍遥 等级：版主	第 14 楼 如果撇开规范条文不谈，而是纯粹从理论上说，无论采用 TN 或 TT，接地电阻值的大小都不是关键因素。当采用 TN-S 系统时，其外壳短路电流基本取决于线路电阻（接地电阻太大，可以忽略不计）；采用 TT 系统时，根据计算，接地电阻小于 250Ω 就可以满足保护要求。当然，现在的常规做法还是，每处灯杆做接地（跟是否为橡皮杆无关），以供 PE 线在此做重复接地用。
 wl220 等级：一星客人	第 15 楼 我认为路灯接地主要从安全上来考虑，灯具本身并没有什么影响，因有断路器进行短路保护和过压保护了，故距地面 2.4m 以下是导体部件的均要做接地，其他可以不用做。
 Limit 头衔：透视迷雾 等级：两星客人	第 16 楼 那就总结为：为安全起见，路灯都应该接地。
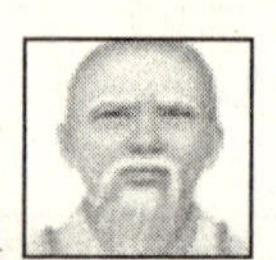 ttt001 头衔：般若禅师 等级：管理员	第 17 楼 参见规范 CJJ 89—2001 第 6.2 条接零和接地保护 6.2.1 在中性点直接接地的路灯低压网中，金属灯杆、配电箱等电气设备的外壳宜采用低压接零保护。 6.2.2 在保护接零系统中，用熔断器作保护装置时，单相短路电流不应小于熔断片额定熔断电流的 4 倍；用自动开关作保护装置时，单相短路电流不应小于自动开关瞬时或延时动作电流的 1.5 倍。

 ttt001 头衔：般若禅师 等级：管理员	6.2.3 采用接零保护时，单相开关应装在相线上，保护零线上严禁装设开关或熔断器。 6.2.4 保护零线和相线的材质应相同，当相线的截面在 35mm² 及以下时，保护零线的最小截面应为 16mm²；当相线的截面在 35mm² 以上时，保护零线的最小截面不得小于相线截面的 50%。 6.2.5 保护接零时，在线路分支、首端及末端应安装重复接地装置，接地装置的接地电阻不应大于 10Ω。 6.2.6 在用电设备较少且分散、采用接零保护确有困难且土壤电阻率较低时，可采用低压接地保护。 6.2.7 灯杆、配电箱等金属电力设备采用接地保护时，其接地电阻不应大于 4Ω。

2-12 短路电流有最大值与最小值之分

ruoranmasm 头衔：龙行天下 等级：三星嘉宾	楼主 讨论：短路电流有最大值与最小值之分？那么如何算最大值与最小值的？
bigsong 头衔：重振武当 等级：贵宾	第 2 楼 最大短路电流等于最大运行负荷电流加三相短路电流；最小短路电流等于最小运行方式负荷电流加二相短路电流；单相对地电流一般另行计算。
wenhao 等级：实习会员	第 3 楼 最大电流也就是冲击电流吧，最小电流也就是按正弦规律变化的周期分量电流吧。
lengbing 头衔：苦菜汤 等级：贵宾	第 4 楼 应该是最大运行方式、最小运行方式。
电气美眉 头衔：真实的我 等级：佳客	第 5 楼 最大运行方式：供电系统的双回路电源和并联的变压器均按并列运行来看，得到短路点至系统电源的合成阻抗最小，这时对于系统的电源考虑按最大容量同时供电处理；最小运行方式：按实际可能出现的单列系统供电；得到短路点至系统电源的合成阻抗最大。楼主说的应该是这个问题吧？计算时短路容量由供电部门给定，直接算不就行了。

xhp 等级：两星客人	第 6 楼 最大运行方式和最小运行方式计算在电力系统中的短路点时，最大运行方式用来校验电气设备的短路容量、动热稳定等，而最小运行方式计算后，用来校验继电保护的灵敏度（最大运行方式的短路电流用来整定继电保护整定值）其方式是由电力系统中电源点户决定的，而在我们低压系统中的最大运行方式和最小运行方式应该是最大负荷（计算负荷）与最小负荷是某保护点的短路电流。
电气美眉 头衔：真实的我 等级：佳客	第 7 楼 出处是我们大学课本里学过的。楼上 xhp 先生说的“而在我们低压系统中的最大运行方式和最小运行方式应该是最大负荷（计算负荷）与最小负荷是某保护点的短路电流”。是什么意思？能再说说吗？谢谢。
fenglee 头衔：自游人 等级：一星客人	第 8 楼 我的理解，针对某一点的保护电器而言，最大与最小短路电流，一方面要考虑到电源端的运行方式，另一方面要考虑其保护的线路或设备的短路类型和短路点的位置。最大短路电流用于校验分断容量等，最小短路电流用于校验灵敏度等。
xhp 等级：两星客人	第 9 楼 举个例子说明最大运行方式、最小运行方式：一个局域电网中（地区 35kV 电网），有四个电站，分别装机为 2×2000、2×4000、3×5000、4×10000kW，当我们要建一变电站时，要计算变电站母线的短路电流，其中，最大运行方式时的短路电流用来校验母线断路器的动热稳定和开断容量，最小运行方式则用来校验保护的灵敏度而决定系统线路的保护方式，最大运行方式就是在所有网内电站满发的时候计算出的母线短路电流，最小运行方式则网内所有电站只发一台机组时在本站母线产生的短路电流。
youpoliyu 等级：一星客人	第 10 楼 最大运行方式下电源系统中发电机组投运多，双回输电线路和并联的变压器全部运行，整个系统总的短路阻抗最小，短路电流最大. 最小运行方式下电源中一部分发电机，变压器和输电线路运行，一些并联变压器采用分列运行，总的阻抗变大，短路电流变小。说白了，就是容量的问题。

hunter_ job 等级：游客	第 11 楼 在楼上所说的基础上，还需考虑短路的情况，最大运行方式下三相短路时产生最大短路电路，在最小运行方式下两相短路时产生最小短路电流.（电力系统运行中在继电保护整定时需要考虑其两种极端情况）。
 qianzy 头衔：未名 等级：贵宾	第 12 楼 最大运行方式和最小运行方式不光和电站有关，还应该和电网运行方式有关的，支持电气美眉 5 楼的解释。

2-13　隧道变电所

 suehuq 等级：常客	楼主 隧道变电所的问题？2500m 隧道，可以一边设变电所，一边设组合式变电站，主要是提供风机用电吗？这个话题对大家可能很陌生，是交通方面的内容。就是说不是比设置两个有人值班的的变电所（因为是野外）要节省造价呀，因为隧道照明是一级负荷，隧道风机当作二级负荷考虑，一个变电所提供照明供电不好吗？当然电缆会用的粗一些。如果由两个变电所提供照明，那相应应急照明也需要在两个变电所设置，另外两个变电所都需设置照明变压器。不知道我的解释大家是否清楚？我觉得还是一边设置一个有人值班的变电所，提供隧道部分风机和整个隧道的照明用电，另外一边设置一个组合式变压器较经济，不知道大家有何高见？
wzm6969 头衔：放水发电佬 等级：两星客人	第 2 楼 我认为设置二个组合式变压器也可以，荒郊野外的有必要考虑有人值班守卫吗？微机监控不可以吗？
suehuq 等级：常客	第 3 楼 谢谢。不过这样不行的，因为隧道照明是一级负荷、风机二级负荷（变电所至少两台变压器呀），隧道还需要监控措施，而且风机照明总体馈回线路较多（照明是分级的有几路），另外还要考虑万一停电需要有应急照明措施（需在变电所设置 UPS 和柴油发电机），所以完全设组合式变压器满足不了要求的。

wzm6969 头衔：放水发电佬 等级：两星客人	第4楼 那你的这个隧道肯定是国道或高速公路用的，也有可能兼为国防用，除此之外，我所了解，一般不大可能设置柴油发电机（有收费站除外），可以告诉我具体一些情况吗？
suehuq 等级：常客	第5楼 不是呀，这是二级路的。你从哪了解的呀，消息可能不很准确的，长的隧道不设置柴油发电机的话就需要牵两回高压线的。
大鼻山 头衔：最逍遥	第6楼 基本同意wzm6969的看法。隧道内设置柴油发电机组，通风、散热、排烟、安全都成问题。就是说你的供电半径是1250m？合适吗？发电机准备放在何处？供电半径？
suehuq 等级：常客	第7楼 照明是2500m，风机的布置在进出口一定距离，因为风机功率较大，所以在另外一侧设置组合式变电站供电呀，照明的电压降是可以控制在允许值内的。
大鼻山 头衔：最逍遥 等级：版主	第8楼 你要知道，普通380V的正常供电半径是250m呀！只考虑压降是不全面的（何况我现在有点怀疑你计算的准确性），还要校验开关的短路灵敏性。我曾经做过一个小型隧道（共同沟），全长2700m，总功率才50kW，在两端和隧道中间的通风口处设置了变压器（共3台）。建议：设置三处箱变，分别位于1/6，1/2，5/6处。若无两路10kV市电，以EPS作为应急电源。你们电气设计无总工吗？你说的“变电所”是指有人值班吗？为何要值班？风机、消防泵都可以自启动嘛（信号可以远传的）。如果是荒郊野外，你让谁去值班呀！如果只设两处变压器（在两端），你要详细计算压降和短路灵敏性，确保无误。我的感觉是有些冒进主义。
wzm6969 头衔：放水发电佬 等级：两星客人	第9楼 我觉得二级路搞发电机组，真是烧钱！就算没电了，可以完全配置EPS，大不了容量放大些且分区域布置。还有隧道内多考虑设置些有反光漆的路标障碍标牌吗？

suehuq 等级：常客	第 10 楼 是的，但监控跟不上，没办法。但是有的时候不定会停多长时间电呢？——这是中国，虽然不是高速路但也是交通要道呀！——我们已经设了 UPS。
wzm6969 头衔：放水发电佬 等级：两星客人	第 11 楼 设 UPS 能起多大作用？造价贵，供电时间短，而且单台容量又小，不科学，不明智。采用 EPS 正好可以弥补 UPS 的不足之处。
suehuq 等级：常客	第 12 楼 UPS 主要为了电源不间断，其实主要靠发电机组供电。
孙继洋 等级：游客	第 13 楼 楼主好，我们是同行呀，我也是搞隧道的，一般情况下，我们做的设计都是两个出口各设一个变电所（>1.3km），隧道变电所不仅要提供照明的供电，还有通风和监控的，这些供电负荷都是需要有单独的备用电源的，而且还要有应急电源设备（包括应急照明和紧急电话等），反正我们高速公路上的隧道变电所是这么设置的。规范上说 1.3km 以下的可以在出口或入口只设置一个变电所。而 1.3~3km 的要在出口和入口各设置 1 个，而 3km 以上的还要根据实际情况在洞中设置变配电所。希望我们以后能经常交流这方面的东西，毕竟隧道现在在我们国家还属于初级阶段！谢谢！
需要系数 等级：常客	第 14 楼 不知你那隧道里最远的风机距洞口有多远？若超过 1km，隧道内肯定要设变电所。采用 UPS 作为监控和应急照明备用电源是正确的。另外风机也应考虑两路电源，若无两路电源时，应采用柴油发电机作备用电源，所以两端均需设置变电所。
suehuq 等级：常客	第 15 楼 太好了，我在这总算碰到同行了，希望以后大家多多交流。你们做的高速公路的计算行车速度是多少，我们现在都做到 100km/h 了。请问你们所用的规范是什么规范呢，我觉得好像现在还没有隧道的机电设计规范？

孙继洋 等级：游客	第 16 楼 现在只有《公路隧道通风照明设计规范》JTJ 026.1—1999。做过的高速公路的计算行车差不多有 100km/h，我们现在做的 80m/h 的为主流。规范有“需要系数”提到的那本，还有《公路隧道设计规范》上也有提到。还有我们《公路隧道交通工程设计规范》，这本有可能还没面市，不过我们已经在用了。属于行业内部的。

2-14 交流电动机过载保护

大鼻山 头衔：最逍遥 等级：版主	楼主 交流电动机过载保护问题 1. 哪些电动机要设置过载保护？答：（1）运行中容易过载的和连续运行的电动机应装设；（2）启动条件严酷而要求限制启动时间的电动机应装设；（3）额定功率大于 3kW 的连续运行电动机宜装设。 2. 哪些电动机可以不装设（或者不宜装设）过载保护？答：（1）短时工作或断续周期工作的电动机，若采用传统双金属片时，整定较困难，故可以不装设过载保护，典型的如多种电动阀（有的阀体内部自带过载保护）。（2）额定功率不大于 3kW 的不容易过载的电动机可以不装设。（3）突然断电将导致比过载损失更大的电动机，不应装设过载保护去动作于断开主电源，典型的如消防水泵、消防风机。 3. 过载保护器件一般采用哪些？答：（1）热继电器或过载继电器，优先采用电子式热继电器；（2）对于较大容量的重要电动机，也可采用反时限的过电流继电器；必要时，加温度保护装置。 4. 过载保护器件装设部位有何规定？答：过载保护器件宜靠近控制电器（控制电器，指启动器、接触器及其他开关电器等功能性开关电器）装设，或者过载保护器件本身就是控制电器的一部分。
xzm 等级：两星客人	第 2 楼 请教一下，下面一条的电机过载保护在工程上是如何做的？目前我厂的稳高压消防水泵的过载保护是跳闸的，原低压消防水泵也是跳闸的。 突然断电将导致比过载损失更大的电动机，不应装设过载保护去动作于断开主电源，典型的如消防水泵、消防风机。

hbsjzsjy 等级：游客	第 3 楼 试问版主，主回路中断路器过负荷保护如何解决？比如采用微断。
yukanlee 头衔：明清散人 等级：版主	第 4 楼 2 楼设过载报警信号。电动机过载保护，而一般不采用断路器作为其过载保护。
yant 等级：贵宾	第 5 楼 重要负荷（消防设施）采用塑壳断路器，不带热脱扣。
hbsjzsjy 等级：游客	第 6 楼 我所说的是电动机主回路中的断路器，电动机过负荷时其热脱扣器亦可能动作，当然采用 MCB 时可不加热脱扣，但当采用 MCCB 时如何解决？
大鼻山 头衔：最逍遥 等级：版主	第 7 楼 电动机主回路中的断路器，只装瞬时脱扣，而不装热脱扣哇！所以不会动作。
xzm 等级：两星客人	第 8 楼 过载仅发信号？等人来处理时电机不烧坏了？ 那事情不搞得更糟糕？
junkbear 头衔：棉花公主 等级：游客	第 9 楼 你非得用微断？那就适当放大整定电流。微型断路器具有短路和过载保护，它是一体的，如果非要用微断的话，是一定要放大整定电流的（注意要躲过电动机起动时间）。他不像是施耐德的用于电动机保护的 MA 型电磁脱扣器只有短路保护，无过载保护，所以这里我推荐使用电磁脱扣器。
ROSE 头衔：掌门-天虹剑 等级：版主	第 10 楼 规范说的是突然断电将导致比过载损失更大的电动机，火灾时时烧电机重要还是排烟、灭火更重要呢？结论应该是显然的。

2-15 二级负荷的供电疑惑

wwqq6 等级：一星客人	楼主 二级负荷的供电疑惑：现有一住宅小区，由多层和高层住宅楼组成。其中消防部分用电和高层电梯及照明为二级负荷供电。现在是供电局只提供一路 10kV 高压电源，请问：1. 我如果设一变配电所，设一备用变压器。二级负荷的二路电源分别取自这两个变压器。可不可以？2. 我如果设两个变配电所，分别同时供电。高压电缆先引入第一个配电所，然后引出至第二个配电所。二级负荷的二路电源分别取自这两个变电所。可不可以？3. 如果都不行，那只能用自备发电机作为备用电源了。还有其他办法吗？
Michael. W 头衔：想写经书的和尚	第 2 楼 我同意第一种方法！对于二级负荷的供电，我的理解是，只要有两路从不同变压器引来的低压就可以了！可是我看了一本书，好像又不对，说要两路高压？
ruoranmasm 头衔：龙行天下	第 3 楼 我认为，根据你提供的情况，只有备发电机才可以达到二级负荷要求。
大鼻山 头衔：最逍遥	第 4 楼 区域变电站，我理解是 35kV 及以上的变电站。 如果是同一 10kV 变电站的两台变压器，我觉得不能满足规范。
cheat_ 25a 等级：实习会员	第 5 楼 应该为两路高压，但在实际当中，供电局不可能提供两回路高压，因此若有二类负荷，应带应急发电机。
wwqq6 等级：一星客人	第 6 楼 《10kV 及以下变电所设计规范》GB 50053—94：3.3.2 装有两台及以上变压器的变电所，当其中任一台变压器断开时，其余变压器的容量应满足一级负荷及二级负荷的用电。条文说明：第 3.3.2 条一级和二级负荷突然停电后将造成比较严重的损失，因此在考虑变压器容量和台数时，应满足退出 1 台变压器以后仍能保证对一级负荷和二级负荷的供电。

wwqq6  等级：一星客人	《供配电系统设计规范》GB 50052—95：2.0.6 二级负荷的供电系统，宜由两回线路供电。在负荷较小或地区供电条件困难时，二级负荷可由一回 6kV 及以上专用的架空线路或电缆供电。当采用架空线时，可为一回架空线供电；当采用电缆线路时，应采用两根电缆组成的线路供电，其每根电缆应能承受 100% 的二级负荷。条文说明：第 2.0.6 条对于二级负荷，由于其停电造成的损失较大，且其包括的范围也比一级负荷广，其供电方式的确定，如能根据供电费用及供配电系统停电几率所带来的停电损失等综合比较来确定是合理的。目前条文中对二级负荷的供电要求是根据本规范的负荷分级原则和当前供电情况确定的。对二级负荷的供电方式，因其停电影响还是比较大的，故应由两回路线路供电，供电变压器亦应有两台（两台变压器不一定在同一变电所）。只有当负荷较小或地区供电条件困难时，才允许由一回 6kV 及以上的专用架空线供电。 上面两条规范虽然没有明确规定二级负荷的供电回路。但是由上可见二级负荷可以分别取自同一个变电所的两台变压器，变压器和电缆只要符合上面的规定。 但问题是规范里这两个变压器（或更多）是取自两路高压吗？大家的理解呢？如果规范里提到的这变电所是一路高压引进，那在这个小区里的供电，第一种情况不是可以满足了？
 大鼻山 头衔：最逍遥 等级：版主	第 7 楼 国家规范对于该问题确实有点模糊，让人琢磨不定。这年头，民建谁还去搞多少架空进线？感觉很脱离实际。
 yhlhf 头衔：要饭委员会主任 等级：五星客人	第 8 楼 我的理解：工程如果自设变压器的话，这里所指“两回路线路供电”就应该是高压，至少是从市电的同一变电所两段母线分别引来。这是二级负荷。 如果是一级负荷，那么应引自市电不同的变电所。
wwqq6 等级：一星客人	第 9 楼 《供配电系统设计规范》这里的“负荷较小”概念如何理解？那我专门引入一路 10kV 高压（同一路高压），一个变压器，作为所有二级负荷的专用电源。这样满足规范吗？如果可以的话，这样做比设应急发电机省钱吧？至少可以省掉一套低压电缆和双电源装置。

玄黄 等级：贵宾	第 10 楼 依照你的情况必须加发电机作备用电源！二级负荷不大的话可以用 EPS。
zhaokaikai 头衔：华山一壶饮 等级：版主	第 11 楼 我理解双电源要来自不同的 35kV 总降变压器。楼主情况宜做柴油发电机。如果是多层，只有电梯，应急照明算到二级负荷里。我同意采用单电源单独回路。
vlsa 等级：三星嘉宾	第 12 楼 按规范理解如果设两路高压那不就变成一级负荷的要求了，而且供电局可不是随便就给你两路电的，还是一路进一路发电机好了。
why_ cool 等级：两星客人	第 13 楼 参考《全国民用建筑工程设计技术措施—电气》，我的理解是：一级负荷应由两个电源供电，最其码要两路高压供电。二级负荷可根据当地电网的条件选择，由同一座区域变电站的两段母线分别引来的两个回路供电。因此我认为是从两台变压器引来的两个回路就行了。规范上最明显的区别就是：一级要两电源，二级要两回路。
板桥傻子 头衔：黄花菜 等级：两星客人	第 14 楼 还是迷迷糊糊，我看，按各地习惯就是了。
libetterman 等级：游客	第 15 楼 我认为高压侧需两个不同供电系统电源，保证其供电的可靠性，以便在实际运行中进行一主一备方式运营。以上是一二级负荷！
prezhjian 等级：两星客人	第 16 楼 各位在有需要二路电源的情况下，一般是采用发电机还是 EPS?
jww_ jl 头衔：男方稳健 等级：三星客人	第 17 楼 我认为还是两个不同变压器即可满足要求！如果是两路高压，不就是双电源而不是双回路了吗?

ZZC11981 等级：一星客人	第 18 楼 我觉得二路电源就是双回路电源，必须来自变电所不同段母线上，以达到保证供电的安全性。如果城市间实行环网的话，更保证电源的可靠性。但是我自己认为最好还是自备柴油发电机，因为现在很多小的城市还没有真正达到环网，如果两路高压从变电所进入，可能造价比安装一台柴油发电机还高。
zhaokaikai 头衔：华山一壶饮 等级：版主	第 19 楼 楼上看看全国的技术措施。其实好多负荷的等级都比民规提高了。二级负荷用户中的客梯算二级负荷。其中二级负荷用户并未规定是高层。例如中型百货商店就有可能不超过 24m，可是其电梯应为二级负荷呀。可是措施不是规范，规范又是老规范。呵呵，其间滋味，自己体会吧，还是就高别就低了。
wwqq6 等级：一星客人	第 20 楼 他的二级负荷我估算了一下，大概有 400kW 到 500kW 左右。 EPS 最多可以做到多大呢?
zhaokaikai 头衔：华山一壶饮 等级：版主	第 21 楼 EPS 倒是多大都能做，只要不怕花钱，1kW 大概 8000 元左右。现在可能便宜点了，不过也够呛。这么大的负荷，还是用柴油机吧。对一些对停电时间有要求得设 UPS。500kW 对油机来说都不小了，对 EPS 就太大了。要是甲方同意用 EPS，呵呵。楼上有说二级负荷要两回路，措施里不是这么写的，再看看。
huangrui1102 等级：游客	第 22 楼 我同意 5 楼看法，应该为两路高压，但在实际当中，供电局不可能提供两回路高压，因此若有二类负荷，应带应急发电机。
yangsj_ jms 等级：游客	第 23 楼 先弄清楚高压是否为环网，如果是那问题就解决了。因为环网供电满足二级负荷两回路的要求，住宅小区如果没有一级负荷，不会有两路独立高压，即来自不同区域变电站的高压。

zhaokaikai 头衔：华山一壶饮 等级：版主	第 24 楼 二级负荷设备的供电应根据本单位的电源条件及负荷重要程度，采用下列方式之一：1. 双电源（或双回路）供电，在最末一级配电装置内自动切换。2. 双电源或双回路供电到适当的配电点自动互投后用专线送到用电设备或其控制设备上。3. 由变电所引出可靠的专用单回路供电。4. 应急照明等分散的小容量负荷，可采用一路市电加 EPS 或采用一路电源与设备自带的蓄电池在设备处切换。大家看看，然后回答我，普通客梯，用 3 的方式可行吗？大容量负荷能用 EPS 吗？好多同志认为二级负荷均需要末端切换，我坚决不同意。一部客梯如果末端切，增加投资 1.5 万元左右。和从变电所引单独回路的差别只有两个：1. 单独回路电缆故障。2. 一路停电末端切换速度快。对于第一条，故障概率极低。对于第二条，为了电梯少停两分钟，多花 1 万多。
 ROSE 头衔：掌门-天虹剑 等级：版主	第 25 楼 zhaokaikai 二级负荷设备的供电方式都总结到了，谢谢！对于普通客梯，如果是高层建筑，我同意末端切换；多层住宅的电梯，我赞同专用单回路供电。

2-16 四极开关

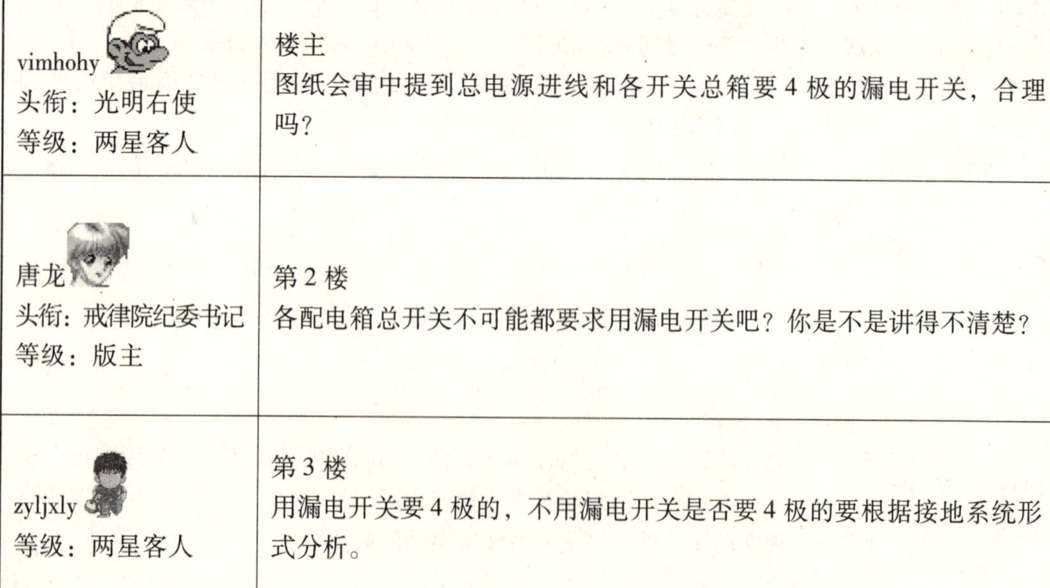

vimhohy 头衔：光明右使 等级：两星客人	楼主 图纸会审中提到总电源进线和各开关总箱要 4 极的漏电开关，合理吗？
唐龙 头衔：戒律院纪委书记 等级：版主	第 2 楼 各配电箱总开关不可能都要求用漏电开关吧？你是不是讲得不清楚？
zyljxly 等级：两星客人	第 3 楼 用漏电开关要 4 极的，不用漏电开关是否要 4 极的要根据接地系统形式分析。

vimhohy 头衔：光明右使 等级：两星客人	第 4 楼 住宅是有用漏电开关的要求，但是 4 极开关是不是可不用就不用啊？3 极够了吧？有谁说说 3 极和 4 极的用法？本工程接地型式为 TN-S-C。
coolwmy 等级：游客	第 5 楼 确定其是否用 3 极还是 4 极的开关，主要是根据所计算的电流，如果是三相电流，根据选择的接地方式来确定。如果接地型式位 TN-S 那么选择的是三极的开关，TN-C 选择的是四极的开关。
lqhrjp 等级：常客	第 6 楼 总电源进线和各开关总箱选四极可确保检修时安全，不论接地方式。
firepump 等级：常客	第 7 楼 同意：如果接地型式为 TN-S 那么选择的是三极的开关，TN-C 选择的是四极的开关。
vimhohy 头衔：光明右使 等级：两星客人	第 8 楼 但是可以不用 4 极的就尽量不用，我曾经看过一篇文章说尽量不用 4 极的开关。上面的朋友还没有提到 TN-S-C 用多少极啊？
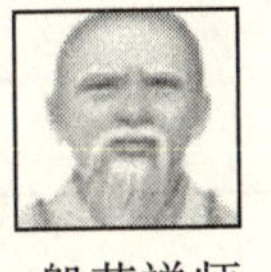 ttt001 头衔：般若禅师 等级：管理员	第 9 楼 这个问题讨论过很多次了，文章区和以前的帖子内容很详细的。开关的极和系统接地型式有很重要的关系，但不是简单的一一对应。使用 3 极和 4 极开关的一个关键点是判断中性线上的电流。这个电流是否可以切断？是否必要切断？是否必须切断？请注意以上三问的语气。然后再判断这个切断动作是否可以、必要、必须与其他相线同时动作？如果回答都是肯定的，就一定要用 4 极的，否则可以选 3 极的。以上为个人观点。
lengbing 头衔：最菜的那个 等级：贵宾	第 10 楼 谨慎用四极开关，以避免断 N 故障。TN-C-S 系统应该用三极开关。若用四极开关时，应确保断 N 时，相线也应分断。而这对开关本身是难以实现的，如开关处的 N 线端子接线松动，开关会跳吗？三极、四极开关的选用讨论太多了，越看越糊涂。首先要了解各接地系统在短路、断线各故障时的电路分析。以上是我的一点心得，望赐教。

<table>
<tr><td>LXJ
头衔：风
等级：一星客人</td><td>第 11 楼
以前讨论过的，越讨论我越糊涂了，现在只明白一点：有单相，三相时用四极，全是三相时用三极，这点没错吧！</td></tr>
<tr><td>
ttt001
头衔：般若禅师
等级：管理员</td><td>第 12 楼
关于四极开关应用的若干问题：
民用建筑电气设计规范编制组于 2002 年 12 月 15 日、16 日在天津召开了《四极开关应用研讨会》。会议邀请了国内著名专家王厚余、蒋麦占、冯宗恒、刘淞伯、王振生出席了会议，编制组参加会议的有王金元、洪元颐、尹秀伟、王东林等同志，会议经过两天激烈讨论达成以下共识：1. 根据 IEC465. 1. 5 条规定，正常供电电源与备用发电机之间的转换开关应使用四极开关。2. 带漏电保护的双电源转换开关应采用四极开关。两个上级开关带漏电保护，其下级的电源转换开关应使用四极开关。3. 在两种不同接地系统间电源切换开关应采用四极开关。4. TN-C 系统严禁使用四极开关。5. TN-S、TN-C-S 系统一般不需要设置四极开关。但 TN-S 系统的一些特殊情况（严重三相不平衡、零序谐波含量较高等）是否不用四极开关有待进一步研究。6. TT 系统的电源进线开关应采用四极开关。7. IT 系统中当有中性线引出时应采用四极开关。8. 原《民用建筑电气设计规范》中关于中性线断线保护部分不再列入修改后的规范。</td></tr>
</table>

2-17　关于直流供电系统的问题

<table>
<tr><td>ahao
头衔：点石
等级：四星客人</td><td>楼主
关于直流供电系统的问题
请教各位做过直流系统的：现有一工程要求部分灯具直流供电，电源从直流屏引来，请问直流开关的型号有哪些，电流规格有哪些，总进线电源开关采用什么？对灯具有无要求？其余还有哪些需注意的？</td></tr>
<tr><td>yukanlee
头衔：明清散人
等级：版主</td><td>第 2 楼
好多厂家都有直流断路器的。不过，一般可以由直流屏厂家选呀。</td></tr>
</table>

ahao 头衔：点石 等级：四星客人	第 3 楼 问题是现在甲方需要设计提供直流断路器的型号，施耐德有吗？怎么标注？
XLPE 头衔：紫衫龙王 等级：版主	第 4 楼 不对呀。我查了以前的直流电源图纸，没看到用什么“直流断路器”，用的开关就是一般的 C65N-2P。而且我只听说过直流接触器，到底有没有直流断路器？我看了 ABB 样本，只不过在额定操作电压、短路分断容量的大小方面交流和直流有区别而已。但还是同一种断路器呀。只是交流断路器在直流方面的应用呀。不能称之为“直流断路器”吧。在 ABB 那本样本上？我怎么没查到？能不能告知，谢谢。 刚才分别咨询了 ABB 与施耐德公司的技术人员，得知两大公司均有专门用于直流线路保护与控制的直流断路器。 其型号分别为：S250-DC 与 C32H-DC，S250-DCC32H-DC 额定电压：1P：125VDC127VDC，2P：250VDC127/250VDC 但如果直流电压超过上述范围的话，只能用交流断路器取代。对应的断路器可用 S280UC 或 C65H。果真是有直流断路器呀，是我孤陋寡闻了。
cnmtdflf 头衔：小小菜鸟 等级：两星客人	第 5 楼 用那普通的断路器好像就可以了呀。能够胜任就行了。

2-18 有关两台变压器低压部分并行问题

cychau 等级：游客	楼主 有关两台变压器低压部分并行问题。 哪里有两台变压器低压部分并列运行的相关设计规范，我查规范查来查去都找不着，哪位知道哪里有相关资料，请告知！谢谢！
lengbing 头衔：苦菜汤 等级：贵宾	第 2 楼 10kV 不宜并联运行。

shjcll 等级：一星客人	第 3 楼 两台变压器并列，单母线分段运行，手动切换。具体并联运行可查相关规范，要求两台变压器电压等级、阻抗等相同、容量相近或相等。
天空的幻想 等级：实习会员	第 4 楼 一般对供有大量一、二级负荷的变电所才采用两台变压器的，对于只有二级而无一级负荷的变电所只采用一台变压器就可以了，但必须在低压侧敷设与其他变电所相联的联络线作为备用电源。
wxx15 等级：贵宾	第 5 楼 楼主，你的方式也不叫并行呀，好象应该叫分列吧？
hys_ nc 头衔：阿凡提 等级：三星客人	第 6 楼 同意！并列运行的技术要求比较高！对变压器的组别、容量、变比、短路阻抗都有很严格的规定，一旦发生短路，比单台变压器后果要严重得多！现在在民用建筑电气各种设计手册里面都只看到介绍，没有这方面的实例图纸！好像是不太提倡这种做法！
shjcll 等级：一星客人	第 7 楼 并列运行变压器，可降低变压器阻抗，有利于大电动机启动等等。
fenglee 头衔：自游人 等级：一星客人	第 8 楼 这个问题没太大通用性，变压器并列能不能节省投资并非显而易见（小容量并列会增加高压部分设备，大容量并列开关分断容量增大），可靠性显然不如较单母线分段，至于负荷分配的灵活性只有很特殊的情况才需考虑。对建筑电气行业而言，这个问题大家省省心吧，一辈子都遇不到的。
大鼻山 等级：版主	第 9 楼 实际上可以这么做。以前不允许，主要是由于当时的断路器短路容量不过关，现在没什么大不了的。
SJM1972 头衔：翠羽黄衫 等级：版主	第 10 楼 但是造价上去了，而且并列运行的必要性在哪里？

wzm6969 头衔：放水发电佬 等级：两星客人	第 11 楼 造价高不到哪里去的，但并列运行的经济性和可靠性是很可观的，我设计的变电所只要是二台及以上的，就没有不并列的，最多时三台并列，已经运行二年了，目前还没发现问题。大家想想吧！变压器的并列比发电机的并列是不是简单些呀？
zhoushu8 头衔：达摩院寺监 等级：版主	第 12 楼 只要变压器的型号规格都一样（以免产生环流）就可以并列运行，对小容量配电所可以这样。现在的开关分断能力都非常的高，就是容量大的话影响也不大，容量大的话还是分列运行的好。并列运行的好处是节省了联络柜及低压自投自复装置，节省投资大约 2 万。当有季节性负荷大时，可关掉一台变压器，此时变压器的投入及退出均不会影响低压侧的连续供电，所以说运行的可靠性高。有人会说，母线故障的话影响范围大，其实，对低压特别是封闭式配电柜来说，母线的故障几乎为零，不像高压户外母线，容易产生故障。大家都担心断路器遮断容量，其实没太大必要，配电柜里最不利的普通的 100A 开关遮断容量一般都达 30～50kA，大开关就更大，很少有配电系统达这么大的短路电流的。
小电容美眉 头衔：女排主攻手 等级：三星客人	第 13 楼 并列运行要求变比相等，连接组标号必须一致，短路电压接近相等，变压器容量比不超过 1/3，连接相序必须相同。这样才能并联，并注意同期问题。
大鼻山 等级：版主	第 14 楼 太容易满足了。不过“同期”问题，好象不至于吧。
小电容美眉 头衔：女排主攻手 等级：三星客人	第 15 楼 是，同一高压电源，没必要考虑“同期”，我说走嘴了。以上条件是很容易满足，找两台相同的变压器并联，基本什么问题也没有了。
大鼻山 等级：版主	第 16 楼 关键点在于：只要断路器能够承受并列运行时的强大短路电流，那么低压可以并列运行。

fanjx 头衔：闻声罗汉 等级：贵宾	第 17 楼 若两台变压器并联运行时短路电流太大，超过断路器的额定值，则禁止并联运行。我就做过这样的工程，两台主变的低压侧断路器和分段断路器采用电气闭锁，三台断路器最多只能有两台断路器同时运行。
jackie 头衔：设计是空 等级：一星客人	第 18 楼 请教楼上大哥，两台容量相同的变压器并联运行，施工图设计上需要注意什么？两台变压器之间是否还要母联柜？母排、进线开关选择是否有特殊之处？谢谢!
zjs591 等级：实习会员	第 19 楼 电压相等、变比相等，连接组标号必须一致短路电压接近就行。我们做了很多，有运行经验。
jxhao 等级：游客	第 20 楼 在输变电中通常都是高压考虑并列运行，这样运行更灵活，可靠性更高。但现在短路电流太大，尤其是 10kV 侧，为了降低短路电流，常采用 10kV 分列运行和加限流电抗器。

2-19 关于开关的选择

赵子惠 头衔：菜鸟能有什么? 等级：游客	楼主 关于开关的选择： K1 为计量箱总开关，K2 为分户开关，K3 为每户内配电箱总开关。 1. 规范中要求上下级开关具有选择性，K2 与 K3 是否上下级关系？ 2. 我看了别人的图纸，有的是 K2 比 K3 大一号，有的是 K2 与 K3 同型号，如果 K2 和 K3 不是上下级关系，那么 K2 和 K3 是否为同一型号也可以？ 3. 选择 K2 与 K3 之间导线时，应按 K2 的来选，这时如果 K3 比 K2 小一号的话，K3 与支线开关之间的导线如何保护？
大胡子 等级：实习会员	第 2 楼 K2、K3 可选同型号即可，可调整 K2 的整定电流和动作时间比 K3 稍大。

 poplhx 头衔：tianyi 的保镖 等级：五星客人	第 3 楼 1. 我习惯于上下级的关系的。 2. K2、K3 同型号的话就无法起到空开的作用了，不如做个隔离开关好。 3. 牢记，导线都是按上一级的开关选择。
zyzzyz 等级：三星客人	第 4 楼 K3 改为隔离开关。 K2 做长延时和短延时保护的断路器，K3 做隔离功能。
赵子惠 头衔：菜鸟能有什么头衔 等级：游客	第 5 楼 由于 K2 在计量箱内由管理处管理，用户一般不能操作 K2，如果 K3 采用隔离开关，会不会故障时 K2 断开就要找管理处？能不能做到故障时 K2 不跳而 K3 跳，用户自行排除故障后合上 K3 可自行恢复供电？
 大鼻山 头衔：最逍遥 等级：版主	第 6 楼 从道理上讲，一旦户内短路，K2 和 K3 都可能跳闸；即使上一级开关高出一个规格，短路时照样都可以跳，这种情形，你很难保证选择性，也无必要保证选择性。但即使都跳，也不要惊慌失措，因为规范也允许，住宅用电属于非重要负荷嘛，无选择性是可以的。大不了，你跑到一楼的电表箱去再合闸嘛，也不费事的。你实在愿意，还可以把户内总开关搞成 2 极隔离开关嘛。我本人 80% 的设计是两个同规格的断路器，20% 是断路器 + 隔离。
 chinaren 头衔：领导： 等级：一星客人	第 7 楼 是因为短路器本身的技术原因造成不能选择么？延时整定的不同，不能保证选择性么？
快刀浪子 头衔：戒刀和尚 等级：贵宾	第 8 楼 可以保证 K2 不动作。

luochihua 等级：两星客人	第 9 楼 我的意见：k2 是用来保护 k2～k3 之间的线路的，而 k3 是起户内总开关作用的，并不存在上下级的关系！型号可一样，k2 的整定电流和动作时间比 k3 大就行了，这点同意 2 楼！
大鼻山 头衔：最逍遥 等级：版主	第 10 楼 楼主问 K2 与 K3 到底是否上下级关系？这个问题分歧很大，你暂时不用理会它。总之，此时无须讲究级间配合关系。
zhoushu8 头衔：达摩院寺监 等级：版主	第 11 楼 1. 绝对算不得上下级关系。 2. K3 不是用来做短路保护的（理由见住宅设计规范中总开关的条文解释），K3 不能跳，所以 K3 要大于 K2。 3. 线路按 K2 选。
ahen 等级：游客	第 12 楼 既然大家同意 K3 不是用来作短路保护的，那 K3 用隔离开关更好！其实 K2，K3 之间根本不存在选择性的问题。选择性只是在上级短路器跳闸后，扩大停电范围时才有选择性的问题。K2，K3 任何一个先跳闸都没有扩大停电范围。
SJM1972 头衔：翠羽黄衫 等级：版主	第 13 楼 这本身是个小有争议的问题。最好和当地审图办联系一下，毕竟审图权在人家手里。

2-20　关于空调室外机配电

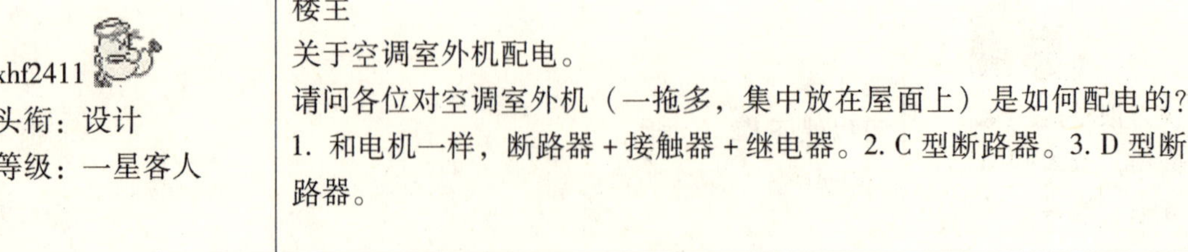

xhf2411 头衔：设计 等级：一星客人	楼主 关于空调室外机配电。 请问各位对空调室外机（一拖多，集中放在屋面上）是如何配电的？ 1. 和电机一样，断路器＋接触器＋继电器。2. C 型断路器。3. D 型断路器。

kai_ qi 等级：一星客人	第 2 楼 室外机由空调分机控制，不需考虑，设短路、过载保护即可。
xhf2411 头衔：设计	第 3 楼 我问的是配电啊，室外机容量比室内机大多了。
kai_ qi 等级：一星客人	第 4 楼 配电是给室外机配的，室内机的电由空调厂家自配，由室外机接入。配电只需考虑室外机容量，它包括室内机容量。
xhf2411 头衔：设计 等级：一星客人	第 5 楼 是啊，我明白楼上的意思，我问的是室外机设什么形式的配电？楼上的意思是只用断路器即可吧，采用 C 曲线还是 D 曲线？是我的问题不够明白吗？
张日伟 头衔：七星龙渊剑 等级：三星客人	第 6 楼 只需断路器即可，D 型。
空格 等级：一星客人	第 7 楼 在屋面放一个配电箱，防雨型的，便于检修，或者设检修插座。
yant 等级：贵宾	第 8 楼 C 型断路器即可。
zhaokaikai 头衔：华山一壶饮 等级：版主	第 9 楼 看看样本，不同的厂家配电要求不一样。有配室内机的，有配室外机的，也有都要配电的。保护如果有热继电器，就随便选，否则用 D 型曲线。
xhf2411 头衔：设计 等级：一星客人	第 10 楼 我说的就是三相空调啊，需要接触器和热继电器吗？

 molili 头衔：睡了的笨猫 等级：一星客人	第 11 楼 这种是多联机的形式，和分体不同的！我觉得是有两种情况的，可以做前问他们空调的一下。他们要求我们做控制就用接触 + 热机 + 断路器。不要求就是厂家自带控制箱时那就只用 C 型断路器对配电线路进行保护就可以了。
xhf2411  头衔：设计 等级：一星客人	第 12 楼 楼上没用过这种空调吗，VRV，很普遍啊。我原来做过用 C 型断路器的（审图的也没提意见），现在觉得拿不准了，所以想和大家讨论一下。基本上厂家是不带控制箱的，我个人认为仅用 D 型断路器要合理些。
大海啊大海 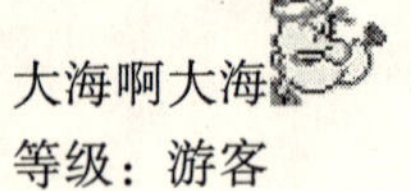 等级：游客	第 13 楼 一般用断路器的。一拖三的 60A，一拖多就配 100A 吧，起动电流很大的。现在基本都用断路器了。我原来准备用插座，结果装空调的不同意，说出了事情不负责。只是电源而已，至于软启动，短路保护什么的厂家已经考虑了，拆开主机里面有一块控制板的，上面什么短路软启动之类的都配备了（我们用的是海尔的），只是由于功率太大，不能用开关，所以就必须配断路器，主要是考虑工作电流大，对于启动保护什么的，厂家比我们还要考虑的周到，因为烧坏了产品是它的。楼主显然是没有这方面的经验，照楼主的说法，家里的柜机或者分体机岂不是都要配接触器加断路器？你当空调厂家没有电气工程师吗？说不定人家工资比你还多呢！我是在现场做过来的，碰上这种事情你记住问暖通专业的就行了。楼主最好不要自作主张免得费力还被人家骂你。这也算是工作经验之一吧。
zhaokaikai  头衔：华山一壶饮 等级：版主	第 14 楼 楼上说的不完全正确，我碰到过室外机需要电气配保护的。还是看暖通样本妥当一点。

2-21 电梯是否一定要按照二级负荷考虑

hi 头衔：贫下莱农 等级：两星客人	楼主 [求助] 电梯是否一定要按照二级负荷考虑？ 一个六层办公楼，21m × 14m，层高 3.6m，设电梯一部，现在一层设一动力照明箱，一路为 220/380V 进线，是否妥当？

<table>
<tr><td>张日伟
头衔：七星龙渊剑
等级：三星客人</td><td>第 2 楼
只一部电梯，兼做消防用的，需要两路进线，末端互投。
还有，电梯动力箱应放在电梯机房内。</td></tr>
<tr><td>月牙
等级：一星客人</td><td>第 3 楼
楼主讲的建筑是不需要设消防电梯的，所以此电梯不是消防电梯，一路进线能满足要求，在封闭楼梯间及疏散通道设带蓄电池的应急照明灯及疏散标志灯即可，其他按三级负荷做法做。</td></tr>
<tr><td>zhaokaikai
头衔：华山一壶饮
等级：版主</td><td>第 4 楼
看看高规，对消防电梯的设置和与普通梯的区别写的很清楚。不用双电源。</td></tr>
<tr><td>hi
头衔：贫下菜农
等级：两星客人</td><td>第 5 楼
消防电梯是肯定不用设，但按照技术措施 2.2.3 里负荷分级表里二级负荷第一条：二级负荷用户中的设备中有客梯电力，如何解释？</td></tr>
<tr><td>zhaokaikai
头衔：华山一壶饮
等级：版主</td><td>第 6 楼
1. 措施将客梯供电等级做了一些提高，算到二级负荷。2. 二级负荷并不一定要求双电源，单独回路供上去就行了。二级负荷的供电挺有意思的，几种供电方法差距比较大，有的时候就高的，和一级负荷差不多了。有的时候就低的，又像三级负荷，呵呵。</td></tr>
<tr><td>
hi
头衔：贫下菜农
等级：两星客人</td><td>第 7 楼
总结楼上兄弟姐妹的意见：该建筑如果电梯按二级负荷考虑，则两路低压进线，一路照明，另一路电梯专用，这是最优方案。有条件时宜按此方案执行；条件不具备时，按三级负荷考虑，一路低压进线，这时有另外一个问题：电梯电源进线在入户总箱处需要设置保护开关吗？</td></tr>
<tr><td>zhaokaikai
头衔：华山一壶饮
等级：版主</td><td>第 8 楼
个人认为从动力总箱出一路就行了。</td></tr>
</table>

bigshoes 等级：两星客人	第 9 楼 这样的楼能算二级负荷吗？那干脆大家做的工程都自备发电机算了。
张日伟 头衔：七星龙渊剑 等级：三星客人	第 10 楼 问一下，楼上从哪儿判断出它是二级负荷？刚才查了民规和措施，没有将它算入二级负荷。像这样普通办公楼，只能算三级负荷。要算，客梯单独可算二级负荷。还是原来的意思，不兼作消防电梯的话，就这个办公楼来说，一路供电即可。
shlmail 等级：两星客人	第 11 楼 三级负荷，但有条件的话尽量采用双回路电源，设想一下，你住在该小区，而且你正在电梯里，这时突然停电了，你有什么想法？
燕子窝 头衔：竹林中紫竹 等级：版主	第 12 楼 关键要看此建筑物为几类建筑，按负荷等级考虑电梯是否需要。
zhaokaikai 头衔：华山一壶饮 等级：版主	第 13 楼 二级负荷可双电源供到适当的配电点，可理解成配电室单母线分段为该配电点。 一路停电，可倒闸操作。电梯不会把人关很久的，况且楼上所说非虚。

2-22　防火卷帘门的配电问题

why_ cool 等级：两星客人	楼主 防火卷帘门的配电问题？ 现做一商场装修，总共有 14 个防火卷帘门围了半圈，我想做一个双电源切换箱统一配出，可以吗？还有：要一个门一个回路吗？可不可以一个回路带几个门？

gy-echo 等级：两星客人	第 2 楼 根据建筑要求，要是统一升降的话，可以用一个双切箱统一配电，但每路不宜超过 3 个卷帘，每个卷帘一个配电箱。
三人行 等级：游客	第 3 楼 可以由一个双电源切换箱配出，一个回路带 3～4 个卷帘门控制箱。
CHENGSHEN 等级：一星客人	第 4 楼 一个回路可以带 5 台但总功率不超过 10kW。
bigshoes 等级：两星客人	第 5 楼 啊？是哪个规范啊？我想看看原文，竟然我没发现。
ROSE 头衔：掌门-天虹剑 等级：版主	第 6 楼 国家标准《低压配电设计规范》GB 50052—1995 第 6.0.4 条。 当部分用电设备距离供电点较远，而彼此相距很近、容量很小的次要用电设备，可采用链式配电，但每一回环链设备不宜超过 5 台，其总容量不宜超过 10kW。容量较小的用电设备数量可适当增加。

2-23　一个配电线路最多允许多少台电脑同时工作

hlcwddl 等级：实习会员	楼主 一个配电线路（主开关为 30mA 的漏电断路器）最多允许多少台电脑同时工作？ ①7 台；②9 台；③11 台。
wjx8181 等级：游客	第 2 楼 这个就不好讲了，因为漏电断路器是通过漏电流的大小来工作的，一般情况下每台电脑的漏电流的大小并不固定，因此也就不能确定到底可以允许多少电脑工作。不过你通过断路器的电流和每台电脑的功率是可以确定带多少台电脑的。
LJM 等级：两星客人	第 3 楼 一般给电脑配电一个回路 7 台以内是最合适的。

Dunyf 等级：两星客人	第4楼 RCD整定电流应大于正常泄露电流的2倍（国家标准），1台电脑允许泄露电流3.5mA，7台共24.5mA，考虑同期系数0.6，为14.7，$14.7\times2=29.4\text{mA}<30\text{mA}$，比较合适。
大鼻山 等级：版主	第5楼 就一个单相回路，再考虑0.6的同期系数，显然不妥；若有系数，也应该是1。因为这几台电脑完全可能（而且经常）同时使用（像设计院绘图室）。
Dunyf 等级：两星客人	第6楼 请看《漏电保护器安装和运行》(GB 13955—92）中5.3规定：根据电气线路的正常漏电流，选择漏电保护器的额定动作电流。选择漏电保护器的额定动作电流时，应充分考虑到被保护线路和设备可能发生的正常泄漏电流值，必要时可通过实际测量取得被保护线路和设备的泄漏电流值；选用的漏电保护器的额定漏电不动作电流，应不小于电气线路和设备的正常泄漏电流的最大值的2倍。
大鼻山 等级：版主	第7楼 真诚谢谢。兄弟这本规范，我还真的没见过；我看的是1987年那个《漏电保护器》之类的老规范。而设计手册推荐是2～3倍的较多，有国标更好了。
Dunyf 等级：两星客人	第8楼 “上述计算中采用了负荷计算中同期系数的概念，但是这两者之间是有区别的。首先，泄漏电流不同于额定工作电流，它不能通过计算得到准确数值；其二，计算式中的电器设备的泄漏电流是合格用电设备允许的最大值，正常情况下会应小于这一数值；其三，随着设备使用时间的增加、绝缘老化以及受潮等，泄漏电流会逐渐增加；其四，当设备不工作时，带电设备和线路的泄漏电流仍会部分存在。”——摘自北京院《住宅楼进线设置漏电保护设计要点》。

 大鼻山 等级：版主	第9楼 你想证明什么观点呢？证明每台电脑是3.5mA吗？证明系数是0.6吗？你一方面说，正常情况下会应小于这一数值；另一方面又说泄漏电流会逐渐增加，是否矛盾？是否导致不可知论？此外，兄弟所说“整定电流是正常泄露电流的2倍，属于国家标准”。我还在落实中，我还没查到该国家标准，只是看见手册有不同介绍。这个问题本来很好，可惜选择项大小相差太近。漏电开关动作电流要大于正常泄露电流的3倍；关键是正常普通电脑的泄露电流为多大？若是1mA/台，能带10台；若是3.5mA，只能带2台（当然要计算电流也须满足）。式中的1或3.5数据请看工业与民用设计手册。

2-24 慎用微型断路器

 城市边缘 头衔：缘空和尚 等级：版主	楼主 慎用微型断路器！ 现在微型断路器可以做到100A的额定电流，但是分断能力一般都只有4.5kA，6kA，或者10kA，有的楼层配电箱的分支回路电流也就几十安，有些人不计算短路电流，会选用微断，但往往有时候三相短路电流会达到15kA以上，微断的分断能力是达不到要求的，如果发生三相断路，就可能烧毁断路器引发电气火灾。所以我认为计算短路电流是非常重要的，校验接地故障保护的灵敏性也需要短路电流值，要不然，还有可能发生接地故障时，开关不跳闸，也会引发电气火灾。
 c45n 等级：版主	第2楼 开断容量不够的情况一般出现在靠近变电所的附近。低压供电的建筑物例如小区住宅，一般末端短路电流不超过1000A。MCB也有高分断能力的，但是价格较高，甚至超过一些MCCB，例如ABB的S500系列，分断能力可达50kA，很少有人用。
 大鼻山 头衔：最逍遥 等级：版主	第3楼 楼主明显多虑了！兄弟计算的地方，根本就不是微断采用的地方；微断保护的分配电箱的出线回路基本不会出现你所说的15kA短路电流。但是楼主强调的短路计算方法，还是应该掌握。

城市边缘 头衔：缘空和尚 等级：版主	第 4 楼 鼻兄是说楼层配电箱不能用微断吧，但是不少人还是用了，而且差点我就用了，所以我有此担心。
arthur 等级：一星客人	第 5 楼 中国建筑标准设计研究院出版的《住宅小区建筑电气设计与施工》中 P30，层配电箱中断路器为 MCB50A/3P。P34，P35 中计量箱中每户断路器为 MCB50/2P，户内配电箱用 40A/2P 隔离开关，我认为不妥，想听听大家的意见。
城市边缘 头衔：缘空和尚 等级：版主	第 6 楼 没有该图集，“层配电箱中断路器为 MCB50A/3P”不知道带几户？“P34，P35 中计量箱中每户断路器为 MCB50/2P”，每户用到 50A？是不是大了点？“户内配电箱用 40A/2P 隔离开关”，这到是没有什么问题。但用户断路器 50A，怎么楼层也 50A 啊？用的是断路器，如果单用户线路发生故障，两个断路器一起跳，那岂不是其他用户都要停电？
ZBXINGAO 头衔：逍遥散人 等级：一星客人	第 7 楼 一般的住宅楼用户配电箱，是不是用单相进户线就可以了啊？arthur 说的不够明白，P30 与 P34、P35 的内容是两个系统。一是多层住宅，一是高层住宅。
ttt001 头衔：般若禅师 等级：管理员	第 8 楼 住宅末端使用微断应该是实践、理论、规范均没疑问的事情，不用怀疑。至于分级保护，可以提供的选择方案也是多种的。比如 1. 适当使用隔离开关。2. 让断路器级差符合 1.6 倍。3. 调整过载跳闸时限。其实，三级负荷就同时跳闸又怎么样？不是什么了不得的事情。

2-25 电缆选型

lbcmail 等级：游客	楼主 电缆选型求助： 10kV 电缆选择按断路器电流，还是按电流互感器电流选型？如 800kVA 变压器，630A 的断路器，75/5 的互感器电缆长约 30m。求助各位大侠如何选型？
christ888 头衔：光明使者 等级：四星客人	第 2 楼 按满足短路热稳定条件选。
sleeper 头衔：白板 等级：两星客人	第 3 楼 电流互感器是根据电缆上流过的电流来选择的。电缆主要是根据动热稳定校验。
christ888 头衔：光明使者 等级：四星客人	第 4 楼 楼主的工程是什么性质？如果是一般的民用项目，10kV 变压器由电力局供电的话，当地电力局应该有统一规定，不需要自己费心了。
sleeper 头衔：白板 等级：两星客人	第 5 楼 《工业及民用配电设计手册》P200 页有个表格，“电力电缆允许的短路电流周期分量有效值”。一般按照 0.2s 的耐受电流来选择电缆截面就行了。当然前提是载流量要满足。
船长 头衔：博超 等级：一星客人	第 6 楼 电缆选择与校验原则：首先当然是按安装负荷电流选。其次需要考虑保护元件与电缆的保护配合关系，即一般应使电缆载流量大于等于本回路中各个保护元件中最小的整定值，以保证在保护元件动作之前电缆不会过热。另外，必要时可以考虑进行短路状态热稳定校验。不过一般短路保护配合得合理，热稳定问题不大。

sleeper 头衔：白板 等级：两星客人	第 7 楼 10kV 电缆的主要影响因素还是动热稳定。比如我做过项目变压器的进线，1000kVA 的，按载流量 $3\times25mm^2$ 截面够了，但是根据短路电流要放到 $3\times95mm^2$。
moonlight 头衔：虫窠居士 等级：版主	第 8 楼 主要是热稳定。不过对于 10kV/6kV 高压电动机比较多的情况，首先要考虑正常工作的最大电流来选择截面，然后通过热稳定校核。
zbyjxp 等级：一星客人	第 9 楼 $3\times120mm^2$ 的就行了，反正是大的好，30m 不用铠装，要埋地的选铠装，电缆厂家有具体的说明书。互感器主要是变成统一信号出来，量程选大一点好。
bigshoes 等级：两星客人	第 10 楼 载流量选截面，然后进线热稳定校验，满足校验就可以，如果不满足，增大截面，再校验。还有，如果当地供电局有其他规定的，还有按照规定执行。

2-26　关于照明线路的一些问题

大鼻山 头衔：最逍遥 等级：版主	楼主 关于照明线路的一些问题。我看了前面一个关于照明线路的帖子，认为以下结论比较重要（也供大家一起讨论）： 1. 照明线要设置 PE 线吗？ 答：（1）当该回路中有灯具安装高度低于 2.4m 时，施工规范要求该灯具金属外壳、底座要接地。方便起见，照明线路中若多一根 PE 线，便于灯具接地。（2）爆炸火灾危险场所建议专设 PE 线。（3）卫生间的排气扇如果通过插座接入照明回路，也应设 PE 线。（4）地方有土规定的（如深圳），也只有设。 2. 撇开上述 PE 线，蓄电池灯具到底是几根线？ 答："一对一"可控的蓄电池灯具回路，或者不可控的蓄电池灯具回路，线路是 2 根。"一对多"（指 1 个开关控制多个灯）的可控的蓄电池灯具回路，线路是 3 根。 3. 应急照明控制最容易忽视的问题？ 答：（1）当蓄电池灯具与非蓄电池灯同装于应急照明回路时，二者的控制开关（指跷板开关）必须分开设置。（2）当用断路器来做为灯具的开断时，蓄电池灯具与非蓄电池灯必须分设在不同回路。（3）消防发生时，如果蓄电池灯具不能满足照度要求，就必须设置消防室自动启动应急照明。

dwg 等级：两星客人	第 2 楼 卫生间的排气扇接入照明回路，如高度大于 2.4m，是否可以不接 PE 线。
大鼻山 头衔：最逍遥 等级：版主	第 3 楼 （纯个人看法）如果该排气扇是通过插座接到照明回路，那么，不管多高，都装 PE 线；若直接接入的话，我觉得高于 2.4m 时，可以不设 PE 线。
jdx98 等级：一星客人	第 4 楼 深圳的质监站看工地主要看 PE 线。
大鼻山 头衔：最逍遥 等级：版主	第 5 楼 地方有土规定的（如深圳），也只有设。但存在的，不一定合理。
麦克白 头衔：香积厨大师傅 等级：版主	第 6 楼 火灾爆炸环境是必须而不是建议，要用三芯电缆。 爆炸与火灾危险环境电力装置设计规范 GB 50058—1992。
大鼻山 头衔：最逍遥 等级：版主	第 7 楼 我刚刚再次拜读了这本规范，还是没见这条规定。估计老弟记错了。首先规范没强制规定照明线一定是三线，但我推荐仍用三线（正如我前面所帖）。下面我把规范相关原文复制如下： “在爆炸危险环境内，电气设备的金属外壳应可靠接地。爆炸性气体环境 1 区内的所有电气设备以及爆炸性气体环境 2 区内除照明灯具以外的其他电气设备，应采用专门的接地线。该接地线若与相线敷设在同一保护管内时，应具有与相线相等的绝缘。此时爆炸性气体环境的金属管线，电缆的金属包皮等，只能作为辅助接地线。爆炸性气体环境 2 区内的照明灯具，可利用有可靠电气连接的金属管线系统作为接地线，但不得利用输送易燃物质的管道。” 根据调查，超过 50% 的电气设计人员没注意以下问题（重申要点）：

大鼻山 头衔：最逍遥 等级：版主	（1）当蓄电池灯具与非蓄电池灯同装于应急照明回路时，二者的控制开关（指跷板开关）必须分开设置；（2）当用断路器来做为灯具的开断时，蓄电池灯具与非蓄电池灯必须分设在不同回路。（3）消防发生时，如果蓄电池灯具不能满足照度要求，就必须设置消防室自动启动应急照明。
wxx15 等级：贵宾	第 8 楼 大鼻山兄的看法，大多数同意。不过在工程设计中切记不可钻牛角尖，实际上防爆灯具多数是通过 PE 线接地的。另外“当用断路器来作为灯具的开断时，蓄电池灯具与非蓄电池灯必须分设在不同回路”也不尽然的。
大鼻山 头衔：最逍遥 等级：版主	第 9 楼 哈哈，看看，马上就有人反对了。“当用断路器来作为灯具的开断时，蓄电池灯具与非蓄电池灯必须分设在不同回路”，为何如此，你仔细想想吧（我现在有事，回头细说）。很多人把充电线简单地置于断路器之前，这是不妥当的，因为此时充电线失去保护。
ROSE 头衔：天虹剑 等级：版主	第 10 楼 基本上同意大鼻山的观点：1. 蓄电池灯我都是采用单独回路的，充电线路单设断路器，正常时处于合闸状态。2. 爆炸危险环境灯具的 PE 线设置我同意麦克白的观点。3. 冷库灯具也是要设 PE 线的。
麦克白 头衔：香积厨大师傅 等级：版主	第 11 楼 1. 我记得规范上好像规定应急照明应是专用回路，不应和普通灯具共用回路。有人写文章强调过这一点。2. 充电线置于断路器之后同样有问题。我觉得置于照明箱总断路器之后会好一点。这里面存在一个重要性取舍的问题。我们这里还有这样一种做法，提供大家讨论一下：充电线置于总断路器之前，但加熔断器保护。此种做法多见于小型工业厂房，此熔断器装在开关柜内。3. 防爆灯具之所以不赞成用导线，原因主要在于：电缆的绝缘要比导线要好一点；导线外皮在施工时可能损伤或使用时间较长后绝缘下降。此外我个人认为还有隔离密封的问题，但这涉及到防爆施工工艺，不是三言两语能够说清。用导线的时侯，请大家切记要用钢管全程保护（全程很重要啊），钢管和灯具、防爆接线盒均采用螺纹连接。

 大鼻山 头衔：最逍遥 等级：版主	第12楼 1. 此处普通灯具是指不带蓄电池的灯具（但接在应急回路），并非指接在普通回路的灯具。2. 如果用断路器控制蓄电池灯，必须考虑关灯后，充电和保护兼顾的问题；3. 关于防爆场所的PE线，我一直推荐（而非反对）是采用3根线（请看我前面所述）。只不过，对于初学者而言，我们必须告诉他，这样做到底是规范规定，还是个人推荐，这是原则性问题。
wxx15 等级：贵宾	第13楼 看到大鼻山兄在9楼的论点，我回去想了想，实在想不通为何“当用断路器来作为灯具的开断时，蓄电池灯具与非蓄电池灯必须分设在不同回路”，规范中也没找到相应条文。尽管实际中应急回路两种等很少混用，但在同一回路且受断路器控制时，二者在一定条件下的确可以共存。另外，防爆场所灯具PE按规范理解是要设的，我也钻了次牛角尖，规范中只不过说明在部分场所防爆灯具不用专门接地线，专门接地线跟PE线还是有些差异，正如麦克白兄所言。大鼻山兄也说过，论坛讨论问题时要说明贴主的做法是规范要求还是个人推荐，我很赞同。但个人推荐的做法肯定也是建立在规范基础上的，对个人的一些论点最好要明白说明。如防爆灯的问题，要是不用3线配电，老兄最好开始就说明要如何处理，这个帖子要不是深入讨论下去的话，可能会让人误认为防爆灯可以不接地。
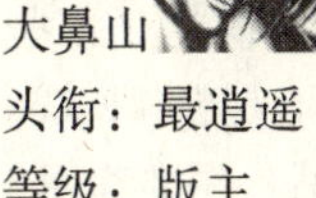 大鼻山 头衔：最逍遥 等级：版主	第14楼 1. “当用断路器来作为灯具的开断时，蓄电池灯具与非蓄电池灯必须分设在不同回路”，这一条不是规范规定，而是规范引申之必然。试问，蓄电池灯具与非蓄电池灯如果同接于同一断路器下，你如何控制其开断？仔细想想吧，兄弟！ 2. 请兄弟你仔细把我的帖子从楼顶看到楼尾，看看我什么时候说过“防爆场所照明只用2根线”？我可是一上来就推荐采用3根线呀。无非我说那是我个人推荐，并非规范硬性规定。
wxx15 等级：贵宾	第15楼 我还是不明白楼上的意思，带蓄电池灯当然是两路保护（正常控制和充电线），不带蓄电池灯用一路正常控制即可。二者正常控制如果用同一断路器为何不可？实际上，用断路器控制应急灯时，很少出现上面两种灯具共存的情况，工作这么多年，我只做过一次（当时是因为

大鼻山 头衔：最逍遥 等级：版主	带蓄电池的灯数量太少，我才放在一个回路中控制的），实际运用中达到设计效果。防爆灯的意思我明白，不过“推荐3根线”这句话容易让人误解，不用3根线时如何处理，老兄也要讲清楚才是。我想原则问题应该有个结果，不能到最后不说了之。可以说老兄“当用断路器来作为灯具的开断时，蓄电池灯具与非蓄电池灯必须分设在不同回路”是不正确的。技术上我做没问题，运行的工程实例也有，规范也没说不能做。这个问题看来不想说的是我了。说实话，我不喜欢论坛上有人故意卖关子，有些话还是一次说出来好。
大鼻山 头衔：最逍遥 等级：版主	第16楼 不是我不愿意说，而是我不愿意重复说，经老弟一再要求，我就细说一下：1.“当用断路器来作为灯具的开断时，蓄电池灯具与非蓄电池灯必须分设在不同回路”，这不是规范规定（前面我早已声明）。理解这句话，就需要知道并认可我一直强调的另一个前提，那就是：充电线禁止直接接在该断路器前端（而这一条是很多人要犯的！我感觉老弟就是其中一个）！此时此刻，当用同一断路器控制两种不同类型灯具的开断时，后果如何，还要我说吗？——非蓄电池灯肯定没问题，问题就出在：蓄电池灯的充电线也随之切断！2. 防爆场所的照明PE线，我已经说过N遍：因为不是规范硬性规定要用3根线，所以，我只能用“建议”或“推荐”字眼，这又有何不当呢？难道非要我说应该或必须吗？
wxx15 等级：贵宾	第17楼 我看老兄对我误会更深了，充电线当然不能直接接在断路器前，要是这点不明白我就不会来这里了。我不知道开关控制非要跟充电线扯上什么关系，难道充电线需要控制吗，还是你再在想想吧？至于防爆场所的PE线，我不想多说了，请仔细看看规范，明明白白说的是某些场所的灯具不需要专用接地线，注意是专用接地线，不是指PE线。PE线与规范中的专用接地线严格讲不完全是同一种意思。你推荐用3线，并且就这个问题争论很多，言下之意是：规范不禁止用2线，只不过3线更好。问题是用2线时该怎么做，要不要接地没有说明。所以我想我的意思你现在还没明白。
家辉 头衔：天山派内务总管 等级：两星客人	第18楼 你们的讨论还没结果呢？是不是这样：防爆场所不能不带PE线（非规范强制必带），请解释，谢谢！另外我对于：“当用断路器来作为灯具的开断时，蓄电池灯具与非蓄电池灯必须分设在不同回路”，也

家辉 头衔：天山派内务总管 等级：两星客人	还是不太赞同；举例吧：当我一个回路里有两种灯具（带和不带蓄电池的），一个断路器（单极）控制正常通断，再从该断路器之前（同相）接出一根充电线（至于用断路器、熔断器保护这根线还想听各位意见）与前线路同管敷设至带蓄电池的灯具，这样应该都可以满足要求。
 大鼻山 头衔：最逍遥 等级：版主	第 19 楼 家辉所言极是！我之所以说二者不能在同一回路，就是因为有很多人直接（未装保护）把充电线装在断路器前！但我个人认为，充电线一旦装了保护电器后，和原回路就不宜再称为同一回路了。这就是我一再强调“二者不能在同一回路”的原因。我的意思换个浅显的表达，就是：充电线必须得以保护；正常关灯后，充电线不能切断。

2-27 关于地下室（干式变）变电所的疑问

木木 等级：游客	楼主 关于地下室（干式变）变电所的疑问 地下室（干式变）变电所对土建有何要求？如层高，位置选择等；变压器，配电柜的运输采用什么样的工具？
yjzllyjzll 头衔：衙门 等级：游客	第 2 楼 层高至少 4.2m，地下开沟，负二层等要吊装孔。
addliu 等级：游客	第 3 楼 可是上次电业局的说净高就要 4.5m，规范上没有具体的高度，望各位高手指点！
bigshoes 等级：两星客人	第 4 楼 这些单位的要求乱七八糟，我们这还说楼下集中抄表呢，结果没分好多层和高层，搞得高层也跟着楼下抄表，要设一个电表间，里面布置了一百多个表！这只是一个 18 层的塔楼，如果 30、40 层，我都不敢想象等我做这样的工程怎么办了。

Lengbing 头衔：苦菜汤 等级：贵宾	第5楼 关于层高的问题，4.5m是不可能的，都什么年代了还用GG1A的庞然大物?，这样计算层高如何：按有母线桥架看，桥架底板距地2.5m（IP2X在通道，高压柜柜高2.2m计），再加桥架本身的高度（算0.2m），再加0.8m的维护距离为3.5m（不含电缆沟深，为净空高度），由此看来3.6m应该足以。
126lg 头衔：俗家弟子 等级：游客	第6楼 我这里3m就够了！配电柜2.2m，槽钢基础0.1m，母线桥0.5m。
shlmail 等级：两星客人	第7楼 5楼所述3.6m如果是梁下高度就够了，如果是层高，则最好采用地沟或电缆夹层；总之变电所高度应该根据配电柜出线方式（下出、上出）不同而不同。
 雨过天晴 头衔：帮主 等级：三星嘉宾	第8楼 同意楼上意见，而且还应和暖通专业配合，考虑变电所内通风管道的布置，也会影响层高。另外地下室的变电所地面宜抬高以防水进入，不易设在最底层；避开伸缩缝等。规范上有很明确的要求。
gy-echo 等级：两星客人	第9楼 我们这里最低净高3.0m，采用电缆沟。

2-28 DW15-630的断路器能否作为联络开关用

wys-3638 头衔：风清网 等级：版主	楼主 DW15-630的断路器能否作为联络开关用? 现有一工程想用DW15-630（贵州长征九厂）的断路器作为联络开关用，但是DW15-630断路器的安装使用说明书上面所写的进线方式是上进线。想请教一下各位大侠：1. 此时作为联络柜是否可以？2. 不行的话，为什么？因为是联络柜（两台变压器），可能存在由下进线的供电情况。这样有什么影响？DW15-630断路器如果倒进线对系统和断路器的功能有什么影响？希望有专业人士帮我。

电气美眉 头衔：真实的我 等级：佳客	第 2 楼 我来说几句吧。首先，DW15-630 只能上进线。1600A、2500A、4000A 可以上下进线。DW40、45 各种电流都可以上进线、下进线。只能上进线而不能下进线的原因：1. 结构原因；2. 恢复电压的原因。
zhoushu8 头衔：达摩院寺监 等级：版主	第 3 楼 可以作联络柜，完全没问题的啊。你说的想从下面进线没有必要，联络柜的断路器的两边都必须装隔离开关的，你的做法是不想装，那怎么行？再说了，630A 完全可以用电缆接线直接接上面不就行了，你最好不要有那样的想法。
wysh-3638 头衔：风清网 等级：版主	第 4 楼 只有一边有隔离刀开关。这样有何影响？电气美眉能不能进一步的分析一下啊，比如结构和恢复电压的原因，对于断路器的开断能力和其他参数有什么影响？
电气美眉 头衔：真实的我 等级：佳客	第 5 楼 结构原因。以塑壳为例，上进线表示电源经连接板、静、动触头、软连接、保护系统、连接板这样的顺序，下进线正好相反，采用下进线，如果开断短路电流，电流虽然大部分进入灭弧室，但总有一部分带电的游离气体向动触头连接部分移动，可能发生相间短路（DW-630 类似），但是大电流 DW15、DW40、DW45 的每相用塑料结构隔离或者独立形成小室，解决了这个问题。
大鼻山 头衔：最逍遥 等级：版主	第 6 楼 关于断路器上、下进线问题，长时间的迷惑着我。很久以前的师傅告诉我，断路器不宜倒装，我没仔细琢磨原因；今天看了电气美眉的解释，觉得有点道理。我回头找个厂家咨询一下。DW15-630 绝对可以做联络；此外，DW15 另加隔离开关不是必须的吧（例如抽屉柜）。
wysh-3638 头衔：风清网 等级：版主	第 7 楼 电气美眉说不允许下进线，鼻哥说绝对可以作联络柜。本身这个问题我就拿不定主意，唉！听谁的？

河图 头衔：藏经阁——思尘 等级：两星客人	第 8 楼 不矛盾呀，上进线，作联络。
xm204 头衔：风清扬 等级：版主	第 9 楼 没想到电气美眉这么厉害！本身 DW15-630 开关只可以上进线，如果下进线，必先经过动触头，再到静触头，结果正如电气美眉所说，总有一部分带电的游离气体向动触头连接部分移动，可能发生相间短路。但并不是说不可以做联络开关，像少林派寺监所说，用电缆做成上进线（如果柜有空间的话）。
wysh-3638 头衔：风清网 等级：版主	第 10 楼 既然是联络柜，就是可以从 A 段母线联到 B 段母线，也可以从 B 段母线联到 A 段母线。至于断路器上下端子用什么链接并没有什么不同的。
 麦克白 头衔：香积厨大师傅 等级：版主	第 11 楼 如电气美眉所言，这里有个问题：由于大多数塑壳断路器固有的结构特点，当断路器倒装时（下进线的意思不是从下面进线，而是开关电源侧此时接负荷了，变成负荷侧了，而负荷侧变成电源侧了）短路分断能力没有正装的那么大，会出问题。这个问题在以前的杂志上讨论过，有一种情况会不可避免的必须用下进线的方式，不知道大家会不会想到。
 zhoushu8 头衔：达摩院寺监 等级：版主	第 12 楼 抽屉柜就没有下进上出的问题了。DW15 有抽屉式的吗？好像只有 DW15X 才有抽屉式的。
 yndlj 等级：常客	第 13 楼 一点个人看法：断路器接线的一般原则，是电源侧接静触头，负荷侧接动触头。既然是联络开关，总存在相对的进出端，我认为上进下出与下进上出只是相对而言。应该不是什么问题。而且 630A 的联络开关，多大的变压器？那么小的电流，用塑壳的不好吗？

zhaokaikai 头衔：华山一壶饮 等级：版主	第 14 楼 是呀，用塑壳就行了，不存在上进下进的说法。电气美眉的分析挺精辟的，又学了一手，其实好多开关倒装都要降容使用的。
小电容美眉 头衔：女排主攻手 等级：三星客人	第 15 楼 低压母联情况，对于两个进线电源，总有一个是上进线及下进线，避免不了下进线的情况。但断路器说明书明确标注只能上进线结构的，不可以做母联开关。以避免有较长尺寸带电动触头机构因开断产生带电游离气体造成相间短路。DW15-630 的断路器绝对不可做联络开关用。to kaikai：塑壳断路器对电源端及负载端的要求更为严格。基本不可以用做母联断路器。
zhaokaikai 头衔：华山一壶饮 等级：版主	第 16 楼 美眉，我知道了，我也没说 DW15-630 可以下进线。我要说的是我也不知道能不能，我想说的是好多可以倒装的要降容使用，DW15C 就是抽出式的。
xm204 头衔：风清扬 等级：版主	第 17 楼 突然想到个问题，DW15-630 是不可以作为联络开关的，因为他联络了两个电源，无论你怎么接线，对于某一电源来说，他对于DW15-630来说供电时都是下进线，很容易出现电气美眉说的电气故障，最主要原因是 DW15-630 只能作为上进线，而不是他是塑壳开关的原因。
10kV 电网 头衔：蓄电池 等级：一星客人	第 18 楼 下进线没问题，母联开关主要功能用于双电源切换，短路发生的几率很小，别考虑。
xm204 头衔：风清扬 等级：版主	第 19 楼 不可以这么说，如果该开关标明只可以上进线时，就不要用做联络开关，毕竟做联络开关就需要开断负荷，灭弧很重要，如果需要联络开关需要自动合闸时，建议尽量不用 MCCB。

wysh-3638 头衔：风清网 等级：版主	第 20 楼 18 楼：照你这么说用刀开都可以做母联了？
10kV 电网 头衔：蓄电池 等级：一星客人	第 21 楼 当然可以，没有规范禁止。另，国家出过一本 GGD 开关柜的二次图集，就有 DW15-630 做母联的。提醒大家一点，大部分 1990 年以前的老式开关都不可以下进线，难道 1990 年前都不做母联开关？答案当然是否定的。
wysh-3638 头衔：风清网 等级：版主	第 22 楼 DW10 的是淘汰的，国家出的图集也有可能忽视这个问题的，母联开关不要求自动合闸的。
麦克白 头衔：香积厨大师傅 等级：版主	第 23 楼 关于母联用隔离开关还是用断路器的问题，我想用隔离开关没问题，因为发生短路时隔离开关不动作，其本身没有动作机构，也不需要提供保护功能，所以既不会动作也不会坏；但是用断路器就难说了，因为断路器本身有电磁脱扣器和机械动作机构，搞不好会坏掉。
大鼻山 头衔：最逍遥 等级：版主	第 24 楼 根据民规 4. 4. 14 条，低压联络开关宜为断路器。

2-29 CT 中符号 10P20/10P20/0. 5/0. 2S 是什么意思

123 等级：游客	楼主 CT 中，符号 10P20/10P20/0. 5/0. 2S 是什么意思？

 penght 头衔：地域不空誓不成佛 等级：一星客人	第 2 楼 准确等级：10p20 级一般用于保护；0.5 级一般用于测量；0.2s 级一般用于计量。
 fanjx 头衔：闻声罗汉 等级：贵宾	第 3 楼 楼上的说的很对！我补充几点： 1. 10p20 中的 10p 是精度等级，20 是容量 20VA； 2. 0.5 是精度等级，0.5 级； 3. 0.2S 中 0.2 是精度等级，0.5 级，S 表示宽负荷范围，即：使用时在负荷较小时亦能精确计量。
 123 等级：游客	第 4 楼 那它们综合起来是什么意思？是一次绕组和二次绕组的保护级是 10P，容量各是 20，测量绕组准确级为 0.5，计量绕组的精确级为 0.2，是这样吗？
 DHDLGS 头衔：至尊宝 等级：贵宾	第 5 楼 第一点错误，10 指准确级，P 保护用，20 指准确限值系数，不是容量。在稳态情况下，保护用电流互感器能满足复合误差要求的最大一次电流值称为额定准确限值一次电流，额定准确限值一次电流与额定一次电流之比，称为准确限值系数。

2-30 负荷开关跳闸

兔子木筏 等级：游客	楼主 负荷开关跳闸问题：我公司是一家化工企业，采用 10kV 进线，变电后配电，昨天供电局发生负荷开关跳闸，引起我单位部分电机跳闸，我想请教各位高手，这原因是什么？我的分析是这样的：供电电源发生跳闸，自动重合闸后，电压发生波动，引起部分电机的接触器的线圈失电，造成电机停运，接触器的吸合线圈的电压要求有的在 75% ~85%，有的并不一定，同时我怀疑是否跟接触器内部的衔铁的接口处的粗糙不平有关。请各位进来的师傅指点迷津，谢谢了！都是低压电机，接触器都选用普通的 CJ20，没有选用延时接触器。一小部分电机的电气回路断开，但是还有大多数电机继续运行，会不会是供电电源的瞬时断开，由于接触器对电压等级的不同要求，线圈的消磁反应也各不相同，所以造成停机。

wys-3638 头衔：风清网 等级：版主	第 2 楼 属于控制电机的接触器失压分开了。
黑客 等级：一星客人	第 3 楼 既然楼主说跳闸，那就是空开跳闸了？与接触器没关系，是重合闸后电源与电机不同步引起的。用延时接触器延时一定时间（大概 2S），电动机剩磁减弱，再投入。
NLB 等级：版主	第 4 楼 自动重合闸有一个零点几秒至一点几秒的时限，所以当自动重合闸动作时接触器分断是正常的。要求自起动的 I 类负荷电机需要解除其交流接触器的瞬时失压保护功能，可采取以下两种方法：1. 采用直流线圈的交流接触器，并且其控制回路用蓄电池供电。2. 不用按钮，用转换开关控制接触器。这样当电源短时中断时，即使接触器分断了，由于其控制回路仍保持接通，电源恢复时接触器仍可吸合，使电机自起动。采用上述方法时需要为电机另装延时 10s 左右的失压保护。
ymejian6728 等级：游客	第 5 楼 可不可以把失压线跳开？
dv100 头衔：画图匠 等级：两星客人	第 6 楼 是高压电机还是低压电机！不过一般电机只要是停电都会跳闸，除非用什么延时接触器双回路自动切换电源！

2-31　柴油发电机做备用电在非消防情况下大马拉小车的问题

 zz_ zz 头衔：打杂的 等级：两星客人	楼主 柴油发电机做备用电在非消防情况下大马拉小车的问题 柴油发电机做备用电，柴发考虑了消火栓泵、喷淋泵、水幕泵、稳压泵、消防电梯、加压风机、排烟风机、应急照明等负荷。而备用电源

zz_ zz 头衔：打杂的 等级：两星客人	在非消防情况下所带的负荷一般很少（应急照明，稳压泵），所以主供电停电后，非消防情况下用柴油发电机做备用电就会出现大马拉小车的问题。各位高手是如何解决这个问题的。我的一般做法是，用一个手动切换的双电源开关，在市电停电的非消防状态下，让柴油发电机带一部分相对重要的三级负荷。如小型商业照明、办公照明等。
大鼻山 头衔：最逍遥 等级：版主	第 2 楼 不应该出现大马拉小车问题，否则就是不合理设计。根据民规第 4.4.16 条："应急电源（如发电机）应符合，在接线上具有一定灵活性，以满足在非事故情况下能供给部分重要用电的可能"。一般在消防母线上挂接重要的非消防负荷，在火灾时分励脱扣切除。
 刀子 等级：一星客人	第 3 楼 我觉得并没有答全楼主所问，即使接到消防母线上，非消防状态下，依然是柴油发电机大马拉小车啊！大鼻山也未将那条规范表述清楚。
 大鼻山 头衔：最逍遥 等级：版主	第 4 楼 怎么会呢？这些非消防的重要负荷（如营业照明、生活泵等）有时候比消防负荷都大，一般不会出现大马拉小车了。
 Xuedj 等级：三星客人	第 5 楼 我的一般做法是，用一个手动切换的双电源开关，在市电停电的非消防状态下，让柴油发电机带一部分相对重要的三级负荷。如小型商业照明、办公照明等。
 zcl 等级：游客	第 6 楼 用一个手动切换的双电源开关，在市电停电的非消防状态下，让柴油发电机带一部分相对重要的三级负荷。方法不错但是有没有考虑到一旦发生火灾，是否来得及为消防供电。作为备用电源其中最为主要的就是为消防供电，出现大牛拉小车问题，是设计不合理！

<table>
<tr><td>w3556843u
等级：贵宾</td><td>第 7 楼
大鼻山先生，suedj 说的采用手动双头切换开关在市电停电的非消防状态下，让柴油发电机带一部分相对重要的三级负荷在实践中使用还是很多的，问题是市电来电以后再必须切换到消防状态，在市电停电的非消防状态下，让柴油发电机带一部分相对重要的三级负荷期间当然不存在大马拉小车情况，这样做至少在市电停电以后依然能保证一般情况下的生产或者营业需要。</td></tr>
<tr><td>
大鼻山
头衔：最逍遥
等级：版主</td><td>第 8 楼
既然你的发电机主要是作为消防备用电源才设置的，那么你就必须考虑发电机在使用时，突然发生了火警（火灾）。此时此刻，谁去操作手动，转换开关到消防负荷母线上？手动转换开关不能满足规范。</td></tr>
<tr><td>
w3556843u
等级：贵宾</td><td>第 9 楼
消防负荷母线始终接在发电机输出端上的啊（消防负荷母线始终有电），所指的仅仅是三级负荷切换。不争论此问题了！</td></tr>
</table>

2-32 线槽和桥架的困惑

<table>
<tr><td>ttt001
头衔：般若禅师
等级：管理员</td><td>楼主
TTT001 的困惑-线槽和桥架
今天和一群电气工程师讨论线槽和桥架的定义问题，没有达成完全的共识！这个问题在管线汇总时非常重要，因为对桥架有各种间距要求，而线槽几乎没有，见民规和许多规范、措施、图集。区别在哪里？是有无盖？有无散热孔？尺寸规格？还是……似乎都有特例啊！希望听听大伙的想法。</td></tr>
<tr><td>
大鼻山
头衔：最逍遥
等级：版主</td><td>第 2 楼
这个问题我也关注过，并咨询过厂家和施工单位。线槽主要用来敷设照明支线和弱电线路，一般不用来敷设强电支干线，其制作用料比较单薄，而桥架则要“坚强”的多。</td></tr>
</table>

kkkooo 头衔：Svaka 等级：两星客人	第 3 楼 线槽一般不用来敷设强电支干线，这个不同意。小的曾经做过少数强电干线和照明支线共用线槽，通过了。只是线槽选的大一些。
cpav 等级：一星客人	第 4 楼 线槽与桥架的区别不应是“制作用料比较单薄”，就像电线管（同一型号），肯定管径越大壁厚越大。
 SJM1972 头衔：翠羽黄衫 等级：版主	第 5 楼 我一直理解的是：桥架是用来敷设电力电缆和控制电缆的，线槽是敷设导线和通讯线缆的。桥架比较大（200mm × 100mm 到 600mm × 200mm），线槽比较小；桥架拐弯半径比较大，线槽大部分拐直角弯；桥架跨距比较大，线槽比较小；固定、安装方式不同；在有些场所，桥架是没有盖的，线槽几乎全是带盖密闭的……。
 cccccc 头衔：戒律院首座 等级：版主	第 6 楼 完全同意。另桥架有多种长度可供选择，多种支架安装方式，可户外安装。以上也应该是和线槽的区别。找个桥架的厂家问问不就可以了吗？
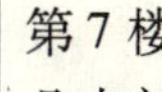  大鼻山 头衔：最逍遥 等级：版主	第 7 楼 几点补充意见：1. 以为桥架没有小尺寸的，那是不太正确的想法。桥架宽度从 100mm、200mm、300mm 直到 1000mm，而其高度一般规格是 200mm、150mm、100mm、75mm、60mm、50mm，而且多数厂家都可以生产。正因为其尺寸可以很小，所以在很多明敷场所，经常用桥架（只穿一、二根电缆）代替钢管，而很多施工单位不喜欢用钢管明装。2. 桥架一般包括：梯级式、托盘式、槽式、组合式四大类，制作材料一般为钢制、铝合金、玻璃钢。其中托盘式又分为无孔托盘和有孔托盘两种，而槽式当然是全封闭式的。3. 也有人倾向于把线槽归类到桥架之中。因为国家关于桥架有专门规范（详见 CECS 31-91），而无线槽专门规范。4. 线槽可以比照桥架的规范执行。5. 二者固定支架差别较大，正是因为用料不同所致呀。
diana 头衔：小昭 等级：一星客人	第 8 楼 我的老师傅告诉我：线槽是用来走线的，桥架是用来走电缆的，就这样！呵呵，不知道他的经验对不对？

ttt001 头衔：般若禅师 等级：管理员	第9楼 感谢各位的意见，这是昨天我们在一个工地讨论会上出现的问题。我主帖子中说的3个因素都有特例的。桥架有封盖的，在化工场所，几乎全部采用封闭式的桥架。线槽也是有开孔的，并且可以完全走电缆。尺寸现在已经不是限制，800mm 宽 300mm 高的线槽我也见过，也用过。讨论会上，也有工程师提出线槽只能走导线，而走电缆的就叫桥架，这也不能够成立，因为控制电缆，如 KVV-4X1.0 的都有，走线槽是没问题的。如果尺寸不是限制的因素，安装方式的差异也不是线槽和桥架的本质区别。我也看过一些关于线槽和桥架的定义或者说明，感觉其界限还是不够明确的。在不同的规范中，也有不同的定义，但是原则上是将2种方式分别处理的，比如，我主帖子说的关于间距的要求，并没有线槽比较桥架执行的说法。如果连干线都可以走线槽，那么关于间距的要求将成为一个文字游戏了。依然困惑中……。
大鼻山 头衔：最逍遥 等级：版主	第10楼 之所以困惑，就是因为对于桥架，国家有明文规范，而对于线槽则无具体规定。因此干脆有人把线槽归于桥架了，导致厂家钻规范的空子，以线槽代替桥架，成本要下降一些。
 ROSE 头衔：掌门-天虹剑 等级：版主	第11楼 民规有关于线槽布线的规范，技术措施也引用了这部分内容。楼上有朋友说线槽可以走强电干线，尺寸已经不是限制，但规范能满足吗？民规9.7.3：同一路径无防干扰要求的线路，可敷设与同一金属线槽内。线槽内电线或电缆的总截面（包括外皮）不应超过线槽内截面的20%，载流导线不宜超过30根。控制、信号电缆或与其相类似的线路，电线或电缆的总截面不应超过线槽内截面的50%，电线或电缆根数不限。其他内容不再写了，可以去看看，我认为线槽、桥架从材质、敷设环境、安装方式、规范等方面还是有区别的。
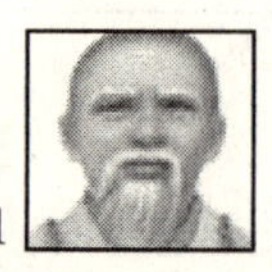 ttt001 头衔：般若禅师 等级：管理员	第12楼 大的方面的区别肯定是有的，因为处理方式差异很大，但是界限在哪里？我还想听听各位在图纸上是如何表达这件事情的？是没有区别？还是在画法上有区别？在材料表或者标注上区别？

麦克白 头衔：香积厨大师傅 等级：版主	第 13 楼 工业设计一般要出材料表，我在材料表中是要说清楚的。
ttt001 头衔：般若禅师 等级：管理员	第 14 楼 材料表中说清楚不容易，除非一个工程你只用线槽或者桥架，否则在平面上谁知道哪段是线槽，哪段是桥架啊？又都是什么规格的？
ROSE 头衔：掌门-天虹剑 等级：版主	第 15 楼 线槽、桥架是可以在平面图和系统图中表示清楚的，《建筑电气安装工程图集》常用电气图形符号中有金属线槽的敷设方式标注，英文 SR，拼音 GC。我平时都是按拼音标住，桥架也是，标注位置与管类似，平面图中用汉字、数字给出线槽或桥架的名称和规格。
christ888 头衔：光明使者	第 16 楼 我一直以为“线槽”就是“槽式桥架”，也就是托盘带盖的。其定义范围包含于桥架中。
麦克白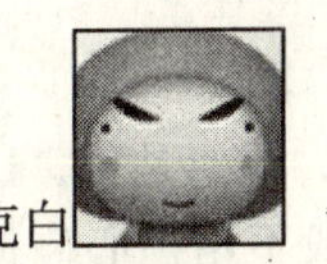 头衔：香积厨大师傅 等级：版主	第 17 楼 我在设计中交待得是比较罗嗦的，比如在说明中说：“动力电缆沿梯式桥架敷设，至 DCS 电缆沿托盘式桥架敷设，弱电线路沿线槽敷设。室外桥架带盖”。在材料表中注明：热镀锌大跨距梯式桥架 XXX 节，大跨距镁铝合金有孔托盘式桥架 XXX 节等，所以不会出错的。我还是不认为线槽 = 槽式桥架。
大鼻山 头衔：最逍遥 等级：版主	第 18 楼 不得不承认，迄今为止，我的总结和概括最精确、最完整，不服不行。请问你们有几个见过我列举的那本“桥架”规范？线槽是一种特殊的桥架，但决不是槽式桥架（请看前面我的分类吧）。不要企图去寻找它俩的区别，因为到目前它们没有严格定义上的区别，但是也许以后会有定义（也应该有定义）。没有调查就没有发言权，没有实践也没有发言权。

 麦克白 头衔：香积厨大师傅	第 19 楼 鼻子总结的真是很精彩，但脾气可太大。有时候我都忍不住想打击打击鼻子，嘀嘀。我还想给大家补充一点：不光有钢的，还有铝合金桥架的设计规范。
大鼻山 头衔：最逍遥 等级：版主	第 20 楼 我来重复并汇总我前面的若干观点：1. 线槽主要用来敷设照明支线和弱电线路，一般不用来敷设强电支干线。而桥架正与之互补。2. 线槽制作用料比较单薄，而桥架则要“坚强”的多（具体差别无标准）。3. 以为桥架没有小尺寸的，那是不太正确的想法。桥架宽度从 100mm、200mm、300mm 直到 1000mm，而其高度一般规格是 200mm、150mm、100mm、75mm、60mm、50mm，而且多数厂家都可以生产。正因为其尺寸可以很小，所以在很多明敷场所，经常用桥架（只穿一、二根电缆）代替钢管，而很多施工单位不喜欢用钢管明装。4. 桥架一般包括：梯级式、托盘式、槽式、组合式四大类，制作材料一般为钢制、铝合金、玻璃钢。其中托盘式又分为无孔托盘和有孔托盘两种，而槽式当然是全封闭式的。5. 也有人倾向于把线槽作为一种特殊桥架，而归类到桥架之中。6. 国家关于桥架有专门规范（详见 CECS31. 91），而无线槽专门规范。7. 线槽可比照桥架的规范执行。
lqhrjp 等级：常客	第 21 楼 我想桥架和线槽的区别可以根据字面理解一下。1. 桥架是桥，比较硬坚固，可以做桥面，可以在任意空间敷设，一般不用担心碰撞损坏，而线槽则相反，基本只能贴墙或其他平面敷设，并且要考虑碰坏的问题。2. 由于强度问题，一般桥架主要用于架设电缆等较重的东西，而线槽则多用于敷设较细的导线等。3. 桥架和线槽的固定方式不同，一想就会明白。
 tianyi 头衔：长空无忌	第 22 楼 才看到，唉，线槽是桥架中的一种，就是如此简单。

bigsong 头衔：重振武当 等级：贵宾	第 23 楼 目前的区别仅在于：桥架用材厚，能承受较大重量。线槽用材薄，只能承受较轻重量。大家可以看一下预算价。也就是单位距离的承受重量是他们的本质区别。其他的都是派生的或不对的。比如：桥架一般用来敷设电缆，线槽一般用来敷设电线，是从单位受重量派生的，但不能绝对。尺寸大小不能是区别的理由。故根据你的工程情况，比如电缆电线的多少，安装跨度的大小来决定你用线槽还是桥架，这在造价上会有很大区别。一种发展情况，厂家为了竞争，桥架线槽化，做的薄了，但这是不合制造规范的。有盖无盖那也是不能区别的。有人说线槽是桥架的派生，有一定道理。但如果反过来那就更好了。也就说桥架是线槽的派生，桥架是各种单位力学指标达到一定高度要求的线槽。
wuchun345 头衔：打字员候补 等级：三星客人	第 24 楼 我觉得那些特例其实和分类没有关系，最关键的区别在于它们的材料和强度区别，至于怎么样应用它们，这就是个人自己的问题了，只要业主同意，线槽和桥架你觉得该用啥就是啥了，民建没那么严格规定什么情况下用什么，那就行了，很多人非要把它们的分类和怎么样应用放到一起讨论，到最后当然是越说越乱了，怎么用它们和它们本身之间的区别是两码事，不要扯到一块讨论。
shlmail 等级：一星客人	第 25 楼 有一个问题，我经常在设计中遇到非标准层配电除了用导线外，还有个别的强电干线电缆（由变电所放射引出的回路），想知道大家是将导线和电缆共敷于线槽中呢，还是共敷于桥架中，亦或导线回路敷于线槽中，电缆回路敷于桥架中；另外，我亦倾向于认为线槽属于桥架的一种，但是在设计中常常对规范规定的桥架与其他管道的间距感到困惑，我做的工程就经常出现水（风）管与桥架间距仅 100mm。
zhoushu8 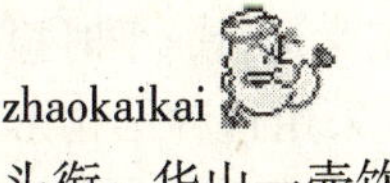 头衔：达摩院寺监 等级：版主	第 26 楼 我基本同意帖主的意见。再补充说 2 句：桥架是桥型的当然要结实，还要能走人呢。线槽嘛，可以是塑料的，也可以是金属的。一般贴墙布置。金属线槽因为强度高所以参照桥架布线。
zhaokaikai 头衔：华山一壶饮 等级：版主	第 27 楼 大家说得够多的了，我想根据设计中的实际情况考虑选择桥架，线槽。根据所附的线路选择间距标准，不要太教条呀，要注意线槽的强度不如桥架呀。

2-33 关于消防设备电源末端切换问题

ROSE 头衔：掌门-天虹剑 等级：版主	楼主 消防设备电源末端切换问题。 刚看到一篇论文，其观点是：消防泵电源自切应在消防泵控制柜内进行，也就是说消防泵、喷淋泵、稳压泵在各自的控制柜内设电源切换，他们的电源由配电室采用放射式供电。我们以往的做法是：双电源由配电室引来，在泵房设电源切换箱，由此箱分别配出回路至各泵控制箱。不知各位同行是怎么理解电源末端切换的，按哪种方式设计？请说说自已的意见，谢谢！
大鼻山 头衔：最逍遥 等级：版主	第 2 楼 个别地方消防审批，就是按你所说的论文的观点（我多年来也是那么整的，真累呀）。现在，许多消防部门开始讲点“道理”了，所以，我也“改邪归正”，要和兄弟们一样的干了。这是最好的做法。
wxx15 等级：贵宾	第 3 楼 我不认为论文的观点准确，有待商讨。双电源末端切换是指最后一级配电处切换，注意是指配电。消防控制柜应该理解为控制设备，要是硬在控制柜内做 ATS，没意义。我同意楼主做法。另外一个问题希望能知道大家的想法：双电源切换后是做低压母线到各个消防泵控制柜，还是采用放射式出多路断路器到各消防柜？
sxtyfgy 头衔：岩石忍者 等级：四星嘉宾	第 4 楼 先做双电源切换柜，再配出回路至消防泵控制柜（箱），控制箱（柜）中主开关采用隔离开关。
ROSE 头衔：掌门-天虹剑 等级：版主	第 5 楼 摘录其中的一段话，与大家共同思考：这种柜体内（指我们现用的控制柜）没有按回路分隔小室来安装元件，而是将二台水泵控制元件全部安装在一个空的柜体内。此布置方式的致命点在于当任一回路发生故障，有可能引发穿弧事故的扩大，殃及另一回路正常运行，平时检修很不安全，对消防这类非常重要的设备绝对不应采用这种结构形式。另外，电源柜与控制柜尺寸各异布置既不方便又不好看，在防护等级上也不符合国家标准，达不到 IP55 的要求。

wxx15 等级：贵宾	第 6 楼 带有防火隔板的动力箱（型号记不得了）6、7 年前我就用过，当时也极力向甲方宣扬，可惜消防主管部门没有要求，这种产品没有推广。这种动力箱结构并不难，防护等级高，而且耐火性能也好，但跟双电源切换更扯不上关系。我不认同论文中的观点。
lxqhj 头衔：精彩一刻 等级：贵宾	第 7 楼 记得我们在出 92DQZ1 时，原北京院总工也就是这本标准图的编制人一直就是要求我们的消防控制柜做到所谓的真正末端切换，比如两台消防泵，每台各用一路电源，中间设一母线通过接触器与另一路相连，正常时各台电机分别由两路电源供电，当其中一路失压时，母线接触器闭合，另一路正常电源供给两台电机，而当末端发生短路导致双电源部分断路器跳闸时，母线接触器不闭合，这时备用电机会因为主电机没电而自动投入使用，这样可保证了一台电机因为末端短路导致双电源切换到另一路时还会发生短路跳闸现象，确保了备用电机能正常投入运行。其实我发现几乎没有人这么设计过，也不知这种方式是否正确？
wxx15 等级：贵宾	第 8 楼 我赞同 ROSE 的做法。目前在全国大多数地区尚不能做到真正双电源切换的情况下，强行推广控制柜内的末端切换不合国情。从技术上讲，这种做法也过于保守。规范上已经规定了消防设备配电要放大一到两级，而且消防泵都有备用，其控制设备也有备用。火灾情况下，双电源出线处出现故障的可能性极低，我不赞同推广此做法，尤其不赞同因为设备原因推广此做法。
ROSE 头衔：掌门-天虹剑 等级：版主	第 9 楼 接着摘录：电源转换开关用于常用、备用电源之间转换，要求其操作机构不应使负载电路与常备用电源长期分开，开关不带短路和过电流保护（注：从这条看出电源转换开关只能用单刀双投式，不能有零位，不能用带机械连锁的断路器组成的 A. T. S）。我发现手头的双电源开关都有零位，有零位为何不可以，拜托哪位给讲讲，谢谢！
小菜 等级：四星客人	第 10 楼 01D303-3 中是每个泵的控制柜内都有双电源切换的，但说明不了什么问题，我认为在水泵房集中切换一下就可以，由双电源切换柜至各水泵控制柜用母线连接，每台泵设断路器。

家辉 头衔：天山派内务总管 等级：两星客人	第 11 楼 如果我把双电源切换装置和水泵的控制装置放在同一个柜内（固定分隔式柜体），切换后直接用母线配到各泵控制回路，这样减少中间元件，似乎是可以的； 双电源单独一个柜体，消火栓泵、喷淋泵各设一个柜，它们同高、同厚、同列布置，从双电源柜出来后用水平母线直接配至控制柜控制回路；中间有必要要那么多的断路器、隔离开关之类的元器件吗？
小庄 头衔：漆园小吏 等级：版主	第 12 楼 两路电源进来后，到两只 C65 装配的双电源上，双电源两路会拢到 NS 和其余微断上，分断能力要看 NS，两只 C65 装配的双电源也可以采用一种负荷开关形式。回 rose：ATSE 可分为 PC 级和 CB 级，PC 级能够接通承载，但不能分断短路电流。CB 级配置电流脱扣器，能够接通并分断短路电流，上面说的应该是 PC 级，如果是 CB 级，那么必然有负载电路故障引起的自动脱扣，使负载与常备用电源分开，但对于 PC 级，国标上（GB/T 14048.11—2002）也没有不允许设置零位。

2-34 低压电容补偿柜放置在什么位置合适

 大鼻山 头衔：最逍遥 等级：版主	楼主 低压电容补偿柜放置在什么位置合适？ 讨论一下，低压电容补偿柜放置在低压柜位置最合适？是靠近主开关，还是放到配电柜末端？
10kV 电网 头衔：蓄电池 等级：一星客人	第 2 楼 没区别，我认为。
小电容美眉 头衔：菜鸟帮打字员 等级：佳客	第 3 楼 都跟低压母线相联，会有什么区别吗？

fanjx 头衔：闻声罗汉 等级：贵宾	第4楼 当然有区别了，电容补偿是要测量主开关的电流的，通过测量电流才知道功率因数，进而自动补偿，放到末端你去引一根长电缆吗？
家辉 头衔：天山派内务总管 等级：两星客人	第5楼 我认为应该放在变压器出线主开关后，可实际上，补偿柜不安全（易爆炸），都放在末端或另外专设一个电容器室。
yukanlee 头衔：明清散人 等级：版主	第6楼 一般都是靠近主开关的。
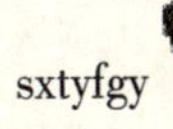 sxtyfgy 头衔：岩石忍者 等级：四星嘉宾	第7楼 放在哪都无所谓呀，再说现在的电容器比较过关了。大鼻山看出什么问题了？
 双成 等级：游客	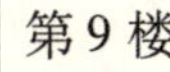 第8楼 搞错没有啊，这是常识：一定要求电容补偿柜远离进线主开关，主要是考虑到：取样电压更准确，这样的电流、电压值才能准确的提供给功补仪作判断。
 大鼻山 头衔：最逍遥 等级：版主	第9楼 天哪！竟然没有一个人提到我要公布的答案！其实应该放在配电柜的末端，这样可以减小母排上的电流，从而也可以减少母排能耗。至于电容器的取样电流，多拉几米的控制电缆就行了。关于这个问题，在多年前，曾有一个师傅这么告诉我要放末端，我执行了几年，但后来又回到大家的普通做法了；直到2001年，我碰到了东北院的李兴林高工（民规编者之一）。他审核我的图纸，他又详细讲解了这个问题，我从此就真正按照他说的去作了——放在末端。我印象中，迄今为止，我一共听到有4～5个老同志（没有一个年轻的）告诫过我，低压电容柜应该尽量放在母排末端。我现在在实践中切实执行了。前面有人提到“取样电压”，好像不沾边呀！

firepump 等级：常客	第 10 楼 但实际盘柜厂在制作时，电容柜主母排与其他相邻柜一致，原理上可以说省母排，但是双进线一联络，就没办法这样：可以减小母排上的电流，从而也可以减少母排能耗。……因为负载有阻抗，存在压降，故为什么电容柜电压取本柜的原因。
家辉 头衔：天山派内务总管 等级：两星客人	第 11 楼 现在很多都是配电柜和变压器贴邻安装，首末端区别应该不大；电容器如果装在母线末端，把母线分段分析，则靠近电容器柜处始终处于过补偿状态，过电压似乎比较危险（线路越长、补偿越多过电压越高），对设备不利；请大家指正。
zgx208 等级：两星客人	第 12 楼 实际中，好像大多数都在主开关后，靠近计量柜啊！讨论这个没有实际意义呀！
大鼻山 头衔：最逍遥 等级：版主	第 13 楼 谁说没有实际意义？电容器放在末端，那么从电容器到变压器这一段母线上的电流要显著减小（属于补偿后的），从而减小母线能耗；如果电容器放在首端（靠近变压器），那么整条母线的电流都没减小（属于补偿前的），母线能耗较大。二者的差别很大呀（几百安培的电流呢），怎么说意义不大呢？老是有人提到“取样电流”的问题，本话题与它其实无关的；取样电流仍然从主开关上取呀（多几米的控制电缆而已）。关于过补偿的说法，更是不经一辩。
hys_ nc 头衔：阿凡提 等级：两星客人	第 14 楼 呵呵，不错！长知识了！看过两种图纸，一种放在前面，一种放在后面！搞不清楚有什么区别！今天看了贴子，觉得有点收获！谢了！
qianzy 头衔：未名 等级：贵宾	第 15 楼 本人做了一个小计算，希望结果对讨论有帮助：现有六台配电柜 150kW 功率因数 0.85，一台补偿柜 240kvar 柜宽按照 1m 计算母排为 TMY-2×80×10；补偿柜在进线侧，母排上功率损耗 3.3kW；补偿柜在最后布置，母排上功率损耗 1.64W；按照一年 6000 小时计算，电费 0.5 元一年损耗相近 5000 元。

家辉 头衔：天山内务总管 等级：两星客人	第 16 楼 $I1=150/0.38\times1.732\times0.85=268A$ 补偿前电流 $I1'=150/0.38\times1.732\times0.92=248A$ 补偿后电流各段母线电阻计算如下：以密集式母线阻抗计算（实际上母排阻抗更小）以 2000A 母排阻抗计算 $Z1=1\times0.259/10000=0.0000259$；$Z2=2\times.0259/10000=0.0000518$； $Z3=3\times0.259/10000=0.0000777$；$Z4=4\times0.259/10000=0.0001036$； $Z5=5\times0.259/10000=0.0001259$；$Z6=6\times0.259/10000=0.0001554$； 各柜单独计算损耗： 补偿前： $P1=268\times268\times6\times6\times Z1=67W$；$P2=268\times268\times5\times5\times Z2=93W$； $P3=268\times268\times4\times4\times Z3=89W$；$P4=268\times268\times3\times3\times Z4=67W$； $P5=268\times2682\times2\times Z5=36W$；$P6=268\times268\times1\times1\times Z6=11W$； 补偿前损耗 $P=67+93+89+67+36+11=363W$；补偿后损耗：$P=363\times248\times248/268\times268=310W$。 以上功率损耗请你验证，还有从第一个柜至补偿柜的这段母线对于无功补偿的电流同样存在损耗，就不计入了。个人认为对于 50W 这一点功率损耗不值得一提。
小电容美眉 头衔：菜鸟帮打字员 等级：佳客	第 17 楼 如果要针对减少母线的损耗，我认为最理想是应把电容器柜紧靠在最需要补偿的最大感性负载的配电柜边上才对。
家辉 头衔：天山派内务总管 等级：两星客人	第 18 楼 正常情况分析点电压应该低于变压器出口点电压，在补偿放在末端（右侧）时；如果对于该点来说流经的无功电流远大于其需要补偿的数值；对于前面的配电柜回路电流对该点影响，希望帮忙分析。
需要系数 等级：常客	第 19 楼 电容器到变压器这一段母线上的电流要显著减小（属于补偿后的）；如果电容器放在首端（靠近变压器，属于补偿前的）。为什么？能仔细讲讲吗？并联电容器装置设计规范 GB 50227—95，8.1.5 低压电容器柜和低压配电柜可同室布置，但宜将电容器柜布置在同列屏柜的端部。
tangz0 头衔：轩辕夏禹剑 等级：一星客人	第 20 楼 我认为楼主将并联电容器放到低压配电柜末端的提法太绝对了，可以算一算，当你的出线由于电容器柜的位置影响而增加长度时，此段增加的出线产生损耗会大于你提出的损耗差值。且放到末端时当你需要增加出线柜时会使其排列规律不统一。故要符合并联电容器的装置设计规范 GB 50227—95，8.1.5 低压电容器柜和低压配电柜可同室布置，但宜将电容器柜布置在同列屏柜的端部即可。

sxtyfgy 头衔：岩石忍者 等级：四星嘉宾	第 21 楼 放在端部有个好处就是当电容器爆炸时会对周围的影响最小，但如我所说，现在电容器比较过关了。家辉同志提到末端电流分析的问题，这里存在一个母线电流逐渐由感性变为容性的可能，相当于母线上电感和电容的串联，或许会产生谐振也未可知，大家不妨分析一下。
 qianzy 头衔：未名 等级：贵宾	第 22 楼 楼上算法与我差别挺大，结果也就不同。本人阻抗值按照戴瑜兴《民用建筑电气设计手册》P349 电阻 0.031 欧/kM，电抗 0.168 欧/kM。每米电抗应除 1000，而不是 10000。第 2 各端电流补偿前为 268，536，740，1072，1341，1609 补偿后为 365，319，463，686，933，1190。再按照每米母排的损耗计算。我忘了将两根并列母排阻抗除 2。重新计算后为补偿前 1.65kW 补偿后 0.82，差 0.83 一年 2490 元。低压电容器柜和低压配电柜可同室布置，但宜将电容器柜布置在同列柜的端部，其端部如何理解，应该和进线无关，可能和安全关系密切。
大鼻山 头衔：最逍遥 等级：版主	第 23 楼 我以往还没注意到这条规范：真是天助我也！“放在端部”，完全可以理解为“配电柜的末端”呀。因为，首端配电柜一般是变压器主开关进线或计量柜的，决不会是电容柜。低压电容柜“爆炸”、“谐振”、“浪费母线长度”之说，都无从谈起。
sxtyfgy 头衔：岩石忍者 等级：四星嘉宾	第 24 楼 谐振怎么就无从谈起了？过补偿会有引起谐振的可能的。爆炸也不是无从谈起吧！
大鼻山 头衔：最逍遥 等级：版主	第 25 楼 TO 家辉兄弟：“还有从第一个柜至补偿柜的这段母线对于无功补偿的电流同样存在损耗，就不计入了”？什么叫“无功补偿的电流”？概念好怪！
家辉 头衔：天山派内务总管 等级：两星客人	第 26 楼 这个概念不是很明确，无功补偿功率应该同样有电流，只不过应该是相位不同；

大鼻山 头衔：最逍遥 等级：版主	第 27 楼 to 麦克白：我是谈论电容柜的放置位置的，跟过补偿有关系么？怎么会导致谐振呢？现在这个年代，还谈到低压电容器的爆炸问题，感觉很遥远；这与电容柜在配电屏柜中的排列位置，更无关联。
家辉 头衔：天山派内务总管 等级：两星客人	第 28 楼 有关啊，正是因为补偿柜放在远离变压器端，才可能引起过补偿，因为放在最末的补偿无功功率电流要到达首端配电柜这段母线上的电流与该母线有功功率电流在相位上的不同导致可能出现谐振啊；如果放在首端所有无功对有功功率的补偿在补偿柜与母排的连接处相叠。
qianzy 头衔：未名 等级：贵宾	第 29 楼 电容器柜爆炸的事我是看到过，只不过是熔断器开关炸裂了，电容器组好像没事。至于谐振如何产生，倒是希望听听大家的高见？
大鼻山 头衔：最逍遥 等级：版主	第 30 楼 1. 电容器放置位置将导致谐振之说，完全是危言耸听。 2. 如果电容器硬要爆炸，把它放在首端，它就不会爆炸吗？
asky09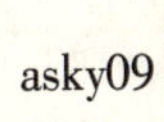 等级：游客	第 31 楼 补偿功能上没区别。仅仅是施工时，安排在柜尾要多放取样电缆。
sxtyfgy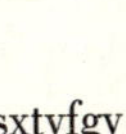 头衔：岩石忍者 等级：四星嘉宾	第 32 楼 除非分相补偿，否则总是存在某一相过补偿的可能，过补偿就有可能引起电网振荡，要不为什么不允许过补偿呢？这个看法可不是我的独家发明。母线上某一段有容性电流时，相当于串联了一个电容，引起谐振的想法是很自然的，即使不对，也不能说无从谈起吧。

大鼻山 头衔：最逍遥 等级：版主	第 33 楼 我来总结一下电容柜放在末端和首端之异同，大家具体设计时可以自由选择，也犯不着争得面红耳赤了： 1. 其实放在首、尾，差别并不大（前面已阐明）； 2. 放在首端，母线上平时要多消耗几百瓦（或上千瓦）的功率而已； 3. 放到末端，多费几米的取样控制电缆而已； 4. 正常设计中，电容柜放置位置和谐振、爆炸、过补偿无关。
luozi8250 头衔：烈火旗小旗兵 等级：佳客	第 34 楼 还有一点，现在甲方逼图太狠，想法又变的太快。放在首端好扩展（低压柜）。
 ttt001 头衔：般若禅师 等级：管理员	第 35 楼 天津有位人物，发明了电容性变压器，如果用他的产品，就不需要低压补偿柜了。刚刚拿到资料，很有意思。
 大鼻山 头衔：最逍遥 等级：版主	第 36 楼 师兄的提议不错。不过最好是自动无级补偿，否则，出厂时很难确定电容器容量大小的。
 电气美眉 头衔：真实的我 等级：佳客	第 37 楼 电容性变压器？不需要补偿柜了？我有点不太懂。变压器可以看作一个功率传输元件，我们说的负载的超前、滞后都是相对于变压器输出的电压而言，以它输出的电压为准的，而不考虑这个电压怎么来的，所以，这个输出电压作用在感性负载上，依然没有改变感性负载的性质，该补偿的还要补偿，对吗？可能我的观点是错误的，也可能不了解容性变压器的特点，所以请多多指教，谢谢！
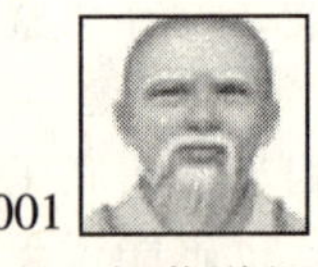 ttt001 头衔：般若禅师 等级：管理员	第 38 楼 这个人物叫尤大千。他发明的双绕组变压器，不是通常的三角形接线，而是六角形，但是存在过补偿的问题。他说现在又有了新产品，可以自动补偿。在这里，只是告诉大家一个新产品消息，具体技术细节不详，我仅仅是转述。

大鼻山 头衔：最逍遥 等级：版主	第 39 楼 尤大千的发明，实际就是把变压器出口处的电容补偿柜与变压器做成了一个整体，所以原理上可以行的通，但他必须解决电容无级自动补偿问题，否则发明的东西派不上用场。
c45n 等级：版主	第 40 楼 对于电容补偿柜放置位置的问题，我个人意见是不必过多计较。放在主进之后，补偿范围不含整段低压母线，母线上的无功损耗会大一点，可以节省一点主进 CT 信号电缆，但我觉得最主要的缺点是电容器散热条件远不如放在末端好，相信不少同行都见过夏季敞开电容器柜门，用电风扇对着吹降温的情况，电容器柜夹在开关柜中间，发热会产生一个相互影响的问题。我是一向喜欢把电容器柜放在母线末端，但是我的同事就遇到过供电局审图组要求把电容器柜放在主进后面的事，这是一个个人喜好的问题，谈不上原则性，碰上这类要求就按照审图人的意见执行，省得麻烦。尤大千是天津院的前任院总，好像现行民规里的 N 线断线保护要求，就是因为某几位老总搞了一个该类产品而加到规范里的，呵呵，看来现在还是跟产品、厂家结合比较密切啊。
luozheng 等级：常客	第 41 楼 对于感性负载就地补偿最好，但是成本高。没有办法，一般都对总的系统来补偿。对于感性负载较多的场合就地补偿比在配电室要好（指配电室与感性负载工作的场合较远时）。否则一部分无功会转为线损（有功），使电缆易发热，同时耗电。有感性负载，有容性负载，就一定有协振，在变频器输入端电抗器的选择上，就要考虑变压器的容量和电容柜。就是因为有协振。学过电子电路的等效原理的都知道的，这和母线所受的电磁应力的冲击有关的。
小电容美眉 头衔：菜鸟帮打字员 等级：佳客	第 42 楼 其实母线上安装的电容，只是补偿变压器及低压进线线路，要是在低压母线上就无所谓。

骄阳 等级：游客	第 43 楼 回小电容美眉：看了这么多贴子，同意你的观点。电容柜应该放在最大无功负荷矩的中心，这样在经济性和降低损耗方面都是最佳的。 回大鼻山：不同意你的观点，举个最极端的例子。假如最末端的几面柜都是小负荷柜，总电流就算 200A 吧，这段母排只需要按照 200A 的负荷来考虑，而系统需要的补偿容量 600kVar，如果将电容柜放在最末端，老兄，你的母排至少要按照 1000A 来配置，不经济呀。其实这个例子不极端的。
c45n 等级：版主	第 44 楼 骄阳老兄，你的观点让我惊讶，难道你设计低压系统时，主母线的头和尾截面不一样？那么你的主进开关是如何整定的？怎样保护母线呢？怎样考虑动、热稳定？或者你曾经见过别人这样设计？
骄阳 等级：游客	第 45 楼 楼上老兄，首先申明我不是专门做电气设计的，或许有考虑不周之处。不过这样的实际应用情况我见过，小负荷回路低压配电柜一般都排在末端，在这样的低压配电柜数量较多时，与之相连接的母线可以变为较小截面，这种设计不对吗？另外，与主母排相连接的分支出线回路母排不也是根据负荷情况来选的吗？
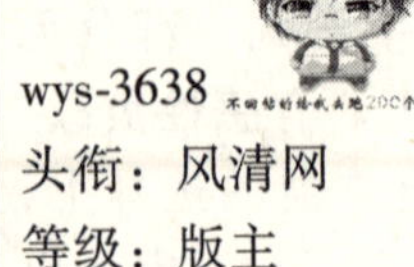 wys-3638 头衔：风清网 等级：版主	第 46 楼 家辉认为应该放在变压器出线主开关后，可实际上，补偿柜不安全(易爆炸)，都放在末端或另外专设一个电容器室；低压系统还没有见过设电容器室的。这个问题我以前也琢磨过，主要考虑的是几个方面：如果只有几台柜子，变压器不会太大，放在哪里都无所谓，取样 CT 的连线不值几个钱。柜体多了几十面，变压器有两台 2000kVA 以上的，我认为放在旁边的好，原因如下：1. 此时电容柜容量大需要三四台，放在旁边的话，电容柜上面的主母排可以用小一点（节省铜材）。2. 负荷较重时散热方面相对要好一点。
树袋熊 头衔：天山一颗草 等级：常客	第 47 楼 谈节能的问题，为了降低母线的损耗，应该把大负荷的回路放置在靠近主开关放置，而低压母线末端的回路的负荷应该比较小，如果把电容器放在母线末端，那么后半段母线存在过补偿问题，对降低损耗未必有利，为了避免母线局部过补偿，应该把电容器放在主开关后，同时大负荷回路应该紧靠电容器布置。

2-35 EPS 让人如此恐怖

 大鼻山 头衔：最逍遥 等级：版主	楼主：EPS 让人如此恐怖 大家都知道，每 kW 的 EPS 造价大致是 5000～8000 元不等；而每启动 1kW 消防电机，大致需要 5kW 的 EPS，就是说，每 1kW 的消防负荷（除应急照明）需要 5×（5000～8000）＝2.5 万～4 万的造价！而发电机的千瓦数值基本可与消防总安装容量相当，造价仅 1000 元/kW。二者相差 25～40 倍！此外，EPS 的体积也大的惊人。
 zhaokaikai 头衔：华山一壶饮	第 2 楼 呵呵，大鼻兄是发感慨还是讲课呀？其实 EPS 的成本没那么高，现在处于暴利阶段。
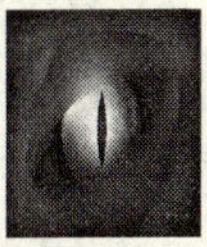 du_ wen_ bo 头衔：超级工具	第 3 楼 坛子里有人分析过，土建的、其余各专业的投入，以及后期维护。综合造价，两者相当。
 大鼻山 头衔：最逍遥	第 4 楼 不会相当的。请仔细看我的楼顶帖子。某工程（就是我手头的一个实例）消防设备是 200kW，则配 EPS 的造价为 600 万！而发电机则只需 20 万。而二者的占地面积其实相差很小。
 gdsjy 头衔：中立奇迹 等级：版主	第 5 楼 大鼻子说的 600W 夸张了，你一定是按照每 kW 多少钱来算的吧？不知道你的 EPS 要多少小时才满足要求啊。当在配电室集中供电带混合负载时，EPS 功率选择和柴油发电机差不多，跟同时启动电机和启动方式有关。200kW 的 EPS 成套价 102W；315kW 为 175W；400kW 为 190W。这只是报价，至于成交价是低于这的，当然涉及商业秘密，不便在此公开（以上电池时间为 90～120min，为名牌 EPS，若其他品牌价格更低）。柴油发电机 20W 是没有问题的，国产的更低。但还要有一些水喷雾灭火，排烟排风问题，环保问题。当然各有优缺点，有时是不能相互替代的，具体问题具体分析。存在即有其合理性，EPS 从开发，发展到逐渐上涨的市场份额，说明其仍有一些独特的优势。
 ROSE 头衔：掌门-天虹剑 等级：版主	第 6 楼 个人认为 EPS 仅适用于做应急照明电源。做电动机应急不合适！我们也是只用于应急照明和具有少量消防负荷，设发电机不合算的地方。即使这样，消防部门经常不同意我们用 EPS，认为 EPS 故障会造成大面积停电。

<table>
<tr>
<td>
大鼻山
头衔：最逍遥
等级：版主</td>
<td>第 7 楼
我还是拿事实说话吧：我手头有一地下工程（仅一层），共 1.3 万平方米（因在马路下，不易做风口，甲方原不希望做发电机机房），划分为 6 个防火分区。无消防水泵，消防设备主要为消防风机及防火卷帘（为便于讨论，应急照明暂不记入）。每个防火分区里的消防设备大致为 35kW，电机从 2.2～11kW不等（因功率较小，均为直接启动）。6 个防火分区下来，就是 35×6＝195kW，这是该工程的消防总安装功率。如果采用发电机配电，非常简单，大致是 195×1.1＝220kW 的发电机即可（其实应按最不利防火分区来选择发电机更科学，但其最大容量也就 220kW 左右）。考虑机房及其配套设施，发电机综合造价大致是 1000～1200 元/kW（取 1100 元/kW），因此该工程若采用发电机，其总造价就是：220×1100＝242000 元＝24.2 万元。采用 EPS 配电又是什么情形呢呢？考虑到“消防干线不宜跨越防火分区”和 EPS 的体积问题，我设想在 6 个防火分区里，分别设置 EPS 电源。正如前述，每个分区里的消防设备均为直接启动的小功率电机，合计是 35kW 左右。那么，需要配置的 EPS 容量多大呢？根据 EPS 设计手册，此时的容量系数应取 5～7 倍！因为同一防火分区里的消防设备（此处指消防风机和卷帘）彼此之间无约束，它们完全可能同时启动；也就是说，合计 35kW 的电机，需要配备 35×(5～7)　＝210kW 的 EPS！而且，请注意，这还仅仅是一个防火分区所需的 EPS 容量！如果 6 个分区全部记入，就是 6×210＝1260kW 的 EPS！那么 EPS 的单价是多少呢？根据各方反馈的数据（包括 GDSJY 斑竹提供的），我们可以认为 EPS 的造价大致是 5000 元/kW。因此，本工程若采用 EPS 配电，其总费用就是 1260×5000＝630（万元）！汇总一下：本工程消防总功率为 195kW，可采用 220kW 的发电机，总造价为 24 万左右；但若采用 EPS，则需要 EPS 的容量为 1260kW，其造价为 630 万左右。后者造价是前者的 630/24＝26（倍）！所以最后，我还是决定采用发电机组（尽管现场安装有困难）。
可能有人要说，为什么不采用 EPS 变频控制呢？根据我的看法，2.2～11kW的单台电机就采用变频控制，于情于理都说不过去；而且其造价不比直接启动低，甚至更高（在 EPS 的设计手册中，基本都可以看到一句话：“为了降低造价，可以选择普通非变频 EPS”）；此外，因为变频控制时，EPS 配置与电机必须是“一对一”的关系，因此，EPS 的数量需加多，配电系统也更加凌乱。
在此，我摘录各种启动方式的容量系数（某著名品牌）罗列如此，以供参考：直接启动—5～7 倍；软启动或自偶或星三角-2.5～3 倍；变频启动—1。最后摘录 EPS 的体积如下：55kW 的 EPS，3（800mm×800mm×2200mm）；110kW 的 PES，4（800mm×800mm×2200mm）；200kW 的 EPS，5（800mm×800mm×2200mm）。而且，千万不要忘记：若用于直接启动，55、110、200kW 的 EPS，只能分别启动约 10kW、20kW、35kW 的消防电机！不要夸夸奇谈，要用数据说话；不要凭感觉说事，因直觉往往有偏差；不要纸上谈兵，理论应该联系实际；不要人云亦云要让事实发言。</td>
</tr>
</table>

<table>
<tr>
<td>gdsjy
头衔：中立奇迹
等级：版主</td>
<td>第 8 楼
呵呵，大鼻子可真会算。要让你这么算，EPS 厂家全倒闭了。你把 EPS 和柴油发电机放在一个不平等的位置上比较，当然会得出这个结论了！为什么 EPS 就要一个分区一个，而柴油发电机就只设一个呢？柴发要是一个分区一个，是不是也得 1000 多个 kW 啊？按照你的意思，是两种原因：1. 消防干线不穿越防火分区（且不说这句话是哪来的），所以要分设 EPS。那柴发设一个就不穿越了吗？EPS 是电源，作为电源和柴发性质是一样的，如果消防干线不穿越防火分区，那我们所有的图怎么画呀？你画一个高层，难道一层设一个低压配电室吗？一层设一台柴油发电机吗？2. 体积问题。如果你严格按照规范做，你的柴发机房净尺寸应在 6.3m×4.6m（当然柴发选型不同，略有差别）这个尺寸，EPS 是可以放下的。现手头无详细样本（在单位），但有一尺寸可以参考。110kW（主机 800W×800C，四个电池 600W×800C），把电池变成 8 个基本上也就是 220kW 的了。下面再说计算方法问题：本工程当用一个 EPS 带全部负荷，EPS 容量为所有功率之和，然后按以下校验：负载中直接同时启动电动机功率之和应为 EPS 的 1/7，也就是一个分区 35kW×7 = 245kW，所以只要大于 245kW 即可。柴发的算法我没看，大家都知道。之所以回这个帖子，是不想让人真觉得 EPS 恐怖。EPS 价格高是毫无疑问的，但不是高得那么离谱。另外，EPS 和柴发各有优缺点，又各有不可替代的特点。EPS 绝不是只用于照明和报警。具体问题具体分析。总体来说，柴发对土建及各专业要求高。一般在地下室时，严格按民规做时，层高很难满足。我经常为这跟建筑专业争，但他们的确也为难；结构要做防震基础；再如若柴发容量较大时，就不是机底油箱了，还得设储油、油道等等；还有地下室排烟也较难，经常得做风道；还有水喷雾灭火等等。真要把一个柴油发电机房画好了不容易。EPS 主要是有价格原因，供电时间等原因在制约其发展。但是有一点，在切换时间上，特殊场合只能用 EPS。</td>
</tr>
<tr>
<td>
大鼻山
头衔：最逍遥
等级：版主</td>
<td>第 9 楼
很好，我就期望类似的回答，也在我意料之中。我一一回复如下：
1. 按照楼上的潜意识逻辑推论，似乎可以得出以下结论：为了和发电机的选择容量（暂时不提价格）大致相当，就只能集中设置一个总 EPS 装置。可是事实上呢？翻遍各本 EPS 设计手册可以发现，EPS 集中放置只是几十个设计方案中不起眼的一种，相反，EPS 样本倒是费力地罗列了一大堆小容量 EPS 的分散放置方案（甚至更推荐分散放置）。GDSJYMM 是不是认为厂家样本那些分散方案纯属多余呢？</td>
</tr>
</table>

 大鼻山 头衔：最逍遥 等级：版主	2. 我们可以想象一下EPS集中放置时的配电系统：因为EPS不属于独立电源，它仍依赖于市电充电；此时，需要配备市电的一个较大开关送电到EPS的上端（设总断路器吗?），经EPS后，再分配至一个应急母线段上，最后送至各末端切换箱。而发电机则不同，他属于一个完全独立于市电的电源，它可以直接发电并送至应急母线段上。二者似乎不可同日而语。 3. 我只说了“消防干线不宜跨越防火分区”，并非你强加的“不应跨越防火分区”。其实我那句也是简化版，原版参见民规24.9.14条：“消防用电设备配电系统的分支线路不应跨越防火分区，分支干线不宜跨越防火分区”。 4. 退一万步讲，EPS容量好不容易和发电机容量相当了，而单价相差4~5倍，哪个冤大头甲方会轻易接受啊?
 gdsjy 头衔：中立奇迹 等级：版主	第10楼 从你的26倍，到你的4~5倍，看来大鼻子还是接受了。我的本意在上面已完全说明，不必重复。只要知道不是你一开始说得那么离谱就行了。EPS样本现手头没有，但只要知道EPS集中放置符合厂家要求，满足规范就行了。至于你说的厂家列了多少种，集中又有多少种，这不是设备选型的理由。我完全可以这么理解：集中式与柴发大致相同，没有必要用大量篇幅去介绍，知道可行即可。EPS产品范围上至800kW，要不是为了集中设置，厂家做那么大干吗? 这已经很能说明问题了。
 大鼻山 头衔：最逍遥 等级：版主	第11楼 我来总结一下：1. 当全部分散布置EPS时，其造价可达发电机的26倍；2. 当采用集中布置和分散布置结合时，EPS造价倍数（相对于发电机）介于5~26倍之间；3. 当且仅当采用集中布置时，EPS造价才可能是发电机造价的较低倍数（如5倍）。
 gdsjy 头衔：中立奇迹 等级：版主	第12楼 本来都不想说了，可是实在看不下去你又误导大家。都已经回头是岸了，何必又捡起屠刀呢? 楼上，本来就应该集中设，你还要分三种情况，况且也就是在你说的工程中按你不合理的做法才有的结论。这样的总结除了误导还有什么意义? 类似的：1. 当全部分散布置柴油发电机时，其造价为（一台小发电机的钱X设置的小发电机台数）；2. 当采用集中布置和分散布置结合时，其造价介于（一台大发电机的钱）与（一台小发电机的钱X设置的小发电机台数）之间；3. 当且仅当采用集中布置时，柴油发电机造价才可能是一台大发电机的价格。

大鼻山 头衔：最逍遥 等级：版主	第 13 楼 这个帖子里，你说（EPS）“本来就应该集中设”，但是前面你又说任何人都得不出你的关于“集中设置”的结论；不知道 GDSJY 的真实想法到底如何？ 到底谁在误导？谁告诉你 EPS 一定都是集中放置的？广大网友不要上当啊！ 本来你的回帖还有点参考价值，但现在越来越偏离正确的方向。
 gdsjy 头衔：中立奇迹 等级：版主	第 14 楼 10 楼不就是真实想法吗？我强调了多少遍了。什么时候我说过必须集中了？但在你说的工程中，你要不集中设得话，我也没办法。可是你为什么不把柴发也分开设呢？呵呵。那要是我只设一台 EPS，然后设 N 台柴发来比较，我也会得出一个结论：柴发太恐怖！不说了，太累，反正大家看完后都会明白了。你可以再把一楼的话看一遍。希望不会再执着的认为“两者相差 25 ~ 40 倍”，“体积大的惊人”。
liangjie 头衔：乐在逍遥	第 15 楼 两位玩空中接力啊！能不能认真的过几招！另外我说一下：EPS 的寿命为 15 ~ 20 年。
yukanlee 头衔：明清散人	第 16 楼 关于 EPS 的寿命主要还是看电池的寿命，一般 5 ~ 10 年就不错了。我用过的电池 2 年就有坏的了！像 liangjie 斑竹所说的 15 ~ 20 年，恐怕只有进口的电池如阳光电池才能达到的，可是也贵的很呀！此外，这与对电池的维护好坏也有关系。
大鼻山 头衔：最逍遥 等级：版主	第 17 楼 白纸黑字没冤枉你吧；你前后措辞矛盾，观点左右摇摆，搞得大家莫衷一是；你刚刚说过“应该集中设置”，转眼又反问别人：“我什么时候说要集中设置”？真的不知道你要表白什么；而我本人的观点是与时俱进的，由粗到细，不断丰富、补充；你不要搬出我最初的估算数据来误导民众；我的最后总结即集中设置为 5 倍；分散 + 集中，为 5 ~ 26 倍；分散为 26 倍。均为约数。另外，请你看清楚，我说的 25 ~ 40倍，是基于 EPS 报价介于 5000 ~ 8000 元/kW 造成的，厂家甚至有高达 1 万元/kW 的报价。该倍数并非我本人虚夸；你接触到的厂家报价，其实也只是冰山一角。

 城市边缘 头衔：缘空和尚 等级：版主	第 18 楼 EPS 有内置变频启动器的，就可以按 1∶1 选容量了，但是只能带单个电动机或者同时起停的成组电动机。不知道是给电动机加变频启动贵，还是选 6 倍 EPS 贵？大鼻兄的计算方法有点偏差，并不需要全部容量乘以 6 吧，只需要满足同时启动电动机的需要，发电机的容量计算方法里面有提到可以错开电动机的启动时间，为什么 EPS 就不行呢？我觉得也是可以的。
 ttt001 头衔：般若禅师 等级：管理员	第 19 楼 小型工程中有过尝试，大型工程中类似的方案被否决了，造价是其中一个重要因素。具体报价我记不清楚了，好像是差的 2 ~ 3 倍，没有楼主说的那么大。EPS 有柴发无可比拟的优点，尤其是无油化，是可以认真选择的备用方案之一。

2-36 热稳定问题的讨论

 gdsjy 头衔：中立派掌门奇迹 等级：版主	楼主 热稳定问题：正在做一个变配电系统的低压部分，1000kVA 干式变压器，10.5/0.4 高低压在同一配电室．在低压柜出线回路上校验线路热稳定。甲方未提供高压短路容量。按无穷大计算短路电流为 28.36kA。算出每回路 YJV 电缆不能低于 35mm^2。请问：变压器低压侧短路电流是否可按无穷大计算，还是应让供电局提供短路容量和 10kV 线路长度及敷设方式？然后再计算。如果后者可以小一些．比如 10.5/0.4 的 1000kVA 变压器在 10kV 线路长度为 6km 并架空敷设时，当系统短路容量为 350MVA 时，其变压器低压侧短路电流为 17.75kA。
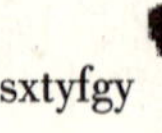 sxtyfgy 头衔：岩石忍者 等级：四星嘉宾	第 2 楼 未知时一般按无穷大考虑。另外如果电源引自供电局的区域降压站，可以按 300MVA 考虑，如果引自开闭所，也可以按 200MVA 考虑。不过从远期考虑，还是按无穷大考虑为妥。
 家辉 头衔：天山派内务总管 等级：两星客人	第 3 楼 当配电变压器容量不大于其高压供电电源容量 5% 时，可以认为配电变压器高压测的端电压短路时保持不变，而按照无限大电源供电考虑。10kV 线路达到 6km 好像不太容易。

 gdsjy 头衔：中立派掌门奇迹 等级：版主	第 4 楼 那到底与短路容量和 10kV 线路长度及敷设方式有没有关系？
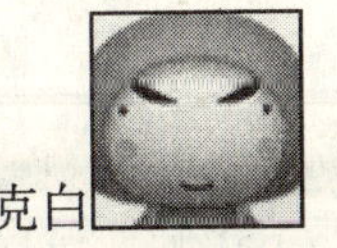 麦克白 头衔：香积厨大师傅 等级：版主	第 5 楼 有呀，我认为可按 200MVA 计算，很少有能超过这个值的。但电缆算热稳定要从电缆末端算起呀，低压电缆起码也有 30 几米长吧。我好像算过在上级短路容量为 200MVA 时，50m 以上低压截面大于 $4mm^2$ 一般就无需考虑热稳定了（尘封的记忆可能不准，仅供参考!）。
 lengbing 头衔：菜鸟帮最菜的那个 等级：贵宾	第 6 楼 我倒有个说法，按所选高压侧断路器的短路容量定系统短路容量。各位怎么看。
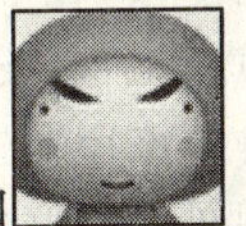 麦克白 头衔：香积厨大师傅 等级：版主	第 7 楼 我认为可以。但比如按 31.5kA 算实际多数还是偏大的。
 白丁 等级：常客	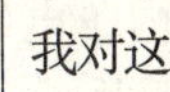 第 8 楼 我对这个一直有疑问！为什么电缆热稳定要从末端校验？哪条规定上写的？校验一般都应该是在最恶劣的情况下的校验，至少不能在最有利的情况下吧？另外，塑壳断路器引出的低压电缆，到底是不是需要进行短路热稳定校验？塑壳断路器短路瞬时脱扣，这个“瞬时”到底是多长时间？样本上找不到，手册上只说了一句“小于 0.02s”，也就是小于 20ms 了，梅兰空气开关开断时间 25ms 还特地标出来，难道 20ms 就“瞬”到了可以忽略不计的地步？想来应该远远小于这个数吧？我想塑料开关和空气开关比起来，在短路保护方面多了个电磁脱扣器，根据电流大小脱扣，最大的也不过就是 15In，那么热稳定校验应该取这个数值还是用三相最大短路电流计算？麦克白说这比实际偏大，我想是因为上级断路器本身能承受的短路电流，比实际线路上该点目前所能达到的短路电流要大，甚至大很多，由此导致了短路容量也随之偏大。但我认为我们应该把电力系统的这点冗余度考虑进去，200MVA 我感觉不能作为短路容量上限。

gdsjy  头衔：中立派掌门奇迹 等级：版主	第 9 楼 甲方今天说两路 10kV 进线分别为架空 4km，和直埋 6km。短路容量未提供，在很多参考书上说低压侧是按无穷大考虑。我在校验低压侧出线时，短路假想时间是断路器瞬时脱扣时间，一般 DZ 的好像是 0.02s；NS 的我查施耐德提供的脱扣曲线，好像是 0.01s。那 s 应大于 $Id/115\times\sqrt{0.01}$，是不是这样？
麦克白 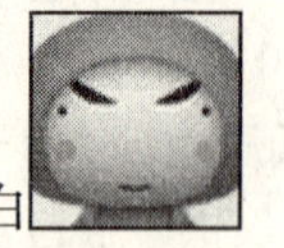 头衔：香积厨大师傅 等级：版主	第 10 楼 断路器应该还有个熄弧时间，不过也很小，0.01～0.02s 吧，这样短路全分断时间也很短，不大于 0.05s。以前我都是假设按 0.2s 校验 PE 线热稳定的，看来还是有问题。但框架断路器分断时间也很短吗？固有机械结构能实现 0.02s 这么快的动作？有点怀疑。
白丁  等级：常客	第 11 楼 回楼上的楼上的楼上：我又翻了翻设计手册，感觉你这样的算法不对。热稳定的公式是 $A=sqrt$（Q）/C $=I\times sqrt$（t）$/C$，这个 I 是个随时间变动的数值。由于塑壳断路器的断开时间小于 0.02s，也就是说在一个 50Hz 的波长范围内，如果是 0.01s，那就是半个波长了。这时候短路电流还没有达到稳态短路电流，我觉得应该用冲击短路电流有效值计算，也就是 28.36×1.51=42.82。另外，交联铜芯电缆的热稳定系数 C 是 137，你用的 115 是聚氯乙烯电缆的热稳定系数。如果按照 0.01s 计算，结果是 31.3，哈！好像又绕回你原来的答案了。不过我猜想之所以实际中大量应用着 $35mm^2$ 以下的低压出线电缆，可能是因为在这么短的时间内，电缆铜芯的温度虽然很高，但还来不及对绝缘层造成损坏就断开了。如果这个猜想错误，那只能说对于较细的电缆，在从断路器出线口起一定长度内，属于短路保护的盲点。由于细电缆电阻很高，短路电流衰减得非常快，这个距离也相当短，出现短路的可能性很小，所以设计中也就不予考虑。顺便说一句，如果用的是 NS 开关，还可计入它的级联限流功能。
麦克白  头衔：香积厨大师傅 等级：版主	第 12 楼 上面说的有道理，但冲击短路电流一般是作为断路器分断能力的校验，作为电缆热稳定校验时间取 0.01s 太小了，理由是我在 11 楼所说。但此时就不能按冲击短路电流算了。

白丁 等级：常客	第 13 楼 但我看到手册上说塑壳断路器断开时间都应该小于 0.02s，不清楚塑壳断路器的制造工艺为什么动作这么快，但如果断开时间真的在一个波长范围内，那么用冲击电流能校验断路器也应该能校验电缆。可能因为频率为 50Hz，在一个 0.02s 周期内的就是瞬时吧？
wutong100 头衔：电老五 等级：一星客人	第 14 楼 热稳定的公式中的短路电流持续时间 t，对于高速断路器（断路器全分断时间小于 0.08s）应该取 0.1s（见《措施》表 4.3.2-2）YJV 电缆热稳定系数 C 取 143（见《措施》表 4.3.2-1），算出的电缆截面应大于 $70mm^2$。
麦克白 头衔：香积厨大师傅 等级：版主	第 15 楼 这个时间好跟《工业与民用配电设计手册》的一致，但《手册》上没提是高压断路器还是低压断路器。$70mm^2$ 是拿什么数据算出来的？高压电缆 $70mm^2$ 还差不多。
白丁 等级：常客	第 16 楼 高速断路器取 0.1～0.15s，那是针对真空断路器这样的“高速”断路器，对于油断路器，还可以取 0.2s。但是高速与高速之间也是有差异的，电流越小电压越小，动作也就越快。低压断路器的分闸时间远小于真空断路器，只不过我们做热稳定校验时基本上都是针对高压，所以手册上给出的公式也都是针对高压。之所以这个短路发热假想时间比断路器全分断时间还高，是因为在短路过程中，短路电流有效值并不是维持在稳态，而是由冲击电流有效值衰减到稳态短路电流有效值，因此用稳态有效值其实是小了，为了计算方便才把时间人为地延长了，所以说是假想。无限大系统里应该延长 0.05s，如果“低速”到了分闸时间大于 1s，稳态短路电流已经维持了很长时间，冲击电流的影响也就可以忽略不计了，那个 0.05s 也就不用加了。但如果是“瞬时”到了 0.02s 以内，在一个周期之内衰减程度很小，电流按照冲击电流有效值，时间就不用假想了，直接用固有分闸时间就可以了。也正因为如此，校验塑壳断路器要用冲击短路电流而不是稳态短路电流。我现在手头没有《措施》，我是根据《实用供配电技术手册》上的数据选取热稳定系数，也就是低压铜芯交联聚氯乙烯绝缘电缆，额定负荷最高容许温度 90℃，短路最高容许温度 250℃，热稳定系数 137。这个数据也是引自《工业与民用配电设计手册》。我不知道你说的 YJV 电缆热稳定系数 C 取 143 是在什么情况下的数据？

gdsjy  头衔：中立派掌门奇迹 等级：版主	第 17 楼 工业与民用配电设计手册（二版）变压器低压侧短路电流为 28.36kA（1000kVA，无穷大 MVA），这个数据是怎么算的呢？今天又翻了翻资料，我的算法与《现代建筑电气设计实用指南》(P105）上的算法不谋而合。
白丁  等级：常客	第 18 楼 无限大短路容量的时候，电力系统阻抗为零。
gdsjy  头衔：中立派掌门奇迹 等级：版主	第 19 楼 那很多书上都说算低压侧时，高压系统短路容量可按无穷大考虑，那也就是说跟高压线路的长度及敷设方式无关了？这样一来，变压器容量一定，查表就行？
麦克白 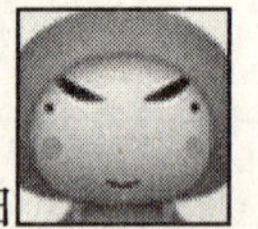 头衔：香积厨大师傅 等级：版主	第 20 楼 是的。但白丁好像还是没考虑断路器的熄弧时间，加上这 0.02s 该算稳态电流了吧！
jxhao 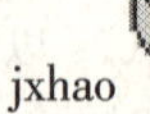 等级：一星客人	第 21 楼 校验热稳定根本公式是 $S \geqslant SQRT\ (Q)/T$，Q 就是电流平方对时间在短路切除时间里的积分值。短路时的电流是幅值一定的周期分量和按指数衰减的非周期分量。教科书里的热效应的公式都是由这两个分量的热效应的和。因此即使 0.02s 内，周期分量也经历了一个周期，因此我认为如果是“瞬时”到了 0.02s 以内，在一个周期之内衰减程度很小，电流按照冲击电流有效值，时间就不用假想了，直接用固有分闸时间就可以了。也正因为如此，校验塑壳断路器要用冲击短路电流而不是稳态短路电流的说法不正确。我认为冲击电流是瞬时值，对力这种无时间积累的物理量才有意义。在《电力电缆及电线》（L. Heinhold，R. Dtubbe. Hrsg，中国电力出版社 2001）一书中介绍了西门子的计算方法有效短路电流 $I = ISQRT\ (m + n)$。在远离发电机的系统，交流分量是不衰减的，$n = 1$ 在近发电机系统，交流是衰减的，$n < 1$ 如果持续短路电流未知，应取 $n = 1$ 来计算．直流分量（因数 m）是短路持续时间 t 和冲击因数 k 的函数。其实这种方法是修正了电流的一种方法，我认为这样的计算方法对低压系统是比较精确的。

jxhao  等级：一星客人	但是上面的算法太烦琐，而且对限流断路器也是不正确的。在 NS 系列断路器中，厂家可以提供能量曲线，给出了电流、能量和分段时间的关系（见《低压电器》2000. N06《低压断路器的能量选择技术》）。从文献可以看出限流断路器的分断时间可以小至 0.005s，而且可以查出分断能量，也就是 Q。我认为对于限流断路器的热稳定校验应该根据能量曲线来计算。而且这样的计算也是简单的。不过，对限流断路器，现在还有很多厂家还没提供能量曲线，我认为是不适当的。
 麦克白 头衔：香积厨大师傅 等级：版主	第 22 楼 这在最末端才这么考虑，如果限流型的级联呢？两个限流型的中间那根电缆怎么算？
 白丁 等级：常客	第 23 楼 To 麦克白："塑料外壳式断路器……电流容量和断流能力均较小，但其分断速度较快，断路时间（含灭弧时间）一般不大于 0.02s"—引自《实用供配电技术手册》P181。当然还可以在查查其他手册核对一下。 To gdsjy：如果高压进线的情况以后有可能变化或者不够明确，那就应该把变压器以上的短路容量视为无穷大，进线阻抗也就为零了。这时候查表就可以了。如果高压进线的情况已经很明确了不可能变化，为求准确，"无限大短路容量"应该是指上级断路器，也就是说上级断路器以上的电力系统阻抗为 0，高压进线阻抗不为 0，这样算结果会比第一种算法小一点，更接近真实值。 Tojxhao：冲击电流确实是瞬时值，但冲击电流有效值却是一个周期内的均值，所以我认为用在 0.02s 内的计算应该是合适的。当然短路电流即便在一个周期内也会有所衰减，如果以 0.02s 按冲击短路电流有效值计算得出的 Q1，应该比真实的发热量 Q 要大一点。但是如果电流按照稳态短路电流，时间按照断路时间加 0.05s，得出的 Q2 会比 Q1 更大，可见 Q1 应该更接近真实值。不知道其他公式是怎么算的。当然，在一个周期内如果时间太短，有效值不一定就是均值，真实的热量可能会小得多。如果能根据曲线直接查到 Q 那是再好不过的了。但是塑壳断路器是否都是限流断路器呢？塑壳断路器有没有一个通用的最大分断能量？

gdsjy  头衔：中立派掌门奇迹 等级：版主	第 24 楼 是啊，YJV 取 143 是从哪来呢？还有，白丁，上级断路器是指哪一级？各位，如果回到开头，本工程低压柜某出线至少为多少？
白丁  等级：常客	第 25 楼 你那 10kV 进线总要从上级变电站的某个断路器引出来吧？那就是我说的上级断路器。另外，同意麦克白的意见，应该不用考虑热稳定了，手册上对电缆热稳定的校验也只限于高压。可能是因为低压断路器断路时间太短的缘故。如果断路时间远小于一个周期，可能无论用哪个有效值计算，误差都会很大。如果要校验热稳定，也应该像 jxhao 所说的那样，根据能量曲线校验。明天我再找厂家咨询确认一下。
jxhao  等级：一星客人	第 26 楼 我认为白丁兄的算法和《电力工程电气设计手册》的算法是不同的，白丁兄的算法有根据。手册的 Q 是短路电流周期分量和非周期分量的热效应叠加，而且周期分量是考虑了衰减的，是积分的简化算法。如果对于远离发电机的系统，周期分量不衰减，就是 I^2t。而对非分量是用等效时间来计算，是对应不同的安装位置和短路持续时间的对应的一个等效时间。其中“变电所各级电压及出线”这一对应的是 0.05s。因此用这种算法就是总的时间是分断时间加非分量是用等效时间。我想这是延长 0.05s 的由来。上述算法在高压上的确是这样算的，教科书和设计手册都这样写的。但是“瞬时”到了 0.02s 以内，再加一个 0.05s 的话，也就是周期分量按 0.02s 算，非周期分量的等值时间就是 0.05s，非周期分量的影响似乎没这么大。我认为上述算法对低压不适宜。对于低压热稳定，《电力电缆及电线》推荐的算法是可行的。如果冲击系数按远离发电厂取 1.8，则短路时间 0.01s、0.05s、0.02s、0.5s，书中对应的系数分别是 1.61s、1.58s、1.51s、1.38s，这种算法和白丁兄的算法：用冲击电流有效值，对远离发电机回路是 1.51，是基本一致的。但现在有限流功能的低压开关越来越多，对限流开关，开关的原理不同，或者制造工艺的不同，我认为“通用的最大分断能量”可能很难提供，通用的公式也很难提供，就像脱扣曲线一样提供，还得厂家提供能量曲线，才能进行热稳定校验。限流断路通常的限流能力有的是很厉害的。如在 NS160S的产品样本上宣称NS160N在短路电流35kA时在安装处的所

jxhao 等级：一星客人	有短路电流被限制在热效应小于60000A2S，也就是可以保护10mm^{2}电缆。按这样的限流能力，大多数回路的热稳定校验是没问题的。但不知为何，大多数厂家不能提供能量曲线。 麦克白兄：对电缆的短路电流，我认为是算到第一个电缆接头，对低压系统一般不会有中间接头，因此算到电缆末端。所以我认为“两个限流型的中间那根电缆”算法没什么特别，也是算到该电缆的末端。倒是下级的电缆选择，也就是经过两极限流后，能量减少了多少，好像没见过具体数据。不过级联是对塑料外壳式断路器和微型断路器之间的，这样的下级已离变压器一段距离了，短路电流本来就不大。
 gdsjy 头衔：中立派掌门奇迹 等级：版主	第27楼 仔细又看看措施4.3节，看来计算是必须的，而且K值应该是142。我再算算。
白丁 等级：常客	第28楼 今天翻了翻厂家样本和规范，感觉清楚了不少。首先，按照《低压配电设计规范》中关于短路保护的章节P11（我比较习惯引用规范而不是措施），低压配电线路确实需要热稳定校验。其次关于热稳定系数，对于铜芯电缆，措施里把交联绝缘和乙丙橡胶绝缘都定为143，而《低压配电设计规范》中只列出了乙丙橡胶绝缘为143，没提交联。但是这两种绝缘的容许温度都一样，按照规范4.2.2的解释，交联的热稳定系数应该等同于乙丙橡胶，也就是143。计算热稳定，按照楼主28.36kA的数据，YJV电缆。先以施耐德NS100断路器为例：断路时间：0.003s，以冲击电流计算，$S \geqslant 16.4\text{mm}^2$。而由于这是限流断路器，实际的Q为480000（A2×S），计算下来，$S \geqslant 4.84\ \text{mm}^2$。需要指出的是，即便短路稳态电流为60kA，Q也不过就是500000，$S \geqslant 4.94\ \text{mm}^2$。相应的，NS160，60kA，$S \geqslant 5.93\text{mm}^2$。两种计算结果相比，竟差了3倍多，实际结果居然这么小！问了施耐德的人员，之所以能实现限流，一是因为采用了双旋转分断技术，也就是说其实有两个动触头，断路的时候拉出两道电弧，利用增加了一倍的电弧阻抗，在断路器内部降低了短路电流。28kA短路电流在NS100里可以被限流到12kA。另一方面，由于时间持续很短，不仅远小于一个周期，也远小于半个周期，大部分时间都处在切断电弧的过程中，波形已经不再是50Hz，而是频率更高，周期更短。I和t两个数值同时下降，导致了最终容许截面的大幅缩小。按照施耐德的说法，这属于他们公司的专利，也就是说这种限流断路器仅限于施耐德。看来是这样的，

白丁 等级：常客	我没找到其他任何知名厂家有这样的能量图表。至于时间电流曲线，很遗憾，我这里没找到 ABB 和西门子的，不妨找两个国产知名品牌比较一下：常熟开关厂，CM1 系列，$t=0.02s$；上海人民电器厂，RMM1 系列，$t=0.02s$；两者数据一样，计算结果当然也一样：$42.35mm^2$。一对照时间电流曲线就会发现，施耐德的塑壳开关随着短路电流的增加，t 还在不断的减小，曲线几乎一直保持倾斜。而国产开关瞬时断路时间只能做到 0.02s，无论短路电流多大，曲线最后成了一条水平直线。值得欣慰的是，上海人民电器厂，RMM2 系列，$t=0.01s$，计算结果为 $29.95mm^2$。呵呵！虽然没有像 NS 开关那么夸张，也算是不错的了。最后好不容易又找出个国际厂商：三菱，一查曲线，断路时间居然也是 0.02s，哈！为之一笑！顺带说一下微断，微断没有限流技术：C65 开关，6kA，C 曲线，$t=0.004s$，*BV* 线，$S\geqslant 4.98mm^2$；*YJV*，$S\geqslant 4.01mm^2$。ABB 开关 6kA，$t=0.01s$，*BV* 线，$S\geqslant 7.88mm^2$；*YJV*，$S\geqslant 6.34mm^2$。当然在很多情况下，微断上的短路电流没这么大，但是对于那些给配电室内部配电的微断，和开关柜距离较近，可能会有问题。平时老说施耐德低压很强，的确是名不虚传。
wutong100 头衔：电老五 等级：一星客人	第 29 楼 白丁兄：关于参数 t 的定义是：断路电流持续作用的时间。并不是断路器的分断时间，对于断路器全分断时间小于 0.08s 的断路器，$t=0.1s$。
白丁 等级：常客	第 30 楼 之所以要由 0.08s 变成 0.1s，是因为要加上灭弧时间以及考虑非周期分量的衰减。上述我所引用的 t，都已经包含了灭弧时间。
senica 等级：三星客人	第 31 楼 gdsjy：套用手册上的数据要看一下手册上表格编制的条件，该表所使用的变压器数据为 S7 系列 1000kVA 变压器的阻抗电压为 4.5V，实际有许多 1000kVA 干式变的阻抗电压与此不同（如 SC、SC8、SC9 系列为 6，SCB8 系列为 6.5），所以最好根据变压器参数自己计算。另外该表已考虑了 5m 长度的铝母线阻抗（见 P122）。 白丁兄：我赞同你的热稳定校验方法，但校验时所取短路点应为低压电缆的末端（预分支电缆应取第一个分支点），通常电缆截面越小末端的短路电流也越小，所以短路热稳定只是用来“校验”，而不是用

senica 等级：三星客人	来“计算”应采取多大的截面。我觉得正确的步骤还是应先按载流量选截面，然后对此截面进行压降、短路热稳定的校验。通常低压电缆的热稳定校验考虑电缆阻抗后问题不大，最容易出问题的是变电所本身的用电电缆（截面小、长度短），我的解决办法是在出线柜加熔断器（只有非熔断器保护的回路才需要考虑热稳定，见《电力电缆工程设计规范》3.7.1.2 条）
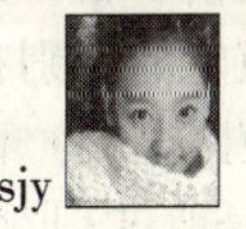 gdsjy 头衔：中立派掌门奇迹 等级：版主	第 32 楼 senica，这个我注意到了，谢谢！可现在理论上我认同白丁，但是对于措施来说，其计算结果太大。不考虑断路器的实际情况，一律采用 0.1s 似乎不妥。
 白丁 等级：常客	第 33 楼 这几天我也在想这个问题：热稳定校验到底应不应该从始端校验？的确，在线路的末端，短路的可能性远大于在线路的其他部分，但是可能性小不代表没有可能。比如在线路的某处，由于敷设不当、环境发生变化等原因造成绝缘失效，或者由于意外发生机械损伤——比如钻进一只老鼠啃电缆，都有可能形成比末端更大的短路电流更高的热效应。如果不满足热稳定校验，就不是破损一个点，而是烧毁一段线，到时候要修补就非常困难了。如果说这些还可以忽略的话，那么当发生火灾的时候，电缆被火焰烧烤，绝缘将迅速老化失效，即便是阻燃、耐火电缆也不例外，耐火电缆也不过只能延长少许时间罢了。这时候如果电缆被短路电流“炸开”，就很有可能加剧火灾的危害。看到 senica 兄说到用熔断器，想起了以前好像听人说过国外喜欢用熔断器而不是断路器做开关柜配电开关，当时以为这是由于国外电气维护保养水平高，故可以用熔断器省钱。现在回想起来，线路热稳定保护应该是个很重要的原因。
麦克白 头衔：香积厨大师傅 等级：版主	第 34 楼 说句题外话，感觉欧美的还是比较喜欢熔断器的，日本喜欢断路器，各有优缺点。ABB 的产品光盘里有一篇关于熔断器的文章写的挺好的，有时间帖上来大家看一下。

<table>
<tr>
<td>
电气美眉
头衔：真实的我
等级：佳客</td>
<td>第 35 楼
白丁先生，我算的怎么和你不一样呀。按照你说的“按照楼主 28.36kA 的数据，YJV 电缆。先以施耐德 NS100 断路器为例：断路时间：0.003s，以冲击电流计算，$S \geqslant 16.4\text{mm}^2$”各系数取值：$K=143$；Ic＝30.81KA（Kc 取值为 1.3），我算的结果是 $S \geqslant 11.79\text{mm}^2$ 好像你取的是 $Ic=1.51I$，我取的是 $Ic=1.09I$，差别在于 1000KVA 的变压器后面到底应该用哪个数值，白丁先生说呢？教材上说小于 1s 才计入非周期分量的影响，规范上说小于 0.1s 才计入，是不是前者指得是高压系统，后者指的是低压系统？高低压系统计算热稳定的区别在于：对于非周期分量的影响高压通过电流一定（稳态短路电流）而延长了时间（tjf）来等效的方法考虑的，而低压系统则是通过 t 取断路器的分断时间，电流取冲击电流的有效值来实现的，这么说对吗？施耐德 NS100 断路器分断时间在 0.003s 时分断的是 110 多 kA 呀，不知道你的数据在哪一本资料上查的？</td>
</tr>
<tr>
<td>小刀
等级：贵宾</td>
<td>第 36 楼
在远离电源处，当短路电路的 $R \leqslant X/3$ 的时候，$Ic=1.51I$；$R>X/3$ 的时候，$Ic=1.09I$。这是因为电感较大的时候冲击电流衰减较慢。1000kVA 的变压器二次侧的短路电路主要表现为感抗，所以取 1.51。我看到的手册上要求是 1s，我不知道你的 0.1 秒是从哪本规范上看的，具体是怎么说的？如上所述，在电感较大的回路中，衰减较慢，容许不计入周期分量的时间会较长。否则会较短。这说也对，只不过准确地说，以上讨论的其实不是高低压热稳定计算区别，而是瞬时脱扣断路器和高速以及低速断路器的区别，当然瞬时脱扣确实只限于低压断路器，只不过造成差异的原因不是电压高低，而是断路器动作的快慢。那是根据一本施耐德塑壳断路器技术手册（不是选型手册），名字忘了，里面专门讲述 NS 开关的限流和级联功能，有很多图表。</td>
</tr>
<tr>
<td>电气美眉
头衔：真实的我
等级：佳客</td>
<td>第 37 楼
《低压配电设计规范》GB 50054—95：第 4.2.2 条绝缘导体的热稳定校验应符合下列规定：三、短路持续时间小于 0.1s 时，应计入短路电流非周期分量的影响；大于 5s 时应计入散热的影响。
《工业企业供电》(冶金工业出版社) 107 页：“在 1000kVA 变压器的后面发生短路时，$Kc=1.3$……”也就是 $Ic=1.09I$。我在那儿看到的好像是 1000kVA 以下的变压器（不含）才取 $Ic=1.09I$，到底是怎么样？碰巧昨天看到了一篇论文，说在低压系统只要线路长度L（m）</td>
</tr>
</table>

电气美眉 头衔：真实的我 等级：佳客	与截面（mm^2）之笔大于0.5，在任何情况下都可以不考虑非周期分量的影响，显然与规范不一致，这是经验数据吗？设计的时候有这么考虑的吗？你说的“高低压热稳定计算区别”的问题，看来我的理解还肤浅，不过我暂时先认同，等我再考虑考虑，嘻嘻。施耐德塑壳断路器的曲线，我查的是“能量跳闸技术”，角落里的一个小图，关于脱扣曲线的应用，请小刀哥到这里指教一下：还忘了说一句，上面计算的短路电流假设巳经包括了电缆阻抗，正确的步骤应该像 senic 先生说的那样。
 小刀 等级：贵宾	第 38 楼 我翻了一下手册，P123 页上有 S7 系列变压器的电阻电抗值，无限大容量情况下，1000kVA 及以下的变压器，三相短路时 $R \approx X/3$。只不过我记得现在新型号的变压器有功损耗相对于无功损耗越来越小，对于 S9 系列的变压器这样是否适用还有怀疑。至于短路情况下变压器阻抗的计算，见 P90，其中变压器的短路损耗不知道从哪里查，我现在手头没资料。至于论文，我也看到过这个观点，那是在化工部的一个计算规范上。因为对于是否计入短路冲击电流手册上并没有明确的要求，只是说“短路点附近”。那么我理解这个“附近”应该指电气距离较短而不是几何距离较短。也就是说只要到电缆长度和截面的比例大到一定程度，电阻就会很大，冲击电力衰减很快，可以忽略不计。做化工行业的项目可以引用这个规范，其他行业就不好说了。你不妨也算一算……呵呵！ 我和 senic 的分歧只是热稳定校验应该取电缆首端还是末端，他所说的“正确的步骤”当然也是正确的，问题是，我并没有宣传什么“不正确的步骤”啊，呵呵！这串帖子讨论的是热稳定校验，我当然只针对于此，没有谈载流量、电压降之类的东西并不代表实际选电缆的时候不考虑他们，更谈不上是先算热稳定还是先算载流量。短路热稳定确实是用来校验的，但凭什么来校验呢？不还是需要计算吗？需要用计算结果来校验啊！载流量、电压降都是要通过计算校验的呀，先校验谁后校验谁有那么重要吗？反正都是要满足的呀。
NLB 等级：版主	第 39 楼 以前的大学教材里规定：校验电缆热稳定时，如电缆长度不足 50m，短路点取电缆末端；超过 50m 则按 50m。以后的设计手册又规定：不超过制造长度的单根电缆，短路点取电缆末端。我想规范制订者做如此规定，可能是由于他们总结了运行经验后认为电缆本身发生三相短

NLB 等级：版主	路的概率较低的原因。有些情况不都是按最严重考虑的，有个相似的例子：如果大型发电机母线的短路容量大于其轻型出线断路器的断流容量，则需在断路器后串接限流电抗器，此时按电抗器后短路校验断路器的断流容量。理由就是断路器与电抗器之间连线发生短路的概率较低。校验导体热稳定的短路电流假想时间 tf = 短路电流周期分量作用的假想时间 tfz + 非周期分量作用的假想时间 tff。在距离发电机两级变压器之后（即无穷大电源），tfz = 短路电流持续时间 t，tff 取 0.05s。对于绝大多数全分闸时间 tfd 在 0.08s 以内的真空断路器，按高速断路器取 $t=0.1$s。所以 $tf=tfz+tff=t+0.05=0.1+0.05=1.5$s。设计手册关于低压电缆热稳定校验的公式中，没有规定短路电流假想时间 tf 在低压断路器瞬动分闸时的取值，我个人认为可以比照高压的方法，即：对于绝大多数全分闸时间 tfd 在 0.02s 的塑壳断路器，$tfd+tff=0.02+0.05=0.07$s 所以取 $tf=0.1$s 较合适。不过在低压断路器瞬动脱扣器保护范围内的电缆校验热稳定一般都能通过，这可能也是设计手册没有规定这种情况下的 tf 的原因。所以我赞成麦克白，此项校验可免。
小刀 等级：贵宾	第 40 楼 教材和设计手册都不是规范，都不承担法律责任。那么规范对此是怎么要求的呢？很遗憾，我没找到。我在这里恶意地揣测一下：之所以“以前的大学教材”有这样的说法，是因为以当时市面上的低压断路器，在很多配电场合都无法满足热稳定校验的要求，所以不得不编出个 50m 开外的距离以自圆其说；而现在的规范之所以对此不置可否，是因为如果必须进行低压电缆始端热稳定校验，市面上绝大多数塑壳断路器都将被施耐德淘汰。有无必要在电缆始端校验热稳定，39 楼已经说得很清楚了。换个角度想一想，如果是高压电缆和断路器，到底是在始端还是末端校验呢？如果是始端，难道电压等级高了，电缆被损毁的几率也更高吗？“断路器与电抗器之间连线”——没在实际工作中接触过这样的情况，但我想这样的连线应该是一个柜子内部，这两个元件之间如果真的需要用电缆连接的话，再长也不应该超过 50m 吧？在防火、防机械损伤方面柜体已经有了很好的措施，才可以不用考虑。有些情况，确实发生概率较低，但只要是技术经济条件容许，我们就应该考虑进去。以前还不用考虑电涌保护、不用考虑电缆阻燃呢，难道就真的永远“不应该”考虑吗？

2-37 关于断路器的降容系数

城市边缘 头衔：缘空和尚 等级：版主	楼主 关于断路器的降容系数？前段时间听 ABB 的技术工程师说过，9 个断路器并装在一个箱体里面，降容系数大概为 0.7，也就是说，比如计算电流为 28A 时，就不能选 32A 的断路器了，需要选 50A 断路器了 $(28\times1.1/0.7=44)$。以前只知道有这么回事，选择断路器的时候也只是适当放大点，现在想想有点后怕。小知道大家怎么考虑？降容系数怎么选？是以厂家的为准吗？有些厂家给出的是温度补偿系数，但这个温度怎么来和断路器拼装多少一一对应？
 hpisme 头衔：潇湘生	第 2 楼 各个厂家的断路器的降容系数不一样。好的断路器降容系数会大一些。劣质的会小。真正做设计的时候不要考虑的这么仔细。根据计算电流估算一下就可。28A 的计算电流取 40A 的开关就可以了。
zhoushu8 头衔：达摩院寺监 等级：版主	第 3 楼 没必要那么大，室外的封闭式配电箱里，会降 15%，户内的温度影响不是很大，降得很少，而且开关本身就是按 30 度来考虑的，一般情况下还会扩容，比如 20 度时，40A 开关就能到 43A 左右，所以一般场所不考虑也没事，关键是自己把握。比如你是个保守的人，选开关本来就大，容量也取得大，你就不必考虑，因为都是轻载，不发热，温度根本就不会高，就没必要考虑系数。你若是个胆大的，40A 的开关，平时负荷确实就有很大，都是满负荷，箱内温度会上升，那你就应该适当考虑一点。 另外，我们不能拿劣质开关说事。
 城市边缘 头衔：缘空和尚	第 4 楼 我楼上给出的 9 个 ABB 断路器并装，降容系数为 0.7，是 ABB 的产品工程师说的，而且有个表格，但我找不到，他说是实验结果，9 个断路器并装是很常见的事情。
玄黄 等级：贵宾	第 5 楼 微断 0.8，塑壳 0.9。

<table>
<tr><td>
城市边缘
头衔：缘空和尚</td><td>第 6 楼
不能这么简单的说吧，装多装少，系数肯定是变化的。环境不一样也有变化，听说高原地区还要乘个系数。ABB 的产品工程师（非业务员）说是温度因素，老兄在哪本样本看到降容系数表格，我找了好久都找不到。</td></tr>
<tr><td>
玄黄
等级：贵宾</td><td>第 7 楼
没错，但一般情况都是我说的那样选，特殊情况还是少见的！</td></tr>
<tr><td>
黑客
等级：一星客人</td><td>第 8 楼
降容系数头疼，不知道楼主按什么环境温度选的？按夏天的温度选，那好了，到了冬天，降容系数又没那么大，而且和开关的投入数量有关，导致线路的载流量只好按照开关来选，实在浪费。请教下，那并列时降容是考虑了什么因素？温升？好像也不是。</td></tr>
<tr><td>
christ888
头衔：光明使者</td><td>第 9 楼
微断开关在多台贴邻并列安装时，需考虑降容，这与环境温度无关。9 个 ABB 微断紧密安装时的降容系数约为 0.76。样本上仅仅写着“微型断路器之间的相互影响”，具体是因为什么，我也不知道了，惭愧惭愧。</td></tr>
<tr><td>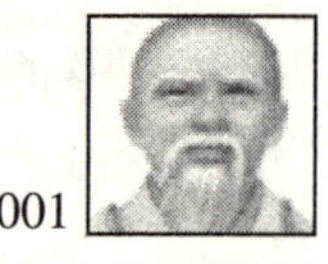
ttt001
头衔：般若禅师
等级：管理员</td><td>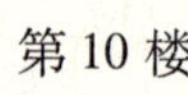
第 10 楼
微断开关放在一起用和分开一定距离用，在技术上会有什么不同么？没有。并列在一起用，又套上了箱子，其工作温度会比完全分开或者在全空气条件下恶化一些，但是这一些是完全可以量化的，并不难以掌握。所谓并列系数，是拍脑袋的保守数字，其理论和实践数据的根据我以为是不充分的。环境温度一般远远小于产品最差工作条件，而微断额定值是个很严肃的数字，没有道理动不动就 0.7 来折算，9 个并列绝对不是 0.7 的必要条件，那设计按额定值选开关岂不成了儿戏？额定值的选择最主要的依据是计算电流，比计算电流大 1.15 倍是有很经典的理论依据和综合考虑的。环境温度相对只是一个次要因素（所以没有上规范中必要依据一栏），所以在实际设计和应用中，非特殊环境不与考虑！当然，我说的也是合格产品范畴。</td></tr>
</table>

 城市边缘 头衔：缘空和尚 等级：版主	第 11 楼 终于找到 ABB 的降容系数表，ABB 给出了这样的检验额定电流的计算公式：1. 连续紧密安装：$I=0.9\text{In. Kr. Kn}$ 为紧密安装系数，Kr 为环境温度影响系数。2. 间隔安装：$I=0.9\text{In. Kr. Kx}$ 为间隔安装系数，举例如下：断路器额定电流 16A，环境温度 40 度，8 极紧密安装和间隔安装，紧密安装时，$I=0.9\text{In. Kr. Kn}=0.9\times16\times1.07\times0.77=11.9\text{A}$；多台间隔安装（8mm）；$I=0.9\text{In. Kr. Kx}=0.9\times16\times1.07\times0.98=15.1\text{A}$。
 christ888 头衔：光明使者	第 12 楼 "多台微断紧密并列安装时需考虑降容"—ABB 的样本上就是这么画的（曲线图表示），ABB 样本是《终端配电保护产品》第 10 页。金钟穆勒的产品样本上写的更详细。
 城市边缘 头衔：缘空和尚	第 13 楼 按照 ABB 的公式试算一下室内配电箱的断路器的额定电流校验：室内配电间环境温度按措施上说的 35℃，40A 的断路器，$I=0.9\times40\times1.1\times0.76=30.1$。
 ttt001 头衔：般若禅师	第 14 楼 这个应该是经验公式了，感觉太保守了。另外，如果 0.7 以上系数，导线选择将面临更多的困难，在正常工作温度时，开关将无法完成过载保护，除非你 1.4 倍加大导线，这岂不是很滑稽？
 城市边缘 头衔：缘空和尚	第 15 楼 上次参加 ABB 产品推广会的时候，他们工程师说是实验数据，应该严格按照这个选，以前我也没这样选，所以我发表这个论题让大家讨论一下。
 christ888 头衔：光明使者	第 16 楼 可能是有些保守，但我在设计时，的确是考虑这些（温度、排列）系数的。一般排列降容系数我取 0.8。

 城市边缘 头衔：缘空和尚	第 17 楼 有个疑问，既然是紧密安装，那么断路器的工作环境应该已经定了，正常工作温度时，整定值也就是校正过的值，应该导线不用变了，比如计算电流 26A，导线载流量 35A，开关选 40A，应该是可以满足过载保护的吧？
 ttt001 头衔：般若禅师	第 18 楼 超过导线载流量选择开关整定值，是违反规范的。

2-38　YJV 的选用问题

浪淘沙 头衔：CS 毛毛虫 等级：三星客人	楼主 [求助] YJV 的选用问题 大家选择普通 YJV 电缆的时候，载流量是按照哪个表选的？（辐照、阻燃、耐火等）“辐照”是什么意思呢？电缆截面〈25 的 0.6～1kV 的怎么没看见普通的 YJV 的载流量呢？
wxj1229 等级：游客	第 2 楼 YJV 也有耐火、辐照、阻燃等多种规格，应按不同规格选取载流量。
hpisme 头衔：潇湘生 等级：版主	第 3 楼 YJV$_{22}$或者 VV$_{22}$进户时记得穿保护管。
浪淘沙 头衔：CS 毛毛虫 等级：三星客人	第 4 楼 楼上大哥，我也知道选择 VV$_{22}$或者 YJV$_{22}$穿钢管进户，我主要是问比如选择 YJV$_{22}$的截面小于 25mm^2 的，我该按照哪个的载流量选择？（辐照、阻燃、耐火等）

hpisme 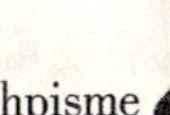 头衔：潇湘生 等级：版主	第 5 楼 按照 YJV 的载流量来选，好像载流量与阻燃耐火等这些保护材料没关系。电缆厂家都是根据国际标准来生产的。
 westwindo 等级：五星客人	第 6 楼 设计手册中载流量与阻燃，耐火等这些保护材料有关系。辐照交联指电缆生产工艺，普通 YJV 就是阻燃、耐火的使用，规范上有。另外我问一问，有厂家的样本是不是更好，比设计手册准确。
XLPE 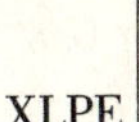 头衔：紫衫龙王 等级：版主	第 7 楼 交联的方式分为两大类，即化学交联和物理交联。物理交联又称辐照交联，是利用电子加速器产生的高能量电子束流，轰击绝缘层及护套，将高分子链打断，被打断的每一个断点称为自由基。自由基不稳定，相互之间要重新组合，重新组合后由原来的链状分子结构变为三维网状的分子结构，而形成交联。
hpisme  头衔：潇湘生 等级：版主	第 8 楼 在设计选用的时候，无需讲究的这么细，在选择截面的时候按照实际情况放大选取就 ok。我手里有电缆厂家样本。给你一个网址：http：//www. morn-e. com/chanpin1r. htm

2-39 低压三相异步电动机的启动容量确定

cnxf  等级：游客	楼主 请教大家一个问题：低压三相异步电动机的启动容量确定？ 查询很多资料都没找到，是否和启动电流一样，也是 4 ~7 倍额定容量？还有启动倍数如何确定？
 lengbing 头衔：苦菜汤 等级：贵宾	第 2 楼 应该是根号 3 乘以启动电流乘以启动电压，再乘以启动时的功率因数。启动时的功率因数涉及电动机暂态时的电抗变化，较难确定，一般取 0.4（好像）。

船长 头衔：博超 等级：一星客人	第 3 楼 准确地说是确定电机启动所需的变压器容量？如果在估计电机启动可能对系统造成较大影响，即电机容量比较接近变压器容量或电机馈线较长时，应进行电机启动校验。启动计算校验需进行如下内容：母线压降、电机端电压和电机启动能力。仅考虑电机启动对于系统的影响，则校验电机启动时母线是否在规范允许范围（见规范或手册），当不能满足考虑改变启动方式或增大变压器容量。EES 有关于电机启动计算校验的全套程序，楼主可以去博超软件上看看。
c45n 等级：版主	第 4 楼 电机有效启动容量 $Se = K1 \times Sd$，其中 K1 为减压启动系数，Sd 为电机直接启动容量。$Sd = 1.732 \times U \times Is$，其中 Is 为电机启动电流，按电机额定电流 6 ~7 倍计算。全压启动时 K1 为 1；串电抗（电阻）启动时，启动电压为额定电压的 80%、65%、50%、45% 时，K1 分别为 0.8、0.65、0.5、0.45；自耦减压启动时，自耦变压器抽头为 80%、65%、50%时，K1 分别为 0.68、0.46、0.29；Y/Δ 启动时，K1 为 0.33。

2-40　关于短路电流计算

zlbsyx 等级：一星客人	楼主 关于短路电流计算。 请教各位：做低压配电时，我一般都是根据计算电流选导线、开关，未计算过短路电流，不知合适否？那么，什么时候需要计算短路电流呢？十分感谢！
lengbing 头衔：苦菜汤 等级：贵宾	第 2 楼 低压短路电流的计算要查的参数太多，尤其是末极计算短路电流时，还好，如今的微断分段能力至少 4.5kA，高者 15kA，完全没问题。所以一般不校验短路容量。但最好还是要知道如何算。
 城市边缘 头衔：缘空和尚 等级：版主	第 3 楼 短路电流的计算并非仅仅是校验开关分断容量，因为现在室内配电多是 TN 系统，过流保护兼做接地故障保护，所以还要检验开关的灵敏度，否则很可能我们敷设的 PE 线就失去作用了。

zhoushu8 头衔：达摩院寺监 等级：版主	第 4 楼 低压系统电抗很小，可以忽略。那么只要把回路电阻相加，除一下就估得出，就得短路电流大小了。还有，接触电阻不能忽略，但很难找，所以算起来也不是那么简单。
船长 头衔：博超 等级：一星客人	第 5 楼 通常并不需要每条回路的计算整定都进行短路电流计算，而是在一个配电系统中可能发生比较大短路电流的位置（短路点）进行（最大）短路计算，或较长馈线末端进行最小短路计算。最大短路计算用以校验断路器分段能力，最小短路计算用于校验断路器灵敏度。权威参考书：《工业与民用配电设计手册》有关章节讲得非常清楚。其实非常简单，对于民用院与小型工业院，其计算没有超过欧姆定律的范畴。只是各个设备的阻抗选取稍麻烦。
蓝鱼 等级：两星客人	第 6 楼 同意船长。一般我们做的时候只要考虑到最坏的可能就行了，不是每个都要校的。不过不经常做太容易忘记，有空我还是要好好看看。
nanhai 等级：一星客人	第 7 楼 光凭肉眼就可以分辩哪一个是最大短路回路和最小短路回路吗？不一定。我们知道，截面越大，阻抗越小，而长距离送电必须放大截面，而长距离又会增大阻抗。反之，近距离供电，电压损失小，截面相对小，阻抗反而大，单凭感觉，无法判断 185mm^2 截面 100m 长和95mm^2 截面 50m 长到底哪一个阻抗较大（注意再低压母线长度、系统、变压器阻抗都一样的情况下）。所以选择短路点位置时，要比较慎重。除非特殊情况，确实凭常识就能判定哪里是最大短路情况，哪里是最小短路情况，否则还是老实点好，每个回路都计算一遍比较踏实。

2-41 电动机晃电自启动柜

wurongqian 等级：两星客人	楼主 电动机晃电自启动柜 请问：谁用过电动机晃电自启动柜，性能如何，哪个厂家的比较可靠？

xzm 等级：一星客人	第2楼 现在还有一种叫顺序再启动柜，加上判断进线电流以不超过一定值来顺序启动，比分批的稍好些。但不知使用的效果如何。
零点 头衔：一剑光寒十四州 等级：游客	第3楼 我觉得测母线电压是最直接的手段。顺序再启动和分批再启动有什么区别呢？请教楼上。
xzm 等级：一星客人	第4楼 顺序再启动是将电机排列一个顺序，如A、B、C、D等电机，晃电全停时，A先启动，如果进线电流没有超过一定值，B机又启动，电流下降后C机接着启动等等。分批再启动是将电机分组，如AB是一组，CD是一组；来电时AB同时先启，隔一段时间CD再启。两种方式都要监测母线电压的，要母线电压达到一定值后才启动再启动功能。
wys-3638 头衔：风清网 等级：版主	第5楼 刚刚搜索了几个网址： http：//www. szartel. com/MRR. htm http：//www. htong. com/indexw/RDWT3. htm
 xzm 等级：一星客人	第6楼 MRR是单体式自启动装置，使用是很方便，就是太贵了。我公司使用的分批自启动柜的效果还不错，就是内附的UPS要注意，按UPS的说明书说是免维护，出了问题后到山特的网站看才知道要维护的。

2-42 pe线截面问题

 大胡子 等级：四星客人	楼主 pe线截面的问题：经常看到图纸，配电采用 $4\times10+1\times6$（mm^2）或 $3\times16+1\times10$（mm^2）等，其pe线截面按照设计规范，是不合要求的，问之，回答省钱，一直这样做的，没出过问题，谁能举个计算实例，验证以下这样的设计能否满足短路时热稳定和接地故障灵敏度的要求？另外，如果这样的电缆不合设计要求，厂家为何还要生产呢？

张日伟 头衔：七星龙渊剑 等级：三星客人	第 2 楼 对于 PE 线的截面选择，规范上有明确规定的。<$16mm^2$ 的，与相线截面相同；$16mm^2$ 与 $35mm^2$ 之间的按 $16mm^2$ 计算；>$35mm^2$ 的按相线的一半选择。
The^boy 等级：一星客人	第 3 楼 实际的做法同意 2 楼。谁能举一个计算实例，验证以下这样的设计能否满足短路时热稳定和接地故障灵敏度的要求？期待。
大胡子 等级：四星客人	第 4 楼 并非这样，$10mm^2$ 为 PE 线，即使为中性线也是不合设计规范的。
城市边缘 头衔：缘空和尚 等级：版主	第 5 楼 TN 系统，PE 需要流过接地故障电流，所以不能太小，需要满足热稳定检验。
NLB 等级：版主	第 6 楼 保护线截面为 1/2 相线截面的电缆是有可能满足短路时热稳定和相—保短路灵敏度的要求的，只要电缆末端预期相—保短路电流不小于 1.3 倍自动开关瞬动脱扣器动作电流，而这在电缆长度较短时是有可能的。
LJM 头衔：小小陪酒员 等级：两星客人	第 7 楼 厂家能生产是技术规格全，设计不用是因为有规范

2-43 隔离开关的疑惑

wxyjay 等级：游客	楼主 隔离开关的疑惑 今天我们单位上级领导来会审我院图纸，提出电气，在电缆进线箱加装隔离开关（可是刀开关），请问各位师哥师姐，你们在设计的时候也加这个隔离开关吗？
chengshen 等级：一星客人	第 2 楼 规范上有，一般要求要加。
yant 等级：一星客人	第 3 楼 室外引入的线路，进线点须设隔离电器。GB 50052 最后一条。 这是规范。并不是人家都不加，你就可以不加了，三人成虎？
zhaokaikai 头衔：华山一壶饮 等级：版主	第 4 楼 我也加，不加自己麻烦，加了施工单位麻烦，所以我加。损人利己，何乐不为？
大鼻山 头衔：最逍遥 等级：版主	第 5 楼 一般认为，选择了具有隔离功能的断路器之后，无须再加隔离开关；否则就专加。
zhoushu8 头衔：达摩院寺监 等级：版主	第 6 楼 选用带隔离功能的 CM1 系列产品或 ABB 的空气开关就可以了，不必单设隔离刀闸，既要符合规范要求，又不影响施工，多好！
The^boy 等级：一星客人	第 7 楼 用带隔离功能的 CM1 系列产品或 ABB 的空气开关就可以了，但是估计会给甲方给掐死的！今天改了一份图，总箱用一个 DZ20 的，没有用闸刀，供电所就是说不行，后来两个都用上了。真是改半天郁闷半天啊！

yjzllyjzll 头衔：衙门	第 8 楼 审图时碰到过，如果进线箱不在底层时，特别要加！
liangjie 头衔：乐在逍遥	第 9 楼 刀熔开关不可以吗？不一定非得断路器吧。
hi 头衔：贫下菜农 等级：两星客人	第 10 楼 同意 6 楼的意见，其实随着技术的进步，新的产品能满足规范要求同时能带来使用和管理上的便利，就应改选用新技术产品，审图人应该有“与时俱进”的精神，不要死抠规范。当然设计人抱着多一事不如少一事的想法，两个都做上，肯定没错！
wxyjay 等级：游客	第 11 楼 现在总结一下，“加”和“不加”1:1 平！谢谢各位了！
注册用户 头衔：天山屠魔剑	第 12 楼 我的做法是用熔断器开关，不用断路器。
ymejian6728 等级：游客	第 13 楼 一般加刀闸，主要是为了满足规范中要求的“明显断开点”，大家实际中 CM 和 ABB 等新产品性能比较稳定，完全可以取消刀闸的安装，以节省空间。但是一般运行或维护、管理单位在验收时都会提出规程的要求“加隔离”，否则人家不接管。我经常遇到类似的情况，一般都加上了。还有，刀熔保护简单，在安装空间允许的情况下尽量用刀闸和开关配合。规程、规范不是一成不变的，随着技术的进步，规范、规程也在不断的完善。我个人觉得我们做设计还是一定满足规范、规程，把自己认为规范规程和实践不妥的情况总结下来，一起交有关部门或人员讨论。

2-44　低压配电形式的困惑

lbsyx 等级：一星客人	楼主 低压配电形式的困惑： 《供配电系统设计规范》中6.0.2条：低压配电系统中，在正常环境的车间或建筑物内，当大部分用电设备为中小容量，且无特殊要求时，宜采用树干式配电。6.0.3条：当用电设备为大容量，或负荷性质重要，或在有特殊要求的车间、建筑物内，宜采用放射式配电。我想问的是怎样区分中小容量和大容量呢？有没有一个大致的数值做分界线？另外树干式配电和链式配电的区别是什么？恳请各位赐教！
linjianming 头衔：江南小生 等级：版主	第2楼 是不是有一个数值来区别一下大小容量？
zhaokaikai 头衔：华山一壶饮 等级：版主	第3楼 谈个人理解：作为一个厂房配电，要综合考虑负荷性质、容量，采取合理的配电方式。比如机加车间，设备较多，容量均不大，干线式供电合理，放射式显然不合理。比如一些大型的热加工车间，负荷数量不多，功率较大，显然干线式不合理。没有一个具体数值，主要是考虑那种更合理。说句题外话，我们做过伊朗的项目，500多台机床均采用放射式供电，每根线标上号，沿地沟敷设。相信大家没这么做过，伊朗人的说法是，你们干线出问题，我们不会修。一根一根的好修，呵呵，有钱人的做法也是有道理的，只是角度不同罢了。
zlbsyx 等级：一星客人	第4楼 看来，还是要根据自己的经验结合规范来定了，哈哈！
du_ wen_ bo 头衔：超级工具 等级：两星客人	第5楼 我认为主要还是根据经验、感觉。没有具体数值。

2-45　失压脱扣与分励脱扣

大鼻山 头衔：最逍遥 等级：版主	楼主 失压脱扣与分励脱扣。 有朋友询问两种脱扣的联系与区别，我举例说明：某项目消防负荷600kW，其中平时兼用的为300kW；重要而非消防（如营业照明等）的负荷为500kW，也接在应急母线上。发电机为600kW。假如重要负荷断路器未装失压脱扣，那么突然停电时，应急母线上总负荷为300+500=800kW，大于600kW，因此，发电机无法自启动。因而，必须事先自动切除一部分重要负荷；但是此时断路器已经无电源，靠分励脱扣肯定无法完成任务；只有增设失压脱扣，使得一停市电，重要负荷立即脱扣。这样，停电后，应急母线上只带300kW的负荷，600kW发电机启动就无问题了。要注意的是，失压脱扣后，恢复供电时，必须手动使断路器复位（当然，分励也是如此）。另外，假设市电正常，突然有火灾发生，那么就要分励脱扣非消防电源（失压此时显然派不上用场了）。因此，失压一般仅仅用在我所举例的那种情况；而分励却应用更广泛。最后用一句话总结就是：当需要脱扣时，断路器若有动作电源，就可选分励；若无动作电源，就选失压脱扣。这个问题大家都清楚了？
loyal7 等级：五星客人	第2楼 “失压脱扣器控制电压取自外部电源（24VDC）”？很好，那么“失压”就是失去24V外来电源电压吗？
西牛望月 头衔：俗家弟子 等级：两星客人	第3楼 我认为你说的不妥。失压应该更侧重于安全，非民建之内容。
zhaokaikai 头衔：华山一壶饮 等级：版主	第4楼 大鼻兄说的还是有点道理的，可是这种情况举个例子说：双电源进线，单母线分段，加油机应急的系统。装失压解决的问题是：两路电源均停电，此时恰好着火。失压可以保证非消防负荷的切除？我想问一下，当一路停电，非消防负荷欠压切除，然后母联开关动作，准备由另一路带一，二级负荷。可此时一，二级负荷中非消防负荷处于断路状态。如何解决？个人认为：欠压脱扣应用于安全比较合适，不必考虑两路停电时着火的低概率事件。

christ888 头衔：光明使者 等级：四星客人	第 5 楼 我觉得“失压脱扣”更应该侧重于安全方面：在市电故障时，失压脱扣动作，安装有该脱扣线圈的回路断开，能够对这些回路的末端负荷提供安全保证——否则，一些不明白情况的人在末端可能因为市电停电而麻痹，甚至会处在不安全的状态下。当市电突然恢复后，未安装“失压脱扣”的回路末端会突然得电而引发事故！用文字不太好表达，希望大家能看明白。
小电容美眉 头衔：女排主攻手 等级：三星客人	第 6 楼 看完这个贴子，感觉可怕，以前我可把失压脱扣线圈全安在非重要的负荷上了。这也是我的老前辈教我这样做的。当时觉得特别合理，因为市电断，柴油机自启动，保证重要的负荷供电，无需人为在应急情况下去分合闸。我们做的真全都错了吗？望楼主指点一下。我怎么都觉得楼主的意思是把失压脱扣线圈安在消防及重要的负荷的断路器上呢？
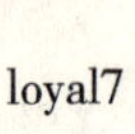 loyal7 等级：五星客人	第 7 楼 小电容美眉把楼主的意思正好理解反了。分励脱扣回路与失压脱扣回路在接线上的区别是：分励脱扣——利用常开触点动作接通分励线圈，使分励线圈得电，动作断路器分断。失压脱扣——利用常闭触点动作断开失压线圈，使失压线圈失电，动作断路器分断。在主回路有电的时候都能达到相同目的啊。另外，假设市电正常，突然有火灾发生，那么就要分励脱扣非消防电源（失压此时显然派不上用场了）。切除非消防电源均来自外部信号（火灾报警装置），失压有何不可，只要令失压线圈失电即可。
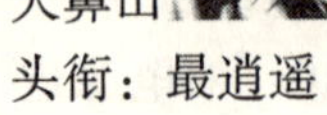 大鼻山 头衔：最逍遥	第 8 楼 希望兄弟说话须有根据。你咨询任何一个开关厂家吧。你的失压脱扣的说法是错误的。你所说的办法行不通，因为失压脱扣器的工作原理你搞错了；必须是主电源失压或欠压，才可以使得主开关的失压脱扣动作。
河图 头衔：藏经阁-思尘 等级：三星客人	第 9 楼 在这个例子中，重要而非消防负荷 500kW 与平时兼用的消防负荷 300kW 在市电停电时应该都需要工作吧。这样就是 600kW 的发电机带 800kW 的负荷，虽然可以启动，但也不能过负荷呀！望指正！

 大鼻山 头衔：最逍遥 等级：版主	第 10 楼 的确不是最好办法。但是要兼顾控制方便和经济性。如果每个总开关都带接触器，意义就不大了。平时停电时，确实有些难办，这也是为什么设置手动复位的原因之一吧。视现场情况和发电机能力，人为控制投入负荷的多少。而且，我仅仅为了便于两种脱扣的比较，对于计算容量和安装容量也未区分。
 hys_ nc 头衔：阿凡提 等级：三星客人	第 11 楼 请问大鼻兄，我看到有的图纸上在空调动力电源的层总箱的塑壳断路器上加失压脱扣器？例如标注为 CM 1-200M/330，这又是什么原因？按照你上述理由，是不是应该是加分励脱扣器的？
 大鼻山 头衔：最逍遥	第 12 楼 普通塑壳断路器上可以同时安装上述两种脱扣器。

2-46　起重机的配线应为 3 根还是 4 根

佶凌☺ 等级：四星客人	楼主 起重机的配线应为 3 根还是 4 根？《工业与民用设计手册》P624 页导线用了 3 根，而我在做设计时往往用 5 根线引至起重机的控制箱，引 5 条线的目的主要是考虑起重机的控制回路有可能用单相啊，我做的与书上相矛盾么？
 bigshoes 等级：两星客人	第 2 楼 非常赞同你的做法，而且还有 PE 保护线。必要的时候还可以派上用场，如果没有必要的话就预留着了，总比到时候需要接地时没有好。

城市边缘  头衔：缘空和尚 等级：版主	第 3 楼 和以前的一个电动机的帖子差不多，到配电箱（控制箱）五线，到设备四线（3L + PE）。
NLB  等级：版主	第 4 楼 起重机上不准使用 N 线，它的所有 220V 用电设备均用 380/220V 变压器供电。而它的整个钢梁就是 PE 线，所以起重机上只用三根线供电是对的。
城市边缘  头衔：缘空和尚 等级：版主	第 5 楼 那用的是 TT 系统了，加 RCD 做接地故障保护？
NLB  等级：版主	第 6 楼 吊车的主滑线一般是三根，利用车轮与铁轨构成 PE 线。如果利用车轮与铁轨构成 PEN 线的话，当吊车行驶过程中，车轮碾压到石块、泥土等时，有可能短时断开 PEN 线，造成 220V 用电设备电路中断，并使车身带有高电位。所以吊车上尽量不用 220V 设备，必要的如照明，也是通过 380/220V 变压器变换。这仍然是 TN-S 系统，有 PE 线就不可能是 TT 系统。
维生素  头衔：newbie 等级：三星客人	第 7 楼 那为什么安全滑触线都是 4 根呢？
kavein  等级：游客	第 8 楼 3 跟相线 +1 根 PE 线，里面用的控制和照明用变压器变出来。

2-47 同级开关的问题

<table>
<tr>
<td>hpisme
头衔：潇湘生
等级：版主</td>
<td>楼主
［求助］同级开关的问题。
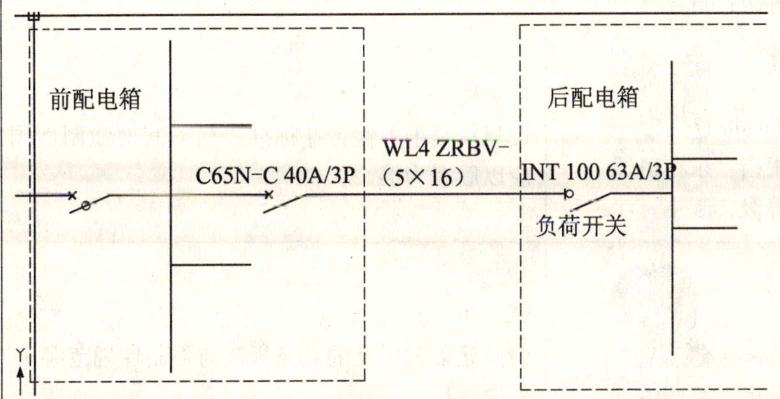

如图，有几个问题。
1. 后面那个用隔离负荷开关是否可以？请说说依据。因为我在设计中遇到过说不可以的情况。
2. 假如说后面可以用隔离开关，以前讨论过：隔离开关的额定电流与前断路器额定电流孰大孰小？也希望给出依据。我一直认为是隔离开关额定电流要大于等于断路器的额定电流，理由：导线保护由前面断路器完全可以保护到。而用隔离负荷开关一来可以节省成本，二来假如说过载的时候跳闸的是断路器。而两个均用断路器的话，如果同级或者相差 1 级的话，跳闸保护无选择性。规范依据：民用建筑电气设计规范第 8. 1. 7。由放射式线路供电的配电箱，其进线开关宜采用不带短路保护和过负荷保护的隔离电器。
3. 假如用负荷开关的话按照 4 极开关应用场所来说隔离开关可以用 3P 的。依据：民用建筑电气设计规范 8. 5. 10 在 TN、TT 系统中，无电源转换或虽有电源转换但零序电流分量很小的三相四线配电线路，其隔离电器或开关电器不宜断开 N 线。但是在低压配电设计规范有这么一条：第 2. 1. 5 条隔离电器宜采用同时断开电源所有极的开关或彼此靠近的单极开关。这两条规范是否冲突？我个人认为用 3p 的就可以。</td>
</tr>
<tr>
<td>bigshoes
等级：两星客人</td>
<td>第 2 楼
可以用隔离开关。至于额定电流的问题，我认为隔离开关的额定电流要大于断路器的整定电流，因为如果小于整定电流会有线路电流大于隔离开关的额定电流的可能，至于等于断路器的整定电流，在线路过负荷时，隔离开关也在过负荷条件下使用了。这两种情况都会损坏隔离开关。</td>
</tr>
</table>

lengbing 头衔：苦菜汤 等级：贵宾	第 3 楼 在 TN-S 系统隔离开关最好用 4P 的。其余同楼上。
liangjie 头衔：乐在逍遥 等级：版主	第 4 楼 民规只是推荐性行业标准，当与其他强制性国家标准的规范冲突时，应以后者为准。
hpisme 头衔：潇湘生 等级：版主	第 5 楼 请问兄弟我提及的几条规范与强制性规范哪条冲突了？请给出规范出处谢谢！
 gdsjy 头衔：中立奇迹 等级：版主	第 6 楼 后者用隔离开关也可以。但为什么不做断路器呢？隔离开关比断路器便宜多吗？我看差不多。这是同一级的断路器，根本不存在选择性的问题，完全可以用同样的断路器！另外隔离开关的额定电流本质上就是一个壳架电流。你想不大都不行。不就是 32A，63A，100A 嘛。C65NC-40A 工艺上也可以理解为 63A 的壳架加上整定值为 40A 的开关本体。
hanghost 头衔：寒秋-湛泸剑 等级：版主	第 7 楼 同意中立掌门关于负荷开关的解释，想不大都不行，只有壳架，无整定。关于断 N，3P，4P 请高手解释两规范的各自含义！8.5.10 ~ 8.5.13IEC 标准出版物 364 第 461.2 条规定：“……在 TN-S 系统中，中性线不需要或开关”。我们认为，这样规定不全面。（1）在电网某些正常运行或故障运行状态下（例如 N 线压降过大、干线 N 线断裂、TN 系统中线路一相直接接地短路时）可能造成 N 线带有危险电位，所以单相相电压用电设备或电器不断开 N 线检修往往是不安全的。只有前端装设了检测中性线对地电压的中性线断线保护装置。后面的电器、用电设备才允许不断开 N 线。（2）在含有较大零序电流分量的 TN、TT 系统中，当电源线或联络线是采用具有金属屏蔽层的电缆或穿金属管敷设时，如果进行电源转换或联络用的功能性开关电器不是将 N 线同相线一起接通或断开，则 N 线将被分流，引起线管或屏蔽层因内部合成磁势不为零而发热，造成事故和内能损耗增大。同

 hanghost 头衔：寒秋-湛泸剑 等级：版主	时，一个系统中零电位升高可能传到另一系统中去。TN-C 或 TN-C-S 系统中，PEN 线在不装中性线断线保护的情况下，不允许被隔离或开关，分流现象不可避免，且一个系统中出现零位升高，能传到另一系统中的电气设备外露可导电部分去。所以，在零序电流分量较大的系统中，两个电源或线路的中性线有可能并联运行（例如采用同一重复接地装置）时，不应采用 TN-C、TN-C-S 系统。
hpisme 头衔：潇湘生 等级：版主	第 8 楼 我总结一下我的观点：1. 用隔离开关完全可以，而且要比用断路器好。2. 隔离开关的额定电流要大于等于前断路器的额定电流。3. 在 TN、TT 系统中，无电源转换或虽有电源转换但零序电流分量很小的三相四线配电线路，其隔离电器或开关电器不宜断开 N 线。所以在这几种情况下要用 3P 为好。我觉得你说用 4P 是不对的。王厚余老师的一篇关于 4 级开关应慎用的论文就提及到，希望大家在看这个贴的时候也看看这篇论文。回 gdsjy：隔离开关比断路器便宜一点不多。当都用断路器的时候，我也认为不存在选择性的问题。请仔细看一下我的贴，我只所以提及到这个选择性，是因为有的设计员认为前后同级断路器额定电流相差一级好以满足选择性。但我认为：额定电流相差一级短路保护无选择性可言，过载保护有一定的选择性。
 浪淘沙 头衔：CS 毛毛虫 等级：三星客人	第 9 楼 我一般这样的后边都用隔离开关，感觉用断路器是浪费。我一般都是后边用 3P 的隔离开关，在这里隔离开关好像没什么作用，也就有个断开线路的作用吧？
liangjie 头衔：乐在逍遥 等级：版主	第 10 楼 1. “民用建筑电气设计规范 8.5.10 在 TN、TT 系统中，无电源转换或虽有电源转换但零序电流分量很小的三相四线配电线路，其隔离电器或开关电器不宜断开 N 线。但是在低压配电设计规范有这么一条：第 2.1.5 条隔离电器宜采用同时断开电源所有极的开关或彼此靠近的单极开关。”此条应以《低规》为准。隔离开关应选择 4 极，而非三极。2. “四极开关的慎用”，这里泛指的是断路器，非隔离开关，不应混淆。

hpisme 头衔：潇湘生 等级：版主	第 11 楼 回 1：此条不仅仅是民规上有规定，技术措施和别的规范上也有规定。 回 2：如果认为论文上提及的“开关”仅仅指断路器的观点是错误的。以前上学学的教材有一章节标题是开关电器然后其下解释了包含哪些电器等姑且不管其概念，以 4 极开关应用那篇论文上同样的理论来讨论，隔离开关也是完全可以那样执行的
zhoushu8 头衔：达摩院寺监 等级：版主	第 12 楼 用隔离开关也可以。但硬说比断路器好，那也不见得。隔离开关的额定电流要大于等于前断路器的额定电流，用断路器也是一样，要大于等于前断路器的额定电流。尽量不要用 4P。
liangjie  头衔：乐在逍遥 等级：版主	第 13 楼 1. 指导我们设计的依据是规范而不是论文。论文充其量也只是一个人或某些人的一些看法而已，有本事让它成为我们的“圣经”条款再提不迟。“技术措施和别的规范上也有规定”，请明确。说到《民规》，第 8.5.5 条和技术措施 4.5.7-1 之 1）款对比，技术措施明显将 8.5.5 条中“但……除外”删掉，其中包括了 8.5.10 条的内容。他强调的是“隔离电器应能将所在回路与带电部分有效隔离”。这里“带电部分”是关键。相线为带电部分、PE 线为非带电部分毫无争议。焦点在于 TT 系统的 N 线，TN-C-S 系统中的 N 线和 PEN 线、TN-S 和 TN-C 系统中的 N 线是否带电部分。实际上这几个系统中 N 线和 PEN 线在正常情况下都有电流。绝对平衡的负荷几乎不可能出现。另外，当负荷严重不平衡，而且还存在能产生大量谐波（特别是三次谐波）的非线形负荷时，N 线（或 PEN 线）上电流可能接近甚至超过相电流，导致中性点电位严重偏移。因此，TT 系统的 N 线，TN-C-S 系统中的 N 线和 PEN 线、TN-S 和 TN-C 系统中的 N 线严格来讲应属于带电部分。你说隔离开关是否应将其隔离？ 2. 在目前的规范（暂且含技术措施）中，从来没哪本规范提出慎用四极隔离开关。在技术措施中，宜采用三相三极开关的条款（4.5.3 条之 16 款）也仅仅出现在断路器的选择内容上。因此慎用四极开关里的“开关”指的是“断路器”。 3. 最好拿规范说话。

hpisme 头衔：潇湘生 等级：版主	第 14 楼 关于何时用 4P 何时用 3P 的问题我不再讨论了，那么多专家都一直在讨论再讨论，研究再研究，相信不久会有相应的规范依据。民规即将出新版。我觉得规范应该辨证的遵守，毕竟它也是人制定出来的，强制性条文是无条件遵守，其余条文呢？肯定不会是百分百对，规范全对的话就没有再版再修改的必要了。况且也是不可能的。在一些有争议的条文上，如何理解和遵守？那是设计者个人的问题。说起隔离开关不属于开关，而开关就是只断路器。打死我也不能认同这说法。请哪位兄台找出“开关电器”这个词的定义。
zhaokaikai 头衔：华山一壶饮 等级：版主	第 15 楼 4P 开关的合闸应先合零线，再合相线。分闸，先分相线再分零线。国内大多数产品无此功能。而且零线开关故障。易导致中性点漂移。损坏设备，应慎用。3P 开关分闸后，零线必然不带电，无安全问题，可以使用。负荷开关和断路器区别主要在于是否安装脱扣装置。从线路角度理解均属于开关电器，无本质区别。
 liangjie 头衔：乐在逍遥 等级：版主	第 16 楼 1. 晕，自己看着办吧。有规范条文不用，拿几个“元老”的论文在那里晃悠，那还要规范干啥？这才是电气设计界的最大悲哀！2. 关于说起隔离开关不属于开关，而开关就是只断路器。打死我也不能认同这说法。请哪位兄台找出“开关电器”这个词的定义。我说的是慎用四极开关里的“开关”指的是“断路器”。请勿断章取义！
 hpisme 头衔：潇湘生 等级：版主	第 17 楼 liangjie 兄台请别发火，理越辩越明，看你自我介绍也是广州的。1. 你说有规范条文不用，拿几个“元老”的论文在那里晃悠，那还要规范干啥？这才是电气设计界的最大悲哀！可是你所死认定的规范也是这么几个“老家伙”制定出来的，规范执行后，随着时间和技术的发展。大家在某些方面就有了新的认识。所以这些“元老”就出论文加以说明。相信以后的规范当中就会修订过来。我倒不是唯“老”马是瞻。广州某大院“高工”居然说后端箱用隔离开关就是不行，由此我就在此发帖。2. 我非断章取义。定义是唯一的。有了定义，用在哪个地方都是这意思。退一步说王老先生的论文好像也没强调说开关就是断路器吧。

城市边缘 头衔：缘空和尚 等级：版主	第 18 楼 “慎用四极开关”的原因是为了防止“断零”危险，“断零”危险有几个因素，其中之一是中性线装设了开关，从而导致接触不良的可能，对断路器来说，因为相线有电流，带电流分断时可以烧掉开关上的电阻膜，而中性线不行，所以容易接触不良，隔离开关就更加不行了。所以“慎用四极开关”是包括隔离开关的，“慎用四极开关”的主要意思是叫我们尽量别在中性线上装设开关。隔离开关一般不带负荷操作，更谈不上靠电弧来清理电阻膜了。
liangjie 头衔：乐在逍遥 等级：版主	第 19 楼 1. 还是那句老话：论文充其量也只是一个人或某些人的一些看法而已，有本事让它成为我们的“圣经”条款再提不迟。权威人士的某些观点是值得我们去学习和借鉴，但没成为规范条文之前就肯定不是我们设计的依据。你就知道规范修改就按他的意思来办？2. 离开现行规范去讨论设计中的问题无异于建空中楼阁。我们是规范的一线执行者，并不是修改者。民规是推荐性标准，低规是强制性标准呢。在相矛盾时，就应以强制性标准为准。
zhaokaikai 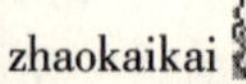 头衔：华山一壶饮 等级：版主	第 20 楼 楼主例子里的隔离电器相当于负荷开关，灭弧能力和断路器是一样的，能带负荷操作。
luozi8250 头衔：明教掌旗使 等级：贵宾	第 21 楼 1. 如果距离太远，就应该考虑是断路器还是隔离开关。2. 隔离开关的额定电流要大于断路器的整定电流，因为此时，断路器既保护线路又保护隔离开关！3. 民用建筑电气设计规范 8.5.17 隔离电器宜采用同时断开有关电源所有极的多极开关，但并不排除采用多个彼此靠近的单极开关，可用同一隔离电器将数个回路隔离（对不重要负荷而言）。本身就矛盾！对于第三条：我的看法还是 3P。两位版主不要生气，本着解决问题的目的，大家坚持己见是好事！
christ888  头衔：光明使者 等级：四星客人	第 22 楼 如果是我做设计的话，我使用 C65/3P 开关代替图中 INT100。C65 本身带隔离功能，而且比 INT100/3P 便宜，比 INT100/4P 便宜得更多，至少差 100 元 RMB。

2-48 住宅的困惑

gao288 头衔：菜花 等级：一星客人	楼主 住宅的困惑：一个六层三单元每梯两户的住宅，户容量6kW，三相入单元，单相入户。每单元的计算电流 $I_{js}=(76\times0.6)/0.22/0.85=243.86A$？太大了吧？还是 $I_{js}=(76\times0.95)/0.38/0.85/1.732=129A$；总电流 $I_{js}=(228\times0.6)/0.38/0.85/1.732=244.5$？疑惑。技术措施中的需要系数按三相配电计算的意思是三相入户还是三相进入电表箱？
ttt001 头衔：般若禅师 等级：管理员	第2楼 1. 6kW是220V电压时的安装负荷。 2. 按三相计算必须折算成为三相负荷。 3. 六层三单元每梯两户是72户，不是76户，也要取需要系数的。
湖南李玲 等级：一星客人	第3楼 每单元计算电流应是 $I_{js}=(76\times0.95)/0.38/0.85/1.732=129A$， 总电流 $I_{js}=(228\times0.6)/0.38/0.85/1.732=244.5$。 技术措施中的需要系数按三相配电计算的意思是三相进入电表箱。
gao288 头衔：菜花 等级：一星客人	第4楼 1. 6kW是220V电压时的安装负荷，但我们计算电流时也得按6kW计算啊。 2. “按三相计算必须折算成为三相负荷。”？怎样折算啊？每单元电表箱的计算电流 $I_{js}=(76\times0.6)/0.22/0.85=243.86A$；$I_{js}=(76\times0.95)/0.38/0.85/1.732=129A$。 哪个对，还是都不对？如何计算？ 3. 六层三单元每梯两户是72户，不是76户，也要取需要系数的。 总电流 $I_{js}=(228\times0.6)/0.38/0.85/1.732=244.5$ 我已经取计算系数了呀。这里计算系数按单相取还是三相取？
湖南李玲 等级：一星客人	第5楼 每单元计算电流（采用三相四线制）$I_{js}=6\times12\times0.6/0.9/0.38/1.732=72.93A$， 总电流 $I_{js}=(6\times12\times3\times0.45)/0.38/0.9/1.732=164.1A$。

gao288 头衔：菜花 等级：一星客人	第 6 楼 不是吧，一个六层三单元每梯两户的住宅，户容量 6kW，三相入单元。 原总电量 6×2×6kW=72kW；Ijs=(24×0.6)/0.38/0.9/1.732=24.3A，总电流 Ijs=(72×0.45)/0.38/0.9/1.732=55A 是这样吗？
Gaoyanfeng 等级：一星客人	第 7 楼 12 户 6kW 的单相电换算成三相电（因为进单元是三相电）就是 4×6kW=24kW（此为单相）×3=72kW（就是三相）啊，这个懂了计算电流的问题自然就懂了！
树袋熊 头衔：天山一颗草 等级：一星客人	第 8 楼 列出公式要写明白：每单元为 12 户，每户 6kW，所以每单元为 72kW，需要系数 Kx=0.6 功率因数为 0.8，所以每单元计算负荷为 72×0.6/0.8=54。380V电压进线到每单元，每单元总计算电流（相电流）54/0.38/1.732=82A 或者 54/3/0.22=82A。
robin-cf 等级：一星客人	第 9 楼 每单元 6×2=12 户×3 个单元=36 户， 每单元进线 VV22-3×70+1×35，160A 足够了！
zlbsyx 等级：一星客人	第 10 楼 每单元 12 户，需要系数按《技术措施》22.2.8 规定，应取 0.95，每单元计算负荷应为 72×0.95/0.8=85.5KVA，计算电流应为 85.5/(0.38×1.732)=129.9A。 总负荷 72×3=216kW，需要系数取 0.5，计算负荷 216×0.5/0.8=135KVA，计算电流为 135/(0.38×1.732)=205A.。对否，请指教。
csqzgh 等级：游客	第 11 楼 我理解几个问题：1. 按单元为例：三相总进线，入每户看有无三相用电设备或每户容量是否很大来确定是否三相入户，如 6kW 可单相入户。2. 计算时应首先换算至三相负荷，取最大相负荷 X3。3. 取需要系数，按接在每相上的户数取。 因此计算结果为：P=6kW×4（户）×3=72kW；I=72×0.8/0.9×1.52=97A。

ZBXINGAO 头衔：逍遥散人 等级：一星客人	第 12 楼 公式中的 1.52 啥意思？
csqzgh 等级：游客	第 13 楼 1.52 就是简化计算 $1/(\sqrt{3}\times0.38kV)$，也就是 $I=P/(\sqrt{3}XU)$。
zlbsyx 等级：一星客人	第 14 楼 三相平衡负荷的计算电流：$Ijs=Pjs/(1.732\times Ue\div cos\varphi\approx1.52Pjs/cos\varphi$ 看来还是需要系数选的不同，你的需要系数是 0.8 吧，可是《措施》22.2.8 里说的是三相配电连接的基本户数是 12 户时，取 0.95，不知你的 0.8 从哪里查的？
树袋熊 头衔：天山一颗草 等级：一星客人	第 15 楼 呵呵，应该是每项负担 4 户，4 户的需要系数为多少，设计人员根据实际情况自己定吧，各个手册给的数据也是个参考数值。
csqzgh 等级：游客	第 16 楼 在住宅计算时，有几个问题再商议： 1. 功率因数：《住宅设计规范》条文中已明确为 0.9 为何大家还有用其他数据的？ 2. 需要系数：《民规》规定（见附录 C.6）按接在同一相电源上的户数选定，25 户以下选 0.45～0.5，《技术措施》中 4 户选 0.95，差别很大，选取时应参照当地供电部门的相关要求，本地选 0.8，这就是我在前贴中的计算依据。

2-49 我是二级负荷吗

 yant 等级：贵宾	楼主 我是二级负荷吗？ 非消防二级负荷，能满足吗？一路 10kV 高压进线，带两台变压器，低压电源分别引出自两台变压器。

i916877 等级：游客	第 2 楼 你一定是二级负荷！两台变压器互为备用。
城市边缘 头衔：缘空和尚 等级：版主	第 3 楼 如果两个 10kV 是由同一区域变电站的不同母线（或者更可靠），应该算。
yant 等级：贵宾	第 4 楼 谢谢楼上兄弟支持！10kV 电源能保证满足，只是 1. 末端离变电所比较远；2. 大部分回路多属于这类二级负荷，容量比较大，怕一台变压器运行时过载得厉害；3. 联络开关能不能自动切换？
linjianming 头衔：江南小生 等级：版主	第 5 楼 电源自动切换应该是可以的。
 minch 头衔：卖火柴的小男孩	第 6 楼 可以搞个备自投，联络开关可以自动切换。
zhaokaikai 头衔：华山一壶饮 等级：版主	第 7 楼 一些客梯就这么做，单母线分段。然后单独回路供客梯。绝对算二级负荷！现在老有人说二级负荷要双电源末端切，呵呵，没办法。
雨过天晴 头衔：天山青虹剑 等级：三星嘉宾	第 8 楼 有可靠的专用回路，绝对算二级负荷。不是二级负荷就一定要双电源末端切换。 变压器容量应满足一台变压器带一二级负荷的要求，如果负荷过大，我觉得可以考虑让干变短时间过载 10% 左右，或者是否可切除一部分不重要的二级负荷？

 大鼻山 头衔：最逍遥 等级：版主	第9楼 我认为楼主这种情况不能满足二级负荷配电要求。请看民规第3.1.10条："二级负荷的供电系统，应当做到发生电力变压器故障或线路常见故障时，不至于中断供电（或中断后可以迅速恢复）。在负荷较小或供电有困难时，二级负荷可由一回6kV及以上专用架空线供电"。假设给配电箱的那一条线路发生了常见线路故障（指短路或过载），你如何保证不至于中断供电或迅速回复供电？规范说的很清楚，可以采取一条专用线路供电，但必须是6kV及以上的架空线。其实本条规定不太切合实际了。
 麦克 头衔：香积厨大师傅	第10楼 满足，绝对的满足啊！鼻哥：民规里那一条是针对的电源进线说的。这里已经有两路进线了。楼上：没规定所有二级负荷（包括消防）非要末端切换。
 大鼻山 头衔：最逍遥 等级：版主	第11楼 是的，我目前还是倾向于末端切换。但是其高压可以来自于同一个10kV电源（变压器还得是两个）。毕竟二级负荷只是强调变压器故障和线路（380V?）常见故障，而未强调10kV电源。假设给配电箱的那一条380V线路发生了常见线路故障（指短路或过载），你如何保证不至于中断供电或迅速回复供电？我倒是认为，二级负荷没强调10kV非得是两路不可。不过说归说，我在具体设计中比较保守，一、二级负荷基本都是按照双电源（双回路）考虑的，且均末端切换。
 雨过天晴 头衔：天山青虹剑 等级：三星嘉宾	第12楼 典型的拿国家的钱不当钱用啊。我理解的"二级负荷的供电系统用做到当电力变压器或线路发生故障"指的是高压侧电源线路。只要高压电源满足要求，楼主采用的方式是很常用的，我在多个大型项目中采用，从未遇到过不同意见。大鼻山总喜欢把问题复杂化。
麦克 头衔：香积厨大师傅	第13楼 鼻哥不放心可以再并一根电缆呀！两根均具备能带100%负荷能力的电缆。还有：化工装置中二级负荷多了去了，主接线也都是单母线分段，带联络，去用电设备的电缆也没见是2根并联啊！

大鼻山 头衔：最逍遥 等级：版主	第 14 楼 “鼻哥不放心可以再并一根电缆呀！两根均具备能带 100% 负荷能力的电缆。”这种方法我以前也见过介绍，但我本人从没有这样实践过；理论上应该可行，而且还不错。不过有个小问题：这两根电缆并联，在两个端头都要接到开关端子上才对呀；悬空着总不是那么回事。
csqzgh 等级：游客	第 15 楼 鼻版主，我倾向楼上的意见，民规里是指电源侧，通常 10kV 侧，否则就不应该有下一句 6kV 架空线的说法了，二级负荷应该按两路设计（电源侧），但不强调是两路独立电源，以区别一级负荷的要求。请指正，但在设计中，我是在末端切换。
yant 等级：贵宾	第 16 楼 我的理解，规范中的“两回线路供电”仅指高压电源，没有对低压线路提出要求。对于非消防负荷，规范也没有要求“末端切换”，当然低压双电源切换可靠性更高，但是我觉得本例满足二级负荷要求，审图的说不满足，不对。
大鼻山 头衔：最逍遥 等级：版主	第 17 楼 假设给配电箱的那一条 380V 线路发生了常见线路故障（指短路或过载），你如何保证不至于中断供电或迅速回复供电？ 小麦所说的两根电缆并联倒是一个通融方法；否则确实不合规范。
yant 等级：贵宾	第 18 楼 呵呵，大鼻反对了。但是有两个数据是不明确的，1. 多长的线缆可认为是可靠的，如地下室的生活水泵，楼顶机房的客梯？2. 多长的“恢复供电”时间是可接受的，就是备用电缆，平时接不接线？如果不接线，故障时更换电缆的时间是否可接受？
张日伟 头衔：七星龙渊剑 等级：三星客人	第 19 楼 见技术措施二级负荷用户的供电方式。第一条说是宜由两个回路供电，并非应，所以我觉得楼主算二级负荷。第三条在负荷较小或地区供电条件困难时，可由一路 6kV 及以上专用的架空线路供电或采用两根电缆供电，其每根电缆应能承担全部二级负荷。应该说两根电缆是并列运行的，也就是不存在用一备一的关系。如果其中一路出现问题，另一回路能接过故障线路的负荷，也就是要在两路进线处的两段母排上加联络开关，不知道小弟的理解可否正确。如果采用双电源（双回路）供电。（这是对供电用户来说，这非供电设备）其末端自还动切换的话，这算不算只是一路电源呢？实际为一用一备的情况。小弟不明。

 城市边缘 头衔：缘空和尚	第 20 楼 《措施》上有句话，二级负荷设备的供电应根据本单位的电源条件及负荷的重要程度，采取下列方式之一：……双电源（或双回路）供电到适当的配电点自动互投后专线送到用电设备或其控制装置上。由变电所引出可靠的专用的单回路供电。
zhaokaikai  头衔：华山一壶饮 等级：版主	第 21 楼 大鼻子多虑了，不必考虑室内敷设的电缆故障和开关动作，其实此情况已满足二级负荷的供电要求。至于是不是可靠，是属于规范的问题了。比如消防大于多少平方米做报警，我多一平方米就做，少一平方米就不做，难道真有安全的区别吗？另外，上面所说的两根电缆指的是配电所到变电所的电缆，到负荷末端用两根没有理论依据，属于自由发挥，而且无此必要。如果大家老是想着一些极限的可能来难为自己，设计还咋做呀？二级负荷对断电时间要求不是很严，比如电梯，一路停电，另一路带一、二级负荷，切换时间很短。
yant  等级：贵宾	第 22 楼 呵呵，是否可以这么认为，如果把二级负荷接线再分成 3 等，那这种情况可以算二级中的三级，末端切换算二级中的一级，双路 380V 非末端 Q 切换算是二级中的二级。
 大鼻山 头衔：最逍遥 等级：版主	第 23 楼 我近来仔细研究了规范和手册、图集，发现二级负荷的供电系统表述非常模糊（一级的非常明确，无分歧），很容易产生分歧。最典型的一个问题就是：某工程为一路高压进线，设置了两台变压器，请问，这种系统有无可能满足二级负荷的供电要求？
yant  等级：贵宾	第 24 楼 一路高压专用的话，算是。不是专用，就不算是。
大鼻山 头衔：最逍遥 等级：版主	第 25 楼 但“专用”又是什么意思？只给本建筑物使用？还是只给二级负荷（含一级）使用？又是一个分歧点！此外应注意，即使是一路专用 10kV，根据 GB 50052—95 的 2.0.6 条，“.... 当采用电缆线路时，应采用两根电缆组成的线路供电，其每根电缆应能承受 100% 的二级负荷”。

yukanlee 头衔：明清散人 等级：版主	第 26 楼 呵呵，鼻子的这番话让我想起了去年我遇到的类似情况。论坛的老朋友可能还记得我曾经发过帖子的。指导我们审查的电气负责人也是拿规范条文死抠，并提出了鼻子这样的假设，因为个人对二级负荷双电源的理解不同，所以我没法说服他。其实照这样假设的话，我们可以反问：假设配电箱的进线断路器故障怎么办？假设用电设备……呵呵，而实际上电缆或线路的故障几率是很小的。何况我们用的是双电缆。这件事最后却是主审的认为没问题，直接通过了。
zhaokaikai 头衔：华山一壶饮 等级：版主	第 27 楼 我来说说：其实二级负荷真的挺有意思的。我见过按一级做的，也见过按三级做的。其实二级负荷停电影响还是比较大的，有条件应该采用两回线路供电。只有当负荷较小，或地区供电条件困难的情况下，才采用 6kV 及以上架空线路。因为架空线路好维修。埋地的用两根承受 100% 二级负荷的电缆热备用，就是都接上。可实际情况是：如果二级负荷较小并且没有一级负荷的楼总体容量也不会很大。最有可能是一片多层住宅小区，有个别二级负荷，其实，实际使用中很难做成这种样子。
 yant 等级：贵宾	第 28 楼 个人理解："专用 10kV 回路"是指仅供给一个工程或用户的，民用的估计很难做的，除非级别特别高，老赵到中南海打听打听，是不是专用的；工业上应该多点，如果用电量足够大，就可能是专线供给。
zhaokaikai 头衔：华山一壶饮 等级：版主	第 29 楼 不至于，去年做了南昌一个大学校区，从两个总降引来了三路专线，现在供电局卖电还是挺配合的。当然有一些附加条件，专用电缆就是直接埋到用户，专用架空线路就不许别的单位 T 接。如果负荷较小，可以考虑一路高压（非专线），一路低压联络。另外想问问：大家对一路 10kV，2～3km 带 5MW 左右容量是咋理解的？难道一路高压的变电所能装 10MW 的变压器吗？大鼻子来回答。是呀，我说的也是一路。记得好像一本城网的手册上有一个表，上面写的：2～3km 一路 10kV 能带 5000kW 的负荷，距离长了就更小。难道大鼻兄做科研，初设的时候落实电源情况。只问能解决几路，不问上级变电所的距离吗？不管离多远，你都带 10000kVA？比如一个开闭所，两路中压专线进线，容量是 10000kVA，上级距离均为 3km。大鼻子，你这个时候能让两路电源一用一备吗？还是同时工作？

 大鼻山 头衔：最逍遥 等级：版主	第30楼 一路10kV大致就是10000kVA啦，大致是一根300mm^{2}的电缆之承载量。环网供电的一路，大致就是这个容量，好几个用户的，不是局限在一个变电所。

2-50 预装式变电站（箱变）可以放在室内吗

山的那边 等级：游客	楼主 预装式变电站（箱变）可以放在室内吗？ 建设单位想把箱变放在室内，真别扭。理由有：1. 室外为商业街道，没地方设。2. 放在室内比室内变电所节省建筑面积。3. 变压器用干式的，为什么不行？我也找不出反驳的理由，但是总感觉不对劲。请大家帮帮忙。
 lengbing 头衔：苦菜花 等级：贵宾	第2楼 没问题啊！
 poplhx 头衔：保镖 等级：佳客	第3楼 我纳闷！预装式有什么必要？直接干式的不就可以了吗？
 NLB 等级：版主	第4楼 有些负荷较大的大跨距厂房，为了缩短出线长度，有把预装式变电所放在厂房中心的。
 蝈蝈 等级：两星客人	第5楼 既然放在室内，没有必要用箱变，浪费了，直接做应该更节省空间和金钱。

西牛望月  等级：一星客人	第 6 楼 散热效果不好，不便于维护操作。
 wys-3638 头衔：风清网 等级：版主	第 7 楼 用箱变就放在室外，室内就用成套设备。浪费！
 ap76 等级：版主	第 8 楼 呵呵：只能说这样配置我们电气设计人员肯定会觉得别扭！建设方的第二个理由不充分，在室内采用干式变压器与配电屏直接并排布置，不是更节约空间吗？
 大鼻山 头衔：最逍遥 等级：版主	第 9 楼 不一定节省空间和金钱吧！我们可以综合比较以下两种情形：1. 常规变电所的土建费用 + 安装费用 1 + 占地面积造价 1 + 设备费用； 2. 箱式变电站设备造价 + 安装费用 2 + 占地面积造价 2； 比较的结果就是：有时候还是可以在室内装设箱式变电站的，不可贸然否定。
 fanjx 头衔：闻声罗汉 等级：贵宾	第 10 楼 箱变放在室内，可以节约场地，不知从何说起。难道室外就找不出放箱变的地方了吗？有绿化场地吗？
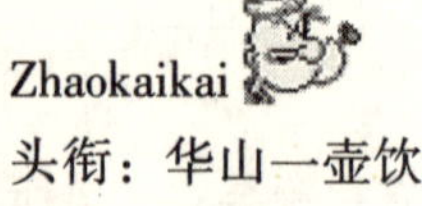 Zhaokaikai 头衔：华山一壶饮 等级：版主	第 11 楼 大家知道室内成套设备有很多间距的要求，箱变就不管了，所以肯定是节约面积。可是我记得好像箱变有不少机油呀，好像是冷却，绝缘用的，不知道是不是适合放在室内，而且出线较少。总之，不要轻易同意，坚持放在室外，不然出了事，就麻烦了。
 wuli983 等级：游客	第 12 楼 没必要，我公司是专业的箱变供应商，有成熟的技术，没必要，把外壳去掉，变压器加以铝板外壳，就一点问题没有，如果那些柜子要求防护等级超过 IP50，那么加一外壳，但一般要加装空调及消防设施。

ttt001 头衔：般若禅师 等级：管理员	第13楼 技术上肯定有办法，放在室内不会有问题。给开发商做项目，无论是住宅还是公建，建筑面积指标都是很死的，为获得最大的面积效益，才出现了室外箱变的思路。电器设备放在室内，是要算建筑面积的，开发商舍得吗？变配电室的平方米造价就不是个小数目。
huyuyue80 等级：游客	第14楼 箱变肯定是更少占面积，而且费用不一定比变电所贵，在商业区甲方这样做绝对是有道理的。但前提是消防电源怎么解决，而且箱变出线回路太少了。如果规模不大这样做完全合理。
AUV 等级：三星客人	第15楼 有个同类工程，外面全是门面和道路，应甲方要求放在地下室，结果被供电局给批了一顿，郁闷中！放在地下室一定不会有问题，但的确没有必要！
sheji 等级：游客	第16楼 箱变可以放在室内，但注意下面几点： 1. 比设置配电室要浪费资金．我单位一台箱变（1250kVA）花费34万元，放在室外。我估计比设置配电室要多花费40%左右。2. 放在屋内影响散热。不知你们单位在什么地方。北方夏季屋内环境温度近40℃。估计屋内还需设空调降温。3. 箱变需要接地。如在室外可以在箱变周围直接砸接地极。在屋内稍微麻烦些。4. 如屋子是现成的，电源进线、动力控制电缆的出线都需要走电缆桥架。
枫-舞之九天 等级：一星客人	第17楼 今天甲方也提出这个问题，被我驳回去了，想放在架空层，但是层高又很低，室外大把绿化带可以放，说影响建筑效果！现在建筑的越来越只顾考虑自己的建筑效果，把箱变类的东西都挤到很边边的位置了。其实对配电来说不是很合理，这样也造成使用上的不方便（个人观点）。

 大鼻山 头衔：最逍遥 等级：版主	第 18 楼 反对成套放在室内的朋友，如何来解释民规这一条？民规第 38 页 4.5.1.1 规定： “高层或大型民用建筑内，宜设室内变电所或户内成套变电所”。哪位朋友来解释以上这条规范规定？很多事情，是不能想当然的；想当然往往只是想当然。

2-51　每层的层箱必须从同一个配电柜出来

现场电工 头衔：掌门人秘书 等级：游客	楼主 每层的层箱必须从同一个配电柜出来吗？这是供电局提出来得啊！
luozi8250 头衔：明教掌旗使 等级：贵宾	第 2 楼 不一定啊！若层数多，你怎么放啊？可以集中设置在邻近的配电柜。为什么会有这样的问题？
zbyjxp 等级：一星客人	第 3 楼 不对，你万一要两路供电怎么办？
zhaokaikai 头衔：华山一壶饮 等级：版主	第 4 楼 把问题说清楚，照明箱，动力箱，一些双电源箱每层的咋从一个箱子出呀？如果没有别的背景材料的话，你可以对供电局说一个字“不”。
johnson 等级：一星客人	第 5 楼 就单照明讲，如果层数有二三十层的话，那这个配电柜应该有二三十个开关馈电即使做成 GGD 而且两面装，试想这个尤物该有多大呀！
tornado 头衔：天山秘书长 等级：四星客人	第 6 楼 不用。让他们拿文字条文来。

2-52 能否用 C65N 断路器控制和保护直流 110V 的高压柜二次回路

<table>
<tr><td>wys-3638
头衔：风清网
等级：版主</td><td>楼主
能否用 C65N 断路器控制和保护直流 110V 的高压柜二次回路?</td></tr>
<tr><td>城市边缘
头衔：缘空和尚
等级：版主</td><td>第 2 楼
C65N 有直流特性的吗?</td></tr>
<tr><td>yukanlee
头衔：明清散人
等级：版主</td><td>第 3 楼：
以下帖子 C65N 产品样本，供参考：断路器直流应用
断路器用于直流电路应考虑：额定电流由设备功率决定。额定电压决定了需用几极断路器串联工作。安装点可能出现的短路电流值不应超过附表规定。蓄电池出线端短路电流的计算：-L/R < 0.015S 电磁保护* （A）≤60V，125V，250V 校正系数；
直流系统中断路器的分断能力（括号内为分断极数）
<table><tr><th>断路器型号</th><th>额定电流</th><th>直流分断能力（kA）</th></tr><tr><td>C65H1-63</td><td>20(1P) 25(2P) 40(3P) 50(4P)</td><td>1.38</td></tr><tr><td>NC100H63-100</td><td>20(1P) 30(2P) 40(3P) 20(4P)</td><td>1.42</td></tr></table>根据接地方式不同选择分断极数通过直流电池和短路电流计算根据欧姆定律
Isc = Vb/Ri；其中：Vb = 最大放电电压（电池充满电）；Ri = 电池的内阻值（通过由制造方根据安时数不同给出）。例：电池容量：500 安时，最大放电电压：240V（110 块 2.2V）；放电电流：300A；内阻：每块电池 0.5 毫欧姆；Ri = 110 × 0.5/1000 = 0.055Ω；Isc = 240 = 4.4kA；0.055；可见在直流系统中，电源短路时的短路电流相对较小。注：如果电池内阻未知，可近似计算：Isc = KC；C = 电池容量（A）；K = 系数，接近 10A 但不超过 20A。</td></tr>
</table>

 wys-3638 头衔：风清网 等级：版主	第 4 楼 谢谢明清了。那么二次熔丝应该没有交直流之分的对吧。就是看到熔丝上面写的 250V 心里就不爽。
 stone_ 21cn 等级：版主	第 5 楼 对于保护来说，现在规定必须用直流断路器，国内的一般用北京人民电器的，进口的我一般用 ABB 和西门子、LG 的，C65N 没用过，直流断路器与交流断路器区别最大的就在断弧能力上，这跟直流特性有关。交流断路器不能用在直流回路！

2-53 保护管的标准标注方式

 jsjdjk 头衔：燧石 等级：游客	楼主 关于保护管：请问镀锌钢管 SC50 和镀锌钢管 DN50 有何区别，设计说没有区别，前者是新式标法，我记得好像 SC 是水煤气管的意思啊，是这样的么？
 sx 等级：两星客人	第 2 楼 92DQ1 上说 SC 表示穿焊接钢管敷设，水煤气管是 RC。其实 SC 我通常可表示镀锌钢管、焊接钢管。
 w3556843u 等级：贵宾	第 3 楼 SC50 为电气标注的敷管型号和直径（上面都已经说了），而 DN50 的标注在电气图上几乎很少见，在给排水的图纸上就这样标注的。
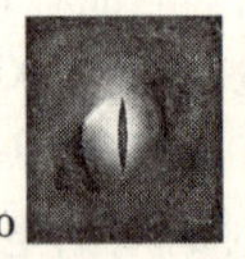 du_ wen_ bo 头衔：超级工具 等级：两星客人	第 4 楼 SC 查《00DX001》DN 查水专业的防水套管图集。SC：穿焊接钢管敷设；DN：穿防水套管。DN 我认为是公称直径的意思。SC 的英文意思就是钢管。

jsjdjk 头衔：燧石 等级：游客	第 5 楼 怎么越看越糊涂了，今天看了《电世界》一篇文章里面有说到市场上的电气金属管材：JDG 导管/SC 水、煤气管/GG 镀锌钢管/TC 镀锌电线管，就是没有 DN。我觉得 DN 应该是代表直径的意思，如果说 SC 是钢管的英文代号，那么设计为什么要说只是新旧标注的区别呢？假定 DN 只是代表直径，那么如何判断设计标注的 DN50 是采用的何种管材？PC？SC？TC？问题依然存在，请发表高见！ 再请问防水套管（DN）焊接钢管（SC）和我们通常所说的镀锌钢管是什么关系？
 w_ zz 头衔：西北狼 等级：五星客人	第 6 楼 DN 是表示公称直径的意思，它的概念跟管子内径相似，是跟流量有关的，（问了水专业后的结论）。这个电气上应该不用吧。没见过电图上有标注 DN 的。
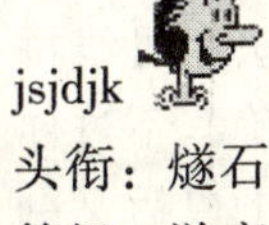 jsjdjk 头衔：燧石 等级：游客	第 7 楼 似乎答案是越来越明朗了—那就是我遇到的设计犯了错，多少年来他（她）一直用镀锌钢管 DN50 来表示电气保护管。有谁给大家一个信服的理由，最好带出处。再请问，诸位大师一般如何通过标注区别镀锌电线管和镀锌钢管？还有电气图中保护管标注为 SC50 是代表直径为 50mm 水、煤气黑铁管还是直径为 50mm 的镀锌钢管？
 du_ wen_ bo 头衔：超级工具 等级：两星客人	第 8 楼 水专业的防水套管图集号为：《02S404》里面有很详细的各种防水套管的做法，看看哪种适合你，不过标注只有一种：DNxx。这是个表达方式的问题，只要设计人能够分清，进户电线管，还要再穿一个，比电线管径还大的防水套管才能入户就没问题了。另外，可能有的结构工程师对这个比较了解。因为，只有在地下埋管进户时，才会用到防水套管，而且，即使此时结构没有剪力墙，也要另做。需特别注意。做法详见：《02S404》
js7752 等级：一星客人	第 9 楼 SC——穿焊接钢管敷设；DN——水专业的表示方法（内径）。

2-54　高压配电柜双列布置母线桥出线位置

黑客 等级：一星客人	楼主 高压配电柜双列布置母线桥出线位置： 10kV高压系统，高压配电柜双列布置，架空母联桥架连接。中间部分排列为……负荷配出柜、母联插车柜、母联开关柜、负荷配出柜……。1. 母联插车柜、母联开关柜的先后位置不同有什么影响吗？（比如影响到上出线的架空母联桥架？或者分段、保护等其他方面？）2. 上出线从哪个柜出比较好，是母联插车柜上出然后到另一列的负荷配出柜好，还是从母联开关柜上出好？（好像和第一个问题有点类似）请指教下，谢谢！
langji88 等级：一星客人	第2楼 是KYN吗？不知道你说的母联插车柜什么意思，是分段柜吧？是PT手车柜吗？如果是的话可以在分段柜上出。照你的理解的母联柜是带开关的，而分段柜是就母线，母联柜和分段柜一般在一起通过母排在柜子下部相连，所以母线到分段柜的时候才在柜子上部母联和分段一般一定有一个出线侧是在柜子下部的，是无法用母线桥出去的。现在有很多图纸对母联和分段的标注不是很准确，不过你把握个原则就是要想用母线桥出就必须在母线走到柜子下以后又翻回到上部的那台柜子。
黑客 等级：一星客人	第3楼 是分段柜，因为双列布置，所以涉及到在分段处用母线桥架上出线以连接两列柜的问题。选用KYN28A。我见到有的在母联插车柜上出线，有的在母联开关柜上出线，不知道是不是都可以？母联柜是带开关的，而分段柜是就母线带隔离手车，这两个柜从哪个柜上引出？有没有什么说道？
langji88 等级：一星客人	第4楼 如果母线到了这台柜子已经到了顶部就可以用母线桥，如果在下面就只能用电缆了，至于这台柜子，是母联还是分段，带不带开关，并不重要，都可以出。母联和分段的顺序正排的反排的都有，因为如果是双电源，从两边看过来顺序肯定是反的。

 黑客 等级：一星客人	第 5 楼 谢谢这位兄弟，可能我没说清楚。就按您的说法，两台柜子都可以颠倒次序排在最边上，那么选哪一台呢？要得就是这句话"母联和分段的顺序正排的反排的都有，因为如果是双电源，从两边看过来顺序肯定是反的"。呵呵，就是怎么都可以了。

2-55　有关自动切换的话题

湖南李玲 等级：一星客人	楼主 有关自动切换的话题： 请教各位，我们平时在生活中用电时，若采用的是双电源切换，虽然切换时时间短，只有零点几秒到一秒，但一般都会有感觉，比如灯突然熄了下又亮了，但对特别敏感的机器，比如不带 UPS 电源的电脑，是否可以继续使用呢？
zhaokaikai 头衔：华山一壶饮	第 2 楼 不能。
zhoushu8 头衔：达摩院寺监	第 3 楼 更正你，双电源切换的时间只有零点几秒到一秒？有 5 秒以上甚至更长啊，你搞错了，必须要那么长。不带 UPS 电源的电脑，数据丢失，就只能重新启动。
sandra 头衔：紫电狂龙	第 4 楼 这种情况我经历过一次，那是在我以前的公司，电突然断了，但同时又恢复了，但是电脑的屏幕只是一黑，接着又恢复正常了。
linjianming 头衔：江南小生	第 5 楼 肯定要重启。
湖南李玲 等级：一星客人	第 6 楼 谢谢各位的参与，我提出这个问题是因为想起小时候，我家当时住在变电站，因为熄了下又立马亮了，我当时就问了我父亲，我父亲说是电源转换，其间的时间误差我想绝对没有 5s 之长，因为感觉仅是一眨眼的功夫，难道说这不是自动切换吗？那又会是什么呢？

yukanlee 头衔：明清散人	第 7 楼 双电源切换最快的确实是零点几到一秒，也就是母联断路器等的动作时间。像一些要求高的一二级负荷的双电源比如石化系统都是这样的。而 zhoushu8 所说的肯定是指自动转换开关的那种，期间有几秒至十几秒的停电切换时间。
湖南李玲 等级：一星客人	第 8 楼 请问楼上老师，那么也就是说，在最快的双电源切换的情况下，电源输入是可以正常供应的，不会引起电源的突然中断，是吧！
sleeper 头衔：白板 等级：两星客人	第 9 楼 不对的。ATS 的触头动作是要时间的，动触头从脱离无电的静触头到接触有点的静触头之间的时间，就是没有任何电源供应的时间，就是为什么要黑一下。电脑没有在线 UPS 的话，肯定是要重启的。有时候突然黑一下可能是电网电压的波动，不是停电电源切换。
黑客 等级：一星客人	第 10 楼 应该是自动重合闸吧。
湖南李玲 等级：一星客人	第 11 楼 请教 SLEEPER，如果在电梯运行中突然断电，或是在手术过程中突然断电，此时需要第二电源接入，而像这样的负荷又需要立马供电，我想像这样的负荷应该不会等上个几秒或几十秒吧。请教黑客，如果是自动重合闸的话，那不带 UPS 的电脑还需重新启动吗？
zhaokaikai 头衔：华山一壶饮 等级：版主	第 12 楼 9、10 楼说的是两件事，风马牛不相及。
城市边缘 头衔：缘空和尚 等级：版主	第 13 楼 当然会新启动，要不还生产 UPS 干嘛？

 黑客 等级：一星客人	第 14 楼 请教 12 楼 zhaokaikai，按楼主的描述，你认为有没有可能是自动重合闸？还有个问题，电脑电源输入端有滤波电容跨接在相线与 PE 线之间，突然断电再送电，电容器两端有可能达到两倍电源电压，是不是有可能击穿电容。
 yukanlee 头衔：明清散人	第 15 楼 注意：我说的是工业电源情况。
 zhoushu8 头衔：达摩院寺监 等级：版主	第 16 楼 楼主 6 楼所说的情况，可以肯定是自动重合闸，100%，双电源自动切换要避开自动重合闸时间，要确认主电源是真的停电了。双电源自动切换没有必要立即送电吧，还有两个电源是不是同步的问题，电动机高速转，突然换一个相位角，合适吗？双电源自动切换开关要完成三个动作：首先保证自动重合闸成功后不跳，比如雷击短路电网开关跳闸，我们不能把我们的主开关也切了吧，重合闸一般能成功的，起码要 2s，然后切除主电源开关，第二步是联锁，主电源开关断，准备备用电源的合闸，要 2s，第三步才是备用开关合上去，所以至少是 5s。
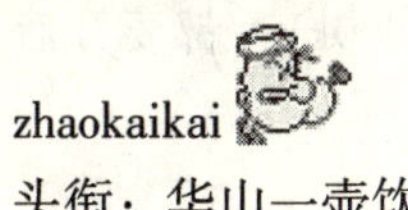 zhaokaikai 头衔：华山一壶饮 等级：版主	第 17 楼 难道我说的不对吗，老周表述的是单母线分段的联络开关倒闸，然后有人说是自动重合闸。请问啥叫自动重合闸？干啥用的？回去看看书然后再说。要是自动重合闸要 15～20s，而且和咱们说的就是风马牛不相及呀。末端小变电所里扯啥重合闸呀？谁见过这种变电所装重合闸继电器了？我晕！呵呵，想明白了，原来 10 楼不是接着老周说的，是借着那个小时候停电的说的，呵呵。
 xw8765 等级：两星客人	第 18 楼 我个人认为手术用电应带电池供电，保证安全，电梯就不用了，一般高层电梯采用双电源自动切换，时间是 ms 级，感觉不到，如果是低层单电源电梯，一般带有不间断电源供电梯平层及开门用。

2-56 变配电所最大容量可以做多大

prezhjian 等级：一星客人	楼主 变配电所最大容量可以做多大？住宅小区变配电所最大容量一般可以做多大？放在地下室，我做过的也就只有 5000kVA，内有 4 台 1250kVA 的，能做到 10000kVA 吗？请指教。
cm365 头衔：dq 等级：两星客人	第 2 楼 和负荷的供电半径有关。变压器宜在负荷中心。
linjianming 头衔：江南小生 等级：版主	第 3 楼 这话对，但能不能上 10000kVA 呀？
yant 等级：贵宾	第 4 楼 “公变”不能做太大，地方电力部门有规定。你这么大负荷，肯定要分开。
anca_ qin 头衔：笨狼 等级：五星客人	第 5 楼 当地供电局不会同意这么大负荷，很多地方上到 4000kVA 都要开后门了，一般是 4×800kVA 呢！
zhaokaikai 头衔：华山一壶饮 等级：版主	第 6 楼 没有可能性。对于住宅小区 10000kVA 的概念是 2500 户或更多，一梯八户的高层 24 层也就不到 200 户。十几栋高层用一个变电所，距离肯定比较远了。而且就算满足低压半径，出线回路也比较多，不如分开设。我最大做过四台 1600kVA 的，倒没有说需要开后门。

2-57 进出线问题

yoyo 等级：一星客人	楼主 进出线问题： 我想请教高手，是不是电缆沟是用来出线的，六孔砖是用来进线的？
sleepe 头衔：白板 等级：两星客人	第 2 楼 显然不是。根据敷设电缆的根数来选择采用哪种，数量多就用沟（8 条以上）。
zbyjxp 等级：一星客人	第 3 楼 2 楼基本上正确，电缆沟是电缆数量多，空间不够而设计的一种方式，成本高；可以走不同电压等级的电缆；你说的六孔砖主要是成本底，但有问题时不方便查找。
bigshoes 等级：两星客人	第 4 楼 那排管敷设呢？和六孔砖差不多吗？
shlmail 等级：两星客人	第 5 楼 排管敷设属于穿管埋地敷设，一般用于电缆根数较多以及室外弱电敷设。
汪磊 头衔：消遥飞龙 等级：游客	第 6 楼 楼上各位说的基本正确，但高压电缆穿管敷设一般用在电缆较少、距离较短的时候。

2-58 住宅设计把住户配电箱放在室内还是室外

 linjianming 头衔：江南小生 等级：版主	楼主 住宅设计时，大家一般把住户配电箱放在室内还是室外？ 我的做法是一般都放在室外，铁箱加明锁。看看大家是怎么做的？我们这儿的用户说放在室内影响装修。

张日伟 头衔：七星龙渊剑 等级：三星客人	第 2 楼 住户配电箱我们都放在室内的，而且有成套的配电箱，不影响美观。
zhoushu8 头衔：达摩院寺监 等级：版主	第 3 楼 我觉得配电箱很漂亮的，为什么要放在室外？现在的箱子可以做得跟挂图一样美，特别是弱电箱，高贵气派，放外面多可惜。家里的私人物品，放在外面不安全也不合理。
zhaokaikai 头衔：华山一壶饮 等级：版主	第 4 楼 电表出户，配电箱入户。pz30 的小箱子挺好看的。放在屋里便于管理。
zylz 等级：游客	第 5 楼 电气技术措施 P247 页："住户配电箱宜设在住户走廊或门厅内的适当地点。"
玄黄 等级：贵宾	第 6 楼 有计量电表在室外，没有在室内！
w_ zz 头衔：西北狼 等级：五星客人	第 7 楼 有个概念，室外不一定是露天，4 楼的说法有道理，也比较合理。支持！

2-59 车间容量计算

fycplg 等级：两星客人	楼主 车间容量计算：请问各位，如果用需要系数法计算车间的容量，那么工频炉及中频炉的需要系数应该如何选择，书上介绍的只有无补偿电容的系数，谢谢各位了！可我想问的是带补偿则 Kx 为多少？另外 tgΦ 应该为多少？
linjianming 头衔：江南小生 等级：版主	第 2 楼 查一下《工厂供电》，看看上面有没有提到。
ymejian6728 等级：游客	第 3 楼 好像《工厂配电设计手册》已经提及，其中工频（不带无功补偿）及中频的 Kx 分别取 0.8 和 0.65 ~ 0.75。
空格 等级：一星客人	第 4 楼 可我想问的是带补偿则 Kx 为多少？带不带补偿和 Kx 是没有关系的，只是和功率因数有关系。Kx 取 0.8，工频炉不带补偿 cos 是 0.35。
fycplg 等级：两星客人	第 5 楼 谢谢 4 楼的兄弟，我还是想问一下，带补偿应该选 COS 为多少？
黑客 等级：一星客人	第 6 楼 同意 4 楼兄的说法，带补偿都是厂家配套的，COS 可以查它的设备表，如果自己补偿，按供电局要求，要在 0.9 以上吧。
fycplg 等级：两星客人	第 7 楼 谢谢各位的帮忙了，这就坚定了我的想法了。不过，用过工频炉的人应该有体会，它的功率因数化炉前后的相差是比较大的。

2-60　配电箱的位数指的是什么

heartsun 头衔：帮主门前站岗的 等级：两星客人	楼主 请问配电箱的位数指的是什么啊？
scpxh 头衔：川妹子 等级：两星客人	第 2 楼 微断的模数一般为 18mm，多少 18mm 就是多少位数。
ZBXINGAO 头衔：逍遥散人 等级：一星客人	第 3 楼 微型断路器的 2P，1P + N 都是 2 位，依次类推。
heartsun 头衔：帮主门前站岗的 等级：两星客人	第 4 楼 是不是一个 40 位的配电箱可以安装 20 个 2P 或者 1P + N 的断路器啊？单相回路（包括有保护接地的插座）是不是应该选 1P + N 的断路器啊？三相的回路应该选用什么样的断路器啊？3P 还是 3P + N 啊？是不是选用断路器的时候不用考虑保护接地线啊？
zhaokaikai 头衔：华山一壶饮 等级：版主	第 5 楼 PZ30 的箱子是比较早的配微断的箱子，PZ30c—18/C4 为例。18 个模数，可以装一个 3P 的进线微断，还剩 15 个模数，可装 15 个 1P 的带照明，1P1 模数。
cm365 头衔：dq 等级：两星客人	第 6 楼 不一定。对于普通微型断路器而言，极数和模数是对应的（特别说明一下：1P + N 的断路器如 DPN 只是占用一个模数）对于一些分断容量较大的微型断路器，一个极数就是 1.5 个模数。
heartsun 头衔：帮主门前站岗的 等级：两星客人	第 7 楼 模模糊糊知道了点，但不知道对不对。是不是说配电箱的模数和断路器的极数是对应的啊？

 ttt001 头衔：般若禅师 等级：管理员	第 8 楼 配电箱的位数本意是指配电箱可以容纳的最多电器设备的量。这个位数是遵循一定的规律的，一位就是 18mm，可以安装 1 个单极微型断路器。 另外，1P + N 断路器是只占 18mm 的。

2-61 母排的困惑

 yoyo 等级：一星客人	楼主 母排的困惑：请教高手，高压开关柜上的小母排是做什么用的？柜内已经有母排了，为啥还要一个呢？为啥只有高压开关柜有呢？低压柜不需要控制吗？
 wys-3638 头衔：风清网 等级：版主	第 2 楼 控制、信号小母线。
 christ888 头衔：光明使者 等级：四星客人	第 3 楼 控制信号的电压当然不能从高压母线上取了，它们不是一个电压等级。控制信号有许多种，低压开关柜的控制信号一般是直流 24V 和交流 220V。高压开关柜的控制一般要看设计采用的操作机构，一般是直流 110V、220V 或交流 220V。
 yoyo 等级：一星客人	第 4 楼 楼上的意思是不是说低压开关柜的控制信号的电压可以从低压母线上取呢？它们的电压等级分别是多少呢？
 wys-3638 头衔：风清网 等级：版主	第 5 楼 高压屏，一般设有专门的直流屏供电，设立小母线可以保证供电可靠性。低压屏本身的控制电压可以在母排上面取，没有必要用小母线。低压常规的有 AC220V、380V。

 黑客 等级：一星客人	第 6 楼 小母线其实是为了二次回路连接更方便简洁、节省电缆。建议妹妹多找些二次控制的书看看。
zhaokaikai 头衔：华山一壶饮 等级：版主	第 7 楼 看看二次保护的图集，能明白好多问题。再到厂子里看看实物就差不多了，至少能蒙外行了。其实二次就是为了实现计量，保护等功能。按高压开关柜的不同用途。采用不同的二次。先弄明白需要啥保护，再看看二次如何实现。对一下端子排，弄清如何接线。最后一定要搞清外部接线。其实现在只画外部接线了，不用画二次了。

2-62　如何用最简单的办法检测相序

xfiles 等级：三星客人	楼主 如何用最简单的办法检测相序，用万用表可以么？是否还有其他更好的办法？
wys-3638 头衔：风清网 等级：版主	第 2 楼 题目有些不清楚，你说的是两台变压器并列运行时检测相序的问题吧，万用表和相序表都可以的。
NLB 等级：版主	第 3 楼 如检查电源的相序（正序还是负序）用相序表，如检查两台变压器并列运行时的相序是否一致，可用万用表，电笔也行，不能用相序表。
xfiles 等级：三星客人	第 4 楼 谢谢各位大侠，如何用万用表检查两台变压器并列运行时的相序是否一致？
双成 等级：游客	第 5 楼 你不会要在运行时测吧！

wurongqian 等级：两星客人	第 6 楼 断路器上下两端无电压即为同相。

2-63 如何选择高压熔断器

hitwb 头衔：达摩堂堂主 等级：一星客人	楼主 如何选择高压熔断器？用负荷开关 + 熔断器保护变压器时，是怎么选择熔断器的额定电流的？怎么在不同的箱变样本上看到的不同呢？400kVA 我用 50A，630kVA、800kVA 我用 80A，可行吗？
 penght 头衔：地域不空不成佛 等级：一星客人	第 2 楼 我一般是按变压器容量的 10% 选取的。如 630kVA 的就用 63A。
 wys-3638 头衔：风清网 等级：版主	第 3 楼 高压熔断器只是后备保护适当选大点没有问题，根据厂家的样本选也可行。
 peterpan 等级：游客	第 4 楼 负荷开关 + 熔断器组合电气中，熔断器安装在金属封闭空间，理论上要降容 10% 考虑。
zab 头衔：我感觉 等级：游客	第 5 楼 负荷开关 + 熔断器组合叫作“FC”，现在很少用，但是要考虑最大短路电流，满足熔丝开断曲线：额定电流-开断电流曲线。如果额定电流很小短路电流很大，熔丝不能灭弧会造成更大的事故，就不能用 FC，如水电厂的厂用变压器就不能用 FC。熔丝的选用原则是：额定电流 × 裕度系数。熔丝以开断速度快，毫秒级别，在短路电流未达到最大值已开断，使设备不受大电流冲击而更好地保护设备，所以熔丝在低压系统广泛应用，但 6kV-66kV 很少使用，原因就是熔丝的选择非常困难。

2-64　电梯机房配电问题

yant 头衔：实习生 等级：一星嘉宾	楼主 电梯机房配电问题。 审图的提出的问题："电梯控制柜电源回路未设隔离电器，不当；无轿厢照明电源，不当。"依据是 GB 50055—93—3.3.3 条：每台电梯或自动扶梯的电源线，应设隔离电器和短路保护电器。有多路电源进线的电梯机房，每路进线均应装设隔离电器，并应装设在机房便于操作和维修的地点。我怎么没设隔离电器了？电源进箱就是隔离开关，3.3.6 条：轿厢的照明电源，可从电梯的动力电源隔离电器前取得，并应装设隔离电器和短路保护电器。我认为电梯轿厢照明电源是从电梯自带的控制柜引出的。请大家议论。
zhoushu8 头衔：达摩院寺监 等级：版主	第 2 楼 隔离电器是指电梯控制柜的进线开关，你设计的是电源箱，是两码子事嘛。
yant 头衔：实习生 等级：一星嘉宾	第 3 楼 就是嘛，电梯控制柜是电梯自带的，我做的只是电源箱。
zhoushu8 头衔：达摩院寺监 等级：版主	第 4 楼 你要反击他，回复意见要尖锐，就说"审图意见错误"，帮助他下次看清楚才开口。
yant 头衔：实习生 等级：一星嘉宾	第 5 楼 呵呵，听取周老的意见。还有就是轿厢的照明电源该从哪里引？可从电梯的动力电源隔离电器前取得？还是我这个电源箱还是电梯配套的控制箱的隔离电器前？如果是指我这个电源箱，那就是还要为轿厢的照明设一个双电源箱？各位是怎么做的？

王李斌 头衔：大头菜 等级：一星嘉宾	第 6 楼 你的电梯电源箱电源切换用隔离开关？这恐怕不合适吧。国内的隔离开关大部分不能带负荷操作。
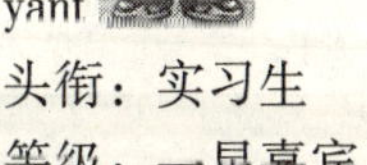 yant 头衔：实习生 等级：一星嘉宾	第 7 楼 双切换开关是属于负荷开关性质，应该不会有问题，切换开关前面是隔离开关。轿厢的照明电源该从哪里引？各位是怎么做的？
大鼻山 头衔：最逍遥 等级：版主	第 8 楼 好端端的审图工作，就让那个别“喜欢刁难设计人员”的人给搅黄了！审图意见怎么能那么写呢?!基本是文不对路。楼主的图纸，如果我审，我可能只会写上：“双电源切换开关表达不详。”不过，若换上一个语调，也完全可以写成：“双电源切换表达，违反了《供配电系统设计规范》的×××条（我忘了具体条文），应急电源应与市电有可靠防止并列措施。”因为楼主的图纸，确实没有明确表达双电源切换和联锁关系。我审图有三大原则：1. 尽量不让设计人另外出图，以修改通知单解决最好；2. 尽量加强与设计人沟通，让设计人心悦诚服；3. 一切从规范出发，而且只讲规范（国标）。
 yant 头衔：实习生 等级：一星嘉宾	第 9 楼 鼻兄所说的“应急电源应与市电有可靠防止并列措施”，所选的产品能实现“防止并列运行”，因为他提的是隔离开关的问题，我把开关型号都删掉了。关于轿厢的照明，复审意见提出：《电梯工程施工质量验收规范》GB 50310—2002 第 4.10.3 条亦明确要求：“主电源开关不应切断”“轿厢的照明和通风”这主电源开关应算哪个开关呢？还非得要为轿厢的照明设一个双电源箱？那好像还不是那个家伙的意思。
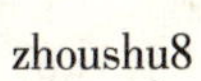 zhoushu8 头衔：达摩院寺监 等级：版主	第 10 楼 多预留 2 个回路，你的图没有问题，轿箱的照明不由设计人员做，咱们只做电源。你们审图的水平不是一般的差，你应该坚决反击。告诉你，我市的图，除了我院出的外，大多由我审，我的审图原则是：1. 以强制性条文及国标为准，民用建筑电气设计规范见鬼去，除非国标没有的内容才参考它。2. 不以技术措施为依据，非得以规范为依据。3. 负荷问题基本从没提过，大小说不清的一律不提。防雷和等电位问题，大概差不多就不提。4. 侧重于使用功能及消防。5. 没有国标为依据的话从不写，从没写过“不妥”之类的话，干脆！没有人提出过异议。

<table>
<tr><td>
gdsjy
头衔：中立奇迹
等级：版主</td><td>第 11 楼
大鼻山提的对，yant 你把开关型号标上。选的开关可实现连锁是没问题，可你的图上看不出任何表示或文字说明是要求连锁啊。1. 要注明电源是一主一备，开关是电气和机械连锁。2. 电梯轿厢的照明通风电源不是由电梯控制箱引出的，你的图应该增加。3. 63A 的断路器选 $5\times16mm^2$ 的 ZRYJV？不知是不是消防电梯？你算一下接地故障保护，99% 满足不了，这是强条。这个图我审就不过！</td></tr>
<tr><td>zhoushu8
头衔：达摩院寺监
等级：版主</td><td>第 12 楼
63A 的断路器选 $5\times16mm^2$，怎么不可以？违反哪一条？你的意思是要选 NH，依据呢？是消防电梯又怎样？不就是宜增大一个等级吗？可负荷可以啊，我觉得这样的问题审图的不能提，因为没有明显违反规范特别是国标。讨论是可以的。也不能以技术措施为依据。接地故障保护？这是强条？这我倒要请教了，是哪一条？为什么？
固定式设备，5 秒切除，我想没必要校验，太容易了。手握移动设备，0.4 秒切，可人家是安全电压 36V，不适合这条。也不要校。当采用漏电保护时，什么也不要校的，你同意吗？呵呵，让你去审图，设计人员就倒霉了。</td></tr>
<tr><td>
gdsjy
头衔：中立奇迹
等级：版主</td><td>第 13 楼
zhoushu8，以后回帖最好看清楚别人说的再回贴，更不要以你猜测别人的意思来回贴，这里是技术论坛。希望你尽可能的把非技术讨论的话减至最少。当然，我们也有休闲论坛。选用漏电保护不需校验灵敏度，我同意，但电梯配电带漏电吗？我从来不这样做。我想楼主也不会吧？选导体，载流量只是其中的一个依据，而不是全部依据！之所以问是否消防电梯，原因有二：1. 消防电梯肯定不会有漏电保护；2. 消防电梯配电线路较长。你用过载保护兼作接地故障保护。请 yant 按照 $Z_S\times I_a$ 不大于 220V 校验．算一下就知道了。电梯轿厢照明和通风不是由控制引出的，我这里有省标图集，你可找国标或地区标图可能更有说服力或者看看电梯施工图集．电梯轿厢照明和通风等的确是由电梯厂家负责的，但你的来源必须正确。</td></tr>
<tr><td>
yant
头衔：实习生
等级：一星嘉宾</td><td>第 14 楼
回楼上：现在的 ATS 开关都能实现“电气和机械连锁”吧，我选的是“台湾飞腾的产品“切换动作由单一动作完成，确保只有一端供电，且接电能完成全紧密结合任何形式操作，都不会造成两路电源同时投入负载侧”，（我可不想给他们做广告的哦）一主一备我是注了的”，文字说明是要求连锁倒没有做到。电梯轿厢的照明通风电源</td></tr>
</table>

 yant 头衔：实习生 等级：一星嘉宾	我咨询了“西子奥迪斯电梯”厂家，回答是“他们会处理的”，不过那个家伙好像也不是很懂。审图的意思在电源箱里加回路，还解释《通用用电设备配电设计规范》，是配电规范，3.3.6条是针对配电箱的，不是针对控制柜的，这个电源要“装设隔离电器和短路保护电器”第3条，我就不知道怎么会不过了？
 大鼻山 头衔：最逍遥 等级：版主	第15楼 1. 楼主配电箱多要预留几个回路；2. 接地故障保护肯定要做，见《低规》。那么楼主的16mm^{2}满足要求吗？过载保护能兼任吗？ 不要纸上谈兵，举例说明之。假设变电所距离电梯100m，TN，上级开关也是63A，短延时为5倍，取315A，其1.3倍为409A。16mm^{2}YJV电阻为1.4Ω/km，则线路电阻为$2\times1.4\times0.1=0.28\Omega$。接地故障电流为$176/0.28=628$A，大于409A。因此，若按照我的假设条件，过载保护电器可以兼做接地故障保护，16mm^{2}足够了。为什么动辄就要扯出漏电保护或加大电缆截面呢？当然，如果是距离200m，那么就有点问题了。接地电流只有314A了，这时就需要加大电缆截面或是减小整定电流值（但须躲开电梯启动电流）。总之，不要简单说行或不行，必须结合楼主的实际情况，然后仔细计算，以理服人。
 gdsjy 头衔：中立奇迹 等级：版主	第16楼 呵呵，看不懂，只是没看到变压器阻抗，由变配电至低压距离，再由低配至电梯机房距离，以及各段线路的选型。由此就计算出了628A？
 大鼻山 头衔：最逍遥 等级：版主	第17楼 大道理看来大家心里都明白，我现在只想看到其他人的具体数字计算。这样讨论下去，永远都是“空对空”，甚至导致“不可知论”。其他的我不想再多说。等大家明白了176的含义，也许不会再提出类似疑问了。 补充两句：1. 作为工程计算，我前面的计算精度大致是90%以上，但不是100%（谁也达不到100%，也没必要100%）。2. 搞工程的，要善于抓住主要矛盾、抓问题本质、去繁存简，要善于把定性问题转化为定量问题（当然，要满足足够的精度）。否则，就只有永远停留在“纸上谈兵”的水平。

 gdsjy 头衔：中立奇迹 等级：版主	第 18 楼 先不说你的计算，你的基础是 100m，这在一般工程是不够的。你一直要我的计算，这简单，但我的确不敢像你一样，没有任何数据就敢算。176A 怎么来不感兴趣，（有点像 220×0.8）。但对于一个没有前提的计算数据是没有说服力的！照你的思路，不论这个电梯是在什么建筑，其前端配电情况是什么，都是 628A 了？
 大鼻山 头衔：最逍遥 等级：版主	第 19 楼 本工程的具体情况不清楚，你怎么可以一口断言："你算一下接地故障保护，99%满足不了"？你又是根据什么如此判定呢？根据经验？根据计算？为什么 99%满足不了呢？我已经说过，为了便于大家理解，我的计算只是快速估算、简化计算，而不是 100%的正确（谁也做不到 100%正确），但是基本可以满足工程精度。我不会凭空发出什么断言。我只相信计算，哪怕是估算也行，我的基础是 100m？什么意思呀？我只是举例说明呀。其实大家心里都明白：本工程的电缆临界保护长度是（628/409）×100 = 153m，请注意：这只是估算，还需要我把所有细节全部写出来吗？我也忙啊。我的计算没有说服力，那么请你公布"具有说服力"的，举例也行。我的估算虽然不是规范规定，但绝对有根有据，而不是我的发明创造。"不论这个电梯是在什么建筑，其前端配电情况是什么，都是 628A 了"？我没有这样说过。
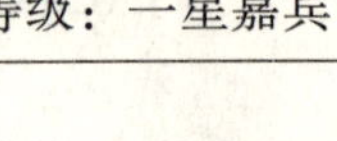 yant 头衔：实习生 等级：一星嘉宾	第 20 楼 本工程变压器容量 2×630kVA，变配电设本楼地下室，R < 1，单身公寓楼高 47m，配电屏至电梯电源箱电缆长度约 70m。特别感谢大鼻山和 gdsjy 两位版主的指教。大鼻山兄帖子的内容还在学习研究。
 麦克白 头衔：香积厨大师傅 等级：版主	第 21 楼 鼻兄：你好像只考虑了一级配电的情况，即由变电所直供到电梯机房。许多二级配电的情况是否满足呢？未必吧。我现在有个想法：在单相短路灵敏度不满足的情况下，末端做辅助等电位联结即可，这样就不会电死人了。至于 >5s 电缆热温升如何考虑，也是有详细公式可算的（不过我没去算过），所以这个问题也可以解决；我们平时看的热稳定校验公式是在 <5s 前提下的简化公式。怎么样，我的研究比较深入吧？
 gdsjy 头衔：中立奇迹 等级：版主	第 22 楼 我看第一眼就觉得不可能 63A，5×16 用在电梯上。这在一般的画图情况是不可能的。我第一个感觉就是载流量不满足，紧接着就是灵敏度校验难以满足。这样的图怎能轻易 pass 呢？接地故障的危害性极大，希望都能重视。千万不能只以载流量来选择导体。特别对于不能

 gdsjy 头衔：中立奇迹 等级：版主	采用漏电保护且供电距离较长的配电线路，一定要校验！我说的99%就是在大多数情况，一般由楼外变配电引至楼内低配，再由此至电梯机房。但没有数值我是不会计算的，这样可能造成误导。然后我发短信问yant本楼的情况，yant已在20楼公布，那好了，我们都不必估算，可以本工程为例计算，给大家一个方法。麦克白想的深入：1. 辅助等电位可使接触电压降低但不能缩短切断动作时间，只能防止人身间接电击。2. 但接地故障保护还应防止电气火灾和线路损坏。这与麦克白一致。但我觉得还有：供电给固定式设备，没有必要用辅助等电位来进行接地故障保护以防止人身电击。如麦克白所说，>5s的温升我也没算过。但麦克白的意思不是准备在末端做完辅助等电位就不管了吧，呵呵，其实规范的5s已经是综合考虑了设备和线路的热稳定。
麦克白 头衔：香积厨大师傅 等级：版主	第23楼 奇迹：你说的对，我查阅了王老的《低压电气装置的设计安装和检验》，觉得：《工业与民用配电设计手册》第749页“当配电线路较长，故障电流较小，过电流保护动作时间超过表15-1额定值时，可不放大线路截面以缩短动作时间，而以局部等电位联结代之”。——这条实在是容易让人误解，我觉得建议出版新书的时候把这条修改修改，实际上由同一个配电箱配电的用电设备既有固定的又有移动时这一条才有意义。因为无论做不做局部等电位联结，IEC都规定断路器在5s时间内切除故障，这是综合考虑电气火灾和线路损坏以及保护设备的动作灵敏度等因素后确定的。假如预期切断时间>5s怎么办？假如6s、7s呢？我想可以用精确公式计算温升是否会对线路造成不利影响，从而决定是否应该放大线路截面。另一个想法，我认为不必局限于用瞬动脱扣兼作单相短路保护时1.3的灵敏度要求，我们把灵敏度取为1也没问题，这时候线路的温升时有限的，同时我们还有长延时作为后备保护（仅有瞬动脱扣的情况例外）。提醒大家：这种探讨只局限于理论层面，很难应用于实际工作中，大家设计的时候还是严格按规范来，对吧？
 大鼻山 头衔：最逍遥 等级：版主	第24楼 1. MM说YJV-5×16mm^{2}的载流量不够（对应63A断路器）。请问，请你公布该电缆的真实载流量数值，看看载流量到底够不够和63A断路器配合。所有朋友都可以查查手册。反正，根据我本人查阅的几本资料，载流量绝对没问题！ 2. 接地故障肯定要校验的，谁没有校验呀？我上面的计算不就是这种校验吗？此外，上面好像没有人只“根据载流量来选择导体”吧？ 3. 既然楼主已经公布了本工程的实际情况，那么大家都很想看一看

 大鼻山 头衔：最逍遥 等级：版主	讨论者的“精确计算”，以便验证一下楼主的设计到底有无问题。 4. 根据前面的估算，我早已判定楼主的设计没有问题。我刚才又用了“精确计算法”，得出的结论也一致，而且与估算法的结果较为接近（当然，高压系统容量和低压母排还是假设的）。 5. 我不希望大家把“单相短路校验”和“接地故障校验”混为一谈，因为那根本就是两码事。
 gdsjy 头衔：中立奇迹 等级：版主	第 25 楼 刚回来，接地故障正在算，先说一句，载流量有问题．。ZR-YJV-16mm^2 明敷 30 度 90A，不知敷设方式，乘校正系数后，楼主自己算。
 大鼻山 头衔：最逍遥 等级：版主	第 26 楼 现在楼主的工程概况已经公布，具体设计方案早也公布了。目前大家最关心的就是，楼主的设计系统到底有没有问题？如果有问题，请问“为什么”？如果没问题，也请问“为什么”？（当然，我本人的观点，在前面已经重复了 N 遍）。希望前面所有参与讨论的朋友，继续研究这个问题；我们除了希望看到理论探讨，更希望看到最终的、具体的、结论性的、具备充分说服力的东西，至于那些摸棱两可、含糊其辞、以空对空的东西，其实可以少一点。
 麦克白 头衔：香积厨大师傅 等级：版主	第 27 楼 谁也没把这两个概念混为一谈。我考虑的是当单相接地故障存在时间 >5s 后的热效应。我的结论很简单：把 1.3 的系数放大到 1，这样配电距离还可以长若干米而不会出问题，我认为这很有意义。楼主的问题，在不知道他的上级电源情况下，我可不敢绝对肯定就没问题。二级配电，变电所不在楼内的情况很常见。大鼻兄你的折算不知道有多少依据？不会是纯凭经验，应该实际验算过若干次吧？
 大鼻山 头衔：最逍遥 等级：版主	第 28 楼 你们永远都是只打文字，不打一个数字；我也学会了这一招。估算和精算，我都完成了；但时间关系，不想多写了。如果有人在“短延时和瞬时”方面和我理论一番，我还觉得有点探讨价值；而其他的因素影响，基本都在工程精度允许范围，没多大必要非得要求楼主去提供 10kV 电源详细情况。我们自己完全可以假设几种情况嘛：比如，无穷大，300MVA 或 200MVA，反正也是大致如此。否则，到头来还是不可

 大鼻山 头衔：最逍遥 等级：版主	知论。因为原始资料不齐全，所以没法计算。兄弟应该从头看起呀：楼主不早说了2×630kVA距离变电所70m了吗？而且，我前帖已经讲过，我的估算结果是在楼主未提供基本资料之前计算的，变压器和系统状况只是作了简化处理。80%的系数，是根据一个重要专业杂志的介绍而来，并非我个人创造和发明。现在既然楼主公布了工程的具体情况，当然不要再去估算了。
 麦克白 头衔：香积厨大师傅 等级：版主	第29楼 建筑电气施工图审查中常见问题的分析 一、有关电梯配电的规定 1. GB 50310—2002《电梯工程施工质量验收规范》发布通知指明GB 50182—93规范废止。原GB 50182—93中2.0.1条规定：电梯电源应专用，并应由建筑物配电间直接送至机房；2.0.3条规定：机房照明电源与电梯电源分开，并应在机房内靠近入口处设置照明开关的内容已废止。 2. GB 50310—2002中3.3.2条规定：各类电梯的负荷分级和供电要求应符合现行国家标准《供配电系统设计规范》的规定，高层建筑中的消防电梯，应符合《高层民用建筑设计防火规范》的规定。说明电梯电源强调负荷分级和供电要求，不酷求电梯电源应专用、应由建筑物配电间直接送至机房、机房照明电源与电梯电源分开。 如何考虑电梯的配电电源？建议运用以下规范： 1. GB 50055—1993《通用用电设备配电设计规范》3.3.3中规定：每台电梯或自动扶梯的电源应设置隔离电器和短路保护电器。多路电源进线的电梯机房，每路进线均应设置。 2. GB 50055—1993《通用用电设备配电设计规范》3.3.6中规定：桥厢的照明电源，可从电梯动力电源隔离电器前取得，并应装设隔离电器和短路保护电器。 3. GB 50310—2002中4.10.3条规定：主电源开关不应切断下列供电电路。(1)桥厢照明和通风；(2)机房和滑轮间照明；(3)机房、桥顶和底坑插座电源；(4)井道照明；(5)报警装置。 4. GB 50310—20024中4.11.1条规定有关短路过载保护：动力电路、控制电路，安全电路，必须设置短路保护装置；动力电路必须有过载保护装置。 5. GB 50310—2002中4.2.4条规定：机房内应设有固定的电气照明，地板表面上的照度不应小于200lx。机房内应设置一个或多个电源插座，在机房入口处的适当高度处应设一个开关控制机房照明电源。 二、防静电工程的设计要求（参考资料防静电工程技术规程DGJ 08-83-2000）（略）。 三、保护电器选择性配合设计的原则（参考资料民用建筑设计技术措施）。 1. 对保护电器选择性动作的基本要求 (1)要求末级保护电器以最快的速度切断故障电路，在不影响工艺要

 麦克白 头衔：香积厨大师傅 等级：版主	求的情况下最好是瞬时切断。(2) 上一级保护采用断路器时，宜设有短延时脱扣，整定电流和延长时间可调，以保证下级保护先动作。(3) 上级保护用熔断器保护时，其反时限特性应相互配合，用过电流选择比给予保证。(4) 自变压器低压侧配出回路至用电设备之间的配电级数不宜超过三级。对非重要负荷可不超过四级。(5) 配电系统的第一、二级之间保护电器应具有动作选择性。并宜采用选择型保护电器，对于非重要负荷可以采用无选择性切断。 2. 断路器与断路器的级间配合 (1) 当上下级断路器出线端处预期短路电流有较大差别时，并上下级断路器均设有瞬时脱扣器，则上级断路器的瞬时脱扣整定电流应大于下级的预期短路电流，以保证有选择性保护。(2) 当上下级断路器距离很近，出线端预期短路电流差别很小时，则上级断路器宜选用带有短延时脱扣器，使之延时动作，以保证有选择配合。(3) 为方便上下级间协调配合，一般情况下，第一级保护电器（如变压器出线低压侧总开关）宜选用过载长延时、短路短延时（0～0.5s 延时可调）保护特性，不设短路瞬时脱扣器。第二级配出回路保护电器，根据其重要性，宜采用过载长延时、短路短延时、短路瞬时及接地故障保护等。母线联络开关宜设过载长延时、短路短延时保护。第一级和第二级保护电器短路短延时，应有一个级差时间，宜不小于0.1～0.2s。(4) 选择型保护电器，上级保护电器的过载长延时和短路短延时的整定电流，宜不小于下级保护电器整定值的1.3倍。以保证上下级之间的动作选择性。(下略)

2-65　箱变内的油变在800kVA及以上时的瓦斯保护怎么实现

wys-3638 头衔：风清网 等级：版主	楼主 箱变内的油变在800kVA及以上时的瓦斯保护怎么实现？ 最近有一个箱变的工程，具体情况如下：高压柜用三台负荷开关柜（进线和环出各一台，变压器出线用负荷开关＋熔断器的组合电气）、变压器是800kVA的油变、低压略。800kVA及以上的油变需要设置瓦斯保护的，这个时候怎么样实现瓦斯保护呢？我们在负荷开关加熔断器组合电器上面加了一个分励线圈，由重瓦斯的接点来控制。就是说当变压器出现重瓦斯的时候，给信号分励线圈，由分励线圈分闸负荷开关。这么做我有一个疑问：负荷开关没有分断能力，怎么样去分断故障电流呢？这样做是否合适？请各位大侠指点迷津！
zhaokaikai 头衔：华山一壶饮 等级：版主	第2楼 同意，瓦斯继电器作用于分闸线圈。

wys-3638 头衔：风清网 等级：版主	第 3 楼 老赵：负荷开关没有分断能力，怎么样去分断故障电流呢？
zhaokaikai 头衔：华山一壶饮 等级：版主	第 4 楼 呵呵，好像说错了，不好意思，没细看，光想挣分了。负荷开关保护额定工作情况下的合，分闸。熔断器保护短路时一次性熔断后，通过撞针分闸，按此原理，不能用脱扣线圈直接作用于负荷开关。轻瓦斯、重瓦斯是不是都作用于报警算了。我没做过环网带油浸的，等高手来看看吧。只考虑匝间短路，煮变压器油，此时电源侧电流只是略有增大，就是说可以煮一会儿的。此时可能性是这样的。最大的可能性是瓦斯保护动作。通过脱扣作用于负荷开关分断。应该能可靠分断。可是会不会出线匝间短路引起单相接地或相间短路的时候恰好瓦斯继电器动作呢？后果就变成分断故障短路电流了。当然这种可能性比较小，毕竟绝缘不是一下就烧穿的，可是也难说。既然变压器保护都是由熔断器完成的。瓦斯保护的作用和使用断路器的时候就不同了，高手再看看。
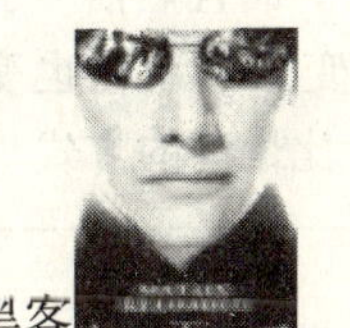 黑客 等级：一星客人	第 5 楼 交接电流与继保和熔断器曲线的交点大小关系好像很难校验，因为瓦斯保护存在不确定性。
zhaokaikai 头衔：华山一壶饮 等级：版主	第 6 楼 同意楼上，毕竟主油变是不受控的，呵呵。
ll504 等级：一星客人	第 7 楼 21 世纪的同志居然还在谈论 800kVA 油变的瓦斯保护的问题?！我个人认为当年的“800kVA 及以上的油变需要设置瓦斯保护的”已不合时宜。当年的变压器是有油枕的，用的防爆管。现在的是全密封的，箱体是波纹钢（有一定的释压能力）外加“压力释放阀”。规范老了，有时效性的！该不理就别理了。我们这里 800kVA 一般都不上瓦斯保护了。1000kVA 以上的考虑，但不能“由分励线圈分闸负荷开

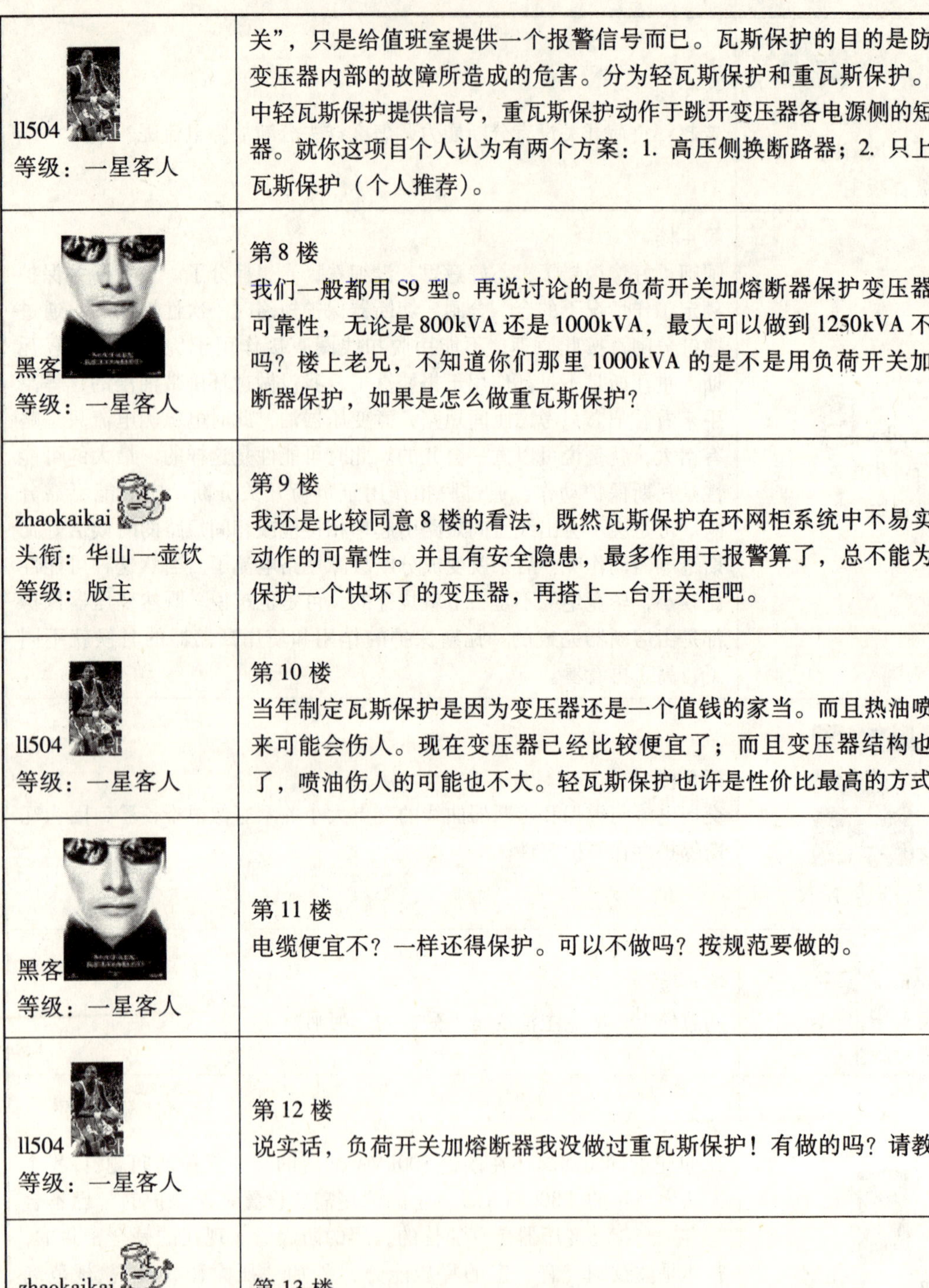

ll504 等级：一星客人	关”，只是给值班室提供一个报警信号而已。瓦斯保护的目的是防止变压器内部的故障所造成的危害。分为轻瓦斯保护和重瓦斯保护。其中轻瓦斯保护提供信号，重瓦斯保护动作于跳开变压器各电源侧的短路器。就你这项目个人认为有两个方案：1. 高压侧换断路器；2. 只上轻瓦斯保护（个人推荐）。
黑客 等级：一星客人	第 8 楼 我们一般都用 S9 型。再说讨论的是负荷开关加熔断器保护变压器的可靠性，无论是 800kVA 还是 1000kVA，最大可以做到 1250kVA 不是吗？楼上老兄，不知道你们那里 1000kVA 的是不是用负荷开关加熔断器保护，如果是怎么做重瓦斯保护？
zhaokaikai 头衔：华山一壶饮 等级：版主	第 9 楼 我还是比较同意 8 楼的看法，既然瓦斯保护在环网柜系统中不易实现动作的可靠性。并且有安全隐患，最多作用于报警算了，总不能为了保护一个快坏了的变压器，再搭上一台开关柜吧。
ll504 等级：一星客人	第 10 楼 当年制定瓦斯保护是因为变压器还是一个值钱的家当。而且热油喷出来可能会伤人。现在变压器已经比较便宜了；而且变压器结构也变了，喷油伤人的可能也不大。轻瓦斯保护也许是性价比最高的方式。
黑客 等级：一星客人	第 11 楼 电缆便宜不？一样还得保护。可以不做吗？按规范要做的。
ll504 等级：一星客人	第 12 楼 说实话，负荷开关加熔断器我没做过重瓦斯保护！有做的吗？请教！
zhaokaikai 头衔：华山一壶饮 等级：版主	第 13 楼 可是实践起来有问题呀，总觉得直接作用于跳闸比较危险。

2-66 真空断路器的操作过电压

ZXY 等级：游客	楼主 真空断路器的操作过电压：VS1 型真空断路器用于开关柜中，其下端是否必须安装避雷器或 R-C 装置以限制真空断路器的操作过电压？我再请教一个问题，VS1 型真空断路器操作过电压的倍数是多少？我查过资料，富士的 HS 型真空断路器的操作过电压的倍数小于 2 倍，但 VS1 型断路器没查到，小于 2 倍的操作过电压不会对开关柜的绝缘造成什么影响？
wys3638 头衔：风清网 等级：版主	第 2 楼 高压进线处加就可以了。记得操作过电压和真空断路器的分合不同期的参数有关系的。
NLB 等级：版主	第 3 楼 如真空断路器控制感性或容性负载，则必须在其负载端加。
zab 头衔：我感觉 等级：游客	第 4 楼 避雷器只能防止雷击过电压，即相对地过电压；而不能防止相间过电压，真空开关操作过电压是相间过电压。
ZXY 等级：游客	第 5 楼 谢谢各位的指教，记得早期的真空断路器是要加避雷器或 R-C 装置，但现在做的工程，基本是进线端和 PT 柜各加一组避雷器，其余都没有加，所以我认为现在的真空断路器已经将其操作过电压限制在可以接受的范围。

2-67 江南小生的问题

 linjianming 头衔：江南小生 等级：版主	楼主 下面几个问题我一直不是很明白，请大家指点指点： 1. 在预埋电线管（PVC 线管）时，由于种种原因，不可能 100% 定位准确。若出现电线管露出墙体外，你在“公开场合”与“私下”要施工队如何处理的？最终结果又如何？

 linjianming 头衔：江南小生 等级：版主	2. 双电源供电回路（市电与发电）主回路（断路器+接触器）什么情况下可分别采用（3P+3P）？（3P+4P）？（4P+3P）？（4P+4P）？的结构型式。 3. 住宅楼地下一层的出口指示灯和疏散指示灯，什么条件下必须采用常亮型？什么条件下可以选择采用非常亮型？ 4. 高层（如：地下2层地上19层，南北2个塔楼，总建筑面积约9万m^2，总高约78m，双10kV高压进线供电并设800kW备用柴油发电机组）甲级写字楼，是否一定要设计一条备用母线槽（供层间正常照明），以防正常母线槽供电故障时备投入？依据是什么（规范标准条目）？
城市边缘 头衔：缘空和尚 等级：版主	第2楼 我只有把握回答第三条，措施上说了，当有外来光线可以满足照度要求的时候（可以看清楚出口和疏散方向）和在假日夜间定期无人工作或使用而仅由值班或警卫人员负责管理时，可以不用常亮型。
 zhoushu8 头衔：达摩院寺监 等级：版主	第3楼 1. 不是你的职责范围，你可以提出来，没必要私下商量。2. 断路器+接触器？不可以，只能是4P的双电源切换开关，否则可以说你违反强条。只能用4P。3. 一般就常亮，有天然采光，就可以不常亮。4. 是三级负荷吗？是的话就没必要设计一条备用母线槽，若是其他负荷，当然就要。依据多的是，到处是。你查1、2级负荷是怎么供电的依据就是了。
 张日伟 头衔：七星龙渊剑 等级：三星客人	第4楼 备用母线槽，设计时怎么做呀？没做过，楼上给解释一下呀？
 langji88 等级：一星客人	第5楼 第2条在双电源或一路电源加发电机的情况下主回路应该用4P开关。
 秋石 等级：一星客人	第6楼 双电源切换开关符合国家标准，根据接地型式选择双电源切换开关的极数，4P不可随便用。可看王老在今年（2004年）的《建筑电气》第二期上的文章。

 雨过天晴 头衔：帮主 等级：三星客人	第 7 楼 双电源切换开关要采用 4P。楼层正常照明为什么一定要备用母线槽？楼主所指的备用母线槽是指供至楼层配电箱的母线？还是变电所的备用母线段？
 ttt001 头衔：般若禅师 等级：管理员	第 8 楼 1. 双电源切换开关不一定要采用 4P，这个问题见另外的帖子。 2. 应急照明规范要求应急时能够点亮，保证疏散照度，平时是否点亮看设计人理解和选择，各有利弊的。 3. 高层建筑采用双母线给正常照明（三级负荷）是超标准做法。

2-68　不同配电系统与断路器极数选择之关系

 大鼻山 头衔：最逍遥 等级：版主	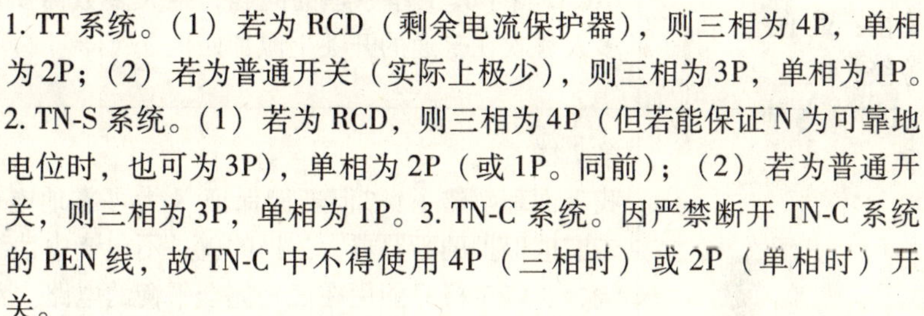 楼主 不同配电系统与断路器极数选择之关系： 1. TT 系统。（1）若为 RCD（剩余电流保护器），则三相为 4P，单相为 2P；（2）若为普通开关（实际上极少），则三相为 3P，单相为 1P。2. TN-S 系统。（1）若为 RCD，则三相为 4P（但若能保证 N 为可靠地电位时，也可为 3P），单相为 2P（或 1P。同前）；（2）若为普通开关，则三相为 3P，单相为 1P。3. TN-C 系统。因严禁断开 TN-C 系统的 PEN 线，故 TN-C 中不得使用 4P（三相时）或 2P（单相时）开关。
黑客 等级：一星客人	第 2 楼 第一点，按王厚余老先生的观点，变电所在建筑内部，做了等电位联结，可以 3P。就是说，变电所的建筑内部，可以理解为 TT 系统的变电所。我认为大鼻山版主说的是某建筑的电源总进线处。兄以为然否？
 luozi8250 头衔：明教掌旗使 等级：贵宾	第 3 楼 不是，是整个系统！

城市边缘 头衔：缘空和尚 等级：版主	第 4 楼 什么叫"但若能保证 N 为可靠地电位"？"地电位"指什么？变电所的地吗？等电位联结能不能保证？TN-S 系统一般用在本楼变电所给本楼供电的情况，都要求做等电位联结，那应该是可以保证的啊，所以 TN-S 系统就算是 RCD，也大多数用三极。大鼻兄的说法让人一看就觉得大多数是用 4 极的（一般人会认为，别去考虑能不能满足地电位了，直接用 4 极安全），以后用 RCD 做防火措施肯定越来越多。容易造成四极开关的滥用。
 黑客 等级：一星客人	第 5 楼 烈火旗小旗兵兄，4P 的目的是隔离带电的中性线，在 TT 系统的变电所内，中性线已经被做等电位联结了，所以，即使带电，也可以避免事故。
 大鼻山 头衔：最逍遥 等级：版主	第 6 楼 四极开关的滥用，一般不是指边缘兄弟所说的 RCD 的四极问题（RCD 由于其工作原理的问题，绝大多数需要四极开关），而是有许多人喜欢在普通的开关上滥加四极。
 城市边缘 头衔：缘空和尚 等级：版主	第 7 楼 我上面理解错了！"但若能保证 N 为可靠地电位"？大鼻山的意思是带漏电保护的断路器，三极的就是不包绕中性线的，只有四极的才包绕，所以三极只能用在三相完全平衡的电路。对此我不认同，说到这个问题，还是要提到漏电保护器的分类，王厚余老前辈是这样分类的：单极两线，两极两线，三极三线，三极四线，四极四线。其中三极三线用在三相完全平衡的电路（没有中性线的电路）。但是厂家的分类却很混乱，施耐德的好像没有三极四线的，所以我不喜欢用它的。厂家的分类真的很混乱，TCL 有三极四线漏电保护断路器，叫 3PN，而有的厂家 3PN 却是指断路器（三根相线上有保护，但动作的时候同时断开中线和相线）。
tangz0 头衔：轩辕夏禹剑 等级：两星客人	第 8 楼 四极是王老先生昨天让我们用的，三极是今天他老人家让我们用的，他老人家除了等电位就是单极和偶极，一辈子了等再老一老又回到昨天，大伙儿咋办？我想，还是大家多动动脑，不要太迷信权威，他们也是人。

 城市边缘 头衔：缘空和尚 等级：版主	第 9 楼 对于王老，我们除了尊敬还是尊敬！中国电气技术还远远落后于国际顶级水平，需要不断摸索经验，王老对四极开关看法的转变正说明了这点。他并没有很霸道的要求我们不分青红皂白的不用四极开关，你认认真真地看看他的书吧，会让你心服口服的。
 hulpen 头衔：老大 等级：五星嘉宾	第 10 楼 楼上的仁兄说的没错，现在设计技术手册等很多参考书，出现很多矛盾。是非还是得需要我们辩别。
 城市边缘 头衔：缘空和尚 等级：版主	第 11 楼 tangz0 兄：我很赞赏你的"带着批判的眼光看世界"。但我想说王老作为我们国家电气行业的泰山北斗，国际电工委员会的中国成员，为提高我们国家电气安全技术水平做出了巨大的贡献，他的作风严谨，知识渊博是有目共睹。作为专家级人物，能够在发现问题之后及时更正，这需要很强的责任心，更需要勇气，这更值得我们钦佩。如果因为这样就去否定王老在电气界的权威地位，我不敢恭维这样的批判精神，我更渴望看见有科学依据的对王老的观点反驳。我还是那句话，我们对王老，除了尊敬还是尊敬！
 liangjie 头衔：乐在逍遥 等级：版主	第 12 楼 我当初也挺迷信一些人，走了不少弯路。现在更相信现行规范，规范就是天书。规范错了，我就错了，出了问题责任也不在我，哈哈！
 tangz0 头衔：轩辕夏禹剑 等级：两星客人	第 13 楼 规范错了，我就错了，出了问题责任也不在我，哈哈！规范要用对喔。

2-69　室外电缆分支箱内是否要设置开关

prezhjian 等级：两星客人	楼主 室外电缆分支箱内是否要设置开关？ 室外电缆分支箱：比如一进三出各条支路上是否要设断路器或者隔离开关？可不可以进线直接到开关箱内的铜排上，然后各支路直接从铜排上接线？请指教！
zbyjxp 等级：一星客人	第 2 楼 不可以。1. 不安全；2. 不便于检修，3. 不符合规范。
yant 等级：贵宾	第 3 楼 进出线截面一样吗？如果不一样不设断路器或熔断器如何保护支线？
城市边缘 头衔：缘空和尚 等级：版主	第 4 楼 规范要求分支线路（截面变小时）的长度不能超过 3m，否则应该在分支处装设保护。
ananda007 等级：一星客人	第 5 楼 老弟你说的是高压还是低压电缆分支箱？
prezhjian 等级：两星客人	第 6 楼 是低压电缆分支箱。
csqzgh 等级：游客	第 7 楼 同意 2 楼三条意见，再加一条，还要进行短路计算。

2-70 一个商场的负荷计算

刀子 等级：一星客人	楼主 负荷计算：现做一楼，-1～3层商场，每层2000m²，4～5层办公，每层2000m²，6～7客房，每层2000m²，无中央空调，如何确定变压器容量？照明和空调用电指标大家的意见呢？多谢指教！
gdsjy 头衔：中立奇迹 等级：版主	第2楼 是初步设计阶段还是施工图？
月牙 等级：一星客人	第3楼 如果是方案或初步设计阶段，就采用单位指标法，按面积做算吧，如果是施工图阶段，就按需要系数法算。
zhaokaikai 头衔：华山一壶饮 等级：版主	第4楼 两台630kVA的差不多了。
刀子 等级：一星客人	第5楼 是施工图阶段，此时商场照明负荷该按何标准计算？要按照度算灯具数量，将额定功率之和乘需要系数么？因为不考虑中央空调，商场实际是装修后才安装空调的，那么空调负荷又该怎么计算？单位面积法措施只是说初设时才用的，此时怎么订空调负荷好呢？
yuongfan 等级：游客	第6楼 空调负荷按60W/m²。
11504 等级：一星客人	第7楼 这位老弟真有意思，你做设计，多少负荷应该你最清楚啊！别人也就知道这个面积，充其量也就能用个单位面积法。60～80W/m² 差不多了。

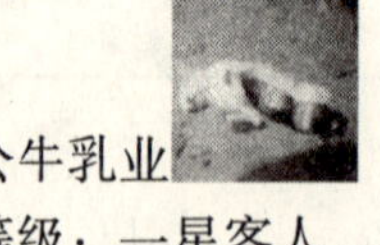 公牛乳业 等级：一星客人	第 8 楼 你的工程么？还是想做的工程？如想做应考虑中央空调，整体送风。双机头 2×74kW 就行了。

2-71 别墅配电箱安装高度和穿管标注问题

wantahutu 头衔：天山潜水员 等级：游客	楼主 别墅配电箱安装高度和穿管标注问题： 今天拿到审查意见，建议将别墅户内配电箱安装高度 1.8m 改为 1.5m，我一般的做法都是 1.8m，可是找不到规范出处了，哪里有规定呢？另外我现在还在沿用 QA，DA 的穿管方式标注，图审意见说已经过期，请问现在的新标注在哪里有说明，另外是否属于强制变更的内容？
tomasy 等级：一星客人	第 2 楼 本地质检站要求住宅户内配电箱安装高度 1.8m，不知你们那里如何？标注方式变更主要是为了与国际接轨，国内项目用老符号有什么关系？施工单位看的更顺利。如果单位统一规定另当别论。
hulpen 头衔：老大 等级：五星嘉宾	第 3 楼 第一条，规范没强制性规定。这种情况一般施工调整。 第二条，就是有点过时，有新出的标准图集可做参考，建议采用新的标注文字符号。
张日伟 头衔：七星龙渊剑 等级：三星客人	第 4 楼 WC 沿墙敷设；FC 沿地敷设；CC 沿顶棚敷设；SC 穿钢管敷设；PC 穿塑料管敷设；户内配电箱我做的都是距地 1.8m，住宅电表箱中心距地 1.5m。
月牙 等级：一星客人	第 5 楼 对，去买本新国标，要是设计人员的信息落后了，很丢人的。

2-72 关于小区配电问题

lind 等级：游客	楼主 请问一小区 800 户用户需要多少电，该如何选择变压器?
elhf 等级：三星客人	第 2 楼 一个小区的用电，并不是几户就能决定的，里面还有会所，机房，泵房，车库的用电等等，要根据实际情况进行计算。一房一厅按 1.5kVA/户，二房（或三房）二厅按 2.5kVA/户。
ll504 等级：一星客人	第 3 楼 现在夏天都用空调，加上别的电器，一房一厅按 2kVA/户，二房（或三房）二厅按 3.5kVA/户。6~8 台 500kVA 的变压器。
zhaokaikai 头衔：华山一壶饮 等级：版主	第 4 楼 楼上太死了，2000kVA 就差不多了。
robin-cf 等级：一星客人	第 5 楼 800×8kW×0.4=2560kVA
Mikecheng 头衔：天山派大师兄 等级：三星客人	第 6 楼 如果是每套 100 多平方米的房子，我看需要 4 台 800kVA 的变压器。楼上的计算仍然偏小!
minch 头衔：卖火柴小男孩 等级：两星客人	第 7 楼 4 楼说的太小了，现在电器用得越来越多，三房二厅 6kVA，3000kVA 差不多。

robin-cf 等级：一星客人	第 8 楼 800 × 8kW × 0.4/0.8 = 3200kVA。
Albertzhou 等级：三星客人	第 9 楼 夏天 4kVA/户；冬天 2kVA/户。
Slyzctzdh 等级：游客	第 10 楼 我也认为至少 4 台 800kVA 的变压器或五台 630kVA 的变压器。
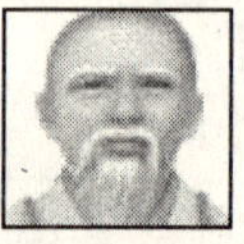 ttt001 头衔：般若禅师 等级：管理员	第 11 楼 800 户按《全国民用建筑工程设计技术措施》电气，取需要系数为 0.26。按提高型住宅 6kW 每户，计算过程为：6 × 800 × 0.26 = 1248kW，变压器按负载率 80% 考虑变压器负荷为 1560kVA，取 2 台 800kVA 变压器。

2-73 继电保护中的一个疑问

zjzjdq 等级：游客	楼主：继电保护中的一个疑问。 根据《工业与民用配电设计手册》带时限速断保护，其灵敏校验与无时限速断保护方法一样，采用电流互感器安装处的最小运行方式情况下二相短路电流，即保护开关始端的二相短路电流，而不是采用线路末端的二相短路，这是为什么？（众所周知，对于低压断路器，其灵敏校验均采用的是线路末端最小短路电流。对于高压，似乎要保证带时限速断保护可保护本线路全长，也一定要以最小运行方式情况下用线路末端的二相短路进行校验）。如果采用保护开关始端的二相短路电流校验方式，当线路末端二相短路，其二相短路电流可能不超过带时限速断保护整定值，即带时限速断保护不一定能保护线路全长。为什么不少书上说，带时限速断保护可保护本线路全长？

NLB 等级：版主	第 2 楼 带时限电流速断可保护但不是必须保护本线路全长，它在无时限电流速断不能满足选择性动作时装设。它需躲过相邻元件末端短路时的最大三相短路电流（如相邻元件保护的线路足够长，此时带时限电流速断就可保护本线路全长）或与相邻元件的电流速断保护的动作电流相配合，按两个条件中较大者整定（这就不一定能保护本线路全长了）。10kV 线路全长由过流保护，动作时限一般在 0.5～2.0s。而低压断路器无此保护功能，它的长延时脱扣器动作时间在单相接地短路时有可能超过规定的 5s，所以要求其瞬动或短延时脱扣器按保护本线路末端整定。但这也不是绝对的，如不满足可采取其他措施。
 lengbing 头衔：苦菜汤 等级：贵宾	第 3 楼 我还是认为速断保护是不能保护线路全长的，按 NLB 说“它需躲过相邻元件末端短路时的最大三相短路电流（如相邻元件保护的线路足够长，此时带时限电流速断就可保护本线路全长）或与相邻元件的电流速断保护的动作电流相配合，按两个条件中较大者整定”。那它和下级速断保护是一个故障电流啊，短路电流可能均大于此两个整定电流，只能靠时限来配合，但此时本段和下级的过流保护也在动作并延时等待，三个时间段如何配合呢？
zhaokaikai 头衔：华山一壶饮 等级：版主	第 4 楼 也就是一个远后备保护呀，看你的整定了，理论上是可以实现的。
 chinaren 头衔：领导： 等级：常客	第 5 楼 【抛砖引玉】1. 由于有选择性的的电流速断不能保护本线路全长，可考虑增加一段新的保护，用来切除本线路上速断范围以外的故障，同时也能作为速断的后备，就是限时电流速断保护。对于这个新保护设备的要求：首先能任何情况下保护线路全长，并具有足够的灵敏性（必须在系统最小运行方式下，线路末端发生两相断路时，有足够的反应能力，$klm=1.3\sim1.5$）。这是电力系统做法，《工业与民用配电设计手册》是否在这个范围内？2. 由于要求限时速断保护必须保护本线路的全长，因此它的保护范围必然要延伸到下一条线路中去，这样为躲开下一条线路出口处短路电流必须满足 $Idz2\geqslant Idz1$，来满足选择性。

<table>
<tr>
<td>NLB
等级：版主</td>
<td>第 6 楼
3 楼：速断与过流的区别在于其整定方法和校验灵敏度所取的短路点不同，速断按躲过本线路（无时限速断）或相邻元件保护的线路（带时限速断）末端最大短路电流整定，而过流按躲过本线路最大负荷电流整定。校验速断保护的短路点取在保护安装处，而校验过流保护的短路点取在所保护的线路末端。带时限电流速断在无时限电流速断不能满足选择性动作时装设。如果本线路较短而相邻元件保护的线路较长，则带时限速断有可能保护本线路全长。举例来说：如本线路经相邻元件保护的线路向一负荷供电，则相邻元件的过流应按躲过最大负荷电流整定，时限 0.5s。灵敏度按其保护的线路末端最小短路电流校验，系数为 1.5。速断按躲过其保护的线路末端最大短路电流电流整定，无时限。灵敏度按其保护安装处最小短路电流校验，系数为 2，此时速断保护范围不小于线路全长的 15%。本线路过流按躲过本线路最大负荷电流整定，且其定值应不小于相邻元件过流定值的 1.1 倍。时限应比相邻元件大一级差，取 1.0s，灵敏度按本线路末端最小短路电流校验，系数为 1.5。如本线路较短，无时限速断不能通过灵敏度校验时，可用带时限速断。带时限速断按躲过相邻元件保护的线路末端最大短路电流整定，且其定值应不小于相邻元件速断定值的 1.1 倍。时限 0.5s。灵敏度按本保护安装处最小短路电流校验，系数为 2。此时如相邻元件保护的线路较长，特别是其速断灵敏度系数大于 2 时，本线路的带时限速断保护范围完全有可能延伸到相邻元件线路的首端，这就保护了本线路全长。</td>
</tr>
<tr>
<td>
麦克
头衔：香积厨大师傅
等级：版主</td>
<td>第 7 楼
“对这套保护的要求是，在任何情况下都能保护线路的全长，还应有尽可能短的动作时限。”这段话中，“这套保护”指的是整个三段式保护系统，而非仅指带时限速断。因其中有过流保护，当然可以“在任何情况下都能保护线路的全长”。“限时电流速断保护究竟能否在任何情况下都保护线路的全长，需进行灵敏度的校验。灵敏系数按被保护线路末端发生短路时的最小短路电流来计算，规程要求，灵敏系数不小于 1.25”。这里并未要求限时电流速断保护必须在任何情况下都保护线路的全长呀？当然，如果你想要让限时电流速断保护必须在任何情况下都保护线路的全长，就必须要进行线路末端短路的灵敏度校验了。注意这里规程要求，灵敏系数不小于 1.25。继电保护设计规程规定的主保护的灵敏度系数最小是 1.5，一般用在过流上，1.25 已进入后备保护的范围了。这说明这里还是将过流作为线路全长的主保护，而带时限速断只是作为过流失灵时的近后备保护，或者尽量（不是必须）去保护线路</td>
</tr>
</table>

 麦克 头衔：香积厨大师傅 等级：版主	末端，对其灵敏性要求并不高。三段式保护用于运行方式有一定变化的线路（变化太大就不行了）。任何运行方式下，过流都要保护线路全长。最大运行方式下，一般无时限速断保护线路首端，带时限速断保护线路中段，也可能延伸到线路末端。最小运行方式下，无时限速断可能灵敏度不够，就要用带时限速断保护线路首端了。

2-74 有关电缆坑的深度和宽度问题

garchill 等级：一星客人	楼主 有关电缆沟的深度和宽度问题。 请问高低压配电房中的电缆沟的深度和宽度应该是怎样设计的，设计时要注意什么？谢谢！
zhaokaikai 头衔：华山一壶饮 等级：版主	第2楼 主要考虑电缆的数量和敷设时的转弯半径。一次电缆沟一般800mm深，1000mm宽，二次沟一般300mm宽，300mm深。呵呵，记不清了，查查吧，大概是这个意思。
garchill 等级：一星客人	第3楼 但在我这里，电缆沟一般深400mm，宽650mm。请问哪里有资料可以查得到。谢谢。
luozi8250 头衔：明教掌旗使 等级：贵宾	第4楼 凯子兄：1m宽，柜子岂不掉下去了？查厂家样本。
yant 等级：贵宾	第5楼 500～1000mm，具体还看你电缆数量，层高够不够。
ljy2003_ cq 头衔：风清扬 等级：一星客人	第6楼 参见国家标准图《高低压柜配电装置》，其中有两种方式可供选择。即直落式和后置式。电缆较少时才用直落式，电缆较多时才用后置式。

2-75 第一次用环网柜

gzzylys  等级：游客	楼主 第一次用环网柜，有一问题想请教。 我看书上写的都是一进一出带变压器，请问有没有一进两出带变压器的？
大鼻山  头衔：最逍遥 等级：版主	第 2 楼 可以呀。可是为什么要“二出”呢？
wys-3638  头衔：风清网 等级：版主	第 3 楼 容量容许范围之内带多台都可以。
大鼻山  头衔：最逍遥 等级：版主	第 4 楼 楼主的意思不是带几台变压器呀，而是“一个环进、二个环出”（不是指变压器的几个配出线路啊）。其实这种方式不多见，但还是存在的，也不违反电气原理和规范，毕竟只是 10kV 电缆简单排接而已嘛。
零点  头衔：一剑光寒十四州 等级：游客	第 5 楼 请问：那容许的容量范围是多少？
大鼻山  头衔：最逍遥 等级：版主	第 6 楼 8000～10000kVA 左右，即一根 300mm^2 的 YJV 电缆承受值。
zhaokaikai  头衔：华山一壶饮 等级：版主	第 7 楼 不是很赞同大鼻山，一路 10kV 按距离来估算所带负荷的大小，不是只考虑电缆承受值。
xw8765  等级：两星客人	第 8 楼 大鼻山版主说的对，每个开闭所转送容量为 8000～10000kVA 左右。其实，一进多出在电力部门配电设计上常采用。

2-76 请教有关欠压保护

JRT 等级：一星客人	楼主 请教有关欠压保护。 请问哪位高手知道欠压保护是用在什么情况下？为什么需要欠压保护，我以为欠压时最多灯不很亮，设备转得慢，不会有大的关系。为什么会需要跳闸保护呢？
yukanlee 头衔：明清散人	第 2 楼 电动机在欠压时运行其电流值会升高，长时间运行将损坏绕组绝缘甚至烧毁。
wys-3638 头衔：风清网	第 3 楼 电网电压不在设备的额定正常工作电压范围之内，可能造成设备不正常工作，严重的造成设备的损坏。
JRT 等级：一星客人	第 4 楼 电压过高设备会损坏可以理解，但电压低设备也会损坏就不太好理解，请指教。
yukanlee 头衔：明清散人	第 5 楼 电压低时对白炽灯是有好处的。但电动机此时要维持负荷的正常运行（电压低负荷不会变呀），其电流必然要增大以保证转矩输出。所以．．．。
wys-3638 头衔：风清网	第 6 楼 “电压低时对白炽灯是有好处的”。太低对于发光亮度有影响的。
JRT 等级：一星客人	第 7 楼 按照以上原理，请问对于水泵等负荷来说：水泵控制柜中的热继电器是否已经可以起到低电压保护作用，而不需要断路器具有欠压脱扣器了呢？
wys-3638 头衔：风清网	第 8 楼 不可以的，热继动作的时间较长，就怕热继还没有动作，电机已经烧掉了。

zhhshao 等级：三星客人	第 9 楼 由于短路故障等原因，线路电压会在短时间内出现大幅度降低甚至消失的现象。它会给线路和电器设备带来损伤。例如：使电动机疲倒、堵转，从而产生数倍于额定电流的过电流，烧坏电动机；当电压恢复时，大量电动机的自起动又会使电动机的电压大幅度下降，造成危害。引起电动机疲倒的电压称为临界电压。当线路电压降低到临界电压时，保护电器的动作，称为欠电压保护，其任务主要是防止设备因过载而烧毁。当本路电压低于临界电压保护电器才动作的称为失压保护，其主要任务是防止电动机自起动。
琦琦宝贝 等级：游客	第 10 楼 水泵控制柜的热继电器不能起到低电压保护的作用。应专门设低电压保护的。因为不是只有低电压时电动机才发热，也不是热继电器动作时，就代表低电压。不能混为一谈！
JRT 等级：一星客人	第 11 楼 怎么办啊！我以前曾经设计一个中央空调系统的冷冻机房，所有的水泵和两台 300kW 的冷水机组都没考虑欠压保护，我用的是 CM1 断路器，标注是 3300 的，看来应该用 3330 才对，现在该怎么办，估计都快完工了啊！
小电容美眉 头衔：女排主攻手 等级：三星客人	第 12 楼 没什么了不起的，再说，欠压保护很少是保护电动机本身的，都是针对同一母线上电动机自起动而设的。就是说，欠压后瞬间恢复后，要保证重要的电动机的自启动，所以，重要的电动机本身也不要求安装欠压保护。只有非重要的电动机才安装瞬时欠压保护，稍微重要的电动机安装有时限的欠压保护。
zhaokaikai 头衔：华山一壶饮 等级：版主	第 13 楼 大家讨论一下欠压附件在啥时候才需要加呀，个人理解适用于农网等电源质量较差的工程中，我一般都不加欠压的。

caodaping 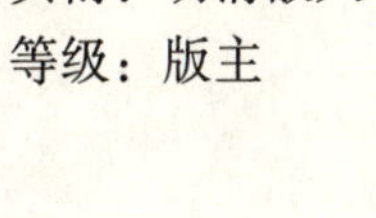 等级：游客	第 14 楼 同意 yukanlee 的说法。$P=U\times I$，输出的功率即负载不变化时，电压降低，电流就要增大。断路器有 B 型（建筑配电用）、C 型（电机用）、D 型（电容器、变压器等瞬时脉冲负载用）等 4 种（A 型不常用）。但是，配电用 B 型断路器的欠压保护是保护线路不受损坏；而电机等负载的欠压保护要由热继电器、电机用 C 型断路器来共同保护，属于工业自动化而不是建筑电气的范畴！
yukanlee 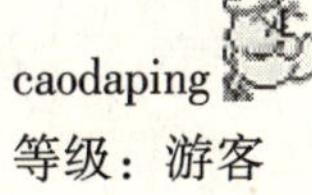 头衔：明清散人 等级：版主	第 15 楼 用不着担心的！如果你加了反而麻烦了！试想一旦停电再来电，你不是要挨个给断路器复位合闸？单独的设备好象很少加欠压保护的，再说 380V 的交流接触器也会在电压低于其线圈释放电压时断开电机主回路的。工业上高压电机都有低电压延时跳闸保护的，其他的欠压保护都用在低电压时需要切除的或者失电再来电时暂不需要马上供电的非重要负荷上，所以一般都是加在进线或配出断路器上。 请问 14 楼：怎么和施耐德断路器（C 型配电，D 型电机用）不一样？愿闻其详！
caodaping 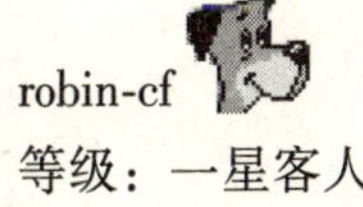 等级：游客	第 16 楼 为什么和施耐德断路器不同，我不清楚。但是我看的断路器的书籍里，型号是按照过电流脱扣器的整定电流来区分的。B 型：3～5In（In 为断路器额定电流）；C 型：5～10In，D 型：10～50In。比如 B 型，如果要让断路器瞬间动作（0.1s），至少要 3 倍额定电流。电机的整定倍数高，是要避开启动电流（额定电流的 6 倍，时间 5s 左右），而电容器投入时，是脉冲形式，电流更大，因此有以上几种区分！但是你看国产，比如正泰的产品样本和我说的是一样的！

2-77 开闭所的使用界限

robin-cf 等级：一星客人	楼主 开闭所的使用界限？ 1. 什么情况下一定要使用开闭所？根据容量还是变压器个数量？就是开闭所的使用原则吧？ 2. 一个开闭所最多能带几台变压器，我看资料上有写总容量不超过 10000kVA！以上请大家多多指教？

zhaokaikai 头衔：华山一壶饮 等级：版主	第 2 楼 主要考虑低压半径确定变电所个数，决定开闭所的选用。10MW 为两路 10kV 专线同时使用的估算值，和距离也有关系。
robin-cf 等级：一星客人	第 3 楼 我的理解的功能是一路 10kV 到一开闭所，然后开闭所分出线（1 ~ 8 路）10kV 的高压线放射式到（1 ~ 8 台）室外箱变，然后各个箱变低压侧再分线到各个单体总配电箱！之前未做过高压，所以概念一直比较模糊！还请赵兄指正！谢谢！
黑客 等级：一星客人	第 4 楼 放射式、树干式可靠性稍低，环网可靠性高。
minch 头衔：卖火柴小男孩 等级：两星客人	第 5 楼 也可以 2 路、4 路啊，比如做双 π 接线，运行方式很灵活，可以提高整个电网的可靠性。
zhaokaikai 头衔：华山一壶饮 等级：版主	第 6 楼 开闭所一般进两路 10kV，满足一些一二级负荷要求。在开闭所配出 10kV 线路至各变电所或箱变，楼主理解基本正确。4 楼能讲讲你的依据吗，期待中。
黑客 等级：一星客人	第 7 楼 《21 世纪建筑电气设计手册》94 页。

robin-cf 等级：一星客人	第 8 楼 刚刚看了《21 世纪建筑电气设计手册》94 页，开闭所容量在 8000 ~ 10000kVA。若小区容量为 7000kVA，由市政引一路 10kV 高压进小区，小区室外箱变约 12 台，考虑环网式！问题：1. 7000kVA 小区不设开闭所可以吗！若可以的，那么一路 10kV 高压线够吗？我的意思是若小区考虑不设开闭所，那么小区的 10kV 进线应该引自市政的邻近开闭所！如果进小区一路 10kV 高压线可以承载 7000kVA12 台箱变，心里没底啊！
xw8765 等级：两星客人	第 9 楼 建议还是设 10kV 双路电源可靠，另外该小区负荷性质是什么？是否有一、二级负荷？
robin-cf 等级：一星客人	第 10 楼 都是三级负荷！一路 10kV 的就不行吗？如果外线只有一路呢！1. 我对开闭所的使用原则界限还是太清楚？2. 一路 10kV 的高压线到底可以承受多少负荷（多少变压器）？3. 哪种情况必须用开闭所，而且投资方案中又是比较经济合理？哪位高手可否指点一二？
ll504 等级：一星客人	第 11 楼 1. 什么情况下一定要使用开闭所？根据容量还是变压器个数量？就是开闭所的使用原则吧？答：开闭所应用于电缆网络中，主要起到 T 接变压器的作用，因为电缆不像架空线，不能随意开口 T 接。开闭所的主接线类似 110kV 变电所的 10kV 母线，以单母线、单母分段、双母线等简单的主接线为主。可查阅高等学校教材《发电厂电气部分》。至于双 π 接线，运行方式很灵活，可以提高整个电网的可靠性等等只是附带功能。 2. 一路 10kV 的高压线到底可以承受多少负荷（多少变压器）？答：这由线径、可靠性要求等决定。一般一路 10kV 的高压线装机容量 5000kVA 至 15000kVA（从 110kV 变电所的 10kV 母线侧算起）。例如"手拉手"的网络中，一路 $185mm^2$ 架空线或 $240mm^2$ 电缆装机容量≤10000kVA。 3. 哪种情况必须用开闭所，而且投资方案中又是比较经济合理？答：我所在的城市上多少开闭所是由市政规划决定的，由电力局具体实施的。每次方案会审他们都会给出意见的。

prezhjian 等级：两星客人	第 12 楼 7000kVA 大约是 400A 的电流，选用 $240mm^2$ 的电缆。
ll504 等级：一星客人	第 13 楼 可建两路环网，每路 3500kVA。$120mm^2$ 的电缆即可。如开闭所是双母线，每段母线接一个环网。
prezhjian 等级：两星客人	第 14 楼 谢谢 11504 和 prezhjian！现在有点概念了！

2-78 需要系数的怪问题

bigshoes 等级：两星客人	楼主 需要系数的怪问题？ 一个超市：照明 $K_x = 0.8$，空调 $K_x = 0.8$，超市内有肯德基，其厨房设备 $K_x = 0.45$。厨房设备的 $P_N = 150kW$，而超市照明 $P_N = 100kW$，空调 $P_N = 120kW$。 问题出现：这个超市的配电总电源的 $K_x = ?$（究竟是大于 0.45 还是小于 0.45）
ttt001 头衔：般若禅师 等级：管理员	第 2 楼 0.7。
bigshoes 等级：两星客人	第 3 楼 能解释一下吗？为什么大于 0.45？这样统计出来的话，岂不是反而把厨房设备的需要系数变大了？变成了 0.7？

 ttt001 头衔：般若禅师 等级：管理员	第 4 楼 (150×0.45+100×0.8+120×0.8)/(150+100+120) =0.66，取保守些 0.7。
 s9 等级：两星客人	第 5 楼 我看有很多图纸都是总箱 Kx 与分箱 Kx 之间无关联，还有功率因数的选取总箱计算时就好像与分箱无关了，这些都是不妥的。
 bigshoes 等级：两星客人	第 6 楼 是这样得出系数的吗？
 城市边缘 头衔：缘空和尚 等级：版主	第 7 楼 有这样详细的数据了，还算总的干嘛，计算负荷可以这样算了：(150×0.8+120×0.8+0.45×150) ×同期系数（不过同期系数有点难选）。
 ybs2004 头衔：开山鼻祖 等级：一星客人	第 8 楼 当然大于 0.45，取 0.65～0.7，老和尚的算法并不是公式，只是经验算法，虽然厨房的用电负荷是最大的，但需要系数本来就是根据实际情况来自已定的，总的需要是要综合的，当然是取 0.65～0.7。相信我，没错。

2-79　电压损失的计算

 鲨鱼饵 等级：游客	楼主 电压损失的计算： 进行工业厂房的设计时，经常遇到那种大面积的空间，线就拉五六十米，记得有个师傅曾给我说过，最好不要超过 50m，但是走桥架也得拉好几十米，能不能通过加大线径来解决？还有关于电压损失一般比较简便的计算公式是什么呀？看了一天书，那上边的公式长的跟蜈蚣一样，太麻烦了，那位前辈能不能告诉我什么情况下需要计算电压损失？该怎样算？有什么简便公式？

zhoushu8 头衔：达摩院寺监 等级：版主	第 2 楼 $\triangle U\% = PL/CS$。 P 是功率，单位 kW；L 是长度，单位是 m；S 是截面积，单位是 mm^2；C 是常数，三相铜线取 77，单相铜线取 12.8；三相铝线取 46.5，单相铜线取 7.7。
zhaokaikai 头衔：华山一壶饮 等级：版主	第 3 楼 100kW，500m 的距离，185mm^2 三相铜线是不是这么算呀。$u = 100 \times 500/(77 \times 185)$ 呀。最后等于 3.51。不过我记得 160 多安的电流，500m 左右的时候。我按手册算好像用了两根 185mm^2 的。呵呵，不知道老周的公式有啥适用要求没有。
zhoushu8 头衔：达摩院寺监	第 4 楼 那个公式的出处我不记得了，可这几个数据我是背了十几年啊，不会错的。再说一句，功率因数是 1，若不是 1，则损失会大一点点。
zhaokaikai 头衔：华山一壶饮	第 5 楼 哪啊老周，是不是功率因数不是 1 的时候就除以功率因数就行了？
枫-舞之九天 等级：一星客人	第 6 楼 《工业与民用配电设计手册》P424 下面，三相平衡负荷线路，当整条线路的导线截面。材料及敷设方式均相同且功率因数为 1 的时候，几个负荷用负荷矩（kW × km）表示 $\triangle U\% = \sum PL/CS$，$P$：有功负荷，kW；$S$：线芯标称截面，$mm^2$；$L$：线路长度，km；$C$：功率因数为 1 的时候的计算系数，三相四线铜为 75，单相为 12.56。技术措施 P275——$\triangle U\% = PL/CS$，P：有功负荷，kW；S：线芯标称截面，mm^2，L：线路长度，m；C：功率因数为 1 的时候的计算系数，三相四线铜为 75，单相为 12.56。到底哪个正确啊？同样的数据算出来的结果差老远了！

zhoushu8 头衔：达摩院寺监	第 7 楼 你们找到了就好啊，我没时间找，可见我并没记错，系数我记的大一点点，是 77 和 12.8，有技术措施就按 75 和 12.56 吧。功率因数不为 1 时，除功率因数吧，呵呵。
牛牛 等级：游客	第 8 楼 老周给说说为什么《措施》和《工业与民用配电设计手册》的计算结果相差那么大，难道电压降还有单位否？
枫-舞之九天 等级：一星客人	第 9 楼 本人也对此问题困惑了，我针对上述手册上提供的几个计算电压损失的公式 $\triangle U\% = \triangle Ua\% I \times L$ 其中 $\triangle Ua\%$ 为终端负荷电流矩。以及 $\triangle U\% = \triangle Up\% P \times L$ 进行题目情况下的计算，电压损失在 3 与 4 之间，可推应该是 $\triangle U\% = \sum PL/CS$ 该公式的 L 长度单位应该是 m，其他公式为 km，谢谢大家的跟帖，给大家造成麻烦，说声不好意思。
zhaokaikai 头衔：华山一壶饮 等级：版主	第 10 楼 我一般都是用查表，用电流矩计算，等有时间了琢磨一下。
枫-舞之九天 等级：一星客人	第 11 楼 其实道理很简单，就如前面一位老兄说的，电缆的电阻系数和通过电流的乘积就是线路损失。
pigcon 等级：游客	第 12 楼 我是用这个公式计算的，供各位参考：$u = I \times L \times X \times 1000$。$U$：压降值 V（注意由低压柜至设备末端总压降不超过 5%，则由低压柜至配电箱需视以后线路的长度取值，一般为 3% ~4.5%）；I：计算电流 A；L：线路长度（如果是均匀负荷则从第一个负荷开始以后的长度按一半计算）；X：需要选取电缆的压降值 mV/m/A（YJV，VV 电缆各种规格每个厂家此值都有，所选取电缆截面的 X 值只要小于计算的 X 值就可以了）。

2-80　配电箱设置位置

yang2004 等级：游客	楼主 请问配电箱设置在外墙是否妥当?
板桥傻子 头衔：黄花菜	第 2 楼 要做防雨防水措施。
ybs2004 头衔：开山鼻祖 等级：一星客人	第 3 楼 有何不合适的，路灯的开关箱不就是在外面嘛！
liangjie 头衔：乐在逍遥	第 4 楼 建筑的未必同意，呵呵。
linjianming 头衔：江南小生 等级：版主	第 5 楼 我们是允许装在外墙上的。
gy-echo 等级：两星客人	第 6 楼 我们这里尽量避免放在外墙。
板桥傻子 头衔：黄花菜 等级：两星客人	第 7 楼 别墅呢？电表箱不放在外墙吗?
ybs2004 头衔：开山鼻祖 等级：一星客人	第 8 楼 做防雨防水措施就没有问题了，当然可以，我理解你。

2-81 10000m² 的综合楼应配备多大的变压器为好

zhiqian 等级：两星客人	楼主 10000m² 的综合楼应配备多大的变压器为好？ 有一个问题向大家请教一下！有一个六层综合楼，办公面积为 3500m²，酒店占 7500m²，我想请教一下，应配备多大的变压器为好？包括消防等设备用电，不包括中央空调。谢谢了！不装分体空调 550kW 不知行不行？
小小字 等级：游客	第 2 楼 我想办公每层楼的照明设计约 30kW，办公用电约 20kW，酒店要考虑厨房的设计、客人的各项需求、灯光要求，消防两用一备 37.5kW/每台。变压器估计最好选 1000kVA 的。不知道楼层的分布？
liangjie 头衔：乐在逍遥 等级：版主	第 3 楼 扩初吗？列表算算可以知道了。如果装的分体空调机，按 80 ~ 100kVA/m²（地区不同自己选）估算。
天正电气 等级：游客	第 4 楼 每平方米 100W，1000kW，折合成视在功率，在留出一点发展空间，宜选 1600kVA。
zhiqian 等级：两星客人	第 5 楼 我的计算方法：3500 × 60 = 210kW；7500 × 100 = 750kW；再加上消防设备 70kW；合计 1000kW。
hys_ nc 头衔：阿凡提 等级：三星客人	第 6 楼 变压器 2 台！2 × 500kVA。
xhf2411 头衔：设计 等级：一星客人	第 7 楼 1. 消防负荷不用列入计算负荷。 2. 酒店的同时（需要）系数可以取小点。 选择 630kVA 的就可以了。

 城市边缘 头衔：缘空和尚 等级：版主	第 8 楼 办公楼和酒店的容量差不多，我计算如下：80 × 10000 = 800000W = 800kW，考虑到二级负荷和预留容量，选两台 630kVA。（包括空调）
 hys_ nc 头衔：阿凡提 等级：三星客人	第 9 楼 我一般是这样考虑的：3500 × 80 = 280kW；7500 × 100 = 750kW；合计 1030kW。 考虑全楼需要系数（0.6 ~ 0.7），功率因数（0.8 ~ 0.9）和变压器的荷载率（0.75 ~ 0.85）：1030 × 0.6/0.8/0.8 = 966kVA。考虑全楼的二级负荷，选取 2 × 500kVA 变压器。当然需用系数取 0.7 的话，可能会算到 2 × 630kVA 变压器。
 zhiqian 等级：两星客人	第 10 楼 真是不明白了到底应该选多少？在这个论坛里从 315 ~ 1600kVA 都有了！
 ll504 等级：一星客人	第 11 楼 不考虑空调，2 台 500kVA 够了。分列运行，两条 10kV 线路，一、二级负荷的双路已解决了。
 燕子窝 等级：版主	第 12 楼 考虑两路供电，变压器按当地习惯从以上各方案中选出即可。
 s9 等级：两星客人	第 13 楼 计算方法没错，但我对 80VA/ m^2、100VA/ m^2 表示疑问，在没有空调的情况下有这么大吗？以下节录北京建筑设计研究院洪元颐、李弘毅著《建筑工程电气设计》美国办公金融建筑负荷密度：

s9
等级：两星客人

地点名称负荷类别	安装负荷密度（VA/m²）	计算负荷密度（VA/m²）
办公室照明/插座	35/40	20/30
零售区	35/30	20/20
中庭	50/20	40/10
门厅	35/20	30/10
卫生间	20	15
户内停车场、储藏室	10	5
楼梯间	10	10
走廊	15	10
广播室	40/50	30/40
多功能厅	35/50	25/40
计算机中心、会议室	25/10	20/10
展览厅、大会议室	25/20	20/10
中小型会议室	30/20	20/5
洗衣机房、复印机室	25/40	20/30
餐厅、咖啡厅	40/30	30/20
阅读室	25/15	20/10

同是这本书，其对酒店预留电源的估算又合乎 hys_ nc 的估算取值，即大堂、餐厅、厨房负荷密度分别为 80、120、200W/m²，需要系数分别为 0.8、0.7、0.7。但即使是这样，也要清楚还有许多走道、卫生间等低负荷面积。

城市边缘
头衔：缘空和尚
等级：版主

第 14 楼
那就是 800kVA 了，变压器应该留有余量，负载率一般为 75% ~ 85%，所以选两台 500kVA。

2-82 出现大马拉小车情况怎么办

喜欢 等级：游客	楼主 出现大马拉小车情况怎么办? 去年做的工程，一个小厂区，动力，照明，集中空调的容量一共500kW左右，选用了500kVA的干变。配了180kVar的电容补偿。没想到厂区投入使用后，约150kW的中央空调及大部分的200kW的动力尚未投入使用。现在变压器所带的负荷大概只有50kW。甲方和我说他们每个月的功率因数都不够，要被罚6000块左右。我想请问一下，像这种情况会导致功率因数的不够吗？还会导致什么情况的发生呢。一般变压器的出力是百分之多少呢。甲方要我去现场解决，可是现在实在不知怎么办啊，如果他指责我变压器容量过大，我该怎么用最简单明了的话堵住他的嘴呢？（我觉得没选大啊，电容补偿也合理，可是甲方难缠啊）大家帮我出出主意吧？谢谢了！
大鼻山 头衔：最逍遥 等级：版主	第2楼 如果你能确定是500kW的空调容量，那么500kVA的变压器大致正好，不大。动力负荷暂时没投入，不是你设计的错。目前电容基本都是自动补偿的，但不是无级补偿（已有无级补偿产品），因此可能出现补偿不足的问题。也不是你的错。错就错在炎热的夏天怎么还不到来？总之，基本不是设计问题。看你的口技了。
xzm 等级：五星客人	第3楼 这是电力局的收费制度所致，当采用高供低计时，电力局要收变损的，有功变损没有什么好说的，但如果你变压器的使用负荷太小了，即使你将低压侧的功率因数补偿到1，将无功变损合起来计算时功率因数都有达不到要求的。所以设计变压器的容量时还是根据实际的负荷来选好些。
lengbing 头衔：苦菜花	第4楼 都是变压器的损耗在作怪。用不着犯愁！快速又能有效的解决办法是：增加一台240kVar的自动电容补偿柜！
大鼻山 头衔：最逍遥	第5楼 楼主肯定不是补偿不足的问题呀：50kW负荷，已经有180kVar的电容补偿在待命，还要多大呀？楼主单位没师傅吗？

喜欢 等级：游客	第 6 楼 请问为什么低压侧的功率因数补偿到 1，将无功变损合起来计算时功率因数都有达不到要求的。既然已经补偿到 1 为什么还达不到要求？
wzm6969  头衔：放水发电佬	第 7 楼 实际补偿不到 1.0，因为负荷不可能是纯电阻性的，多为感性负载，要是功率因数为 1.0，很有可能会发生共振，这对电网是很危险的。
xzm 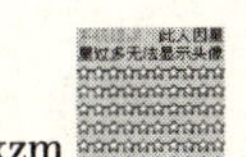 等级：五星客人	第 8 楼 我再说明下电力局的收费政策，像自己有个专变的（没有高压计量的），一般采用的是高压供电，低压计量的，这样电力局是按高压供电的方式收费的，要另外加收变压器的损耗的。变压器的损耗也分有功和无功的，其中无功损耗是加入无功电能中一起计算功率因数的，如果功率因数达不到一定的值是要收功率因数调整费的（一般要求是 0.9，有些单位是 0.85），高于则减收电费的。问题如果你用电量达不到一定的量时，您低压侧又不能过补偿的（电力局一般是使用双向表，不管是不是过补偿都是正转的），功率因数是达不到要求的值的。还有就是当负荷小时电容补偿也是有问题的，不投侧功率因数低，如果一投的话又超前了。
tianyi  头衔：长空无忌 等级：贵宾	第 9 楼 严格说，你是有一定责任，因中央空调肯定不是一年四季常用，所以一般用两台变压器。但既已用了一台，就不能说咱有错。1. 甲方有问题，为什么现只用照明，这和设计无关。2. 电业局为什么罚款，顶多取消补偿好了，就是罚款也是电业局特权思想，让甲方摆平，这也和设计无关。
zhoushu8 头衔：达摩院寺监	第 10 楼 严格说，你是有一定责任，因中央空调肯定不是一年四季常用，所以一般用两台变压器。根据你说的，你的需要系数取得太大，工厂里的需要系数其实是很小的。把需要系数取得很大是干我们这一行的同志们的通病。
xzm 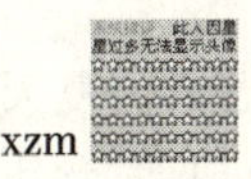 等级：五星客人	第 11 楼 电力局不是罚款，是功率因数调整费，国家制定的，要求你无功尽量就地补偿。所以我觉得在设计时什么都可以选大些，如开关、电缆什么的，但对于接入的变压器则够用则可。

hyy14914 等级：游客	第 12 楼 如果负荷真为500kW，并且最大负荷设备为500kW，则你选择的变压器容量正好，工业用变压器容量的选择计算方法书中都有，我不知道你们那里的供电部门是怎么规定的，我们这里大马拉小车是严重的资源浪费，会被重罚，我公司2000年5月份因此现象被罚9万元，经与供电部门协商，罚了7万元，并由我公司提出书面申请，停用部分负荷，到设备运转时再申请启用，结果没再被罚。
charlet 等级：常客	第 13 楼 其实很简单啊？让甲方去找其他用户的备用50kW电源就可以了。等厂方的设备正常运转了再使用变压器。比增加一台变压器的费用少多了。
喜欢 等级：游客	第 14 楼 我觉得主要问题不在中央空调上。因为空调的容量只有170kW左右，就算不用的话其余负荷量也达到变压器负荷的46%。我比较倒霉的是甲方不但不用中央空调，而且连综合楼也没投入使用，只有一个大厂房在用，一共就40kW。设计是提给我的动力容量可是有300kW那么多！今天我到现场看了，电容柜上显示的功率因数在0.9左右浮动，看起来是不低。可是还有低压侧的电容补偿不了的变压器的无功损耗25kVar呢。所以总的功率因数就低了。我觉得如果当初选了每组16kVar的电容就会稍微好点，可以把低压侧的功率因数再提高一点，到0.95以上，这样会减少一些罚款。因为现在30一组的一投入就会过补偿。但是改每组的电容解决不了根本问题，要把用电量提上去要么换变压器。在询问甲方后得知除综合楼及空调以后会投入使用外，动力容量不可能再增加。决定换250kVA的变压器。再根据情况决定换一下电容补偿。我得出的教训是1. 不能一味的听从甲方的要求。应该向他们说明过于保守的提供用电量的后果。当初我只是说容量提大了，可是没想到也没说明后果。2. 电容补偿每组容量不能用大，应该尽量使用高精度的。
mydell 等级：游客	第 15 楼 你的设计不合理，对于负荷变化大的企业，要考虑两台变压器，夏天负荷小的时候，投运一台，冬季负荷大的时候，投入两台（两台变压器最好规格型号相同）。

NLB 等级：版主	第 16 楼 你的设计没有问题。出现这种情况的极大可能性是 10kV 侧电压过高，而变压器又负载太低，使得 400V 侧电压超过了功率因数控制器的过电压保护定值（一般出厂定在 430V）。可到现场实测一下。可将变压器的分接开关调到“I”，如还不行，就是 10kV 电压超标了（我记得是正负 7%）。可将功率因数控制器的过电压保护定值调到 440V 再试试。另外楼上规格相同的变压器再要一台那有什么意义？
骄阳 等级：游客	第 17 楼 500kW 的设备安装容量选 500kVA 的变压器一般而言是选大了，具体要按照设备的性质通过负荷计算才能知道。关于功率因数低可能是以下原因：1. 负荷太低，达不到自动补偿装置的投切门限。2. 用电负荷太低，变压器自身的无功电流所占相对比例加大（低压补偿不能补偿变压器自身的无功功率的）。3. 用电计量方式在低负荷状态下带来的问题（如像楼上所说的高供低计）。建议你查明具体情况，才好具体做方案。 换变压器看来是最好的解决办法，在这里提几点意见供参考。向甲方了解清楚今后用电设备的投入情况。在选择变压器容量的时候综合考虑投资、电费收费政策、变压器损耗等具体情况，变压器容量不必一次选择到位。做个假设：假如目前这种状况要持续 2 年以上，用电计量为高供高计，或许变压器不选 250kVA，选 100kVA 甚至更低。则每年基本电费可减少（250kVA ~ 100kVA）×9 元/kVA 月 ×12 月 = 16200 元/年，两年下来就可节约 32400 元，这够不够抵 100kVA 变压器的成本？哈，如果够了，再换变压器的时候，把这台 100kVA 的变压器便宜点卖给我，就 2 折吧，说不定甲方还要请你吃饭呢！哈，开玩笑的，不过给你提供一个思路是真的。
NLB 等级：版主	第 18 楼 回答 14 楼照你说的情况，也可能是单台电容的容量（30kVar）大了点。不过也不要紧，把其中一台换成 15kVar 即可。另外，功率因数控制器的性能也是一个因素，在这种情况下，使用按无功功率投切的控制器比较好。变压器容量应按计算负荷选，不能直接按设备总容量选。但是，不是说变压器轻载运行功率因数就无法补偿了，即使变压器空载运行，也可以把它的一次侧功率因数补到 0.9 以上。500kVA 变压器实际只带 50kW 负荷的情况我也碰到过，功率因数照样补到 0.96。实际上，解决这类问题属于电气调整的范畴，甲方不应找你。

zhaokaikai 头衔：华山一壶饮 等级：版主	第 19 楼 你怎么这么倒霉呀，我画了 10 年了，也就烧过四根 185mm^2 的电缆（因为施工单位接错线了）。

2-83　大家执行载流量国家标准 GB/T 16895.15—2002 吗

libm 等级：游客	楼主 大家执行载流量国家标准 GB/T 16895.15—2002 吗？ 一直以来，我国没有载流量标准，致使载流量使用混乱，但于 2002-2-28 发布、2003-03-1 执行的国家标准 GB/T 16895.15—2002（即 IEC 标准 60364-5-523，以前已由国际铜业协会推广），却很少见于有关资料，甚至 2003 年的民用建筑技术措施也未提，而其 5.10 附录所提供的 BV 线载流量也有与 IEC 标准不一致的地方，请问大家有无注意，有无执行国标即 IEC 标准？
The^boy 等级：一星客人	第 2 楼 厂家提供的载流量有点夸大了，有无执行国标即 IEC 标准？
luozi8250 头衔：明教掌旗使	第 3 楼 国家标准 GB/T 16895.15—2002，是不是两大厚本，太贵！用不起。
大鼻山 头衔：最逍遥	第 4 楼 应该用，但是没碰上。
libm 等级：游客	第 5 楼 这么天天面对的重要问题没多少人关心？
大鼻山 头衔：最逍遥 等级：版主	第 6 楼 这个标准我好像见过；但是载流量太乐观了。

libm 等级：游客	第 7 楼 碰到审图人员经常提出导线的载流量问题可也不是依据上述国标。
ttt001 头衔：般若禅师 等级：管理员	第 8 楼 楼主所说标准，于 2002 年颁布执行是不需要怀疑的。不过现在标准普及速度太慢，目前行业中知道有这个标准的一线设计人员很少，更不要说严格执行了。我对比查了一下这个规范，比配电手册的要宽松。

2-84　过载不跳闸、只动作于信号的断路器存在吗

大鼻山 头衔：最逍遥 等级：版主	楼主 过载不跳闸、只动作于信号的断路器存在吗? 根据 GB 50054—95 的 4.3.5 条：“突然断电比过载造成的损失更大的线路，其过载保护应作用于信号（报警）而不应作用于切断电路”。以上多见的是针对消防负荷回路，而据我所知，目前过载不跳闸、只动作于信号的断路器尚未出现，所以常规还是依靠热继电器的辅助触点动作于信号报警。真是非常遗憾的一件事。
yukanlee 头衔：明清散人 等级：版主	第 2 楼 鼻兄：既然以上多见的是针对消防负荷回路，而消防负荷经常过载的肯定是电机了对吧？所以常规当然是依靠热继电器的辅助触点动作于信号报警。所以，没有这样的断路器我觉得也不是什么非常遗憾的一件事。呵呵…
大鼻山 头衔：最逍遥 等级：版主	第 3 楼 不是呀明清兄，对于消防风机等无备用投入的回路，如果存在纯粹报警的断路器，就可以完全省略热继电器了。何必要多设一个电器元件呢?
leedreamfly 头衔：明教净水使者 等级：三星嘉宾	第 4 楼 Moeller 的 PKZ 系列电机保护开关好像可以实现大鼻子所说的功能，好像是一个过载保护模块，过载不会导致电机保护开关脱扣，并带有辅助触点发出信号。

 黑客 等级：一星客人	第 5 楼 楼上兄说的和大鼻山版主说的热继电器好像一回事。 大鼻山版主说的那种断路器应该是电动机保护专用的。
 wys-3638 头衔：风清网	第 6 楼 现在的框架式断路器里面有可以关闭接地保护和速断保护的，关闭过载保护没有留意，以后留意看看。
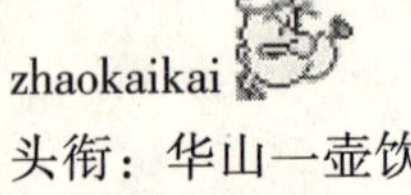 zhaokaikai 头衔：华山一壶饮 等级：版主	第 7 楼 用继电器有啥不好呀，继电器的保护比较容易整定，而且也不贵，就是占点地方呀。反正带设备的箱子也不会放在饭桌上，呵呵。
 zhoushu8 头衔：达摩院寺监	第 8 楼 其实主要指的是热继电器，消防回路不带热继电器。没有指断路器，因为你 22kW 的电机，计算电流 44A，你选 63A 以上的断路器，就不存在过负荷跳闸的问题。过负荷保护全靠热继电器，断路器是做短路保护用的。
 大鼻山 头衔：最逍遥	第 9 楼 带备用泵的消防回路还是需要热继电器的啊；消防风机因无备用自投，所以可以省略热继电器。
 警卫旗队 等级：游客	第 10 楼 好像有啊，报警附件不就这个用处吗？呵呵，可能我记错了，真没用过。
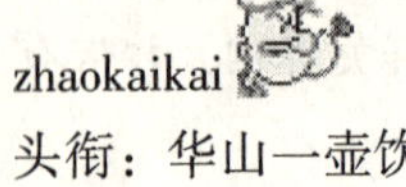 zhaokaikai 头衔：华山一壶饮	第 11 楼 可是动作呀，大鼻子要不动作的。

loyal7 等级：五星客人	第 12 楼 大鼻子的想法是不是，既然过载不需要动作于跳闸，那就不必在主回路上增加一个电器元件，如果有过载动作于信号而不动作于跳闸的断路器就两全其美了。 当然希望断路器制造厂能有此产品推出，但这个想法可以通过二次回路实现。只不过将来这个二次回路让制造厂集成到断路器内部去。
zab 头衔：我感觉 等级：游客	第 13 楼 大鼻山：你问的问题？断路器不会给不报警信号，报警信号是保护装置给的，断路器动作跳闸也是保护给的跳闸信号。只有熔断器是自身启动开断线路的。
大鼻山 头衔：最逍遥	第 14 楼 我是问：能否找到这样的断路器，依靠断路器自身来判断过载，而且只报警不跳闸？
zhoushu8 头衔：达摩院寺监	第 15 楼 只要是消防泵，都不能带热继电器，否则算违反强制性条文。这毫无疑问。
大鼻山 头衔：最逍遥 等级：版主	第 16 楼 老周的话言之过重了。规范只是要求重要消防回路过载只报警不跳闸，并未规定取消热继电器。国标图集里是这样解决问题的：通过热继电器报知第一台消防泵过载时，仍正常切换到第二泵；只有第二泵也过载时，才报警到消防室。上海的 KB0 我也用过，但那已不能算断路器了。
雨过天晴 头衔：帮主	第 17 楼 PKZ 系列电机保护开关只是带有热继功能，好像也不能做到只报警不动作。类似于 ABB 的 MS 系列。

zhoushu8 头衔：达摩院寺监 等级：版主	第 18 楼 那么热继电器的功能是什么？为什么要用热继电器？热继电器的主要功能就是过载保护，你的消防泵主回路中用它不是做过载保护用，又是干什么呢？《技术措施》6.2.3.5 条里写得更明白，消防泵不宜用过载保护，无论常用跟备用都不能装，只是说退一步讲，硬是要装，也只能动作于信号，而你们为什么非得要做信号处理呢？图集里可是动作于切除主回路的，图集不见得正确！消防泵本就不是长期工作的，没必要装过载保护。
c45n 等级：版主	第 19 楼 大鼻山兄提的这个问题应该引起注意，与此相关的是两个层面：第一是规范要求；第二是实际处理方法。 第一规范要求：按照《民用建筑电气设计规范》第 8.6.3.5 和《低压配电设计规范》第 4.3.5 条规定，突然断电比过负载造成的损失更大的线路，其过负载保护应作用于信号而不作用于切断电路。民规是参照低压配电规范写的，按规范原意（见低压配电规范条文解释），是指线路（包括消防用甚至其他非消防用的特殊线路）的过负载保护，而不是指消防设备电机的过负载保护，也就是说给消防设备（暂且不论其他特殊线路）供电的干线的出线开关也不能用过负载保护切断电路。我们曾经碰到审图单位提出，变电室低压柜中配出的消防回路干线的出线开关，过载保护只能报信号不能动作于跳闸。为此我们特意寻找过，结果没有发现过载保护只发信号不跳闸的 MCB、ACB。 第二实际处理方法：由于找不到过载保护只发信号不跳闸的 MCB、ACB，所以对于线路过负载保护我们只能这样处理，要么在系统图上写一句“过载保护只发信号不跳闸”的要求，虽然没这种产品，但设计人不用负违反规范的责任了，这是一种耍赖的方法；要么考虑消防设备是放射式配电，消防设备电机的保护装置已经具备了完善的过负载保护，那么其上级配电线路属于不可能过载的线路，因此取消干线出线开关的过负载保护，只做短路保护。正是由于在消防配电干线出线开关处不好解决规范要求的问题，因此大家主要在消防设备电机的保护上想办法。对于保护电机过载的热继电器，我们是这样做，由于消防设备除了着火时使用外，平时也要定期试车运行、维护，这时要是烧了电机可是说不过去，所以热继电器是应该装的；但是热继电器在消防状态下应该被强行切除（短接），不再作用于切断主回路，而用于报警。如果是成组的消防设备那要特殊一些，如一用一备的两台消防泵，其主备转换是依靠热继电器进行的，那么主用泵的热继电器在消防状态也不能短接，因为两台泵是互锁的，不允许同时运行，

c45n 等级：版主	所以还要靠热继电器来切断主用泵的主回路，启动备用泵，当然转换后备用泵的热继电器就可以短接掉了，只作用于信号。 我觉得这个问题是规范编写过程中，与实际结合不够造成的，结果大家按照自己的理解做法各式各样，希望新规范中能够有明确要求。呵呵，如果哪个厂家够聪明，开发一种合适的产品，可以大赚一笔。
 大鼻山 头衔：最逍遥	第20楼 如果消防回路不装热继电器，那么无法探知回路是否过载；热继电器此时的作用就只是发出报警信号；因为断路器无法直接发出该过载信号。这也是我发出楼顶帖子的主因啊！呵呵，C45N兄的观点甚合我意。
zhoushu8 头衔：达摩院寺监 等级：版主	第21楼 你们说的不对。 第一，没必要知道电机是不是过载吧，因为《技术措施》里及条文解释里写得很明白，不需要装过负荷保护，连发信号也没必要。强制性规范是说不许切主回路只许发信号。其实你装了热继电器，双金属片一热，哪有不切主回路的？ 第二，C45兄的观点就是消防时短接，把热继电器退出，只是维修或调试时做保护用。这有两层意思，1. 是承认热继电器是过载保护用的；2. 是承认消防时不能接进热继电器，这些基本上就是我的观点。只不过是他为了实现自动控制，又话锋一转，没办法，哈哈，只得装热继电器。你们的问题其实就是为了解决备用水泵自动投入的问题，所以把热继电器作为自动控制的功能开关来用，是不是这样？其实不然，有很多办法嘛，何必非用热继电器？毕竟热继电器的主要功能就是过载保护嘛。 我喜欢反问怪问题，谁要你们搞自动投入了？哪条规范里说水泵要自动投入了？高规低规里有吗？你们为了满足这个不存在的规范，不惜违反另一条强制性规范，好家伙，这正常吗？还有，C45兄说装热继电器是维修或调试时做保护用，这有必要吗？哪条规范里说要装过载保护？不装过负荷保护又违反了哪一条规范？其实维修或调试都是短时运行，规范明确说了不需要装过负荷保护，我觉得你们都是想像的多，套规范的少。你们再想一想：不设过载保护，也就是不设热继电器，主备电机都不设，这样违反哪条规范了？没违反的话，为什么不能就这么设计？不考虑自动投入，又违反哪条规范了？先翻翻书吧，明天再辩论。我把《技术措施》的条文打出来：交流电动机的过载保护，应按下列规定装设：

zhoushu8 头衔：达摩院寺监 等级：版主	1. 运行中容易过载及连续运行的电动机，应装过负荷保护，过负荷保护宜作用于断开电源。2. 短时工作或断续周期工作的电动机，可以不设过负荷保护。3. 突然断电将导致比过负荷更大损失的电动机，不宜装过负荷保护。如装过载保护，可动作于报警。（注意看条文解释，这完全指消防水泵等，不是仅指风机，更不是只指备用水泵而不包括主泵）4. 过载保护器件宜采用热继电器。
 hitwb 等级：游客	第 22 楼 那请问老周，有两台消防泵摆在那里，一用一备，主泵明明过载了，你却非让它继续运转，备泵好好的不让它投入运行，合理吗？
zhoushu8 头衔：达摩院寺监 等级：版主	第 23 楼 这很合理，因为消防泵不能因为过载就停，你一停就会影响供水，哪怕是几秒钟都不行，又不是主泵不能工作，供水很好而且可以供很长时间比如 2 小时，为什么要停它？更何况备用泵也不一定能 100% 没问题运行。万一备用泵投入失败呢？或者又过负荷呢？那又怎么办？我想，主泵完全不能运行了，再投入备用泵，对救火更有利。毕竟救火的关键时间就那么 2 个小时内，过负荷造不成大损失，质量好一点的可以长时间过负荷呢。万一烧毁，换个线圈也要不了几个钱的。你说“备泵好好的不让它投入运行”，真的吗？事实上主泵过负荷，十有八九备用泵也一样会过负荷。备泵设置的目的是什么？是保护主泵的吗？不是吧，备泵设置的目的是当主泵不能工作了的备用。是战争的预备队，比如打仗，主攻手有危险了，你就把他换下来，他明明在冲锋，你却换他下来，把预备队顶上去，合适吗？当然是要让主攻手冲啊，有危险不一定就会死，也不一定就完不成任务，对不对？只有等到主攻手阵亡了，万般无奈，再把预备队顶上去。这才是设备用泵的真正目的！ 我又想到另一个问题，主备水泵，其实不自动投入可能更安全。特别是用一备一时，更是没必要自动投入。这问题我还没考虑成熟，先跟大家讨论以下。理由是： 目前大家用的图，基本都是自动投入，我跟大家一样，用了十几年的自动投入。 自动控制用的元件都是继电器，很容易受潮，比如时间继电器，铁机械件一有一点锈就不灵活，我还真有经验，我自己搞过设备厂，装过几个控制屏，一套备用水泵自投装置还真用了不少继电器，交了货，半年就时间继电器都不灵活了，换，拿了钱，一年不到施工单位哥们告诉我，都锈坏了根本用不得了。那么复杂的二次电路，除了厂家谁

zhoushu8 头衔：达摩院寺监 等级：版主	还有能力维修？也是没起火，也就没人去开泵，要是……估计关键时刻是不能派上用场的了。我还是讲究质量的，都这样，那这现象不是全天下是普遍存在？所以我在想，控制件越少越可靠，备用泵与主泵分别用不同的控制电路，其实更能保证应急，若要自投，肯定是一套联动的电路，只要一个小东西坏了，主备都玩完，要坏还真的一块坏的机会特别的大。自动变成都不动。 消防控制室里其实是可以分别控制主泵和备用泵的，灭火时有专职人员坐镇控制室，主泵停，可以立即手动投备用泵。因为线路特别简单，所以可靠投入的机会大。还有，消防水泵房不是也有固定消防电话吗？那东西就是与控制室联系的，说明灭火时，水泵房是可以有人进去的，所以说，有多种方案可以可靠启动备用泵。 而且规范真的没有要求备用水泵是要自动投入的。这么做的好处是可以解决很多问题，比如节省造价，比如不需要很专业的人就可以维修，电工可以不要图纸就可以自己维修保养，熟练了应急抢修也就只要几分钟。比如大楼几年都无人管理，火灾时能派上用场的可能性比自动的要高很多。甚至连什么软启动都不要，更不要什么自藕和星三角，就几个元件连通，热继电器都不要，只满足最基本的规范要求。当然是不能违反规范的。但我这么做并不违反任何规范。简单的，就是可靠的。
christ888 头衔：光明使者 等级：四星客人	第 24 楼 断路器的确有楼主说的问题存在，我专门同施耐德的技术人员讨论过，希望能够在施耐德“MA”脱扣器上也能安装“SDTAM”附件，可以用于热故障时报警——他们回答说要仔细考虑。我设计时，采用的方法与 zhouzhou8 版主的做法一样，断路器不带长延时、取消热继、直接启动……能简单则简单。
大鼻山 头衔：最逍遥 等级：版主	第 25 楼 “你们为了满足这个不存在的规范，不惜违反另一条强制性规范，好家伙，这正常吗?”。请问，消防回路设置热继电器违反了哪一条强规？而且，又有谁说你老周的做法一定违反规范了？大家只是在讨论，怎样更好地实现消防泵的备用投入问题。而你把备用泵的投入，直接寄托在值班人员的身上，我不知道这样的把握有多大；其实，我较早前也有类似设想（但没实践过）；但还是觉得不可靠，尤其是指望 24h 的消防值班，几乎是理论性的。

<table>
<tr><td>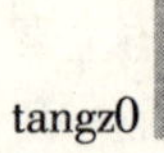
tangz0
头衔：轩辕夏禹剑
等级：两星客人</td><td>第 26 楼
控制系统是不可能十全十美的，满足现行（讲当时的更妥当些）规范即可，像前面 c45n 讲的不错了。周先生的想法也很好，不过消防控制人员即使能有强烈的责任感，他如何能知到主泵有问题，而去投备泵？确需思考一下。另外，消防回路从哪里算起可能大家的理解也会有分歧的，这也决定了你注意哪里不能加过载保护。</td></tr>
<tr><td>zhoushu8
头衔：达摩院寺监
等级：版主</td><td>第 27 楼
说来说去，担心的还是过载等不正常状态，讨论来讨论去，暴露其实就是害怕过载。
其实恰恰就是不必考虑那么多，不要考虑过载。主泵有问题就是停机了，烧毁了，反正是不转了，没水了，这还不知道要开机吗？大鼻子说“直接寄托在值班人员的身上，我不知道这样的把握有多大”，言下之意是不行。其实值班室在灭火时，是完全被消防人员控制了的，比如消火栓泵，消防人员没来，连主泵都不会开。喷淋，不是大火，屋顶水箱的水就够灭，也是主泵都不会开，怎么就那么在乎备用泵呢。能用到备用泵的话，控制室里没有消防指挥人员？主泵烧毁需要投入备用泵的机会有多大？其实是很小的，多数情况下不会发生。跟发生火灾而消防控制室没人的概率差不多。没人的话，自救就是句空话，都是白搭。我们应该多考虑多数情况下怎么正常运做，而不应只考虑极端不利情况。大家反复在考虑怎么样把备用泵投入，这立足点就是在考虑怎么保护主泵，备用泵不是用来保护主泵的，过载了怎么让备用泵投入，这么做完全是错的，就是根本否定主泵可以过负荷运转，我所见过的图，只要是设了热继电器的，都是断开主回路的，图纸里设了热继电器，大多数情况表明，该设计没考虑那条强制性条文。否则他就不会装，他若知道的话又何必找麻烦呢，不装不犯法，装了很可能犯法，又没有特别说明，审图的会怎么看他？备用泵不自投的话，恰恰就是独立的备用，反而是真正的备用。独立的，就是好的，就是可靠的。就是能真正能派上用的。那些自投的泵，其实才不是真正的备用泵，因为它往往在它不该做主力的时候做了主力泵，毫无退路。这种做法跟火灾时把主电源切除换上发电机供电，和把主电源切除换上蓄电池应急照明，一样不恰当。我们的设计人员爱把问题考虑得很复杂，希望都兼顾到，其实不然，捡了芝麻丢了西瓜，过多考虑次要矛盾，不注重主要矛盾。这一点，楼上的跟我的感觉一样。</td></tr>
</table>

2-85 不同回路穿管问题

bigshoes 等级：两星客人	楼主 不同的照明回路： 1. 如果穿钢管能穿同一根管吗？2. 如果是穿 PVC 管呢？
zbyjxp 等级：一星客人	第 2 楼 能，交流单芯电缆不能单独穿管有明确规定，其余没有明确规定。
liangjie 头衔：乐在逍遥 等级：版主	第 3 楼 干吗要共管呢？
minch 头衔：卖火柴的男孩 等级：两星客人	第 4 楼 穿 PVC 管应该可以吧。
hdq 头衔：刺桐城主 等级：版主	第 5 楼 小电流问题不大，大电流禁止。
liangjie 头衔：乐在逍遥 等级：版主	第 6 楼 详技术措施 5.2.3 条。同类照明的几个回路可以共管，不应超过 8 根。
linjianming 头衔：江南小生 等级：版主	第 7 楼 《民规》第 9.4.5 条。如下规定： 同类照明的几个回路，但管内绝缘导线的根数不应多于 8 根。 同一照明花灯的几个回路。 电压为 50V 及以下的回路。

2-86 欧式箱型变压器内可以装两台变压器吗

prezhjian 等级：两星客人	楼主 箱变（欧变）内可以装两台变压器吗？ 本人现在做一工程，甲方要求把两台630kVA的变压器放在同一箱变中，我总觉得这样做散热会有问题，而且低压出线回路会很多，加在一起总共有18个回路。箱变的产品样本上有此种做法，不知大家意见如何？
黑客 等级：一星客人	第2楼 有这样的方案。只有想不到，没有做不到！嘿嘿！
anca_ qin 头衔：笨狼 等级：五星客人	第3楼 既然箱变的产品样本上有此种做法，就不需要设计来考虑是否可行，那是产品制造商的事情，只要他有生产许可证。那干吗用两台变压器，用一台大点的不就行了。
prezhjian 等级：两星客人	第4楼 可以用大一点的，但是一般箱变单台变压器的容量供电部门都不赞同用超过800kVA的，所以采取了两台。
langji88 等级：一星客人	第5楼 18个回路也不算多啊，我们在一台630kVA的箱变上搞过11路出线，好像是2个630A的、3个400A的、6个225A的。用了2台GGD，不过的确有点过于紧凑了，出电缆不是太好出。
zhaokaikai 头衔：华山一壶饮 等级：版主	第6楼 一般8路出线。
ananda007 等级：一星客人	第7楼 西部地区箱式开关站应该是种趋势吧，毕竟建设成本低，工厂一次成型，现场安装量小，尤其适合偏远地区。将两台630kVA变压器装在同一台箱体内，制造成本也不会高于两台单独的630kVA箱变。

langji88  等级：一星客人	第 8 楼 欧变和美变排列是不同的，美变现在一般不用了，还有德变也很少用，德变是有一字埋在地下的，而美变一般是品字形，变压器是上面那个口，高压是左下的口，低压是右下的口，变压器的一半散热器是在箱变外凸出形的，而欧变现在好象还是目字形的用的多，也有品字形的，不过从外观看来都是规则的四边形。

2-87　关于功率因数表

快乐女孩 等级：游客	楼主 请教一个问题：低压配电柜里，“功率因数表”中要求一定要在 L1 相上取电流信号，请问这个 L1 相是什么意思？怎样找到 L1，L2，L3 三相，然后再对应接线？ 多谢有心人指教一二，将不胜感激！
zbyjxp 等级：一星客人	第 2 楼 用相序表测出来的，正相序 L1，L2，L3。
快乐女孩 等级：游客	第 3 楼 功率因数表的电流信号是否非取 L1 相不可？功率因数表接线是否都需要相序表检测后再接线？如没有相序表怎么办？相序 L1，L2，L3 相序是否具有实质性的意义？电流信号是否非取 L1 相不可？
大鼻山 头衔：最逍遥 等级：版主	第 4 楼 三相都可以，但要 L1 相电流配 L2L3 相电压，L2 相电流配 L3L1 相电压，L3 相电流配 L1L2 相电压。控制器的电流要求在 5A 以内，所以按变压器容量选是对的。

2-88　什么是有载调压变压器

heartsun  头衔：帮主门前站岗的 等级：两星客人	楼主 什么是有载调压变压器？ 这是我积攒的几个问题：什么是有载调压变压器？什么是逆变器？什么是联络线在什么位置？架空线是怎么定义的？谢谢！

 玄黄 等级：贵宾	第 2 楼 变压器在负载运行中能完成分接电压切换的称为有载调压变压器。CCD 是电荷耦合器件（Charge Couple Device）的简称，它能将光线变为电荷，并可将电荷储存及转移，以其构成的 CCD 摄像机具有重量轻、体积小、寿命长、不受磁场影响、抗振动、灵敏度高和有极好的图像再现性等优点，故被广泛地应用。
 零点 头衔：一剑光寒十四州 等级：游客	第 3 楼 逆变器：将直流转化为交流的半导体电力变流设备。联络线举个例子：有两个变电所，彼此向对方放送一根电源线，作为对方变电所的备用电源，这样的线就叫联络线。
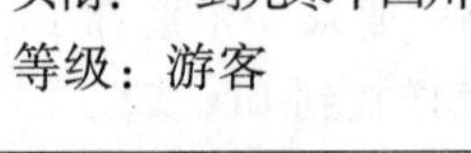 heartsun 头衔：帮主门前站岗的 等级：两星客人	第 4 楼 架空线和电缆有什么区别啊？
 城市边缘 头衔：缘空和尚 等级：版主	第 5 楼 架空线一般多用螺绞线，也有一般的带绝缘的导线，但我没记住型号。 现在也有厂家生产架空电缆。
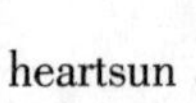 randyzy 等级：游客	第 6 楼 架空线一般指室外用电杆架设的高低压线路。电压等级有 0.22、0.4、10、35、110、220、330、500kV 等。多用钢芯铝绞线，电缆就不用说了吧。两者区别是架空线一般用在地势比较好的地方，电缆一般是在没有把办法用电杆或者为了美观而不用电杆的电杆。电缆线路的电压等级较低，一般为 10kV 以下，也有 35kV、110kV 的，不过很少。我见过的就只有变电站的 35kV 电缆出线。另我们 10kV 选择以下架空线一般按照载流量选择，35kV 以上就要考虑经济电流密度。还有就是要考虑气象条件，比如覆冰什么的外架空线的选择不是按照载流量选择的，是按经济电流密度选择的。

2-89 请教一种配电方式

蓝鱼 等级：两星客人	楼主 我有一堆投光灯，我想用一根三相五线的电缆把它们全解决了，相邻灯具接相邻相。就是说虽然是三相的出线，但实际上是分相供电的，我想知道，在系统图上应该把他归类为一个三相负荷还是3个单相负荷呢？三相和单相的电流算法相差很大，所以选线径和开关很为难。谢谢大家！
ljy2003_ cq 等级：一星客人	第2楼 应为三相负荷，3P的断路器。在三相调平衡的情况下，用三相计算或单相计算。
大胡子 等级：四星客人	第3楼 当中性线断线，灯具可能承受线电压，也有可能造成相间短路，慎用，不要省一点小钱出大问题，得不偿失！
Sxywmx 头衔：沧海一粟 等级：三星客人	第4楼 建议不采用，规范上有规定的，不能选用三相开关作为照明系统的控制。
蓝鱼 等级：两星客人	第5楼 先谢谢大家，我的确是见到不少使用这种配电方式的情况。但自己使用上还是不很得心应手。既然是属于三相均布负荷，那么使用三相的断路器应该没有什么问题啊。
电气美眉 等级：贵宾	第6楼 蓝鱼妹妹是好久没来了。《民用建筑电气设计规范》JGJ/T 16—92 第225页11.8.11：在照明分支回路中应避免采用三相低压断路器对三个单相分支回路进行控制和保护。不过我觉得路灯不应该受此限制，我们这儿路灯都是这么配电的。
小电容美眉 头衔：女排主攻手	第7楼 如果只是中性线断了，可发生中性点漂移，漂移的大小与三相负荷不平衡度有关。以一根五芯电缆配出的线路不属于那个规范要求范围吧？完全可以用三相电流计算方式来计算。而且，如果你的三相负荷相当平衡时，用三相与单相电流计算方式，求得的值是一样的。

 城市边缘 头衔：缘空和尚 等级：版主	第 8 楼 个人意见：不同意此做法，一是有“断零危险”；二是施工困难，如果施工出错，很可能过载。三是控制不方便；四是一个三极开关比三个单极开关还贵点。
ROSE 头衔：掌门-天虹剑 等级：版主	第 9 楼 如果用于道路照明，距离较长，我倾向于用三相供电，尽量做到三相平衡就好了，这样的做法很多。不过我感觉楼主的投光灯是景观照明用的，距离不是很长，这样的话还是单相分别配电的好。

2-90 变压器室与低压配电房相隔 100m 设置，技术上能实现吗

soso 等级：游客	楼主 变压器室与低压配电房相隔 100m 设置，技术上能实现吗？ 本人最近碰到一问题，我们有一工程 A（正在施工中），现甲方在附近有另一工程 B，不知什么原因，设计方没有在 B 工程设置变压器室，只有低压配电房。现甲方要求在我们这边增加一台变压器（1000kVA），母线拉到 B 工程的低压配电房。而两间房相距约 100m。这样做法有没有实现的可能？是不是只能在我们这边低压房配电后用大电缆的形式拉到 B 工程的低压配电柜作二次配电。
bingyu0923 头衔：KYN44 等级：三星客人	第 2 楼 3×（4×*YJV*185）+2×（2×*YJV*185）
大鼻山 头衔：最逍遥 等级：版主	第 3 楼 可以实现。

soso 等级：游客	第 4 楼 多谢各位了，由于要埋地敷设和过路，所以就不考虑母线排了。但按二楼所说做，是否在变压器这边要设一母线柜作出线用，这种多根电缆并接使用其线路保护是否仅在变压器出线处和低压柜进线处设保护开关就行了？
chiu 等级：一星客人	第 5 楼 大概要 4 根 185mm^2 才行。如果 B 处有位置，还是设一个变压器室。1000kVA 的变压器算大的了，估计施工场面不小，拉那么远、那么大的低压电缆不划算，功率损耗、电压损耗都要核算一下。
 luozi8250 头衔：明教掌旗使 等级：贵宾	第 6 楼 变压器离低压柜就 100m 了。那供电半径还够吗！实现是肯定可以实现！
robin-cf 等级：一星客人	第 7 楼 长远看运行不经济！技术上应该没问题！不就是费点钱吗？不过我们还是应该向甲方说清楚以后的运行费用，说不定甲方会改变方案！
 sofar 等级：一星客人	第 8 楼 可以实现，不过出线做起来就有些浪费了，电缆选择太大了，配电房的开关选择也不好办，总之可以实现，不太好！

2-91　有谁知道 560kW 的水泵怎么启动

 jyhang 头衔：会游泳的客人 等级：常客	楼主 有谁知道 560kW 的水泵怎么启动？相应的接触器、热继电器型号呢？空调热水循环泵（二用一备）$N=560$kW/台，还有冷冻水泵（二用一备）$N=450$kW/台，施耐德电机启动器最大只到 250kW 的电动机。
 wys-3638 头衔：风清网	第 2 楼 用星三角启动。

 大鼻山 头衔：最逍遥	第 3 楼 软启动器如何？
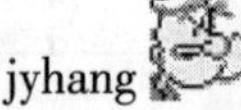 jyhang 头衔：会游泳的客人 等级：常客	第 4 楼 我是采用软启动器，但施耐德的产品只有以下的。再有旁路接触器的型号规格也没有这么大的，怎么办呢？
 大鼻山 头衔：最逍遥	第 5 楼 560kW 的 380V 水泵？感觉到很超常啊！接触器肯定有，软启动器可以再咨询一下 ABB 之类。
 xzm 等级：五星客人	第 6 楼 可以使用电动操作的断路器，如果不是频繁启动的话。560kW 的电动机，为什么不使用高压电机？
 bullet 头衔：逍遥散人 等级：一星客人	第 7 楼 我记得像这种大功率的电机，工作电压可能是高压哟。不知是不是这种情况？
 警卫旗队 等级：游客	第 8 楼 我低压最大只做过 250kW 的，听说过有 300kW 的，560kW 低压的还没见过。
wxw201 等级：游客	第 9 楼 这样的软启动器是有的，我们公司是美国本秀软启动器在中国的总代理，正常的话这样大的用中压的多，大家需要资料的话我可以向大家提供。当然您说的这种功率是肯定有的，性价比高，很多技术指标也是其他品牌所不能比拟的，因为来中国市场晚，大家可能会觉得陌生。像低压用在中央空调上面的例子非常多，如果大家有需要的话，可以发表一下自己的看法和联系方式等等。

dkxvc 等级：游客	第 10 楼 最好用 6～10kV 的电压直接启动（经济，可靠）。如果是低压的话，最豪华的方案是用变频器启动；也可用自耦变压器起动（目前我知道的可做到 480kW）。要不就考虑液变电阻启动柜等等。
wangzm521 等级：游客	第 11 楼 315kW 或者 500kW 以上都采用 10kV 或 6kV 的电压来控制，电流要小且成本高压的比低压要省！就是电动机和控制柜体积大。
jyhang 头衔：会游泳的客人 等级：常客	第 12 楼 昨天我查阅了水泵资料，注明是 6kV。民用设计院以低压为主。这中压电机的控制还从来没碰到过。水泵资料上注明的，有个空调设备厂家去投标出了一个“优化”方案，聘请我单位的暖通工程师设计，我给配电设计。
枫-舞之九天 等级：一星客人	第 13 楼 35kV 通过变压器变为 6kV 供给电动机用的有啊，我以前单位的师傅做污水处理厂的时候就是这样，市政院做大型污水处理厂的时候就有。
yukanlee 头衔：明清散人	第 14 楼 6kV 电机还需要软启动？直接断路器控制不行吗？
wxw201 等级：游客	第 15 楼 看来楼上是不太了解软起，电网不允许就得用。
兔子木筏 等级：游客	第 16 楼 为什么不采用 6kV 或 10kV 中压启动呢？像这么大的功率采用低压启动，电源容量可太大了。
yukanlee 头衔：明清散人	第 17 楼 如果 560kW 的 6kV 电机还要软启动，那你的电网容量未免太小了吧？不知道 560kW 的软启动器 380V 的和 6kV 的价格差多少。

杰哥 等级：常客	第 18 楼 6kV 的 560kW 的电机就使用 F-C 就满足要求了，我刚设计了，2000kW 以上的采用断路器。

2-92 TN-C-S 接地系统 PEN 分线点问题

robin-cf 等级：一星客人	楼主 条件是：TN-C-S，若一个店面建筑，约分为 25 间店面，一排建筑总长约 120m，单独计量，室外墙上设总配电箱 AL1（由此分线至各店面总箱 AL2）。 问题是：1. 室外低压侧四线到 AL1，PEN 线是在 AL1 处分还是在 AL2（各个店面内）处分为五线制；2. 若在 AL1 处分，到各户内五线（多拉 25 根 PE，我觉得没必要），就是五线到户内（户内还要设等电位端子箱吗）；3. 我觉得在户内 AL2 处分成五线制比较合理，在户内 PEN 线重复接地，并设总等电位箱（户外配电箱外壳接地）。请教大家多多指正！到底应该怎么做？
警卫旗队 等级：游客	第 2 楼 不对！你这个该是 380V 的三相四线进来。在 AL1 做重复接地后就变为三相五线了！每户进线为单相！就是说只有三根线！同时 PE 线可以共用。也就是说从一个端头到总箱每经过一个 AL2 就加 2 根线。依次为 3，5，7，9，11，这样做！室内怎么能做重复接地哦！你要别人把每户人家家里都挖个坑，插跟铁，地下焊块钢板？
randyzy 等级：游客	第 3 楼 我觉得在 AL1 处分比较合适，也没必要 25 根 PE 线啊？你不是一排建筑总长约 120m，可以引一根总的 PE 线，然后在各个位置的 PE 线均接入这个总的 PE。大家看这样合理吗？
hitwb 头衔：达摩堂堂主 等级：一星客人	第 4 楼 PE 线不能有接头的，怎么能用一根 PE 线呢，应该出 25 根 PE 线。

robin-cf 等级：一星客人	第 5 楼 1. 店面单相进线或是三相进线主要看店面的面积（暂不谈）。 2. 户内（AL2 处）分线，在各户内基础中引上一根接地线做重复接地。 请问住宅的室外分线箱到楼梯口总箱的进线好像也是四线的吧（TN-C-S），分线处是在楼梯口，而非室外分线箱处。
linjianming 头衔：江南小生	第 6 楼 我觉得在 AL1 处分比较合适。
wl220 等级：一星客人	第 7 楼 我觉得应在进户总配电箱 AL1 处分较合适，AL2 应作为户内箱，总配电箱作为进户总箱，其实其已是分支电缆进户的总箱，故在 AL1 处较合适。而且这样做较为独立，TN-C-S 也较可靠。
枫-舞之九天 等级：两星客人	第 8 楼 必须总箱处分线，详见《建筑防雷设计规范》6.4.1 节。 第 6.4.1 条当电源采用 TN 系统时，从建筑物内总配电箱开始引出的配电线路和分支线路必须采用 TN-S 系统。

2-93　关于电气二次图

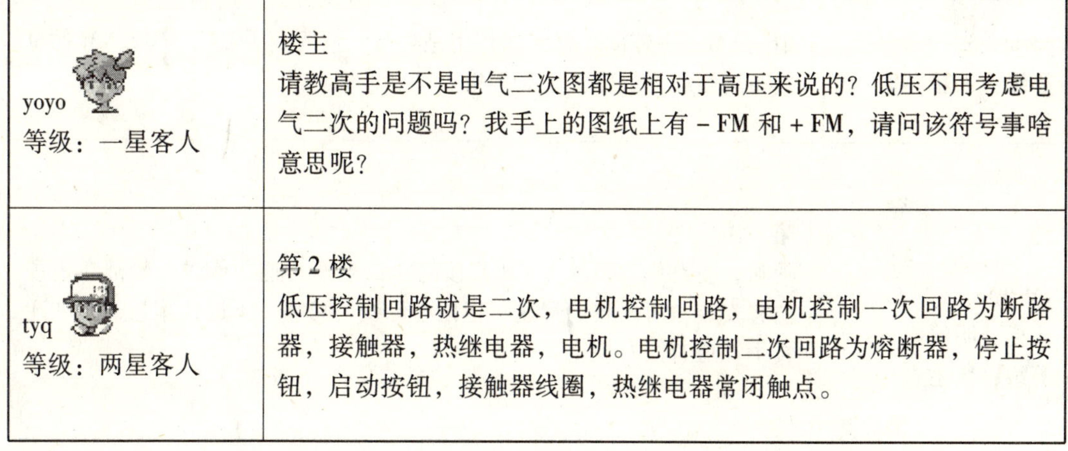

yoyo 等级：一星客人	楼主 请教高手是不是电气二次图都是相对于高压来说的？低压不用考虑电气二次的问题吗？我手上的图纸上有 - FM 和 + FM，请问该符号事啥意思呢？
tyq 等级：两星客人	第 2 楼 低压控制回路就是二次，电机控制回路，电机控制一次回路为断路器，接触器，热继电器，电机。电机控制二次回路为熔断器，停止按钮，启动按钮，接触器线圈，热继电器常闭触点。

yukanlee 头衔：明清散人 等级：版主	第3楼 －FM，＋FM应该是直流母线，F可能是...？国内高压图纸母线一般都这么表示，比如DM（灯母线）、XM（信号母线）、KM（控制母线）、YBM（预报母线）等等......F还真没见过！而低压的二次控制回路就是楼上tyq所说的。
leedreamfly 头衔：明教净水使者 等级：三星嘉宾	第4楼 FM是预告信号电源小母线，是旧国标了，新的应该是WP。电气的二次其实很简单，10kV系统二次国家有标准图，0.4kV普通电机设备控制也有标准图，基本大同小异。
海兰兰 等级：常客	第5楼 FM：辅助小母线；查《工业与民用配电设计手册》。
yukanlee 头衔：明清散人 等级：版主	第6楼 电气高压的二次确实比低压难一些。我觉得主要还是转换开关和各类小母线太多的缘故（以前的老图纸都是这样），尤其对于新手倒起图来很费劲！需要慢慢理解的，呵呵，不过无非就是合闸、分闸、报警及故障跳闸、信号等回路，动作原理也都是一样的。就从最简单的下手吧！
yoyo 等级：一星客人	第7楼 请问FM——辅助小母线的作用是啥呀？请问高手BM，FM，XM的位置布局是咋样的呢？望高手指点。
yukanlee 头衔：明清散人 等级：版主	第8楼 呵呵，看看你的图纸上FM都接的什么东西？这些母线一般都在柜顶位置安装，所以我们管这叫柜顶小母线，呵呵。不过具体怎么排列还真不知道有没有规定。

2-94 住宅楼层电表箱到室内配电箱这段

 警卫旗队 等级：游客	楼主 请教一个初级问题！住宅楼层电表箱到室内配电箱这段：例如6kW单相进线电流该是27A，进户断路器可以选32A的，上一级断路器选40A刚好可以配合40A的表。但是假如是8kW，电流就是36A，只能选40A的断路器，上一级还能不能选40A的表了？如果选，那么上一级断路器也只能是40A！这样可以不？如果不选40A改选60A会不会太大了而没必要！而且，即使选60A，那么上一级断路器没有60A只有63A、50A（为什么这样规定啊，郁闷），那就只能选50A的断路器了？是不是就只能这么办了啊？请指教！谢谢！
 linjianming 头衔：江南小生 等级：版主	第2楼 我认为是可以的。但是假如是8kW，电流就是36A，只能选40A的断路器，上一级能选40A的表。
 警卫旗队 等级：游客	第3楼 我觉得麻烦的就是这个问题！室内是40A的断路器，上一级也就是说表箱出来的也是40A。线路始终存在电流级差。就有可能出现这种情况：在表箱（室外）而不是在室内开关箱处跳闸，这就不太合理。你想，跳闸了你得跑出去合闸而不是在家里就解决！万一表箱有锁或者比较远什么的，就麻烦了。
ROSE 头衔：掌门-天虹剑 等级：版主	第4楼 楼上两位不考虑功率因数吗？ 6kW应选用10（40）A的表，8kW应选用15（60）A的表。
 randyzy 等级：游客	第5楼 我想不是一定按容量选定电表大小的吧？电表大了供电局不同意的，我们这儿的住宅用户都是用的5（20）A的电表。

elhf 等级：三星客人	第6楼 可以选40A，选50A没必要，这两个开关不需要选择性（同级）。但是你的8kW选40A有些小，要考虑功率因数。
警卫旗队 等级：游客	第7楼 哦！也就是说断路器选一样的！6kW的配40A的表和开关（前后级一样），8kW的还没个定数。（选50A的小了点，选63A的不能保护60A的表，难道非要改三相啊？）
why_ cool 等级：两星客人	第8楼 好倒是好，可供电局会同意这种方案吗？还有相应的是不是要选40A、63A的断路器？那是不是进线都要跟着往上加？
ROSE 头衔：掌门-天虹剑 等级：版主	第9楼 住宅不是重要负荷，开关可以不考虑选择性的。

2-95　住宅小区供电方案比较

lengbing 头衔：苦菜汤 等级：贵宾	楼主 住宅小区供电方案比较： 现有建筑面积47万m^2住宅小区，1/3为11层带跃层住宅，其余为多层住宅，公建包括步行商铺和一所学校及其他配套设施，小区消防给水集中临时高压，消防负荷及电梯，生活泵按二级负荷考虑，其余为三级负荷，估计总装机容量16000kVA以下，原初步设计为10kV电源（未说明是一路还是两路）穿过本小区，带8个附设在地下室的变电站，甲方觉得设在建筑内的干变造价太高，（其实在多层建筑地下层也可以用油变，只是要有防排挡油的措施，且初步设计者坚持用干变），要求改为在小区建筑外部设若干箱式变电站（数量也要求尽量少）。现委托我做设计，我的供电方案为：1. 10kV电源要求两路，每路$3\times240mm^2$双根并联。2. 箱变设10～15台，变压器容量为630kVA或$2\times630kVA$，分别采用一进，一馈，一配或两进，两馈，两配的方式，3. 两路10kV电源根据我的箱变高压接线方式，在整个小区构成两断开环的供电臂，各带一半负荷。4. 所有箱变高压无联络，低压设部分联络。还有一个方案：1. 设小区开闭所一个，两进，六馈，母联分段运行。2. 在小区设三个独立的环网供电。3. 其他的同方案一。但该方案开闭所的位置需甲方留有。不知各位有什么建议，为盼！

 luozi8250 头衔：明教掌旗使	第 2 楼 1. 47 万 m^2 住宅小区，总装机容量 16000kVA，是否有点大？ 2. 若估计总装机容量 16000kVA 左右，可以考虑开闭站。不过好像成本不小！ 3. 箱变是灵活，不过有容量限制，具体还是根据建筑规划确定。
zhaokaikai 头衔：华山一壶饮 等级：版主	第 3 楼 所有箱变高压无联络，低压设部分联络。二级负荷供电如何保证呀，是不是从两个不同的电源低压各引一路呀？容量差不多，稍大，系数可以再小一点，13000～14000kVA 差不多了。如果供电可靠要求不高，可用环网。要是比较高，比如住宅按高级住宅设计，最好采用开闭所放射式供电，有条件再加一套微机保护。
lengbing 头衔：苦菜汤 等级：贵宾	第 4 楼 我也说总容量在 16000kVA 以下，最后估计定在 12500kVA 左右，设开闭所在初步设计中没反应，甲方不愿设在建筑主体内，要找块 300～500平方米的面积另砌建筑很困难啊。我打算说服甲方，设单纯的开闭所（无变压器，呵呵，甲方怕用干变）。这样就可以设在建筑主体内了，又省地方。
 minch 头衔：卖火柴男孩	第 5 楼 300～500m^2 这么大的地方要放什么设备阿，除了高压柜还有什么呢？什么叫单纯的开闭所阿，看你的意思好像可以把变压器放里面。我觉得用开闭所较好，设在建筑主体内，二进，至于几出，要看箱变的数量和安装位置了。
 黑客 等级：一星客人	第 6 楼 1. 如果第一种办法电业局认可，那最省钱。2. 第 2 种方法不错，个人觉得最多设两个环甚至一个就可以了，用环网式箱变站，一进，2T，一出。3. 低压部分不做联络，在箱变里低压做联络的方案倒是见过，但是没见用过，而且做联络后变压器的容量按照 N-1 原则配置，所以由于备用容量的存在，提高了变压器的容量。总体看第二种方案无可挑剔，建议选用。

 lengbing 头衔：苦菜汤 等级：贵宾	第 7 楼 关于你的 N-1 备用容量，我有另外的看法，我认为只需备用二级负荷的容量就可以了，三级负荷回路设失压脱扣。另外，一个环的开闭所，还不如直接做到箱变里，就如我所说的两进两出两馈（把两路电源都做进一台箱变里）。我倾向设两个环的开闭所。其实也不一定要开闭所的。看供电局的意思。

2-96　请教综合小区电气设计

study-e 等级：游客	楼主 请教综合小区电气设计！ 由综合楼，实验楼，住宅，商场，六个建筑组成的一个综合社区，其中住宅为小高层，综合楼和实验楼为二类高层。二类高层中消防用电按二类负荷，其他按三类负荷，对吗？本工程中柴油发电机怎么选？变压器怎么选？建设单位未能提供用电方案，我该怎么做？高压部分电源电压用 35kV 还是 6kV 是不是还应该由供电局确定？
国标使者 等级：游客	第 2 楼 采用什么供电根据你统计的负荷及计算的负荷决定呀！供电电源能满足要求可不需要柴油发电机呀！
ybs2004 头衔：开山鼻祖 等级：一星客人	第 3 楼 柴油发电机根据所有的消防负荷加上重要的照明负荷来选，供电方案可采用一路高压进来。消防负荷有柴油发电机，建议采用 10kV，不过都要通过供电局的同意。
警卫旗队 等级：游客	第 4 楼 好像一般都用 10kV 而不用 6kV 吧！35kV 的那是电力部门的事了。反正从开闭所出来的估计你都要做，变压器你算一下要多大，我看你这个估计最少也是 2 台 1000kVA 的变压器！还有就是你那个实验室看做什么的。估计全部或者部分都要划为二类负荷！
randyzy 等级：游客	第 5 楼 我想变压器的容量是要按实际的负荷总和取同时系数后选定，如果供电局的 10kV 线路有条件的话可以考虑双电源进线，没有必要就不必用柴油发电机。低压做成单母线分段，变压器正常时并列运行，一台故障时可以用另一台保证重要一些的负荷，比如电梯和通道的照明等。另外变压器最好不要用一台大容量的，建议用两台小一点的，这样保护部分简单些。

2-97 电流互感器变比问题

yoyo 等级：一星客人	楼主 电流互感器变比问题请教高手：高压开关柜和低压配电柜内的电流互感器 n/5A 还是 n/1A，是柜子本身决定的呢？还是根据什么原则取得呢？请指教，不胜感激。n 是由啥确定的呢？与 1 或者 5 有关系吗？
sofar 等级：一星客人	第 2 楼 选择变比是由二次仪表决定的。选择互感器的变比是看你的二次仪表输入是什么，也就是说选择的互感器要和二次仪表相匹配，一般的电流互感器变比都是 n/5A，二次仪表也是输入 0～5A 的仪表，这样就明白啦。n 是二次仪表的量程啊，比如 150/5 的电流互感器配的电流表就应该是 0～150A 量程的。
Yoyo 等级：一星客人	第 3 楼 那如果是 150/1A 的话，和 150/5A 的区别是啥呢？ 除了二次仪表输入值不同外，2 个 150 是同值吗？
xw8765 等级：两星客人	第 4 楼 两个 150 是同值，一次电流！不过二次侧不带电子表的话，一般是 5A。
caodaping 等级：游客	第 5 楼 如果把 150A 的电流转换为 1A，变比 $n=150$，如果是转变为 5A，变比 $n=30$。 互感器的原理和变压器是一样的，一个主绕组，一个副绕组。你可以找电机学之类的书看！电流互感器原边线圈匝数少，副边多；电压互感器相反。匝数与电流是反比，即 $I1/I2=n2/n1$！
minch 头衔：卖火柴男孩 等级：两星客人	第 6 楼 n 是一次侧电流，与负荷有关，与表计量程没关系，与 1、5 都没关系。

 NLB 等级：版主	第 7 楼 电流互感器二次电流取 5A 还是 1A（还有 0.5A 的），取决于其二次负荷的大小，二次电流 1A 的电流互感器的信号传输距离是 5A 的 25 倍（0.5A 的是 100 倍）。当电流互感器与二次仪表或继电器在同一台柜上时，其二次负荷可以不计算，一般都能通过。如果电流互感器向远方传输信号，就需要校验其二次负荷（在保护回路中就是 10% 误差曲线）。当二次电流 5A 的电流互感器校验不能通过时，就需要选用二次电流 1A 的（或 0.5A 的）。

2-98 转换开关的问题

 terminator 等级：游客	楼主 转换开关的问题：小生是菜鸟一只，现在正看别人的电气通用图，在看电动机控制原理图时对转换开关的工作原理不太明白，FFHHHH 什么意思？它是怎么工作的啊？还望好心人相助，谢谢了。那转换开关就是从一个方向从分，分后，拨到合后，再合的吗？虚线上的小圆什么意思？能把原理说得明白一些吗？
 wys-3638 头衔：风清网	第 2 楼 分，分后，合后，合。这个转换开关有接点图的（应该有），小圆表示在这个时候是通的。不明白再问吧。
 terminator 等级：游客	第 3 楼 它的动作有顺序吗？ⅠⅡⅢⅣⅤ又表示什么？不清楚原理，只好问一点是一点了。没见过实物，是不是转换开关有四档，操作人员操作时依次从 F 拨到 FH 拨到 HH 拨到 H，对应有小圈的线路是通的呢？
 yukanlee 头衔：明清散人 等级：版主	第 4 楼 1. 罗马数字是转换开关接点的编号。 2. 看图，比如在 FH 位置时：在此虚线上有点的Ⅱ（5～8）、Ⅴ（17～19）两对接点是接通的。其他位置同理。 3. F、H 两位置是返回式的，不能保持。F 位置时无接点接通。 4. 图中还应该画出转换开关的接点连通图的，我没有看到。 不知这样你能否明白？

2-99　EPS 使用时必须注意的两个明显弱点

 玄黄 等级：贵宾	楼主 EPS 使用时必须注意的两个明显弱点！我做过的采用 EPS 的工程最终大部分都由于 EPS 的价格甲方最终没有设置，十几个千瓦的 EPS 甲方还能忍受，几十千瓦的 EPS 就不如发电机来的合算，这是 EPS 的致命弱点，而且有些地区消防部门不允许把 EPS 作为备用电源。我个人认为 EPS 作为平时不用的消防泵等设备的专用备用电源应该是可以的，因为这些设备无火灾停电时几乎不耗电能，但作为应急照明、疏散照明的备用电源就不行，只要一停电 EPS 就投入运作，如果遇到火灾 EPS 就无法保证消防电源了，因此这种情况 EPS 只能当过渡电源用！还是柴油发电机来的实在！
Shlmail 等级：两星客人	第 2 楼 EPS 作为应急照明的后备电源是可以考虑的，因为应急照明容量通常不大，造价不会高到哪里去；消防泵采用 EPS 就太不合算了，因为要考虑电机启动容量，EPS 选得比泵大得多，花大价钱换来的东西而平时又不用，真到了火灾时，还受供电时间的限制。所以有些消防部门规定消防泵不能用 EPS 作为后备电源是可以理解的。
 城市边缘 头衔：缘空和尚 等级：版主	第 3 楼 什么叫“但作为应急照明、疏散照明的备用电源就不行？只要一停电 EPS 就投入运作，如果遇到火灾 EPS 就无法保证消防电源了，因此这种情况 EPS 只能当过渡电源用！还是柴油发电机来的实在”，EPS 作为备用电源是完全可以满足消防要求的，火灾应急照明时间不过 30 分钟，消火栓泵要求的时间也不过 2 个小时。唯一缺点就是初次投资太大。EPS 完全可以满足消防供电时间的要求，消防部门规定没有依据，甲方不用是因为初次投资太大，估计以后会便宜下来，而应用也会得到推广。毕竟除了价钱，它比之发电机优势太大。
 zhoushu8 头衔：达摩院寺监	第 4 楼 EPS 不能做正常停电的备用，消防不会允许，发电机就可以正常时使用，物有所值啊。这是 EPS 的致命缺点，价钱可以通过技术以后会解决的，但时间解决不了。

玄黄 等级：贵宾	第 5 楼 要清楚应急照明平时停电时也要使用，不只在火灾时使用！应急照明，也称为事故照明，是因正常照明的电源发生故障而启用的照明，它包括疏散照明、安全照明和备用照明。疏散照明是用来确保安全出口通道能被有效地辩认和应用，使人们安全地撤离建筑物，它分为疏散指示标志照明和疏散通道及场所的一般疏散照明；安全照明是用来确保处于潜在危险之中的人员安全，如医院的重要手术室、急救室要设置安全照明；备用照明是用来确保正常活动的继续进行，用在消防控制室、变配电房、发电机房、中央监控室等等重要场所。火灾时消防水池的水量是有限的，水专业上有要求，好像是 2h 还是 3h，超过时间没水了就是有点也没用！再次强调应急照明概念！但是话又说回来，柴油发电机投入时间 15s，对于投入时间要求高的场所（如银行营业厅等）就不太满足，这是要采用 EPS 配合供电！
大鼻山 头衔：最逍遥	第 6 楼 价格允许时，EPS 最适合做应急照明的备用电源，因为不牵扯电机启动问题。
玄黄 等级：贵宾	第 7 楼 要清楚应急照明平时停电时也要使用，不只在火灾时使用！结论只有一个 EPS 作为整体应急照明（其中包括消防用应急照明）的备用电源是不妥当的！
大鼻山 头衔：最逍遥	第 8 楼 平时停电时，应急照明使用 EPS 怎么了？你 7 楼的观点证明不了你的结论。这就是你 7 楼的观点，其本身也没什么错误；可是它跟平时停电是否应该使用 EPS 毫无关联啊！它们之间有什么因果关系？
玄黄 等级：贵宾	第 9 楼 应急照明平时停电时使用就会消耗 EPS 能源，当 EPS 能源未恢复时发生火灾就有可能不能满足火灾时应急照明的要求，比如这时刚好 EPS 耗能耗完了，这个道理很简单啊！

 城市边缘 头衔：缘空和尚	第 10 楼 那火灾发生时，发电机刚好坏了怎么办？那是一样的道理，现在市电停电时间一般很短，而且 EPS 只是作为应急电源，而不会带非消防负荷，就是应急照明也不可能长时间供电。
zhaokaikai 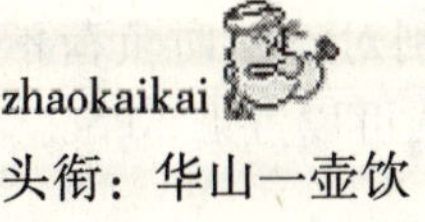 头衔：华山一壶饮	第 11 楼 EPS 带应急照明用的很普遍了。北京也可以用。个人认为还是可以用的。至于有些地方不让用。理由也比较牵强。毕竟没有规范性的东西。在当权部门的理解了。
 玄黄 等级：贵宾	第 12 楼 EPS 不是不能用，而是怎么用的问题，EPS 作为集中备用电源与分散式备用电源（镍镉电池）比其优越性是可想而知的！关键是在合理的情况下怎样发挥它的作用！
 大鼻山 头衔：最逍遥 等级：版主	第 13 楼 呵呵，楼主这个观点我认为还算不错，有点想法。可惜现实中不容易解决这个矛盾。 撇开 EPS 不谈，平时的疏散照明多以自带蓄电池为备用电源，岂不是存在同样问题？城市边缘的反驳观点不对。楼主说的是，停电时，应急照明可能已经用光 EPS 的电能，而此时若恰逢火灾，则反而应急照明无法使用。而火灾时，发电机突然故障显然跟上述 EPS 蓄电池不是一回事；EPS 只是电用光了，不是坏了。
zhaokaikai 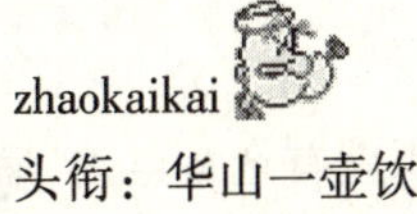 头衔：华山一壶饮	第 14 楼 大鼻兄总是考虑停电的时候着火。
 城市边缘 头衔：缘空和尚	第 15 楼 我的意思是两者发生的概率差不多，都几乎可以忽略。就像有些区域只考虑同时发生一处火灾一样，发生两次就不考虑了。

玄黄 等级：贵宾	第 16 楼 平时的疏散照明多以自带蓄电池为备用电源没错，但它的作用是 1. 停电时作为过渡照明用；2. 在火灾时消防人员进入火场灭火时将所有电源（包含应急照明）切断后给少数未来得及疏散人员疏散用；3. 作为消防负荷等级为三级的小型建筑的应急照明的备用电源。电动机坏的概率与 EPS 用完的概率怎么会差不多？哈哈！我是主张 EPS 带消防电机的，因为消防电机平时没用，只有消防时用，只要保证 3 小时电源就可以了！特别对于消防负荷不大的建筑，如住宅小区，发电机排烟不方便，就可以考虑 EPS。
城市边缘 头衔：缘空和尚 等级：版主	第 17 楼 你怎么知道差得很多，其实我也不知道这概率是多少，如果有实验数据到是可以算一下，EPS 的应急时间一般都大于 1h，停电超过一个小时的故障在城市已经很少见，而在恰好在这一个小时后发生火灾，这个概率已经很小很小，我们只能做到尽可能安全，永远做不到绝对安全。我前面说过，消防部门在某一个区域都只能同时预防一处火灾，同时发生两处三处甚至更多的火灾也是存在的，比如有恐怖分子在同一区域多处放火，难道我们也要为此而花大量资金去做好防多处同时起火的措施，当然是最好一幢建筑对应着有一支消防队，但这可能吗？国外用应急照明的电源就首选蓄电池。
 玄黄 等级：贵宾	第 18 楼 EPS 的耗电时间 1 ~ 3h，而充电时间往往是十几 ~ 二十几个小时，我说过不反对用 EPS，关键是怎么用最恰当，EPS 简单点说就是分散式蓄电池的集中，容量加大了而已！
linweid  等级：一星客人	第 19 楼 我支持楼主的观点。至于“国外用应急照明的电源就首选蓄电池”，我想我们所了解的国外情况，其供电的可靠性都比较高，通常不会长时间停电；而国内却经常长时间停电，至少我这里是这种情况。
bigsong  头衔：重振武当	第 20 楼 说到可靠，如果设计要做到绝对可靠是不可能的，相对于设计而言电气管理维护是目前的瓶颈，大家有机会呼吁呼吁！

 城市边缘 头衔：缘空和尚 等级：版主	第21楼 设计该做到什么程度才能保证安全而且经济可行，应该是由规范来说明，《建筑设计防火规范》第10.1.2条：火灾事故照明和疏散指示标志可采用蓄电池作为备用电源，但连续供电时间不应少于20min。我想制定规范的专家肯定会考虑到玄黄帮主所担心的事情的。
玄黄 等级：贵宾	第22楼 我发现大家好像都在强调EPS怎么怎么比发电机好，但我要强调的是EPS与发电机完全是不同类型的设备，无论从其特性上还是所发挥的作用上。对于小型工程EPS可以代替发电机，而大型工程它们则应该是相互配合，共同发挥各自的长处。不能因为EPS价格高就撇开它，也不能因为EPS某些场所发挥的作用比发电机大就不再采用发电机，它们应该是优势互补的才对，关键是要认清他们之间的优缺点。EPS与以往采用的分散式蓄电池应该是一类，它不像发电机，只要有柴油就能运行，它耗完了电能要充电，而且充电时间还挺长！所以我觉得光讨论价格没什么意义！
城市边缘 头衔：缘空和尚 等级：版主	第23楼 仅做消防电源，我觉得以后EPS会代替发电机，但像一些工厂之类如果需要正常停电时也进行生产，当然是发电机比较好。有个方法可以解决玄黄的担心，把正常停电故障照明和消防疏散照明分开做，消防疏散照明只在发生火灾的警报响起之后由消控中心控制点亮。
玄黄 等级：贵宾	第24楼 EPS的产生并不能替代以往的备用电源，它只是针对以往备用电源的一种补充，大家仔细想一下自己做过的设计就能体会，因此光谈论价格意义不大，目前EPS的价格确实是它获得推广的主要障碍，但这不能掩盖它所具备的别的备用电源所不具备的优越性能，我觉得关键在于在目前市场环境中如何发挥它的作用，如何恰当的使用它。
大鼻山 头衔：最逍遥	第25楼 目前价钱还是决定性因素。根据分散和集中设置的不同，EPS比发电机要贵5~26倍。不过楼主的观点确有独到之处！

csqzgh 等级：游客	第 26 楼 我认为除了价格因素外，能否满足时间要求也是一个问题，如电讯，地震等防灾大楼，不仅涉及着火时的问题，还有电源可靠性的问题，如一级负荷中的特别重要负荷，规范没规定具体应急时间，但 EPS 的时间显然太短，否则就是将 EPS 多台并接来增加蓄电时间，显然不经济。柴油机只要有储备的油，就可长时间的运行。其切换时间能满足一般消防负荷，但对于计算机等负荷则配 UPS 比 EPS 更满足负载特性要求。就是柴油机在位置选择，通风，降噪，储油方面要花点精力。
workwxj 等级：一星客人	第 27 楼 EPS 目前最大有 800kW，可运行 60min，我认为可以用在消防用电的应急电源，它可是绿色设备。
Mlglulu 等级：游客	第 28 楼 按照楼主说的话，那么我们平时用的带蓄电池的应急照明灯也是不合理的了？在市电停了，蓄电池耗光后又刚好火灾？市电停了后，场所内的人都几乎走光了。
玄黄 等级：贵宾	第 29 楼 我并没有说 EPS 不能用，我觉得采用 EPS 单独作为应急照明的备用电源是可以的，小消防负荷时单独作为消防泵的备用电源也是可以的，因为这样一来即使应急照明回路耗电耗完，至少还能保证消防泵等消防设备能投入使用（只要保证 3h 电源），但是作为总体备用不行，有可能会影响整体消防。毕竟 EPS 除了反应快，备用时间与发电机比太短！
jinzita 等级：一星客人	第 30 楼 楼主的观点有道理，《高规》“9.2.6 应急照明和疏散指示标志，可采用蓄电池作备用电源，且连续供电时间不应少于 20min”，注意：这里用的是“可”，而不是“宜”，更不是“应”，这就很能说明问题。我的理解是用 EPS 作应急照明的备用电源不是最佳方式但也没有错。
45-01 等级：游客	第 31 楼 火灾时消防水池的水量是有限的，水专业上有要求，好像是 2h 还是 3h，超过时间没水了就是有电也没用！

2-100 直流屏电流计算

luzhluck 头衔：护剑左使	楼主 直流屏电流计算！ 谁知道直流屏需要多少 AH 是怎么计算出来的啊？不胜感激！
wys-3638 头衔：风清网	第 2 楼 计算二次负荷的电流，如果有电机的话考虑电机的启动问题。
NLB 等级：版主	第 3 楼 蓄电池容量按下列条件选择：1. 1h 事故放电容量不大于 0. 5C5Ah；2. 最大冲击电流不大于 6C5A。取其中容量较大者。
bigshoes 等级：两星客人	第 4 楼 楼上的公式，对大型变电所比较有用。一般好像实际都是根据经验，算下来很小的，问一个人一个说法。
一剑封喉 头衔：吾谁与归 等级：一星客人	第 5 楼 以前考虑事故末期的直流母线压降，所以要考虑冲击负荷，现在用弹操一般 3A 左右影响不大，可以只考虑事故负荷与经常负荷。7W 的合闸直流继电器为：7/220 就是电流，还有照明、信号灯等等，再乘以事故小时一般为半个到一个小时，相乘就可以了。一般都不算，让成套厂家帮你确定。
bigshoes 等级：两星客人	第 6 楼 现在流行配铅酸免维护蓄电池，该直流屏有个最小容量，好像是 40AH，十几二十几台的变电所肯定够了。楼上：不知道我这么说对不对？
c45n 等级：版主	第 7 楼 C 本身是蓄电池容量的代号，它的单位是 AH（安时），后面的脚标数字是小时（时间），表示蓄电池在该时间长度放电条件下的容量。蓄电池的放电容量不是一个恒定值，它受放电电流大小的直接影响。在同一放电终止电压条件下，放电电流越大，放电容量越小。例如一组 100AH 铅酸蓄电池，放电电流 10A，可以维持 10h；放电电流 50A，只能维持 1h，相当于计算容量 50AH；放电电流 75A，维持 0. 5h，相

c45n  等级：版主	当于37.5AH；如果放电倍率超过1.0C_{10}，例如1.25C_{10}，就是125A，那只能维持10s，相当于0.35AH。放电电流与放电容量之间的关系，用放电特性曲线表示，放电电流本身用蓄电池放电容量的倍数来表示，例如0.5C_{10}，此时它的单位是A（安培）。国家标准中，把铅酸蓄电池10h的放电容量作为它的额定容量，把镉镍蓄电池5h的放电容量作为它的额定容量。因此在表示充电、放电电流时，通常写做0.1C_{10}A、3C_5A等。直流电源的选择不是一句两句话可以说清楚的，主要涉及到直流负荷计算和蓄电池容量计算。我在这里简单说说，如果你想详细了解，可以去查直流系统设计手册，不过一般都是凭经验选。如果你的直流电源只提供控制、信号、保护、跳闸等，那么其直流负荷系数一般取0.6左右；信号灯按每只3～5W计算；光字排如采用白炽灯按每只2×15W计算（如采用LED显示则小的多），并且考虑附加电阻功耗20～30W；经常带电的继电器按每只7～10W；组合式过电流继电器（综保）按每只8～20W计算；再考虑高压开关操动机构功率、断路器或熔断器功耗及线路损耗等。事故停电时间一般取1h。按浮充电时直流母线电压为1.05Un来确定蓄电池个数，按均衡充电时直流母线电压校验；按直流母线允许的最低电压校验蓄电池放电终止电压。蓄电池容量计算方法有两种：一是容量换算法，按事故状态下直流负荷消耗的AH值计算容量，并且按事故末期或其他不利条件下校验直流母线电压水平。二是电流换算法，按事故状态下直流负荷电流和放电时间来计算容量。

2-101　电源箱和控制箱的问题

gao288 头衔：四菜一汤之菜 花等级：一星客人	楼主 电源箱和控制箱的问题： 电机的电源箱和控制箱你们合在一起吗？
Yukanlee  头衔：明清散人 等级：版主	第2楼 问题不清。一般情况都应该合在一起的，没必要这么复杂。还多花钱！ 另外：你说的控制箱应该不是指启停电机的操作柱吧？

 wys-3638 头衔：风清网	第 3 楼 如果是两地操作的没有办法放在一起的，哈哈。
gao288 头衔：四菜一汤之菜花 等级：一星客人	第 4 楼 1. 如果有三个排烟风机，把三个的控制箱（也是电源箱）放在一起，末端互投。可以吗，二次线路的启停按钮放在哪？是在另外的地方放启停柱吗，启停按钮可以放在控制箱上吗？见笑，我真的不懂。 2. 如果两地控制（电源处和电机附近），接触器和继电器放在电源箱（还是合一）直接引电源线到电机。然后从电源箱（也是控制箱）引控制线到电机附近的两地启停按钮。这样可以吗？总工认为应将电源箱和控制箱分开，带继电器的控制箱应在电机附近，从控制箱引控制线到电源箱。我的方法错了吗？还是都对？
Yukanlee 头衔：明清散人 等级：版主	第 5 楼 1. 末端互投我不知道。启停按钮按工艺要求做。一般都放在设备旁，放在现场控制箱上也可以的。此外不是还有两地、三地控制的嘛。 2. 是可以的，通常都这样做。总工说的也没错，看具体情况了，无非是省点控制电缆。
 Sxywmx 头衔：沧海一粟 等级：三星客人	第 6 楼 一般常用的做法是两地控制或三地控制（有控制室的）你说的那种用两地控制好点。电源直接从配电间到电机，就地控制箱只做二次回路。
 ROSE 头衔：掌门-天虹剑 等级：版主	第 7 楼 明清首先不是做建筑设计的，估计楼上朋友也不是吧。楼主的情况三台排烟风机应该是一个防火分区的，可以将控制和双电源转换放在一个箱里，箱面安装按钮、信号灯，方便操作、观察。如果三台电机距离太远，可以考虑控制箱附近设在排烟风机，这时控制元件应该在控制箱里。

2-102 竖井电缆布线用有盖桥架还是用无盖的支架

 gougou1578 等级：游客	楼主 3 根 $3\times185+2\times95$（mm^2）；1 根 $3\times120+2\times70$（mm^2）；1 根 5×35（mm^2）；2 根 $3\times50+2\times25$（mm^2）；2 根 5×25（mm^2）；2 根 5×10（mm^2），共 11 根电缆，另一路与此路完全相同 11 根电缆，双路供电。

雨过天晴 头衔：帮主 等级：四星嘉宾	第 2 楼 竖井内用无盖支架即可。双回路电缆分别敷设在不同支架上。
Sxywmx 头衔：沧海一粟 等级：三星客人	第 3 楼 用有盖桥架也可以的，不过还是省一点吧，用支架就可以了。
大鼻山 头衔：最逍遥	第 4 楼 多为梯级桥架。
天正电气 等级：游客	第 5 楼 用带盖的好，跟土建费比起来，这点钱跟本不算什么，除非甲方要求，设计时盖的好！
bigshoes 等级：两星客人	第 6 楼 不提倡带盖，本来那么多电缆，载流量和温升就是个很大的问题了，能不用盖就不用。散热好啊。

2-103　消防泵，喷淋泵等消防负荷是否要单独回路供电

河图 头衔：藏经阁-思尘 等级：三星客人	楼主 消防泵，喷淋泵等消防负荷是否要单独回路供电？曾经看到过，消防泵喷淋泵共用一个回路采用控制箱开关前接线的配电做法。当然算第二电源就是两个回路。但我印象中规范好像提到重要的消防负荷要单独回路供电，也就是说上述例子就变成四个回路了。可我刚才翻了好一会没找到这条，不知是我记错了没有？
zhaokaikai 头衔：华山一壶饮 等级：版主	第 2 楼 何必呢，双电源切换箱出两路，到两组泵各自的控制箱都是一路，切换在双电源箱实现，满足末端切换。

victoryps 等级：游客	第 3 楼 消防负荷一定要单独供电，用一台双电源切换箱就可解决。
快刀浪子 头衔：戒刀和尚 等级：贵宾	第 4 楼 近端必须有控制。
ttt001 头衔：般若禅师 等级：管理员	第 5 楼 规范明确要求末端切换，对于同一泵房同一类消防水泵，使用专用的两个回路然后再末端切换是很自然的选择，应该没有疑义。

2-104 单相三相混合功率计算

S7-300 等级：游客	楼主 单相三相混合功率计算： 请教各位一个问题，照明（电感型镇流器）和单相插座由同一个配电箱配电，功率因数怎么取；单相用电负荷与三相负荷共用一个柜子，该柜子总功率如何计算？
ruoranmasm 头衔：龙行天下 等级：三星嘉宾	第 2 楼 1. 功率因数查手册吧？我也不知道。 2. 先把三相负荷换算到单相负荷，然后取最大相的三倍。不知道我说的对不？
chiu 等级：一星客人	第 3 楼 最大相（单相）负荷 ×3 + 三相负荷 = 总的三相负荷
xw8765 等级：两星客人	第 4 楼 电感型灯具每一种不一样，现在要求带补偿电容器的灯具，功率因数一般取 0. 8，如不带，钠灯 0. 45，日光灯我取 0. 5 ~ 0. 6。

cn4587 等级：游客	第 5 楼 应该就是把每一相的单相用电的功率×功率因数算出来再加上三相功率×功率因数吧？如果只有一相用了单相电器，那还怎么乘 3？
FJCY 等级：四星客人	第 6 楼 还有乘功率因数这种算法的？你这样算出来的电流结果可是要把业主方损大了的。楼上说的没错。
 ttt001 头衔：般若禅师 等级：管理员	第 7 楼 单相和三相的混合计算是有章可寻的，属于基本的电路计算，也应该是工程师的基本功夫。具体公式可以参考《工业与民用配电设计手册》。

2-105　这样的需要系数

sxywmx 头衔：沧海一粟 等级：三星客人	楼主 这样的需要系数？ 一个酒店，八层，每层配电箱的需要系数取多少，其中有客房层和那种公共就餐层；整个酒店的需要系数取多少，还有层配电箱×以需要系数后，酒店总的负荷还要再取需要系数吗？今天在看图，看的晕了，谢谢指教！
 城市边缘 头衔：缘空和尚 等级：版主	第 2 楼 需要系数＝(设备同时使用系数×设备的负载系数)/(设备组的平均效率×线路的效率)
 s9 等级：两星客人	第 3 楼 层配电箱取了需要系数，总负荷只要取同时系数。酒店个系数可参考《旅馆建筑设计规范》JGJ 62-90，个人认为可根据设计阶段及实际情况适当放大。

s9
等级：两星客人

序号	负荷名称	需用系数 Kx		自然平均功率因数 cosφ	
		平均值	推荐值	平均值	推荐值
1	总负荷	0.45	0.40～0.50	0.84	0.80
2	总电力负荷	0.55	0.50～0.60	0.82	0.80
3	总照明负荷	0.40	0.35～0.45	0.90	0.85
4	制冷机房	0.65	0.65～0.75	0.87	0.80
5	锅炉房	0.65	0.65～0.75	0.80	0.75
6	水泵房	0.65	0.60～0.70	0.86	0.80
7	通风机房	0.65	0.60～0.70	0.89	0.80
8	电梯	0.20	0.18～0.22	直流 0.50 交流 0.80	直流 0.40 交流 0.80
9	厨房	0.40	0.35～0.45	0.70～0.75	0.70
10	洗衣机房	0.30	0.30～0.35	0.60～0.65	0.70
11	窗式空调器	0.40	0.35～0.45	0.80～0.85	0.80
12	总同时使用系数 K_C	0.92～0.94			

很多设计在初设阶段，总负荷计算中 Kx 一般取到了 0.8。

层配电箱计算负荷 = 统计负荷 × 需要系数

总配电箱计算负荷 = 各层配电箱计算负荷 × 同时系数

2-106　办公和宾馆在做初步设计时负荷如何估算

prezhjian
等级：两星客人

楼主

请教商业办公和宾馆在做初步设计时负荷如何估算？我这样算行吗？本人现在做一大型小区，内有商业，高层办公楼及高层宾馆等建筑，请问各位在做初步设计时容量如何计算？我取商业为 80W/ m^2，办公为 70W/ m^2，宾馆为 70W/m^2 合适吗？

zhoushu8
头衔：达摩院寺监
等级：版主

第 2 楼

主要要问清楚空调的制冷方式，若是冷水机组，就不需要这么大的容量，不知道时，保守点，就按你说的设计，商场好像小了点，按 120W/ m^2。

yant 等级：贵宾	第 3 楼 小了点，80VA/m^2 或 80W/m^2。
hanghost 头衔：寒秋	第 4 楼 商业为网点，不算小。
城市边缘 头衔：缘空和尚 等级：版主	第 5 楼 这个问题我也在考虑，看过一些初步设计，按容量法来算，也还取需要系数，我自己认为不需要，这本身就是两种计算方法，怎么交杂在一起了呢？初步设计用单位指标法，施工图用需要系数法。
prezhjian 等级：两星客人	第 6 楼 上面的意思是说如果利用单位面积容量法来计算负荷的话，还要不要考虑需要系数？我觉得应该要，比如办公有 10000m^2，总负荷则为 800kW，考虑需要系数取 0.7，功率因数取 0.8，变压器负荷率取 0.85，那么变压器容量选 800 × 0.7/0.8/0.85 = 823kVA，选一台 800kVA 的变压器行吧？请大侠指教。
robin-cf 等级：一星客人	第 7 楼 楼主的估算是可以的！现在只是方案阶段！等设计完成后在根据用途做相应调整！ 即使现在你估算小了或者大了对工程影响不大（毕竟我们不是建筑专业）。80 ~ 100W/m^2 容量应该没问题了！变压器容量及干线要在最后才施工呢。
prezhjian 等级：两星客人	第 8 楼 为了验证需不需要取需要系数，我做了个比较，住宅建筑面积为 180000 平方米，户数约为 1450 户，考虑每户 8kW 的容量。1. 若按单位面积容量法计算，则 P（安装） = 180000 × 50W/m^2 = 8100kW，P（计算） = 8100 × 0.3（需要系数） = 2700kW； 2. 若按每户的 8kW 考虑，则为 P（计算） = 1450 × 8 × 0.3 = 3480kW；两种方法相差 780kW，但是若按方法 1 计算不乘以需要系数，那么 P（计算） = 8100kW，和方法 2 相差太大，所以我认为还是要乘以需要系数，请继续给予指导！

城市边缘 头衔：缘空和尚 等级：版主	第9楼 你别用住宅的来算啊，住宅是个特例，是按户数为单位的，“每户的8kW”中的8kW是安装容量，很多手册都给出了住宅需要系数，住宅的算法很少按单位面积容量法来算的，措施上也没有给出住宅的单位容量，你认真看看措施第9页第2.5.2负荷计算方法的第二点：“计算容量的计算”，并没有出现需要系数。
玄黄 等级：贵宾	第10楼 商业100W；办公、宾馆80W；均包含空调，要取需要系数，商业、办公取大些（≥0.85），宾馆可取小些（≥0.75）。变压器负荷率方案估算时考虑小点70%～80%，留一定的余地！以上为个人观点！
城市边缘 头衔：缘空和尚 等级：版主	第11楼 负荷的计算方法有多种，其中有需要系数法和单位容量法，需要系数的概念是用在需要系数法里面的（住宅除外），是针对设备组的，怎么很多人用单位容量法的时候都还把需要系数扯进去了？
prezhjian 等级：两星客人	第12楼 再问措施上22.2供配电系统中的22.2.3负荷用电指标中的单位容量如何理解？
城市边缘 头衔：缘空和尚 等级：版主	第13楼 你是说“基本型：4kW或者50W/m^2”中的“50W/ m^2”，我觉得是用来算每一户的安装容量的。而不能用来算整幢楼或者整个小区的容量，这样就不好选需要系数了，住宅的需要系数的表格是按户数来统计的。
zlbsyx 等级：一星客人	第14楼 同意楼上所说，《措施》中指出，方案设计阶段采用单位指标法，施工图阶段采用需要系数法，是两种方法，不能混为一谈。

2-107　大型泵站设计有关问题

电气美眉 头衔：真实的我 等级：佳客	楼主 大型泵站设计有关问题 有一个泵站，315kW 低压电机 4 台，变频控制，（不考虑上高压变频、造价太高），请教以下问题： 1. 如果变电所本设计不考虑，由电业局自己在泵站附近建变电所。通过封闭式桥架母排架空引入泵站低压配电间，这样行不行？ 2. 如果母排架空引入，那么低压配电间净高要多高？ 3. 如果受电柜不加隔离开关，采用抽出式框架断路器，必须用抽屉柜吗？ 4. 每台电机用 2 根 3 芯 240mm^2 电缆并联配电，电缆沟要多深多宽？沟内不用支架，直接放在沟内敷设可以吗？给电机配电有没有别的方法，比如不用电缆用母排？请各位高手快来帮帮忙，多多指教，谢谢！
海兰兰 等级：常客	第 2 楼 我不是高手，只谈谈自己的看法，仅供参考：1. 可以。2. 2.8～3.0m。3. 有插接式断路器，可不用抽屉柜．这样的大开关，即使采用抽屉柜，在此处也要做成固定式。4. 这个可以排一下，我认为一定应用支架。至于用电缆还是母排，可以根据电机的接线端子来确定，如可能我认为用密集母线更好，但好像大多电机是电缆配线。
 大鼻山 头衔：最逍遥	第 3 楼 1. 建议设置 10kV 高压电机；380V 电机的要加变压器和大截面电缆等，并不省钱。 2. 电缆沟内电缆较多时，一般要设支架。 3. 你最好先确定一个配电系统框架，才方便讨论出线问题。
cycycz123 等级：两星客人	第 4 楼 1. 封闭母排架空引入这样作可行，但变电所由电业部门单独设计不好。首先不方便管理，特别是全站的自动化。其次继电保护及整定会出现不一至，泵站管理人员，不能了解电源情况，特别是主变后备保护功能无法使用。对泵站正常运行不利，容易出现事故，且责任无法分清。2. 3m 左右。3. 如不采用抽屉柜需要隔离开关，无论从运行及检修考虑，都必须。4. 用电缆，还属常规配置。

糊仙 等级：常客	第 5 楼 1. 由电业局自己在泵站附近建变电所可能性不大，天下哪有白吃的午餐啊？如果母排架空引入，那么低压配电间净高要 3m 左右，再高一点更好。2. 如果受电柜不加隔离开关，可以采用抽出式框架断路器，你只要选择开关的时候注意一下就行了。3. 每台电机用 2 根 3 芯 $240mm^2$ 电缆并联配电，电缆沟要多深多宽？这个好像没什么特别的要求，看你做什么沟。沟内不用支架，直接放在沟内敷设可以吗？应该可以，如果沟足够宽的话，给电机配电有没有别的方法，比如不用电缆用母排？可能震动比较大。
大鼻山 头衔：最逍遥	第 6 楼 315kW 电机若高压配电，应该不涉及高压变频的。
小刀 等级：贵宾	第 7 楼 不用支架，并行系数会比较小，散热条件也会很差，运行起来温度会很高，具体比环境温度高多少不好说，至少高 7～8℃，载流量很可能不够。你可以按照 GB 50217 算一下。即便用支架，温度同样会很高。如果想提高载流量，最好地上走桥架。当然最好还是用高压电机，10kV 太贵，6kV 就可以了。可以在经济方面做一下方案比较配电设备是没有多大差别，关键在于高压变频设备。尽管不知道 6kV 和 10kV 变频设备的差价，但是据我所知这两种电压等级的固态软启动器，差价在 3 倍以上。
huqf2003 等级：游客	第 8 楼 1. 可以。 2. 房间净高度为配电盘高度＋母排高度＋1m 比较合适。 3. 断路器是断路器，抽屉柜是抽屉柜，好像没有什么必然联系。 4. 电缆沟宽度主要考虑电缆的弯曲半径；电缆不应直接放在沟内，尤其是新建项目；电机配电用什么主要还是看电机的进线口是什么的，你适应他或他按你的改。
学工 等级：常客	第 9 楼 1. 可以，但要考虑室外还是室内型母线槽，两者造价差别很大。如果当地供电部门允许可采用室内型母线槽加雨篷的形式安装，可节省投资，但须由母线厂家提供雨篷。 2. 房间高度考虑防火，通风，安装等因素要高些，5m 左右。 3. 一般大型泵站都是集中控制，所以受电柜不宜加隔离开关。

电气美眉 头衔：真实的我 等级：佳客	第 10 楼 非常感谢大家热心的回帖，我要认真学习一下。对 cycycz123 说的“其次继电保护及整定会出现不一致，泵站管理人员，不能了解电源情况，特别是主变后备保护功能无法使用”是怎么回事？
大鼻山 头衔：最逍遥 等级：版主	第 11 楼 我 10 月份刚刚做完一个泵站工程；原工艺设计是 6kV 电机（355kW，共 4 台），被我强烈要求改成了 10kV 的电机，不仅省了变压器，大大简化设计和减小变电所面积。电机电流很小（20 几安培），变频启动吗？真的工艺要求？我接触到的泵站高压电机配电（包括参考“中南院”所编设计手册）还没碰到这种情况，看来还要加强学习呀！
电气美眉 头衔：真实的我 等级：佳客	第 12 楼 cycycz123 先生怎么还没来？我等着您回答我楼上的问题。据说 10kV 是中国特色，6kV 是国际标准。6kV 真的会被淘汰吗？如果真的用高压变频器，最好采用 6kV 的进线，原因就和小刀说的一样。进口的变频器大多是 6kV 的，国产有 10kV 的。6kV、10kV 的电动机一般多大可以直接启动？正规设计当然要计算压降等等，可是到哪儿去要那些参数呀。先不说这些，市网供电，有经验值吗？我见过 10kV/1000kW 直接启动，6kV/680kW 直接启动。降压启动用电抗器启动的，有做过一台启动多台电机的主辅母线的接线方式的吗？有用过高压软启动器的吗？今天借了一套大院的图纸看了一下，怎么电机的真空断路器柜，边加了一个避雷器柜？现在还这么做吗？现在真空断路器都选用什么型号的？
zongneng 等级：贵宾	第 13 楼 如水泵流量扬程变幅较大建议采用变频装置，否则没有必要。如用低压电动机，室外得用防水封闭母线槽，造价较高且损耗大，建议站变合一。10kV 也有变频装置，造价约 1800 元/kW，采用什么电压等级最好做经济技术比较。关于 10kV 和 6kV。10kV 设备通用性好，维护较为方便，6kV 在新建大型泵站中已经基本不用。今年江都泵站一台主变（110/6.3kV）故障后，找不到同类产品，最后好不容易才找了台旧的替代。
小刀 等级：贵宾	第 14 楼 在工业与民用配电设计手册上有电机启动的电压降计算方法。不过首先要搞清楚到底是不是你们工艺要变频控制？如果没有的话，从电网直接供电，至少我见过 10kV，400kW 压缩机直接启动没问题。如果你

小刀 等级：贵宾	的上级变电所容量太小，或者要求应急情况下用柴油发电机启动，工艺没有要求变频控制，那么用软启动器就可以了，不要变频，变频肯定比软启动器贵。也不要用电抗器，电抗器属于已经被淘汰的产品，耗能大、启动性能差、无法控制，现场启动时如果负载情况和设计的有所不同，无法调节。据我所知，这么大的高压软启动器，国外的：6kV，40 万；10kV，100 万；国内的我好像就看见和平电器有：6kV，20 万；10kV，70 万。当然这只是大概的估算。其实国内还有厂家生产液态软启动器，我们一般说的软启动器是固态软启动器，也就是通过晶闸管来调节电压电流。液态软启动器是在两个电极板之间注入导电液体，调节电极板距离，从而改变电阻，进而改变电流电压。国内追日做得不错，6kV 我没问，10kV 这么大的大约是 12 万。和电抗器相比当然好用多了，毕竟可以调节了。这在冶金行业用得比较多，因为那里动辄就是几千甚至上万千瓦的风机。但是它的毛病是在启动过程中无法保护电机，而且无法实现软停车，对于重载启动好像也比较费劲，需要配备的高压开关可能会比较多，在温差较大的地方会有冬天结冰的问题。这些其实都还是小毛病，最要命的是它的维护问题，因为柜子里装的是液体，隔一段时间就要往里加水、调整一下浓度。麻烦不麻烦另说，如果忘了加水，液位过低的时候启动，就可能会被炸开，电液溢出。据说大连某港口处就出过这样的事故，当场电死七八个。当然如果真是成千上万千万的电机，维护问题也是可以想办法克服的，如果是 315kW，资金方面又不是特别紧张，我觉得就没必要冒这个风险了。所以国外没有液态软启。至于 6kV 这种电压等级，在工厂电机领域，还是相当多的，包括我上面所说的几千千万的电机，毕竟 10kV 大电机启动以及变频控制的成本太高，在国际上也是一样。10/6.3kV 变压器也相当普遍，和 10/0.4kV 几乎是一个生产线上的东西。110/6.3kV 确实不多，但也很少有哪个工厂用电是直接从 110kV 进线。我想如果有的话，那也应该是个非常非常庞大的厂区，厂区不同部分应该还会有各自的 10kV 区域变电站，从这里装一个 10/6.3kV 变压器就可以了。当然从市区供电网来说，6kV 确实应该被淘汰。
电气美眉 头衔：真实的我 等级：佳客	第 15 楼 非常感谢小刀和 zongneng 的回帖。用变频器是工艺提出来的，而且由于造价的原因只想用低压的。高压电机的问题是我自己想的，听说高压软启动器是可以一拖多的，所以想问问是不是像电抗器启动那样的方式，只是把电抗器换成软启动器就可以了。电机启动压降的计算设计手册上有介绍，可是那么多参数恐怕找不齐。从来没做过高压动力配电，希望有做过的同仁多谈谈自己的经验，谢谢。

金霸王 等级：一星客人	第 16 楼 315kW 直接启动应该没问题吧，启动电流才多大呀？根据上级变压器容量估算一下不行吗？
NLB 等级：版主	第 17 楼 不经常启动，电机按变压器容量 30% 以下。如用变频器，315kW 电机不能采用高压的，成本太高. 即使直接启动电机，也不宜选用 10kV 的，高压电机耐压水平比变压器低得多，如 10kV 直配需做防雷，很麻烦。
金霸王 等级：一星客人	第 18 楼 6kV 电机也要加避雷器呀，谈不上麻烦吧。
小刀 等级：贵宾	第 19 楼 如果确定了这几台泵都要用低压变频，那么 zongneng 说的“站变合一”就是最好的方案，你应该多想想怎么把这些变配电设备塞进泵站里，不用管什么直接启动还是软启动的问题了。记得以前也讨论过这种室外、大容量、低压送电的问题，大家都没什么好办法，尤其是距离长的时候。话又说回来，要是有好办法，又何必搞出个高压电呢？你现在的送电距离是多少？
NLB 等级：版主	第 20 楼 如果工艺要求恒水压，则需配变频器。建议选用变频专用电机，否则当电机运行于 50Hz 时会严重发热，此时需启用变频器的“工频—变频”转换功能，配电上还需增加一套接触器转换系统。另外，当电机功率较大时，普通电机用于变频器上会产生较大的轴电流，影响轴承寿命，目前尚无解决办法。
cycycz123 等级：两星客人	第 21 楼 不好意思，出差两天。关于 13 楼说通常泵站专用变电所由泵站主体设计单位统一完成，由两单位特别是电业部门完成。能为你协调服务吗？整定你得听他的，高压侧测量你能在它的变电所里接吗？你可是泵站专用变电所，可不是地区配电变电所，由电业部门说了算。主变选型到间隔布置每一样都由泵站主体完成，否则你叫电业部门如何知道水泵轴功率，变电所布置是否合理等。其次，泵站主体运行时，你对高压侧的监控等于零，出现问题还得和电业部门联系解决，太不合理了。

电气美眉 头衔：真实的我 等级：佳客	第 22 楼 谢谢大家的指教。低压变频已经确定了。我现在是假设采用高压电机，更大功率，不用变频的情况。NLB 说的直接启动不用 10kV 的，我见过 10kV/1000kW 直接启动的，不过加了好几个避雷器柜。什么时候必须加呢？因为有的 10kV/1000kW 以上的电动机也不加。如果工艺要求用高压变频，还有一个问题，是不是每一台电机都必须用变频器，不能像低压那样只用一台作为调节，另外几台在需要的时候启动上频运行，因为高压断路器不能频繁开合，是吗？请指教一下，谢谢。KYN18A-12 这种开关柜现在还常用吗？还有什么别的型号现在比较常用的？真空断路器 ZN28 和 ZN12 现在常用吗？还有什么别的型号现在比较常用的？操动机构都是什么？
 NLB 等级：版主	第 23 楼 10kV 配电线路多为架空线，电器设备接到架空线上就要做防雷，但旋转电机的耐压水平仅为同电压等级变压器的一半多一点，所以其防雷配置要比变压器复杂得多。规范要求：在电机与架空线之间要有一段 30～50m 的地埋电缆，电缆首端要装两组管型避雷器，两组避雷器在线路上间隔 50～100m，电缆末端开关柜母线上要装一组阀型避雷器（现在可用电机专用无间隙金属氧化锌避雷器）和一组吸收电容，300kW 以上电机其中性点还要经专用避雷器接地，这些都要装进开关柜。另外高压无功补偿也不如低压的方便。在你这个设计里，315kW 电机相对来说小了点，用 10KV 有些得不偿失，作作技经分析就知道了，1000kW 电机用 10kV 当然好了。加不加避雷器要看该级电网有没有架空线，如果全部是电缆配电的话就不必加了。6kV 一般是大、中型企业内部配电网，多为全电缆配电。上面说的是指防止大气过电压的配置，当采用真空断路器时，在其负荷侧也应接入无间隙金属氧化锌避雷器，这是防止操作过电压的，与电源是否有架空线无关。在同一个工艺系统里，用一台高压变频器调速，其余电机做工频运行是可以的，只是变频运行的电机要比工频运行的电机容量大一些，例如变频用 1000kW 电机，工频用 800kW 电机就不会出现临界时断路器频繁投切的问题了。
电气美眉 头衔：真实的我 等级：佳客	第 24 楼 谢谢楼上先生的指教，还有不明白的。1. “规范要求：在电机与架空线之间要有一段 30～50m 的地埋电缆，电缆首端要装两组管型避雷器，两组避雷器在线路上间隔 50～100m”，30～50m 的地埋电缆，电缆首端两组避雷器在线路上怎么相隔 50～100m 的？2. “电缆末端开关柜母线上要装一组阀型避雷器（现在可用电机专用无间隙金属氧

电气美眉 头衔：真实的我 等级：佳客	化锌避雷器）和一组吸收电容，300kW 以上电机其中性点还要经专用避雷器接地，这些都要装进开关柜”是单独的开关柜吗？是不是避雷器并联一组阻容吸收装置？300kW 以上电机其中性点还要经专用避雷器接地，这个避雷器安装在哪里？另变频运行需要大小泵搭配运行在今年 11 月份电世界上有介绍，向水工艺提出这个做法时，他们说需要对不同功率的泵都要做备用，反而增加了泵的台数，是这样吗？
 NLB 等级：版主	第 25 楼 1. 我没说清楚，管型避雷器装在架空线上，在电缆与架空线连接处装一组，沿架空线向前 50 ~ 100m 再装一组。 2. 接在母线上的避雷器与电容器并联装在一台柜内（手车柜有标准产品）。中性点避雷器要看具体情况：大型电机多为卧式结构，电机下面空间较大，如采用高式布置甚至可以放进高压柜，此时避雷器（包括相线避雷器）要装在电机下面出线处。如无此条件，但电机中性点能够引出的，可将避雷器装在单独一台柜内（电缆长度不超过 50m）。再小的电机中性点无法引出，只好不装此避雷器，但要将吸收电容加大到 1.5 ~ 2μF/相。 3. 我以前说的只适用于 300kW ~ 1500kW 电机，1500kW 及以上电机要求更严格。 4. 变频电机若与工频电机等容量，则无法实现工频电机自动投入，可向甲方及工艺说清楚。变频-工频电机不等容量时可根据甲方对工艺可靠性的要求采取以下措施： a. 可靠性要求高时，可在供水总管线装水压自控调节阀，平时手控调在最大，用变频器控制水压。变频泵坏时开工频泵，用自控阀控制水压，只不过在检修变频泵期间不能节能而已。必要时也可增加备用泵。 b. 可靠性要求如不太高，甲方又不想增加投资，可在抢修变频泵期间采取人工控制水压及手动投切工频电机，不想花钱就只好让工人辛苦几天啦。 c. 就你目前的设计而言，四台泵是否两用两备？如是，我建议选两大两小，可不用增加备用泵。 5. 有的大城市将 66 ~ 110kV 变电所直接放进繁华市中心，为了市容美观搞无杆化，可能采用 10KV 全电缆配电。再一种情况，比如你设计一个四台 2000kW 电机的大型泵站，电业局可能用 35kV 向你供电，你的 10kV 配电网就可以是全电缆的，但这实际上是企业内部配电网。 除此之外，为了降低造价和便于用户 T 接入网，10kV 公用电网一般都采用架空线。

电气美眉 头衔：真实的我 等级：佳客	第 26 楼 非常感谢 NLB 先生这么详细的指教。您说的电机中性点避雷器，我没见过，只是看到样本上在真空断路器下端加一组 3 个避雷器这是不是您说的（包括相线避雷器）？电机三角形接法也可以引出中性点吗？您看这样可不可以：10kV 单母线分段，每段母线上加一个避雷器柜，里面和避雷器并联着阻容吸收装置，然后在每个真空开关下端装一组避雷器，吸收操作过电压。变频电机若与工频电机等容量的情况，在低压好象都是这么做的，厂家的样本也都是这样的方案，我们做的工程也是这样，没听说有什么问题，可能还没到出问题的时候。如果用高压变频我觉得还是用两个大容量的变频互相备用，其余几台小一个规格的工频运行，其中一台作为备用。这样看比每台电机全部上变频是增加了一台机泵组，即使这样也可以省几百万的投资。如果用一台变频器的话，就像您说的用“水压自控调节阀”，又可以省 100 多万了。我们的这个设计是 3 用 1 备的。上面做法是否可行？请您指教一下，谢谢！另外：变频泵在达到额定转速时，压力值如果仍然低于设定值，可以发出信号，值班人员手动投入另外一台工频泵，这样可以吗？设置成自动运行，从高压电动机的运行管理角度讲，允许吗？请再指教一下，谢谢！
NLB  等级：版主	第 27 楼 不用客气，谈不上指教，交流经验而已。大家来到网上都是为了取长补短互相学习。 1. 保护电机的避雷器要求尽量靠近电机安装，大型电机机座下面有一个房间，放有几台高压柜，电机中性点避雷器、相线上的三台避雷器、电流互感器都放在那里，我说的是这种情况。小些的电机没有这种条件，就把避雷器装进开关柜里。你说的：10kV 单母线分段，每段母线上加一个避雷器柜，里面和避雷器并联着阻容吸收装置（应为吸收电容，短信中我说错了），然后在每个真空开关下端装一组避雷器，吸收操作过电压。（如果电机中性点能够引出，就把中性点避雷器也装进柜里）这样是可以的。 2. 高压电机好像没有角接线的，都是星或双星接线。角接线没有中性点。 3. 变频、工频电机等容量，以前确实都是这样做的，但运行中也确实发现了问题，就是无法实现工频电机自动投切。结果都采用手动投切方式，就像你在 ps 里说的那样。 4. 你提到的几种电机配置方式都可以，注意不要每台泵都配变频器。 5. 我没看到有关于高压电机是否可以自动运行的规定，理论上应该没问题，实际中根据企业具体情况，包括管理水平。注意一点：如果你真的作高压电机，并要全压启动的话，要向电机制造商提出对电机启动能力的要求，包括负载性质、多长时间启动一次等，他们有这个要求。

金霸王 等级：一星客人	第 28 楼 楼上，请教几个问题：1. 为什么要在电机中性点加避雷器呢？2. 防止操作过电压的氧化锌避雷器难道不能保护大气过电压吗，还要做个避雷器柜干什么？请指教！
luozheng 等级：常客	第 29 楼 315kW 采用低压。高压成本很高的。现在能做 10kV 的高压变频的（高-高型，电压源型的），全球就只有一家，中国的佳灵。选择面太小。还有高压 IGBT 的更换成本。如果采用 3kV 的，那么还是需要变压器的。我认为一台 380V，315kW 的变频和三台软启就可以了。当然用高压的方案，可以采用高压软启。关于变频电机和工频电机的问题，对水泵来说，同等容量就可以。对恒转矩的设备，工频的泵要大一档，由工况来定的。主要是低频长期运行的问题。315kW 采用低压。高压成本很高的。现在能做 10kV 的高压变频的（高-高型，电压源型的），全球就只有一家中国的。
电气美眉 头衔：真实的我 等级：佳客	第 30 楼 谢谢大家！NLB 说的为什么有的要用避雷器柜，为什么有的没用，和我看到的情况正好吻合。借过两套大院的图纸，一个在郊区的 10kV 动力配电，就有避雷器柜，现在想可能是因为郊区采用架空线配电吧。另一个是在市区内的，的确没有避雷器柜。那个郊区的配电在每一个 10kV 电动机控制柜旁都加一个避雷器柜，这是怎么回事？而且现在我也存在金霸王的那两个疑问。楼上说的“关于变频电机和工频电机的问题，对水泵来说，同等容量就可以”我们现在的确是这么做的，不过我觉得还是大小泵搭配运行好一点，不管是手动切换还是自动切换，系统运行是不是会更加稳定一些。
NLB  等级：版主	第 31 楼 1. 当雷电冲击波沿三相侵入且其波前陡度大于 5～6kV/μs 时，在星形接线电机中性点上或角形接线电机各相绕组中点可能出现两倍过电压，所以要在母线上装设 0.25～0.5μF/相吸收电容（它也同时保护电机绕组匝间绝缘）以抑制雷电冲击波前陡度，并在电机中性点上装设相当于最高运行相电压的避雷器以保护中性点绝缘。如果电机中性点不能引出，则须将吸收电容加大到 1.5～2μF/相，以使雷电冲击波前陡度降低到 2kV/μs 以下。2. 断路器负荷侧要装阻容吸收装置或金属氧化锌避雷器以吸收操作过电压，如装氧化锌避雷器也能保护大气过电压。金属氧化锌避雷器体积较小，所以它们可以装进断路器柜里，不需另设避雷器柜。但母线上的避雷器与电容器须并联单独装在

NLB 等级：版主	一台柜中。美眉说的图纸里每一个 10kV 电动机控制柜旁都加一个避雷器柜，我想可能有两种情况：一是他们选的是 FCD 磁吹阀型避雷器，这种避雷器体积较大，只好另外装进避雷器柜里。二是对电机配置了纵联差动保护，在电机中性点上装三台电流互感器，这三台互感器连同中性点避雷器一起装进一台柜里。除此之外，我想不出还有其他可能了。1. 保护电机的避雷器要求尽量靠近电机出线处，所以应放在电机柜旁边。母线避雷器柜就无所谓了。2. 我个人赞成你的做法，但在实际运行中如人工操作，两台泵等容量也没问题。工人有办法，如系统不稳定，他们就把工频泵出口阀门关小一点。
电气美眉 头衔：真实的我 等级：佳客	第 32 楼 非常感谢 NLB 的回复！您楼上说的两种情况属于“一是他们选的是 FCD 磁吹阀型避雷器”的那种情况。我又发现了第三种情况：就是才搞的一个初步设计，避雷器柜加在互感器柜与变压器配出柜之间，变压器配出柜之后是所用变柜，电机配出柜，那么这个避雷器柜是母线避雷器柜吧？这是不是就像您说的“金属氧化锌避雷器体积较小，所以它们可以装进断路器柜里，不需另设避雷器柜。但母线上的避雷器与电容器须并联单独装在一台柜中”。这就意味着以后是架空线直配的电机都可以采用这种方式了吗？
NLB  等级：版主	第 33 楼 1. 他们果真选了 FCD 吗？这种避雷器直径 300mm. 高将近 1m，太笨重了，将来要挨工人骂的。为什么不选新型避雷器呀？ 2. 是母线避雷器柜。 3. 1500kW 以下的电机可以照你说的方式做，但进线段还应做防雷。
电气美眉 头衔：真实的我 等级：佳客	第 34 楼 1. 我记得图纸上写的磁吹阀型避雷器的。 2. 我想如果在进线真空断路器（进线电缆直接接在这个真空断路器下端）的下端加金属氧化锌避雷器是不是就可以取消母线避雷器柜了呢？另：进线段做防雷是您上面说的架空线转化成电缆时做的那两个防雷吗？谢谢！
公牛乳业 等级：游客	第 35 楼 变频大概是工艺要求吧？如不采用高压配电，过封闭式桥架母排架空引入泵站低压配电间造价高，最好采用并联单芯电缆敷设。如果受电柜不加隔离开关，采用抽出式框架断路器，必须用抽屉柜，现在的大功率开关很好用。每台电机用 2 根 3 芯 240 mm^2 电缆并联配电，电缆沟只要考虑 240 mm^2 电缆的弯曲半就可以。沟内不用支架，直接放在

<table>
<tr><td>公牛乳业
等级：游客</td><td>沟内敷设也可以。给电机配电也用大截面单芯电缆，截面自己定。
请各位高手快来帮帮忙，多多指教，谢谢！曲半径通过封闭式桥架母排架空引入泵站低压配电间造价高，最好采用并联单芯电缆敷设、如果受电柜不加隔离开关，采用抽出式框架断路器，必须用抽屉柜，现在的大功率开关很好用。如用 2 根 3 芯 $240mm^2$ 电缆并联配电，电缆沟只要考虑 $240mm^2$ 电缆的弯曲半就可以。沟内不用支架，直接放在沟内敷设也可以。给电机配电也可用大截面单芯电缆，截面自己定。</td></tr>
<tr><td>NLB
等级：版主</td><td>第 36 楼
不太好，因为：1. 电容器放不下。2. 直接接在母线上的设备，如电压互感器、所用变等在承受真空断路器的操作过电压时没有保护，设置母线避雷器柜是典型做法。30～50m 的地埋电缆、两个管型避雷器都是整个防雷系统的一部分。昨天我发了一个贴子，询问在目前金属氧化物避雷器已广泛使用的情况下，有关直配电机防雷是否有新规范出台。因为我工作的单位不是设计院，获取信息晚。如果规范变了，我还按老规范说，那岂不是在误导大家。如果没有出台新规范，那就只好继续按老规矩做了。</td></tr>
<tr><td>电气美眉
头衔：真实的我
等级：佳客</td><td>第 37 楼
谢谢 NLB，是我欠考虑了，那么做的确电压互感器、所用变等在承受真空断路器的操作过电压时没有保护了，不过还有一个问题，如果整条线路都是电缆进线，没有母线避雷器柜的话（见到过这样的图纸），那么电压互感器、所用变不是也要承受操作过电压吗？直配电机防雷的规范叫什么名字？也谢谢公牛乳业，嘱咐了我那么多遍，我记住啦，嘻嘻。电缆沟 800mm×800mm 可以了吗？我发现我对你以下问题的回复找不到了，你可能没收到，我又不会发短信，再回一次啦。您用过高压电动机就地补偿装置吗？电容器接在哪儿，是电动机接线端子那儿还是真空断路器下端？就地补偿柜里面都是什么？谢谢，是我欠考虑了，那么做的确电压互感器、所用变等在承受真空断路器的操作过电压时没有保护了，不过还有一个问题，如果整条线路都是电缆进线，没有母线避雷器柜的话（见到过这样的图纸），那么电压互感器、所用变不是也要承受操做过电压吗？直配电机防雷的规范叫什么名字？</td></tr>
<tr><td>NLB
等级：版主</td><td>第 38 楼
1. 如果电源是全电缆配电网，则不需要母线避雷器柜。但每台真空断路器柜里都要设置保护操作过电压的氧化锌避雷器，如果进线电缆接在断路器下端，这个避雷器就要接在断路器上端，这就保护了接在母线上的设备了。</td></tr>
</table>

 NLB 等级：版主	2. “直配电机防雷的规范叫什么名字” 我没明白。 3. 我见过深圳产的高压电动机就地补偿装置的资料，但未用过。我以前是用传统作法设计的高压电机无功补偿系统，用的设备比较多。而这种高压电动机就地补偿装置结构比较简单，它采用了新型真空镀膜金属化聚丙烯薄膜并联电容，其内部自带放电电阻，外加高压熔断器保护，别的就没什么了。这种装置应接在断路器下端，电机接线端子处不好接。 这种直接接在电机断路器下端的补偿方案，可以省掉投切电容的断路器，但是当电机满载运行时不可把功率因数补偿得太高。
 电气美眉 头衔：真实的我 等级：佳客	第 39 楼 谢谢 NLB，这几天一直忙，今天才看到回帖。 1. 觉得你说的有理，那我以后就这么做了。等我查到避雷器柜的具体内容再问。 2. 我想问“有关直配电机防雷的规范叫什么名字”，记得你提到过，找不着了。 3. 前几天我发帖子问过就地补偿柜的事，找到了，没想到真的有这个东西。省了断路器柜，太好了。我想把几台就地补偿柜集中放到一个房间里。不过我发现样本上怎么没有要求房间要有百叶通风口什么的，是因为你说的“新型真空镀膜金属化聚丙烯薄膜并联电容”不需要吗？另外我觉得还是接到电动机端子上好，施工不是很费劲吧？补偿容量的问题，如果我算当然就按照满载的情况来算，然后再验算补偿电流是否超过了电动机的空载电流，不考虑轻载的情况，如果出现了轻载的情况，那是设备专业的事，出了事也找不到我们，对吧？
NLB 等级：版主	第 40 楼 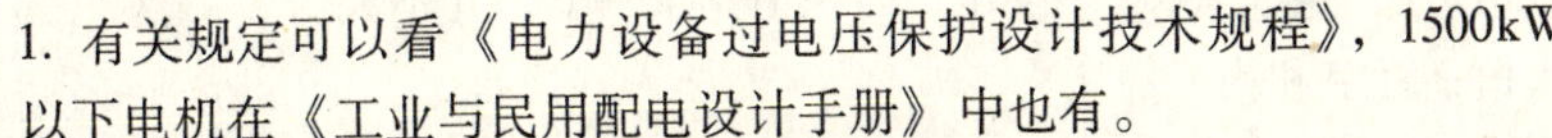 1. 有关规定可以看《电力设备过电压保护设计技术规程》，1500kW 以下电机在《工业与民用配电设计手册》中也有。 2. 百叶通风口必须有，要通风散热。高压电容器往电机端子上接，要先搞清楚该电机接线盒能否装上两个并联电缆头。

2-108　变压器数量及容量

 hdq 头衔：刺桐城主 等级：版主	楼主 变压器数量及容量。 我这儿有一个旧城改造项目（一条街），面积约 30 万 m^2，都是普通的低层住宅和沿街店铺，供电局准备设置 28 台变压器（其中 630kVA 的 23 台，500kVA 的 5 台），是不是太多了吧？当然是建筑面积！占地面积对我们电气的来讲毫无意义。

 大鼻山 头衔：最逍遥 等级：版主	第 2 楼 30 万 m^2 是占地面积还是建筑面积？差别很大哟。80% 的人都是凭感觉说话吧？为什么不去算一算？楼主所说的 30 万 m^2，用了 23 台 630kVA 和 5 台 500kVA 的变压器，总计为 $23\times630+5\times500=16990$kVA，摊到每平方米也就 16990/30 万 =57VA/m^2，基本正常啊！
 hdq 头衔：刺桐城主 等级：版主	第 3 楼 好在现在我们实行的是包干制。供电部门按照建筑面积每平方米收 80 元，高层建筑 88 元，（福建全省统一，还是省物价局下文的），然后，供电局表前（含表）部分全包，看来，福建全省供电部门的垄断性已得到进一步的加强，因此才会出现我们连低压也不做的现象，连我们的老大-省院一般高压部分也不做了。
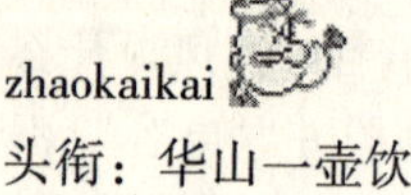 FJCY 等级：四星客人	第 4 楼 电力规划不考虑以后的城市规划？假如以后这条街逐步都改成多、高层了，怎么办？天天在那换线路和变压器？
zhaokaikai 头衔：华山一壶饮 等级：版主	第 5 楼 过分！包括设备吗？每平方米 80 元是设计费还是全包呀？要是设备费，我就盖个 1000m^2 的锅炉房，里面全是电锅炉，给他八万块钱，看他赔不赔。
 城市边缘 头衔：缘空和尚 等级：版主	第 6 楼 按建筑面积估算了一下，并不大。
 pzs18z 等级：游客	第 7 楼 根据建筑电气设计规范：每平方米为 70W，再乘以住宅系数 0.3 ~ 0.45，除以变压器系数 0.8 ~ 0.9。总容量不应超过 8000kVA。
 城市边缘 头衔：缘空和尚 等级：版主	第 8 楼 住宅的负荷计算方法一般是用需要系数法，兄弟却用了“单位容量法 + 需要系数法”，这是很不合理的计算方法，而且这条街不只是住宅。

2-109 应配多大的线

金霸王 等级：一星客人	楼主 应配多大的线？ 一户内配电箱按 8kW 容量考虑，用户至层配电箱最远有 40m，用单相 10mm² 线配 40A 漏电断路器供电合适吗？16 户再装一个配电箱（三相），此箱装 150A 空开配 50mm² 线可以吗？10 个配电箱由一配电柜供电，这配电柜又应配多大的电线（即 160 户）？
abb45 等级：游客	第 2 楼 150A 的空开应该偏小，最好 200A，用 95 mm² 的线，配电柜的电缆配 2×（YJV-22-4×185+1×95）mm²。
金霸王 等级：一星客人	第 3 楼 谢谢 abb45 的回帖，用 95 mm² 的线会不会有点浪费？层箱用到 95mm² 的线也不好安装！层箱的总线我是着样考虑的：（每户 8k×16 户×0.6 需用系数×0.9 同期系数×1.52A）÷0.8 功率因数=131A；配电柜的电缆我也考虑用 2×（YJV-22-3×185+1×95）mm²，理由是 130A×10×0.6 同期系数=780。
成长中的鸟 头衔：烦不鸟 等级：五星嘉宾	第 4 楼 如选 200 的空开，那么线缆就不能小于 95 mm² 啊！ 还有配电柜的电缆最好如二楼所配 2×（YJV-22-4×185+1×95）mm²。
城市边缘 头衔：缘空和尚 等级：版主	第 5 楼 楼主的 8kW 是什么概念？是计算容量还是安装容量，一般说“住宅每户 8kW”是指允许最高用到 8kW，如果是这样，40A 就不够，因为还要考虑个功率因素。还有楼主的层配电箱的计算有问题，住宅的计算比较特殊，需要系数是按户数选的，16 户大概是 0.80，见措施 247 页，这时候就不考虑同期系数了，所以（8×16×0.8）÷（0.8×658.2）=194.5A，空开应该选 250A 的。不过楼主的 8kW 也许有点大了，一般要求比较高的才给 8kW。你的安装容量是 7kW，可以取个 0.7 的需要系数，也就是用电指标为 5kW。每户用 32A 的空开。层配电箱的需要系数大概取个 0.7，那就是（7×16×0.7）/（0.85×658）=140A，选 150A 的空开应该也行了。

金霸王 等级：一星客人	第6楼 那么医院病房应按什么设计技术措施配电？房间的配线是BV线穿PVC管暗敷的，层箱的总线用电缆有一半段是电缆沟敷设，有一半段是室内天花板上敷设。还有VV_{22}和YJV_{22}有什么不同？各有什么优劣？BV线穿PVC管暗敷及电缆有一半段是电缆沟敷设有一半段是室内天花板上敷设。是否还需乘点修正系数？
高瞻 等级：一星客人	第7楼 YJV_{22}的在流量大一些，查他们的载流量表就可以看出来，但价格也贵上一些。

2-110 大型地下室的用电负荷如何确定？

prezhjian 等级：两星客人	楼主 大型地下室的用电负荷如何确定？一大型小区，地下室面积有7万m^2，我按照15W/m^2考虑，但是需要系数该怎么取？取0.7怎么样？
luozi8250 头衔：明教掌旗使 等级：贵宾	第2楼 “地下室面积有7万m^2”这么大？用途是什么：车库、人防、小市场？
bajcf 等级：一星客人	第3楼 这么大的面积系数我建议照明取0.5。
prezhjian 等级：两星客人	第4楼 共分为三个独立的部分，既作车库又作人防。整个小区地上建筑面积有30万平方米，所以地下车库比较大。
ll504 等级：一星客人	第5楼 地下室的照明负荷比较容易定一般5~10W/m^2；关键是生活水泵、消防泵、风机等。主要设备也不多，还是估计一下具体的设备，用需要系数法。

bigshoes 等级：两星客人	第 6 楼 地下车库的话，我一般需要系数 =1。
ttt001 头衔：般若禅师 等级：管理员	第 7 楼 按面积估算方法进行负荷计算，不需要取什么需要系数。 需要系数法和面积指标法是 2 个不同的负荷计算方法。

2-111　分支电缆的保护开关装设位置

Jinzita 等级：一星客人	楼主 分支电缆的保护开关装设位置？ 《低压配电设计规范》GB 50054—95 第 4.2.4 条在线芯截面减小处、分支处或导体类型、敷设方式或环境条件改变后载流量减小处的线路，当越级切断电路不引起故障线路以外的一、二级负荷的供电中断，且符合下列情况之一时，可不装设短路保护：1. 配电线路被前段线路短路保护电器有效的保护，且此线路和其过负载保护电器能承受通过的短路能量；2. 配电线路电源侧装有额定电流为 20A 及以下的保护电器；3. 架空配电线路的电源侧装有短路保护电器。 第 4.5.2 条保护电器应装设在被保护线路与电源线路的连接处，但为了操作与维护方便可设置在离开连接点的地方，并应符合下列规定：1. 线路长度不超过 3m；2. 采取将短路危险减至最小的措施；3. 不靠近可燃物。 我的问题是：住宅小区的室外配电线路常见的做法是每栋楼的电源引入从室外干线电缆 T 接分支电缆，分支电缆的截面肯定比干线电缆小（不可能被前段线路短路保护电器有效的保护），而分支电缆的长度肯定不会小于 3m，这种做法明显与上述两条规范是矛盾的。是这样吗？
liangjie 头衔：乐在逍遥 等级：版主	第 2 楼 分支电缆的截面肯定比干线电缆小？不会吧，我用一样大的。
月牙 等级：一星客人	第 3 楼 我心中也一直有此疑问，难道在电缆分支箱装设保护开关吗？但往往做电缆分支箱时，根本就不知道以后要接的分支电缆的数量和大小，各位大侠是怎么处理的？由此我想到做预分支电缆时，要按规范要求，岂不是分支电缆的长度不能超过 3m？

 luozi8250 头衔：明教掌旗使 等级：贵宾	第 4 楼 分支电缆的截面肯定比干线电缆小？为什么不可以一样大？
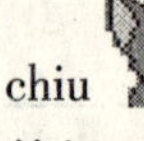 chiu 等级：一星客人	第 5 楼 我不同意楼上说法。就是要做到分支电缆能处于前级保护电器的有效保护范围，做到这点并不太难。
 Jinzita 等级：一星客人	第 6 楼 1. 假如分支电缆和干线电缆同截面，那么干线电缆如果用 240mm^2 的，分支进户电缆也用 240mm^2 的是不是太大了，如何在室内暗敷、如何进总开关（三单元住宅总开关一般也就是 160A 的塑壳）等等问题都不好解决；干线电缆如果用小一些，电缆所能带的楼数就少了，势必增加电缆馈出数量，室外电缆线路的路径又不好走了。还有，这样做造价高、施工难度大。 2. 对于“配电线路被前段线路短路保护电器有效的保护”，我的理解是假如馈出回路开关脱扣器额定电流是 350A，馈出电缆采用 VV22-4 ×240mm^2（载流量 421A），分支电缆最小也只能选用 VV22-4 ×185mm^2，因为 185 电缆的载流量是 369A，而 150 电缆的载流量就只有 327A 了，小于 350A，不能“被前段线路短路保护电器有效的保护”。是这样吗？
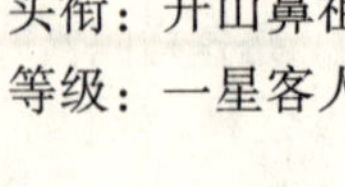 ybs2004 头衔：开山鼻祖 等级：一星客人	第 7 楼 若是架空的主干电缆的话，当然在分支处用户外室断路器保护，埋地的话，我们这边一般不会采用电缆 T 接的方法，当然是从小区的配电间，或是室外箱直接引一路电源至楼层总开关，若采用 T 接的话是很难保护到的，当然若是出现断路的情况的话，那就不同了，其实分支的长度并不是很长，实际上是行得通的。
lengbing 头衔：苦菜汤 等级：贵宾	第 8 楼 楼主的做法是不对的，不是 T 接，是派接。
Jinzita 等级：一星客人	第 9 楼 不管是 T 接，还是 π 接，关键是“线芯截面减小处、分支处”是不是一定要设保护，如果不设保护有没有依据。

<table>
<tr><td>
luozi8250
头衔：明教掌旗使
等级：贵宾</td><td>第 10 楼
不明白了：增加电缆馈出数量又有什么关系呢？低压路由是可以共的啊！
一只羊是放，一百只羊也是放。</td></tr>
<tr><td>
城市边缘
头衔：缘空和尚
等级：版主</td><td>第 11 楼
《低压配电设计规范》第 4. 5. 2 有 3m 的允许距离。</td></tr>
<tr><td>
雨过天晴
头衔：帮主
等级：三星客人</td><td>第 12 楼
楼主连规范都找到了，肯定要按规范执行了。我一般的做法是分支电缆不变截面，如果要变，在电缆分支处加熔断器保护。预分支电缆主要用于高层树干式配电，一般可以满足 3m 的要求。</td></tr>
<tr><td>
大鼻山
头衔：最逍遥
等级：版主</td><td>第 13 楼
这是个老问题了。答案很简单：1. 若分支电缆改小截面，那么在超过 3m 时，必须在 3m 处（或小于 3m 处）装设保护电器（断路器或熔断器）。2. 若分支电缆截面与主电缆相同截面，则不论其长度多少（当然在供电半径之内），无须另设保护电器。补充一句：若分支电缆改小截面，但总长度未超过 3m 时，也无须装设保护电器。出于经济和施工便利考虑，实际设计中，预分支电缆的分支截面大多要减小截面，此时最好要控制分支电缆长度不大于 3m（否则要另加一个开关的）。其实竖井内很容易满足不大于 3m 的。</td></tr>
<tr><td>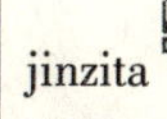
jinzita
等级：一星客人</td><td>第 14 楼
大鼻山，你做过低压架空线进户吗？你总不会在进户杆上装开关吧？</td></tr>
<tr><td>
大鼻山
头衔：最逍遥
等级：版主</td><td>第 15 楼
民规 8. 6. 6. 3 条规定：当上一级开关可以保护分支线路，且分支线路敷设在不可燃管槽内，那么为了操作维护方便，保护电器可以装在大于 3m 的地方。但是如果你不能确保上级开关能保护分支线路，而且你又不设分支开关，那么你的设计就是错误的，而不管你以前做了多少这样的低压架空线项目。我早说过，设计习惯不等于设计规范。</td></tr>
</table>

 jinzita 等级：一星客人	第 16 楼 我也同意“设计习惯不等于设计规范”，但是，习惯的力量有时又是无法抗拒的，当别人把有无数的“成功经验”摆在你面前的时候，而你有的仅仅用一条规范，毕竟显得有些苍白无力。我的想法是要不给设计习惯找着依据以说服自己，要不从理论上证明习惯的错误。希望各位帮帮我，谢谢！
 雨过天晴 头衔：帮主 等级：三星客人	第 17 楼 低压架空线路有变截面分支的情况时可不装设保护开关。符合第三条规定：架空配电线路的电源侧装有短路保护电器。而且一般架空线有分支情况时多为三级负荷，架空线路附近无可燃物，故障时不引起故障线路以外的一、二级负荷的供电中断。
 jinzita 等级：一星客人	第 18 楼 这又是我的另一个疑问，假如电源侧装设了一个额定脱扣电流为 250A 的塑壳开关，有一个小门卫要从架空线路上接引一条 $4mm^2$ 进户电缆或是 $10mm^2$ 的架空橡皮进户线，门卫距架空线路最近的电杆 25m，那么这 25m 的进户线能够被 250A 的塑壳开关保护吗？为什么第三条里只是说“装有短路保护电器”，而没有讲“有效的保护”？
 cgzhehorse 等级：一星客人	第 19 楼 个人认为规范 4. 2. 4 指配电线路而言，4. 5. 2 指配电设备而言。再说规范也须大家今后修改嘛。
 ROSE 头衔：掌门-天虹剑 等级：版主	第 20 楼 我同意天晴 17 楼的说法，另外请楼主查查相关书籍，有些日子不做架空线路进户了，不过我记得架空线路进户要求短距离（不记得界限了）的不小于 $6mm^2$ 吧，像你这样 20m 距离的我记得不小于 $16mm^2$。
 大鼻山 头衔：最逍遥 等级：版主	第 21 楼 你的疑问很好，也具有普遍性；正是因大家心里没谱，也为了“偷懒”，大家习惯于另加分开关。但如果真想验算是否有效保护，也是可以的；把线路参数带进去计算就行了。请去参看短路灵敏性效验的帖子。
 dreamboat 等级：三星客人	第 22 楼 《低压配电设计规范》第 4. 2. 4 条讲的是不设短路保护的条件，第 4. 5. 2 条讲的是装设短路保护的方法。首先分析不设保护的条件：分支线路要被前段线路短路保护电器有效的保护，而不是过载保护。有

 dreamboat 等级：三星客人	效的短路保护的实质是分支加前段的短路电流的 1.3 倍应大于前段断路器的瞬动电流，这一点可以通过调整前后段线路的长度（即分线箱的位置）和电缆的线径满足要求的，一般情况下完全可以做到。前面有人提到的分支小于前段，是做不到有效保护的，其实是说做不到长期过载保护。这个保护要用下级的断路器保护，第一条后半句也很重要：如果分支太细直接太短，即使满足前面的条件也会被短时间烧毁，造成事故。所以还应演算短路电流下的短时间的热效应。第 4.5.2 条说的是线路应加短路保护，但总不能加在总线上吧，要把分支引出来加，但这样这小于 3 米电缆就失去了保护，毕竟短路的几率很低，那就允许吧，可是还是有可能短路的，才有下面的几条措施，使危险降到最低。至于短路分短能力，像住宅分线箱，按常规选择就是了。

2-112　当空调功率大时可否不用插座

ranner 头衔：华山福子 等级：一星客人	楼主 请问：当空调功率大时，可否不用插座，而用断路器直接接线，做个小箱，来代替插座？如题，空调为三相配电，5.5kW。
枫舞之九天 等级：两星客人	第 2 楼 我觉得用断路器做个小箱对我们来说更好！
HZW 等级：三星客人	第 3 楼 我想，断路器的寿命是不是会缩短？因为相对较频繁的开启。
sxywmx 头衔：沧海一粟	第 4 楼 空调关了，一定要断开断路器吗？一般能用到大功率空调的地方，其空调一般不会断开电源的，只是在不用的时候用遥控器将空调关了而已，所以就不存在断路器寿命的问题。楼主的问题最好做一个箱子，里面装断路器，就如那种小插座箱一样，从安全等方面考虑都会好点的。
wys-3638 头衔：风清网 等级：版主	第 5 楼 可以做个开关箱来控制空调，5.5kW 应该可以用插座。回 4 楼：空调可以遥控启动或者前面板启动，没有必要老是折腾这空开的。

 雨过天晴 头衔：帮主 等级：三星客人	第 6 楼 本来就应该用空气开关箱。
 电气设计师 等级：一星客人	第 7 楼 这种问题没什么好说的了，当然可以啊，工程上不同做法而已，即使有插座插头，你也可以把线剥出来直接接空开。
 linjianming 头衔：江南小生 等级：版主	第 8 楼 现在买的三匹以上的空调本身就没有带插头，所以要用插座还得去买插头，还不如就用一个 P30 的小箱子装一个断路器来的好。办公室前几天刚装了空调，才知道空调根本就不带电源插头。
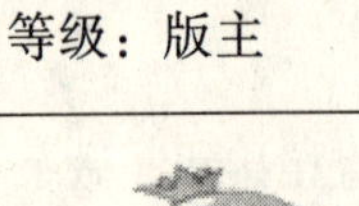 玄黄 等级：贵宾	第 9 楼 留个出线盒吧！

2-113 继电器的触点发热

 ccyy1122 头衔：虚竹子 等级：两星客人	楼主 继电器的触点发热。 我公司增容时采用电容补偿用 CJ19-63 切换的 25kVar 电容器但现在经常出现继电器的触点发热损坏线路的情况，请教各位是什么原因。
c45n 等级：版主	第 2 楼 我不知道发热损坏是在接触器投切状态还是稳定运行后发生的，也不知道线路损坏的具体情况，只好随便猜猜。一种可能是 CJ19 的旁路电阻烧毁了，那么接触器闭合时的涌流可能造成触点损坏；另一种可能是该配电系统存在较多谐波源，而电容器组未串联一定比率的电抗器，造成电容器对某次谐波产生谐振放大而出现过流现象；也许是少数电容器击穿（无自带熔断器）或运行电压过高造成的过流。

ccyy1122 头衔：虚竹子 等级：两星客人	第 3 楼 谢谢版主分析，公司系统所用 CJ19 在运行时烧坏，据配电屏厂家分析为没有加单独电抗器所致。同样也有做这种配置的但都没有出现这种情况。在不改变现有设备的情况下如何解决？谢谢！
senica 等级：三星客人	第 4 楼 可选择专门用于投切电容器的交流接触器，如 CJ20C（最后一位为 C）等。
c45n 等级：版主	第 5 楼 不改变现有设备的情况下？如果的确是由于谐波谐振引起的，那恐怕不可能。不加电抗器，也可以加滤波器，呵呵，不过更贵了。你最好用仪器测一下，看看谐波含量到底有多少，搞清楚原因才好想办法解决问题。 senica 兄，CJ19 也是专用的接触器，印象里最大就到 63A。换大接触器也许触点不烧了，可万一烧了电容器损失更大。电子镇流器谐波也多呀！
ccyy1122 头衔：虚竹子 等级：两星客人	第 6 楼 我公司没有高频设备应没有什么谐波谐振，但公司照明多用电子镇流日光灯组有几千根不知是否有影响，如何解决？
MAGN 等级：游客	第 7 楼 电子镇流日光灯应该是容性负荷吧。
somah 等级：游客	第 8 楼 1. 切换频繁：投切范围过小造成；2. 负荷不平衡：COSφ 采样有问题（一般是采单相）；3. 接线有松动处，工作不认真；4. 接触器动作不是很好，质量问题。
wys-3638 头衔：风清网 等级：版主	第 9 楼 1. 接触器质量问题（更换品牌或者特制）。 2. 从结构和电气方面解决好散热问题。 3. 必要时加装电抗器。

2-114　请教功率系数的问题

 sandra 头衔：紫电狂龙 等级：两星客人	楼主 请教功率系数的问题？今天在看电气设计图纸时，看到符合计算时，当功率为 1kW 时，功率系数为 0.5，当功率为 2kW 时，功率系数为 0.8，请问功率系数是什么概念？如何取值？谢谢了！

 城市边缘 头衔：缘空和尚 等级：版主	第 2 楼 功率因数和设备本身的性质有关，单个设备的功率因数由实验得到，需要查表。
 wys-3638 头衔：风清网 等级：版主	第 3 楼 首先更正一下：不是叫功率系数，正确的叫法是功率因数。功率因数是有功功率与视在功率之比。
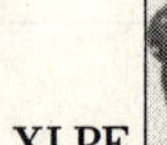 XLPE 头衔：紫衫龙王 等级：版主	第 4 楼 有功功率表示用电设备实际消耗的功率。无功功率表示用来建立磁场所需要的功率。视在功率是电网必须向用电设备提供的功率。功率因数反映在有功功率一定的条件下，需要电网提供功率的多少，功率因数低，电网提供的功率量就大。实际运行中，瞬时功率因数可由功率因数表直接读出，月平均功率因数可由有功电度表和无功电度表一个月的增量进行计算。
 zbyjxp 等级：一星客人	第 5 楼 说得详细，主要是由于电感设备和电容设备引起。但有规定小于 0.85 就要补偿。
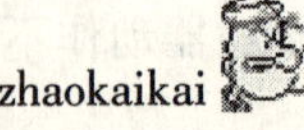 zhaokaikai 头衔：华山一壶饮 等级：版主	第 6 楼 好多设备查不到，慢慢积累经验吧。
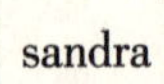 sandra 头衔：紫电狂龙 等级：两星客人	第 7 楼 怎么没人举个实例呀？我今天看图纸，鼓风机的功率因数才 0.2，其他阀门电动机的都是 0.9，难道大部分都是 0.9 吗？
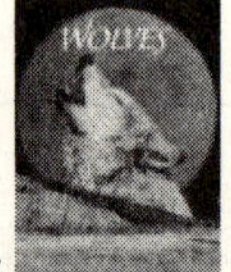 w_zz 头衔：西北狼 等级：五星客人	第 8 楼 功率因数的概念大家都知道了，主要是在设备资料里没有给出功率因数的时候怎么考虑，这个比较麻烦。我一般考虑 0.8，不知恰当否。

fanjx 头衔：闻声罗汉 等级：贵宾	第 9 楼 虽然电气设备的名牌上应提供功率因数，但只能做参考，实际的功率因数须运行后才能得到。考虑功率因数的目的无非是设计无功补偿，在功率因数不确定时，一般按变压器容量的 15% ~30% 进行补偿；在功率因数确定时可以通过计算得到，我这里要求补偿到 0.9。有关计算方法请到下载区下载我的"无功补偿计算"。

2-115　电动机需降压启动的最小功率

玄黄 等级：贵宾	楼主 电动机需降压启动的最小功率？ 民规上有规定电动机需降压启动的最小功率（11kW、15kW），我想请教一下工业用电动机有没有类似条文？
xylong 等级：游客	第 2 楼 关键是看所在变压器的容量是不是足够的大，如果变压器的容量比电机功率大很多，是可以直接启动的。
tianyi 头衔：长空无忌	第 3 楼 看变压器及负荷的大小及负荷性质。
wys-3638 头衔：风清网	第 4 楼 和配变的容量有关，我见过 55kW 直接启动的。没有什么可奇怪的。
zhaokaikai 头衔：华山一壶饮 等级：版主	第 5 楼 是大了点，全压启动要求，机械能承受启动转矩，电压不低于 85%，不影响其他设备。我记得好像是大于变压器容量 5% 左右就要做降压启动。你的设备是不是专用变压器供电？而且是轻载启动吧？我认为是普通电动机的可能性不大，你用过 4000kVA 的变压器吗？
jdn110526 等级：常客	第 6 楼 我用过 110kW 直接启动，无负载，1000kVA 变压器。
zhaokaikai 头衔：华山一壶饮	第 7 楼 就是属于轻载启动呀，一般这么大的设备直接启动，厂家都有要求的，要特别说明，否则，一般还是要降压的。

浪里鱼 等级：游客	第 8 楼 与变压器的容量及负荷性质有关，根据启动时的母线电压是决定是否可以直接启动。
杰哥 等级：常客	第 9 楼 我做过 75kW 的直接启动。这一次做 30kW 的电动机，630kVA 的变压器，我用直接启动，监理没有同意，非要我做降压启动。最后还是听他的，反正降压启动也不会出问题。
玄黄 等级：贵宾	第 10 楼 你是不是设计院的，如果是干什么要听监理的，如果是施工监理他管不了设计，要他拿依据！
zhaokaikai 头衔：华山一壶饮 等级：版主	第 11 楼 好吧，我来谈谈理论的，就是挺费劲的，估计大家不会去算的。如下实践证明，经过简单的计算可以确定网路能够承受的最大电动机容量。一般情况。直起压降为：$U=(KB\times Sem+Qfh)/(Sd+KB\times Sem+Qfh)\times 100\%$。KB-电动机全压启动电流（额定电流的 6～7 倍）；Sem——电动机额定容量（MVA）；$Qfh=\mathrm{Kfh}\times Set\times\sin\varphi$；$Kfh$——电动机启动前配电变压器负载系数；$Set$——配电变压器额定容量（MVA）；$\sin\varphi$——电动机启动前配电母线上的功率因数角的正弦值；$Sd$——变压器负载侧的短路容量（MVA）；推导后 $Sem=(Sd\times U+(U-1)\times Kfh\times Set\times\sin\varphi)/KB(1-U)\times 100\%$。查表得出短路容量。可计算电动机额定容量。呵呵，你还想算吗？这就是依据！多累呀！我一般也是按 5% 考虑的。
杰哥 等级：常客	第 12 楼 当然是设计院的，我完全可以不听他的，但是有必要去和他争吗？不过昨天我为一件事可骂了监理。他自己没有搞懂一些东西，打电话来问我，最后说“你会不会做设计哟”，我说，我从来没有做过设计，就是因为做不来设计，才不干设计的，把他骂了一顿。他马上给我们领导打电话告我状，我们领导找我说我不该和他们吵。下午他就打电话向我道歉，说是自己弄错了。像这种小问题，我根本就不会和他吵。顺从就是了。我还可以多拿设计费呢。我的计算就是按照楼上的公式计算的。监理的依据是他看的规范的一半来说的。我懒得提醒他该怎么去做，让他以后挨骂去吧！

Cheche 头衔：千叶 等级：四星客人	第 13 楼 一般规定，异步电动机的功率低于 7.5kw 时允许直接启动。如果功率大于 7.5kW，而电源总容量较大，能符合下式要求的，电动机也允许直接启动： （启动电流/额定电流）不大于 ｛［3＋电源总容量/启动电动机容量］/4｝
walter 等级：一星客人	第 14 楼 楼上说的这是市政低压电网要求。工业不到于变压器 1/4 容量一般不需要验算可直启。
zhaokaikai 头衔：华山一壶饮 等级：版主	第 15 楼 楼上的公式按 6～7 倍 *In* 算下来，差不多就是 5%。不知道出自何处，有依据吗？
walter 等级：一星客人	第 16 楼 有论文专门算过，实际不到 1/3 变压器容量一般均可直启，1/4 出自《工业与民用配电设计手册》。
幺黄 等级：贵宾	第 17 楼 800kVA 变压器，1/3 为 200kW 电机，直启，行吗！no！
zhaokaikai 头衔：华山一壶饮 等级：版主	第 18 楼 要知道电动机启动压降和电机的启动电流，启动前负荷的功率因数以及变压器负载侧短路容量均有关系。难道真能用一个 1/3 概括吗？要是真的是这样的话，建议该文章作者申请科技成果，起码也要在行业内发一个标准呀，省了多少钱呀。我接触的好多设计人不管容量，超过 22kW 都做。你说的要是成了措施，可真是大好事呀？不过我还是表示怀疑。再补充一句，工厂之所以规定的比较大，是因为对电压波动的要求不如民用的高。其实关于直启的计算的前提是：多大的波动范围是允许的，不是说能够将电动机启动起来就行了。如果要求 10% 是一个结果，20% 是一个结果。你要是不管电压波动，只要能动就行，呵呵，我看 1/3 倒是可行的。

麦克白 头衔：香积厨师傅 等级：版主	第 19 楼 市政低压电网对电机直启容量有很严格的要求，主要是防止民用电网的质量变差，故严格限制直启电机容量。但工业上对电网质量并无太严格之要求，这不意味着变压器无法直接启动占其 1/3 容量的电动机，如果高压侧短路容量较大的情况下（正常都可满足此条件）。本人做过 1250kVA 变压器直启 220kW 电机，没有问题。我不明白的是：你们怎么老拿《措施》说事呢？不怕自己的眼光只局限于民用的一小块吗？措施毕竟只是民用措施，工业设计院在全国勘察设计行业也占用不小的比重呀！1/4 的出处，我也说了，见《工业与民用配电设计手册》。允许直启容量的论文，我手头就有。
zhaokaikai 头衔：华山一壶饮 等级：版主	第 20 楼 我觉得现在大家在讨论的是工程设计中多大的我们可以直启。对于民用项目不能按 1/3 设计。你同意吗？其他的和你倒是没啥分歧。你是说能启的了，我是说常规做法，我没有提措施。措施倒是写了 5%。我认为是个经验值，不是很准确。现在表述一下我的观点：1. 基本同意 1/3 时电动机能够启动。2. 工业项目如果对电压要求不高，可以采用 1/4。3. 民用项目一般可按措施要求 5%。如条件具备的话可确定压降要求进行计算。
NLB  等级：版主	第 21 楼 关于笼型交流电动机全压启动问题的看法： 笼型交流电动机的全压启动问题在业内一直存在一些争论。就我所在地区而言，一般发电厂、钢厂、石化工厂、水泥厂等企业的同行因较多接触大型电机，故对此问题的看法较为正确。而机械、电子、纺织和轻工企业的一些同行，则因不太接触大型电机，所以对此问题的认识常有一些误区。“多大容量的电动机允许全压启动”经常有一些朋友这样问，但是这个问题是不对的。全压启动的笼型电动机的容量，与其所在系统容量的比值、机械负载的要求及电机本身的结构有关，而不取决于电机的容量。原水电部颁布的《发电厂厂用电动机运行规程》第一章第四条规定：“所有不调节转速的交流电动机均应在全电压下直接启动”请注意这里并未提及电机的容量和电压，并且使用了强制性的“均应”用词。当然，发电厂的厂用交流电动机一定是能满足其全压启动的所有条件的。关于交流电动机全压启动的条件，根据规范、设计手册、有关论文资料及个人经验，谈一下我的看法。交流电动机全压启动需满足三个条件： 1. 电机启动时，各级配电母线上的电压应符合下列要求（这是由电机容量与配电母线处系统容量的比值决定的）：

<table>
<tr>
<td>

NLB
等级：版主</td>
<td>

（1）在一般情况下，电动机频繁启动时，不宜低于系统标称电压的90%；电动机不频繁启动时，不宜低于标称电压的85%（这就是粗略估算时，取电机容量为变压器容量的20%和30%的原因）。（2）配电母线上未接照明或其他对电压变动较敏感的负荷，且电动机不频繁启动时，不应低于标称电压的80%。（3）配电母线未接其他用电设备时（如变压器——电动机组），可按保证电动机启动转矩的条件决定，但应保证接触器的线圈电压不低于释放电压。
2. 机械能承受电动机全压启动时的冲击转矩。
（1）大型电机拖动的机械多为风机、水泵、空压机、变流机组等，这些机械均能承受电机全压启动的冲击转矩。（2）有些大型机械需用大型减速机减速，机械方面担心电机全压启动时减速机“打牙”，尤其进口减速机更是如此，所以此时电机不能选用全压启动方式，但拖动这类机械一般都选用大型绕线转子电动机。
3. 电机本身结构能承受全压启动的冲击。
（1）所有低压笼型电动机本身结构均能承受全压启动的冲击；（2）所有大、中型高压笼型电动机，按电机生产厂的规定，也能承受全压启动的冲击。如东风电机厂生产的，容量达8000kW的Y1000-8-4型电动机，厂家规定：允许全压直接启动；（3）大、中型高压同步电动机有些不同。有些型号的同步电机因其转子阻尼铜条的截面小，所以不能全压启动。而有些型号的则可以，如兰州电机厂生产的，容量达8000kW的TD215/120-8型同步电动机，厂家规定：允许全压直接启动。但是要注意：对于大型笼型电动机和大型同步电动机（特别是大极对数的低转速同步电机），即使厂家规定允许全压直接启动，但因其定子直径较大，电动机全压重载启动的冲击电流会在其定子线圈的端部产生较大的电动力。长期反复多次的冲击，会使电机定子线圈端部绝缘因疲劳而损坏，影响电机寿命。举一例：我曾遇到过的一个项目，选用的TDMK-361000kW同步电动机。该电机36极，每分钟167转，可不经过减速机直接拖动球磨机。厂家规定该型号电机允许全压重载启动，工程设计也就这么做了。但两年后，该电机定子线圈端部因长期经受启动电流冲击而损坏接地了。一了解，全国曾发生了多启此类事故。当年有关杂志曾有多篇论文讨论过该型号电机可否全压重载启动，有论文称：该型号电机可以全压重载启动，但应每一至两个月启动一次。而我的那个项目，每天电机就要启动一次。所以，对于大型笼型电机和大型同步电机的全压重载启动次数，电机生产厂有一定限制，这点在做电气工程设计时要注意。如在电机启动方面有特殊要求，可在订货时向电机生产厂提出，厂家会在电机结构上做特殊处理。以上是我的一些看法，如有不对请批评指正。

</td>
</tr>
</table>

 麦克白 头衔：香积厨师傅	第 22 楼 NLB 兄：我对风机一类启动时间很长的负载比较困惑：不降压启动吧，电机容量太大，电网可能受不了；降压启动吧，那启动时间更长了，电机会不会烧坏呀？
 NLB 等级：版主	第 23 楼 我也有同感。我通常采用以下几种做法，你参考一下： 1. 如风机电机容量不大于变压器容量的 20%，则全压启动。此时这台风机应尽量由变电所直配电，以减少对其他负荷的影响。 2. 如风机电机容量较大需降压启动时，可采用自耦降压启动柜，取 80% 抽头。此时分两种情况：（1）机械方面选的电机容量余度大一些，使风机电机能在 80% 额定电压下，在 20s 内完成启动。此时电机实际启动电流为其额定电流的 64%。（2）但很多时候情况不是这样。往往因为机械方面选的电机容量余度不大，使风机电机在 80% 额定电压下启动非常困难，二、三十秒了电机还没转过它的拐点，这就需要使启动柜在 20s 时强行切换。此时电机会出现第二次冲击电流，理想情况下，第二次冲击电流可不大于第一次冲击电流，否则应按第二次冲击电流值来验算母线压降。采用这种方式，需要求开关柜生产厂将自耦降压启动柜中的两个短时切换接触器加大到与主接触器同样规格。不过现在很多风机都采用变频调速，就没有这个启动问题了。另外，软启动器能比自耦降压启动柜效果好一些，但我未用过。
秦湘鸣 头衔：办公室老头 等级：三星客人	第 24 楼 工业上我用过 1000kVA 变压器配 350kW 的电动机，启动时压降大约为 65%，但我电动机离变压器较近。一般情况下最好不要用超过变压器容量 1/4 的电动机，因为这个时候母线压降一般都低于 70%，母线上的其他的电动机回路全部会因为接触器电压不够而跳掉。
wxw201 等级：游客	第 25 楼 所以在启动方面，如果考虑到节能的话就用变频，比如大的鼓风机节能，如果只考虑软启功能，软启动器不失为一种好的方法，价格比变频低的多，而且在大功率水泵上软启动器应用更是广泛，这方面我们做的设计简直是太多了。具体问题具体分析，1000kW 的照样全压启动，比如他是发电机直接驱动，您说呢。好多热电厂也是这样做的，虽然变频节能，他们也不一定用，几千瓦的启动也照样用软启，毕竟是有好处的，或者也可能是小功率的电机多，那不也相当于大的呀。

zhaokaikai 头衔：华山一壶饮 等级：版主	第 26 楼 注意软启动器启风机负荷时最好选大一级。
兔子木筏 等级：游客	第 27 楼 220kW 直接启动当然可以，只要电源容量允许，规范上面也仅仅提到单台电机的容量小于电源容量的 80% 就可以了。
wxw201 等级：游客	第 28 楼 zhaokaikai，您是怎样认为要大一级选呢，相反小一级的都可以用，我们设计用美国产品，过载能力强，就没必要用过大的，不然成本就高了。
高手 等级：游客	第 29 楼 即便能直接启动，若不考虑变压器容量和负荷性质是不科学、不实际的，这样以来会影响电动机的寿命。

2-116 电力变压器负荷问题

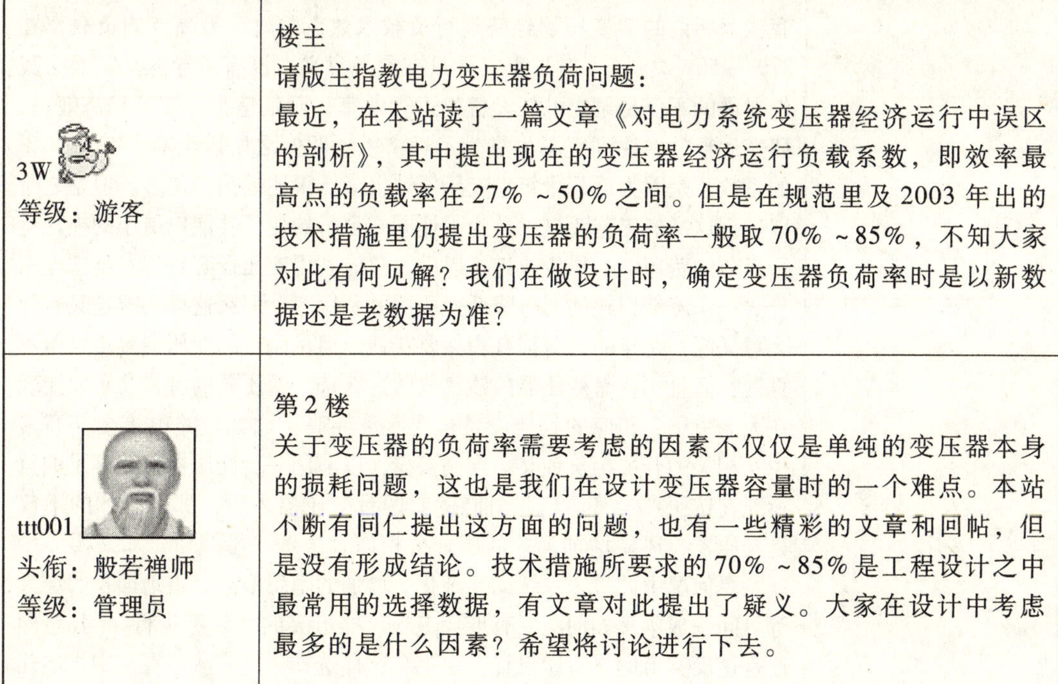

3W 等级：游客	楼主 请版主指教电力变压器负荷问题： 最近，在本站读了一篇文章《对电力系统变压器经济运行中误区的剖析》，其中提出现在的变压器经济运行负载系数，即效率最高点的负载率在 27% ~ 50% 之间。但是在规范里及 2003 年出的技术措施里仍提出变压器的负荷率一般取 70% ~ 85%，不知大家对此有何见解？我们在做设计时，确定变压器负荷率时是以新数据还是老数据为准？
ttt001 头衔：般若禅师 等级：管理员	第 2 楼 关于变压器的负荷率需要考虑的因素不仅仅是单纯的变压器本身的损耗问题，这也是我们在设计变压器容量时的一个难点。本站不断有同仁提出这方面的问题，也有一些精彩的文章和回帖，但是没有形成结论。技术措施所要求的 70% ~ 85% 是工程设计之中最常用的选择数据，有文章对此提出了疑义。大家在设计中考虑最多的是什么因素？希望将讨论进行下去。

runner 头衔：福子 等级：版主	第 3 楼 在工程设计中，特别是生产性企业的设计，客户很关心现用的电气设备能用多长时间，能否满足其发展的要求，如增产、扩大规模等，不要规模一扩大，相应设备就得换，费钱、费时。此类设计电气设备往往要考虑其近 5 ~ 10 年的负荷发展情况，要留出一定的余量。但这样做又会与 70% ~ 85% 的负荷率产生矛盾，你变压器大了，负荷率自然就下来了。我在做设计时会向客户询问其发展规划，掌握尺度是不高于 85%，但不低于 65%。
 麦克白 头衔：香积厨大师傅 等级：版主	第 4 楼 效率最高点和变压器的制造工艺有关，非晶合金变压器最高效率点的确很低（适合农电）。
 家辉 头衔：天山派内务总管 等级：两星客人	第 5 楼 变压器运行效率最高点一般是在 60% 左右，但负载随时间改变，考虑到投资因素，一般按 0. 7 ~ 0. 85 之间选者。
 白丁 等级：常客	第 6 楼 我认为所谓的“变压器经济运行负载系数，即效率最高点的负载率在 27% ~ 50% 之间”，对工程实际只有参考意义，没有指导意义。因为我们考虑的不仅是某个电气设备的运行效率，而是整个工程的经济效益，研究运行效率说到底不也是为了经济效益吗？之所以会有 27% ~ 50% 的系数，是因为近几十年来变压器铁损降低得比铜损快得多。但是之所以进行这样的工艺改进，是为了让同样容量的变压器能以更小的损耗运行以节约费用。如果说改进了以后，只能利用变压器容量的一半甚至三分之一，降低损耗的同时降低变压器的利用率，那么这样的改进又有什么意义呢？每年的运行损耗当然要花钱，但是闲置的变压器容量难道不算钱？而且不止是变压器的钱，按照这么选，变压器的容量几乎要比现在大上一倍，相应的其他设备也要水涨船高。比如短路电流会增高多少？相关的开关柜价钱又会增高多少？以前用一台变压器就能满足的负荷现在按照“经济运行”可能就要两台变压器才行，那么增加的不仅是变压器，还要增加高、低压开关柜以及电缆、母线桥，那又要多少钱？更何况由此带来系统的复杂化、增加的隐患节点、占地面积的增大等等问题成本又如何呢？有谁会追求这样可笑的“经济运行”？我想即便是这篇文章的作者做设计，也不会这样选择。因为从他在文中举出几

白丁 等级：常客	个实例就可以看出，全都是已经有更大更新的变压器情况下，对现成的变压器进行的一种“二选一”活动。而不是要求读者按照这个系数去设计容量购买变压器，否则文章末尾那一句“不用物质投资……”岂不是胡扯？
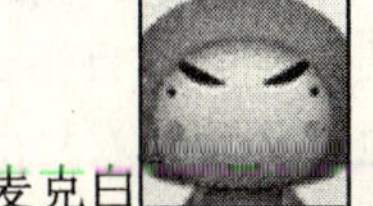 麦克白 头衔：香积厨大师傅 等级：版主	第7楼 白丁说的好，不过不能因为该文章就否定科技人员减小变压器损耗的努力。起码新型变压器的总的损耗比以前降低了吧？再说有些低效率点变压器在特定场合会更加适用，比如我提到的非晶合金变压器在农电上的应用。对不加思索的赞同我是非常的不赞同。
白丁 等级：常客	第8楼 选择变压器容量，首先应该考虑的当然是要能满足计算负荷。其次要考虑的环境温度对变压器的降容系数，变压器额定容量是指在年平均温度20℃的情况下，如果放在室内，一般会高8℃，按30℃计算，大约会降容将近10%。第三，要考虑其他电气设备、电缆的损耗，以及设计施工运行中的小改动；即便不考虑二期工程，开关柜选择时一般会要求留出10%～15%的备用空间，我想变压器为此留出10%～15%左右的备用容量也是应该的。当然还要考虑临时过负荷的因素。这样算下来，也就差不多是75%～80%左右了。至于变压器损耗……至少到目前为止，我基本上不考虑。原因很简单，不管我是设计还是总承包，运行费用都是业主掏钱，而且这部分损耗费用相对总量很小，业主很难注意到。但是如果为了追求低损耗而增加建设投资，那费用可就是谁都看得见的了。我按照论文中列举的500kVA和1000kVA的S9以及非晶态变压器参数做了个比较，按计算功率0.8×500=400kVA算，把变压器容量扩大一倍，只不过降低1kW的损耗。我手头没有电费价格和变压器价格，谁如果有可以继续算下去做经济比较。当然其中可能还涉及到其他电气设备费用的变动。
麦克白 头衔：香积厨大师傅 等级：版主	第9楼 我发现我和白丁兄慢慢说到两个方面去了。我强调的是科技人员降低损耗的努力还是应该肯定的，因为世界上有很多很多台变压器，如果每台变压器都能降低1kW损耗的话，那还是很可观的。农变的负荷率通常取低一点比较划算，应该不能按照70%～80%的负载率考虑，因此用非晶变的农变越来越普及，我没做过农电，但推想是这样，请有经验的同行指教！其他还是白兄说的在理。

白丁 等级：常客	第 10 楼 呵呵！麦克白兄误会了，我写的帖子并不是和你的观点进行辩论，只是看到 ttt001 版主在 3 楼提出希望大家讨论一下设计中考虑最多的是什么因素，于是谈谈自己的一些心得。我在楼上两篇帖子里也并没有否定科技人员为减小变压器损耗所做出的努力，我所反对的是机械的照搬论文结论，和你的观点并不矛盾。我没做过农变，不知道为什么你说农变的负荷率通常取低一点比较划算。我想可能是因为在农村由于经费不宽裕，旧型号小容量的变压器还大量存在没有被淘汰，与新购置的大容量变压器共同运行的情况比较普遍，一般都是对原有设备的改造扩建，这样论文的研究成果就比较有指导意义了。补充几句：用需要功率来计算变压器损耗可能未必合适。因为需要功率是最大负荷班在半小时内的平均功率，也就是说除此之外的时间段里，实际功率可能会小于甚至远小于需要功率。所以即便按照 75% ~80% 去选择容量，实际运行的时候也未必就不节能。所以计算变压器损耗的时候，应该用不同运行工况下的负荷来计算，然后再乘以相应的运行时间，这样才能得出准确的数值。
青云 等级：游客	第 11 楼 我粗浅的观点：如果不考虑后期的发展，变压器负荷率应该按 90% 或以上选取。因为我们的计算负荷是连续半个小时内的最大平均负荷，变压器正常运行情况下只有很少的一段时间在该负荷率下运行，加上设计余量，平时的负荷率最多在 60% 间。以前的经济运行还考虑了温升减少变压器寿命等因数，是按油变测算的，加上供电部门为了收取贴费，报批时不允许变压器选小，现在增容贴费取消了，可能不会限制这么严格了吧？
小菜 等级：四星客人	第 12 楼 我们这儿是有基本电费的，不知楼上各位所在地的供电部门怎么收费的。基本电费是个不可忽略的因素。我在一个项目中和业主谈过变压器容量的事，该项目有个二期工程，两台变压器，我建议选大一级，二期就不用换变压器了。结果业主说：现在用小一级的变压器，两三年后省下的基本电费完全可以买两台新变压器，旧的扔了都不可惜，我无语。因此，讨论最佳负荷率要看站在什么角度，从全人类的高度来看、从国家的角度来看，当然要选理论的经济运行值，这样全世界一年节省多少电呀！可是，要从业主的角度来看，什么才是经济呢？有时候真难说明，我们的设计要对谁负责呢？

linweid 等级：常客	第 13 楼 城市区域，办公、住宅、综合楼等，75% ~88%。
大鼻山 头衔：最逍遥	第 14 楼 现实设计中，谁会设计负荷率为 27% ~50% 的变压器？从工程师的角度看，75% ~90% 都可。
js7752 等级：一星客人	第 15 楼 工程实际应全面考虑变压器及相关系统设备的一次投资和运行费用、建设单位的发展规划、设备合理的使用寿命期、地区电价等综合因素，不能只看单一设备的局部效率，我们一般按 75% ~85% 考虑。
骄阳 等级：游客	第 16 楼 "变压器经济运行负载系数"只是单纯从变压器损耗方面提出的一个概念，对企业来说，考虑的主要因素是经济效益问题，因此提出一个"变压器最高经济效益系数"，它是以投资和运行费用综合考虑提出的一个概念，在当前两部制电价政策下，这个系数越大越好。下面举一个例子来说明，为了节约篇幅，简化了计算方法，但对结果不会造成本质的影响。某厂实际用电负荷为 600kW，补偿后的功率因数近似为 1，一班制，变压器准备选择油变，高供高计。 1. 按照"变压器经济运行负载系数"选变压器，变压器负载系数取 0.65 变压器容量 = 用电负荷/变压器经济运行负载系数 = 600kW ÷ 0.65 = 923kW。选择 1000kVA 变压器，满载损耗 10kW，1000kVA 变压器价格：8 万。每年应交基本电费 = 1000kVA × 9 元/kVA. 月 × 12 月 = 108000 元/年。变压器年运行损耗 = 10kW × （600/1000）^2 × 8 小时/天 × 365 天 × 0.65 元/度 = 6832.8 元/年。 2. 按照"变压器最高经济效益系数"选择，变压器负载系数取 1，变压器容量 = 用电负荷/变压器经济运行负载系数 = 600kW ÷ 1 = 600kW，选择 630kVA 变压器，满载损耗 6.3kW，630kVA 变压器价格：5.3 万，每年应交基本电费 = 630kVA × 9 元/kVA. 月 × 12 月 = 68040 元/年，变压器年运行损耗 = 6.3kW × （600/630） × 2 × 8 小时/天 × 365 天 × 0.65 元/度 = 10846 元/年。 3. 比较： 从上面计算可以看出，按照"变压器最高经济效益系数"选择变压

骄阳 等级：游客	器投资（只计算变压器部分）节约：8 万 - 5.3 万 = 2.7 万。运行费用节约：108000 元/年 + 6832.8 元/年 - 68040 元/年 - 10846 元/年 = 35946.8 元/年。按照“变压器最高经济效益系数”选择变压器，在实际运行中可能存在过载的问题，但变压器在一定范围内允许过载运行，过载运行会影响变压器的使用寿命（正常为 20 年）。有时候甚至可以牺牲变压器使用寿命来达到最高经济效益。以上面为例，假如说变压器的使用寿命因此缩短为 10 年，为了保险起见，5 年后更新变压器。则：5 年后的经济效益 = 节约的费用 - 变压器成本 = 35946.8 元/年 ×5 年 - 80000 元 = 99734 元。可见，5 年后即使将旧变压器扔掉，对企业仍然有利。 嘿嘿，白扔当然不会，至少卖废铁也能搓好几顿呢。好了，言归正传，在选取变压器负荷系数的时候应该明确选取的出发点是什么，节能？效益？对企业来说，“变压器经济运行负载系数”是否经济，应该结合实际情况加以考虑。说明：前面的计算数据，如变损参数、变压器价格没去核实，只是凭以前的记忆，如有错误请予以更正，如果因此而使得结论错误误导大家，那就严重了。

2-117 配电箱要移位其进线电缆做接头延长合适么

hsr 等级：一星客人	楼主 配电箱要移位，其进线电缆做接头延长，合适么？ 记得以前听人说电缆最好不要接头。
玄黄 等级：贵宾	第 2 楼 主要是采用什么接头，如果在室内，可以考虑穿刺线夹！
黑客 等级：一星客人	第 3 楼 没有办法的时候，可以接头。有次工人师傅把电缆裁短了，那么长也不能扔了啊！就只好做接头，好像要测试绝缘电阻的。如果长距离供电电缆长度不够也需要接头的，美国安普公司专门生产连接件。
zhaokaikai 头衔：华山一壶饮 等级：版主	第 4 楼 呵呵，把接头做到质检人员看不见的地方。

 wys-3638 头衔：风清网	第 5 楼 可以，要保证两点： 1. 绝缘恢复问题。 2. 有效载流截面不能减小，能保证正常载流没有问题。
 anca_ qin 头衔：笨狼 等级：五星客人	第 6 楼 施工过程中，做中间接头延长是常有的事，但新建工程应尽量避免，改造工程没有啥不可以，总不能花钱换整根电缆，高压电缆必须测量绝缘电阻，并做耐压试验。美国 3m 的电缆头也不错。
 ruoranmasm 头衔：龙行天下 等级：三星嘉宾	第 7 楼 理论上是可以的，但首先是技术上要满足。由于施工队伍人员的素质及设备，这个大家都知道略，我就遇到过一次，供电局的人员来验收，看到说多少米（具体数字多少忘记了）范围内不准，后来又不想浪费那根电缆，就移电箱时往电源方向移，呵呵，解决了。
 sandra 头衔：紫电狂龙 等级：两星客人	第 8 楼 是可以的呀。以前看见别人做来，但是也没做什么绝缘测试和耐压试验，接上就算了，但是好像应该是要做的。

3 照明系统

3-1 高压钠灯和金卤灯的主要特征

scpxh 头衔：川妹子 等级：两星客人	楼主 高压钠灯和金卤灯的主要特征？
城市边缘 头衔：缘空和尚 等级：版主	第 2 楼 高压钠灯显色性差，这是主要区别，两者比较相像。都不能用在需要瞬时点亮的场合。
湖南李玲 等级：一星客人	第 3 楼 高压钠灯是一种高光效电光源，是利用高压钠蒸气放电形成的，它的辐射光的波长集中在人眼感受较敏感的范围内，光效较高，透雾性强，广泛用于道路和广场上。金属卤化物灯主要用于房子高大，要求照度较高、光色较好的场所，比如体育馆、礼堂等。
yant 等级：贵宾	第 4 楼 高压钠灯光效高，一般的色温较低，显色性相对差点，但也有（Ra）能做到 80 ~ 88K。金属卤化物灯显色性好，光效次之，色温在 3000 ~ 5500K 之间，金属卤化物根据充入的卤素不同分好几种。
hsr 等级：一星客人	第 5 楼 高压钠灯现在也有高显色性的，Ra 在 80 以上。安装高度要和灯具功率及配光曲线结合考虑。金卤灯要注意选配相同类型的镇流器。
画图好辛苦 等级：一星客人	第 6 楼 金属卤化物灯也有小功率的，35 ~ 150W 显色指数 65 色温 4000k。35W/2200lm； 50W/3300lm； 70W/5500lm； 100W/8000lm； 150W/11500lm。

 zhoushu8 头衔：达摩院寺监 等级：版主	第 7 楼 都有优缺点：高压钠灯的光效高，寿命长。价格便宜。缺点是显色性很差。金卤灯光效较高，寿命只能说还可以，比高压钠灯差很多。价格略贵。但显色性较好。金卤灯的综合性能比较好。这要看你用在哪个场所。

3-2　关于公共区域照明控制问题

 kuaizi666 等级：游客	楼主 求教，关于公共区域照明控制问题 各位高手，5 万 m^2 的综合楼，公共区域的照明如何控制才能达到节能和控制方便的效果？我知道现在有一种智能照明技术，造价一定很高吧。简单的使用声光控开关和灯头也将增加一定的造价，尤其是在没有自然光的走廊和地下室，总要制造出声响，有些不雅。有没有好的方案？使用被动式红外探测器结合可编程控制进行控制，是否可行？目前是否有此类产品？
 雨过天晴 头衔：帮主 等级：两星嘉宾	第 2 楼 楼主可以咨询一下 ABB 的 i-bus 系统，节能和控制都很好，只是不知道价格楼主是否能接受。
 greens 等级：一星客人	第 3 楼 可以用红外线感应灯呀，这也是个不错的选择呀！
 luozi8250 头衔：明教掌旗使 等级：贵宾	第 4 楼 跟甲方商量： 1. 就地控制：不节能。 2. 集中到服务台、接待室控制。 3. 智能系统。造价高！
 yjzllyjzll 头衔：衙门 等级：游客	第 5 楼 可以用大空间照明控制系统，我知道有两家： TRIATEK 和邦奇的 E 指通。TRIATEK 的 24 路大概 2 ~ 3 万元，64 路 5 万多元，E 指通就不清楚。

3-3 帮忙分析微断发热的原因

卷舒 等级：两星客人	楼主 帮忙分析微断发热的原因? 在现场碰到这下面的情况，请大家帮忙分析一下原因。一个40A的空开，测量电流为16A，电压为400V，可空开摸起来却很烫。这是什么原因呀?
yukanlee 头衔：明清散人 等级：版主	第2楼 1. 接触不良导致发热。 2. 空开质量问题。
w3556843u 等级：贵宾	第3楼 就明清说的这二点，估计后者的情况更多一点!
moonlight 头衔：虫窠居士 等级：版主	第4楼 可以肯定是劣质产品里面的比较差的一类。
robin-cf 等级：一星客人	第5楼 我也碰到过类似问题，想请教一下，除了明清师兄说的那两个以外，还会有其他原因吗?
yukanlee 头衔：明清散人 等级：版主	第6楼 谐波电流？我还没遇到过。
cwl67648 等级：游客	第7楼 1. 接线端子接触不良导致发热，这时接线端子有明显发黄。 2. 空开内部触头接触不良导致发热质量问题，摸字标处发热。 3. 空开内部触头偷工减料导致发热质量问题，摸字标处发热。 4. 配电箱处散热不好，换一只别的同容量试比对一下。

3-4 汽车库的入口可以作为疏散的出口吗

bigshoes 等级：两星客人	楼主 汽车库的入口可以作为疏散的出口吗？我有很大疑问。不应该的理由：如果可以作为出口，那么在发生火灾的时候，必然有部分车辆会从这个入口往外逃，但是外面的车辆是不清楚里面的情况的，肯定有车辆从入口往车库里行驶。这时候里面的车往外、外面的车往里，就会造成在入口处堵死的情况，而且这种地方汽车调头是非常难的，这就会影响疏散。应该的理由：那么近的地方有个可以出去的出口，为什么还要舍近求远，非要把疏散出口设置在出口处呢？
lengbing 头衔：苦菜汤	第 2 楼 你说的不应该理由是不存在的，发生火灾，还要车，弃车跑吧。
bigshoes 等级：两星客人	第 3 楼 但是如果还不是很严重的火灾的时候，肯定很多人是开车逃跑的啊！这个时候保命也要保车啊。再说，如果有几个 SB 真的把出口给堵住了，就算弃车逃，也会被出口这些车辆影响疏散速度吧？我就担心这个。
mlglulu 等级：游客	第 4 楼 车道口不能作为疏散口的，你可以去问问建筑的。他们在算疏散距离和疏散口的时候都不包括车道口的。
luozi8250 头衔：明教掌旗使	第 5 楼 车道口不能作为疏散口的！ “那我的疏散指示灯的指示方向就没必要和车行驶的方向有关联了”？ 对的！ 车库设计规范上有，可以研究一下！
zhoushu8 头衔：达摩院寺监	第 6 楼 疏散是指人员疏散，尽管楼主要求车也要疏散，但那是使用功能的要求，你可以要求建筑专业考虑周到点。本人以为，只要能逃出去，都是疏散出口，哪里路程近，哪里逃得快，就往哪里逃，只能指人，不能指物。这是概念。
ljy2003_cq 头衔：风清扬 等级：一星客人	第 7 楼 车道口不能作为疏散口的原因在于： 根据建筑防火要求，在车道口是要设置防火卷帘的。火灾时要一次下落到底。

 zhoushu8 头衔：达摩院寺监 等级：版主	第 8 楼 当都设有报警及喷淋时，不需要设防火卷帘。再说了，就是要设，疏散通道上的卷帘也只能降到 1.8m。人员出口与车辆出口要分别设置的，都要设安全出口。 真起火了，你不见到哪里好跑就往哪里跑？还遵守人车分流的规则？车都逃得出，人就逃不出？
 poplhx 头衔：保镖	第 9 楼 1. 车库出口不可作为疏散指示出口。 2. 车库直通室外出口不设防火卷帘（如设，只为一般卷帘）。
 大鼻山 头衔：最逍遥	第 10 楼 楼主注意到这个问题很好哇！人、车的疏散是不同的；一般疏散指示均是针对人而言； 火灾时，谁还会开车从车道跑哇。
 hdq 头衔：刺桐城主	第 11 楼 算的时候消防部门不认，需要用的时候消防部门不管，呵呵。
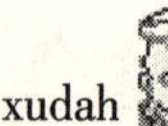 ttt001 头衔：般若禅师 等级：管理员	第 12 楼 GB 50067—1997 汽车库、修车库、停车场设计防火规范 6.0.1 汽车库、修车库的人员安全出口和汽车疏散出口应分开设置。设在工业与民用建筑内的汽车库，其车辆疏散出口应与其他部分的人员安全出口分开设置。 以上规范清楚的说明，汽车库的入口不能够作为人员在消防时候的疏散口。我们电气专业在设置疏散指示灯的时候必须遵守。

3-5 办公室装修问题

xudah 头衔：徐辉 等级：一星客人	楼主 办公室装修问题，有办公室一次装修到位，先请问各位大侠： 1. 一个回路最多可控制多少个插座？（10 个的话那有 80 个插座不是有 8 路）； 2. 插座在地板上如何安装？（要暗装，防水，是插座平地板还是插座底盒平地板？）； 3. 插座功率如何计算？

注册用户 头衔：天山屠魔剑	第 2 楼 最多 10 个插座，如果都接电脑的话，5 ~ 6mm^2 就够了，不怕花钱就用地插座 200 ~ 300W。
s9 等级：两星客人	第 3 楼 插座管它多少瓦，回路开关配 2.5mm^2 和断路器 16A 就行了。
玄黄 等级：贵宾	第 4 楼 回路开关均用 16A！
w3556843u 等级：贵宾	第 5 楼 办公室装修靠墙的插座就不用讲了，地面上的最好用全铜地插座，和地板或地砖都能很好配合，美观耐用，如果有网络口的也可配合使用，每个回路如是电脑的最好不超过 8 台，容量可按照 150W/台计。
luozi8250 头衔：明教掌旗使	第 6 楼 别用地插！
yukanlee 头衔：明清散人 等级：版主	第 7 楼 愿闻其详！（希望帖主以后类似情况说明一下原因）。 有时候我们也是别无选择的。呵呵。
雨过天晴 头衔：帮主 等级：两星嘉宾	第 8 楼 那大开间办公室的插座怎么安装？现在的地插在外形、性能上已有很大改进，为什么不能用呢？
成长中的鸟 头衔：烦不鸟 等级：两星嘉宾	第 9 楼 办公室装修电气一次到位，呵！除非拿到室内设计的装修图！个人认为大部分办公室都是装的隔断，插座大都暗装于此。

3-6　照度的简单计算方法

FSCSM  等级：一星客人	楼主 照度的简单计算方法？谢谢！
 lengbing 头衔：苦菜汤 等级：贵宾	第 2 楼 利用系数法啊，算平均照度。
 城市边缘 头衔：缘空和尚 等级：版主	第 3 楼 最简单的，平均照度 =（灯具数量 × 灯具光通量 × 利用系数）/（面积 × 照度补偿系数）
workwxj  等级：游客	第 4 楼 （灯具数量 × 灯具光通量）×0.5 利用系数）/ 总面积。这是最简单的估算。
 船长 头衔：博超 等级：三星客人	第 5 楼 常用照度计算有 3 种方法，用于不同的设计阶段与场合，平均功率法、利用系数法、逐点计算法。 平均功率法，根据设计对象，按每平方米所需照明功率 × 面积，最简单。 利用系数法，计算的是平均照度，适用于一般要求的场所。 逐点计算法，精确计算方法。可以计算建筑物空间任意一点的照度，包括水平照度和垂直照度。一般大型公共建筑及照明要求高的场所采用本算法。 博超软件 EES 都有这些功能。另外，还有一下特殊场合的照度计算，比如市政交通类设计院就需要采用户外的路灯照明的特殊计算方法。
 成长中的鸟 头衔：烦不鸟 等级：三星客人	第 6 楼 如果条件很差，则可取小于 0.3 的数值。

fsanson 等级：游客	第 7 楼 地下停车场，净空 3m，粗略计算应为多少 W/m^2？
north73 等级：游客	第 8 楼 没有机械停车的话大概 15～18W/m^2。
bigshoes 等级：两星客人	第 9 楼 15～18W/m^2 太大了吧。这个数字都包括了排烟风机等的功率了吧？用 T5 的管，100lx 照度，我怎么算出来还不到 4W。
雨过天晴 头衔：帮主 等级：两星嘉宾	第 10 楼 汽车库照度 30lx 就够了，给 18 W/m^2，用来干吗？ 机械式汽车库：使用机械设备作为运送或运送且停放汽车的汽车库。

3-7　商场的一般照明 450lx 是否大了

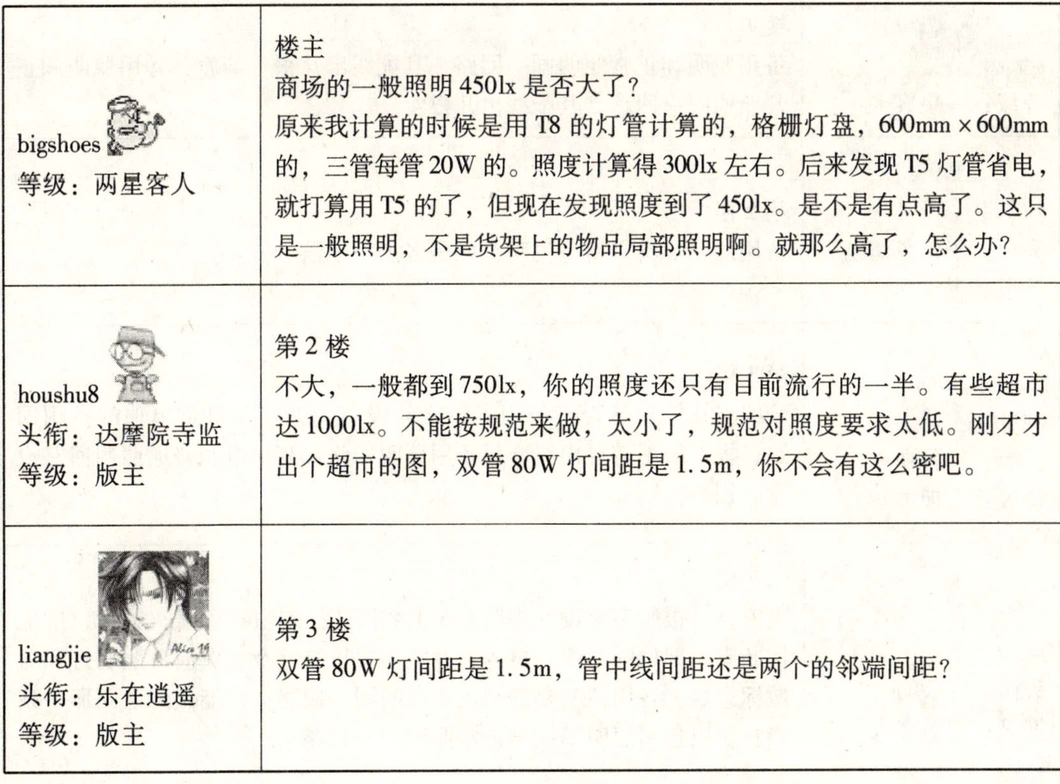

bigshoes 等级：两星客人	楼主 商场的一般照明 450lx 是否大了？ 原来我计算的时候是用 T8 的灯管计算的，格栅灯盘，600mm×600mm 的，三管每管 20W 的。照度计算得 300lx 左右。后来发现 T5 灯管省电，就打算用 T5 的了，但现在发现照度到了 450lx。是不是有点高了。这只是一般照明，不是货架上的物品局部照明啊。就那么高了，怎么办？
houshu8 头衔：达摩院寺监 等级：版主	第 2 楼 不大，一般都到 750lx，你的照度还只有目前流行的一半。有些超市达 1000lx。不能按规范来做，太小了，规范对照度要求太低。刚才才出个超市的图，双管 80W 灯间距是 1.5m，你不会有这么密吧。
liangjie 头衔：乐在逍遥 等级：版主	第 3 楼 双管 80W 灯间距是 1.5m，管中线间距还是两个的邻端间距？

hhy96211 头衔：薄荷 等级：游客	第 4 楼 我一般是按 300lx 计算的。
yoger 等级：游客	第 5 楼 按照现在的设计深度规定，需要二次装修的地方可以不做设计，但要留足容量和配电回路数，我都是这么做的！商场照度还是不能小于 500lx，还要考虑很多局部照明，照明负荷很大！
ttt001 头衔：般若禅师 等级：管理员	第 6 楼 按 GB 50034—2004《建筑照明设计标准》5.2.3 表中数据，高档商场的照度标准值为 500lx。只要功率密度不大于 19W/m^2 的强条要求就可以的。

3-8　备用照明和正常照明同一回路其配线出几根

sdmzq 等级：一星客人	楼主 备用照明和正常照明同一回路，其配线出几根？请教，备用照明和正常照明同一回路，其配线出几根？
xm204 头衔：华山风清扬 等级：贵宾	第 2 楼 备用照明灯具带蓄电池吗？如是多加一根信号线。
ttt001 头衔：般若禅师 等级：管理员	第 3 楼 配线出几根和是否有备用容量之间没有关系。如果是单独的备用回路，根本就不需要出线。而备用照明回路，其供电和普通照明回路没有区别。
zz_zz 头衔：打杂的 等级：两星客人	第 4 楼 火灾自动报警系统设计规范 6.3.1.8 消防控制室在确认火灾后，应能切断有关部位的非消防电源，并接通警报装置及火灾应急照明灯和疏散标志灯。备用照明要是和正常照明同一回路，你能做到上面那一条吗？所以备用照明不能与正常照明同一回路！

 ttt001 头衔：般若禅师 等级：管理员	第5楼 消防控制室等场所照明应由应急照明回路引出，其应急状态下照度要求为100%，不存在备用照明的问题。
wuchun345 头衔：大菜 等级：一星客人	第6楼 请大家注意此处所说是备用照明回路而不是照明备用回路，备用照明属于应急照明的一种，适用于事故情况下还需要继续工作的场合，是需要三根线，其中一根是充电线，正常照明灯具不需要接此线，火灾情况下正常照明电源切断后备用照明由灯具自带蓄电池点亮，可以满足下面的规范。火灾自动报警系统设计规范6.3.1.8 消防控制室在确认火灾后，应能切断有关部位的非消防电源，并接通警报装置及火灾应急照明灯和疏散标志灯。所以备用照明回路可以与正常照明合用，不过个人觉得应急照明一般还是与正常照明分开好，以免引起不必要的麻烦。
chenyanzz 等级：游客	第7楼 我刚在一个教学楼工地参观过，走廊照明同一回路三线穿管，火线，零线，EPS备用线。
ttt001 头衔：般若禅师 等级：管理员	第8楼 那是应急照明回路，应独立配线。
 雨过天晴 头衔：帮主 等级：两星嘉宾	第9楼 我认为可以啊，加控制线或充电线给备用照明灯具就可以了，控制线或充电线不接其他正常照明灯具。备用照明也是应急照明的一部分，只要能满足消防要求就ok。

3-9 路灯设计的几个问题

YONGLE 等级：一星客人	楼主 路灯设计的几个问题： 1. 电压降如何计算（公式方法）? 2. 一般的直埋敷设中是否需要接线井，路灯电源T接就可以吧? 3. 现在是否流行采用5线制?

moonlight 头衔：虫窠居士 等级：版主	第2楼 1. 如果是一般小区的路灯（庭院灯）不需要设置电缆接线井。如果是公路（包括厂区）路灯，设置电缆接线井。 2. 路灯压降计算一般按照负荷矩的方法，全路所有灯具计算容量按线路最远端到配电箱最长距离计算。$u = u\% plu\%$ 为单位长度的负荷矩。 3. 公路路灯一般三相四线，每个路灯另有接地系统，地线从路灯接地系统引出。小区路灯没有独立的接地，要 PE 线。
蓝鱼 等级：两星客人	第3楼 我一般用5线的，直接出 PE 不就好了？
cm365 头衔：dq 等级：两星客人	第4楼 区路灯的每个路灯应该就近设接地极，电源不提供 PE 线，即 TT 系统。做法参见华北标办的 92DQ6 照明装置。
robin-cf 等级：一星客人	第5楼 看情况，两种都可以！200m 以内（小范围）可以考虑单相！公路肯定相供电！设专用路灯变压器！小区内路灯要带 PE 线！路灯也（有条件的强烈推荐）要做单独接地！ 时间控制或光控来控制路灯！
yoger 等级：游客	第6楼 路灯的电压降手册里面有！一般需要设置电缆井，作为接线和检修用！电缆 T 接采用线夹方式！可防止室外漏电！采用镀锌扁钢作为接地线通长敷设！

3-10 双电源带蓄电池灯的控制方法

城市边缘 头衔：缘空和尚 等级：版主	楼主 双电源带蓄电池灯的控制方法？ 首先声明，这里说的蓄电池灯不包括疏散指示灯。现在做应急照明的时候，有些人喜欢用双电源线路带蓄电池灯，但是怎么控制是个难题，很有可能到了该点亮的时候不起作用。比如现在一些不设自动报警的建筑，比较常用的是带蓄电池的双头灯，平时不亮，也不能控制，在停电的时候自动点亮。它的控制原理大概是这样的，市电正常的时候，蓄电池灯充电，不亮，当市电故障停电，蓄电池灯检测到信号从而切换到放电状态，灯亮，如果市电恢复，重新切换到充电状态，灯灭。如果是双电源，很有可能就发生这样的情况，市电停电，灯亮，备用电源很快投

 城市边缘 头衔：缘空和尚 等级：版主	人，灯灭，那么就起不到停电应急的作用了。 所以个人觉得双电源带蓄电池灯（平时不亮，停电自动点亮），是错误的。如果蓄电池灯设计成可控制，平时当正常灯具使用，到是还可行，但是浮充线应该接至双电源切换开关前面备用电源的相线上，而且需要给浮充线加装保护电器。工作过程如下：平时灯具用正常电源，蓄电池一直处于充电状态，当正常电源停电，备用电源投入，灯具使用备用电源，蓄电池继续保持充电状态，如果备用电源再停电，蓄电池切换到放电状态。也许会有人说，主电停电的时候，又刚好面板开关处于关闭状态，那蓄电池灯就不能“停电自动点亮”，但是既然此时开关断开，就说明此灯现在不需要瞬时点亮，需要的时候可以过去打开开关，使用备用电源。
 雨过天晴 头衔：帮主 等级：两星嘉宾	第 2 楼 双电源带蓄电池灯（平时不亮，停电自动点亮），是错误的。这个观点在以前讨论应急照明时就曾提过，这么做会造成需要时灯不能点量，不仅浪费，还有反作用。 浮充线应该接至双电源切换开关前面备用电源的相线上，不太理解楼主用意。为什么不直接接在各馈出回路？其实规范只是规定在高层中的特别重要部位才需要设置双电源带蓄电池的应急灯，一般是不需要这么复杂的。
 城市边缘 头衔：缘空和尚 等级：版主	第 3 楼 对于需要设开关控制的蓄电池灯，如果浮充线接在双电源箱的馈出回路上，会有这样的情况发生：正常电源停电，蓄电池灯接受信号放电，备用电源投入，蓄电池灯返回充电状态。不过这样好象也没有什么问题。
 大鼻山 头衔：最逍遥 等级：版主	第 4 楼 楼主也许忽视了一个东西：当设置了双电源切换时，基本（99% 以上吧）都是要做火灾报警系统的；因此可以通过常规火灾报警的控制方式要点亮那些熄灭状态的蓄电池灯。
 城市边缘 头衔：缘空和尚 等级：版主	第 5 楼 这点倒是没有想到，谢谢提醒。不过双电源带蓄电池灯（平时不亮，停电点亮），还是不行的，做了火灾自动报警，只能是火灾时强行点亮，而正常停电是不能起到应急作用的。

大鼻山 头衔：最逍遥 等级：版主	第6楼 完全可以呀！正常时它就通过检测市电断电信号而自动投入的，而火灾时则是通过火警系统自动投入的。并不矛盾。因为市电第二电源的投入总需一个时间差，因此即便是两路市电了，此时仍采用一些蓄电池灯具还是有必要的（当然限于重要场合）。
城市边缘 头衔：缘空和尚 等级：版主	第7楼 火灾时是没有问题了，我的意思是，当正常电源停电，蓄电池灯点亮，马上备用电源投入，蓄电池返回充电状态，灯灭了，此时正常电源已经停电，是需要应急灯点亮的，但它只闪了一下就灭了。
雨过天晴 头衔：帮主 等级：两星嘉宾	第8楼 同意边缘的理解，应急灯平时不点亮，只要监测到正常电源是带电状态，就不会点亮，正常停电时反倒起不到作用。所以设计时不能设成正常不点亮的应急灯。
 liangjie 头衔：乐在逍遥 等级：版主	第9楼 那还不如用一般灯具了，呵呵！满足规范要求就行了。
电气设计师 等级：一星客人	第10楼 我做设计时应急灯都不用专有回路的，直接接到就近的任一插座回路（此处指那些带插头而且平时不用的）。如果需要平时正常使用的那简单，其充电线取自灯具所在配电箱主开关即可，如此当此箱出故障（不必一定要整个电源系统出问题）其应急灯就可应急使用了。不赞成双电源带蓄电池灯！听说有一商场失火，其应急灯具为双电源带蓄电池灯，结果第二电源还有电，应急灯不亮，其结果大家可以知道了。

3-11 怎么选择电表

zhazha1122 等级：游客	楼主 请问怎么选择电表？

我这一辈子 等级：游客	第2楼 我也有同感。比如：63A的断路器，到底加不加互感器？我选DT 862-4-20（80)的电表，但是电力局说计量不准。请教一个标准：什么时候需要加电流互感器？
 雨过天晴 头衔：帮主 等级：两星嘉宾	第3楼 根据计算电流及所选的开关来选对应的电表，63A开关可以选20（80）A电表。 一般电表最大可以计量100A，超过100A时就要加电流互感器了。

3-12　这种照明设计合理吗

 njcjs 头衔：学者 等级：一星客人	楼主 这种照明设计合理吗？ 一项目150m，应急照明设计如下：从地下室－1F配电站引两根母线（125A）至顶层（45层），每三层设应急照明配电箱（双电源自动切换25A），内设消防强投应急照明（加交流接触器，电箱控制现场无开关）用于走道、疏散指示照明（电箱控制，现场无开关）、左右侧走道照明（电梯厅用人体感应，过道用延时、楼梯用双控）、楼梯上下用双控及弱电井插座，设浪涌保护。 问题：1. 消防强投设置是否合理（感觉有点浪费，平时灯是个摆设，只有火灾时用），本人觉得它用在上下楼梯较合理，平时用触摸延时控制楼梯上下，火灾强投楼梯灯。2. 高层过道好像不能用自熄开关，而且日后装潢设计多为灯带及筒灯，本人觉得分两块：一为主照明，如电梯厅及过道筒灯用自熄开关，其他辅助照明用时控或光感控制。3. 疏散照明按设计好像不能用自带蓄电池灯具吧？总之，现在头大了，本人对规范认识也不够，望大家指点迷津。
lengfengji 等级：游客	第2楼 不知消防强投为何物？本来是双电源ATS，何来强投？强投电源来自何方？

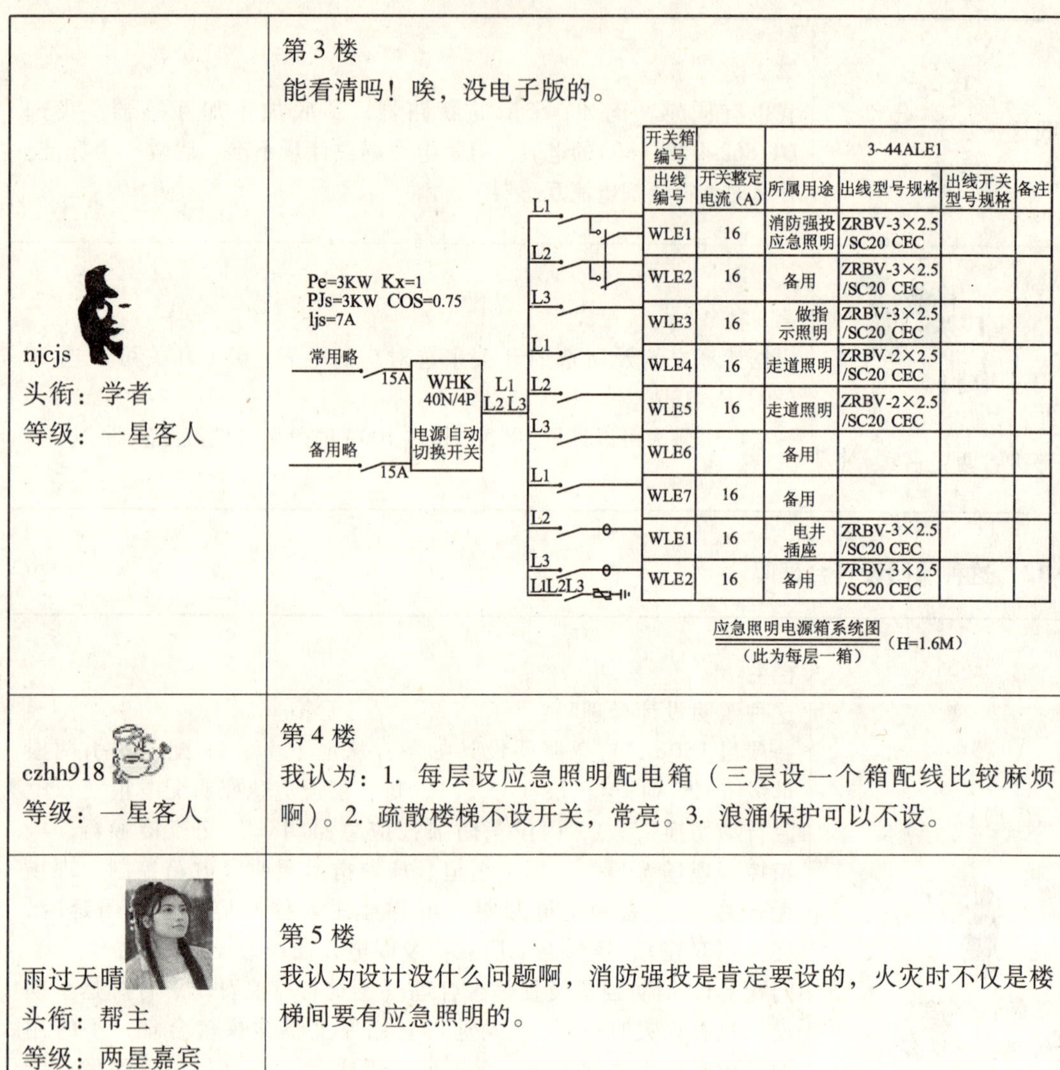

njcjs 头衔：学者 等级：一星客人	第 3 楼 能看清吗！唉，没电子版的。
czhh918 等级：一星客人	第 4 楼 我认为：1. 每层设应急照明配电箱（三层设一个箱配线比较麻烦啊）。2. 疏散楼梯不设开关，常亮。3. 浪涌保护可以不设。
雨过天晴 头衔：帮主 等级：两星嘉宾	第 5 楼 我认为设计没什么问题啊，消防强投是肯定要设的，火灾时不仅是楼梯间要有应急照明的。

开关箱编号	3~44ALE1				
出线编号	开关整定电流（A）	所属用途	出线型号规格	出线开关型号规格	备注
WLE1	16	消防强投应急照明	ZRBV-3×2.5 /SC20 CEC		
WLE2	16	备用	ZRBV-3×2.5 /SC20 CEC		
WLE3	16	做指示照明	ZRBV-3×2.5 /SC20 CEC		
WLE4	16	走道照明	ZRBV-2×2.5 /SC20 CEC		
WLE5	16	走道照明	ZRBV-2×2.5 /SC20 CEC		
WLE6		备用			
WLE7	16	备用			
WLE1	16	电井插座	ZRBV-3×2.5 /SC20 CEC		
WLE2	16	备用	ZRBV-3×2.5 /SC20 CEC		

应急照明电源箱系统图（H=1.6M）
（此为每层一箱）

3-13 室外路灯配电需要漏电保护吗

prezhjian 头衔：南建工 等级：三星客人	楼主 室外路灯配电需要漏电保护吗？请大家给予帮助，多谢！
金霸王 等级：一星客人	第 2 楼 不装！灯杆本已接地，硬要装漏电保护你一定会后悔！

yyyrrrzzz 等级：游客	第 3 楼 我认为应该装的，为什么接地就不需要装漏电保护呢？不知道楼上的说法有何根据？我认为正确做法应该是在电源进灯杆后在灯杆底座内设漏电断路器保护，漏电断路器额定动作电流不大于 30mA，切断接地故障动作时间≤5s，为了不影响整个路灯系统，不应该在总回路上装漏电保护；也可以在路灯灯杆底端装设熔断器（熔断电流与接地电阻有关，一般为 50V 除以接地电阻），兼起过流保护和接地故障保护的作用；室外路灯最好采用 TT 接地形式。
lengbing 头衔：苦菜汤 等级：贵宾	第 4 楼 不大于 250W 的单杆路灯，可以用熔断器保护短路兼接地。
houshu8 头衔：达摩院寺监 等级：版主	第 5 楼 装和不装，都有道理，看你怎么做了。
 城市边缘 头衔：缘空和尚 等级：版主	第 6 楼 TN 系统不装应该可以，TT 系统是要装的，但是怎么装，装什么位置，多大的整定值也说不好，请有经验同行来说说。
 不很懂 头衔：魔门长老 等级：一星客人	第 7 楼 室外路灯宜采用 TT 系统，因为线路长，负荷小，采用 TN-S 接地效果不好，TT 系统单相接地短路电流很小，因此单相接地保护采用漏电保护，大体算了一下，300mA 就够了。
 金霸王 等级：一星客人	第 8 楼 因灯杆已接地，漏电时对人没有危险电流，只要做好过流及短路保护就可以了。又因室外灯杆极易受雨水影响造成漏电（会自然恢复正常），如在灯杆底座内设漏电断路器则更容易。因潮湿造成漏电保护开关误跳闸。所以为免过多不必要的误跳闸最好不装漏电保护开关！

天地一剑客 等级：游客	第 9 楼 可以在路灯灯杆底端装设熔断器（熔断电流与接地电阻有关，一般为 50V 除以接地电阻），兼起过流保护和接地故障保护的作用；如果不装的话，由于路灯一般可能发热量比较大，再加上可能单回路有潮湿现象，出现单台短路时，导致烧坏一大片。

3-14 配电箱的型号

yydsdsl 等级：游客	楼主 求助：配电箱的型号 新接一图纸，配电箱型号为 XRL301-05XRM301-33XRM301-45 请教其代号分别代表什么，并且后两个箱体尺寸一样，仅是前面板回路数不同，可否将箱体尺寸改小。可否用 PZ 系列. PXTR 系列代替呢?
luozi8250 头衔：明教掌旗使 等级：贵宾	第 2 楼 第一个 X：配电箱；第二个 R：暗装嵌入式；第三个：M 为照明，L 为动力；找厂家问问!
yydsdsl 等级：游客	第 3 楼 回楼上：修改箱体尺寸是为了施工方便和美观，和厂家没关系。再者，我想用 PZ30 原因：一是现成的，方便；二是我感觉 PZ30 的烤漆扳金工艺还可以，比当地小厂做的美观；三是经济。
hulpe 头衔：老大 等级：两星客人	第 4 楼 这还用标出来吗？闲得没事干了。以为你可以指定产品啊，只是为了设计方便，所选的产品材料仅供参考。配电箱均为非标，按系统订做。这省了很多无用功了。
开心 3250 头衔：开心小糊涂 等级：一星客人	第 5 楼 电箱的大小可以由你系统图的空气开关的位数去选的，你要标的就是你的系统图对应那个箱就可以。何必做多余的事情。要是做变配电房，那你找找相关的产品资料啊。

3-15 请确认每种情况几根线

ddsjobs 头衔：佛也有火 等级：三星客人	楼主 请确认每种情况几根线： 1. 无需作自动报警的建筑，就直接由照明配电箱设专用回路供电，灯具自带蓄电池，停电时自己点亮。 2. 需作自动报警的建筑，走廊间隔灯从应急箱引做一回路，平时可亮可不亮，双控开关控制。 3. 需作自动报警的建筑，走廊全用应急线连一定数量灯具做一回路，用声控开关控制。
yqwxf 头衔：未来电气总工 等级：游客	第 2 楼 无需作自动报警的建筑，就直接由照明配电箱设专用回路供电，灯具自带蓄电池，停电时自己点亮。三根线一根受开关控制的火线一根零线一根不受开关控制的火线（灯具内有设备检测它，它有电灯具受开关控制，它停电灯具自亮）。需作自动报警的建筑，走廊间隔灯从应急箱引出一回路，平时可亮可不亮，双控开关控制。双控开关进两根线，一根普通火线一根应急火线，平时应急火线没电此开关相当于一位单控开关，火灾时两根火线都有电不论开关在什么位置应急灯全部点亮，出一根线，该线给灯具供电。
ddsjobs 头衔：佛也有火 等级：三星客人	第 3 楼 顺便问一下，如果图中双控和灯之间标了 4 根线，多出的那根能不能是 PE 线也进了双控开关的意思？
liangjie 头衔：乐在逍遥 等级：版主	第 4 楼 别忘了考虑有 PE 线时的情况！
yqwxf 头衔：未来电气总工 等级：游客	第 5 楼 灯具安装高度低于 2.4m 时应加 PE 线，PE 线是接在灯具外壳的，一些灯具有专用的 PE 线接线柱，我个人认为 PE 线不会进开关的！

3-16 照明的控制

iangjiangcai 头衔：风流才子 等级：游客	楼主 简单问题：问大家一个问题，我看过不少人的设计，照明的控制，有的人说要先要经开关再到灯的，有的就说可以先接灯再接开关控制，方便就行，不同的控制，导线的根数就不同了，大家能说说吗？
hhy96211 头衔：薄荷 等级：游客	第 2 楼 我以前是怎么样使图美观就怎么样画的，一般按就近原则，但标导线根数比较麻烦，后来就统一先接灯再接到开关了。
luozi8250 头衔：明教掌旗使 等级：贵宾	第 3 楼 实际施工时，是先从灯再到开关的！所以画图最好也一致！美观必须在规范之后！
sxywmx 头衔：沧海一粟 等级：五星客人	第 4 楼 我不敢苟同，实际工程中是就近原则，对于门内外都有开关，而里间的电源也是从外间的灯上取的，这时，就是从外开关到内开关再到灯的。
ROSE 头衔：掌门-天虹剑 等级：版主	第 5 楼 还是先从灯再到开关。这样接线方便，也不浪费。

3-17 疏散指示

xuyq 等级：游客	楼主 疏散指示：请教在教学楼中长度超过 20m 的外廊式走道需要设疏散指示灯吗？
sx 等级：两星客人	第 2 楼 要设，防火规范要求疏散指示标志灯的间距不大于 20m，北京地方标准要求不大于 10m。

板桥傻子 头衔：黄花菜 等级：两星客人	第 3 楼 距走廊头应该是 10m，所以在中间放一个就可以了。
城市边缘 头衔：缘空和尚	第 4 楼 不用疏散指示灯，如果是高层，有疏散照明就可以。疏散指示灯设置的原因：因为火灾的时候烟雾很大，看不到出口在那里，所以需要设置，而外廊式教学楼，烟雾可以很快散开，而且方向只有两个，很容易看清楼梯口。
残剑 等级：游客	第 5 楼 封闭式走廊超过 20m 才要疏散照明。

3-18 插座线径问题

scpxh 头衔：川妹子 等级：两星客人	楼主 各位：你们选电脑插座线一般是用 $4mm^2$ 的，还是 $2.5mm^2$ 的啊。我看了好多，有选 $4mm^2$ 的，也有 $2.5mm^2$ 的，大家来谈谈。
arthur 等级：一星客人	第 2 楼 我这审图的意见是，末端断路器是 16A 的用 $2.5mm^2$ 的。以前我给空调插座配线，末端断路器是 16A，用 $4mm^2$ 的，审图要我改为 $2.5mm^2$ 的。
du_ wen_ bo 头衔：超级工具 等级：两星客人	第 3 楼 楼主是让我们抛砖的吧，我选 $2.5mm^2$，再大，我怕插座跟不上。一台电脑按 300W 算，也够好几台的了。
Walter 等级：一星客人	第 4 楼 我正做一工程，开敞式办公，每 16 张桌（电脑）一组即 16 个插座，我想用一条回路带，选 $6.0mm^2$ 的导线。
scpxh 头衔：川妹子 等级：两星客人	第 5 楼 16 张台接一条回路太多了，何不分二回路呢？且你用 $6mm^2$ 的线插座不好接线。我的做法是一张台配二个插座用 $4mm^2$ 的线。

bajcf 等级：一星客人	第 6 楼 你要根据设备负荷来定用多大的线。建议：16A 的开关用 $2.5mm^2$ 的线（16A 的开关用 $4m^2$ 的线是多余的）；20A 的开关用 $4m^2$ 的线。
moonlight 头衔：虫窠居士 等级：版主	第 7 楼 6.0 导线插不到插座孔里了。最大就是 $4mm^2$。20A，30mA 漏电。按规范要求，一条插座回路不要超过 10 组插座，（一组插座为双联三极加两极的那种）。
浪淘沙 头衔：CS 毛毛虫	第 8 楼 电脑的泄漏电流大概在 3.1mA 左右吧，用 30mA 的开关最好漏电电流不要超过 15mA 好象是这样吧？我一般电脑回路不会超过 5 ~6 个插座的。
linjianming 头衔：江南小生 等级：版主	第 9 楼 《民规》第 11.8.11 条规定：当灯具和插座混为一回路时，其中插座数量不宜超过 5 个（组）。当插座为单独回路时，数量不宜超过 10 个（组）。但住宅可不受上述规定限制。
adandan 头衔：csxd 等级：游客	第 10 楼 那么你选的漏电动作电流多大？若为 30mA，因每台计算机的漏电电流为 3.5mA，在加上导线的漏电电流，估算每个配电回路最多允许 7 台计算机同时工作，才能保证漏电保护断路器正常工作，现在你选粗的导线，负荷肯定没问题，但还应该考虑线路和电脑的泄漏电流。我的意见是 16 台电脑不能用一个回路。

3-19　室外路灯照明一个回路带多少盏灯

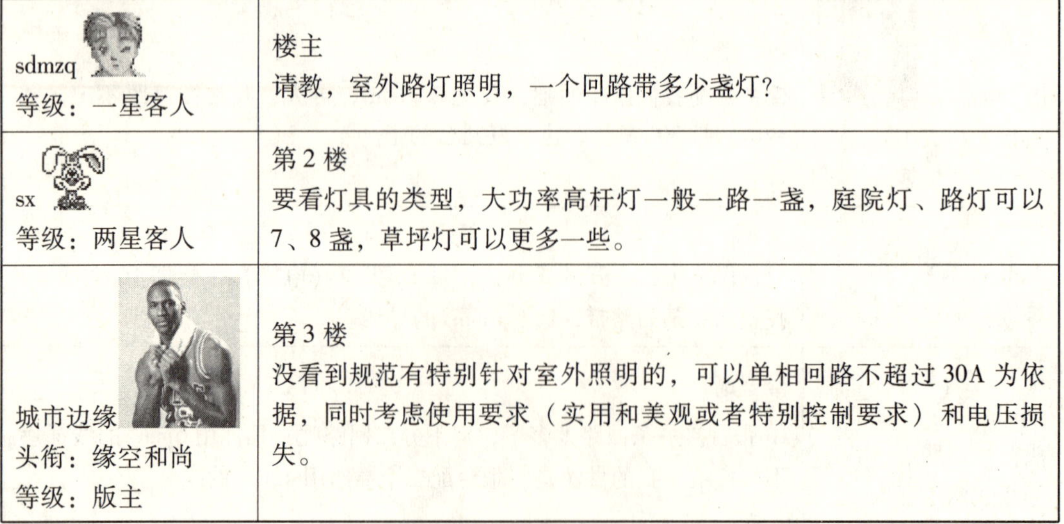

sdmzq 等级：一星客人	楼主 请教，室外路灯照明，一个回路带多少盏灯？
sx 等级：两星客人	第 2 楼 要看灯具的类型，大功率高杆灯一般一路一盏，庭院灯、路灯可以 7、8 盏，草坪灯可以更多一些。
城市边缘 头衔：缘空和尚 等级：版主	第 3 楼 没看到规范有特别针对室外照明的，可以单相回路不超过 30A 为依据，同时考虑使用要求（实用和美观或者特别控制要求）和电压损失。

似是故人来 等级：游客	第 4 楼 这次我在报价的时候遇到一个设计师居然设计的是一路就用 2×50 的 VLV 带了 70 盏 250W 的金卤灯，怎么办？
johnson 等级：一星客人	第 5 楼 好像没有确定说带多少盏灯或者不能大于多少安的电流，这要根据实际情况而定，我认为之所以会分几个回路是为了便于对路灯进行控制。具体规定我还没有找到。
大鼻山 头衔：最逍遥 等级：版主	第 6 楼 市政路灯一般以 5kW 居多，开关是 40A 的，导线是 25mm² （三相）。

3-20 在照明平面上有没有必要标出每个回路的导线数

sxywmx 头衔：沧海一粟 等级：五星客人	楼主 在照明平面上有没有必要标出每个回路的导线数？ 看了很多图，有的照明平面图上每个回路上都标注有数字（管内所穿导线根数），有的图上就没有标出。其实在我们的系统图上对导线的根数、型号都有标注，那么在平面图上到底还有没有一定要标出的必要？
yqwxf 头衔：将来的电气总工 等级：一星客人	第 2 楼 当然有必要了！系统图中只是说明了此回路出线时的导线根数。比如说单联三控开关连接的是四根线，一根火线进开关盒后，返回去三根受开关控制的火线。标了线数之后，能根据线数确定灯和开关的控制关系。比如说大空间房间，门口的灯单独控制，其他的灯分组控制，有利于节能。没有必要一进房间就最少开四组双管荧光灯吧！
板桥傻子 头衔：黄花菜 等级：两星客人	第 3 楼 问题好像以前讨论过，结论只是灯到灯。因为导线在平面图上看到的只是水平距离，忽略了还有一个垂直距离的问题。开关的安装高度比较低，从电源引到开关再引到灯要从墙上走两次线了，有的情况下不是节省而是浪费。
iangjiangcai 头衔：风流才子	第 4 楼 我现在做的不是这样呀，一般现在默认为 3 跟，没有 3 根以下的，跟插座一样。

zlbsyx2002820  等级：两星客人	第 5 楼 ≥3 根都要标注。

3-21　大空间照明控制

bigshoes 等级：两星客人	楼主 大空间的照明控制怎么做？大空间比如超市的照明灯具点亮和关闭的开关通常用什么啊？直接用断路器控制吗？还是用翘板开关？
111 等级：一星客人	第 2 楼 我也有这样的问题，在大开间的房间（比如 $300m^2$，15×20）灯具如何控制？是采用传统的翘板开关，还是采用断路器？直接采用断路器是否合适？
gaoyanfeng 等级：一星客人	第 3 楼 在配电箱内用空开直接控制，或者加接触器用按钮控制。
w3556843u 等级：贵宾	第 4 楼 既然是大空间超市，柜架很多，供电回路多，容量大，用普通翘扳开关安装和使用都不方便，我在设计时均采用空开。
bigshoes 等级：两星客人	第 5 楼 如果用空开的话，那每一回路的电流或者说接的灯具数还受 25 个的限制吗？
yaochao 头衔：城市夜生活 等级：一星客人	第 6 楼 用接触器控制。因为是大型超市，照明的负荷会比平常的大，用翘板只能断开 3A 以下电流，所以提倡接触器。
一念 等级：游客	第 7 楼 我个人感觉商场也是用照明配电箱好一些，不过上次这么做审图的不让过，我只好改翘板开关，他也不说理由，谁能告诉我直接采用断路器有什么缺点和要求。大空间的商场一般照明应该怎么做。先谢了！
金霸王 等级：一星客人	第 8 楼 我一般都用翘板开关控制。

w3556843u 等级：贵宾	第 9 楼 300m^2 房间如果是办公室，我一般用翘板开关控制，如是车间我则用照明配电箱。金属线槽非标准的也有，比如 50mm×50mm，这由施工方去采购，照明 12 个回路最多 24 根线，用标准的 100mm×50mm 金属线槽不是很好吗！金属线槽＋PVC 管应该很合理，既然是工程总是要花钱的啊，而且这是必要的投资啊！
bigshoes 等级：两星客人	第 10 楼 另外，我抽空去看了一下华联的布置，发现那里用的是金属线槽＋PVC 管，我想问一下，PVC 管可以用吗？明敷设哦。
Michael. W 头衔：逍遥客 等级：五星客人	第 11 楼 对于为什么不建议用断路器控制开断，大家可以仔细的看看断路器的说明，断路器不宜频繁开断！要可以的话，那你还用什么接触器控制小电机启停，直接用断路器得了！理由一样！
mlglulu 等级：游客	第 12 楼 大空间商场当然是在配电箱用空开控制好啦，每一个翘板开关建议不要控制超过 5 个灯具，如果商场面积很大，回路多，恐怕安装翘板开关都要用一面墙了。
FJCY 等级：四星客人	第 13 楼 分散控制（用开关）是照明设计中节能的基本原则，车间非全工位工作制的，可用分区集中控制来解决，商场除值班照明分支路分散控制外，其余照明均应集中控制。
hulpeni 头衔：老大 等级：两星客人	第 14 楼 微断也很便宜，跟翘板开关相差无几。（翘板开关控制的照明回路所接的灯具数量不宜太多）微断操作次数成万次，超市一天不会老关灯的，否则他不用营业了。大型超市肯定有专业电工了，维护的问题不用你替他们考虑那么多。本人还是喜欢用接触器。有条件的话，做个 C-BUS 类的智能化。
ttt001 头衔：般若禅师 等级：管理员	第 15 楼 微型断路器目前常见的品牌正常开断寿命在 2 万次，而翘板开关大约在 5 万次，接触器大约 10 万次以上。这些周期如果折算到建筑、装修或投资周期之中以后，已经不是决定性的因素了。所谓微型断路器不宜频繁操作这个说法作为理由，在技术上已经是不成立的了。当然具体选择也不是一成不变的，还需要结合具体工程由工程师做出。

3-22　应急照明、疏散照明、安全照明、备用照明的内在关系

大鼻山 头衔：最逍遥 等级：版主	楼主 应急照明、疏散照明、安全照明、备用照明的内在关系？ 请看《建筑照明术语标准》（行业标准）定义：（“民规”的定义也差不多） 3.1.7 应急照明 emergency lighting 因正常照明的电源失效而启用的照明。 3.1.8 疏散照明 escape lighting 作为应急照明的一部分，用于确保疏散通道被有效地辨认和使用的照明。 3.1.9 安全照明 safety lighting 作为应急照明的一部分，用于确保处于潜在危险之中的人员安全的照明。 3.1.10 备用照明 stand-by lighting 作为应急照明的一部分，用于确保正常活动继续进行的照明。 关于这个问题，大家分歧较大，所以专门重申一次。此外，一般不再采用“事故照明”这个叫法。归结为一句话就是：应急照明包括疏散照明、安全照明和备用照明三种。
yant 头衔：实习生	第 2 楼 还有值班照明，安全警卫照明。
大鼻山 头衔：最逍遥 等级：版主	第 3 楼 规范无此规定。以下仍是规范规定： “3.1.11 值班照明 on-duty lighting 非工作时间，为值班所设置的照明。 3.1.12 警卫照明 security lighting 在夜间为改善对人员、财产、建筑物、材料和设备的保卫，用于警戒而安装的照明”。 从定义可以解读，值班照明和安全警卫照明不宜归类到“应急照明”。
hanghost 头衔：寒秋	第 4 楼 同意鼻子兄解释。备用照明如何设置？取自哪里？双回路不是可以保证照明吗？备用照明火灾时切除吗？请大家讨论！
20010923 等级：游客	第 5 楼 我的理解，备用照明只是在名称的说法上不同，其设置和取用可与安全照明相同。备用照明的功能只是在紧急情况下，让人们正在进行的重要工作得以快速完成。

<table>
<tr><td>小刀
等级：贵宾</td><td>第 6 楼
备用照明在火灾情况下是可以被切除的，除非该场所特殊到了在火灾情况下也要求进行正常工作，这种情况似乎很少，而且我也很怀疑在烟雾缭绕的情况下备用照明是否还有足够的工作照度。只不过虽然可以，但实际很少安排切除功能，只是让疏散照明或安全照明的保险系数更大一点而已，比如多一路蓄电池电源，比如不设开关停电时自动点亮。而备用照明为了在平时成为正常照明的一部分，往往是要配开关的，在火灾情况下，烟雾缭绕人员惊慌失措，很可能开不了那个开关，这就相当于切除了。如果专门设个接触器或者分励开关，接到火警信号搞个切除，不是不可以，只不过多了个开关就多了个故障点，还不如把备用电源容量搞大一点。至于双回路是不是可以保证照明，那要看场所的性质了。从电网取两路电源，虽然规范说可以，但是从今年的几次大停电看来，这种做法在重要场合并不可靠，自备蓄电池电源还是必要的。
说到这个，想起以前有个老同志给我讲的一件趣事：“……说到一级负荷，那人民大会堂可以算是一级负荷中的一级负荷啦！你猜猜那是几路进线”？“6 路”！“那么夸张”！“你还别嫌多，还真有一次差点出了事——5 路进线全都出了故障，幸亏有第 6 路电源撑着，否则的话……当时周恩来正在和尼赫鲁会谈”！“5 路进线全都出了故障？这也太……”“呵呵！当然啦，那时候电气元件的质量性能也差了点……”。</td></tr>
<tr><td>大鼻山
头衔：最逍遥
等级：版主</td><td>第 7 楼
火灾时，备用照明是否切除，不可一概而论。例如，消防控制室和发电机室等照明同属备用照明，显然火灾时不能切除；但是 $1500m^2$ 以上的营业厅的营业备用照明，在火灾时可以选择切除（当然，只要它不影响到发电机启动，也应允许不切除）。何况实际设计中，我们的应急照明箱往往就是一个，备用照明、疏散照明或安全照明都引接于此。</td></tr>
<tr><td>hys_nc
头衔：阿凡提
等级：两星客人</td><td>第 8 楼
所以，有时虽然备用照明可以切除以节省点容量，但是为方便、另外也为了更加安全，所以都把容量放大了，不切！</td></tr>
<tr><td>
hanghost
头衔：寒秋
等级：版主</td><td>第 9 楼
我还从来没接触到过应急照明设置问题，所以……不太明白。备用照明、疏散照明和安全照明等是引自第二电源并与正常照明独立敷设的吗？经常听说灯具带蓄电池的，这样是不是就是和正常照明合用了？请各位再次指教，谢谢！</td></tr>
</table>

高瞻 等级：一星客人	第 10 楼 我觉得我们设计的应急照明是否能在着火时保证照度是很值得怀疑的，所以干吗要切除备用照明呢？
大鼻山 头衔：最逍遥	第 11 楼 你我的做法本来一致，何必让我“为难”，去创造一份“按场所区分一下”的图纸？呵呵。其实也不难，无非是画图嘛。如果真的需要，你可以在应急照明箱中“备用照明”回路中，安装接触器火灾时切除它嘛。不一定单设配电箱。
chenhutu 等级：游客	第 12 楼 《建筑设计防火规范》(GBJ 16—87)中第 10.2.6 条中所提及的事故照明的含义楼主如何理解？
 大鼻山 头衔：最逍遥	第 13 楼 以前“事故照明”概念，就是现在所说的“应急照明”。因为那不是电气专业人员编写的专业规范，因此其个别名词可以不予深究，最关键的是不能影响到具体设计就行。
小小新人 头衔：呵呵俩星 等级：两星客人	第 14 楼 其实要我说，最可靠的就是不间断电源了（EPS），我现在是非常想用它，觉得它才可以现实的保证“不间断”的要求。但听说挺贵的。呵呵。不知道各位同仁用的多不多啊？
树袋熊 头衔：天山一棵草 等级：常客	第 15 楼 EPS 的安全性不如自带蓄电池灯具，好像也比自带蓄电池灯具贵，优点是便于管理和控制。应急照明包括疏散照明，备用照明，安全照明。疏散照明包括安全出口灯，疏散指示灯，当大型的公共场所发生停电事故时备用照明工作达到一定照度，可以起疏散作用也可继续维持公共场所的运转。当公共场所发生火灾时，切断正常照明，备用照明工作起疏散作用。备用照明如果消防控制室，变电所，水泵房，正常照明停电时，备用照明投入供工作需要，当然一般做法是采用的是双电源供电自动切换。可把以上照明回路都设在同一个双电源切换箱内。

3-23　应急照明灯具上常采用的做法

bigshoes 等级：两星客人	楼主 大家在应急照明灯具上常采用的做法。 1. 用双头带蓄电池的应急照明灯； 2. 用普通照明的一部分的照明灯具； 3. 其他。 大家说说自己的做法和理由，讨论一下各种做法的利弊。
蒹葭苍苍 头衔：坚持的脆弱 等级：一星客人	第 2 楼 鞋兄，我倒是经常采用第二种做法，项目有万达综合购物广场等一些大型商业建筑和足球场馆，这样设计的原因主要是其中需要的照明灯具很多，适宜采用集中蓄电池控制的方式，相比很多套价格昂贵的自带电池应急灯，这样在经济及使用上都是一种低消耗，灯具坏了，换一个普通灯具就可以继续工作，而不像那个需要再购买一个 300 元左右的自带电池应急灯。平时一起与其他回路一起开动，也能达到光源的合理使用和均匀度的要求。同时下加单相接触器二次回路引入消防控制室，则可以进行消防联动控制。不过这种做法是适合大型工程吧。像万达商业广场 14W/m^2，足球馆 15W/m^2。
ddsjobs 头衔：佛也有火 等级：三星客人	第 3 楼 用普通的一部分灯做应急，加强制启动控制，双控开关。

3-24　非控制相线是干什么的

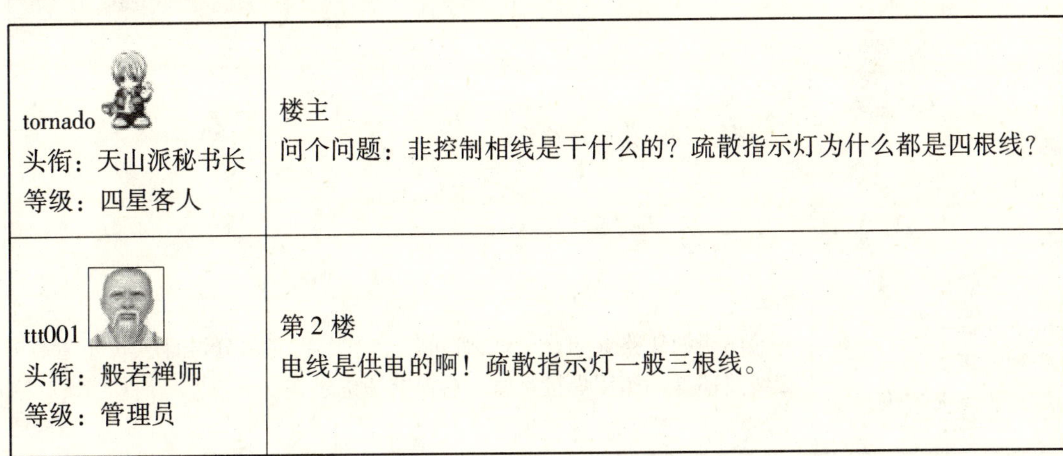

tornado 头衔：天山派秘书长 等级：四星客人	楼主 问个问题：非控制相线是干什么的？疏散指示灯为什么都是四根线？
ttt001 头衔：般若禅师 等级：管理员	第 2 楼 电线是供电的啊！疏散指示灯一般三根线。

雨过天晴 头衔：帮主 等级：两星嘉宾	第3楼 还有一根是PE线。
111 等级：一星客人	第4楼 疏散指示照明在低于2.4m处的，一条是N线，一条是平时用的L线，一条是应急时的L线，还要加一条PE保护线。
张天师 等级：一星客人	第5楼 一般疏散指示灯安装高度很低，故此加一根PE线。

3-25 PVC管的使用问题

workwxj 等级：一星客人	楼主 PVC管的使用问题。图纸会审时，如果我提出将照明部分暗设的焊接钢管用硬质阻燃塑料管代替，设计会不会同意？
luozi8250 头衔：明教掌旗使 等级：贵宾	第2楼 照明部分支线用硬质PVC，施工是方便！ 你是搞施工的吗？那你可以和设计好好商量商量！可以提建议！
linjianming 头衔：江南小生 等级：版主	第3楼 可以提建议，让设计给你改。
hulpen 头衔：老大 等级：两星客人	第4楼 普通照明的线路穿阻燃PVC管可以。怎么我们部分设计人员不管什么线路还是一律用焊接钢管。有没有考虑过钱。

workwxj 等级：一星客人	第 5 楼 装修打洞时会损坏管路，是有这样的问题，以前我是这样解决的，敷设管路时将管绑在顶板钢筋的上部，基本可以避免膨胀螺栓的“侵害”。KBG 管敷设在混凝土内规范好像不允许，管壁薄。
ttt001 头衔：般若禅师 等级：管理员	第 6 楼 不是 10 年以内的问题，最近经历了一个 9 年的工程改造，因当时使用 PVC 管，现在装修不得不全部废掉重新穿管线，因为一动地面就碎了。本来甲方不准备动电气配线的，只想重新换地面材料，结果，强电部分几乎要重新做。甲方增加了额外的预算。
zhoushu8 头衔：达摩院寺监 等级：版主	第 7 楼 暗敷用钢管对于保证质量还是有好处，塑料管又是发展趋势，只是塑料管用得越来越假。所以矛盾。消防没说不能用塑料管，如果用重型塑料管当然不比钢管差，只不过你改成塑料管后，肯定不会用重型塑料管，能用中型就不错了，你们这些搞施工的，考虑的主要是多赚钱。我觉得只要你保证用品牌的重型塑料管，设计师一般会同意。

3-26　电缆穿管敷设管径与电缆直径的比例

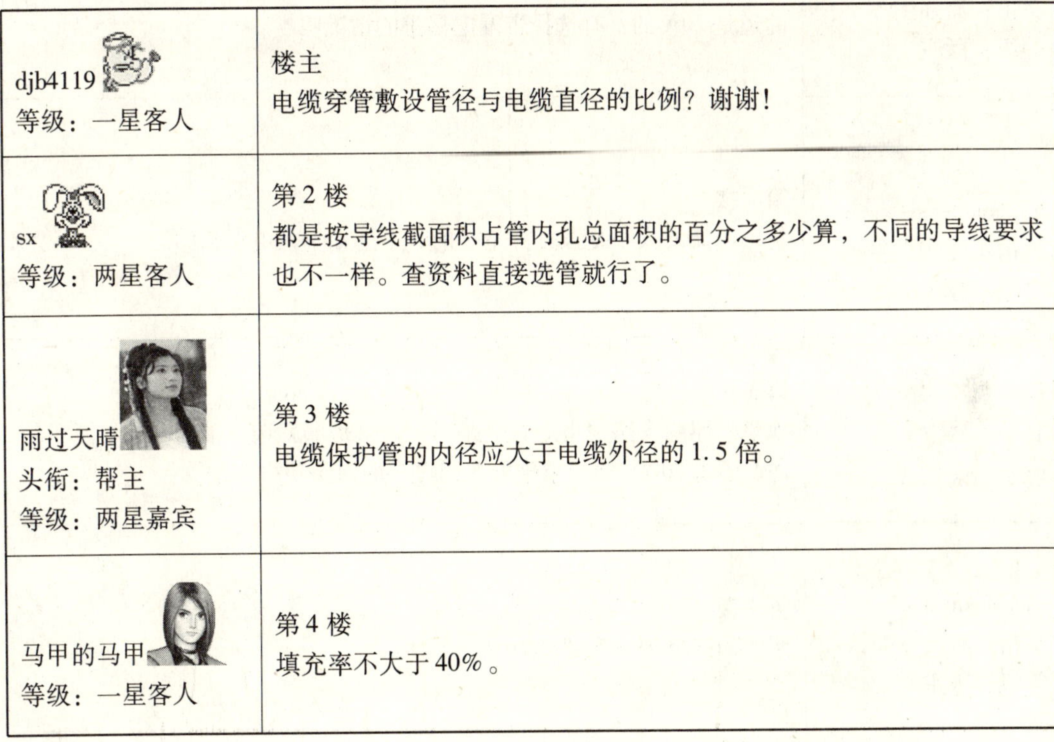

djb4119 等级：一星客人	楼主 电缆穿管敷设管径与电缆直径的比例？谢谢！
sx 等级：两星客人	第 2 楼 都是按导线截面积占管内孔总面积的百分之多少算，不同的导线要求也不一样。查资料直接选管就行了。
雨过天晴 头衔：帮主 等级：两星嘉宾	第 3 楼 电缆保护管的内径应大于电缆外径的 1.5 倍。
马甲的马甲 等级：一星客人	第 4 楼 填充率不大于 40%。

 雨过天晴 头衔：帮主 等级：两星嘉宾	第 5 楼 这好像是电缆沿电缆桥架敷设时桥架的选择标准吧？
 luozi8250 头衔：明教掌旗使 等级：贵宾	第 6 楼 电线穿保护管该按填充率：1 ~ 6mm < 33%，10 ~ 50mm < 27.5%，70 ~ 150mm < 22% 电缆按保护管半径，见 92DQ1P1-78。

3-27 照明开关的选型

 hpisme 头衔：潇湘生 等级：版主	楼主 照明开关的选型： 请问大家在选择照明支路的断路器的时候是如何选择的？一般选 16A 的还是 20A 的？有选择带漏电保护的情况吗？
 linjianming 头衔：江南小生 等级：版主	第 2 楼 整定电流的大小是按计算来选的，不选择带漏电保护的。
 月牙 等级：两星客人	第 3 楼 你说的照明支路是指灯具回路吗？如果是那就选不带漏电的，至于是 16A 还是 20A，要根据你的照明灯具的回路功率来计算。
zhaokaikai 头衔：华山一壶饮 等级：版主	第 4 楼 照明回路保护不宜超过 16A。

hpisme 头衔：潇湘生 等级：版主	第 5 楼 之所以提这么个简单问题，是因为昨天遇到一个工程的情况：我以前一般用 16A 的开关。在这个工程里一个大概 $100m^2$ 的办公室里，设计前给这个房间单独做一个照明回路，经过装修（不知道有几次装修），这么小的一个办公室里居然有多达 50 个双管（2×40W）的荧光灯，就出现开关跳的情况。虽然说我在设计的时候都会注明荧光灯灯带补偿功率因素到 0.9 以上，但是也会出现有不带补偿的情况。所以个人认为：照明开关取 20A 的比较好。
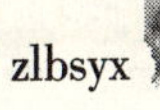 zlbsyx 等级：两星客人	第 6 楼 《措施》里说照明系统每一单相回路不宜超过 16A，灯具数量不宜超过 25 个，像上面情况可以多设几个回路啊！
 hpisme 头衔：潇湘生 等级：版主	第 7 楼 措施说的不超过 16A，那是回路计算电流，假如回路计算电流达到 15A、16A 的话，选择 16A 的开关就不是很合适了，因为多个开关装在一起会有降容系数的，也就是说 16A 的开关额定电流就会达不到 16A；如果在做设计的时候就知道会有多少个灯具，我肯定会给其分好回路；问题是以后的装修！所以开关留大一点要好。
 黑客 等级：一星客人	第 8 楼 版主说的是热保护，意思是 20A 的降容当做 16A 来用，对不？可是考虑到了短路保护了吗？电磁脱扣可没有什么降容系数。按 10ln 来算，由相同导线敷设，二者灵敏度还是有差距的。所以问题的本质不在于增大容量，而是要分回路减小负荷。
 暗夜流星 等级：两星客人	第 9 楼 民用建筑二装设计在后期完成，灯具数量及布置与原设计都有出入。最好预留几个回路才能解决问题。事实上要从根本上解决这个问题，只有二装设计提前，让设计院介入作通盘考虑。与此类似的还有光彩、广告等。但有多少设计院具备这种实力。现实是，以上几方面，很多设计院或者草草了事，或者根本就不做。才让专业二装设计公司（通常对配电一窍不通）有生存空间。
 gdsjy 头衔：中立奇迹 等级：版主	第 10 楼 什么房间啊，$100m^2$ 要 50 套 2×40W 灯具？有意思，算算。按 10m×10m，3.6m 高，格栅灯，平均照度也在 1000lx 以上。呵呵，除了拳击和射击勉强一点外，这个房间倒是无所不能啊。

linjianming 头衔：江南小生 等级：版主	第 11 楼 《民规》第 11.8.11 条规定： 11.8.11 照明系统中的每一单相回路，不宜超过 16A，灯具为单独回路数量不宜超过 25 个。大型建筑组合灯具每一单相回路不宜超过 25A，光源数量不宜超过 60 个。建筑物轮廓灯每一单相回路不宜超过 100 个。 当灯具和插座混为一回路时，其中插座数量不宜超过 5 个（组）。 当插座为单独回路时，数量不宜超过 10 个（组）。 但住宅可不受上述规定限制。
 hpisme 头衔：潇湘生 等级：版主	第 12 楼 其实兄弟你还是没有理解我的意思。这条文我也知道。但是请注意这条文说的是照明回路的电流不要超过 16A，打个比喻：如果你设计的时候照明回路计算电流达到 15A 的时候，这个时候用 20A 的断路器比 16A 的断路器要好了。而且这种情况是我们设计者自己设计的时候所遇到的情况，很好解决，我现在说到的情况是我们设计好以后，物主装修时候（而装修的很多不懂电，他可不一定懂得每回路不超 16A 等等），既然以后很有可能存在这个问题，为什么不选个 20A 的开关呢？这样的话，即使装修的乱来了一点点，20A 的开关也给了他一定的裕度了。
zhaokaikai 头衔：华山一壶饮 等级：版主	第 13 楼 老弟要是不想执行这条规范，可以说是不宜，有特殊的情况可以选 20A 就行了。可是用上面的解释是不合理的。我选 16A 的保护就可以保证不超过 16A，你选 20A 的就不能保证该条规范。呵呵，还说啥降容。要是降容不能满足老弟的要求岂不违反了规范？是否应在设计说明中写清，配电箱断路器应紧靠安装，保证通风散热能力差呀，呵呵。
 hpisme 头衔：潇湘生 等级：版主	第 14 楼 想想 zhaokaikai 兄的话是有道理，不出事不要紧，要是出事了人家就会揪辫子，呵呵，还是用 16A 的吧。

3-28　荧光灯加上镇流器的损耗

开心 3250 头衔：开心小糊涂 等级：一星客人	楼主 一盏荧光灯如果加上镇流器的损耗，到底是按多少 W 算？而且实际计算里需要不需要加上镇流器的损耗？比如一个两管荧光灯，是不是要加上 16W，损耗为 8W 一盏。
bigshoes 等级：两星客人	第 2 楼 总功率计算：1. 电感镇流器：灯功率 ×1.2；2. 电子镇流器：灯功率 ×1.1。对吗？
雨过天晴 头衔：帮主 等级：两星嘉宾	第 3 楼 电感镇流器：加 20%；电子式镇流器：加 10%。 单相空调配 L，N，PE 线，配单相开关。 三相空调配 L1，L2，L3，N，PE 线，用三相开关。
zxzhde 等级：游客	第 4 楼 40W＋10W 为 1200mm 长灯管的最大算法。
hdq 头衔：刺桐城主 等级：版主	第 5 楼 计算时，我按最不利情况计算，40W＋10W。

3-29　事故照明与应急照明有区别吗

s9 等级：两星客人	楼主 事故照明与应急照明有区别吗？ 一些规范中表述有，事故照明与应急照明两种名词，两种表述是一回事吗？
wuchun345 头衔：大菜 等级：两星客人	第 2 楼 现在已经取消事故照明这个名词了，不是一回事，应急照明范围要大很多，建议从设计手册或者规范上找原始定义。

玄黄 头衔：玄黄 等级：贵宾	第 3 楼 应急照明（emergencylighting），也称为事故照明，是因正常照明的电源发生故障而启用的照明，它包括疏散照明、安全照明和备用照明。疏散照明是用来确保安全出口通道能被有效地辨认和应用，使人们安全地撤离建筑物，它分为疏散指示标志照明和疏散通道及场所的一般疏散照明；安全照明是用来确保处于潜在危险之中的人员安全，如医院的重要手术室、急救室要设置安全照明；备用照明是用来确保正常活动的继续进行，用在消防控制室、变配电房、发电机房、中央监控室等重要场所。
 大鼻山 头衔：最逍遥 等级：版主	第 4 楼 二者是同一概念，没有本质区别。10 多年前，大部分国标为了跟 CIE 靠拢，放弃了“事故照明”这个老称呼，改用“应急照明”这一 CIE 名称。而个别顽固的国标（如建规）仍在采用“事故照明”之说，十分叫人难受！以后别再提事故照明了，老掉牙的术语。
 雨过天晴 头衔：帮主 等级：两星嘉宾	第 5 楼 大鼻子说得对，事故照明的说法淘汰很久了。
 sxywmx 头衔：沧海一粟 等级：五星客人	第 6 楼 也不能这么说，我感觉要分场合的，在电厂中用事故照明的比较多。

3-30　路灯的漏电设多大适宜

scpxh 头衔：川妹子 等级：两星客人	楼主： 路灯的漏电设多大适宜？
111 等级：一星客人	第 2 楼 一般为 30mA 防止人身伤害的，100 ~ 300mA 用于防火灾的。

moonlight  头衔：虫窠居士 等级：版主	第3楼 路灯要做漏电吗？没做过。路灯有良好的接地系统，且安装位置在几米甚至十多米高的灯杆上，灯杆和灯具之间都是绝缘的，一般不会漏电。漏电保护装置安装在：1. 手握式或移动式用电设备；2. 建筑施工工地的用电设备；3. 环境特别恶劣的场所和潮湿场所（如食堂浴室等）；4. 住宅建筑每户进线开关或插座专用回路；5. TT系统供电的用电设备；6. 与人体直接接触的医疗电气设备（除急救和手术用电设备外）。
黑客 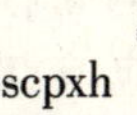 等级：一星客人	第4楼 忽然在想，如果不用TT系统，用TN-S系统的话，利用每一根灯杆的基础做PE的重复接地，这样多个重复接地并联降低了接地电阻，不行吗？（如果单根灯杆的基础做重复接地电阻实在太大，可考虑加点扁钢什么的）。
scpxh 头衔：川妹子 等级：两星客人	第5楼 我现在接触到一个学院的工程，有路灯和庭园灯，前期的设计是庭院灯用30mA的，路灯用100mA的，运行很好当然接地也是很可靠的。我这次做的都是第三期的了，对方要求和前两期的一样，故把这个问题拿出来大家讨论讨论。
 大鼻山 头衔：最逍遥 等级：版主	第6楼 若路灯采用TT系统，我倾向于漏电电流取为100～300mA，要躲过正常泄漏电流之矢量和。该漏电电流只是为了提高短路灵敏性，跟人身安全及防火安全保护无直接关系。在本地，路灯多采用TN-S系统，无漏电保护。但是我觉得不够完善，有待优化。
 黑客 等级：一星客人	第7楼 我现在倾向认为，市政道路照明以及大的厂区照明，还是要TT，一般的庭院照明，小厂区照明用TN-S。
成长中的鸟  头衔：烦不鸟 等级：两星嘉宾	第8楼 同意楼上：一般的庭院照明，小厂区照明用TN-S。但是要加漏电。

moonlight 头衔：虫窠居士 等级：版主	第 9 楼 高度在 2. 2m 以下庭院灯，可以加强安全接触方面的保护。因为小区庭院中矮小灯具日常和人密切接触可能性比较大。特别是小孩。加上漏电更安全。路灯是三类负荷，即使保护跳闸也不会有大的影响。不过在 TN-S 系统中，从变压器二次侧零序电流互感器接出的 PE 线，严禁再与 N 线重复相接，否则漏电保护发生误动作。

3-31 应急照明的困惑

bigshoes 等级：两星客人	楼主 应急照明的困惑？能点亮吗？不是灭的？ 看到很多地方都使用双头带蓄电池的应急照明灯，平时都没点亮，也就是说，在正常情况下，电池充电，灯不亮。在切断电源时，蓄电池给灯供电，灯就被点亮了。但是如果这种灯接在具有双电源切换的回路中，问题就出来了：灯竟然是没电时才亮，消防的时候，双电源切换到备用电源侧，那么灯仍然有电源给灯供电，这时照理说应该点亮，让人员疏散，但是实际上反而不亮！那岂不是出事故了。
 雨过天晴 头衔：帮主 等级：两星嘉宾	第 2 楼 楼主说得没错，双电源末端切换的应急灯带蓄电池是会出现这种情况，所以，在正常情况下，电池充电，灯不亮的做法是错误的！
 lengbing 头衔：苦菜汤	第 3 楼 正确的说法应该是“双电源切换的带电池应急灯，平时不点亮接线方式是错误的，平时常亮或可以开关点亮的接线方式才是正确的”。
bigshoes 等级：两星客人	第 4 楼 也就是说，应急照明灯应该有设置，需要接三根线，一根 L 线，一根 N 线，一根第二电源 L 线。需要把应急照明灯设置为：1. L 线有电时，灯不点亮，电池充电；2. L 线没电，第二电源 L 线没电时，灯亮；3. L 线没电，第二电源 L 线有电时，灯亮。如果可以这样设置的话，我想这个问题应该可以解决了吧。

luozi8250 头衔：明教掌旗使	第 5 楼 还是不行，双电源切换不是说发生火灾时用备用电源，所以，如果不是第一电源出故障的话，是不切换到第二电源的。所以问题还是存在。以上方案不可行！是否需要一个来自消防的控制信号，来启动应急灯点亮？
唐龙 头衔：戒律院纪委书记 等级：版主	第 6 楼 这个问题很容易解决的，以前讨论很多了，还有好几位上传了图样。用接触器来实现。

3-32 如何合理布灯

ybs2004 头衔：开山鼻祖 等级：一星客人	楼主 请教各位，400m，200m 长，10m 高的车间，怎么布灯具才合理？
FJCY 等级：四星客人	第 2 楼 什么车间？不同车间照度要求不一，显色要求也不一。
cgzhehorse 等级：一星客人	第 3 楼 先按厂房条件布灯具，然后根据要求照度算灯功率，个人觉得采用架空沿梁布灯美观，便于施工维修。
rendyli 等级：游客	第 4 楼 我做的是钢结构厂房，灯具做到梁上。采用混光源 150W + 250W = 400W。

3-33 钢结构厂房照明

 xuyq 等级：游客	楼主 钢结构厂房照明：请教，各位高手，你们做钢结构厂房时，因为墙为彩钢板，照明布线只能走明的，你们是如何固定的？

注册用户 头衔：天山屠魔剑 等级：四星客人	第 2 楼 穿钢管沿檩条明敷。
elhf 等级：三星客人	第 3 楼 我的做法是灯具固定在金属线槽上，电线敷设在金属线槽内，大型商场都是这样做的。或者采用照明母线也可以。

3-34 系统图备用回路的确定

hhy96211 头衔：薄荷 等级：游客	楼主 请问，画照明系统图时，备用回路的多少怎么定？以及这些回路的功率怎么算入配电箱的总功率？谢谢！
雨过天晴 头衔：帮主 等级：两星嘉宾	第 2 楼 按 25% 预留。1. 不用计算，总容量再加点取个整数就可以了，我是一般预留 3 个回路。备用回路可替代其他回路（当断路器损坏时），这时可不用计算。 2. 备用回路作预留回路时，那就要估算预增加的容量；无特殊情况，25% 够了。
城市边缘 头衔：缘空和尚 等级：版主	第 3 楼 半年前我老是想这个问题，现在观念如下： 1. 备用回路数还是应该根据实际情况定，看建筑规模性质。 2. 至于备用回路的容量，我还是不太确定，半年前，我所有的备用回路都标上功率（大概估算），因为觉得这样才能更准确地保证预留容量，但是有人说因为是备用回路，所以没有办法确定容量，但是不标，在哪里体现容量的预留呢（开关适当放大？线路适当放大?）？但是后来我们专业负责人说我的总容量太大了，只有把备用回路的功率去掉，现在又不标备用回路的功率了，但心理疑问还是存在。
张天师 等级：一星客人	第 4 楼 备用开关数量我一般考虑使用量的 30%，即要考虑日后增加回路，也要考虑维修，更换开关。备用支路容量不计算在总计算容量内。

sdmzq  等级：一星客人	第 5 楼 看马志溪的教材《电气工程设计》上面例举，备用回路没有容量。不过我一般都是预留 1kW。
 城市边缘 头衔：缘空和尚 等级：版主	第 6 楼 结果就是数字没有反映实际情况，不知道供电局是按最后数字给供电，还是按我们选的开关（比数字所反映的大）来供电？他会不会觉得我们开关选大了？
 船长 头衔：博超 等级：三星客人	第 7 楼 设计按照基本原则考虑，尽信书则不如无书。 1）箱子仅作照明，不需考虑过多的备用回路，用于兼顾其他负荷（如有插座回路、动力负荷等）当然要考虑多一些的备用回路。 2）如果考虑负荷可能增加的场合，可适当加大线路截面，因为我们几乎无法预测 10 年后生活水平的发展，到时候让用户砸墙换线未免太残酷了。开关应安装实际负荷整定，否则第一动作值不准，第二影响上下级配合。 从实际运行考虑，负荷加大后换个进线开关是很简单的事。所以，加与不加，加多加少，加在哪里，要根据实际情况定，不能一概而论。知道变通者为工程师，拘泥于教条者为制图匠。经过自己智慧优化的设计是好设计！
 城市边缘 头衔：缘空和尚 等级：版主	第 8 楼 我觉得根据建筑类型的不同，应该有所区别，对于一些极可能增加负荷的地方，把备用回路做成预留回路，标功率，算进总容量，不能像船长说的，否则很可能施工完毕没多久就去更换开关。

3-35　疏散指示和应急灯有必要分两个回路吗

adandan 头衔：csxd	楼主 疏散指示和应急灯有必要分两个回路吗？我做了个办公楼的电气，疏散指示和应急灯是在一个回路里的，但师傅审图时说疏散指示和应急照明要分成两个回路，办公楼面积不大，我觉得没必要分两个回路，规范上有规定吗？

风铃草 头衔：风中的铃儿 等级：四星客人	第2楼 我都是一路的!
盗亦有道 等级：一星客人	第3楼 没有必要分开，因为在停电的同时应急灯亮疏散指示也同时亮的。
gy-echo 等级：两星客人	第4楼 可以不分，但是我们这里作图时一般情况下要分的，因为安装高度不同，实在不好画图可以不分。
zihaoT 头衔：风之子 等级：一星客人	第5楼 面积大，指示灯、标示灯多的话一般采用独立回路。

3-36 断路器是否小了

 小谢 头衔：菜鸟 等级：游客	楼主 断路器是否小了？照明箱里采用FATO的DZ47-63C10小型短路器共5个，控制5个照明回路，主开关是C63的。每个回路都有16盏荧光灯，都是2×36W的。1，2回路用L1相，3，4回路用L2相，5回路用L3相。照明箱进线采用BV-4×4mm^2电缆穿1寸的镀锌管，出线采用BV-4mm^2的线穿6分镀锌管。可出现电线，断路器发烫现象，而且过1，2个小时断路器还出现跳闸现象。请问这是什么原因，是断路器选小了吗？可为什么不在短时间内跳闸呢？还是穿管有问题，不然，怎么电线会发烫呢?
 雨过天晴 头衔：帮主 等级：两星嘉宾	第2楼 1. 可能是灯具自带的补偿不够，电流过大，温升过高，断路器有降容。应该补偿到0.9。 2. 为什么主开关要选用63A的?

 cwp 等级：一星客人	第 3 楼 铁管施工要求铁管接头处要焊跨接线，并应可靠接地。施工中是否做到了。
 城市边缘 头衔：缘空和尚 等级：版主	第 4 楼 同意“可能是灯具自带的补偿不够，电流过大，温升过高，断路器有降容。应该补偿到 0.9”。但 BV-4mm^2 怎么会发热呢？就算荧光灯不带补偿也不至于啊？是不是和敷设环境有关？
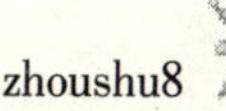 zhoushu8 头衔：达摩院寺监 等级：版主	第 5 楼 哎啊，大家没看懂题意。DZ47-63C10。代表壳架 63A，C10 代表 10A 的配电型 C 型脱扣曲线。16 套 2×36W 是普通镇流器又没补偿的话肯定超过 10A 一点点，哪能不发热？电线接在开关上，开关发热，电线也传热，手握着感觉也热。
 小谢 头衔：菜鸟 等级：游客	第 6 楼 跨接是有的，还有，总开关选 63A 的我也不知道为什么，是个姐姐设计的，不知道为什么。是普通的镇流器，不过，新的问题是换成 20A 的断路器后 BV-4mm^2 还是发热，真不知道是什么原因，还得劳烦大家帮我看看什么原因？多谢了。
 盗亦有道 等级：一星客人	第 7 楼 在两个小时之内跳闸应该是断路器小了。
 小谢 头衔：菜鸟 等级：游客	第 8 楼 我汗，终于发现居然用的是 3 个回路用了 1 根零线，3 个回路大概一共 6kW，而零线是 BV-4mm^2 的。对不住大家了。

3-37 求助电子与电感灯具的差别

小菲 等级：一星客人	楼主 求助电子与电感灯具的差别 各位大侠，我现在有一项工程有 2500 套 2×36W 荧光灯，我们原报价报的是电感式的灯具，现在人们推荐业主使用电子式灯具，业主现在要求我将电子、电感的区别提供给他，现在 2500 套灯电子、电感每小时分别用多少度电？急啊，在线等。
雨过天晴 头衔：帮主 等级：三星客人	第 2 楼 楼主的电感式灯具没带电容补偿吗？如果是自带了补偿的，可补偿到 0.9，二者没有太大的区别。电感式镇流器和电子镇流器的损耗不同，电子的会节能些，但现在国内电子镇流器大多质量不够稳定，更换量较大。
liangjie 头衔：乐在逍遥 等级：版主	第 3 楼 怎么没有带电容补偿呢？节能通得过吗？
gyh 等级：游客	第 4 楼 在同等的质量条件下，电感的价格低，现在的电子的产品质量不稳定，因此最好建议甲方用电感的，现在好的电感同样具有电子的一些功能，无噪声，节能。
高瞻 等级：一星客人	第 5 楼 国际铜业协会推荐的，节能电感式镇流器，功率因数 0.85，使用寿命 10 年，价格也不太贵。而电子式要贵些，且使用寿命就 3 年左右，但功率因数都在 0.9 以上吧。
ttt001 头衔：般若禅师 等级：管理员	第 6 楼 推广“绿色”照明工程比较现实的两个做法一是使用节能灯具，另一个就是使用高效镇流器，提高照明的功率因数。白炽灯之所以迟迟不能被荧光灯所代替，其重要原因之一就是荧光灯不可靠。而荧光灯不能及时点燃的原因多数是由于镇流器不行。早期，驱动荧光灯的电感镇流器自身需要消耗大量功率，工作温度高，有噪声，且灯管工作时要闪烁容易对眼睛造成伤害。高品质电子镇流器自身能耗低、灯管

ttt001  头衔：般若禅师 等级：管理员	工作时无闪烁、温升低及节电等优点逐渐被人们接受。 1. 电感镇流器 电感镇流器经过了几十年的应用，证明其结构简单、性能良好、运行可靠、使用寿命长，到目前仍然是应用最为广泛的镇流器。但是，电感镇流器仍然有其自身难以克服的缺点。电感镇流器自身消耗的功率大。直管荧光灯镇流器的功率消耗为灯管功率的25%，高压钠灯、金属卤化物灯的镇流器功率消耗为灯管功率的15%。电感镇流器的功率因数低，其用于气体放电灯的功率因数不足0.5，大大增加了电网的无功功率负担。由于其功耗大，导致工作温度偏高，容易造成线圈老化和火灾隐患。电感镇流器的这些缺点导致了对新方法的寻找。我国80年代生产的低功耗电感镇流器只占灯管功率的15%，但成本较高。灯管镇流器在近期仍然是市场主导产品，尤其在气体放电灯领域，电子镇流器还在研制阶段。但是从绿色照明的角度来看，电子镇流器才是希望所在。 2. 电子镇流器 电子镇流器工作频率大约在25~45kHz之间，具有明显的提高光效率和节能的效果，而且在高频工作下工作稳定无闪烁，有利于保护眼睛。电子镇流器的频率超过音频，几乎没有噪声，功率因数达95%以上，不需要额外的补偿元件。灯管在高频下工作，通过灯管的电流要小，光通量的衰减比工频要满，相当于延长灯管使用寿命50%。电子镇流器的使用使得荧光灯能够进行调光，实现智能控制。点燃迅速可靠，完成无闪烁点燃。特别是能够在环境温度较低的情况下工作，如0~-25℃，可用于冷库或室外等特殊场合。 使用电子镇流器时，电源电压的偏移对光通量的输出影响较小，提高了照度的稳定性，对照明配电线路允许的电压损失可适当放宽。而且电子镇流器重量轻，可以节约金属材料。 (1) 补偿作用我国生产的荧光灯管差异较大，工作时表现为不同频率下不同响应。实际上就是同一规格型号的灯管，在同一只镇流器的灯电压、灯电流的离散性也相当大。由于荧光灯是感性负载，必须进行某种形式的补偿才能工作在最佳状态。要想达到最佳补偿效果，首先应该提高电子镇流器的可靠性，延迟电子镇流器和灯管的使用寿命；其次保证荧光灯长期稳定工作在额定状态，尤其是要避免电压的大范围波动。不同灯管的发光特性及各种内在特性是有很大的差异，电子镇流器并不是通用产品。如果不加限制的使用，电子镇流器在开关运行时dv/dt和di/dt值较大，瞬时的过电流脉冲功耗相对集中，极大地降低了电子镇流器的使用寿命。为减少高频寄生电容和电感，适当降低电流和电压的变化率，选择合格的启动电容，保持合适的灯

ttt001 头衔：般若禅师 等级：管理员	丝电压，平衡灯丝温度，可大大延时灯具的使用寿命。 （2）预热和异常保护电子镇流器必须对灯管提供足够的预热后启辉，提供完善的保护功能。这主要是因为：如果对灯丝预热不充分，启动灯管需要一个很高的电压击穿灯管内的气体；在高电压产生的同时阴极电压降增加，阳极发射物质过分蒸发，降低灯管开关寿命。中国电子器件工业深圳公司生产的CDZ系列开关寿命在10万次以上，能够有效满足频繁开关使用。灯管严重发黑后不能启动工作或由于运输过程中受损、安装时接触不良、灯丝老化而断裂，电子镇流器应能够提供完善的异常保护，直到故障排除。老式电子镇流器质量不过关的原因之一就是满意预热和异常保护电路，在频繁开关的场合，灯丝容易烧断，或发生异常情况不能保护而烧坏电子镇流器，也容易诱发其他故障。 （3）波峰系数的影响，电子镇流器根据国家标准，标准荧光灯灯管的电流波峰系数小于1.7，其波峰系数是指灯管电流的包络波形的峰值和有效值之比。荧光灯的寿命主要由阴极的发射能力决定的，正常情况下，阴极压降及热点的适当温度就可使足够量的电子摆脱逸出功而发射出来成为阴极电流。若波峰系数较大，就意味着电流峰值较大，阴极热点过高，电子过分蒸发，导致阴极发射能力下降，从而导致电流密度减少。阴极位降的增加会加剧离子流的溅射，大大降低了荧光灯的使用寿命。而且，波峰系数大的荧光灯在波谷时发光效率低。 （4）电磁兼容性电子镇流器的频率一般在20～100kHz之间，谐振电路的器件大电流开关运行特性，高频寄生耦合电容和电感，瞬时的毛刺或尖峰会产生电磁干扰。为保证现代社会的大容量信息设备的频繁传递的准确无误，对各种用电设备所发出的电磁干扰，如辐射干扰、传导干扰，国际上如FCC和VDF都有明确规定。对于电子镇流器FCC标准规定用于工业照明灯应达到A级，民用建筑达到B级。 电子镇流器的体积小，外壳要求密封，导致其内部热阻大，要注意其防火问题。

3-38　住宅楼中的吊扇设置

fanzhong6980 头衔：www323 等级：一星客人	楼主 住宅楼中的吊扇设置？ 住宅中客厅，餐厅，卧室哪个（些）房间你设吊扇？

 liangjie 头衔：乐在逍遥 等级：版主	第 2 楼 呵呵，都没设，尽装空调（插座）了。
 fanzhong6980 头衔：www323 等级：一星客人	第 3 楼 对层高为 2.8，2.9，3.0m 的住宅楼或层高更高的别墅楼，我常在餐厅（客厅）设吊扇，无级调速，悠悠的风吹着舒服；家里尽装空调，凉爽且气派，但是一耗电二长时间开空调不利于健康。你说呢？公建设吊扇，节能，但是公建层高较高，吊扇（钩，杆）怎么敷设，需要注意什么？
 linjianming 头衔：江南小生 等级：版主	第 4 楼 我一般是在客厅预留吊、扇吊钩和空调插座。
 板桥傻子 头衔：黄花菜 等级：两星客人	第 5 楼 我认为住宅没必要留吊扇吧？有些业主要装修，要好看，层高不高就不吊顶了，我们却在客厅中间留一个黑呼呼的铁钩子，业主不骂才怪呢，不好看的呐！真需要风扇，落地扇就可以替代吊扇了。
 LJM 头衔：小小陪酒员 等级：两星客人	第 6 楼 现在住宅楼的层高也就是在 2.7 ~ 3.3m 之间，尤其 2.7 ~ 2.9m 之间居多，个人认为从安全角度讲，尽量不要在住宅中设吊扇。
zhoushu8 头衔：达摩院寺监 等级：版主	第 7 楼 都什么年代了，还在住宅里设计吊扇？公建也不要考虑。设计是要超前的，要满足 20 年的使用期，连最差的机关都设空调，而且空调特便宜。不用空调也可以设落地扇，明显的吊扇是没落的产品，设计者却还在推荐，你觉得是为用户考虑周到，可人家要攻击你时，却可以说得很难听而你却没办法回击的。

3-39 照明线路使用 PE 线吗

zhoushu8 头衔：达摩院寺监 等级：版主	楼主 照明线路使用 PE 线吗? 在设计厂房照明时，采用钢管穿线敷设，是不是需要加 PE 线？在设计多层住宅时，照明线路有钢管穿线时，是不是要加 PE 线？请大家指点哈。谢谢。
linjianming 头衔：江南小生 等级：版主	第 2 楼 我在住宅设计中一般是不加的。
w3556843u 等级：贵宾	第 3 楼 钢管敷设做好跨接可以不加!
kai_ qi 等级：一星客人	第 4 楼 在国家规范里，灯具安装不低于 2.4m，可以不加 PE，在国际标准中，像有金属外壳灯具都得加 PE，像格栅之类的。
城市边缘 头衔：缘空和尚 等级：版主	第 5 楼 接 PE 线主要作用是防接地故障发生电击，和有爆炸危险的环境应该没有太多的关系，有爆炸危险的环境应该做防雷电感应，是防雷措施应该考虑的。
shlmail 等级：两星客人	第 6 楼 归纳起来如下：1. 一般场所 2.4m 以上可以不装 PE 线；2.4m 及以下者要设 PE 线；疏散照明不要忘记加 PE 线；2. 特殊场所（如爆炸危险场所，潮湿场所）要设 PE 线；3. 大量使用格栅灯的场所，为检修安全可以考虑加 PE 线。

moonlight 头衔：虫窠居士 等级：版主	第 7 楼 北京地区的做法是，不论什么照明，只要是连到灯具上的都要三根，否则质检站不予验收。最新出版的 04DX003《民用建筑工程电器施工图设计深度图样》中 P27，“标准层照明平面图”，从配电箱出来接到灯具的线都是三根线，且旁边标注：“平面图中未注明导线均为三根”，倒是到开关的线都是两根，都煞有介事的标了又标。就这样还是有遗漏的，以至于分不清哪是两根，哪是三根。
liangjie 头衔：乐在逍遥 等级：版主	第 8 楼 广州这边的做法基本是照明线为三根（带 PE 线）。
 ttt001 头衔：般若禅师 等级：管理员	第 9 楼 GB 50034—2004《建筑照明设计规范》第 7. 2. 12 条 当采用 I 类灯具时，灯具的外露可导电部分应可靠接地。根据这条规范，我们在设计线路给一般灯具配电的时候，必须使用三根线，包括接地保护线（PE 线）。

3-40 BV-2 × 2.5mm^2 最多能接多少个 60W 的灯泡

 liuyijunyijun 等级：一星客人	楼主 BV-2 × 2. 5mm^2 最多能接多少个 60W 的灯泡？
 月牙 等级：两星客人	第 2 楼 照明系统中，单相回路不宜超过 16A，灯具数量不宜超过 25 个，楼主算吧！
 linjianming 头衔：江南小生 等级：版主	第 3 楼 应按《民规》的下列条文为准。 11. 8. 11 照明系统中的每一单相回路，不宜超过 16A，灯具为单独回路数量不宜超过 25 个。大型建筑组合灯具每一单相回路不宜超过 25A，光源数量不宜超过 60 个。建筑物轮廓灯每一单相回路不宜超过 100 个。当灯具和插座混为一回路时，其中插座数量不宜超过 5 个（组）。当插座为单独回路时，数量不宜超过 10 个（组）。 但住宅可不受上述规定限制。

 城市边缘 头衔：缘空和尚 等级：版主	第 4 楼 1. 串联接法，喜欢多少都行，只是灯亮度就不行了。 2. 并联接法，可以接 120 个左右。 3. 规范要求不大于 25 个，是出于使用上的要求，故障停电面积不至于过大。 其实这是不值得讨论的问题，该怎么做和为什么这样做，规范上已经有明确说明，只是闲来无事，就穿着技术贴的外衣在这里灌水，嘀嘀。

3-41 应急照明配管能否穿越防火分区

xhf2411 头衔：设计 等级：三星客人	楼主 应急照明配管能否穿越防火分区？ 请教：应急照明支线（板内暗敷）能否穿越防火分区？JGJ/T 16—92 中规定：消防用电设备配电系统的分支线路不应跨越防火分区，分支干线不宜跨越防火分区。 应急照明能算到里边吗？
lengbing 头衔：苦菜汤 等级：版主	第 2 楼 这个问题很值得考虑，如果不能跨越，那楼梯间应急照明（一般是个防火分区）就必须是从下至上一个回路，但实际上大家多接在本层的应急照明回路上。
xhf2411 头衔：设计 等级：三星客人	第 3 楼 这个就需要问建筑了。咱们也别光讨论楼梯间了。请指点一下应急照明能否穿越防火分区的问题吧。我个人认为是可以的，只要不同的分区不在一个照明回路上。
xm204 头衔：华山风清扬 等级：版主	第 4 楼 为什么要穿越防火分区，管子做防火封堵很难。
luozi8250 头衔：明教掌旗使 等级：版主	第 5 楼 是啊，是个问题。比如：1. 电井，我的一般做法是从下串上去。2. 楼梯，也是一样。大家如何处理？

板桥傻子 头衔：黄花菜 等级：两星客人	第6楼 那假如说，防火分区是两个，电缆井是在一个防火分区里头，那另一个防火分区里头的消防设备怎么办啊？说不能穿越，那在那个防火分区里头你还不是得设一个配电箱，还不是要从这个分区把线引到另一个分区？这样算不算穿越？
 城市边缘 头衔：缘空和尚 等级：版主	第7楼 配电箱宜按消防分区设置，方便在火灾的时候切断该分区的非消防电源，既可以防止火灾随线路蔓延和防止触电又不至于切断太大面积的非消防电源以至引起恐慌。

3-42　疏散指示不属于火灾事故照明吗

注册用户 头衔：天山屠魔剑 等级：四星客人	楼主 审图意见，是否确切？我在楼梯间设了疏散指示灯，审查提出：根据《建筑设计防火规范》第10.2.6条封闭楼梯间及其前室应设火灾事故照明（不仅设疏散指示标志），疏散指示不属于“火灾事故照明”吗？规范原文如下： 第10.2.6条公共建筑和乙、丙类高层厂房的下列部位，应设火灾事故照明： 1. 封闭楼梯间、防烟楼梯间及其前室，消防电梯前室； 2. 消防控制室、自动发电机房、消防水泵房； 3. 观众厅，每层面积超过1500m² 的展览厅、营业厅，建筑面积超过200m² 的演播室，人员密集且建筑面积超过300m² 的地下室； 4. 按规定应设封闭楼梯间或防烟楼梯间建筑的疏散走道。
 hpisme 头衔：潇湘生 等级：版主	第2楼 除了要设置疏散指示灯，还得设火灾事故照明灯。审图意见是对的。

 城市边缘 头衔：缘空和尚 等级：版主	第 3 楼 火灾应急照明包括疏散指示灯和火灾事故照明，仅靠疏散指示灯满足不了地面平均照度大于 0.5lx，审图意见是要求你加疏散照明，比如带蓄电池的灯具。
zlbsyx2820 等级：游客	第 4 楼 应急照明包括疏散照明、备用照明、安全照明。《见民用建筑电气设计规范》11.3.2.1 条，楼梯间设事故照明应该是为了疏散用的，楼主没错。
城市边缘 头衔：缘空和尚 等级：版主	第 5 楼 你的照明分类是对的，但是楼主只设了疏散指示灯，如何满足消防疏散要求（地面照度大于 0.5lx，而疏散指示灯一般 10m 以上一个）？
hytech2004  等级：游客	第 6 楼 据《民用建筑设计标准》规定：应急照明包括疏散照明、安全照明、备用照明，疏散照明的地面水平照度不宜低于 0.5lx，工作场所内的安全照明的照度不宜低于该场所的一般照明照度的 5%，备用照明（不包括消防控制室、消防水泵房、配电房和自备柴油发电机房）照度不低于一般照度的 10%。审图的意见是正确的，我想这样的回答楼主应该满意吧。
 大鼻山 头衔：最逍遥 等级：版主	第 7 楼 火灾事故照明是个老名词，早应进入淘汰行列。目前多称“应急照明”。我觉得只要疏散指示灯的照度满足了最低 0.5lx 的要求，也算满足规范。因为疏散指示灯也属于应急照明的一种。可以用“有效流明/面积”简单估算。此时疏散指示灯的间距需要几米一灯。
雨过天晴 头衔：帮主 等级：三星客人	第 8 楼 请问大鼻山版主，你会这样去做设计吗？还是按常规设置疏散诱导指示灯来指示方向，增设应急照明灯来满足照度要求比较好。

zhoushu8 头衔：达摩院寺监 等级：版主	第 9 楼 审图意见是错的！疏散标志灯不是应急灯？真是的！理由是，疏散标志灯功率大一点的话，是容易满足 0.5lx 的照度要求的，0.5lx 的要求不高，只是能看见走路，不是伸手不见五指而已。显然，有标志灯，一般照度没大问题。审图的应该指出，你哪个地方的照度低于 0.5lx 了。否则要他闭嘴。我审图你一样会难受，不过不会冤枉你半点。我还没碰到过说我哪一条不对要跟我争的，哈哈。审图我一般主要只提强制性条文，注重消防，一般不重视防雷接地。你若没违反强制性条文，那我就提你违反国标没？你画得好没违反国标，我就只提建议，图纸无论好坏从重往轻检主要的，就提 3～5 条，极个别看不顺眼的人，我就提他 20～40 条以上，没依据时就拿《民规》去卡他，哈哈。反正我不赞成用民规作为审图依据，更反对以《技术措施》作为审图依据。
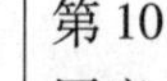 chuxuezhe 头衔：妇女主任 等级：游客	第 10 楼 同意。我们老总要求除了出口指示灯以外还要在平台处设一个疏散方向指示，指向下楼方向。个人很不以为然，难道谁跑到了平台处还不知道要往楼下跑啊，也只有这么一个方向可跑。我觉得你要是不在平台设一个疏散方向灯，那你下楼的时候一脚踏空，那就呜呼哎哉了。

3-43 住宅单独回路灯具数量可否超过 25 个

 tomasy 等级：两星客人	楼主 住宅单独回路灯具数量可否超过 25 个？民规中有一条。 “11.8.11 照明系统中的每一单相回路，不宜超过 16A，灯具为单独回路数量不宜超过 25 个。大型建筑组合灯具每一单相回路不宜超过 25A，光源数量不宜超过 60 个。建筑物轮廓灯每一单相回路不宜超过 100 个。当灯具和插座混为一回路时，其中插座数量不宜超过 5 个（组）。当插座为单独回路时，数量不宜超过 10 个（组）。但住宅可不受上述规定限制。” 其中最后一句“但住宅可不受上述规定限制。”如何理解？是指上面 2 行还是指这一条全部内容？若是指全部内容，岂不是在住宅内单独回路灯具数量可以超过 25 个？比如楼梯灯单独回路灯具数量可以超过 25 个。

 linjianming 头衔：江南小生 等级：版主	第 2 楼 我的理解是指全部，因为“但住宅可不受上述规定限制”指的就是上面的所有规定。
 城市边缘 头衔：缘空和尚 等级：版主	第 3 楼 措施“住宅除外”只针对插座，照明回路的规定出于线路截面，压降和故障影响照明面积的考虑。
 linjianming 头衔：江南小生 等级：版主	第 4 楼 我今天查了一下《全国民用建筑工程技术措施电气专业》，发现第 7.4.2 条照明供电中说的很清楚： “4. 插座应为单独回路，插座数量不宜超过 10 个（住宅除外）。”
 zhoushu8 头衔：达摩院寺监 等级：版主	第 5 楼 之所以规定不超过 25 个，不是楼上那么理解的。不是功率的问题。其中最主要的一个原因是限制故障影响面，便于检查故障，提高供电的可靠性。
 Rainbowjdx 等级：游客 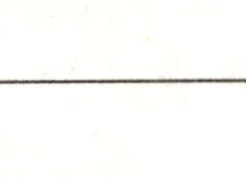	第 6 楼 通常住宅内能用到 25 盏照明灯吗？而且厅、卧照明不应该与厨卫照明分开的吗？
 tomasy 等级：两星客人	第 7 楼 厅、卧照明可以与厨卫照明同回路。我现在考虑的是楼梯灯的问题，建筑照明设计时 1 ~ 3 层楼梯间和 1 层门厅为一个回路。但现在 1 层门厅装修后该回路灯具数量超过 25 个，从整个回路容量看满足要求，就是数量太多。所以就涉及到对这条规范的理解问题了。

 ttt001 头衔：般若禅师 等级：管理员	第 8 楼 既然规范明确规定住宅除外，而且容量、导线和开关的也满足要求，自然在住宅设计图纸接 26 个灯没技术理由阻止。其实，在住宅 2 次装修的时候，接一串串的装饰灯已经很常见，只要施工正规，仅仅因设计超出 26 灯而出现危险的概率很低或者说基本没有。

3-44 应急照明与常用照明在同一房间混合使用

hhy96211 头衔：薄荷 等级：游客	楼主 应急照明与常用照明在同一房间混合使用，如何加一个强切接触器？使得符合规范要求。
plane12 等级：两星客人	第 2 楼 应急照明与常用照明在同一房间混合使用，分开设置回路就可以啊！
新元素 等级：一星客人	第 3 楼 应急照明回路的强切接触器应该加在配电箱里，用来控制充电线。楼主做法我也仔细考虑过。作为应急照明，顾名思义，它在导线型号、导线穿管、管线敷设上的要求肯定要比正常照明回路要求高，这在民规上有所反映。除非你把凡带有应急灯回路的线管等级提高（比如你的正常回路用 ZRBV 穿 TC，那么这个回路就用 NHBV 穿 SC），否则还是不要搅在一起。本人拙见，不知大家还有什么看法，欢迎指正！
cm365 头衔：dq 等级：两星客人	第 4 楼 楼主的做法是可以的，但是有条件的话还是单独提供一路作为应急照明用。提个醒：蓄电池充电的时候，电压会波动，影响灯具的寿命。
小电容美眉 头衔：女排主攻手 等级：三星客人	第 5 楼 我只关心触发方式，不管几路电源，是不是在应急的情况下，可以急时点亮。有的灯平时就常亮的，当然两路电源很适合，而平时不工作的蓄电池应急灯，上边是两路互投电源，在应急时根本不会点亮，是不是一定非得加一消防中心的触发信号才行呢？困惑中！

Michael. W 头衔：写经书和尚	第 6 楼 楼主做法完全可行！我就是这样做的，而且审图过！按大鼻子的说法，我有疑问，消防负荷一定要保证在消防状态下还双电源吗？个人认为保证在消防状态下有电就可以了！其实很多的重要负荷，没错都是双电源切换，但是请问当一路电源坏了的情况下，什么样的双电源也都变成了单电源了，这时候要保证大鼻子所说的双电源的话，那我们是不是得上三个电源啊，不是双电源切换，而是三电源切换了！三电源好像只是在非常重要的负荷当中才有使用！但话又说回来，故障情况下，保证两路当中至少一路有电就可以了！应急照明就是这种情况！所谓的双电源切换指的是在平时看来应该有双电源，而不是在紧急状态下还看双电源！以上是我的个人理解！
w71922 等级：实习会员	第 7 楼 发表小见：1. 视应急照明的范围和数量，少的一路，多的两路。 2. 视应急照明场所的重要性，不重要的一路，重要的两路。
hhy96211 头衔：薄荷	第 8 楼 有这么多人来讨论我的问题，我感到很荣幸，谢谢，现在我们没有专门的应急电源箱，如果有的话所有的问题就迎刃而解了，也就是说我这里的配电箱完全没有使用两路电源进线，所以我觉得我的做法是完全可行的，不知对否？
tianyi 头衔：长空无忌	第 9 楼 楼上，当此时消防照明为二级以下负荷，(认为电池组为独立可靠电源)。但还是宜为独立回路（各方面都好，且灵活性大但此情况时不强制要求）。
poplhx 头衔：tianyi 保镖	第 10 楼 一般照明带蓄电池不就行了？
zyzzyzi 等级：三星客人	第 11 楼 可以用一路，不过在应急灯前加一个强切接触器。
tianyi 头衔：长空无忌	第 12 楼 应分开，主要原因为消防设备应单独回路供电。

圣雪玲珑 头衔：问题人物	第 13 楼 楼主的做法没什么不对的。大鼻兄的做法应该是楼主审图人的做法，但是他在普通照明加的蓄电池是可行的，因为蓄电池始终在充电，单发生消防事故此电源被切除后，蓄电池不再充电，而是放电保证此光源继续工作，这样也达到了应急的效果了。
 大鼻山 头衔：最逍遥 等级：版主	第 14 楼 楼上兄弟要深入理解规范。应急照明是需要两个电源的，而且这两个电源在消防时应尽量保证。正常时，你可以保证应急灯两个电源，而消防时，你反而无条件地先切掉应急照明的市电电源，使它只剩一个蓄电池电源，这无论如何都让人难以接受。你要知道，蓄电池只是备用的，迫不得已才用上。因此，如果火灾时，此普通照明箱不在切除之列，那么，楼主的做法就勉强可行；如果该配电箱在被切除之列，那么楼主做法就绝不可行。其实，消防设备尽量应走单独回路。最好不和普通照明箱搅在一起。
 tianyi 头衔：长空无忌	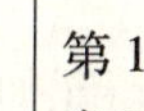 第 15 楼 鼻子所说的情况只适用于一级消防照明负荷。 这个题目记得几年前业界同仁讨论过，具体我记不清了，但主要的结论是电池组为可靠独立电源满足一级外的消防电源要求。
 liynch 等级：游客	第 16 楼 我是苏州的，我想问一下，普通照明与应急照明一定要分开回路吗？我现在用的应急照明是在原有的普通照明上加一个应急蓄电池，但是我要求他平时一样用做普通照明，故我直接从原开关的上端子接一个充电线，但是审图时不同意，非得用另外一个回路，我想请问一下，有这个必要吗？
lgsss_ 2003 等级：两星客人	第 17 楼 没有必要呀，直接利用原来的回路。若是新的，最好另外一个回路。
 大鼻山 头衔：最逍遥	第 18 楼 你的普通照明是什么意思呢？如果归类到“非消防负荷”就不妥了。因为消防时“非消防”要切除的；你把应急照明箱接在那里，消防一发生，市电就被切除了，只剩一个蓄电池了，成了单电源，肯定不妥的。

BOBO 等级：游客	第 19 楼 普通照明与应急照明，宜分回路设置，应急照明工作时间应大于 30min，同时应急照明线路宜用 NH 或 ZR，并以单独管路布设。
leepoo 等级：实习会员	第 20 楼 我觉得应急照明和普通照明共用一路不是很妥，因为在切断照明电源的时候，应急照明无法充电。我建议应急电源与普通电源可以共用一路零线，火线分开。这样即使白天不开灯的时候，应急蓄电池还是可以正常供电的。

3-45 插座问题

lanbai007 等级：两星客人	楼主 插座问题：最近做了一住宅，图审中心提出：新住宅规范规定：厨房不再用防溅插座。
s9 等级：两星客人	第 2 楼 请教插座和开关的防护等级是如何划分的。比如防溅开关是 IPX4 级吗？其他形式插座、开关又是如何同安全等级对应的？一般样本好像没有明确。
hy123456 等级：一星客人	第 3 楼 请教！插座的选法是按什么规范来的，什么书上有。上海这边应该去什么地方买一些规范方面的书籍呀？谢谢！
lanbai007 等级：两星客人	第 4 楼 大家可以参考《住宅设计规范》2003 版里面的插座列表，跟以前的一比较就知道了。
成长中的鸟 头衔：烦不鸟 等级：两星嘉宾	第 5 楼 是吗？新住宅规范？
ttt001 头衔：般若禅师 等级：管理员	第 6 楼 现在执行的住宅规范是 GB 50096—2003 版本，其中表 6.5.4 明确规定，厨房卫生间设置的插座："防溅水型一个单相三线和一个单相二线的组合插座一组。"要自己去认真看规范，不要以为谁说了什么就听风是雨。工程师讲话只认依据，不看职称的，也不看单位名分的。

3-46 工厂大开间照明

hhy96211 头衔：薄荷 等级：游客	楼主 工厂大开间照明问题： 染织厂，8000m²，照度要求 300lx，灯高度 9.5m，采用金属卤化物灯，400W，32000 的光通。维护系数 0.7，灯具效率 0.6，查表的系数 0.6。36m×12m为计算单位面积。$N=36\times12\times300/0.7\times0.6\times0.7\times32000=13.7$ 取 14 盏。有没有问题？还有，想问以下：400 瓦的灯，2×4mm² 的线，16A 的开关，最多一个回路几个灯？我连了 3 个回路，根据是金属卤化物灯的启动电流比较大，各位前辈认为怎么样？
Geminizh 等级：三星客人	第 2 楼 好像有点紧了吧，16A 的情况是电容补偿啊镇流器啊等等都是安装了好的产品。你也知道那些甲方很省的，不一定就那样，我看 16A 有点小了！再说工业照明不必参照 16A 的民用照明规定，可以放大点，或是改 2 个灯一路。
sdmzq 等级：一星客人	第 3 楼 36m×12m 面积内布 7 盏灯，可能就可以了。
chengshen 等级：一星客人	第 4 楼 “染织厂，8000m²，照度要求 300lx”，300lx 什么概念你有没有搞错？
ttt001 头衔：般若禅师 等级：管理员	第 5 楼 300lx 是平均照度标准，对应的功率密度上限是 11W/m²。而配电标准工业与民用无本质区别，仍然是按功率选择导线和断路器，灯头数量不超过 25 个，适当考虑分区及控制、维护方便。

3-47 应急照明问题

 zpy 头衔：疯狂上网 等级：一星客人	楼主 应急照明问题：应急照明回路导线包括：相线一条、N 线一条、充电线一条、还有一条火灾强起线。所以说应急照明线路一般不少于 4 条，当灯具安装高度低于 2.4m 时，要再加一条 PE 线，我看了本论坛的有些图纸，好多都不是这样做的，本人认为都是错误的！如有异议，请跟贴！

christ888  头衔：光明使者 等级：三星客人	第2楼 在很多情况下，所谓“火灾强起线”与“充电线”是共用的，你所看到的图纸可能就是这样吧！
 zpy 头衔：疯狂上网 等级：一星客人	第3楼 怎么会公用呢，充电线有电的话，岂不是灯具处于充电状态下，就无法点亮了？楼上的。
ccccccc  头衔：戒律院首座 等级：版主	第4楼 现在市面上的应急灯都自带镍镉电池。应急灯正常状态由市电电网供电，对应急灯内电池充电。一旦市电断电，应急灯立刻自动点亮，由电池供电。灯内设有电池过充、过放及短路保护。应急时间大于90min，因此不需4条线。
 zpy 头衔：疯狂上网 等级：一星客人	第5楼 你说的是正常状态下应急灯处于非亮状态吧，若是平时处于点亮状态，也能一边充电一边亮着吗？
eric791211  头衔：花和尚 等级：常客	第6楼 当然可以的！两根相线不就可以了，1根供正常照明，1根为充电线。
唐龙  头衔：戒律院纪委书记 等级：版主	第7楼 楼主所述有些以偏概全！我们一般充电线与楼主所说相线为同1根，N线1根，强起线1根，如需接地也就再加1根PE线，共4根线，有何不可？
Michael. W 头衔：想写经书的和尚 等级：四星客人	第8楼 此说法不妥！正常情况下，我如果是疏散指示灯之类的话，可以不接控制开关，那可以是：相线（充电），N线，高度低于2.4m时加PE线，如有强起的话再加！共4根！此种情况下可以常亮也可以常暗，视相线接哪个口而定！如果加上本身接开关控制的这根线的话，那们

Michael. W 头衔：想写经书的和尚 等级：四星客人	应该是两根相线（控制和充电），N 线，高度低于 2. 4m 时加 PE 线！共 4 根！所以如果加上带强起的这根线的话，应该是要 5 根线的（包括了 PE 线）！以上是个人看法！参照应急照明灯接线法《电气消防》P182（本站有这本书下载）4 楼：按此说法，要么常亮，要么常暗！对疏散指示灯可以使用！对于做备用照明，应急照明的就不行了！你不会让走廊里的应急灯一直常亮一直常暗吧！
小电容美眉 头衔：菜鸟帮打字员 等级：佳客	第 9 楼 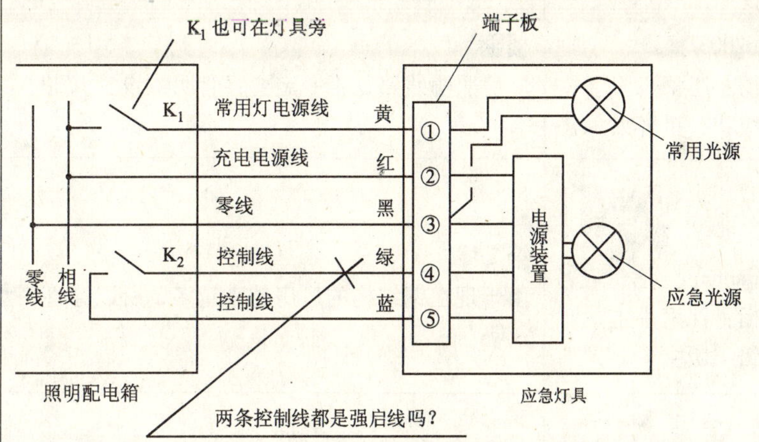 图　应急灯控制线路 这个图感觉不是太准确，K_2 开关是强启线吗？两条？
Michael. W 头衔：想写经书的和尚 等级：四星客人	第 10 楼 我个人理解，这两根线什么都不是，只是灯具本身内部的线，设计时我们可以当它不存在！主要是用来断开电池，实际使用当中，我想 K2 是应该要合上的，要不然电池不起作用！强启线在图中并没有画！此图中，本人认为可以将常用光源和应急光源合并成为一个光源，这样就是我们常用的应急灯了！所以如上，加强启起线再加 PE 线，共 5 根！
Jyhang 头衔：会游泳的客人 等级：常客	第 11 楼 电容小妹的图有问题，8 楼的说法是正确的。但控制开关也可以在灯具旁，配电箱至灯具，无控制线，就充电一根线，在控制开关前，充电线分开接入灯具。所以应该是一根相线（充电），N 线，强启线，高度低于 2. 4m 时加 PE 线！共 4 根！目前一般采用单光源应急灯。

 zpy 头衔：疯狂上网 等级：一星客人	第 12 楼 呵呵，想不到，我发了这个帖子居然引起了这么多人的探讨，好！我看了，跟我实际做的时候吻合，只是觉得画图的时候挺繁琐！

3-48　厂房照明线路是否一定要穿管明敷设

leyu2003 头衔：小菜飞刀 等级：一星客人	楼主 厂房照明线路是否一定要穿管明敷设？
linjianming 头衔：江南小生 等级：版主	第 2 楼 由于现在钢结构的厂房越来越多，所以穿管明敷的比较多。
城市边缘 头衔：缘空和尚 等级：版主	第 3 楼 厂房美观要求不高，明敷方便检修。

3-49　请教高杆照明灯具的布置问题

chenxi 等级：游客	楼主 请教高杆照明灯具的布置问题 请教各位大师！道路照明的中央控制方式以及如何布线有何要求？
小电容美眉 头衔：女排主攻手 等级：四星客人	第 2 楼 什么叫中央控制？是不是中心控制室一类的东西？只是在路灯低压配电处加终端控制箱，里边有选择好的通讯模式，我们这里用 GSM 手机通讯模式。如果不是每盏灯都要控制，配电线路与正常相同。

jackie 头衔：设计是空 等级：一星客人	第3楼 这个要看当地的这些部门是否同意共用一套系统了，各个部门的监控点、内容不一样，大多都是各设各的，这就要业主多花钱了。港口码头堆场的高杆灯设置见《港口装卸区域升降式高杆照明设置规定》(JT/T 194—95)，通常高杆灯的间距为 d = 3 ~ 5H（H 为灯高）。但这些数值都不是死的！要根据平面的布置及工艺的要求布置！集装箱码头堆场上照度要求为 15 ~ 30lx《海港总平面设计规范》（JTJ 211—99），一般要求都是平均照度不低于 25lx。经验上可按照明容量 0.5 ~ 0.8W/m^2 设计。现在一般为了减轻灯盘的重量及灯盘的迎风面积，灯具都是选用 1kW 金属卤灯每杆装 6 ~ 12 × 1kW，调整灯具的角度来提高照明的均匀度。
dlqcd 等级：游客	第4楼 码头高杆照明设计涉及3方面：机械设计，主要考虑风荷载和腐蚀以及结构。第2方面是电气设计。第3方面是照度计算，设计就是满足照度需求。国外一些公司有专门的照度计算软件，如飞利浦、松下、英国索恩等等。他们在中国都有代理公司。
龙四少 头衔：笑看风云 等级：三星客人	第5楼 我们单位最近也涉及了码头工程的设计内容，其实也不是我们单位最近才涉及，主要是我以前都是做建筑工程的，最近和院里其他专业处合作，所以接触了一些集装箱、输料码头。看了一些二航院、三航院等所谓码头设计的大院设计的工程，发现他们设计的工程里面用的高杆（栈桥及码头前沿用的是 50m 的灯塔，堆场部分用的是 35m 高杆灯（但是具体用的是什么灯、几盏灯都没有标），所以这样看来，他们设计的灯具间距的尺寸好像也没有什么依据。 但是我可以把他们布置的大概数量告诉大家，一般一个集装箱堆场布置两盏高杆灯就够了，其实想想装卸也不需要很高的照度的，用机械门机运输集装箱，要那么亮干嘛？哈哈。
 小电容美眉 头衔：女排主攻手 等级：四星客人	第6楼 一般厂家的样本里给出配光曲线吧？我一般 24 × 400W 30m 高，我间距是 90 ~ 100m，反正我就那么画过，没人问我为什么。

3-50 发光顶棚灯具每回路灯具个数怎么定

cfxqm 等级：两星客人	楼主 发光顶棚灯具每回路灯具个数怎么定？ 发光顶棚上采用单管荧光灯交错排列，每回路灯具还是按最大不超过25盏灯吗？ 还是按照组合灯具不超过60盏计算？
盗亦有道 等级：一星客人	第2楼 以不超过16A为准不过好像没有多少人遵守的。
cfxqm 等级：两星客人	第3楼 设计要按规范呢，否则出问题了要找设计麻烦的，怕。其实这种情况按16A算可以一个回路接很多灯的，只是担心灯具个数的限制。
船长 头衔：博超	第4楼 一条回路不超过25盏灯，不光是出于容量的考虑，还考虑到一条回路接过多的灯具，可靠性会降低，如果发生故障，影响会扩大。
linjianming 头衔：江南小生	第5楼 作为设计还是要规规矩矩做的，至于他遵守不遵守那是他的事情了，至少出了问题不会是因为设计问题！
现场电工 头衔：掌门人秘书	第6楼 按规范办事，没错的！但咱们是讨论嘛，给个意见先！
ttt001 头衔：般若禅师 等级：管理员	第7楼 《民规》第11.8.11条：11.8.11 照明系统中的每一单相回路，不宜超过16A，灯具为单独回路数量不宜超过25个。大型建筑组合灯具每一单相回路不宜超过25A，光源数量不宜超过60个。建筑物轮廓灯每一单相回路不宜超过100个。当灯具和插座混为一回路时，其中插座数量不宜超过5个（组）。当插座为单独回路时，数量不宜超过10个（组）。但住宅可不受上述规定限制。应以不违反这条规定为好！

3-51 间接式照明的应用

c45n 等级：版主	楼主 重贴一篇一年前的旧文：间接式照明的应用： 多年以来，国内很多电气设计人员对于照明设计缺乏自主创新精神，因循传统，人云亦云，未能充分体现出电气工程师的价值。在照明质量评价中，一般只注重照度、亮度、均匀性、眩光、色温、显色性、频闪等数据指标，而忽视立体感和照明环境形象这两大要素。本文仅对目前国外的间接式照明实例加以介绍，希望同行们自己进行对比分析判断。 所谓间接式照明是指灯具的控照方向不直接朝向被照物体或预定照明面（空间）。间接式照明的优点主要有：1. 空间光环境优良，用户舒适感高。2. 由于光源不可见，眩光几乎为零。3. 在某些高大场所的使用，可以降低施工及维护费用。以国内办公室为例，通常采用格栅荧光灯照明，由于国内规范忽视局部照明要求，且业主缺乏专业知识，盲目与国外规范照度攀比，往往仅靠天花板普通照明，来实现工作面照度达到 300 ~ 500lx（甚至更高）的设计要求。这种做法造成办公下部空间（人员活动空间）亮度偏高，容易造成视觉疲劳；而与之对比，天花、吊顶等上部空间较为深暗，整体空间环境较为呆板、压抑，明暗对比明显。而且格栅只能部分解决眩光问题，计算机等镜面视觉显示屏上通常还存在灯影的干扰。 我想强调的是办公场所的照明设计。在国内办公照明方面采用间接式照明的极为罕见，究其原因主要有以下几个方面：1. 建筑物层高限制；2. 业主（或建筑专业设计人）的传统观念要求；3. 出于节能考虑；4. 国内灯具厂家产品不配套；5. 电气设计人员图省事，职业素质不高等。这其中的第一条有两种解决办法：取消吊顶或采用嵌入式间接照明灯具。第二条需要大家的努力，普及相关的专业知识，使大家达成共识。第三条认为间接式照明会增大电能损耗，实际上存在一定的误解，我在西陆论坛上转贴过相关文章，这里不再重复叙述。第四条随着进口产品的涌入，国内灯具厂家正在逐步赶上，目前已有部分间接式照明灯具推向市场。 回顾间接式照明的发展，由最初的出于装饰效果考虑的暗槽灯，到重视光环境质量的办公等室内场所照明以及高大空间的反射式灯具，间接式照明的应用越来越广泛。我们作为电气设计人员，应该更多的从使用者的角度考虑问题，我相信以人为本永远是技术的发展方向。

redcircle 头衔：小鱼悠悠 等级：一星客人	第 2 楼 这个样子是我们心里的办公室的样子吗？而且，局部照明没有让计算机更亮一些，那我们的眼睛怎么办呢？
tianyi 头衔：长空无忌	第 3 楼 唉，间接照明需要精雕细琢，老兄在北京可以（设计费高）。我有几个朋友在北京，我知道行情。试想将老兄设计费除 4，你还会如此，即使你肯，老板也不同意，下一个工程还等着你，在生存面前空谈职业素质是虚伪的。
lc 头衔：光明顶大厨 等级：两星嘉宾	第 4 楼 现在的甲方，多一分钱都不肯出。反射灯具，大多需要更高的花费，后期的维护费用也很高。尤其是反射面的效果跟环境卫生也有关系。现在的设计，取费偏低，而且中国的设计更像是在执行国外施工单位的职能。哪里还有那么多的时间去做创新？
飘鱼 等级：一星客人	第 5 楼 虽然还不适合我们现在的实际，可我认为还是值得关注的。
c45n 等级：版主	第 6 楼 别误会，我没有一杆子打死一船人的意思。我估计当时写这篇短文的时候，心里不太痛快，所以用词比较激烈。其实我本人在工程设计中，因为受到各方面的限制，呵呵，钱的问题也是其中之一，也较少有机会采用间接式照明。我是在 1997 年、1998 年的时候才开始注意这个问题，搜集了一些资料，做了点调查，结果令人失望。CIE 在 1931 年就提出了室内照明的五种基本类型，即直接，半直接，直接-间接，半间接和间接，可是除了第一和第二种类型外，其他的我们用的很少，了解的也很少，当时我真没想到我们与国外的差距有这么大（原以为在建筑电气方面已经基本赶上来了，相差无几）。而且，国内从事工程设计的专业照明工程师极为少见，多数在大型照明器材生产商那里，你做体育场馆找他们没问题，但其他场所的照明设计任务就落在我们电气工程师肩上了。有些高大空间受条件限制，采用特殊的照明方式顺理成章，所以我在不同场合做宣传的主要目的是希望同行们关注办公场所的照明设计，通过我们的努力，让多种照明方式百花齐放。一进办公室就看见格栅荧光灯，每个工程都这样，呵呵，Tianyi 兄你不觉得烦吗？我已经看到索恩等公司在国内生产的间接式照明灯具，同行们有机会的话可以尝试一下，在这方面我们走的太慢，已经落后很多了。

tianyi  头衔：长空无忌	第 7 楼 c45n 兄，你说的问题其实并不局限于电气行业，建筑是龙头何尝不更甚。我们和外方的设计师合作过，大到周围的园林小到每块面砖的排缝，吊顶的全部详图不可或缺。我们何尝不想如此，谁不想作精品？但也只能尽力而为，无愧于心罢了。
秋石  等级：常客	第 8 楼 c45n 兄，兄弟早在 1997 年就已在设计中应用间接照明，而 1996 年上海市已有实际工程采用，好像是市政府。上海灯具研究所早已引进此产品，还是专利产品，型号好象是 YG108，记不太清了。

4 电气减灾

4-1 游泳池触电原因

碰碰糊 等级：常客	楼主 游泳池触电原因？ 假设一根相线意外掉入游泳池内，在游泳池里游泳的人会触电吗？我凭直觉认为应该触电，但是想不通为什么？因为我的理解是需要有电流通过人体才会发生触电，但是在游泳池内游泳的人并没有出现电位差，也就是说没有电流流过人体，那又是为什么会发生触电呢？请各位专家能告诉我原因，并分析给我听，谢谢。
海岸线 等级：两星客人	第 2 楼 如果游泳池是全绝缘的话，大家就可以继续游泳了。
hrot 等级：常客	第 3 楼 相线和地是有电位差的。相线、水、人体、地形成了回路，所以会触电。
大鼻山 头衔：最逍遥 等级：版主	第 4 楼 我同意 2 楼的意见（3 楼也可）。尽管大家的本意也许都正确，但表达出来只有 2 楼的最恰当。正常游泳时，人体和泳池已经处于等电位状态了，而且都是零电位！这时候，怎么还做等电位呀？此时，一根火线掉进水里，如果不做好泳池绝缘，怎么能说“不会有电流”？做好泳池绝缘（实际上不可能做好），才是理论上的解决之道哇！怕怕，河里的许多小鱼儿，就是这样电死的，呜……。楼主认为，“泳池内通电时，人体内无电位差”，也是不可能的！
zgx208 等级：两星客人	第 5 楼 不能和河里的鱼比啊，游泳池的池壁和底部可是等电位的！

碰碰糊 等级：常客	第 6 楼 谢谢各位。但是各位说来说去还是没有回答游泳池触电原因。曾经有过游泳池内的触电事故，我只想搞明白事故是如何发生的，难道就是因为所谓的“跨步电压”吗？
luozi8250 头衔：明教掌旗使 等级：贵宾	第 7 楼 跟跨步电压差不多。电流在电线接触水的那一点往四周扩散，越远密度越小，所以离接地点远近不同形成电势的梯度，也就是“跨步电压”。因为水是有阻抗的，所以不能像良导体那样形成等电位。所以还是会死人的。
大鼻山 头衔：最逍遥	第 8 楼 碰碰糊，前面已经说得很清楚呀。因为游泳池池壁作不到对地绝缘，而池水也非纯净水，算是弱的导电体，因此，游泳池里面的人和水，就和大地一起，同为等电位，且互为导通。此时，一根火线掉进水里，后果可想而知呀！还需要什么其他解释吗？
gao3271  等级：游客	第 9 楼 小时候见人家用蓄电池麻鱼。河里的许多小鱼儿，就是这样电死的，呜……。不过蓄电池的范围小，所以一根竹竿就麻不了自己了。相线嘛，就要试一试了。
bigsong  头衔：重振武当	第 10 楼 其实泳池里吊根电线，外面等电位做的再好，也把你电死。原因和跨步电压差不多，但还要严重，电压梯度直接接在你的心脏旁。
zhiqian  等级：四星嘉宾	第 11 楼 其实泳池里吊根电线，外面等电位做的再好，也把你电死。我对此持怀疑态度，原因是那要看人和水的哪个电阻小了，如果水的电阻小的话，我觉得人是可以活下来的。电鱼的时候他们是把两根电极放在相临位置，有较大电位差，鱼才可能被电死！
小电容美眉 头衔：菜鸟帮打字员 等级：佳客	第 12 楼 纯水就不会电死人。如果水质导电性极好，也不会电死人，水本身对人也是一等电位体。也分你加多大电压，甚至是什么样的接地形式，这个相线的中性点不接地，也会电死人？你不是把 10kV 的相线插泳池里吧？10kV 也是小电流接地系统。电死鱼的手摇发电机都是上千伏的。我感觉泳池里放进相线，只是有可能电死人。

linzhz 等级：常客	第 13 楼 肯定会电死人的。游泳池有不只是你一个人，那么多的人，就算是纯水也会存在电阻，当然就会产生电位差了。
lengbing 头衔：苦菜汤 等级：贵宾	第 14 楼 我来总结一下，其实电线掉到水里，正如雷电流通过接地装置入地一样，是沿半球体扩散的，会在水中形成电压梯度，人在水中时，正如跨步电压，无论你等电位做得多好，无限远处总是地电位吧，电压梯度总加在人身上吧，人在水中电阻不足 1000Ω，50V 电压都会打死你啊。
wuchun345 头衔：打字员候补 等级：三星客人	第 15 楼 我看小电容美眉的意思是因实际情况而异哦，关键就在于电压梯度加在人身上的有没有 50V 的电压哦，这个恐怕需要做实验吧。
小电容美眉 头衔：菜鸟帮打字员 等级：佳客	第 16 楼 有规范写了，（我记不得哪个规范了），游泳池电气设计要用 IT 系统进行接地保护，就是中性点不接地或经大阻抗接地，只有电容性接地电流。之所以有这样的规范，我想是因为可以免除电死人的危险，我认为中性点的接地形式对能否电死人很重要。不要一概而论，只要水中扔进相线就会电死人。
chaiwa 等级：游客	第 17 楼 我看电视电影上都有那些打架片段，然后其中一个人将另一个抛下游泳池，再拿一根（应该是相线吧），死拉死拉。
stlxw 等级：游客	第 18 楼 绝对触电，因为人体已构成回路，有电位，但开关可能会跳闸。
张杨 bob 头衔：天山疯丐 等级：常客	第 19 楼 7 楼说得对，应该是存在跨步电压的。这和高压线接地一个道理！

zds2003 等级：游客	第 20 楼 大家好！你们有的说做实验！好，我给你们说一个简单的例子：不知大家对钓鱼感兴趣吗？有一个不用鱼钩，就能得到鱼的好办法，带一个蓄电池，和高压线包到河边“电鱼”，开关一开，鱼儿都翻白眼了。还有渔民在大海里用电网电鱼，国家不允许！照样有干的哈哈，海水的等电位要比你游泳池要好得多吧？还有一个人体距离相线远近的问题，你要离的 100m 远，我也敢去试试！要离着 1cm，只好请你去了！哈哈。好多人对怎样电死人不太清楚！在水里即使没有电位差照样电死你！因为电流把你的身体当作导体了，只要你的心脏有电流通过（具体多大我忘了，反正很小 0.1A 就没气了）就会玩完。想起来了 8～10mA，人很难摆脱，100mA 玩完，人的最低电阻 1000Ω。

4-2 通常情况下人触摸 220V 电会有危险吗

电气设计师 等级：游客	楼主 通常情况下人触摸 220V 电会有危险吗？ 虽然说电这玩意很危险，人们采取了种种措施来预防触电的危险，但是我们知道只有当流过人体的电流大于 30mA 时人才会有危害，我们知道人体的电阻一般在 1000Ω 左右，如果有大于 $0.03 \times 1000 = 30V$ 的电压加于人体则有危险，但是在通常情况下我们都是西装革履，脚着皮鞋的，如果此时你用手触摸 220V 的带电体其实是没什么感觉的，想想皮鞋的电阻是多少！所以在一般情况下其实是不会有什么触电危险的，想想我们在设计系统时在这方面做了多少工作啊，其实最终效果就是保护了那个赤脚地上又拿手碰到了带电体的冒失鬼（当然在家里情况就不同）。呵呵，我只是一时好玩写了这么个东西，大家千万别骂我。
w3556843u 等级：两星客人	第 2 楼 说真的，触电毕竟不是好玩的，尽管触电与人站立和手的位置，鞋子，以及每个人皮肤导电电阻的不同，都有相当大的危险，谁都不会和自己的生命开玩笑，所以慎之又慎！而规范也就更多地安全考虑了！
zhangab 等级：游客	第 3 楼 你试过没有？我想没多少人愿意这样试，毕竟给电电的感觉不好受。其实给电电的现象大多是这样，手（可能潮湿的）接触相线，经过身体的其他部位，接触零线或其他易导电物体，形成回路。

han2003 等级：三星客人	第 4 楼 我曾听说过被 16V 电死的人，也看过特斯拉的超高压表演，所以说电压恐怕不是问题，只有电流才是需要注意的。
电气设计师 等级：游客	第 5 楼 我经常徒手接带电线，没什么感觉，当然手是干净的，而且穿皮鞋。
henry1013 等级：游客	第 6 楼 同意 4 楼，电死人的是电流而不是电压，是电流的热效应及生物效应，干扰植物神经，使心跳骤停；尽量不要带电操作，毕竟这东西看不见，摸不着。
电气设计师 等级：游客	第 7 楼 当然我们不鼓励人家去带电操作，正如 6 楼所说不确定因素太多，我现在胆子就小多了。
亚当之恋 等级：游客	第 8 楼 我做谐波测试的时候经常站在绝缘垫子上，在 380V 变压器上拧螺丝，相电压怎么也要 220V 吧，哈哈，没事儿!
大鼻山 头衔：最逍遥	第 9 楼 楼主的想法有点意思，也确实值得思考。我曾经无意中有两次触摸到裸露的电灯线（220V），让电流稍微咬了一口；但那种感觉非常不舒服，能记上十几年：什么时间、地点，等等，历历在目。
Ludcd 等级：游客	第 10 楼 只有两次吗？我倒觉得浑身都在抖，而且好像也不止是两次了……也是不小心的……。
船长 头衔：博超 等级：一星客人	第 11 楼 强烈建议“电气工程师”做一组试验，从 6V 一直做到 220V，每做一次跟大家汇报一下感觉。做到哪组不汇报了，结果就出来了，这就是死亡电压。哈哈，玩笑。触电之死原因是通过人体的电流和时间的乘积。把你悬调在单根 110kV 高压线上，你可以像鸟儿一样自由；常规情况单手触摸 220V，一般你还有机会摸第二次；如果双手各握一极，

船长 头衔：博超 等级：一星客人	110V 应已毙命。自杀窍门：自杀是双手各持一相电源，升仙矣！小问题：在低压相同的情况下，为什么双手各持一相电源，升仙；单手摸电源，健在？同样的人体，流过人体的电流为什么不同？再引深一点：两手分摸110kV 可以毙命，两脚分踩110kV 结果如何？提示：肯定不死，但是……。
亚当之恋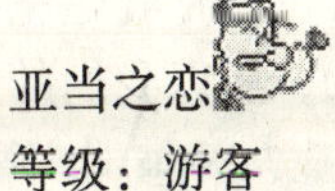 等级：游客	第12楼 好像是俩手拿电流直接走心脏，一手摸走心脏旁边，主要走手就腿，俩脚等就是不死也生不了娃了，哈哈。
船长 头衔：博超 等级：一星客人	第13楼 对了，就是这意思！两手摸，接触电阻按两手间的人体电阻计算；单手摸，接触电阻按手脚间人体电阻加脚对地的接触电阻。故穿皮鞋单手触电 220V 一般不死。严重汗脚的当心。
电气设计师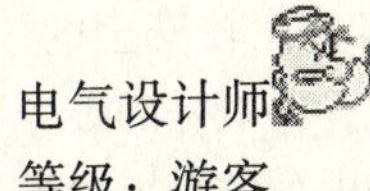 等级：游客	第14楼 不是不死，简直是没什么感觉，船长更厉害，110kV 的电压人吊在上面会像鸟一样自由？恐怕没人敢试了。不过从安全出发总之不提倡人们去触摸带电体就是了，毕竟人命关天啊，现在党的口号已经是“以人为本”了，呵呵，很是有点重视人的感觉了。
zbyjxp 等级：一星客人	第15楼 我都不知道触电多少次了，220V 单相刚开始反映很灵敏，后来就没什么反映了，就和烟头烫一下似的。
月色温柔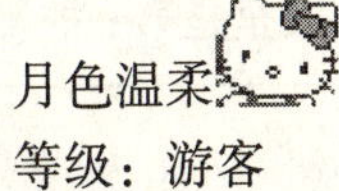 等级：游客	第16楼 我都被电了好多次了，好好的！
城市边缘 头衔：缘空和尚	第17楼 我大概9岁的时候，赤脚踩在一张使用多年的木桌子上更换灯泡，触摸灯头的时候漏电，感觉有东西把我往上面拉，吓得我赶紧跳下来了，那感觉现在一清二楚。

Weilanz 等级：三星客人	第 18 楼 我也是！都电了好多次了！现在每次去拿导线都先用手极快地试一下！哎！不好意思啊！
不很懂 等级：三星客人	第 19 楼 我小的时候就有一次升仙的经历，小时候没什么玩具，用铜丝弯了两把小宝剑，有天晚上实在无聊，一手一个戳到了插座里……没升仙，只是家里的保险丝烧了，怕爸爸打 PP，没敢作声……。当时就是觉得一阵麻，后来的触电都没有这么麻，小孩子就是胆大，所以我们的第一职责就是要保证安全！不过电击后会不会有后遗症？…… 会不会这就是我这么聪明的原因？
w3556843u 等级：贵宾	第 20 楼 那该叫彻底不懂啦。另纠正一下，医院里常用电击挽救垂危病人，又名起搏，不过不是精神病院，精神病人也有人权，不可以虐待的，小 MM！
zhoushu8 头衔：达摩院寺监 等级：版主	第 21 楼 我也来说几句外行话：我被电击过无数次了，20 多岁时喜欢义务搞修理，记不得电过多少次了，被电击确实不舒服，但也不很怕，当然你要我主动去摸，我还是怕痛。220V 的电压相对而言确实是比较安全的，只要不是潮湿等很差的环境，电死人的几率确实比较低，一般是潮湿等很差的环境或电击后高空坠地而死的多。其实在家里被电死的是很少很少的，要有也是间接死亡的，比如有病或击倒再撞死，正常环境被 220V 电击后一般容易摆脱，也不会非常难受，电击过后恢复也快。380V 电击后就非常非常的难受，这也是不建议将 380V 引入家里的原因之一，380V 容易电死人。家中若是木地板的话，其实是非常安全的。楼主说的穿皮鞋，是不能摸电线的，照样电打人。还有，你触电时，家里的漏电开关 99% 是不会跳的，不要大骂漏电开关不行哦，因为家里触电是很难达到 30mA 动作电流的，它不会跳。乱说一气啊，漏电保护，等电位连接，还是要的，有时还是要追求绝对安全，安全是第一的。
唐龙 头衔：戒律院纪委书记 等级：版主	第 22 楼 呵，我也凑凑热闹，我保证我说的全是事实，绝无半点虚构但请勿摹仿！我手摸相线做过多次示范，当然是在干爽的天气，地板很干燥，手无半点水分指插相线，让电工用电笔点我身上，氖泡贼亮，看得电工目瞪口呆！若干年前跟师父练气功时，曾一手相线一手零线经调压器慢慢加压，两手确是麻麻的感觉，受不了时两手手指与电线接触处有刺痛感，手腕颤抖。第一次时耐压 60V，10 天后耐压 230V，可承受 10min，我师兄可耐 370V！以上为本人亲历，绝无虚言！呵呵，利害吧？

w3556843u 等级：贵宾	第23楼 条件满足下是安全的，稍有疏惑还是危险的。 自己的小命是值钱的，试着触电不能提倡的！
暴雨 等级：一星客人	第24楼 摸过很多次，也被电过很多次，高中时，班主任是教物理的，绝招之一就是用两个钥匙加在手上把起辉器坏了的日光灯起亮；大学时，电路老师教俺们用手背验电，220V，试过很多次，毕业后，到安装公司，220V都是带电接火，只要不是用手紧抓着，用手背摸一下肯定没事。
zyzzyz 等级：三星客人	第25楼 新应聘某宾馆电工见刚刚交工的扩建厨房说："配电回路应增设漏电开关最好做做等电位。"头头道："原来的厨房用了几年都没事，厨师用设备熟悉得很，他们都不怕电，你是搞电的还怕电吗？你到底行不行？"
cgzhehorse 等级：一星客人	第26楼 我觉得电这行是越干越胆小，越干越胆大？还是艺高人胆大？据传淹死的都是会游泳的！一定安全第一！
zlbsyx2002820 等级：一星客人	第27楼 亲身经历：记得有一次换一个接触器，晚上迷迷糊糊地忘了断电，用改锥拆下一根相线，向上一弯，再拆一根，又向上一弯，猜猜，两根相线碰在了一起，我只记得眼前一亮，跳闸了。改锥被烧得变形了，幸亏没有用手触到，好玄啊！我现在想起来还后怕。
cn4587 等级：游客	第28楼 算你们狠！我是不敢摸的，做了这么多年维修，被电打过几次，被电弧严重搞过二次，一次眼睛红肿几天看到的东西中间都是白光一片还以为自己要瞎了。反正我是越做越怕，每次带电做之前，都必找一人看着我，嘱：若我被电，持木击我。哎！你们知道为什么这里回帖的人都说220V很不易电死人吗？因为被电死的已经上不了网了！安全驶得万年船啊！各位保重。
zhoushu8 头衔：达摩院寺监	第29楼 你举一个在家里或在办公室等正常环境被电死的例子看看，估计你还真难举得出。

船长 头衔：博超 等级：一星客人	第 30 楼 我见过。学龄前一日，见众人在一家小院围观。近前一看，见一人仰面倒地，面赤紫，听说自杀电毙。
暴雨 等级：五星客人	第 31 楼 “摸过很多次，也被电过很多次，高中时，班主任是教物理的，绝招之一就是用两个钥匙加在手上把起辉器坏了的日光灯起亮。”不可能吧？说说他的原理？
westwindo 等级：五星客人	第 32 楼 某日，一人维修 10kV 架空线路，工友先回。此人将操作票交给工友，曰，替我带回，我十分钟就干完了。工友到达单位，签字，交操作票。值班人员推闸送电。那人还在杆上……四分五裂。
注册用户 头衔：天山屠魔剑	第 33 楼 书记很厉害！无意中触电是很难受的，主动去触电就不会很难受了，哈哈，记得要用手背哦。我找不到电笔的时候都是用手背去摸的。
金边兰 等级：一星客人	第 34 楼 搞电的有句话叫做外行胆大内行胆小。说明了一个什么问题？搞电的时间越长胆子越小。这是我在电力行业搞了 20 多年得出的经验。等别是搞实际工作的人就有体会。只搞设计的人，就没有实际搞安装调试的体会深。
ttt001 头衔：般若禅师 等级：管理员	第 35 楼 生死的事情，是大事情，不可不慎重。提供一个新闻： 昨日上午 12 时 30 分许，位于乌市小西门的西部当代商城二楼传来紧急的呼救声。一名拾荒者在该商城二楼捡拾被商户们遗弃的纸箱等物品时，触电身亡。 这个地方没有水，在室内，不是高压电，虽然是自己切电线，可还是死于 220V 的电下。http：//xjdsb. tsnews. cn/dsxc/20048/5/20040805083506. htm

4-3 防雷敷设方式

gy-echo 等级：两星客人	楼主 防雷敷设方式，我们设计的外地工程防雷在屋面明敷，但是当地说好多都做暗敷，我有点疑问，暗敷能起到防雷的作用吗？效果怎样，你们大家是怎么做的？

cgzhehorse 等级：一星客人	第 2 楼 1. 暗敷美观； 2. 效果未知； 3. 从原理上讲暗敷增加泄流阻值，能起防雷作用但不如明敷。
高瞻 等级：一星客人	第 3 楼 也可以暗敷的呀，标准图集 03D501-3 里介绍的有利用建筑物金属体作接闪器的。
gy-echo 等级：两星客人	第 4 楼 那是金属屋面吧，我这个工程是学校，不是金属屋面。
owen 等级：游客	第 5 楼 暗设有好多弊端，要求施工技术高，不然对雷电起不到接闪泄流的作用。
wyf381 等级：一星客人	第 6 楼 我的做法是暗敷避雷带，采用避雷小针。
赵有亮 等级：一星嘉宾	第 7 楼 在 99D501-12-09 页有暗敷的做法，我原来做的一栋古建筑，业主强烈要求暗敷。
yzzyyfz 等级：游客	第 8 楼 防雷规范上不是明确规定可以用钢筋混凝土结构的屋面，柱子等做接闪器、引下线吗？有什么样不可以，好好看看规范及条文说明。哪条规范规定女儿墙上的避雷带必须暗敷？又有什么根据说暗敷的效果不好了？
s9 等级：两星客人	第 9 楼 没有规范说女儿墙必须暗敷避雷带。《建筑防雷规范》第 3.4.3 条“建筑物宜利用钢筋混凝土屋面板、梁、柱和基础的钢筋作为接闪器、引下线和接地装置……”。

s9  等级：两星客人	至于效果不好详见条文说明第 3.3.5 条“利用钢筋混凝土柱和基础内钢筋作引下线和接地体，国内外在 60 年代初期就已经采用了。现已较为普遍。用屋顶钢筋作为接闪器国内外从 70 年代初就逐渐被采用了。……利用屋顶钢筋作接闪器，其前提是允许屋顶遭雷击时混凝土会有一些碎片脱开以及一小块防水、保温层遭破坏。但这对结构无损害，发现时加以修补就可以了。屋顶的防水层本来正常使用一段时期后就要修补或翻修”。

4-4　问避雷带规格

guolichao 头衔：欧阳紫蜂 等级：游客	楼主 问避雷带规格？ 一栋 17 层的住宅楼，防雷等级为三级，避雷带用 40mm × 4mm 的浪费吗？ 还有用柱内主筋做引下线，是不是绑扎和焊接均可！
ROSE 头衔：掌门-天虹剑 等级：版主	第 2 楼 避雷带可以用直径 $10mm^2$ 的圆钢，柱内主筋作引下线时应焊接。
蓝天白云 等级：游客	第 3 楼 我做过一个电厂的项目：5 层办公楼屋顶接闪器用 40mm × 6mm 热镀锌扁钢的，还是要求这么用的！规范要求优先采用圆钢，圆钢直径不小于 8mm，扁钢截面面积不小于 $48mm^2$，厚度不小于 4mm。
w3556843u 等级：贵宾	第 4 楼 圆钢要镀锌的哦！
月牙 等级：一星客人	第 5 楼 绑扎也可以！

4-5　屋顶露台铝合金栏杆能否作为避雷带

shuxiaolin 等级：游客	楼主 屋顶露台铝合金栏杆能否作为避雷带？
lengbing 头衔：苦菜汤 等级：贵宾	第 2 楼 管壁大于 2.5mm^2 就可以。
zxm071 等级：一星客人	第 3 楼 但是连接一定要通，而且与接地引下线的连接一定要良好。
linjianming 头衔：江南小生 等级：版主	第 4 楼 我也认为是可以用的。
大鼻山 头衔：最逍遥 等级：版主	第 5 楼 2 楼 3 楼的结合起来，就完整了。

4-6　请问大型地下车库用感烟还是感温探测器

风流鬼 等级：游客	楼主 请问大型地下车库用感烟还是感温探测器，为什么？
liangjie 头衔：乐在逍遥 等级：版主	第 2 楼 汽车库用感温，自行车（非机动车）用感烟吧。

 sx 等级：两星客人	第 3 楼 用感温，可能是因为车辆排放的尾气容易造成感烟的误报。
Michael. W 头衔：逍遥客 等级：五星客人	第 4 楼 北京总参设计院的一位高人，写了一篇文章说可以用感烟！用感烟，高人文章的理由：首先，车库内，尤其很多高层的地下室车库，他首先有设喷淋系统，喷淋本身就是靠感温的，再来一个感温，无异于浪费；其次，现在汽车的尾气净化都做得很好了，要不然不让你上街，再加上车库稍微做一点通风，然后就……，所以害怕汽车尾气的烟影响感烟，没什么太大意义！我同意他的理由。不过，我试了一个项目，审图不干，打回！
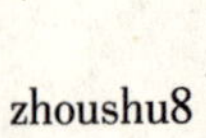 zhoushu8 头衔：达摩院寺监 等级：版主	第 5 楼 是的，其实我觉得用感烟好，用感温是脱裤子打屁屁。感温的作用不大。不能用感烟的理由其实不是很充分，又不是拖拉机车库，一般小车根本就没明显的烟，不足以误报，其实完全可以从灵敏度方面考虑，把误报可以降下来的。不过规范是那么解释的，要用感温，谁也不敢违反，不过我……。
 yoger 等级：游客	第 6 楼 有道理，可以参考一下国外的做法，毕竟国外的排放标准比中国要高！
 ROSE 头衔：掌门-天虹剑 等级：版主	第 7 楼 看《汽车库、修车库、停车场设计防火规范》GB 50067—97 9.0.7 条文说明，如果汽车库通风条件好的话，用感烟，一般的车库用感温。
 hdq 头衔：刺桐城主 等级：版主	第 8 楼 如果采用感烟的，还要调整感烟探测器的动作灵敏度使之相适应。

4-7　箱变的接地系统与计算机房的共地还是分开

ccs7638 等级：一星客人	楼主 共地还是分开? 层楼房间为计算机机房，附近（20m 左右）有箱式变电站，箱变的接地系统是否与计算机房的联合接地系统（楼房的联合接地：防雷、交流保护地、交流工作地、直流地）共地好，还是分开好，请大家详细讨论讨论？这个箱变是给机房供电的。
唐龙 头衔：戒律院纪委书记 等级：版主	第 2 楼 建议共用。
sjypjp 等级：游客	第 3 楼 最近有幸参加国际铜业主办的“WTO 与中国电气设计全国巡回讨论会”，就共用接地的问题请教王厚余老先生，王老答复最好共用！电气安全的关键在于等电位联结，不在于是否共用接地. 。
liangjie 头衔：乐在逍遥 等级：版主	第 4 楼 共用接地。
yoger 等级：游客	第 5 楼 有的设备有特殊要求，必须做单独接地，除此之外，都采用联合接地，重要的是等电位!
ttt001 头衔：般若禅师 等级：管理员	第 6 楼 计算机房的接地主要目的不是人身安全，而是工作接地和设备安全。等电位对于设备安全的作用并不明显，甚至还有负面的影响。如果是普通教学类计算机机房，共用是很经常见到的选择。如果有特殊设备或计算中心，恐怕还是要分开的，而且要严格进行屏蔽的。具体做法要具体分析，不是三言两语能够交代完毕的。

4-8 强弱电合用的井内设一个接地端子箱行吗

zx73 等级：一星客人	楼主 强弱电合用的井内设一个接地端子箱行吗？ 做一多层酒店，建筑上仅给一个合用的电气井，将强，弱电分设于两侧。问题是接地端子箱设一个行吗？强电对弱电有影响吗？
zbyjxp 等级：一星客人	第 2 楼 没有明确规定；接到一起电阻值要小于等于 1Ω 的就行了吧！
城市边缘 头衔：缘空和尚 等级：版主	第 3 楼 个人认为可以，建筑里面一般都做总等电位联结。可参考电位联结图集，电脑机房的 LEB 分别连接地板钢筋和强电竖井的 PE 干线。
Michael. W 头衔：逍遥客 等级：五星客人	第 4 楼 要我！可以！
sxywmx 头衔：沧海一粟 等级：五星客人	第 5 楼 当然可以，我做过几个，现在在用中，没有问题，但井的距离要符合强弱电要求的。
玄黄 等级：贵宾	第 6 楼 光是弱设备外壳接地可以，但如果是弱电系统接地、工作接地其接地干线必须与强电接地干线分开，接地体可以共用，要求接地电阻≤1Ω！ 不过干线分开不是更好吗！拉两根干线又不费事！

4-9 关于分励脱扣的一点问题

HYXCZP 等级：游客	楼主 关于分励脱扣的一点问题： 设计中经常会看到在火灾状态下，采用联动控制模块作用于断路器分励脱扣切除非消防电源的做法；然而，如无特别说明，分励脱扣器工作电压基本上为 AC220V，而联动控制模块输出触点容量通常为 DC24V，5A，因此无法保证联动控制模块切实的切除电源，而且容易造成交、直流混接，烧坏报警系统设备。为此，应选用 DC24V 的分励脱扣器，或者加装交、直流转换模块。我最近做的一个工程就没注意这个问题，在此提请大家注意：1. 很多型号的断路器干脆没有 DC24V 的分励脱扣器的。——况且订货时往往不按你的选型订！ 2. 很多火灾报警器厂家样本上画的都是通过单输入/输出模块联动切除空调电源。除非该模块自带 AC220V3A 以上接点容量的无源接点，否则就是有问题的——松江的有，海湾、狮岛的就必须加转换模块，你注意过吗？3. 即使你画的有问题，审图公司也审不出来，而实际上存在很大问题——想想你以前做的设计，你还能安睡吗？好在我还有机会亡羊补牢！
wys-3638 头衔：风清网	第 2 楼 这个简单，加个中间继电器不就完事了吗？我们做的工程都加的有。
HYXCZP 等级：游客	第 3 楼 不注意的话，你能想到加中间继电器吗？
zbyjxp 等级：一星客人	第 4 楼 一般都加中间继电器，即使电压等级相同，输入一般直接进卡件，输出都加中间继电器，我以前是搞现场调试的，见过很多，如果是与别的系统接口，还要分清谁提供电源的问题。一方要提供干接点。要是分不清楚也要加中间继电器。
ROSE 头衔：掌门-天虹剑	第 5 楼 我都在图中注明分励脱扣的电压 DC24V。

yukanlee 头衔：明清散人 等级：版主	第 6 楼 我认为加中间继电器是最好的方法，也比较容易变通。设计时中间继电器放在进线断路器柜里不就行了？当然前期设计工作要和消防的沟通好！当然也可以加其他的。前期设计做的越细致，后面的施工等工作越容易。我可是“深受其害”呀！
大鼻山 头衔：最逍遥	第 7 楼 多见中间继电器！类似的情况很多，不局限于分励脱扣。
zz _ zz 头衔：打杂的	第 8 楼 塑壳断路器分励线圈有 24V 的吗？如果有，还望告知。
枫-舞之九天 等级：两星客人	第 9 楼 我看了一下 NS 系列的都有 DC24V 的，而且咨询了供货方，说价钱一样的。ABB 的 S3 以上系列都有 DC24V 的。
ccdd456 等级：游客	第 10 楼 加中间继电器并不可靠。如果市电电源已不存在，即使中间继电器接受到消防信号，断路器仍不会跳闸。还是直接配 DC24V 分励线圈可靠。
大鼻山 头衔：最逍遥	第 11 楼 市电都不存在了，非消防负荷不就正好停转了嘛？此时还要什么脱扣。
scpxh 头衔：川妹子 等级：两星客人	第 12 楼 断路器的分励脱扣器的电压等级可以不是 DC24V。这和火灾自动报警没有什么关系。我以前做过工程，就是靠自动报警控制模块和中间继电器来转换的；中间继电器的电源取自控制模块 DC24V（自带有），当火灾确认后，控制模块的常开触点闭合，中间继电器得电动作，中间继电器的无源常开触点去切断分励脱扣器，此断路器的常闭触点接到控制模块的输入端返回到控制中心，显示已切断此断路器。

4-10 请问土壤电阻率太大如何做接地

lkine 头衔：武术爱好者 等级：一星客人	楼主 请问土壤电阻率太大如何做接地啊？ 土壤电阻率太大如何做接地啊？加降阻剂吗？如果地下是风岩石怎么办？有其他办法吗？02D501-2 是什么图集？和 97SD567 一样吗？是不是 97SD567 改了？
linjianming 头衔：江南小生 等级：版主	第 2 楼 02D501-2 就是 97SD567 的更新版，97SD567 已经废止。电阻率太高，就可以考虑： 1.《民规》12.9.11 对高土壤电阻率地区，如接地电阻难以符合规定要求时，可用均衡电位的方法，即沿建筑物外面四周敷设水平接地体成闭合回路（其所形成的网格除另有要求外，如大于 24m×24m 时，应增设均压带），并将所有进入屋内的金属管道、电缆金属外皮与闭合接地体相连。或采用外引接地装置，外引长度不宜大于公式 12.9.6 的计算值。为了防止反击，防雷装置应与电力设备及金属的接地装置相连。 2. 考虑使用降阻剂。 3. 换土也是可以的。
zhaokaikai 头衔：华山一壶饮 等级：版主	第 3 楼 青岛东部的地下面都是石头，当时做个多层小住宅，很晕的，电阻就是不够。
yjzllyjzll 头衔：衙门 等级：游客	第 4 楼 坦白地说，这么接地都没法达到，应该采用等电位的概念，更为合适，只要等电位做好了，不接地又何妨，如同一只鸟站在高压线上是一个道理吧。
玄黄 等级：贵宾	第 5 楼 说的没错，实在不行就做好等电位联结！降低电阻：1. 采用降阻剂；2. 增加接地体（加接地极或多个接地体相连）；3. 接地体接地干线外引至附近电阻低处（山脚、沟渠、河海）。

ROSE  头衔：掌门-天虹剑 等级：版主	第 6 楼 戈壁滩应该属于高电阻率地区了，你们知道戈壁滩地区的接地怎么做的吗？挖个 2.5m×2.5m 的大坑，换土，用扁钢做成网格，回填土中按比例加食盐、锯末、降阻剂等，还有加碳黑的呢。所以办法是很多的，看怎么实现。
船长 头衔：博超 等级：三星客人	第 7 楼 到青海湖打好接地极，架条线路引至戈壁滩即可，哈哈。
LJM 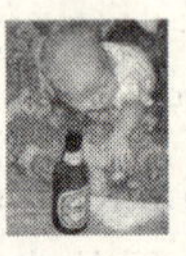 头衔：小小陪酒员 等级：两星客人	第 8 楼 如果真是等电位做的可靠了，那就不会有问题了。举个简单的例子：飞机在在飞行中遇到雷雨时怎样防雷击？难道也做个接地？可见接地不是必须的。

4-11　防雷接地系统接地电阻的具体测量方法

xvli7766 等级：游客	楼主 防雷接地系统接地电阻的具体测量方法？仪器？传统的测量方法误差是否太大？您处现在怎么做？请教！
w3556843u 等级：贵宾	第 2 楼 一般大多采用的是 ZC28B-2 接地电阻测试仪，操作很简单的，看一下它的说明书，很快就能测试操作的。
xvli7766 等级：游客	第 3 楼 谢谢你！这种仪器贵不贵？我这里工地有人用欧姆表距测点 20m 测，几次测的结果差别很大，有时大于 4Ω，有时小于 4Ω。问怎么评定结果，我觉得他的方法和仪器不对，但我在这方面不太懂。不知怎么答复？忘继续赐教！
w3556843u 等级：贵宾	第 4 楼 具体的价格我不清楚，但不会很贵，大概在 300 元以内吧！

唐龙 头衔：戒律院纪委书记 等级：版主	第 5 楼 我还是认为传统的摇表要可靠些。
xmznt 头衔：智能通 等级：版主	第 6 楼 建议用接地电阻测量仪！摇表是用于绝缘之中的！
 cwp 等级：一星客人	第 7 楼 绝缘电阻摇表和接地电阻摇表是两种不同用途的电器测量仪表。
xmznt 头衔：智能通 等级：版主	第 8 楼 接地电阻测试仪是检验、测量接地电阻的常用仪表，也是电气安全检查与接地工程竣工验收不可缺少的工具，广泛应用于电力、铁路、交通、部队、电信、金融、化工、气象等领域的电气设备接地测量及传输线路的接地测量等等。近年来由于计算机技术的飞速发展，接地电阻测试仪也渗透了大量的微处理器技术，其测量功能，内容与精度是一般仪器所不能相比的。

4-12 市电 10kV 电网的缺相保护问题

 yukanlee 头衔：明清散人 等级：版主	楼主 市电 10kV 电网的缺相保护问题： 如上，市电 10kV 电网的缺相保护，或者说低电压保护在设计上是如何实现的？作用于信号还是跳闸？动作时间是多长？（今天外线缺相停电，有设备是通过热继电器保护停下的。）我们以前 6kV 电源是通过 PT 的电压继电器来实现的，整定值 40% Ue，跳闸时间好像是 1.5s（记不太清了）。
 fire 头衔：逆风飞扬 等级：两星客人	第 2 楼 10、6kV 低电压继电保护回路应该没有什么不同，不过我见到的低电压保护回路单相失压时形成闭锁，防止 PT 单相熔断器熔断时误认为系统电压过低跳闸，请教明清你的 6kV 低电压怎么考虑的？

NLB 等级：版主	第 3 楼 一般用户的 10kV 进线柜或变压器柜不设低电压保护，只在电机柜上设。
yukanlee 头衔：明清散人 等级：版主	第 4 楼 出来两年多了，回去找到原来的图纸看了看。实在是惭愧得很，确实如楼上所说那样：PT 柜有 4 个电压继电器，控制回路设断线闭锁；不过，进线柜还是有低电压跳闸的。另，专门的缺相保护设备还是有的。像施耐德、默勒等国外厂家都有相序继电器，国内产品也有。

4-13　全钢结构的建筑如何做防雷

HYXCZP 等级：游客	楼主 全钢结构的建筑如何做防雷？ 目前做全钢结构的楼越来越多，当屋面用轻型钢板，结构柱为钢结构，基础为普通钢筋混凝土时，要求做防雷如何做？（接闪器和引下线——当钢结构柱为不做绝缘保护时）。我看了新出的金属屋面防雷的国标图，不怎么样，太笼统，请各位同仁出出主意。
 ybs2004 头衔：开山鼻祖 等级：一星客人	第 2 楼 用钢结构屋面（不小于 0.5mm 厚）做接闪器，用钢结构柱做防雷引下线，基础可以利用自然接地，如果达不到接地电阻的要求的话，就加接地极。
 HYXCZP 等级：游客	第 3 楼 钢板可以做接闪器，引下线采用钢结构柱，当真有雷击时，钢结构柱会通过很大的雷电流，如何避免人触到，做人为的绝缘保护吗？各位同仁有没有相关资料？
天正电气 等级：游客	第 4 楼 避雷措施只是一种手段，不能保证百分之百安全，防雷规范说明就如此表态，尽心就好，被雷击了只能碰运气，当然有措施总比没措施要来得安全。可用钢板接闪，用钢柱下引，接基础主筋引出。

liangxuyi 等级：游客	第 5 楼 假如建筑物被雷击的同时，有人触摸作为引下线的钢柱，我认为也不会有生命危险，因为钢柱对地电阻很小，一般为 4 ~ 10Ω，人对地电阻要大两三个数量级（两电阻并联）。虽然雷电流很大，但通过人体的电流却很小，所以不会有生命危险。
FJCY 等级：四星客人	第 6 楼 1. 目前钢构用的屋面板大部分为 H425 彩钢夹心板，其厚度就是 0.425，而且由于是工厂化生产的表面均做过磷化处理，电气性能极差，根本不宜作接闪器，建议另设接闪器。 2. 同上面的原理，由于工厂化生产，由不同构件组合的钢柱接头的面很难保证接触电阻，所以你在设计说明中必须强调应该保证的接地电阻值。最好建议他们接触面做镀锌处理。
船长 头衔：博超 等级：三星客人	第 7 楼 防雷理论本来就建立在统计学基础上，理论上讲防雷措施一般不可能也没必要做到 100% 不遭雷击。设计把握两点原则：1. 雷击概率 1%。只要按规范做就已经满足了。2. 当遭遇雷击时，产生的破坏是可以承受的。只要按规范做就也可以满足。 以所言工程为例，屋面作接闪器是常规做法，一般没有问题。万一遇到强雷，屋面可能击穿，100 年换一块钢板有什么要紧？遇到特殊情况运气不好，避雷针也一样防不住。照规范做，完全没有问题。万分之一出了问题，你也没有责任。
Michael. W 头衔：逍遥客 等级：五星客人	第 8 楼 前半句不同意，且这种做法存在很大隐患，后半句同意！首先你们根本就没有确定它房子里边是什么东西？要是易燃易爆的东西，好，你做给我看看，厚度够不够？ 后半句同意，按规范！还有，若屋面板厚足 0.5mm，且屋面下不是易燃物等的时候，可以用屋面，不过你还最好在说明里边把规范上的那几句话抄上去，什么搭接不小于 100mm，什么无绝缘被覆层。第三，对于板厚不足 0.5mm 的，在屋面做避雷带，国标图集上有做法，就是那本 99d501-1 还是 03d501-4 来着，我忘了！我推荐的做法就是，不管你厚度是多少，都在屋面做避雷带。做法看我第三点说的图集，当你看明白图集之后，你肯定知道这种情况下避雷带的做法。

4-14 喷泉水下灯、接地及路灯设计

jaremy5779 等级：游客	楼主 喷泉水下灯、接地及路灯设计： 1. 路灯设计是否是采用 TT 系统，灯杆如何做接地？ 2. 喷泉水下射灯是否必须采用 12V 灯具？喷泉如何做接地？
小电容美眉 头衔：女排主攻手 等级：三星客人	第 2 楼 1. 一个古老的话题：专家们都在倡导路灯用 TT 系统，但实际上设计院设计时可能都在用 TN-S 系统，因为 TT 系统要想接地保护灵敏度高，就得采用带漏电保护的装置。而实际上，因为室外的环境突变性较大，整个路灯的线路的电缆及灯杆灯具的漏电电流很难算出一个准确值，漏电整定电流小，容易经常跳闸，整定太大对防间接、直接电击不起作用。还是等待专门的路灯设计规范出台再说吧。TN-S 系统，配出回路 PE 线两三处接地就可以了，TT 系统，每个杆做接地，接地电阻与漏电保护电流整定值有关，使外露正常非导电金属部分不超过安全电压 50V 为宜。 2. 采用安全电压肯定是没错的，可是实际施工时，基本全是用 220V 电压等级的，防水电缆，树脂密封接线盒，加漏电保护，喷泉池里外露金属导体接地极。
leyu2003 头衔：小菜飞刀 等级：一星客人	第 3 楼 呵呵我做的一个别墅里的小喷水池就是 12V 电压配电加安全隔离变压器，加漏电另外 25mm×4mm 扁钢局部等电位联结！
小电容美眉 头衔：女排主攻手 等级：三星客人	第 4 楼 问题是经常要把喷泉潜水泵电机也放在水里，这电机用低压的可不多，即然电机的漏电比灯还严重，何必费那心思，想那几个投射灯呢？
成长中的鸟 头衔：烦不鸟 等级：三星客人	第 5 楼 水下灯有 12V、24V 加隔离变压器，也有 220V 供电的。 喷泉用水下灯最好采用安全电压供电。

4-15 接地测试卡怎样设置

高瞻 等级：一星客人	楼主 接地测试卡怎样设置？ 2003 版本的技术措施 8.4.10 说：接地装置必须在地面设测试点。请问：接地测试点该如何设置，是每处防雷引下线处都设置，还是只在其中的几处设置呢？如果只设几处，该选哪几处设置？另外，关于测试点设置的高度，有的是距地 0.5m，有的是 1.5m，这个高度是根据什么来定的呢？
lengbing 头衔：苦菜汤 等级：贵宾	第 2 楼 并不是每根引下线都设测试点，位置在 0.3～1.8m 之间。
gy-echo 等级：两星客人	第 3 楼 采用多根引下线时，宜在每个引下线处设，距地 0.3～1.8m 之间装设断接卡供测试或接人工接地体。《建筑物防雷设计规范》，我们一般在建筑物四角设，有时甲方要省钱，就对角设。
hi 头衔：贫下菜农 等级：两星客人	第 4 楼 如果建筑物比较小有必要吗？现在有暗装断接卡子用 86 盒的，也有按照 99D501-1 用 180mm×250mm×160mm 铁盒的，兄弟姐妹们选哪一个？
xjqxj 雷电 等级：游客	第 5 楼 我想每根都应设，也是这样要求的。一般在 0.5m 左右。不过现在大多建筑物上不叫断接卡，而是测试点。因为现代建筑采用的是自然接地体，引下线与接地极无法断开。详细做法参见图集。
linjianming 头衔：江南小生 等级：版主	第 6 楼 一般情况都是设置在建筑的四角，暗装盒子。

phfly 等级：游客	第 7 楼 如果建筑物很长的话可以考虑在中间部位的引下线设置测试点。

4-16　审查人员将供电局要求将 TT 系 N 线重复接地的规定作为强制性条文

秋石 等级：一星客人	楼主 审查人员将供电局要求将 TT 系 N 线重复接地的规定作为强制性条文，个人认为十分不应该。各位同仁以为如何？
arthur 等级：一星客人	第 2 楼 同意楼主意见。TT 系统的 N 线如果重复接地，那还是 TT 系统吗？接地处再有 PE 线引出，那不变成 TN-C-S 系统拉。
大鼻山 头衔：最逍遥 等级：版主	第 3 楼 我认为 TT 系统的 N 线在送到用户之前，也许要经过一定的距离（比如一二百米）；在此过程中，N 线是可以数次重复接地的。但是必须保证 N 线每次接地与到达用户后的 PE 线接地要彻底分开（比如二者大于 20m 以上）。只有做到这些，N 线是可以重复接地的，而且越多越好。最典型的例子就是，公共架空低压线路在每个电杆处所做的 N 线重复接地。
 城市边缘 头衔：缘空和尚 等级：版主	第 4 楼 大鼻兄的意思是 TT 系统进入建筑处不应 N 线重复接地？从变电所到建筑这之间可以重复接地？但是变电所出线还做接地故障保护吗？反正肯定不能用 RCD 了。
大鼻山 头衔：最逍遥 等级：版主	第 5 楼 我今天新看了一篇林维勇老先生的文章，他认为 TT 系统即使我说那种情况，也不宜接地：防止 N 线断线，不要依靠重复接地，而是要导线加强机械强度等。我现在的理解是，当 N 线接地极可以离开 PE 线接地极 20m 以上时，可以重复接地；但并不是非得重复接地不可（因在变电所已接地了）。

bigshoes  等级：两星客人	第 6 楼 强烈提醒大家看看 TT 系统的定义："电力系统有一个直接接地点，装置的外露可导电部分，接至电气上与电力系统的接地点无关的接地极上"。 如果 N 线重复接地，那么就不是一个"直接接地点"了，就不是标准的 TT 系统了。

4-17 消防自动报警中火灾警铃的设置

hpisme 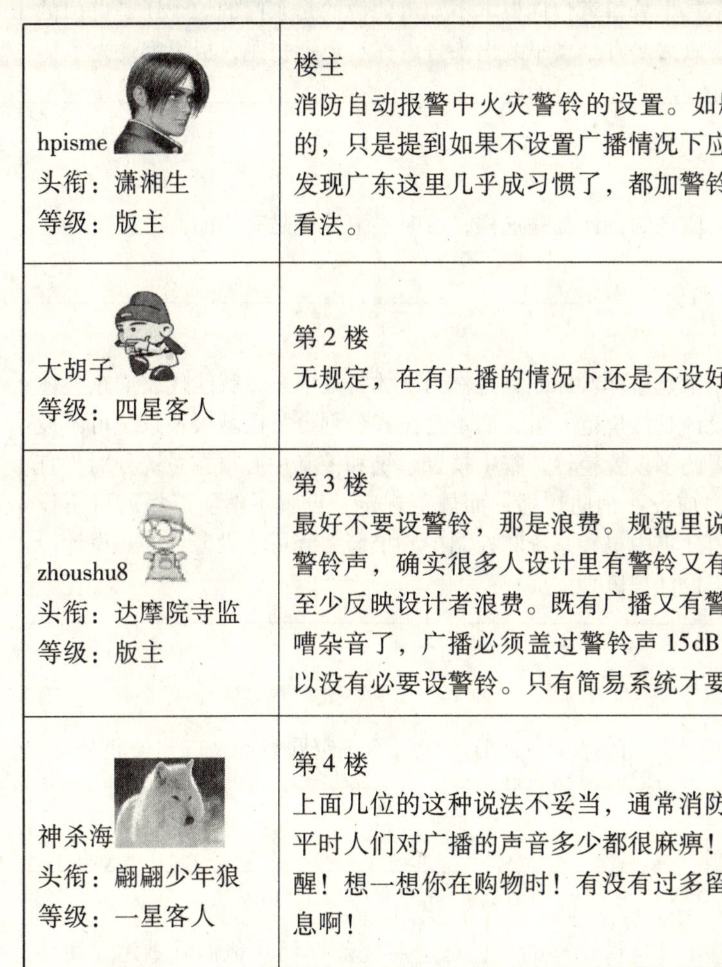 头衔：潇湘生 等级：版主	楼主 消防自动报警中火灾警铃的设置。如题，规范是没有要求必须设置的，只是提到如果不设置广播情况下应该设置火灾报警装置。可是我发现广东这里几乎成习惯了，都加警铃。想听听熟悉的朋友的理解和看法。
大胡子 等级：四星客人	第 2 楼 无规定，在有广播的情况下还是不设好，否则吵吵的反而影响广播。
zhoushu8 头衔：达摩院寺监 等级：版主	第 3 楼 最好不要设警铃，那是浪费。规范里说的很明白了，可以用广播来播警铃声，确实很多人设计里有警铃又有扬声器，那样不能说他错，但至少反映设计者浪费。既有广播又有警铃，同时响的话，警铃就变成嘈杂音了，广播必须盖过警铃声 15dB，否则就听不到疏散指令。所以没有必要设警铃。只有简易系统才要警铃。
神杀海 头衔：翩翩少年狼 等级：一星客人	第 4 楼 上面几位的这种说法不妥当，通常消防广播用来播放疏散通知的！而平时人们对广播的声音多少都很麻痹！所以需要设置一定的警铃来提醒！想一想你在购物时！有没有过多留意广播里的寻人启事，打听消息啊！
yant 等级：贵宾	第 5 楼 刚好和楼上的想法相反，通过广播通知疏散更人性化，警铃更容易引起公共场合的混乱。

zhoushu8 头衔：达摩院寺监 等级：版主	第 6 楼 你查一下规范条文解释是怎么说的，看看《火灾自动报警设计规范》第 5.5.1 条的条文解释吧。警报是一个很严肃的事情，误报太多，报警系统的权威性及有效性均受到用户及群众的高度怀疑，这就跟设计不合理有关系的。狼来了的故事知道吗？还要制造很多狼来了的假信息？
神杀海 头衔：翩翩少年狼 等级：一星客人	第 7 楼 同一个喇叭播放出来的东西和同一张嘴里说出来的两件事情都一样！只要你不是十分留意！你根本不知道他说的是东门的炉子还是屯门的猴子！所以需要有个猴子跳出来告诉你！还不快跑，板栗都烧光了！
xm204 头衔：华山派风清扬 等级：贵宾	第 8 楼 哈哈！在广东的设计都是这样，有时候警铃还是有用的。
大鼻山 头衔：最逍遥 等级：版主	第 9 楼 谁说广东都是这样？你们只是作为个体身处广东，就能代表广东整体了吗？设计是按规范办事，而不是按省份划分。区域报警系统可不设广播，因此多设置警铃。集中报警系统和控制中心报警系统分别“宜设”和“应设”消防广播；而规范规定，设置了消防广播就可不设警铃，因此集中报警系统和控制中心报警系统可不设警铃的。设计习惯不等于设计规范！
 Langjie 头衔：乐在逍遥 等级：版主	第 10 楼 鼻兄，可在实际的操作中，消防部门不一定同意呢，广州便是如此。呵呵！还有审图单位的意见等等。
大鼻山 头衔：最逍遥 等级：版主	第 11 楼 消防局基本都是讲道理的，也是按照规范（而且他们看重建规和高规）做事的；你只要言之有据，他们也会经常采纳设计院合理意见的。这种情形我碰到多次。你可以不设警铃实验一下嘛。最忌讳的就是设计人心里没谱，人云亦云，毫无主见。即使广州剑走偏锋，也不能代表广东省啊。

hpisme
头衔：潇湘生
等级：版主

第12楼
其实我在广州这短短的几个月里，我在设计中就有了深深的体会，现在看了大家的讨论，更是如此。从我目前所看到的广州的设计院的图纸，好像还没看到只设广播不设警铃的。大院均是如此。我们院也是如此。所以就和一位高工就此问题说了起来，可怜胳膊扭不过大腿。拿规范说话没用！老家伙觉得经验最重要！我看到过广东规划院某位高工做的一小设计：一区域报警系统，报警控制器壁挂在展厅的墙上，居然也是做了广播和警铃。不明白这种系统做了广播有何意义？

yin _ yigang
头衔：游侠
等级：游客

第13楼
报警和应急广播不是一种东西，报警肯定要比广播简便，快捷。而且背景音乐和事故广播切换一般设置成强制切换，不是自动切换的吧？（这个我也不是很清楚，只是下意识的这样觉得，还请高手指教）
第4.2.7条火灾确认后，消防控制设备应按疏散顺序接通火灾警报装置和火灾事故广播。警报装置的控制程序应符合下列要求：
上面是火灾自动报警系统设计规范中的一条，他提到的是“火灾警报装置和火灾事故广播”请注意是“和”不是“或”。“和”和“或”的含义我想不需要我来解释吧！

yant
头衔：包子
等级：贵宾

第14楼
当然是“和”啦，规范未规定只能设置其中的一种，也未规定两者都必须设置。如果用“或”，那你岂不理解为只能启动其中的一种？那不是规范的意思。规范要求“未设置火灾应急广播的……，应设置火灾警报装置”，可见应优先设置火灾应急广播。“广播和警铃是否一定要都做上”？当然不是。一方面，在公共场合使用警铃，容易对人群造成较大的心理压力，引起人群骚动；另一方面警铃易勿报，对管理者容易造成“狼来了”的印象。

yin _ yigang
头衔：游侠
等级：游客

第15楼
警铃可能引起心理压力，引起人群骚动，你的意思是不是紧急广播就不会引起心理压力，引起骚动？紧急广播有时会让人听不清内容，在不明所以的情况下，周围人都开始骚乱，那么这些没听清内容的人是不是会更加制造混乱呢？警铃至少让所有听见的人都知道，发生火灾了；至于警铃易误报，这个我不太明白，误报本身是有错误的信号引起的，报警控制器才是解决误报的根源所在，用应急广播和用警铃误报相差应该不是很大，只是应急广播需要切换，警铃不需要切换而已，但现在的报警控制器很多都可以检验报警信号由监控人员确认后再引发报警，故用警铃和用紧急广播几乎不存在那个误报几率更大的

yin _ yigang 头衔：游侠 等级：游客	问题。个人觉得警铃是消防专用的，而应急广播很多都是和背景音乐切换，所以警铃（或声光报警器）是必须设置，紧急广播系统只是火灾报警系统的必要或非必要补充。
大鼻山 头衔：最逍遥 等级：版主	第 16 楼 说实话，在 5 年前，我也是广播和警铃都上的（也算是师傅和习惯势力的影响吧）；但后来细读规范之后，就改变了设计思路而取消了警铃（有广播时）。而且，消防部门（深圳、南京、佛山、江门等地）没有一次因此提出异议！那些认为消防部门会刁难人的说法，大多是凭空想像；其实消防部门还是讲道理、讲规范的，前提是设计人员要按规范办事，而不是拿甲方钱不当钱花：你消防设计多花钱，消防局肯定不会否决你的方案啦，但你千万不要因此认为自己的设计高明、正确！以国标为准绳，向陈规陋习开炮！
hsr 等级：一星客人	第 17 楼 呵呵！规范没说设了警铃就不许设广播，就是说设了不能算错。不然消防局和审图组也不会干的。警铃会影响广播的说法不可靠。他们应该不会同时响的，中控室人员广播时肯定先关掉警铃在广播，呵呵。
 zhoushu8 头衔：达摩院寺监 等级：版主	第 18 楼 谁说的？警铃的设置最大的缺点就是影响广播，而且不便于控制，易制造混乱，误报警时会有“狼来了”的缺点，久而久之，令人烦躁时，干脆把报警器关掉。很多报警器被关闭就是误报扰民，被关掉的。很多用户心目中认为火灾报警系统是摆设，没有用，设计者负有主要责任。要想提高自动报警系统的权威性，有广播就不要设警铃，即使要设也只能是手动控制，广播也是手动控制，都手动就多余了，反而影响操作，若要自动，逻辑关系就很混乱。
 Langjie 头衔：乐在逍遥 等级：版主	第 19 楼 建议规范改改吧，在哪里明确指出：设置消防广播就不允许（或不得）设警铃。呵呵！

4-18　避雷器根本不能防止真空开关操作过电压

zab 头衔：我感觉 等级：游客	楼主 避雷器根本不能防止真空开关操作过电压? 避雷器只能防止雷击过电压，即相对地过电压；而不能防止相间过电压，真空开关操作过电压是相间过电压。防止操作过电压要使用组合式过电压保护器 TBP 是安徽凯立科技的专利产品，防止操作过电压又防止雷击过电压。产品介绍看：http：//www. kailikeji. com/prod. asp
电气美眉 头衔：真实的我 等级：佳客	第 2 楼 请问 zab 先生，在高压柜真空开关下端装一组 TBP，就可以既防止操作过电压，同时又可以防止雷击过电压吗？TBP 分保护电动机和保护变压器等几种类型，如果用真空开关馈线高压变频器（1 变频器 10kV 进 10kV 出，中间没有变压器)，您认为采用哪一种类型的合理呢?
zab 头衔：我感觉 等级：游客	第 3 楼 在高压柜真空开关下端装一组 TBP，就可以既防止操作过电压，同时又可以防止雷击过电压。高压变频器与高压电机相连，所以用保护电动机类型的。
电气美眉 头衔：真实的我 等级：佳客	第 4 楼 谢谢指教。那您认为变频器的过电压能力要比电动机大了？我觉得那些电力电子器件要更脆弱。如果采用高低高那种形式的变频器，他的配出真空开关柜避雷器应该选用什么类型的？高低高的变频器就是有变压器的那种类型的。
 zab 头衔：我感觉 等级：游客	第 5 楼 变频器在设计时就要考虑过电压的影响，最起码要有电动机耐受的过电压值。由于电力电子制造的性能分散性，造成具体产品耐受的过电压值不一样，造成变频器容易坏，一个击穿影响所有串联元器件，维护成本高，所以减低电压来减少变频器的维护成本，同时变压器可以起到隔离作用。在高压变频器设计制造中，由单个元器件的耐压达不到额定电压，就要几个元件串起来达到额定电压。如 10kV 变频器，一个 GTO 元件的耐压值为 1kV，那么就要 10 个 GTO 来达到 10kV，为了有裕度一般用 12 只 GTO 元件，同步驱动。如果 12 只中任一个击穿，12 只就会全击穿。

<table>
<tr><td>电气美眉
头衔：真实的我
等级：佳客</td><td>第 6 楼
谢谢指教。那您认为变频器的过电压能力要比电动机大了？我觉得那些电力电子器件要更脆弱。如果采用高低高那种形式的变频器，他的配出真空开关柜避雷器应该选用什么类型的？谢谢指教，我问的是这个问题。</td></tr>
<tr><td>zab
头衔：我感觉
等级：游客</td><td>第 7 楼
防止输入端过电压。变频器电源输入端往往有过电压保护，但是，如果输入端高电压作用时间长，会使变频器输入端损坏。因此，在实际运用中，要核实变频器的输入电压、单相还是三相和变频器使用额定电压。特别是电源电压极不稳定时要有稳压设备，否则会造成严重后果。
防雷在变频器中，一般都设有雷电吸收网络，主要防止瞬间的雷电侵入，使变频器损坏。但在实际工作中，特别是电源线架空引入的情况下，单靠变频器的吸收网络是不能满足要求的。在雷电活跃地区，这一问题尤为重要，如果电源是架空进线，在进线处装设变频专用避雷器（选件），或有按规范要求在离变频器 20m 的远处预埋钢管做专用接地保护。如果电源是电缆引入，则应做好控制室的防雷系统，以防雷电窜入破坏设备。实践表明，这一方法基本上能够有效解决雷击问题。变频器的避雷器要采用专用的避雷器—浪涌保护器。
操作过电压对电机产生的危害：截流过电压。由于真空断路器有良好的灭弧性能，当开断小电流时，电弧在过零前就会熄灭，由于电流被突然切断，其滞留于电机等电感绕组中的能量必然向绕组的杂散电容充电，转变为电场能量。对于电机和变压器，特别是空载或容量较小时，则相当于一个大的电感，且回路电容量较小，因此会产生高的过电压，特别是开断空载变压器时更危险。从理论上讲可以产生很高的过电压，但由于触头和回路中有一定的电阻产生损耗以及发生击穿，对过电压值有相当的抑制作用，但这种抑制作用是有限的，不能消除在切断小电流时出现的过电压。因此特别对感应负载在采用真空断路器作为操作元件时，应加装过电压保护设备。</td></tr>
</table>

4-19 280℃的防火阀需要电源吗

<table>
<tr><td>gao288
头衔：菜花
等级：三星客人</td><td>楼主
280℃的防火阀需要电源吗？</td></tr>
</table>

大胡子 等级：四星客人	第 2 楼 两种。一种自动脱扣，不用电源。另一种可电动操作，需要电源。
yant 等级：贵宾	第 3 楼 常闭，需要在火灾时打开的需要电源，DC24V，可由模块提供。
gao288 头衔：菜花 等级：三星客人	第 4 楼 它不是自动融断的吗，电动阀呢，是 220V 的电源，还是 24V? 常闭的防火阀有何作用？常开是为了防止串火，那常闭呢？请指教！
wl220 等级：一星客人	第 5 楼 一般不用，平时常开，在火灾时达到 280 度自动关闭，只要二根信号线可以传到消控室就行了。我个人的理解。
ROSE 头衔：掌门-天虹剑 等级：版主	第 6 楼 常闭，火灾时消防控制室给信号打开，DC24V，可由控制模块提供。常开，在火灾时达到 280 度融断关闭，消防控制室接受信号，用监视模块，不需电源。所以 280 度阀有两种，最好让暖通专业搞清楚。常闭的是用在排烟管道上的，平时关闭，火灾是打开排烟。
唐龙 头衔：戒律院纪委书记 等级：版主	第 7 楼 常开的一般装在新风管道，或是平时作通风使用同时火灾时兼作排烟的管道上。

4-20 地下消防控制室疏散门

 Michael. W 头衔：逍遥客 等级：五星客人	楼主 地下消防控制室： 设在地下一层的消防控制室，必须设直接对外的出口！ 不知道大家是怎么实行这一条的，怎么理解这一条的！

liangjie  头衔：乐在逍遥 等级：版主	第 2 楼 设直接对外的出口就 OK 了，还要怎么样？
Michael. W 头衔：逍遥客 等级：五星客人	第 3 楼 今有人提出，对外出口必须门一开就是室外，中间没有什么前室啊什么的，中间不会再有什么门之类的东西就是！门一开，就到室外，或者，门一开，走个三五步七八步的直接到室外，中间没有什么门之类的，要有的话，不叫直接对外，你们是怎么做的？觉得有点郁闷。后面我又看了半天，觉得问题是出在这里："直接对外的出口"和"直通室外"，这两个的区别！有区别吗他们，好像有又好像没有？
枫-舞之九天 等级：两星客人	第 4 楼 直接对外的出口就是不能经过通道直接在控制室就可以出去，直通室外就可以通过一个通道出去。以通过一个直通的通道出去，这个通道一般是专门设置的。
north73 等级：游客	第 5 楼 上次遇到一个工程，地上没有设消防值班室。地下是人防兼作汽车库，做了火灾自动报警。难道再把线接到地上不成？只好做在地下了。做人防的总是很郁闷，线不能这么穿，不能那么穿。而且和地上配合，好多时候他们的图都出了，甲方才叫我们画，想和上部协调都难。
ljy2003 _ cq 头衔：风清扬 等级：一星客人	第 6 楼 1. 消防控制室可以设在首层和地下一层。 2. 消防控制室有直通室外的消防走廊（包括负一层至一层的疏散楼梯）。 3. 该消防走廊即消防控制室至室外，其间距不大于 20m。（即消防控制室至消防出口的间距不大于 20m）

4-21　请教 SPD 的加法

欧零圈  等级：两星嘉宾	楼主：请教 SPD 的加法： 我详细的查过防雷的规范，没有找到三类防雷强制要求加浪涌，还有弱电和机房，但是甲方和气象局的意见不同意，我又找不出具体的规范，不知道你们是怎么做的。最好告诉我规范的条目。

zhaokaikai 头衔：华山一壶饮 等级：版主	第2楼 受人之托，来说说。雷电波沿线路传输距离为1km左右，入口可在5～10kA，还是加上吧。不要和甲方说去查规范。吓唬他们就行了，毕竟加上是没坏处的，我好多不够三类的都加。
欧零圈 等级：两星嘉宾	第3楼 我知道加上好，可是气象局的意见上，要求加三级防护，要求弱电，机房都要加，想一口吃个胖子，甲方吃不消了，所以要找理论根据，我只能找到二类防雷的依据要求进户要加。弱电跟机房没有找到，所以想问问大家。
zhaokaikai 头衔：华山一壶饮	第4楼 为啥和气象局有关呀。
liangjie 头衔：乐在逍遥	第5楼 应该是防雷所（办）吧。设置SPD跟几类防雷关系不大，主要考虑的是（详6.1.2条和6.4.12条）。
雨过天晴 头衔：帮主	第6楼 电子信息设备进线端要加浪涌保护。
欧零圈 等级：两星嘉宾	第7楼 那就是进线你们都加是吗？因为家用电器遍地是啊，那弱电你们也是都加？防雷设计规范，你们看看把，怎么会跟防雷等级没有关系呢，奇怪了？每个防雷级别下都有怎么样防止感应雷的措施。
ASP Anti Surge Protection 安世杰 ASP 等级：游客	第8楼 加电涌保护器的规范 GB 50343—2004 A级-大型计算中心、通信枢纽、国家……；B级-中型计算中心、通信枢纽、省级……、四星宾馆；C级-小型计算中心、通信枢纽、三星宾馆；D级-除上述。 保护：一级保护—二级保护—三级保护—四级保护

ASP 等级：游客	A-10/350≥20kA（8/20≥80kA）—8/20≥40kA—8/20≥20kA—8/20≥10kA； B-10/350≥15kA（8/20≥60kA）—8/20≥40kA—8/20≥20kA； C-10/350≥12.5kA（8/20≥50kA）—8/20≥20kA； D-10/350≥12.5kA（8/20≥50kA）—8/20≥10kA。
hanghost 头衔：寒秋	第9楼 解释下图表含义：10/350≥20kA（8/20≥80kA）—8/20≥40kA，*x*/*y*，*xy*是指什么？
ASP 等级：游客	第10楼 10/350波形20kA或者8/20波形80kA。*x*/*y*波形图；*x*=波形波头；*y*=波形波尾。

4-22 太阳能热水器上需采取避雷措施吗

 Mikecheng 头衔：天山派大师兄 等级：三星客人	楼主 很多新建住宅楼，住户搬进去以后，一般要在屋顶或屋面装太阳能热水器，请问，太阳能热水器上需采取避雷措施吗？
 yant 等级：贵宾	第2楼 应该做。但是，热水器往往都是住户搬进去自己装的，不关我们的事情吧。说明高出屋面的金属物要与避雷网可靠连接。
fanzhong6980 头衔：www323 等级：一星客人	第3楼 天山派大师兄，你我看到同样的问题了，我在旧论坛上发了一个很相似的帖子。这个问题不关我们设计事的，但住户应该要求热水器销售商在安装时将它与避雷网可靠联结，这样才安全。
cwp 等级：一星客人	第4楼 感谢楼主的提醒，楼顶太阳能热水器必须和避雷装置可靠连接，虽然是用户后安装的，但我们设计防雷时也应说明这一点。太阳能热水器生产厂家也应该在产品使用说明中注明。

w3556843u 等级：贵宾	第 5 楼 楼顶太阳能热水器必须和避雷装置可靠连接，尽管产品说明中没有这一行，但如果我们设计中有此产品就必须注明，至于用户以后安装此产品就不在我们设计范围之内，那是用户和安装单位的事情了，我这样说法大家能认同吗？
Mikecheng 头衔：天山派大师兄 等级：三星客人	第 6 楼 说实话，你想让安装太阳能热水器的销售商给你做避雷设施是不可能的！ 前几天看电视新闻就有太阳能热水器遭雷击的事例，不做避雷是危险的。
唐龙 头衔：戒律院纪委书记 等级：版主	第 7 楼 楼主提的这个问题确实是很常见，而又为大多数人所忽略的！实在值得我辈警醒！应与避雷带连接，哪怕我们只在说明中交代一句！不然，出了事追根溯源起来，我们还是脱不了干系的。

4-23 打手机真的能够把雷电引来吗

luozi8250 头衔：明教掌旗使 等级：贵宾	楼主 一个问题，跟大家讨论。前几天长城遭遇雷击，最后得出的结论是：有游客在使用手机，手机在使用过程中辐射电磁波，把雷引来了！看到这个结论感到很迷茫：1. 从理论上讲，好像是有道理。2. 从实际来看，手机时时刻刻都在用，并没有因为雷电而停止过！请大家发表意见。
 lengbing 头衔：苦菜汤 等级：贵宾	第 2 楼 不可能的事吧？我不相信。
hdq 头衔：刺桐城主 等级：版主	第 3 楼 偶然的“雷击”碰上了必然的“使用手机”老兄，于是乎，奇迹出现了——“长城遭遇雷击”。这就像武侠小说里面的主人公大难不死掉入悬崖却得到武功秘籍一样，可遇而不可求也。

小电容美眉 头衔：女排主攻手 等级：三星客人	第 4 楼 看到一个说法：手机电磁波是雷电很好的导体，电磁波在潮湿大气中会形成一个导电性磁场，极易吸引刚形成的闪电雷击。在雷雨天气，雷电干扰大气电离层离子波动，手机的无线频率跳跃性增强，导致芯片被烧掉或把雷电引到手机上。在雷击区打手机，手机无疑充当了避雷针的角色，但一般来说，公共聚居地都装有避雷装置，人们处在这种环境中相对安全，雷电仅仅会干扰手机信号，顶多也仅是损坏芯片，对人体不会造成致命伤害。而一旦处于空旷地带时，人和手机就成为地面明显的凸起物，手机极有可能成为雷雨云选择的放电对象。并不是只有手机使用时才能传导雷电，只要手机与通讯网络接通，与基站保持联络，就有电磁波发射或接收，即使不处于通话状态同样可能引起雷击。所以雷雨天气走在空旷的环境中应该关闭手机。
 lengbing 头衔：苦菜汤 等级：贵宾	第 5 楼 也许什么事情都不是不可能哦，还是让我来当长城的避雷针吧，毕竟是文物嘛。呵呵。
 cwp 等级：一星客人	第 6 楼 大家不要不信，我们这里就发生过这样的事，1998 年一位家长送孩子上高中上学，雷雨天在操场上打手机，被雷击死了。
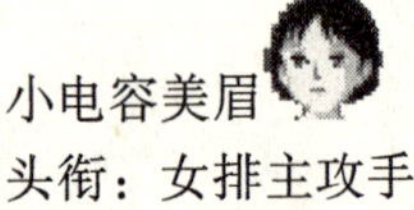 小电容美眉 头衔：女排主攻手 等级：三星客人	第 7 楼 刚看到 5 楼的帖子：帮主，你太神圣啦！帮主想用一血肉之躯，筑起一个一米多高的新的长城避雷针，感动中．呵，再告诉你一好方法，打雷时，开通百八十个手机，与我们菜鸟帮的同仁联络一下，让我亲耳听你唱着国歌，为保卫长城，保卫长江而英勇……虽然你可宁为玉碎，但我们还是希望你为“鸟”而全吧？好好当帮主吧，下雨天别忘了关手机。
呆鸟 等级：游客	第 8 楼 这个叫不完全归纳法，统计的数据量不够大，往往会得出错误的结果，比如我们统计近年来的雷击损失和气象部门的防雷管理力度，绝对可以得出结论，雷害损失是由于气象局管理力度的加大造成的，其实完全可以做个实验证明一下，不就有结论了。

Michael. W 头衔：逍遥客 等级：五星客人	第 9 楼 其实我就一直有一个问题存在于脑海中，很多时候我们在计算雷击次数的时候，很多建筑物压根都达不到三类的要求，就更不用说别的什么了。但是，我们都按三类设计！这是不是一个问题呢？我觉得，这是一个挺严重的问题！首先，避雷的同时也就是引雷，大家不否认！其次，我们在这种本身三类都算不上的地方做了避雷！那好了，本来不一定会有雷击的，你这么一弄，完蛋，雷引来了！成本加上去了，结果本来没雷到最后变成有雷了！试问谁的错？要我说就是你们电气设计人员的错。

4-24 消火栓按钮的 *n* 大问题

bigshoes 等级：两星客人	楼主 消火栓按钮的 *n* 大问题： 初次设计消防联动，令我困惑不解的是：国家标准图集 01D303-3 里《消火栓用消防泵一用一备全压启动控制电路图（一）》的消火栓箱内按钮起泵方式是由动断触点断开失电后继电器动作而起到起泵作用的，但是我看到一些火灾自动报警系统厂家提供的产品手册中，他们的编码型消火栓起泵按钮（如海湾的 LD$\underline{\vee}$8404）是通过报警按钮按下后，按钮直接输出 DC24V 电压给继电器，使其动作的。由此一来，这种按钮根本不能直接用于与标准图集的控制方式嘛（我个人认为），不知各位是怎么解决这个问题的呢？大家选用的消火栓按钮是哪种类型的？或者用普通的机械按钮接一个输入模块进行报警？
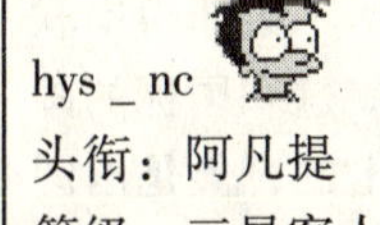 hys _ nc 头衔：阿凡提 等级：三星客人	第 2 楼 继电器其实既有常开触头、又有常闭触头！看了一下图集，其实你可以把你所说的继电器在图集中的常闭触头换成常开触头就可以了。
 bigshoes 等级：两星客人	第 3 楼 但是标准图集的继电器线圈是接在控制箱的 24V 交流电源里的，而厂家的按钮的继电器线圈不接在控制箱的电源上！我可以改动标准图集的图吗？初次设计很担心这种改动会有问题。
小菜 等级：五星客人	第 4 楼 注意：消火栓按钮都是使用常闭触头，不能用常开触头，因为使用常开触头时，如果某一处断线，就不会被及时发现，会导致所有按钮无法动作。说错了，对不起，应该是用常开触点串联，而常开触点平时都是闭合的（因有玻璃压着）。至于接到总线上的报警触点，可以用常闭触点，动作时为闭合信号。

lengbing  头衔：苦菜汤 等级：贵宾	第5楼 4楼说的没错，但也有一个问题，消防产品的输入模块对常闭接点的断开信号，似乎无法采集，要用到有24V电源的控制模块才行。你说呢？
bigshoes 等级：两星客人	第6楼 我现在想到的一个解决办法是：使用普通的双触点开关（不采用那些厂家配套的带地址的消火栓按钮），其中一个是常闭、一个是常开，常闭触点用来连接控制消火栓泵启动的控制线，常开触点与一个输入模块的输入端连接。当发生火灾使用消火栓时，常闭触点断开，启动了消火栓泵，而常开触点闭合，接通输入模块的输入端，向火灾报警控制器发出信号。不知各位认为我这个方法是否可行？
电气恐龙 头衔：神仙姐姐 等级：游客	第7楼 很好！我也是这样想的。但是01D-303-3中的好多东西都太老了。现在既然有厂家配套的消火栓按钮，干吗还要使用这种消火栓箱自带的双触点按钮，还要我们另外加模块传信号给消防中心！4楼说的都没错！4楼把常开说成常闭可能是笔误。国标的消火栓按钮是串联的，这样可以及时发现断线的情况。实际上用消防厂家配套的消火栓按钮是大部分是并联的，因为它是有地址的，可以自检的，不必非得串联来检查断线情况，所以好多厂家给出的都是常开触点。这和国标的画法有点不一样，所以说国标太老了，虽然是2001年出的，但是出图的人太老了。我们自己改一下一点问题也没有，我们常改来改去的，国标也是人画的嘛！
神杀海！ 头衔：翩翩少年狼 等级：一星客人	第8楼 注意：消火栓按钮可以使用常闭触头串联，也能用常开触头并联，使用常开触头时，如果某一处断线，确实不会被及时发现，但是只会坏了此点，不会导致所有按钮无法动作。当前小系统一般采用串联常闭，大系统不用，因为一条回路出上接点多了，反而出现问题的可能也多！大系统用并联常开自带地址编码模块，相互独立又解决了巡检问题。

4-25 请教有关煤气报警系统

JRT 等级：一星客人	楼主 请教有关煤气报警系统： 请问哪位大师知道煤气报警系统一般是怎么做的，是否跟住宅户内的紧急求助系统一样也可以通过电话线来实现啊，请问传统的做法是怎么布线啊，我知道终端是在厨房安装一个探测器，但是楼梯间布线是什么线？怎么布的啊？谢谢！
xm204 头衔：华山风清扬 等级：贵宾	第 2 楼 按探测器——传输系统——报警控制器来设计，其他安防系统还考虑了什么？可以合二为一，通过电话线你是要实现什么样功能，远程呼叫。
liangjie 头衔：乐在逍遥 等级：版主	第 3 楼 1. 可以并入住户安防报警系统。 2. 也可合入火灾自动报警系统。
cgzhehorse 等级：一星客人	第 4 楼 1. 有专门的燃气设计规范。 2. 本人认为不宜并入火灾和安防系统。
孤狼 等级：三星客人 头衔：狼大王	第 5 楼 煤气报警系统有的设计是放在火灾报警里面，本人认为应该与该楼所有单元自成一回路即：探测器 — 传输线路 — 报警控制器。这样的系统一般都是有小区安防中心来监护。住户内也应该有报警器来防护。
cgzhehorse 等级：一星客人	第 6 楼 回复：1. 主要由于燃气属爆炸危险环境，执行的报警规范特殊化。 2. 燃气报警和联动有特殊要求，详见规范。
xm204 头衔：华山风清扬 等级：贵宾	第 7 楼 楼上所讲的应该是燃气站的要求，在住宅中，当煤气泄漏，达到一定浓度时，感应器就动作，提示注意，可以和自报或安防系统合在一起，节省投资及管理费用。
Michael. W 头衔：逍遥客 等级：五星客人	第 8 楼 实质上我有点不同意那个说要装防爆的理由！只是因为大家都没有这么做，所以我们也就没有这么做了！但是要真套规范的话，你就得傻，就得要（我还没看规范）！

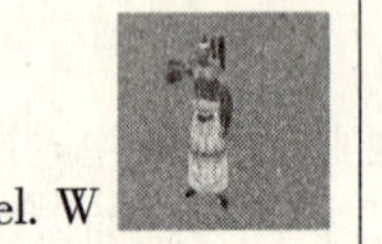 Michael. W 头衔：逍遥客 等级：五星客人	因为早前，燃气进厨房，好像很少！现在多了，等到以后出了事情以后，吼吼，我看我们就傻了！举个例子，cgzhehorse 这位老兄的厨房要是因为燃气炸了，我看人家要真告你这个设计人说不按规范设计(因为人家确实拿得出条文来)，你就傻了。现在厨房出事情的多的不行。不要说家里，看宾馆饭店等场所。可是很多出了事情都是怪灶不行或者液化气罐不行，再或者管路不行，阀门不行，他们压根就没有想过，可能是灯不行，插座不行！我还没有做过用燃气的住宅，所以我还不急！不过各位真的应该要好好看看规范。还有，不要因为大家都是这样做的，所以我就这样做！不要到时候我们自己怎么死的都不知道！
luozi8250 头衔：明教掌旗使 等级：贵宾	第 9 楼 我同意楼上的观点；也赞同 cgzhehorse 的认真态度！ 1. 如果燃气由地下一层引入，或大楼高度过 28 层，具备条件任一应做单独系统。 2. 燃气场所要考虑一个防爆等级，详见规范（尤其是地下有设备)。 3. 目前安防/消防燃气报警探头均不适合此类场所！

4-26 切除非消防负荷真的和你想像的一样吗

 大鼻山 头衔：最逍遥	楼主 切除非消防负荷真的和你想像的一样吗? 真的是必须自动切除吗？自动切除带来的混乱可能比火灾带来的损失更大！大家先谈谈你们的观点，稍后我说明一下我的观点。
 shjcll 等级：一星客人	第 2 楼 消防切除应该是自动的，并分区切除，在切除非消防电源的同时，点燃应急照明。
 zhoushu8 头衔：达摩院寺监 等级：版主	第 3 楼 设计还是要有切除的条件，施工图审查要点里特别提到这一点的，你设计成电工去手动切除，审查过不了关的。本人以为：所有的条件必须具备，如模块及分励脱扣器及报警反馈线路。只是空调风机用自动，照明用手动，手动是指在消防控制室远距离手动，而不是跑到现场去关，跑到现场去由电工关，火灾时是送死！

大鼻山 头衔：最逍遥 等级：版主	第 4 楼 首先请看民规的条文说明（P314）：“24.6.5.1 为了准确地核实火灾发生地点和恰当地选择如何采取应急措施，一般在火灾确认后宜手动切除相关区域的电源，而不主张自动断电。”再看《火灾报警设计规范》的条文解释（P69）：“……切断方式可以人工切断，也可以自动切断……以减少断电带来的不必要的惊慌。”总之，“非消防负荷的切除”，没有一些朋友想像的那样重要和可怕；有时候由消防室发通知，再由电工手动切除即可。当然，通风类负荷一般是无条件切除的。那种“一对一”的自动切除方式，可靠性当然更高，但是设备造价也直线上升。因此，不推荐绝对的“一对一”切除；必要时，“一对多”或者手切也可。
 大胡子 等级：实习会员	第 5 楼 对于部分负荷可以自动切除，如空调，部分负荷手动切除为佳，如照明及突然断电会造成事故和重大损失的设备电源。
 ttt001 头衔：般若禅师	第 6 楼 提得好！不过，还是做自动切除的多。虽然以总切为主。
 dsd 等级：游客	第 7 楼 火灾时切除非消防电源是为了防止电气设备尤其是电缆，导线造成火灾的进一步扩大。上海在对电缆，导线的选择在防火方面有严格的规定。并不强调非消防电源（如照明）一定要自动切除。应该考虑到自动切除带来的混乱可能比火灾带来的损失更大。
 ahao 头衔：点石 等级：四星客人	第 8 楼 本人认为对于每层空调的风机盘管或新风机，轴流风机及每层照明可以考虑自动切除；对于一些较重要负荷（非消防）或较大用电量的象冷水机组，生活水泵则在火灾确认后采用手动切除比较好。
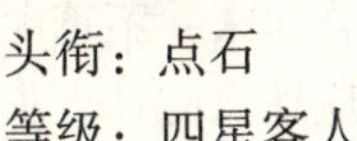 zhaokaikai 头衔：华山一壶饮	第 9 楼 我认为火灾时切除非消防负荷的主要目的是保证消防灭火人员的人身安全。因此重要负荷（一，二级）可作用于报警，不必切断。

moonlight 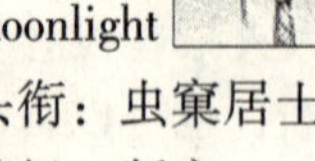 头衔：虫窠居士 等级：版主	第10楼 民规上说的很清楚，正常工作照明要切除，还有备用照明至少要保留1个小时的时间（备用照明至少要保留正常照度的50%）。不能自动切除时应该延时切除。对于连续工作照明，严禁切除。（如消防泵房照明）其中备用照明是延时切除的。正常工作照明切除之前也要首先点亮火灾疏散用的应急灯和诱导灯。高层中自动切除非消防负荷，工程中常按照自动去做的。也是为了提高管理水平和节约时间，降低火灾损失。只要控制做的好，不会发生混乱情况。
lydslp1  头衔：食指神丐 等级：一星客人	第11楼 切除的目的是防止线缆扩大火灾范围，防止消防人员带水作业触电。宜自动切除部分：空调通风类、工作区、生活区类照明。宜手动切除部分：消防相关照明，如泵房等需保留照明60min以上。商业场所等人群聚集的场所照明，需在广播及应急照明启动后切除。防范措施：分区切除、应急广播及照明、阻燃线缆、材料、自动喷淋。
zz _ zz  头衔：打杂的	第12楼 宜自动切除部分：由发电机供电的三级非消防负荷；空调；除照明外的其他三级非消防负荷；宜手动切除部分；三级非消防负荷中的照明负荷。
大鼻山  头衔：最逍遥 等级：版主	第13楼 主要是“非消防负荷的切除”，没有你们想像的那样重要和可怕；有时候由消防室发通知，再由电工手动切除即可。当然，通风类负荷一般是无条件切除的。那种“一对一”的自动切除方式，并不是理论上行不通，而是设备造价直线上升。绝对可以一带多（加中间继电器），否则太浪费消防模块。例如，加一个8输出的中间继电器，就可以实现一个模块同时切除8个脱扣器。
xm204  头衔：华山风清扬 等级：贵宾	第14楼 一个单输入模块价格在300～800元，对于一般工程，需去除的地点不多，对于大项目相应的消防投资也会很大，所以综合起来并不算太高，在者如果是高层或者单层面积较大时，等跑到相应地点时，火灾也到了一定程度了。
ttt001 头衔：般若禅师	第15楼 一个模块有几组输出接点就可以同时带几个分励脱扣。 顺便说一句，很多厂家都只提供单输入单输出模块。

 w3556843u 等级：贵宾	第16楼 一般都是单输入单输出的模块，我们是用中间继电器转换的，因此模块和中间继电器必须另外排列安装在单独箱板上，通过端子板与需要的脱扣连接。
 gdsjy 头衔：中立奇迹	第17楼 如果一个防火分区用一两个总配电箱切断，不会很多吧？
 ttt001 头衔：般若禅师 等级：管理员	第18楼 模块是个广义概念，消防中地址码也可以叫模块。而我们说的是控制总线中的模块，指的有源模块，其的工作电源是24V的。在需要模块进行驱动操作的地方，24V是给驱动模块，而输出的控点是一一对应的。一个模块有几个输出点，就可以控制几个点，如果控制要求完全相同，也可以通过再增加中间继电器的方式进行联动控制，但是，这是不推荐的，理由是：1. 未必省钱省事；2. 线路复杂（因为二次线路为非常规线路）；3. 模块可以直接接入总线，而中间继电器游离出总线，有安全隐患，（因为不能进行总线巡检和故障报警）。
 jyp0575 等级：游客	第19楼 这个问题，我想应该根据实际情况具体分析，从理论上说，单个模块控制的数量是不受限制，实际也完全可以做到。对于高层，防火分区是按楼层划的，火灾时只能切断相关部位的非消防电源，你总不能用一个模块把整个楼的非消防电源都断了吧，我认为还是一对一控制比较好。

4-27 封闭楼梯间探测器的设置

 河图 头衔：藏经阁 — 思尘 等级：三星客人	楼主 封闭楼梯间探测器的设置审图者如下写到：除普通住宅外的敞开或封闭楼梯间应设探测器，详见GB 50116相关部分。我在《火》规里怎么没找到他写的内容，谁帮我解释一下？

天高云淡 等级：两星客人	第2楼 在消防理论上，尤其是疏散理论，楼梯间（封闭和防烟）是不考虑火灾的，也就是不认为有火灾发生，所以不设探测器；另外如果设置，一旦正压送风启动，灰尘可能引起误报，导致指挥人员错误判断指引疏散路线。
ljy2003 _ cq 头衔：风清月 等级：一星客人	第3楼 楼梯间是疏散场所，通风专业要么考虑自然排烟，要么考虑机械排烟（正压送风等），保证及时排烟。故疏散楼梯间应基本无烟，作为疏散场所也应保证无烟，故设感烟探测器不起作用，所以不用设。
zhoushu8 头衔：达摩院寺监 等级：版主	第4楼 老规范要设的理由就是楼梯间是重要部位，正如3楼说的，可新规范就认为不需要。因为封闭楼梯间没地方进烟，能进烟的地方都有前室，前室设了就等于楼梯间设了。
 bigsong 头衔：重振武当 等级：贵宾	第5楼 楼上说的理由我也已经听说过，但我个人认为这个理由不是很充分，我的理由如下供探讨： 对于封闭楼梯来讲，我不认为前室设了与楼体间内设可以等同。我们知道封闭楼梯间的门都是防火门，他可以挡一段时间的火，也可挡一段时间的烟。故如果前室有烟就认为楼梯间内有烟，那就有可能出现另一种情况：过早地认为楼梯间内有烟，而提早让人到其他楼梯疏散，那也是极其不合理的。 总之，疏散楼梯间作为人员关键时候逃命的通道，我们必须准确及时地掌握它里面的情况，我们不但不该取消，而是要完善它，如现在有的设计人员虽然楼梯间内设了感烟，可是他的线路是就近从本层拉的，那就设了等于没设，等楼梯间内有烟，你的线早没了，封闭楼梯，建筑是作为单独的防火分区，我门的线路也要单独竖向配置，直接到消控中心。还有楼梯安全出口标志必须有编码，诱导灯也不应该只是个箭头，而是要指示到几号楼梯，可我们现在的出口都是一样的，那广播的时候如何明确的指导疏散呢？当然，如果有更完善的监控疏散楼梯的设备，如闭路监控系统来监视疏散楼梯，并线路按消防要求设计，监控、消防中心合一那到可以不设了。

 大鼻山 头衔：最逍遥 等级：版主	第 6 楼 楼主问的是“楼梯间要设感烟吗”？感烟怎么指导疏散呢？
bigsong 头衔：重振武当 等级：贵宾	第 7 楼 回大鼻山：楼梯间虽然没有火灾负荷，也就是说不太可能引起火灾，但他有可能被其他位置引起的火灾的烟封闭。比如说一幢 30 层的高层，在 15 层起火，15 层靠近火灾点的一封闭楼梯进烟，这时可能 30 层的人还在此楼梯向下疏散，如不及时阻止那是很危险的。故在楼梯间装一定数量的探头还是必要的。一进烟可以马上探到，并通过广播及时通知合理疏散路线。当然探头的灵敏度可以探讨，不要有点烟就报。
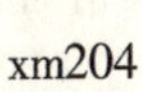 xm204 头衔：风清扬 等级：贵宾	第 8 楼 楼梯间是为了保证发生火灾时能使人员安全疏散，所以必须保证此位置所发生的火灾能够及早而准确的发现，并尽快扑灭！上述原因，所以建议设置探测器，数量上可以三层设置一个。
zhoushu8 头衔：达摩院寺监 等级：版主	第 9 楼 请注意，在楼梯间设探测器是错误的做法，1988 年的老规范要求设，且三层一个，顶层要设，1998 年就删掉了该部分，最近本人看过新的高规报批稿，非常明确地说楼梯间不要设探头。当前已经很少有人在楼梯间设探头了，还有很多不要设但大家都在设的部位有：消防中心，水泵房，等等。高规说不要设的，低规会要求设吗？审查意见真的莫名其妙！
 大鼻山 头衔：最逍遥 等级：版主	第 10 楼 这是一个老话题。审图人员的依据不是规范的附录，而是规范的第一节（总则吧）；里面讲到要把楼梯间作为单独探测区域，但它没有强调是否一定设置和如何设置的问题。根据老的做法，正如 XM 兄的一样，大致是三层一个，顶层必设。我本人经历了“设——不设——设”三个阶段，主要是取决于审图人或消防局的意见（不要找规范了）。反正设了，没人说你多事；不设，可能有人找茬。自己看着办。若说心里话，我个人倾向于不设。因为楼梯间是封闭疏散场所，几乎没有可燃物；如果等楼梯间充满烟雾才报警，估计这楼也烧得差不多了。

ttt001 头衔：般若禅师 等级：管理员	第 11 楼 完全同意大鼻山。不过我也被要求改过图纸，有时候说应该三层加一个，有时顶层加一个，有时候每层都加，再加上不设置的情况，至少在我出过的正式施工图中，在这个细节上至少出现过 4 种情况。想想也是很不严谨，好像开玩笑一样，苦啊！好在一般改动不大，就不争论算了。
 zhoushu8 头衔：达摩院寺监 等级：版主	第 12 楼 楼梯间是疏散场所，通风专业要么考虑自然排烟，要么考虑机械排烟（正压送风等），保证及时排烟。故疏散楼梯间应基本无烟，作为疏散场所也应保证无烟，故设感烟探测器不起作用，所以不用设。规范从设——不提要不要设——不要设，很清楚了啊，越进步就越不要设。
 自由人 等级：游客	第 13 楼 我的看法是：1. 如果没有楼梯前室，楼梯内应该设报警。2. 如果是封闭式楼梯间或防烟楼梯间，一般都设有前室，和前室之间均设有防火门，前室又都设有报警，楼梯间一般没有可燃物，当前室有火情时前室就已报警了，所以此时楼梯间没必要设。
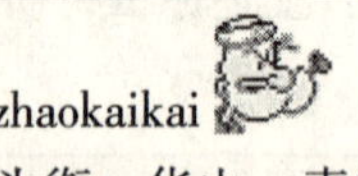 zhaokaikai 头衔：华山一壶饮 等级：版主	第 14 楼 我也不设，又花钱，又费劲，又没用。要是画错了还要刮图，不好玩。

4-28　关于火灾报警系统审查意见的疑问

 SJM1972 头衔：翠羽黄衫 等级：版主	楼主 关于火灾报警系统审查意见的疑问： 1. 消防电话与火灾报警线路能不能共管敷设，审图认为不能。依据是 JGJ/T 16—92 24. 8. 6 条。首先我怀疑该规范这一章比《火》规出现得早，是不是还是有效版本。另外，有些带电话插孔的手报，难道要进两个管吗？ 2. 我设计的每层保护开关均在首层总配电柜中，层配电箱只有隔离开关。审查意见认为切除相关区域非消防电源一定要在层配电箱内，不能在总配电室切除。 3. 我设计的建筑设了一个火灾报警控制器，每个防火分区设复视器，审查意见认为根据 GB 50116—985. 2 区域报警控制器是系统的重要组成部分，不可不设。 请大家讨论一下审查的意见要不要听呢？郁闷中。

<table>
<tr><td>大胡子
等级：实习会员</td><td>第 2 楼
第一条勉强有点道理。第二、第三条完全没有道理了。请审查的说说理由？</td></tr>
<tr><td>lengbing
头衔：苦菜汤
等级：贵宾</td><td>第 3 楼
我有不同理解：
1. 最好分开。2. 完全同意审图意见。3. 没有道理。</td></tr>
<tr><td>
yant
等级：贵宾</td><td>第 4 楼
1. 分开，广播、电话线路均单独敷设。
2. 我也被提出过。“切除相关区域非消防电源”扩大了切除范围，“有关部位”是指：本着火层相邻防火分区和着火层上下层的相邻防火分区。
3. 完全满足 5. 2. 3。</td></tr>
<tr><td>
zhoushu8
头衔：达摩院寺监
等级：版主</td><td>第 5 楼
第一条是你错，应该要单独布线，但审查的依据错误，那本规范基本上不能用，但又没有废，说明审图的本身对规范的理解欠妥。第二条，他是咬文嚼字，其实是两种做法都可以，审图的提这样的问题很令人遗憾，第三条，他那么提，你让他看规范的条文解释，是不是从来没搞过设计？所有的厂家都是这模式，他的判断能力哪里去了？我觉得：审图者是不是理性审图，跟设计人员的表现有关系。都跟绵羊一样，他错了不紧抓住不放手，那么今后有好受的。我建议大家，只要抓住审图者的错误，要死抓不放手，答复意见要刻薄，不要手软。（我本人承担本市 60% 的电气审图工作量，我特别看不得审图者乱来）。</td></tr>
<tr><td>
大胡子
等级：实习会员</td><td>第 6 楼
不知道楼主调试过系统没有，虽然同一电源供电，但是报警控制器和电话的主机还是单独的柜子，我向他们输出的电源质量是有微量差别的，厂家的系统图也是不推诿走同一管子的，当前火警系统误报率很大，从减少误报的角度出发，多支出这点成本是值得的，系统设计可是按照平时经常使用的，考虑巡检时巡检人员与控制中心联系，而且不用时也有电压的，也会有电磁干扰的吧！</td></tr>
</table>

gdsjy 头衔：中立奇迹 等级：版主	第 7 楼 1. 消防电话与报警总线和电源不应共管。 2. 同意审图。 3. 完全没有道理，条文解释说得很明白了。
lizheit 等级：游客	第 8 楼 我今天刚去的消防局。第 3 条必须设置区域报警，原因是在本层发生火灾时，报警显示明确！给其他工作人员明确的指示！
大鼻山 头衔：最逍遥 等级：版主	第 9 楼 第一条，我会分开布管。 第二条，如果配电所到层配电箱是放射式配电，则楼主的做法也可以；否则值得商榷。 第三条，审图瞎扯。

4-29 接地做法

randyzy 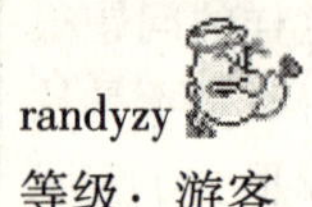 等级：游客	楼主 接地做法。 大家好我是新来的，请多多关照小弟。顺便请教大家一个问题，我在一个地方电力公司工作，在做一个高层建筑的配电设计时遇到一个问题，我想讲的接地（所有的接地，包括变压器零线 N，保护接地线 PE 等）在地下配电室统一接入大楼的钢筋网，大楼的钢筋网接地电阻≤1Ω。可是在公司的方案讨论会上引起争议，说不能接在钢筋网上，应该另外敷设接地装置。请问怎样做更好，谢谢！
WURONGQIAN 等级：两星客人	第 2 楼 规范是允许的。如果分开就将电气接地单独做一个网好了。
randyzy 等级：游客	第 3 楼 谢谢，由于我没有经验，我也看了很多资料，好像说就是一个总等电位联结的意思，但公司在方案审查的时候很多人提出异议，说以前的规程不允许这样，必须单独做一个接地网。我也不知道以前的规程怎样规定的。

 大鼻山 头衔：最逍遥 等级：版主	第 4 楼 楼主的公司是公元前的吧？你虽年轻，但方案正确。
 minch 头衔：卖火柴的小男孩 等级：两星客人	第 5 楼 可以和大楼的接地接在一起。
 lengbing 头衔：苦菜汤 等级：贵宾	第 6 楼 除独立避雷针或避雷网支柱要保持距离单独接地外，其他的都可以联合接地。
 randyzy 等级：游客	第 7 楼 我查过规范了，总接地电阻不能大于 1Ω，不是 0.5Ω。另外请教独立避雷针我知道要单独接地，但避雷网支柱具体指那些？高楼的防雷接地网应该都是通过桩基钢筋计入地下的吧？这个大楼的桩基钢筋算不算避雷网支柱？请指点！我没有理解到这个避雷网支柱的意思，还望不要笑话我。
 信自己 等级：游客	第 8 楼 当然行得通了，现在都这么做，不过要行成可靠的电气通路。相当于法拉第笼。

4-30 防火卷帘探测器兼作本区域探测器可以吗

 sxtyfgy 头衔：岩石忍者 等级：五星嘉宾	楼主 防火卷帘探测器兼作本区域探测器可以吗？ 防火卷帘两侧均设有探测器，这个探测器可以兼作本防火分区的探测器吗？这样可以减少探测器数量。曾照此做后，审图中心的人说本防火分区探测器数量不够，不能保护所有区域。他认为防火卷帘两侧的探测器不能兼作本防火分区探测器。想听听大家的意见。

zxw 等级：游客	第 2 楼 肯定可以，按 GB 50116—98 概念探测区域内只有探测器，可你已设了，满足规范要求。设于卷帘门附近的第二作用是提高门动作的可靠性。不过多设几只也行，只要有钱。
唐龙 头衔：戒律院纪委书记 等级：版主	第 3 楼 一直是这么做的，审图的老师从没提什么异议。不过两个月前的一个工程，审了我好几个工程的同一个人却提出了这个问题，经过与其一番研究后通过了。

4-31　低压配电系统的 N 线需要重复接地吗

秋石 等级：常客	楼主 低压配电系统的 N 线需要重复接地吗？
短路电流 等级：常客	第 2 楼 接公变的用户进户处 N 线需要重复接地。
大鼻山 头衔：最逍遥	第 3 楼 TN-S 除外。很多人 TN-S 的 N 线也搞重复接地，这是错误的。
小电容美眉 头衔：菜鸟帮打字员 等级：佳客	第 4 楼 很想知道，TN-S 系统的 PE 是否需要重复接地，是不是有必要接地。
luozi8250 头衔：烈火旗小旗兵 等级：佳客	第 5 楼 楼上的，PE 线重复接地啊，只是 N 线不重复接地了！

小菜 等级：四星客人	第 6 楼 按 IEC 标准，TN 系统 PE 线作总等电位联结即可，不强求做人工重复接地。
大鼻山 头衔：最逍遥 等级：版主	第 7 楼 重复接地的说法，已经很不科学了。以前重复接地，专指 PEN 线的重复接地：架空线每隔 50m 或进户处要重复接地。而现在很多都是 TN-S 系统，此时 PE 线的接地，不宜再称作为“重复接地”。实际上，PE 线接地次数越多越有利，并不局限于每 50m 或进户处。重复接地是一个很古老的叫法，不科学了。很容易误导民众。
dlq 等级：游客	第 8 楼 单说 N 线只需要在变压器引出点接地。其余的如：NPE、PE 就另当别论了。
LJM 头衔：陪主席喝酒的 等级：一星客人	第 9 楼 我做过的一个小区，单体住宅全采用 TN-C-S 系统，最近临近验收时我去转了一趟，发现进户时 PEN 线居然都没有做重复接地！我指出这个问题让他们改，他们却说以前都没做过……弄得甲方说我设计有误，真是气死我了！
家辉 头衔：天山内务总管 等级：两星客人	第 10 楼 楼上的 TN-C-S 低压供电要求在进建筑物时重复接地，你应该向甲方指出。重复接地在不同书上有不同含义。
cooldream 等级：常客	第 11 楼 想问一下楼上，比如高层内采用 TN-C-S 接地，那是否有必要在整个高层内进入每一户都进行一下重复接地动作呢？还是总的大楼进行接地就可以了。
ll504 等级：游客	第 12 楼 请查阅 TN-C-S、TN-C、TT、IT 等系统接线图，一目了然。

hhh654331 等级：游客	第 13 楼 TN-C 或 TN-C-S 系统中应是 PEN 线重复接地，TN-S 系统是 PE 线重复接地，是不是可以理解为 N 线就不重复接地。
sfeiy 头衔：喽罗	第 14 楼 重复接地是专指对 PE 线或 PEN 线做重复接地，对于 N 线无此说法。
小电容美眉 头衔：菜鸟帮打字员	第 15 楼 谁能举一 PE 线重复接地的例子？我真不知道在什么地方它确切需要接地，最好指出相关规范。
秋石 等级：常客	第 16 楼 TN-C 或 TN-C-S 系统中应是 PEN 线重复接地，TN-S 系统是 PE 线重复接地 N 线不应重复接地吧？TT 系统中的 N 线也不应重复接地吧？
jingkong12 等级：常客	第 17 楼 PE 线本身涵盖接地线，也就是说接地线就是 PE 线的一个部分（看看 PE 线和接地线的名字解释就清楚了）；PE 线永远接地，多多益善！在 TN-C-S 系统中前半部分，也就是 TN-C 中的 N 线即 PEN 线要重复接地的，分成 TN-S 后 N 线要绝缘，TT 系统中的 N 线也要绝缘的。
秋石 等级：常客	第 18 楼 我们这里的审图中心要求 TT 系统的 N 线重复接地，而去另一地却要求 TN-S 系统的 N 线重复接地，各位，关键是 N 线有重复接地的必要吗？ 上海低压配电系统为 TT，供电局要求 N 线重复接地，是这样吧？
 城市边缘 头衔：缘空和尚	第 19 楼 TT 在进入建筑物处如果重复接地，那就和 TN-C-S 差不多了。而且上级不能装漏电保护了。

大鼻山 头衔：最逍遥	第 20 楼 上海低压配电系统为 TT，供电局要求 N 线重复接地，“四不像” 系统。
zhaokaikai 头衔：华山一壶饮	第 21 楼 PE 线重复接地，N 线接啥地呀。
秋石 等级：常客	第 22 楼 下次一定好好讨论 N 线重复接地的问题，否则危害不小。看了王厚余老先生所写的一篇文章，将 N 线重复接地做了相量图，N 线是不可以重复接地。另据了解，《建筑电气》将登一篇 N 线不可以重复接地的文章。

4-32 消防泵如何进行保护

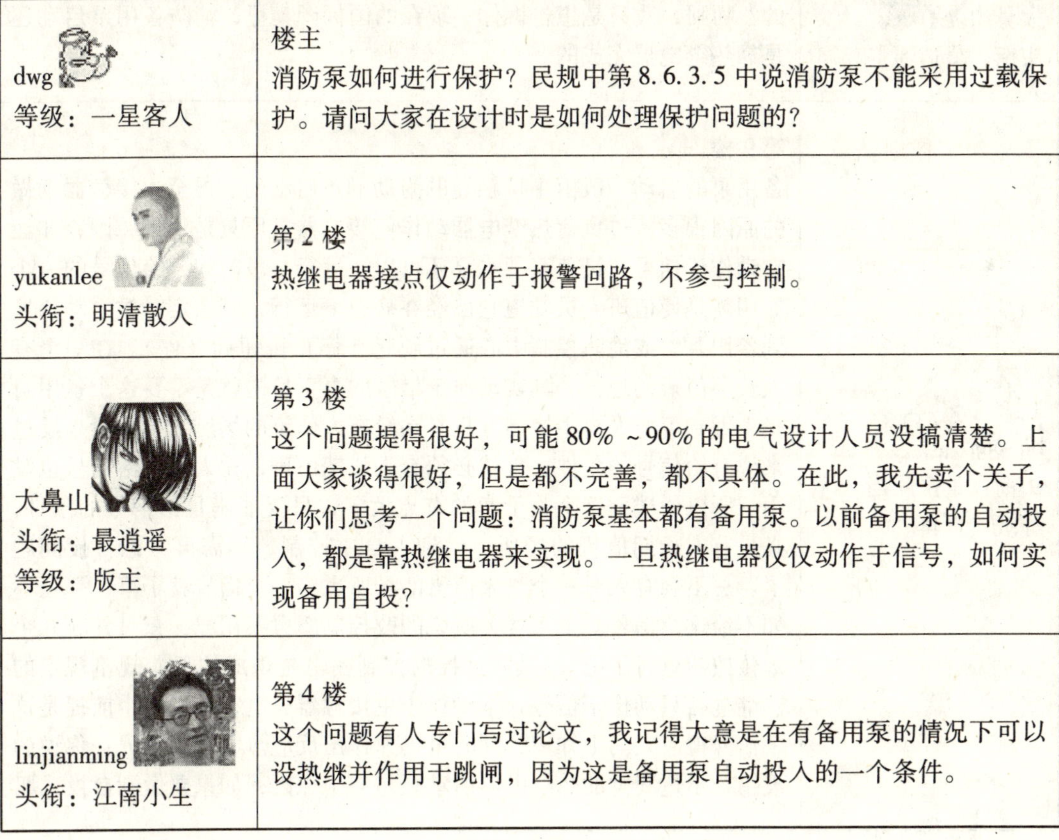

dwg 等级：一星客人	楼主 消防泵如何进行保护？民规中第 8.6.3.5 中说消防泵不能采用过载保护。请问大家在设计时是如何处理保护问题的？
yukanlee 头衔：明清散人	第 2 楼 热继电器接点仅动作于报警回路，不参与控制。
大鼻山 头衔：最逍遥 等级：版主	第 3 楼 这个问题提得很好，可能 80% ~90% 的电气设计人员没搞清楚。上面大家谈得很好，但是都不完善，都不具体。在此，我先卖个关子，让你们思考一个问题：消防泵基本都有备用泵。以前备用泵的自动投入，都是靠热继电器来实现。一旦热继电器仅仅动作于信号，如何实现备用自投？
linjianming 头衔：江南小生	第 4 楼 这个问题有人专门写过论文，我记得大意是在有备用泵的情况下可以设热继并作用于跳闸，因为这是备用泵自动投入的一个条件。

 大鼻山 头衔：最逍遥	第 5 楼 1. 此时传统的消防泵控制原理图必须修改。2. 热继电器的整定值可以大一些。这样说法不妥也。请问哪一个工程不设消防备用泵？如此以来，热继电器全部要作用于跳闸吗？作用于信号成了一句空话。
 麦克 头衔：香积厨大师傅	第 6 楼 既然要让控制室接到过载信号再启动备用泵，那么为什么不能热继电器跳闸使备用泵投入，同时再发信号？
bigsong  头衔：重振武当	第 7 楼 备用泵启动可以不用热继电器，干嘛看了一种启动方式就死套呢。
 大鼻山 头衔：最逍遥	第 8 楼 请问你设计时，是否画出电机控制原理图？你是如何实现备用泵切换的？呵呵，我只是想告诉你，现在的国标图集里，消防备用泵启动还是靠热继电器完成的。
bigsong 头衔：重振武当 等级：贵宾	第 9 楼 备用泵的启动一般由主接触器的附助触点启动的。导至主接触器动做的原因很多，过负荷热继电器动作使接触器复原只是一个原因，如让它动作于信号，过负荷了水泵还可以。运行一段时间，给信号的一个作用就是使值班人员知道它已经在病态下运行，到一定时候手动切换到备用泵。或消防控制中心通过硬起（停）按钮起（停）。在一个有人长期值班的地方，其实动作于信号的真正目的就是不要这个备用自投，做到可有人自主控制。只有在没有人值班的场所才要自投。反过来说有给信号的条件，也就必须有人长期值班，无人值班给信号也没用。所以说楼上这个关子卖的有点大了，只要能满足给信号的条件，必是有人长期值班的场所，做到人自主控制，不需再考虑自投问题了。总不会有人对一个没人值班的场所也给一个信号就了事，那还不如不给这个信号。至于楼上所说的改控制图也不用吧，只是并联几个远传按钮就行了吧？（其实远控的控制图也是现成的吧）规范规定的热继电器只动作于信号，不动作于主接触器失电，他的一个前提是这个信号得有人马上知道，同时可迅速作出反应。大鼻山老兄：你说的没错，不过我觉的热继电器启动只是一个原因，如果要做到自投，那

bigsong 头衔：重振武当 等级：贵宾	热继电器信号是必须给的，但这不是全部，现行的图集中还有同时考虑在接触器粘住（不闭合）的情况下自动启动备用泵的呢。而且在现行的国家图集中也有只动作于信号的图集。我想说的是已经不是图集要改的问题了。而是我们在何种具体的情况下选用哪个图集的问题了。
hys _ nc 头衔：阿凡提 等级：两星客人	第10楼 事实上我不赞同你的消防水泵的控制图要修改的意见：1. 从图集中这些消防水泵的控制图中可以看到这样一个指导思想：在消防主泵过载的情况下，备用泵自动投入运行！而如果备用泵还过载，此时将向消防控制室发出过载信号，但此时备用泵的热继电器已经不能断开备用泵的主回路，这样备用泵将被强制继续过载运行。从而做到只动作于信号，而不动作于开关！因此图集中对规范的理解只是做了一种变通，事实上他也遵循了规范！国标图集中为什么要通过备用泵来完成只动作于信号？我个人的理解是预防消防主泵由于自身的一些意外原因而过载或者消防主泵已经运行一段时间自身过热，此时继续过载运行将有可能烧毁主泵！为了更好保护好消防主泵（因为经过一段时间主泵有可能自动恢复良好状态），为什么不能启动备用泵而还要强制主泵继续过载运行？2. 事实上，即使备用泵被强制过载运行，在经过一段时间（消防主泵热继电器的自动复位时间）后，主泵热继电器发出信号切断备用泵电源，备用泵停止运行而同时启动消防主泵投入运行！这样一来就能最大程度地保证至少有一个消防泵能用！在这点上也是做得很不错的。
 luozheng 等级：常客	第11楼 我搞自控的。我认为国家的图集需要改进。消防泵的启动为什么必需热继动作来启动呢？热继只是其中一种方式。在现在智能控制中，消防泵的启动为什么不同时压力辅助控制？启动的方式越多，消防泵启动的可靠性越高。应设有定期恒压自动试泵功能，可以使泵随时保证正常状态，而不应是启动方式之争。事实证明大多数泵不能正常启动的原因是维护不够，为什么不在设计中考虑呢？消防总线有他的优越性，自动程度在高，也不能简化了机前控制箱。实际上传统的控制线路结合PLC，智能继电器（如西门子LOGO。默勒的EASY等），目前的软启，变频泵，结合压力变送器，机械式压力继电器，供水控制器等，人机结合，完全做到定期自动检泵的目的，自动记录参数。我建议打破消防总线之间，及与工业现场总线之间的互不兼容的技术壁垒。其实不难，但就是和利益有关。但现在已经向工业以太网靠拢（TCP/IP）。

大鼻山 头衔：最逍遥	第 12 楼 “消火栓泵用压力开关启动”，不是电专业说了算的；用热继电器控制，主要是方便地解决了备用泵自投入的问题。
小电容美眉 头衔：菜鸟帮打字员 等级：佳客	第 13 楼 图集《常用水泵电气控制图》，图集号 01D303 - 3 第 10、11 页。消火栓用消防泵一用一备全压启动控制电路图（一）看了半天，按这套标准图，备用泵启动是主泵接触器常闭接点驱动的。而且主泵热继电器动作断开主泵，启动备用泵，只有两个泵同时过载才作用于信号。
大鼻山 头衔：最逍遥	第 14 楼 很好，电容妹妹真的好细心！备用泵启动是主泵接触器常闭接点驱动的，而且主泵热继电器动作断开主泵，启动备用泵，只有两个泵同时过载才作用于信号。澄清了诸多分歧，也解决了诸多矛盾。

4-33 消防水泵房需不需要做感烟

xy88xy 等级：三星客人	楼主 消防水泵房需不需要做感烟？请说明依据。
Michael. W 头衔：逍遥客 等级：五星客人	第 2 楼 根据附录 D 建议性位置二级部分，本人认为属于设备房，设！一级部分没讲，但我想二级都设了的话，一级也就设吧！虽然不是强规，但是如果泵房发生了火灾，没设探测器，你看看后果吧！肯定是你的责任！设了没错，没设肯定有错的时候！这不是水平差不差的问题，而是对自己负责任的问题！现在做设计很难了。
zhoushu8 头衔：达摩院寺监 等级：版主	第 3 楼 水泵房，消防中心都不需要设。不需要设的地方设计师设了，是对用户不负责任的表现，若不需要设的地方都设了，那是水平差的表现，试想，凡是有房子的地方都设的话，那要你这个工程师干吗？一个工人就够了嘛，对得起甲方的设计费吗？

树袋熊 头衔：天山一棵草 等级：一星客人	第 4 楼 个人感觉超高层，水泵房，防烟楼梯间都必须设，但是如果不是超高层，好像上述两个地方有的工程师设的也有的工程师不设。本人没有设，消防大队也通过了。
大鼻山 头衔：最逍遥 等级：版主	第 5 楼 因为规范没禁止“设”，所以设了不算错；又因为规范没规定“必设”，所以，设了也白设，干脆不设了。我本人都设了，主要是对付审图的和消防局的。
 liangjie 头衔：乐在逍遥 等级：版主	第 6 楼 规范同技术措施没明讲，不过多加几个也花不了多少钱呀！
 norway 头衔：沉舟 等级：三星客人	第 7 楼 个人意见：不用设，没有规范依据。本人觉得消防泵房设备专业总是设有潜水排污泵，所以内部没有易燃的东西，不用考虑自动报警。泵房正常情况下只有生活水泵在工作，楼上说的有道理。线路会有故障，但是看看水泵房的耐火等级和房间内的可以延燃的东西，就知道设了也没有用，探测器不会报警的。而线路如果过载，那引起的电气火灾也只能顺着线路走了。不知有无道理、请大家指教。关于消防局审核的问题，当然了如果他让做的话就补上吧。又没有几个钱，但就我个人的工程来说，还没有消防部门提出这个意见。

4-34　一个容易忽视的问题：防火卷帘探测器

 大鼻山 头衔：最逍遥 等级：版主	楼主 一个容易忽视的问题：防火卷帘探测器。 前面有个帖子谈到这个问题，但我还要重申一下，因为一些朋友并没注意到：疏散走道上防火卷帘，才装双探头组合；纯粹作为防火分隔的卷帘，只须装感烟就行了。

njluotao 等级：三星客人	第 2 楼 同意大鼻子的意见，规范上说疏散通道的防火卷帘门要两步降，而只是防火分隔的是一次到底，所以没有必要烟温组合。
小菜 等级：四星客人	第 3 楼 如果是汽车库的疏散通道上的卷帘门，分两次下降，也装感烟吗？是否会有误动作的问题？
大鼻山 头衔：最逍遥	第 4 楼 建议此时安装灵敏度比较低的感烟。
hys _ nc 头衔：阿凡提	第 5 楼 这样一来，是不是要在图上特别注明这两个感烟？
小全子 等级：游客	第 6 楼 我也认为仅作为防火分区用的卷帘可以一降到底。但是，这不等于说只用安装感烟或感温一种探测器。因为导致火灾发生的介质是各式各样的，有的容易产生烟雾，可有的却没有烟，这样岂不是误了事？我所看过的图纸，好像不管卷帘有多宽，都只是教条地设置了烟温组合，其实有的时候感温的保护半径是达不到的。
mczzy 等级：常客	第 7 楼 规范字面上是这样理解的，但是我见过所有设计院的图纸都是设置感烟感温结合。现在都是消防局说了算，对于这些模糊概念的就是消防局，各人也有各人的看法，我觉得没有必要省这几个钱，也值不了几个钱，何必冒这个以后整改的险呢。
大鼻山 头衔：最逍遥	第 8 楼 注明一下，也不费事的。如果非疏散用的卷帘门设组合探头，属于设计错误，绝非“不同理解”的问题。它本来一次要降到底，你却分二次降落，不是要出大乱吗？出了问题最终还是设计人倒霉，因为他没有把规范理解透彻。省钱与否，也无关呀。

小菜 等级：四星客人	第 9 楼 好久不来，没看到鼻兄的意见，但你说不需要两个探测器是不对的，关于 6.3.8 你也要再仔细研读一下，尤其是条文说明，防火分隔的卷帘也是要装两个探头的，不同的是两个探头是取“与”信号，一下下降。
大鼻山 头衔：最逍遥 等级：版主	第 10 楼 那只是你的个人理解呀，兄弟。你自己多看看规范条文和解释吧，呵呵！绝大多数情况下，感温探测器肯定要比感烟探测器晚动作（如果附近无火焰，它甚至压根不动作）。此时此刻，你还设计什么双探测器的“与”信号，这不是要命吗？——火警发生时，虽然感烟动作报警了，而防火卷帘却迟迟不下降，因为它在等待感温的动作信号。作为防火分隔的卷帘，这显然是不允许的！因为烟雾此时完全可能已经充斥到其他防火分区了。
大宗师 头衔：齐物论 等级：两星客人	第 11 楼 个人意见：无论什么情况两侧都要设置探测器。疏散通道时是两侧的烟温“与”的关系，防火分区是烟烟“与”的关系。
大鼻山 头衔：最逍遥 等级：版主	第 12 楼 呵呵，这样就扯到另外一个问题了：专门的两个探头距离卷帘多远？是否可以由附近探头兼代保护（不专设了）？本市（深圳）消防部门近些年审批时，不要求在卷帘门附近另外专门设置任何探头，只要满足保护范围即可。当该防火分区的任一探头（而不是仅仅局限于其附近的两个探测器）动作，分隔用的卷帘门都需要一次下降到底。主要是说，“纯粹作为防火分隔的卷帘”，无须装感温，感烟就行了。至于说，到底是两个感烟“与”控制，还是全体感烟“或”控制；到底要不要专门另设两个感烟给卷帘专用，可能各地理解和做法不太一致。我个人认为无须专设。
 ttt001 头衔：般若禅师 等级：管理员	第 13 楼 楼主表述的虽然正确，却表述的只是一种情况。我在工程中遇到使用卷帘的场所多是大空间分隔或者多层商场的吹拔或者滚梯，这些场所并没有明确的疏散走道，一般还是设置 2 种探测器 2 步降的。一般位置是距离卷帘 1.5m 处。单纯的疏散走道上，建筑一般是不设置防火卷帘的，分割防火分区的是防火门。

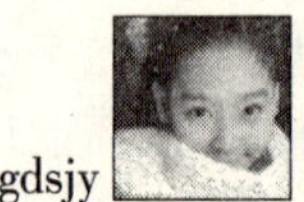 大鼻山 头衔：最逍遥 等级：版主	第 14 楼 我说的最典型的例子，就是指中庭的防火卷帘，这类卷帘建筑设计很普遍，而这些卷帘绝大多数是仅仅作为防火分隔之用，而不能作为疏散的，这时候不能设置感烟和感温组合的（是否要采用双感烟，则可以另外讨论）。单纯的疏散走道上，也经常设置防火卷帘的（不过，其旁边都要求再设一个防火门）；此时的卷帘是作为辅助疏散之用，可以允许一定时间的延时降落。因此适宜设置感烟和感温组合。综上所述，当且仅当卷帘作为疏散之用时，才需要设置感烟和感温组合。
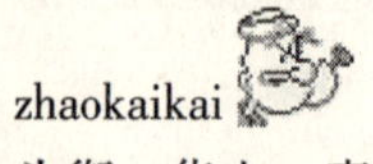 gdsjy 头衔：中立奇迹	第 15 楼 说明一下，我画图是感烟，感温都画，图纸注明，任一动作，均下落到底。（以上特指中庭防火卷帘）。在一次全省设计院消防会议上曾提出此问题，各院总工，消防总队处长争论不休，（比如无烟火灾呢）只好采取以上折衷方案。
 zhaokaikai 头衔：华山一壶饮 等级：版主	第 16 楼 我来说说，防火卷帘有两种 1. 有人员疏散的可能的，装设感烟，感温。感烟报警降至 1.5m，感温报警降到底。2. 防火隔断用的。装设感温，感烟，或降到底部。（是我自己的理解）人员疏散部位的卷帘应能手动开启，或由消防控制室开启。
 大鼻山 头衔：最逍遥	第 17 楼 人员疏散部位的卷帘应能手动开启，或由消防控制室开启？你在消防控制室来遥控卷帘门？你是不是想把门下经过的行人的脑袋砸破呀？规范压根没有要求卷帘门的远方控制！

4-35 浪涌保护器设置位置

ROSE 头衔：掌门-天虹剑 等级：版主	楼主 浪涌保护器设置位置： 建筑物低压总进线箱内的浪涌保护器，接在总开关前还是开关后面的母线上？ 我是接在母线上，SPD 样本也是这样的，但审图的总提应在电源侧，大家怎么做？

小小新人 头衔：呵呵俩星啦! 等级：两星客人	第 2 楼 有隔离开关的话，放在它后面；没有隔离开关的话，放在最前面；习惯了。
张日伟 等级：三星客人	第 3 楼 具体文本上的东西我是没有见过了，不过它有它的工作原理，我的意见是放在总开关的前面。因为有雷引入的话，它应该能保护它后面的所有设备，如果总开关都被雷击坏了，还谈什么保护?
wys-3638 头衔：风清网	第 4 楼 一般总开关进线来自变压器，变压器低压出线一般都接有避雷器的。
zhaokaikai 头衔：华山一壶饮 等级：版主	第 5 楼 我想知道是不是装在后面就保护不了总开关呢。雷电流的电压频率很高。所谓开关的分断能力是不是一超过就报废呢。有没有时间的概念。也就是在附近有泻流点。就可以保证开关的安全呢？希望专业人士解释一下，如果能的话，装在前面还是后面就无所谓了。
ROSE 头衔：掌门-天虹剑	第 6 楼 看了规范，好像开关前后安装的都有。
zhaokaikai 头衔：华山一壶饮 等级：版主	第 7 楼 我们单位以前装后面，后来说保护总开关又改到前面，我总觉得没必要。可是没有专家讲呀。问过厂家跑推销的，说装在后面也能保护总开关，可是原理又说不清楚。有高手讲讲吗?
大鼻山 头衔：最逍遥 等级：版主	第 8 楼 SPD 的本质功能是实现带电体与大地的等电位联结，不是为了保护什么总开关的。SPD 上端（支线上）一般都有一个保护电器。对于某配电箱而言，该开关实际上就是一个分开关而已。当配电箱只设置隔离总开关(无断路器)时，那么，理论上，SPD设在隔离开关前或后，

大鼻山 头衔：最逍遥 等级：版主	关系都不是太大（当然，考虑检修维护方便，还是在后侧好）；而当配电箱设置总断路器时，显然 SPD 及其分开关要设在其后侧（即负荷侧）合理；而此时仅仅是为了避免分开关的动作，影响到其他回路停电；其中没有什么深奥的理论。此外，当为总熔断器做保护时，其与 SPD 分熔断器的电流之比，不宜小于 1.6∶1，目的还是上述同样道理：SPD 分回路故障最好别影响别人。
lengbing 头衔：苦菜汤 等级：贵宾	第 9 楼 我再补充两句：1. 强调安装在开关前和开关后，并无实际意义。只不过对于漏电开关 RCD 的前后安装 SPD 的接法是不同的，在 RCD 的负荷侧要采用共模接线，电源侧要采用差模接线。2. 在 TT 系统和 TN－S 系统可采用共模或差模接线，在 TN－C 和 IT 系统只有采用共模接线。
liangjie 头衔：乐在逍遥 等级：版主	第 10 楼 我也补充一句：安装在一系统中的所有 SPD，包括需要保护的设备，实现能量配合是有效保护的决定性因素滴。同时，由于在 SPD 与需要保护设备之间的导体上有反射现象，结果可能使残压（Ures）加倍，导致设备的端头可能有故障，因此，SPD 应安装在需要保护设备处或其邻近（跟前后关系并是很大，严格点，可以参考鼻兄及老菜兄的意见）。
zhaokaikai 头衔：华山一壶饮 等级：版主	第 11 楼 最菜的鸟兄，能讲讲共模，差模接线吗？我不太懂，谢了。大鼻兄，为啥保护浪涌的开关跳了，会影响其他回路？没太听懂，再讲讲，也谢谢。
 ROSE 头衔：掌门-天虹剑 等级：版主	第 12 楼 谢谢 lengbing、liangjie、大鼻子！ 我也想知道共模、差模接线是怎么回事，lengbing 能解释一下吗？
 christ888 头衔：光明使者 等级：三星客人	第 13 楼 共模保护是相线对地和中性线对地的保护；差模保护是相线和中性线之间的保护，对 TT 系统和 TN-S 系统是必须的。我设计时，用于一级保护的浪涌保护器一般放在配电箱总断路器后面，其自身的保护断路器与配电箱内支路开关同级且与浪涌保护器同极。

zhaokaikai 头衔：华山一壶饮 等级：版主	第 14 楼 楼上的，那菜兄说的接线方式如何理解呢？大鼻子的说法你看懂了吗？传大鼻子上堂，再招一遍。
大鼻山 头衔：最逍遥 等级：版主	第 15 楼 应大家要求，我把“共模”和“差模”解释如下：首先注意 N 线上 SPD 的接法。在共模时相线和 N 线的 SPD 是接在相线与 PE 线之间。在差模时，相线的 SPD 接在相线与 N 线之间，N 线的 SPD 接在 N 线与 PE 线之间。也就是说差模时，相线与 PE 线间串了两各 SPD。共模和差模，简称 MC 和 MD。

4-36 火灾时该怎样断电

xwy 等级：游客	楼主 火灾时该怎样断电？如一栋高层建筑某层发生火灾，是只要切断当层的电源，还是整栋楼的总电源都要切断，而由自备发电机对消防设备供电？
 雨过天晴 头衔：帮主 等级：四星嘉宾	第 2 楼 切断有关部位的非消防电源。有关部位指着火的防火分区或楼层。总电源切除会带来不必要的恐慌，引起骚乱。你切除总电源干吗？消防设备该怎么用还怎么用。
 树袋熊 头衔：天山一颗草 等级：一星客人	第 3 楼 火灾刚开始。人比较多时，切断着火层和相邻层非消防电源。火灾蔓延后，楼快要塌了，如世贸大厦，切断所有电源逃命去吧！
 zxzhde 等级：游客	第 4 楼 电源的切除应按防火分区控制，这在供电设计中要充分考虑，着火时应切除本区及相邻区非消防电源。

4-37 辅助等电位联结有效性校验的疑问

lengbing 头衔：苦菜汤	楼主 尽管图中重复接地有分流作用，但其电阻相对 PE，PEN 线而言太大了，（重复接地 + 系统接地大于 5Ω），所以主要电流按图中所示流过。
电气美眉 头衔：真实的我 等级：佳客	第 2 楼 条文解释原文：实际上，由于辅助等电位联结后故障电流的分流使 Ra 电位升高，接触电压将更降低。也可将图中的与 M 直接连接，如图 4.4.5-2 虚线所示，这时人体承受的接触电压仅为故障电流的分流在 R 与 M 间等电位联结线 $d\sim e$ 上产生的电压降，显然此值将小于 50V。图中和分别为总等电位联结和辅助等电位联结端子板。上例说明辅助等电位的目的在于使接触电压降低至安全电压限值 50V 以下，而不是缩短保护电器动作时间。为使接触电压不超过 50V，应使： 此处，R 即公式 4.4.5 中的 R，也即图 4.4.5-1、图 4.4.5-2 中的 $a\sim b$ 和 $d\sim e$ 线段电阻，故障电流 I_d 应大于或等于式 4.4.5 中的 I_a 故。 一般联结线的感抗很大，分流较小，按照你的说法方法校验，忽略分流，也和规范条文解释不一样的，你的 R 应该是设外壳到上面的 *PE* 排之间的，对应的才是 *Id*1，这样和规范说的第一种相似（我没贴图），是不是？
lengbing 头衔：苦菜汤	第 3 楼 具体条文说明我没有看，手头无规范，不知理解的对不对。不妨把条文说明说来听听。
电气美眉 头衔：真实的我 等级：佳客	第 4 楼 按规范那么校验，I_{d1} 和 d、e 之间的电阻不构成接触压降呀。按你的说法，那是不是计算困难，更重要的是，有可能会加大导线截面？我看不如用 50V 除以 *Rde*，看看电流有多大，再看看故障电流一共有多大，就可以了，不用直接去算什么 R 了，不行吗？
lengbing 头衔：苦菜汤 等级：贵宾	第 5 楼 $I_d = I_{d1} + I_{d2}$，理论上讲是矢量和，但忽略电抗，可认为是代数和，那人体预期接触电压为 $I_{d2} \times Rde$，大大减小了。TN 系统和 IT、TT 系统的安全条件是不同的，前者要求 ID 大于 Ia，且满足在规定时间切断。后两者要求 $Re \times I$ 小于 50V，在 TN 系统取 $I_{d1} = I_d$，若满足要求，这样更安全。

电气美眉 头衔：真实的我 等级：佳客	第 6 楼 所以我觉得上面帖图的情况不需要校验，一般在 2.5m 以内才这样连接，要达到 50V 的接触电压，那要多大的故障电流呀！就算要校验，规范那么校验好像也有问题吧？流过空气开关的是 Id，在它的作用下动作时间小于 5s，但是它不都流过 d、e 段，只有 $Id2$ 流过，规范的校验公式那么用有问题吧？
lengbing 头衔：苦菜汤 等级：贵宾	第 7 楼 在 TN 系统发生单相接地故障（电流通过相线和 PEN 线）比 TT 系统（电流通过两个接地电阻），IT 系统（电流通过电容电流）要大很多，所以用过电流来满足，一般整定合适都可以达到。实在不行就加漏电保护或等电位联结。我看了一下，按规范的校验是更偏于保守和安全的做法，但要注意，只有在加局部等电位联结时，才按此方法校验。一般情况还是要按规定时间的开断电流来要求。
电气美眉 头衔：真实的我	第 8 楼 2 楼的帖子那些字是规范条文说明的原文，不是我的发明。 我感觉规范条文说明第二种分析 Id 和 Rde、U 对不上号。
大鼻山 头衔：最逍遥 等级：版主	第 9 楼 电气美眉的感觉是对的。规范条文解释中的 $Id \times Rde < 50V$ 的确是错误的，应该是 $Id2 \times Rde < 50V$。而且 $Id1 + Id2 = Id$，是整个故障回路的故障电流。那么整个故障回路的故障电阻多大呢？是主进线电缆 L 线电阻加上主电缆 PE 线电阻，再加上 Rab 和 Rde 并联后之电阻（接地电阻和接触电阻、其他线路电阻已忽略）。而故障电压呢？可取 220V 的 80%（考虑系统阻抗），就是 $220 \times 0.8 = 176V$。假设主电缆 L 与 PE 的电阻都为 0.5Ω，而 Rab 和 Rde 分别为 0.02Ω 和 0.03Ω，那么，故障总电阻就是 $0.5 + 0.5 + (0.02 \times 0.03) / (0.02 + 0.03) = 1.012\Omega$，所以，$Id = 176/1.012 = 174A$。再假设故障保护开关为 16A，其瞬时整定电流为 $16 \times 5 = 80A$，$80 \times 1.3 = 104A < 174A$，所以开关可以可靠动作。容易得出，开关动作之前，此时的 Rde 两端电压为 $(0.012/1.012) \times 176 = 2.1V$，远小于 50V，所以是安全的。上述计算是以 TN 系统为例的。

4-38 再谈“双电源进线柜采用双投开关重复接地问题”

电气美眉 头衔：真实的我 等级：佳客	楼主 再谈“双电源进线柜采用双投开关重复接地问题”。 前几天发了一篇帖子“市电低压双电源进线柜采用双投四极开关，系统为TN-C-S重复接地点在双投开关后面吗？如果是两路专用变压器，3极开关就OK了吧”？我个人认为应该装4极开关的，而且重复接地点应该装在开关后，这样为了保证两个系统转换时，N线不会互相连通，导致故障电压蔓延到另一个系统。因为：重复接地电阻4Ω，变压器中性点接地4Ω，假设一个系统故障时N线断线，恰好此时有设备相线碰壳，N线带220V电压，经过重复接地、变压器中性点接地分压后，N线对地电压110V左右，由于两个系统N线连通，未故障系统的N、PE线就带有外部串入的故障电压。（不包括做好等电位联结的情况）但是规范又不允许在PEN线在开关后重复接地的，为此可以在开关后PEN线与相线上接一电压继电器，在双投4极开关的两个N极断点上并联两个单极接触器或断路器，这样如果N极触点发生断开，利用电压继电器失电投入单极接触器或断路器，并发出报警信号。 以上看法请高手批评指正。
小菜 等级：四星客人	第2楼 你的方案好像太复杂了，是不是可以采用TT系统，就没有你说的问题了，如果原来的系统是TN的，只要进线断路器上加漏电保护就行了，动作电流可选300~500mA，动作时间0.4s。
hbsjzsjy 等级：游客	第3楼 重复接地在转换开关前，三极，做等电位联结（必须）。
电气美眉 头衔：真实的我 等级：佳客	第4楼 1. 如果不加漏电保护，断路器很可能不会及时动作，特别是额定电流较大的断路器，因为故障电流才几十安；2. 如果说加漏电，那就意味着无论是否有双电源转换，TN-C-S系统内进线断路器都要加漏电保护，就因为开关灵敏度不够。3. 做等电位联结，你自己设计的系统可以做，但是从市电引来的电源，能保证别的用户也做了吗？故障电压对自己没影响，别人惨了。另外，我说的只是故障的一种，如果选用3极会不会有别的情况发生导致两个系统N线的故障电压蔓延？采用漏电断路器是可行的，不过双电源断路器有那么做的吗？上面的分析，请高手批评。

电气美眉 头衔：真实的我 等级：佳客	如果用漏电保护，3 极和 4 极没有什么区别，对吗？还有，两个系统 N 线有不平衡电流，而且相位不同，即使没有故障，难道就不会产生环流吗？
hbsjzsjy 等级：游客	第 5 楼 1. 进线处 N 线已重复接地，无所谓环流。 2. 其接地故障保护已能迅速有效地切除故障电路，何来蔓延？ 3. 如执行（技措）4. 5. 6 应采用 4 极带漏电，否则 3 极即可。
小菜  等级：四星客人	第 6 楼 楼上有漏电时断路器会动作的。如果用 TN 系统，因为重复接地是在断路器前面，所以用三极和四极没多大区别，发生故障时 N 线电位提高不会对其他用户造成危害。第二条确实如此，因为 N 线断线另加相线碰壳就相当于 TT 系统的单相接地，在没有漏电的时候动作时间很可能不满足要求，甚至有时断路器不动作。N 线基本不会有不平衡电流，可以画个图看看，相当于 N 线和两个 4Ω 的接地电阻并联，即使有电流，也非常小，没有危害。
jinzita  等级：常客	第 7 楼 “3 极和 4 极没有什么区别”，区别是你用三极漏电根本无法合闸，因为当系统存在单相负荷时，N 线电流就不会为零，漏电保护器的线圈必须同时穿过三根相线和一根 N 线，才能保证正常时的它们电流矢量和为零，如果漏电保护器的线圈仅穿过三根相线，只要 N 线一有电流，保护器就会动作。“假设一个系统故障时 N 线断线，恰好此时有设备相线碰壳，N 线带 220V 电压，经过重复接地、变压器中性点接地分压后，N 线对地电压 110V 左右”，我不明白 N 线在哪断的？
电气美眉 头衔：真实的我 等级：佳客	第 8 楼 谢谢大家。楼上 N 线指进线的 PEN 线？我分析的不对吗？还有，3 极并不意味着 N 线不穿过电流互感器，只是没有断点而已。楼上先生，220V/8Ω = ？环流一定有的，至少两个系统 N 线电流相位不同，只是是否可以忽略而已。还有，假设一个系统故障时 N 线断线，恰好此时有设备相线碰壳，N 线带 220V 电压，经过重复接地、变压器中性点接地后，电流只有几十安，怎么“快速、有效切除”？

zongneng 等级：贵宾	第 9 楼 真佩服你的精神。“N 线断线，相线碰壳”又未做等电位联结，出事故了只能怪老天。
jinzita 等级：常客	第 10 楼 PEN 线断线是一种很严重的故障，我见过的过电压事故多半都是由于 PEN 线断线造成的，而且事故面积很大，经常是一栋住宅几十台电视机被烧，从保护上也没有什么好办法，以前室外采用架空线时，断线的可能性比较大，但现在一般都是电缆线路，断线的可能性很小，最好不要考虑这种情况，自找麻烦。
电气美眉 头衔：真实的我 等级：佳客	第 11 楼 楼上先生，“从保护上也没有什么好办法”吗？如果选择性要求不高，可以加中性线断线保护，切断总电源。楼上先生，你说的情况也很对，就是我要说的另一种情况：即使不发生 PEN 断线，但由于发生单相接地时相保阻抗大，断路器灵敏度不够，导致 PEN 线电位升高，两路 PEN 线连通，使故障电压蔓延。本来我下一步要分析这种情况的，让你抢先了，又生气，又高兴，嘻嘻。按照你的意思也是应该装 4 极开关的，而且重复接地点应该装在开关后吧？
jinzita 等级：常客	第 12 楼 楼主，我认为你有几个概念说的不明确：1. TN-C-S 系统在室外 PE 线和 N 线共用一根线称为 PEN 线，经重复接地后分成两根线 PE 线和 N 线，在您的叙述中似乎有些混淆这三根线；2. TN-S 和 TN-C-S 系统的优点就是能提高单相接地故障的故障电流，使断路器的速断保护动作，如果断路器不动作，那肯定是断路器选的不合适；3. PEN 线重复接地的目的是使其在进户处钳制到零电位，所以即使单相接地断路器不动作，我们也可以认为 PE 线电位升高，但 PEN 线依然是零电位；同样，两路电源在重复接地处互联，只要做到一点接地，不可能“使故障电压蔓延”；4. 如果是绝缘损坏产生的接地故障，且故障电流不足以使断路器动作，就需要采用漏电保护，规范上称为“防火漏电保护”；5. 如果不设漏电保护，用三极和四极开关均可，如果设漏电保护，必须用四极开关。
 cm365 头衔：dq 等级：一星客人	第 13 楼 1. 为什么把该系统认定为 TN-C-S？2. 如果是 TN-C-S 系统，进线开关就应该为三极，如设四极开关就有断 PEN 的可能，这是不允许的。3. 补充：市政来电源为四芯电缆。入口处经重复接地后，N 和 PE 严格分开，对于本建筑而言，应为 TN-S 系统。

 jinzita 等级：常客	第14楼 “市政来电源为四芯电缆，入口处经重复接地后，N和PE严格分开，对于本建筑而言，应为TN-S系统”，你的理解是错的，市政来电源为四芯电缆说明从变压器开始的整个系统是TN-C型式，如果入口处经重复接地后，N和PE严格分开，那就是TN-C-S，如果入口处经重复接地后，N和PE不分开，那就是TN-C型式（规范不允许室内采用）。C-Combine合在一起，S-Separate分开，TN-S系统PE线和N线从变压器接地后就分开，TN-C系统PE线和N线从变压器接地后合在一起用一根线，TN-C-S系统PE线和N线从变压器接地后合在一起用一根线，进户处经重复接地，PE线和N线分开。
hpisme 头衔：潇湘生 等级：版主	第15楼 TN-C-S和TN-S系统建筑物内不必装四极开关，因为：在建筑物内设置了总等电位联结（强制），未做总等电位的建筑物其金属管道与结构钢筋的自然也具有一定的等电位联结作用，人身与大地处在同一电位水平上。无危险！如果TN系统带漏电保护的电源转换处应该用四极开关，在电源转换处采用漏电断路器必须采用四极开关，规划有要求。
电气美眉 头衔：真实的我 等级：佳客	第16楼 首先感谢大家的热情参与！楼上先生的第一个问题，错在我，主要是打字太多，有点烦，发完帖子之后，自己看了也觉得存在这个问题，懒得改，以后我们都假设是PEN断线；第2不敢苟同，由于PEN断线，只能靠重复接地与变压器接地串联形成回路，所以灵敏度不够；第3发生上述故障时，PE线对地有电阻，当然有对地有压降，难道PEN线对地就没有压降？这个压降就是故障电压。由此导致了蔓延。第4有些场合不允许没有选择性地断开总电源，所以在总电源开关上加漏电保护是不可取的，就算双电源自动互投，故障未消除时（很可能较长时间未找到），哪个也投不上。如果每个断路器上都加漏电保护，不太荒谬了？所以依靠漏电保护去消除故障，有些矫枉过正，对于一些场合不可取。第5同意你的观点。楼上先生做等电位联结，自己设计的新建工程，当然可以，但是有很多六七十年代设计的厂房，如果你和他共用一个变压器，是不是还要跑过去打个招呼：“老兄，我做等电位啦，你做不做，不做？嘿嘿，电死你”！估计你得爬回来。嘻嘻。因此，对于这种故障情况，单电源也存在系统内故障电压的蔓延，双电源又扩大了蔓延的范围，而且故障的查找又变的比单电源复杂，因为是外来的电压，不是自己系统内的！这就是我提出自己观点的初衷，不过总是反对的多，同意的几乎没有，却又说不出令人信服的理由，知音难觅呀。《民规》中

电气美眉 头衔：真实的我 等级：佳客	8.5.7 规定在 TN-C 及 TN-C-S 系统中，严禁单独断开 PEN 线，而不是严禁断开 PEN 线 8.5.8 规定在 TN-C 及 TN-C-S 系统中，当需要装设中性线断线保护电器时，必须将所在回路全部相线连同 PEN 线一起断开，且 PE 线应在保护电器负荷端同 N 线分接。这说明在开关后做重复接地，即 PE 与 N 线分接，是有依据的。所以，双电源转换必须采用 4 极开关，必须在开关后重复接地后引出 PE 线。这样做的目的是双电源切换的同时也切断了两个系统 PEN 线之间的电气联系。对于同仁以下观点的分析：1. 供电线路 PEN 线断线、用电设备相线碰壳时，故障会被快速、有效地切除。故障电流经重复接地－大地－变压器中性点接地后，大小只有几十安，开关灵敏度不够，很可能不会被快速、有效地切除。2. 进线断路器加装漏电保护器可以使故障快速、有效地切除。此时故障能被快速、有效地切除，但是总电源被切断，没有了选择性，在一些工艺中是不允许的。如果在每个断路器上都加漏电保护器，又很荒谬。3. 采用等电位联结可以确保安全。对于自身建筑内的安全可以保障，但是不能保证别的用户都做了等电位联结。如果使用 3 极开关，两个系统 PEN 线电气连通，发生供电线路 PEN 线断线、用电设备相线碰壳故障时，备用电源系统内 PE 线就会串入外部故障电压，使此系统中未做等电位联结的用户处于危险中。
hpisme 头衔：潇湘生	第 17 楼 我还是反对！新建的房子强制做等电位！你说的老式建筑没有做等电位！但是这些老建筑物内由于金属管道，结构间的自然接触，从而已经有了一定的等电位联结作用！
电气美眉 头衔：真实的我	第 18 楼 既然这样，那你为什么还在新建的建筑上做等电位联结？不就是因为所谓的自然接触并不可靠吗？
hpisme 头衔：潇湘生 等级：版主	第 19 楼 我说的是未做的老建筑物也会具有一定的等电位联结作用！但是其肯定达不到我们规范的要求！但是对人身安全已经大大降低，几乎没有了！在这种情况下，我们只需要考虑到这种程度！难道你每做一个工程都要去问人家这个变压器还带了哪些负荷？做等电位了吗？你不会有这般耐心吧？此种说法有依据的！请见国际电工标准（IEC 60364-4-46 标准第 4.61.2 条）。

电气美眉 头衔：真实的我 等级：佳客	第 20 楼 你那么确定每个用户都会有可靠的安全性吗？我们只参照规范要求来确定其安全性，如果达不到，可以采用一些措施，比如我说的双电源采用 4 极开关，重复接地在开关后，我觉得比以前的做法要有好处。这么简单的做法不采用，而去幻想它的安全性，你不觉得不妥吗？
hpisme 头衔：潇湘生 等级：版主	第 21 楼 1. 我没有说我很肯定每个用户都有可靠的安全性，在这种情况下如果你考虑的太深太多的话，设计就没有办法做了！ 2. 平常大家都采用双电源要用四极开关！其实在 TN 系统里如果采用了带漏电保护开关，或者 TN-C 主干线的零序电流较大的话，才有必要选用四极开关！现在设计对四极开关用的有点滥！中性线的接点可是越少越好！
电气美眉 头衔：真实的我 等级：佳客	第 22 楼 我考虑太多太深了吗？让两个互不相干的电源系统有导线连通，让外行人来看，也会觉得有问题！这就是最直观的感觉。四极开关选择是有点乱，中性线的接点越少越好，可是该选还得选，该有接点还要有接点，是为了更大的安全性！向习惯挑战，向传统挑战！所以我因世界而存在，世界因我更精彩，楼上先生，OK？
jackie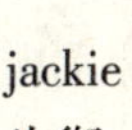 头衔：设计是空	第 23 楼 讨论了这么长的时间，究竟在工程上是什么做法？各位大侠的自己的做法？看这么多，我想知道结果！
电气美眉 头衔：真实的我 等级：佳客	第 24 楼 还看到有这样一种情况：PEN 断裂，由于整个系统 3 相不平衡，即使做了重复接地，在 PEN 线上也会有 50V 左右的电压（《实用接地技术》），这个电压就传导到另一个系统。楼上先生：1. 你对 PEN 线和接地极的理解是错误的。一直以来，你对接地极的电位就是这么理解的吗?! 故障电流流入接地极的电位当然不是零，而且哪儿的大地电位也不是零，而是形成类似于跨步电压那样，逐渐减弱。退一万步讲，故障时，PEN 电位不会是零，“地球人都知道”如果你仍坚持“我还是不明白”我建议你按照我假定的情况做个实验，用手去摸摸那根断了的 PEN 线，然后回来告诉我你的感觉（如果还有机会的话）。当然，去之前找本《实用漏电技术》。看看，估计你会改变主意。2. 我对等电位的理解自认为还算正确，即使不准确也不重要，因为我们探讨的是那些没做等电位联结的用户。感谢你对本帖关注！

<table>
<tr><td>
jinzita
等级：常客</td><td>第25楼
如果你说的“断了的PEN线”是断在重复接地前，正因为PE线的电位可能不是零，而接地极的电位是零，电流才会流向接地极，也正因为这样，这个电流不会从接地极流出窜入另一个系统的；如果你说的“断了的PEN线”是断在重复接地后，那就不是TN-C-S系统，因为PE线和N线没有分开；其实我们天天都在摸PE线，计算机外壳、冰箱外壳、微波炉外壳等都与PE线相连，当你去开冰箱门的时候你害怕过吗？不管是工业设计还是民用设计，都要以人为本，如何能更有效地保护人的生命安全是最重要的，如果漏电开关动作可能损失100万的财产，而不动作可能危及一个人的生命，你会如何选择？</td></tr>
<tr><td>电气美眉
头衔：真实的我
等级：佳客</td><td>第26楼
楼上先生，你上面说的：
1. 如果你说的“断了的PEN线”是断在重复接地前，正因为PE线的电位可能不是零，而接地极的电位是零，电流才会流向接地极，也正因为这样，这个电流不会从接地极流出窜入另一个系统的；你没明白什么是压降吗？谁说电流会从接地极流出窜入另一个系统了？故障电流进入重复接地极后，PEN线对地产生了压降，就是故障电压，然后通过两个系统互相连通的PEN线蔓延。是故障电压的蔓延，而不是故障电流的蔓延！
2. 如果漏电开关动作可能损失100万的财产，而不动作可能危及一个人的生命，你会如何选择？会不会有反过来的情况呢？比如：如果漏电开关动作可能危及一个人的生命，而不动作可能损失100万的财产，你会如何选择？所以，什么事都不要想当然，把自已处于一个有利位置：嘻嘻。再次感谢你对本帖关注！</td></tr>
<tr><td>小菜
等级：四星客人</td><td>第27楼
几天没来，没想到这么热闹！谈谈我的看法：
“不管是变电所接地还是重复接地，不管接地电阻要求是1Ω、4Ω或是10Ω，只要是接地极，我们就应该将其电位视为零，否则规范中为什么对接地电阻有要求？”——言之差矣！只要有电阻，故障时就会有压降，这个道理是最基本的了“双电源转换必须采用4极开关，必须在开关后重复接地后引出PE线。”——不符合《低压配电设计规范》4.5.6条，因为在转换前的这一段，PEN线上设置了断点。“有些场合不允许没有选择性地断开总电源，所以在总电源开关上加漏电保护是不可取的，就算双电源自动互投，故障未消除时（很可能较长时间未找到），哪个边投不上。如果每个断路器上都加漏电保护，不太荒谬了？</td></tr>
</table>

小菜 等级：四星客人	所以依靠漏电保护去消除故障，有些矫枉过正，对于一些场合不可取。”——不是所有的漏电保护都是为了防火而设的，我们在许多情况下都是用过电流保护兼作接地故障保护，其实接地故障保护的方法还有零序电流保护和漏电保护。低压系统是不允许带单相接地故障运行的，所以发生接地故障时就应该有效地切断故障回路，如果过电流保护不满足在求，漏电保护是当然的选择。楼主已经设置了这么奇怪的故障，只有每个回路装漏电保证选择性了。想想：如果PE线断线，又发生了单相接地故障，又不允许采用漏电保护，那只能等死了。电气设计要以人为本，绝大多数情况下，如果危及人员安全，还是要切断电源的，我们几乎没有可能设计到那种工艺要求高于人的生命的工程。即使是消防用电回路，如果过电流保护不满足单相接地故障的要求，也是可以采用漏电保护的（只是规范允许作用于信号）。
电气美眉 头衔：真实的我 等级：佳客	第28楼 我喜欢楼上的分析，听我慢慢说来：“楼主已经设置了这么奇怪的故障”，不是我设置的，这种故障实践中会发生，我也是从杂志上看到的。“低压系统是不允许带单相接地故障运行的，……又不允许采用漏电保护，那只能等死了”。你上面说的这些，都是针对自身的安全讲的，这没关系，靠等电位联结呀！对于另一个系统里那些老用户怎么办？按我说的方法呀!，这不就两全其美了。等死干什么？我提的方法就是解决这个问题的！“电气设计要以人为本，绝大多数情况下，如果危及人员安全，还是要切断电源的，我们几乎没有可能设计到那种工艺要求高于人的生命的工程。即使是消防用电回路，如果过电流保护不满足单相接地故障的要求，也是可以采用漏电保护的（只是规范允许作用于信号）”有的工艺要求不断电，正是为了保证人身安全！还有动作于信号毕竟只是动作于信号，此时仍存在发生危险的可能！还是这句话，分析：我想我们并不能保证无论什么时候都能把故障及时切掉，所以，设计的时候就要考虑这个问题能采取措施限制在一定范围，就采取措施限制在一定范围，如果串到另外的系统不是更糟吗？小菜说“不符合《低压配电设计规范》4.5.6条，因为在转换前的这一段，PEN线上设置了断点”。分析：规范又不允许在PEN线在开关后重复接地的，为此可以在开关后PEN线对相线接一电压继电器，在双投4极开关的两个N极断点上并联两个单极接触器或断路器，这样如果N极触点发生断开，利用电压继电器失电投入单极接触器或断路器，并发出报警信号。这么保险还不行？我觉得都可以申请专利了。

小菜 等级：四星客人	第 29 楼 零线电位提高对另一个系统用户造成危险的可能在于：另一个系统用的是 TN-C 而不是 TN-C-S 系统，而且没有等电位联结。这样相当于设备外壳带危险电压了。所以采用漏电保护将可能出现的零线电位提高的故障及时切除，也就不会影响到老用户了。我想顺便讲一个设计的理念问题，我们所做的所有设计都是基于规范要求的，不应该为了自己理解的某种可能性故障去突破规范的条文。如果把重复接地做到四极开关后面，虽然迁就了这种特殊故障的保护，但突破了规范的 PEN 线严禁装设开关电器的条文，显然是不合适的。28 楼讲得不对，呵呵，另一个系统是 TN-C 和 TN-C-S 一样是危险的，主要还是因为没有等电位。对于突然断电可能危及人员安全的场所，可将漏电作用于报警。
晓岚 等级：三星嘉宾	第 30 楼 我想，先明确两个问题之后再讨论你的帖子：1. 毫无疑问，电源进线处，在接入任何电气设备前就要做重复接地，注意此后 N 线与 PE 线已经分开。2. 关于 TN 系统的单相接地故障电流，你在 16 楼所列的 220V/8Ω 的公式是错误的。请注意 TN 系统发生碰壳短路时，由碰壳相线、设备外壳、PE 或 PEN 线（亦称相—零回路）形成闭合回路，一般来说，这个电流是比较大的（与接地电阻值关系不大），足以使保护电器动作使故障设备脱离电源。你所列的公式常在 TT 系统作估算用。
小菜 等级：四星客人	第 31 楼 假设切换开关处 PEN 线那一极发生了故障，相当于零线断线，这时由于后面可能有三相不平衡负载，会导致有的相电压升高，有的相电压降低，电压继电器可能不能检测到故障。
jinzita 等级：常客	第 32 楼 我同意小菜的分析。如果漏电开关动作可能危及一个人的生命，而不动作可能损失 100 万的财产，那就不应该动作，可以用加强绝缘和等电位联结来防止漏电故障的可能造成的危害。接地、等电位联结、漏电保护和加强绝缘等都是防止人身触电事故的几个独立的措施，采用的措施越多保护越完备，当条件不允许时，可根据规范适当取舍。如果漏电开关动作可能危及一个人的生命，而不动作可能损失 100 万的财产，那就不应该动作，可以用加强绝缘和等电位联结来防止漏电故障的可能造成的危害。接地、等电位联结、漏电保护和加强绝缘等都是防止人身触电事故的几个独立的措施，采用的措施越多保护越完备，当条件不允许时，可根据规范适当取舍。

电气美眉 头衔：真实的我 等级：佳客	第33楼 在我自己做总结之前，首先纠正几位先生的误解： 1.29楼说我分析的那种故障是特殊的，是那么回事吗？仔细想想，PEN断线后，就像你所说的，由于三相电压不平衡，有些设备被瞬间烧毁，绝缘破坏，紧接着就可能发生单相接地故障！为什么要把两个故障看成是偶然发生到一起的呢？这就是设计人员和运行人员的区别！ 2.30楼，你的错误在于思路比较局限（别生气，嘻嘻），检测不到PEN和相的电压也没关系，可以检测PEN对地的电压呀，这可是《建筑电气设计规范》上阐述到的保护，不过，他只是检测后切断电源，而我是检测后可以排除掉那个PEN线在开关电器上断点的接触不良或断开。 大家都赞同小菜的分析，我仍然认为漏洞颇多，舌战群雄，我觉得真累，怎么找不到一个知音！还要继续挑战吗?！我等着！讨论了这么长时间，我做一个小结。 在所有的回帖中，我比较满意的是小菜的回帖，站的高，不纠缠于细枝末节，轻描淡写却有说服力，小菜别得意呀！这不代表我同意你的观点，只是觉得你的文风还不错。其实我的本意不想究得那么深，可是越想越觉得有讨论的必要，所以就请版主固顶，想听听大家的意见。问题讨论到现在，其实已经明朗，不需要在技术上再做细致分析了，我都觉得有些疲惫了，如果感兴趣，大家可以仔细看看前面的帖子。以小菜先生为代表的绝大多数人民群众认为：发生接地故障，就应该采取各种保护措施及时切断故障，让故障长时间存在，是运行不允许的，设计规范也不允许有这样的情况发生，所以，既然故障能按要求被快速、有效地切除，就无所谓蔓延了。以本人为代表的极少数顽固分子（其实就我自己）认为：在实际运行的很多时候，考虑到客观条件的制约和故障情况的复杂性，保护并不会像我们期望那样快速、有效地切除故障，设计时，就应该力所能及地采取措施使其控制在尽可能小的范围而不蔓延到另一系统。争论的实质，就是这两种观点的对立，我总结的对吧？至于规范，我觉得可以变通的，比如我提到的开关在PEN线上的断开点，如果怕发生断开或者接触不良，可以并联单极接触器或断路器，在故障时投入，就可以避免PEN线因为多了这么一个断开点而发生断线事故。规范也需要随着时代进步而发展、改进，死守着规范，不成了教条主义了？古人说的好：“世易时移，变法宜矣”。我一直在期待心目中的几位大侠能参与进来，让我茅塞顿开，但是却总不见踪影，不知是过于繁忙，还是不屑一顾呢？今后希望大家能多多帮助，尤其在建筑电气方面，有些知识我几

电气美眉 头衔：真实的我 等级：佳客	乎是空白，先谢谢了。非常感谢版主能给我提供这次和大家交流的机会，也非常感谢每一位参与本贴的先生们。通过这次讨论，我学到了很多知识，如果言语有不当之处，请多多包涵。
小菜 等级：四星客人	第 34 楼 如果是三相平衡负载，PEN 上没电压呢？总之，作为一个受过良好职业训练的工程师是不会采用你说的方法的，只有你这个喜欢钻牛角尖的 MM 想得出。
电气美眉 头衔：真实的我	第 35 楼 楼上的先生，你居然敢赌三相平衡呀，佩服佩服。亏你还是“受过良好职业训练的工程师”现在大连最漂亮了，可不要错过，来了要多带些钱，多多消费，我请客，你掏钱，为大连的发展做贡献！
小菜 等级：四星客人	第 36 楼 不是我赌三相平衡，但也不能肯定说一定不平衡，如果是电动机负载呢？那我不去了。我没遇到过双电源从外部进线的情况，都是自己的变电所，所以比较简单。
电气美眉 头衔：真实的我	第 37 楼 那如果你遇到双电源从外部进线的情况，你会不会只采用 3 极开关，在开关前做重复接地呢？
小菜 等级：四星客人	第 38 楼 如果我遇到这种情况，我会分析一下外部进线的条件，至少会用四极转换开关，在开关前做重复接地，如果外部条件确实较差，我会加漏电。
电气美眉 头衔：真实的我 等级：佳客	第 39 楼 我现在也不知道怎么做才好，听听大家的意见。 A. 3P 开关，开关前重复接地。B. 3P 开关，开关后重复接地。 C. 4P 开关，开关前重复接地。D. 4P 开关，开关后重复接地。 请大家选择，谢谢。

<table>
<tr>
<td>
wayx
头衔：帮主</td>
<td>第 40 楼
C、4P 开关，开关前重复接地。</td>
</tr>
<tr>
<td>senica
等级：三星客人</td>
<td>第 41 楼
这儿可真热闹呀！前面的帖子我没有全部看，讲一下我的看法：
1. 两个 TN-C-S 系统，在进户处共用重复接地，其中一系统的 PEN 线断线，而又发生接地故障，其实类似 TT 系统发生接地故障，接地故障电流通常不足以使断路器跳闸，应做总等电位联结并使用漏电断路器。
2. 设计人员的职责之一就是以规范为设计依据，《低压配电设计规范》明确规定配电线路应设接地故障保护，作用于切断供电电源或发出报警信号。因此，在接地故障电流通常不足以使断路器跳闸时，必须使用漏电断路器。
3. 电气美眉说某些情况下跳闸造成的损失巨大，其实可以使漏电断路器发出报警信号，而且如果有这种情况，那么其负荷等级是非常高的，总不见得会从公用电网取两路低压电源吧？电气美眉所说的是否仅仅是一种假设？
4. 电气美眉说检测 PEN 线对地的电压？如何测？何处取得到“地”？若能取得，大家往上一接不就得了，哪还有接地电阻什么事？大家伙不都永远不会触电了吗？
5. 还要说明一点，假设两个变压器的接地电阻和重复接地电阻都为 4Ω，那么如果忽略系统阻抗和线缆阻抗，PE、N 线的对地电压约为 73V（220/3），并不是 110V（220/2），因为接地故障电流在重复接地处分流，一路流经重复接地，一路经正常系统的 PEN 线然后流过正常系统的变压器接地，两路汇合后共同流过故障系统的变压器接地，因此回路中的电阻为$[(4\parallel4)+4]=6\Omega$。</td>
</tr>
<tr>
<td>
jinzita
等级：常客</td>
<td>第 42 楼
电气美眉，我理解对了吗？
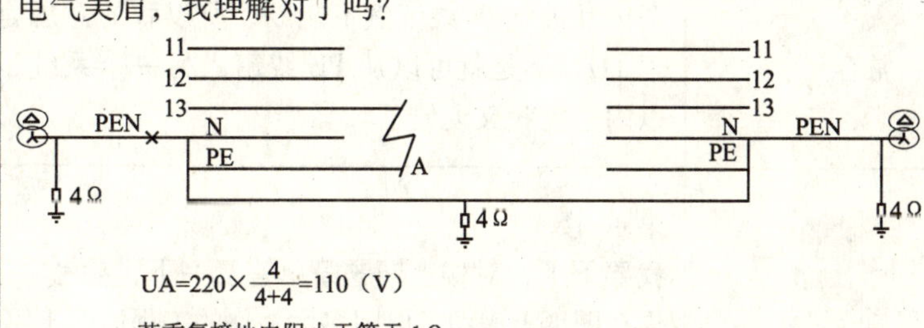

$UA=220\times\frac{4}{4+4}=110$（V）
若重复接地电阻小于等于 1Ω
$UA=220\times\frac{4}{4+4}=44$（V）<50V（安全电压限值）</td>
</tr>
</table>

电气美眉 头衔：真实的我	第43楼 楼上先生，我简单说一下吧。1.2不用说了，“地球人都知道”。3. 一路专用电源，一路外部引来做备用。4.《民用建筑电气设计规范》8.5有关于中性线断线保护电器的阐述。5. 再看看前面的帖子。非常感谢你的参与！
jinzita 等级：常客	第44楼 《低压配电设计规范GB 50054—95》第4.4.3条条文解释：人体受电时安全电压限值UL为50V系根据国际电工委员会IEC479—1的规定。正常环境下当接触电压不超过50V时，人体可接触此电压而不受伤害。
电气美眉 头衔：真实的我	第45楼 楼上很执着，我想请教的是，现在无论在什么情况下，都规定了接地电阻一定要小于1Ω吗？特别是在一些几乎都是动力配电的工业设计中？请您多多指教，我还不知道这码事儿呢。
senica 等级：三星客人	第46楼 电气美眉，你认为220V/8这个公式成立吗？我找了一下前面的帖子，没发现有讨论这个公式的。你画一下图就会发现应该是220V/[(4‖4)+4]，因此蔓延开的故障电压应是73V，而非110V。另外问一下，这个问题从何而来？现实工程吗？ 我们现在的图纸上接地电阻一般都注明接地电阻不大于1Ω，主要是为防止变电所内高压侧发生单相接地故障时危及低压侧的安全，详见建筑电气杂志上王厚余老先生的文章（规范尚无此要求，但我们那儿的土壤含水较高，很容易就能做到1Ω）。
jinzita 等级：常客	第47楼 在你的假设中既没有等电位联结，漏电开关也不允许动作，即便采用四极开关，PE线依然不能断，所以我的意思是如果重复接地电阻小于1Ω，不是就可以从PE线窜入另一个系统了的故障电压降到50V以内了。我又说错了？
电气美眉 头衔：真实的我	第48楼 我要下了，对楼上问题简单答复一下，参考一下jinzita的帖图。无论你在图纸上表明的电阻多大，你的工程情况土壤多么好我们现在只能按规范设计，全国搞设计的很多，不都依靠规范吗？非常感谢你的参与！

jinzita 等级：常客	第 49 楼 规范中规定的是接地电阻的上限（不大于），做到 1Ω 并没有违反规范。
小菜 等级：四星客人	第 50 楼 楼上，你有什么理由认为重复接地电阻是 1Ω，而电源的接地电阻是 4Ω 呢？如果电源侧也是 1Ω，那不是又变成 110V 了吗？senica 兄的那个计算公式我也看不懂了，为什么是 73V 呢？
电气美眉 头衔：真实的我 等级：佳客	第 51 楼 中午我有急事，没和几位先生继续探讨，抱歉。想了一下，先挑简单的回答。50 楼，你说接地电阻变成 1Ω 就没事了，我先不说对错，首先你就已经认同了我的观点，承认了会有故障电压的蔓延，然后你才想出了这个办法。但我觉得你这个办法不好，如果全国的每一处类似工程都向你说的那么做，是不可想像的。在一些地区甚至是极端其困难的。而且造成钢铁材极大的浪费。你这种做法和我提的做法，哪个更简洁？（当然我的做法和规范似乎有冲突，但是我们正在探讨的不就是我的做法的可行性吗？）如果以上观点你还不以为然的话，那么请你想想，现在电气设计人员都在按照规范为界限进行设计，规范没修改之前，你怎么保证一定会安全？所以，你和我争论的都是表面之争，没涉及到实质，不过我很佩服你不服输的劲头，如果愿意请你和我就下面两帖的内容进行探讨，谢谢。
jinzita 等级：常客	第 52 楼 小菜说的有道理，看来还是等电位联结最有效，而且规范中有明确规定（《低压配电设计规范 GB 50054—95》第 4.4.4 条）。漏电保护用在工业项目的确有困难，因为变频器等设备的大量使用，使电网高次谐波严重，很容易误动。当然如果不计较投资的话，这也不是问题。
电气美眉 头衔：真实的我 等级：佳客	第 53 楼 senica 的启发，我觉得故障电压蔓延的数值需要重新计算。假设一新建工程，一路专用电源，一路和某企业共用。专用电源 PEN 断线，导致单相接地。此时故障电流流向为：经过和某企业共用的变压器接地电阻、某企业的重复接地电阻、自身重复接地电阻三个 4Ω 电阻的并联后，汇聚到专用电源的变压器接地电阻[（4 ‖ 4 ‖ 4）+4] =5.33Ω。此时从 PEN 蔓延的故障电压为 55V。

电气美眉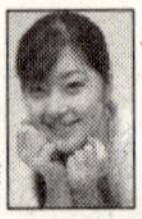 头衔：真实的我 等级：佳客	1. 按这种方法计算，事实已经承认了故障电压的蔓延，数值虽然小了，危险却依然存在。 2. 因为是外来的电压，所以它的相位可能和 A、B、C 三相的一相相位相反，假设为 A 相，那么 A 相的对地电压（注意，不是对地线，也不是对 PEN 线）将达到 275V，我想，这个来自外部的电压的叠加，就算是 10V、20V，也是我们不期望的吧？我最开始的指导思想，就是不希望两个系统之间有电气联系，应该有还是没有，我一直很迷惑。我说的故障情况，是不是只是冰山的一角，有没有别的复杂的情况，很危险，而我们却没想像到的，所以，大家不要眼光那么短浅，只顾抓住我狠批，要多往这方面想想，好吗？ 对于以上我的新想法，请 senica 先生、小菜先生和各位高手谈谈看法。
senica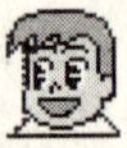 等级：三星客人	第 54 楼 小菜兄，对地电压 73V 的理由如下：假设两个变压器的接地电阻和电源进户处重复接地电阻都为 4Ω，那么如果忽略系统阻抗和线缆阻抗，接地故障电流在重复接地处分流，一路流经重复接地（$R1=4\Omega$），一路经正常系统的 PEN 线然后流过正常系统的变压器接地（$R2=4\Omega$），两路汇合后共同流过故障系统的变压器接地（$R3=4\Omega$），因此回路中的电阻为$[(R1 \parallel R2)+R3]=[(4 \parallel 4)+4]=6\Omega$。其实很简单，画一下图就清楚了。
jinzita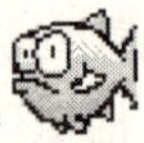 等级：常客	第 55 楼 那你的意思是这样吗？ 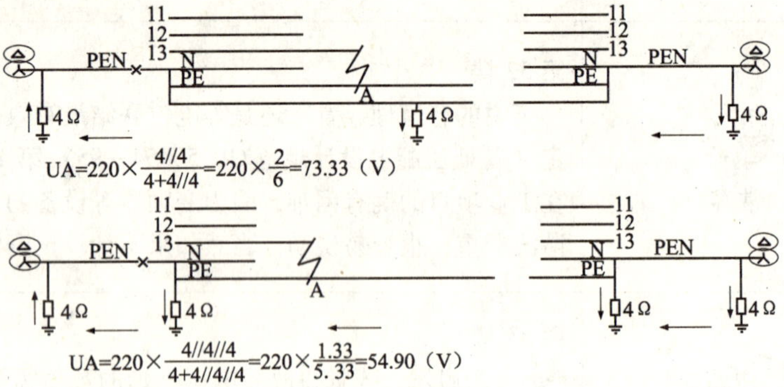11 12 13 PEN N PE A 4Ω UA=220×4//4/(4+4//4)=220×2/6=73.33（V） 11 12 13 PEN N PE A 4Ω UA=220×4//4//4/(4+4//4//4)=220×1.33/5.33=54.90（V）
小菜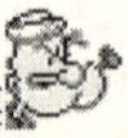 等级：四星客人	第 56 楼 呵呵，明白了，以前我忽略了这个问题。如果外部电源有多个用户有重复接地的话，这个蔓延电压还会更小，可能会低于危险电压了。这也从另一方面反映了重复接地的重要性。

nzita  等级：常客	第 57 楼 要是 PEN 线不断该多好啊！请教各位高手，谁用过“中性线断线保护器”吗？根据《低压配电设计规范 GB 50054—95》第 8.5.8 条和第 8.5.7 条的条文解释，应该这样： 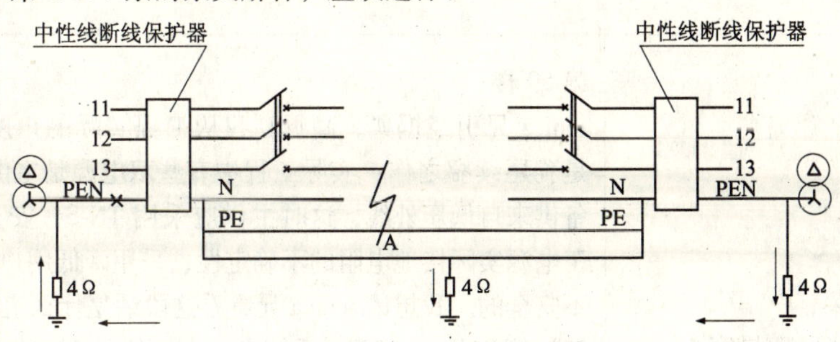
senica 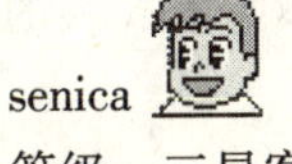 等级：三星客人	第 58 楼 电气美眉，我们得认识到，在引进 IEC 标准的概念之后，防止间接电击的最基本的措施是总等电位联结，而在此以前是没有这个概念的。因此，按现行规范所做的保护是无法有效确保以前工程的安全的。所以你所假设（请允许我做这个估计）的这些古怪的故障，现行规范的确没有明确的保护措施，这也许是由于双轨制的后果之一，但应该看到这只是暂时现象。话又说回来，简单地采用漏电断路器其实就可以在规范规定的前提下解决你的问题，为什么非要突破规范呢？而且你的专利技术中使用了太多的元件，要知道多一个环节就多一个故障的可能。而你所说的不允许断电的情况，其负荷等级应该是很高的，一般情况下电源不可能简单地从公用电网取两路电源（这也是我认为你的问题仅仅是假设的原因），这时问题就没那么复杂了。而且，如果考虑到 PEN 断线时发生接地故障相当于 TT 制发生接地故障，而 TT 制必须在进户处装设漏电断路器，那么漏电断路器就是首选了。 中性线断线保护仅见于《民规》，有无必要业界尚有争论（见《建筑电气》95.4）。接地电阻取 1Ω 主要是考虑到高压侧发生单相接地时会危及低压侧的安全（详见《建筑电气》94.4 陈焕庭文、95.2 王厚余文）。至于可行性，我想如果充分利用基础钢筋、金属管道、电缆外皮，再加上人工接地装置，应该是可以做到的。 题外话——进线处设漏电断路器。《低压配电设计规范》明确规定：接地故障保护的设置应能防止人身间接电击以及电气火灾、线路损坏等事故。大家对防间接电击都较为重视，那么防电气火灾的措施有没有采取呢？恐怕大多数人都只在住宅设计时设置进线处的总漏电断路器吧（因住宅规范是明确规定了的），但是《低压配电设计规范》并

senica 等级：三星客人	没有说公建和厂房就不须防电气火灾。因此我认为所有建筑物都应在进线处设总漏电断路器，否则接地故障保护就没有完全符合《低压配电设计规范》的规定这种总漏电断路器同时可兼作防间接电击的后备保护，这样也就解决了电气美眉的问题。当然，这只是我的个人观点。
小菜 等级：四星客人	第 59 楼 senica 兄引经据典，高见！我从工程实际的角度也考虑到了一点，算是狗尾续貂之作：实际工程中有些双电源是主供从自己的变电所供给，备供来自低压外线，这时主供应采用 TN-S，安全性大为提高。另，由于电源实际接地电阻的不确定性，采用降低用户侧接地电阻的方法还是不安全的。我想请 senica 兄看看这段话是什么道理，第三期的《建筑电气》第 9 页：在 TN-S 系统中，中性线及 PE 线接在一个接地点上，当发生单相接地故障时，由于故障接地电阻及电源侧接地电阻的存在，其故障电流可能远小于断路器的整定值而拒动。这时 N 线电位升高，可能会达到 50V 的危险电压。但是，由于系统做了总等电位联结，PE 线的电位与中性线电位相同，即使人触及中性线也不会发生危险。
senica 等级：三星客人	第 60 楼 小菜兄，你好！我的理解是，N 线电位升高后的电位是相对于“地”的，由于做了总等电位联结，PE 线、N 线的电位实际上与建筑物的电位是大致相同的，因此人的接触电压应是 N 线与建筑物之间的电位差，而不是 N 线与地之间的电位差，故即使人触及中性线也不会发生危险。规范上讲当可确保中性线电位为地电位（这个地其实应指建筑物的地，而不是电气系统的地）时，TN-S 系统可不断开 N 线的原因也就是这个道理吧。
小菜 等级：四星客人	第 61 楼 问题在这里：当发生单相接地故障时，由于故障接地电阻及电源侧接地电阻的存在，其故障电流可能远小于断路器的整定值而拒动。我认为有误，TN-S 有是单独 PE 线的，在 PE 线不断的情况下不会出现上述情况。
电气美眉 头衔：真实的我 等级：佳客	第 62 楼 很高兴能有小菜先生、senica 先生又把问题深入了，也感谢 jinzita 先生的贴图，我依然认为没有解决根本问题。

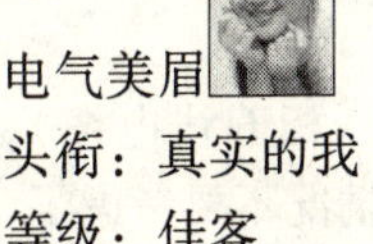电气美眉 头衔：真实的我 等级：佳客	1. 我们现在讨论那些的确没做等电位联结的用户这个历史遗留问题的事实，而不是说我们现在应该怎么去做，这种假设以后我们都不提好吗？现在有不少进线断路器上的漏电保护或者因为工艺需要、或者因为用电设备的原因，漏电经常误动作被取消。这也是《低压配电设计规范》并没有规定厂房进线断路器必须加漏电保护的原因！在很多杂志上可以看到这样的例子，你不能忽略这些情况吧？ 2. TN-S 系统也可能发生 PEN 断线，奇怪吗？哪来的 PEN？变压器中性点接地端子“PEN”断裂（机械外力、雷电冲击、自然腐蚀），这可有活生生的例子！ 3. 你说的“所以你所假设（请允许我做这个估计）的这些古怪的故障”，这可不我假设的什么古怪的故障！是我从一本书上看到的，我觉得应该引以为戒，就抄在笔记本上了，可惜那本书我还图书馆了，否则我一定告诉你什么书，多少页，如果你要知道，我可以再借来，不过按照你的水平，应该能理解这两个故障的因果关系。59 楼，谢谢你提供了这么一个好的例子，这说明，即使不断 PEN 线也有可能有产生故障电压的蔓延，至于多大、有什么影响，请往下看我的帖。 我先做一个简述，阐明我的基本观点：（1）两个电源系统的 PEN 线连通时，在某些情况下，一个系统发生故障可能导致 PEN 线带有故障电压，此时就会蔓延到另一个系统。（2）对于使用被蔓延了故障电压的系统而且未做等电位联结的那个老用户（这样的情况太多了!），会有危害和影响。上面就是我所持的最基本的观点。 对于 1，我以前说的故障是举例说明了故障电压蔓延的一种形式，还有没有别的情况下导致故障电压蔓延？比如小菜先生 59 楼提到的那个例子。实际系统运行情况千差万别，故障情况也是复杂多变，大家可以多动动脑筋想想。不要只顾盯着我说的那一种情况去质疑。对于 2，前面有先生在讨论经过几个重复接地后这个电压有多大，会不会对人身有危险。我觉得只要有这个电压，就应该采取措施去避免！仅举一个例子，比如，故障电压被工作人员感觉到，他就要停止正常的生产，切断设备的电源，长时间去查找故障的位置，估计他会有一种找不到北的感觉。所以对于外来的故障电压，和系统内的绝对应该区别对待。更何况我们根本就不能确保这个电压不会对那个工作人员人身产生危害呢！在以前的帖子里，我也表达过这样的观点，可是大家都抓住我说的某个具体细节去质疑、分析，我也只顾得回应了，却都忽略了大的方向，我重申一下，让新参与的和以前参与过的先生们对于我的基本的思想有个更明确的了解，这样才便于问题的展开。请大家继续批评指教，谢谢。

小菜 等级：四星客人	第 63 楼 那段话建议看一下全文，如果你们都认为那一句是对的，我不争论，但保留意见。还是说双电源的问题吧，总的来说问题出在重复接地上，因此两路进线都采用 TN-S 的话，就可以没有重复接地了，也就切断了两路电源的联系，不失为一个两全其美的方法。有条件的话进线采用三相五线制电缆进线，可以不考虑 PE 线断线了吧（新建工程应该难度不大）。MM 要是再钻牛角尖的话，我也技穷了。
电气美眉 头衔：真实的我 等级：佳客	第 64 楼 不是我钻牛角尖，如果和我实际工作关系不大，我才懒得费心呢！我们院设计的就遇到过这样的情况呀，一路变压器专用（也可能断“PEN”，见前面 62 楼 3）另一变压器和某地一个老厂子共用，电业部门来的都是 4 根线，我从来没见过有 5 根的！（至于来 5 根线也一样不保险，再说了。）由于里面设备比较杂，又是整流的、变频的什么的，漏电保护不能装，否则经常会跳！我现在真的就纳了闷了，大家就没遇到过这么普通的情况？按照以上情况看，怎么做？请批评指教，谢谢！
小菜 等级：四星客人	第 65 楼 有专用变压器就可以了，主供电源用 TN-S 系统（三相五线电缆），外部进线就用 TN-C-S 吧，也没有联系了。62 楼 4 的情况不要考虑了，不然 MM 脸上的皱纹要多起来了：要是再进一步杞人忧天的话，要是断路器不跳怎么办，要是设备损坏，人碰到相线了怎么办？要是……我头都大了，不提了联系还是有，呵呵，搞错了，言多必失呀！如果三相五线电缆还要再考虑 PE 线断线，再发生单相接地的话，我们天天都是危险中过日子了（不要以为到处都有等电位），还怎么活呀？另外，PE 线断了，再发生单相接地概率比 TN-C-S 小了，你不要再和我论要是 PE 线和 N 线一起断了的问题变压器中性线断了，变成 IT 系统了，又要另设专题讨论了吧？看来不管怎么保护，被 MM 几下一断，总是要出人命。
 wwayx 头衔：帮主 等级：贵宾	第 66 楼 呵呵，小菜真会调侃。说得好！中国向来推崇中庸之道，电气美眉也该学学啊。百分百的安全是没有的，在合理范围内做到最安全才是好的。不知道电气美眉说的例子中伤到人没有，那个被波及的系统的 PEN 线对地电压实测是多少？可能远没预测的那么高。以后上街得顶只锅，要不天上掉下块石头来咋办？哎呀，要是锅被打破咋办？处处是危险啊，俺自杀算啦，可是如果死不了咋办？多痛苦啊…呜呼哀哉。

senica 等级：三星客人	第 67 楼 我都搞不清是几楼了。小菜兄：该文应指相线直接与大地接触的故障，通常这种故障发生在架空线路中。电气美眉，对你的两个基本观点的看法是： 1. “两个电源系统的 PEN 线连通时，在某些情况下，一个系统发生故障可能导致 PEN 线带有故障电压，此时就会蔓延到另一个系统”。采用接地故障保护的目的就是在尽量短的时间里发现、排除接地故障，如果你不允许保护电器动作，那就没辙了。不好意思，又叉到细节上去了。两个电气系统之间的联系是经常存在的，而且不是用户所能决定的，大多数情况下用户甚至是不知道的。所以最根本的方法仍然是等电位联结和漏电断路器。 2. “对于使用被蔓延了故障电压的系统而且未做等电位联结的那个老用户（这样的情况太多了!），会有危害和影响”。正是因为老用户采用的规范和技术措施是落后的，所以存在隐患是必然的，否则规范就不用改进了，还有什么必要和 IEC 接轨呢？要知道，这些老用户的用电安全是先天不足的，其内部发生接地故障时都无法确保安全，遑论其他？你首先要做到的是确保你所做的工程不违反现行规范不出用电安全问题。另外问一下，如果出现你所说的故障，如果不用漏电断路器，你如何排除接地故障，确保用电安全？（做完总等电位联结并不是万事大吉了，如果这样的话，《低压配电设计规范》接地故障保护部分就简单多了，一句话就完事了）。 3. 漏电断路器之所以误动作，通常是因为施工错误或参数整定不正确。
小菜 等级：四星客人	第 68 楼 再讲一设计现状：设计是一大桶浆糊，里面有规范（审图中心）、设计人员、厂家、业主、造价、供电局等主管部门，各种利益交织在一起，什么样才是设计得好？很难说啊，身为设计人员，能捣好这桶浆糊，周旋于各方之间而游刃有余，方为化境。
电气美眉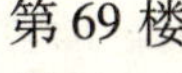 头衔：真实的我 等级：佳客	第 69 楼 好吧！既然大家那么愿意抠细节，我也奉陪到底！1. 首先，我对小菜先生、senica 先生、wwayx 帮主认为我说的是杞人忧天，钻牛角尖、“古怪的故障”的说法，提出严重抗议！还是举那个被大家质疑了多次的例子吧。一路变压器进线 TN-S，一路外部引入 TN-C-S，（小菜先生，你也提到过的呀!）如果变压器中性点接地线、端子“PEN”断裂（雷电冲击、机械损伤、自然腐蚀等原因），这时某设备烧毁，

电气美眉 头衔：真实的我 等级：佳客	绝缘破坏，发生了单相接地故障，故障电压的大小可参考 senica 先生第一帖略做变化，但数值不变。请问，这是不是危险的故障电压！就断了个"PEN"，也变成什么古怪的故障了？你们没听说过这样的事例吗?！我就曾经在电视新闻上看到的一起这样事故报道（当然仅只 PEN 的断裂），如果你们还认为是稀奇古怪的话，可以翻翻一些专业书籍，杂志，你会找到很多这样的例子！说我在钻牛角尖，我觉得你们才是用这种态度来对待我的呢！关于漏电保护器、或者说能否断开总电源的问题，我要去吃饭了下帖再说。
小菜 等级：四星客人	第 70 楼 变压器的中性线接地一般不止一处，没那么容易断，规范上没说过要保护这种故障而且中性线断了，跟双电源切换没什么关系，这台变压器上的设备，人员都有可能出问题的，因此做变电所设计时，中性点的接地都做两处以上。如我前面说到过的，智者千虑，必有一失，你设计一个系统给我看看，不管断哪儿都是安全的？怎么没事老是断呀？美眉还不许我们做保护，最好有人碰到相线、不断电也安全的方法，这样我们都失业了。进一步推理下去就是：矛无坚不摧，盾无坚不防？
电气美眉 头衔：真实的我 等级：佳客	第 71 楼 接楼上帖，对了，还有几点需要补充完再说下帖。 丐帮帮主我觉得我们大家不是在预测，而是在计算，当然结果会与实际不同，但是差别可是很小的，搞电气计算，你不会不明白吧？所以，你说的"可能远没预测的那么高"。不成立！如果每次设计计算完还要作实验实测的话。第一、我从你的第二点说法怎么听出点"电死活该"的味道！这是我们电气设计人员应该有的态度吗？他本身的用电状况怎么样，我们管不着，但是，涉及到到了我们，我们就应该考虑到，提出建议、想法，这是我们的责任吧？还有，你说的"另外问一下，如果出现你所说的故障，如果不用漏电断路器，你如何排除接地故障，确保用电安全"？答：设备发生故障时，运行人员可以通过报警信号、观察到的异常现象人为切除，有些设备就是不准随便切断电源，而是得到报警后，通过一系列操作程序，人为切除。这难道不是实际生产中常有的事吗？如果只依赖于保护电器去切除，是很难相像的！对于人身安全，就靠这个新建工程的等电位联结吧。对于你的第一条说的等电位联结，不提了行吧？我们遇过一个工程其中一路电源和一个 70、80 年代建的玻璃厂共用变压器。 你提到的漏电保护和第 3 条，我下帖接着回答。先说说 1. 小菜先生不管你认为容不容易断，都不是以你的意志为转移的。2.《民规》

 电气美眉 头衔：真实的我 等级：佳客	上有中性线断线保护器的阐述，前面提到过。如果你们还认为我在钻牛角尖，我觉得就该把这句话送给你们了。小菜你进一步推理下去就是：矛无坚不摧，盾无坚不防？我设计不出这样一个系统，但是我发现问题后，会尽量想办法去解决，做到相对安全。人们的认识总是在不断发展的，看看50年前，人们对电气的理解吧。而且，也不是什么没事老是断，故障的发生不是以你的意志为转移的，否则向你说的，我们就要失业了。还有，不是我不允许你做保护，设计总是要受到客观条件的制约！小菜先生的文采依旧，我们的观点也分歧依旧。
xm204 头衔：华山风清扬 等级：版主	第72楼 好不容易看完此贴，有些观点我不是很赞同，或许大家把几个概念混为一体了。 1. 在有电源转换的电路中，宜选用电源自动转换开关电器（ATS）并遵守下列原则：A. 两变压器低压侧的主保护电器和母联开关电器，应采用相线与N线一起断开的四极断路器和四级隔离电器。B. 有电源转换的配电回路，其电源与联络开关电器应采用四级断路器或四级电源自动转换开关电器。 2. 在电源引入处（开关前）将PEN线经重复接地转换为PE线及N线，由此可见两路进线的N线并不相通，不会有两个系统故障电流经N线连通。 3. TN系统的接地故障保护可以如下考虑：A. 利用线路的过电流保护；B. 采用等电位联结；C. 采用零序保护（在低压系统中很少用到）；D. 采用漏电保护。 在TN系统中，带电载流体必须穿过漏电保护器中电流互感器的磁回路，即所有相线和N线；单相用2P，三相用4P漏电保护器。在住宅规范中，进线加设漏电保护器是因为防火要求而设，和其他民用建筑不同！
电气美眉 头衔：真实的我	第73楼 楼上先生，1. 我们现在讨论的是那种双投的转换开关，在实际工程中，产品型号齐全，已有很多应用。2. 即使不同意我的第1种说法，也没关系，因为你的第2个观点欠考虑，只要在开关前重复接地，就会有故障电压的蔓延，你可以参考前面的帖子和贴图。这是我们分析问题的关键所在。
小菜 等级：四星客人	第74楼 我找到《民规》中第8.5.13关于这个问题的规定，你说的TN-C-S看来是不行了，我说的TN-S还可以，是否可以考虑局部TT？一开始我提到过，但没有深入讨论。

senica 等级：三星客人	第 75 楼 在配电系统的设计中，各种保护措施都有其应用的范围。反之，各种系统都有其特定的保护措施。我们不能也无法强求某种措施能保证所有用户的安全，这不现实。工程设计人员只能针对每个不同的工程依据规范来确保该工程的安全。我认为，电气美眉所考虑的故障，已超出了工程设计所要考虑的范围。首先，PEN 线断线发生在公用电网，对这一故障的处理应由供电部门负责，设计人员所要考虑的是电源引进以后所发生的故障，设计人员必须也只能对这一范围里的用电安全负责。其次，电气美眉假设的是 TN-C-S 系统，所以我们正常工作所要考虑的是 TN-C-S 系统中的接地故障保护，如果这时又发生 PEN 线断线，则实际上又变成了 TT 系统，我们无法设想必须采取某种措施（除了总等电位联结和漏电断路器）既满足 TN 系统的保护要求，又满足 TT 系统的保护要求，如小菜所言，若再顾及变压器中性点接地不良则还要满足 IT 系统的保护要求，如果存在这种措施，那么低压配电设计规范就简单多了。我并没有说漏电断路器一定要跳闸，完全可以只报警呀。倒是你的技术中，没有看到任何对接地故障采取的措施（除总等电位联结），那么你在突破规范的同时，如何保障你自己的客户的安全？难道你就能容忍接地故障长期存在而不被人们发现和排除，造成一系列隐患？另外我再说一点，PEN 线断线后，你的系统相当于 TT 系统，而同一变压器下所带其他用户都是 TN 系统，这就是以前所说“接地”与“接零”共存，也是小菜提及的 TN 系统下的局部 TT，但这种情况允许的前提是必须采用漏电断路器。小菜兄，难道谁能预测到哪一个工程会发生 PEN 断线和接地故障同时发生而采取局部 TT？总不可能每个工程都用局部 TT 吧？那不又全部成了 TT？
电气美眉 头衔：真实的我 等级：佳客	第 76 楼 首先对楼上说法做纠正。1. PEN 故障没发生在公用网，发生在专用变压器 TN-S 系统（变压器接地线的 PEN），具体请参看我前面的叙述，我记不清多少楼了，反正就是昨天才发的帖。至于为什么会发生各种故障，我下一帖找了几篇文章大家看看。2. 根据第 1 条，你说的“其次，DQMM 假设的是 TN-C-S 系统，所以我们正常工作所要考虑的是 TN-C-S 系统中的接地故障保护，如果这时又发生 PEN 线断线，则实际上又变成了 TT 系统，我们无法设想必须采取某种措施（除了总等电位联结和漏电断路器）既满足 TN 系统的保护要求，又满足 TT 系统的保护要求，如小菜所若再顾及变压器中性点接地不良则还要满足 IT 系统的保护要求，如果存在这种措施，那么低压配电设计规范就简单多了”。不成立，而且我没有要求有这样一种保护。你会问，

	那怎么办？再往下看。3. 你说的“我并没有说漏电断路器一定要跳闸，完全可以只报警呀。倒是你的技术中，没有看到任何对接地故障采取的措施（除总等电位联结），那么你在突破规范的同时，如何保障你自己的客户的安全？难道你就能容忍接地故障长期存在而不被人们发现和排除，造成一系列隐患”？你承认这一点，那就好办了，报警后，运行人员就会根据一系列程序采取措施，最终还是切除故障，此时的时间，最少也要以分钟来计算，对于新建厂房的自身安全，由于等电位不会发生人身伤亡，但是那个老用户（玻璃厂），对于这个故障电压根本就毫无察觉，（不像自身设备发生故障时，再怎么也能从各种异常现象中有所察觉），所以对于外来的故障电压，远比自身故障的危险要大的多的多！他们随时都有可能触及，也许是正在触及！4. 你说的另外我再说一点，PEN 线断线后，你的系统相当于 TT 系统，而同一变压器下所带其他用户都是 TN 系统，这就是以前所说”接地“与”接零“共存，也是小菜提及的 TN 系统下的局部 TT，但这种情况允许的前提是必须采用漏电断路器。小菜兄，难道谁能预测到哪一个工程会发生 PEN 断线和接地故障同时发生而采取局部 TT？总不可能每个工程都用局部 TT 吧？那不又全部成了 TT？我也有同感!! 就不用我回击小菜先生了，嘻嘻，但是要注意呀，采取漏电有的也只能报警，所以危险参看第 3 条。
电气美眉 头衔：真实的我 等级：佳客	我找了几篇文章，请看下帖。为了消除大家的质疑，停止诸如“头上顶个锅”、“没事老是断”的嘲弄，我随便找了几篇文章，也来个引经据典，几位先生看看。《实用接地技术》233 页，“统计资料表明，埋入土壤中的接地极和接地线，其年平均最大腐蚀厚度，圆钢为 0.2～0.3mm，扁钢为 0.1～0.2mm，热镀锌扁钢 0.065mm，而在污染严重的大气中，接地线年平均最大腐蚀厚度可达 2～3mm”。该文还指出，尤其设置在沿海港口、码头、盐碱地、产生化学腐蚀的工厂，更严重。《电世界》1997 年 9 月“因接地措施的缺陷，如接地不规范、接地不良、接地失效等，以致发生重大事故的，仍屡见不鲜。其中大多数情况，是接地体、接地线等接地装置本身过度腐蚀所致”如果几位先生还认为我说的故障是“杞人忧天”，“希奇古怪”的，也没关系，大家可以再看看 2002 年《电世界》41 页～42 页，（我懒得打字了）王厚余老先生为故障电压的蔓延做的假设，其中还提到了“外部故障电压串入有多种原因”。按照你们的观点，我的假设算是小巫见大巫了，嘻嘻。对了，还有关于漏电保护的。《电世界》2001 年 10 月份 30 页“某些设备即使发生漏电故障也不允许立刻切断电源而只能采用绝缘监视报警”。还有，好像是《电世界》1999 年 2 月份的吧，介绍了“预警型剩余电流动作保护器”，起什么作用我就不多说了。可惜那本杂志我放在家里，没带来，要不然我就可以说出在多少页了。

senica 等级：三星客人	第 77 楼 PEN 线不是扁钢、圆钢之类的接地体、接地线，不会那么容易断的。尤其新建工程，一般都采用电缆，发生断裂的可能性就更是极小了。正是由于有可能有外部故障电压串入，所以才有必要做等电位联结。老工程按老规范没有做等电位联结，所以才有安全隐患，老规范也因此会改成新规范，否则还有必要更新规范吗？
jinzita  等级：常客	第 78 楼 我一直在关注这个题目的讨论，也跟过几个帖子（尽管其中大多是错的），我感觉受益匪浅。作为一名负责任的建筑电气设计人员，电气美眉值得所有的同行学习。以下是到目前为止我对这个问题的认识，希望电气美眉和各位高手批评指正： 1. 同意电气美眉的故障分析。 2. 对于等电位联结和漏电保护，没有人否认它们的有效性，说明在这一点上大家的认识是统一的，但是因为电气美眉所说的这种老建筑的大量存在，我们必须面对现实，实事求是地去寻找解决问题的办法。 3. 不设漏电保护的两个原因，一个是工艺要求不允许停电，一个是容易误动作，对于第一种情况大家比较统一的观点是使漏电信号只作用于报警而不跳闸，我也持这种观点。对于第二种情况，我认为很多种因素都会造成漏电保护器的误动作，但是每一种误动作都是有办法解决的，比如高次谐波造成的误动作可以在进线开关后装有源滤波器抑制谐波，“大量配电线路敷设而产生的电缆、电线对地电容电流”造成的误动作可以通过增加线缆截面，降低电容电流等等，当然这需要大量增加投资，在国家没有这方面强制规范约束的条件下，业主肯定坚持能省就省的原则，所以我认为作为设计人员应该向业主阐明利害，说明漏电保护的必要性（尽管在现在讨论的情况中它不能保护所有人，但至少可以保护“自己人”）。如果你没有能够说服业主，那就想别的辙吧。 4. “装 4 极开关，而且重复接地点应该装在开关后，这样为了保证两个系统转换时，N 线不会互相连通，导致故障电压蔓延到另一个系统”，但是不是同时也增加了一个可能造成 PEN 线断线的故障点。 5. 如果 TN-S 系统这一路电源装四极漏电，让漏电信号和失压信号一样可以作用于电源切换；TN-C-S 系统那一路电源也装四极漏电，但漏电信号只报警，而不作用于电源切换。这样可以吗？ 6. 两路电源都装中性线断线保护器，使故障信号作用于电源切换。这样可以吗？

电气美眉 头衔：真实的我 等级：佳客	第79楼 我查到了：1. PEN故障、同时相线又碰壳的故障，多本论述中提到，如：《漏电保护器使用技术》，《实用接地技术》229页。2. 我不认为在TN-C-S系统中PEN上有断点突破了规范。见《建筑电气工程师常用规范选》861页：一般情况下，如果开关的PEN极接点发生接触不良等现象，本来是极其危险的，然而在采用中性点断线保护开关的情况下，其检测PEN线对地电位的单元是接在开关PEN极下火侧的，一旦PEN虚接，相电位通过负载传动PEN极下火，开关也能动作，将所有带电导线（包括相线和PEN线）一起切断，保护了人身安全和设备安全。今天我准备了一大堆帖子，准备继续细研究下去，在WORD里打的，可是看到昨天的帖子没怎么太回应，又看到jinzita先生的总结，想想还是算了。我还是那句话，故障电压的蔓延形式还有多种，大家不要只盯着这一种，还可以找出几种来，比如《电世界》等杂志里可以看到好多。好了，不多说了，多说又要争了，嘻嘻。
bigsong 头衔：重振武当 等级：贵宾	第80楼 PEN或N线的断线会产生很多问题，但没有好的办法来解决的。只能靠加强机械强度来解决，并加强连接的可靠性。正因为此四极开关不能滥用，只能用于一些必须的场合，如双电源联络开关。
秋石 等级：常客	第81楼 你所说的中性线保护可有产品？用《民用建筑电气设计规范》中8.5.7规定在TN-C及TN-C-S系统中，严禁单独断开PEN线，而不是严禁断开PEN线。8.5.8规定在TN-C及TN-C-S系统中，当需要装设中性线断线保护电器时，必须将所在回路全部相线连同PEN线一起断开，且PE线应在保护电器负荷端同N线分接。你请仔细看《低压配电设计规范》2.2.12条。关于楼主所提出的问题，请查阅《建筑电气通讯》北京建筑设计院洪元颐的文章。顺便说一句，中性线保护在《民用建筑电气设计规范》修订稿中已取消。

5 信息系统

5-1 弱电箱放在厨房里可以吗

sxywmx 头衔：沧海一粟 等级：三星客人	楼主 弱电箱放在厨房里可以吗？ 我刚刚看到一份图，是住宅楼，图上设计时就将弱电箱放在厨房里的。我个人认为不行的，大家怎么看呢？
liangjie 头衔：乐在逍遥 等级：版主	第 2 楼 干吗放厨房？没位置？厨房潮湿不安全。
fanzhong 头衔：www323	第 3 楼 厨房里煮饭炒菜时产生很多热蒸气的，温度高，湿度大，换个位置吧！
天正电气 等级：游客	第 4 楼 放那并不违反规范，只是不合理。举个例子：我的新家的弱电箱就在厨房里，没办法，时间长了也觉得没什么！
yang2004 等级：游客	第 5 楼 何必因为少走线而造成众多的不方便，不划算。
eman 头衔：少侠令狐冲 等级：版主	第 6 楼 厨房油烟太大肯定不可以放在厨房，你自己家做的无所谓。审图的时候必须指出，以前做的一个宾馆桥架经过厨房都被审图的指出来何况是家庭信息箱。中国的烹调方式油烟很大的。

5-2　电话线网络线是否可以与有线电视共穿一根管布线

liuyijunyijun 等级：一星客人	楼主 请教：电话线网络线是否可以与有线电视共穿一根管布线，如果不可以是否与干扰有关，规范上有规定吗？
eman 头衔：少侠令狐冲 等级：版主	第 2 楼 不可以，设计不同的 3 个部门应分开 3 根管子。
liuyijunyijun 等级：一星客人	第 3 楼 谢了！电话线网络线是否可以与有线电视共穿一根管布线，如果不可以是否与干扰有关，规范上有规定吗？
eman 头衔：少侠令狐冲 等级：版主	第 4 楼 并不是规范规定，也不是干扰的问题。而是网络不一定是使用电信的，电话也不一定是电信的。说白了就是网络和数据产权不一定是一家的。按目前国内的状况人家不会让你共管。
板桥傻子 头衔：黄花菜 等级：两星客人	第 5 楼 理论上应该没什么问题吧，实际操作中就有问题了。 到时候网络公司检修，电话公司有意见，最后扯皮扯到你头上就有点犯不着了。
Mikecheng 头衔：天山派大师兄 等级：三星客人	第 6 楼 我们这网络、电话是综合布线，都是电信局垄断，所以可以同管，而且同管更方便，但是和电视不能同管，除了属于不同部门外，我认为同管在共同使用时可能有干扰。
eman 头衔：少侠令狐冲 等级：版主	第 7 楼 在我们这里连手孔井电话和宽带（不是一个运行商）都不走在一个井，做了一个 8 字井。何况你说的 3 个部门放一块。另你设计合在一起可能施工的时候人家早分 3 根管子了，那当然没扯皮的问题拉。中国的综合布线没有有线电视，而且电话和网络按道理说也是 2 个独立的系统。没见过有三网合一的系统，三个网合一的做法信息产业部都没出标准和规范呢。

5-3 弱电箱放多高好

zz_ zz 头衔：打杂的 等级：两星客人	楼主 弱电箱放多高好？我觉得距地 0.3m 不错。想知道大家设计把它放多高？
eman 头衔：少侠令狐冲 等级：版主	第 2 楼 建议安装 1.8m，小孩子去玩把线都把了可就麻烦了。不应该忽略这个，现在电气插座都有带安全门的，虽说弱电设备大部分没安全方面的因素，但是弄坏了再接起来普通老百姓估计吃力。而且安装太低影响施工人员接线。
FJCY 等级：四星客人	第 3 楼 还是稍高点好，现在的箱锁几乎形同虚设。拿把起子就能像钥匙一样开了。
sxywmx 头衔：沧海一粟 等级：三星客人	第 4 楼 视情况而定，1.5m 左右，0.5m 左右都有。

5-4 关于程控电话系统机柜的尺寸问题

fw1771 等级：游客	楼主 关于程控电话系统机柜的尺寸问题： 由于对程控系统十分的陌生，现在有一个系统大约需要 200 门电话，这个系统的机柜的型号和尺寸该如何确定？请大伙帮忙啊！
eman 头衔：少侠令狐冲 等级：版主	第 2 楼 这个属于电信专控设备，你选的型号不算数的。就留个房间做程控机房大约 $10m^2$ 左右可设有人值班和无人值班两种。

sunbeam  等级：游客	第 3 楼 我这儿有个设备手册——SOPHO-S 系列全时分数字程控用户交换机：SOPHO-S250　128～256 端口，体积（高）×（宽）×（厚）；SOPHO-S250　I550×800×400（mm）(128 端口)；SOPHO-S250II　953×800×400（mm）(256 端口)。不知可否有所帮助？
 eman 头衔：少侠令狐冲 等级：版主	第 4 楼 好像有的地方不通过电信购买程控主机自己买的话电信不给拉外部中继线。
w3556843u  等级：贵宾	第 5 楼 好像各地情况有所不同，也有不用通过电信企业自行定设备的（但设备必须有进网许可），电信只按照交换机门数来决定出入中继线数量。

5-5　多媒体箱的相关问题

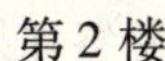 刀子 等级：一星客人	楼主 多媒体箱的相关问题： 多媒体箱大家用得多吗？它的优点在哪里？我怎么觉得挺浪费的。
 eman 头衔：少侠令狐冲 等级：版主	第 2 楼 浙江地区杭州和温州我做的住宅设计，甲方要求都使用家庭信息布线箱。不知楼主为什么说是浪费呢？如果做综合布线的话，电话和语音各从楼层配线架拉一根 5 类线到箱即可满足家庭电话 2 对外线的要求。如果箱子支持 HUB 的话一般家庭都可以设置 2～3 个电脑终端点。对于电视来说一根 SYWV 75-5 的线到箱子也够了，一般这样的箱子可以提供 3～4 个电视到终端面板。对设计来说好像差不多网络，电视（一根 5 类线和一根 75-5 的线）是肯定要拉的，就是电话走 5 类线稍微浪费了点。但是对家庭来说这就方便很多，家庭装修的时候可以有更多的余地，比如做装同机电话（有一个电话接通的时候可设为都能听，也可设为只有一个人能讲的），电脑，电视也可按自己的需要直接从箱子里拉到需要的地方。有的还提供安防、抄表模块可以将门/窗磁，红外探测，三表的抄收都接入其中通过局域网形成系统。当然这些也可以接入到楼宇对讲系统里，这个主要看甲方的意思和设计人员的设计手法而定。当然对业主来说这也是一个智能化的买点又可以借此机会提高房价。小小投入大大产出，很划算啊。

sxywmx 头衔：沧海一粟 等级：三星客人	第 3 楼 我也在家庭中经常用的，方便，一个箱子就解决问题了。使智能化水平提高了，布线设计系统化了，对设计人员来说画图更 easy 了，应该用啊。
zz_ zz 头衔：打杂的 等级：两星客人	第 4 楼 请教 eman，电话用 RS（2×0.5）可以吗？
eman 头衔：少侠令狐冲 等级：版主	第 5 楼 弱电设计手册里解释通讯电缆这一块没记错的话 H 开头的是电话通讯电缆，电话应该用这一类电缆。你 R 开头的好像是普通的双绞线恐怕不妥。
yoger 等级：游客	第 6 楼 用处不大，线还是那些线，系统还是各自独立的系统，只是归纳了一下，完全可以用一个大的接线盒代替，价格差了几十倍！弱电箱用于系统集成的系统中。才能体现他的优势！以上是个人观点。
eman 头衔：少侠令狐冲 等级：版主	第 7 楼 哦是吗？那我举个例子反驳楼上。先说网络如果只是大的接线盒那么网络进来就一根 5 类线，不装 HUB 或交换机就只能给一个电脑用。现在家庭有 2 台电脑已经不是新鲜事了，那么用户还要自己买 HUB 再重新敷线。高级一些的信息箱含 HUB。在说电话只做接线盒的话 2 对进线按道理只能接一个电话，再接同线电话要自己动手引。但是有信息箱就不同，箱内有同线电话接线端子而且可以设置是否允许有电话接通时其他电话也能听到。最后说有线电视只做接线盒同样只能一个电视机才能看，要多台电视机要自己装分配器。而信息箱已经把分配器做好了，一般可接 3~4 个电视。 那你说是方便家庭用户呢还是用处不大？况且对设计人员来说每户只要 3 根线即电话，电脑，电视线，内部直接从箱子到终端即可。应该说画图都方便很多。价格应该还好，据我了解基本型的一般在 300~400 元左右，最好的一般在 900 元及以上。中档的在 500~600 元左右，这些都是市场价工程价一般是市价的 5~6 折。这样的价格还能算高吗？杭州现在最小区起码我们院做出去弱电都用信息箱很多开发商也要求用信息箱。我们按这个楼盘的档次选信息箱的档次。

 莱花 等级：游客	第 8 楼 现在的弱电箱集成了很多功能，除了电视电话网络线外，还可加入可视对讲，远程抄表，气体泄漏报警，安防，包括紧急呼叫，但是因为引入引出的线路过多，给施工造成了一定的麻烦。

5-6 小办公楼弱电及相关问题

 lanbai007 等级：一星客人	楼主 小办公楼弱电及相关问题： 正做一个4000m^{2}左右的小办公楼，但要求较高，设宽带、电话。但我没做过弱电，正无从下手。想跟大家请教一下。1. 双孔信息插座需从配线架引几根双绞线？2. 电话有必要做入综合布线系统吗？若是，那电话插座是用跟信息插座一样的 RJ45 插座吗？3. 对于有防爆要求的房间怎样处理？在此先谢谢大家了。
eman 头衔：少侠令狐冲 等级：版主	第 2 楼 如果你做综合布线，就是电话和电脑在水平子系统的时候都采用 5 类线的话： 1. 双信息插座需 2 根 5 类 4 对双绞线。 2. 办公楼建议采用综合布线系统，插座采用 RJ45 模块。尤其是有大开间办公室的时候这个优越性就能体现出来了。 3. 综合布线规范里好像没有特别针对有防爆要求的房间。如果有防爆要求的房间还能放电脑？嘿嘿，这个暂时我也无法回答。
 lanbai007 等级：一星客人	第 3 楼 谢谢！办公楼中有几个化学实验室，甲方说有爆炸危险，具体做什么人家不说。只说实验室内要有内部电话。版主，能给我通俗的讲解一下服务器和程控交换机的用法和作用吗？
 eman 头衔：少侠令狐冲 等级：版主	第 4 楼 服务器是计算机网络的一个组成部分。比如说文件共享，打印共享，视频服务器等。最常用最容易理解的就是发布网页的服务器。提供网页浏览服务的，说白了其实就是一个配置比较好的电脑然后为其他电脑提供服务的就叫服务器。 程控交换机其实就是电话总机，这个应该明白的吧不用解释了。酒店肯定住过，电话总机是怎么回事我想我就不用解释了。

开心 3250  头衔：开心小糊涂 等级：一星客人	第 5 楼 我这边做的综合布线还比较少，一般都是宽带和电话各成系统。我想问一下，网线的布线距离是不是从服务器到工作站之间的距离，还是就是从集线器开始算，如果有多个集线器一起，按星形接线，是不是也只能走 90m。
eman  头衔：少侠令狐冲 等级：版主	第 6 楼 楼上概念完全不对，90m 的距离是说从配线架到终端面板之间的距离。准确的理解应该是交换机到电脑一共是 100m。除去配线架跳线的损耗，终端面板到电脑有最长 3m 的跳线总共去掉 10m 的距离所以应该理解为综合布线从配线架到终端面板最长设计距离为 90m。我说的是设计距离不是实际可走的距离，免得一会儿又有人来说。如果是交换机级连，也就是一个交换机连另一个交换机不通过配线架的话可以走 100m 而不是 90m。网络里只要是交换机出来到交换机或到电脑都可以走 100m 而不是 90m，90m 的概念是综合布线里的经过配线架的损耗和终端到电脑之间跳线部分都要除去。另外服务器和工作站你都只要把他们理解为电脑即可不用过多挂怀，服务器只是为工作站服务的电脑并没什么不同。所以不是服务器到工作站的距离，如果按工作站和服务器之间的距离理解我只用一个交换机的话 2 个之间的距离是 180 ~ 200m 而不是你说的 90m，自己想想把，服务器到交换机最多可以走 90 ~ 100m，工作站到交换机之间又是 90 ~ 100m 两者加起来是不是 180 ~ 200m？如果我使用光缆的话那起码是 6000m，服务器 3000m 光缆到交换机，工作站 3000m 光缆接入交换机。也不是你所说的 90m。建议楼上的好好地找几本综合布线及网络相关的书籍看看。
han2003  等级：三星客人	第 7 楼 网线还是越短越好，实际上条件好的超过 100m 也能用，条件不好的也许 80m 都有问题，灵活掌握。
eman 头衔：少侠令狐冲 等级：版主	第 8 楼 你设计是灵活掌握？那请问建筑与建筑群综合布线工程系统设计规范是干吗的？这里可没说让你灵活掌握，而且你以为工程上用的网线是你从电脑市场里买的假线烂线人家做工程的要有资料保证的，那里有你说的资料不好 80m 都走不了。再者按你的理论你这个工程设计的时候线的质量差一点你按 80m 设计，下个工程线的质量好点按 100m 设计那不乱套了？你是这样设计的吗？总得有个标准有个依据吧。你随便找个集成商问问都告诉你按 90m 走的，因为他们还有施工验收规范卡他们。你这样的设计出去不是让人家看了笑话了吗？

han2003 等级：三星客人	第9楼 我并不是指的网线质量，我所指的是现场敷设的环境，因为弱电往往很难躲开强电和其他干扰源。另外我也从来没有把线的长度放过80m的，规范有要求，大家当然一定遵守，但是尽信书不如无书，我们是不是应该好好想想规范是为了什么要如此规定的呢？一句戏言，版主是恨铁不成钢呀，呵呵。
 eman 头衔：少侠令狐冲 等级：版主	第10楼 前不久一个义乌市场的工程一施工方（电信）跟我说曾经图纸上线只有70m，但是他们最后布完后发现走了100多m。另外我不认为规范这句是戏言。玩过网络的人都知道交换机到电脑可以走100m甚至120m，这还是用的市场里买来的无品质保障的线。那都采用正规品牌的线我想走100m肯定没问题，那设计按90m又有什么不对？施工有施工的规范，国内的PDS施工被老外认为是野蛮施工，因为拉线按老外的标准是要拿弹簧秤拉的，而中国就是农民工硬拉。这当然无法保证质量，还有转弯半径等。所以现在的6类线比5类调试成功的要多得多，原因你自己想想。但是这个跟设计标准有冲突吗？是施工不当造成的调试不出来你怎么可以跟设计规范的规定挂钩呢？我们来举个例子：90m你要降低到80m距离，比如说我一个点本来90m可以到了，但是按你的说法就只有走80m，那另10m的距离你不是要加有源中继来延长了吗，10m的线和一个有源中继设备这个价格差谁来负责？这个造价差额是不是因为你的设计而造成的呢？

5-7 超五类双绞线一根可带起几台电脑或几部电话

gy-echo 等级：两星客人	楼主 超五类双绞线一根可带起几台电脑或几部电话？ 如果同时带的话呢，电脑用几芯，电话呢？
eman 头衔：少侠令狐冲 等级：版主	第2楼 电脑只用4芯，2部电话各2芯。也就是说一根5类线最多可带1台电脑+2部电话。不过设计不能这样设计，设计只能带一台电脑或一部电话。不然施工图审查很可能通不过施工验收也可能通不过。看看综合布线设计规范吧。
gy-echo 等级：两星客人	第3楼 四对对绞线呢，带几台电脑或电话，同时带的话呢？

 eman 头衔：少侠令狐冲 等级：版主	第 4 楼 恩？超 5 类难道不是 4 对非屏蔽或屏蔽双绞线吗？难道你开头问的是 1 对？吼吼，楼主的概念要理一下了。超 5 类 4 对双绞线只能当做一根物理通道来设计也就是做数据用的时候只能带一台电脑，当作为语音通道的时候只能带 1 部电话，嫌浪费就别用超 5 类线直接用 HBV 或电话双绞线。
 寒江雪 等级：游客	第 5 楼 如果不加转接头的话，一台电脑一部电话，电脑六芯，电话两芯。
 eman 头衔：少侠令狐冲 等级：版主	第 6 楼 一直不明白你的转接头是什么东西，那请问如果你的终端面板是被确认为数据点的，这一根 5 类线在设备间里已经被打线到数据的 110 或模块式配线架上了，你加个转接头能出语音？奇怪了呵呵。那不是成了 IP 电话了？反之如果是终端被确认为语音的整根线被打到语音配线架上如何出数据信号？那再请问你的转接头有什么用？难道你打算配线架的地方一根线也分开 2 个配线架打线吗？看一下施工规范吧 5 类线的剥皮长度应该是多少你如何能打到 2 个配线架上？
 阿蓝 等级：游客	第 7 楼 也未必，有这样的面板，可分，一根对绞线带一部电话，一台电脑或两台电脑，只是有点串扰。
 eman 头衔：少侠令狐冲 等级：版主	第 8 楼 施工验收完毕，你就是一根 5 类线带 4 部电话也没人管你，但是设计的时候就只能一根线对应一个设备电话或电脑。而且真正的 PDS 系统应该是双面板语音和数据都采用 RJ45 模块而不是一个 RJ45 一个 RJ11。原因就是 PDS 的灵活性和互换性，如果你是一个 RJ45 一个 RJ11 互换的时候就要换模块并重新打线这样就失去系统设计的初衷。这样的综合布线就根本是个形式而无实际意义。而且综合布线最重要的是选型要有通用性否则施工和招标都有问题。我给你举个例子：有某种线缆支持数据能跑 300m，那请问你设计的时候是按规范的 90m 距离还是按产品的 300m 距离设计，假如你按产品的 300m 设计。那甲方招标的时候就一定采用你那种 300m 的线缆吗？如果不采用而是用了一般大众化的线缆你设计不是成了特例没有通用性吗？你这样叫人如何招标，说回来大部分面板是一根线对一个点的。你设计的面板有这个功能如果这样的产品不是很多你让人家甲方如何招标，那你的设计如何实现呢？按图施工不是成了一句空话。设计要有个通用性才好施工才好招标的。

5-8 SYKV 电缆的选择

板桥傻子 头衔：黄花菜 等级：两星客人	楼主 SYKV 电缆的选择。 请教各位，有线电视系统中 SYKV-75-9 的具体含义是什么？该如何选此类型的电缆？
linjianming 头衔：江南小生 等级：版主	第 2 楼 我来说说看，不对的大家补充：SYKV 是聚乙烯绝缘同轴电缆，75 是特性阻抗，9 是绝缘外径（mm）。
Geminizh 等级：三星客人	第 3 楼 同轴电缆的编号主要是这样：S——同轴射频电缆；Y——聚乙烯；YK——聚乙烯纵孔半空气绝缘；D——稳定聚乙烯空气绝缘；V——聚氯乙烯；SYKV-75-9 呢就是：射频同轴电缆、聚乙烯纵孔半空气绝缘（藕芯）、聚乙烯护套、特性阻抗为 75Ω、芯线绝缘外径为 9mm。 有线电视系统： 概述： 1. 定义 有线电视系统是采用缆线（电缆或光缆）等作为传输媒质来传送电视节目的一种闭路电视系统 CCTV（Closed-circuit television）［用 CCTV 称呼有线电视系统，容易与中国中央电视台的简称 CCTV（China Central Television）混淆，所以国内常常使用 CATV 这个词（共用天线系统/有线电视 Community Antenna Television）］，它以有线的方式在电视中心和用户终端之间传递声、像信息。所谓闭路，是指不向自由空间辐射，可供电视接收机通过无线接收方式直接接受的电磁波。随着技术的发展，特别是光缆技术和双向传输技术，以及卫星和微波通信技术的发展，打破了传统闭路与开路的界限，其传输媒质包括从平衡电缆、同轴（射频）电缆到光缆，再到卫星和微波；提供的节目从一般的电视广播到宽带综合业务数字网（B-ISDN），都有了长足的发展。有线电视网通过信息高速公路的主干线与世界各地相连，是实现全球个人通信（PC）的一条重要途径。 2. 分类 按照用途分，有线电视系统有广播有线电视和专用有线电视（即应用电视）两类。应用电视在绪论课中已作了简单的介绍，这里只介绍广播有线电视系统。

Geminizh  等级：三星客人	广播有线电视的雏形是共用天线电视系统（Community Antenna Television，简称 CATV）。它是在有利位置架设高质量接收天线，经有源或无源分配网络，将收到的电视信号送到众多电视机用户，解决在难以接收电视信号环境中收看电视的问题。共用天线电视系统的分配系统一般较小，多是为公寓大楼、宾馆、饭店以及小型住宅区服务，它的前端也非常简单。由于科学技术的不断发展，人们并没有满足“共用天线电视系统”原有概念所包含的内容。把开路电视广播、调频广播以及录像机和调制器自行播放的节目等通过同轴电缆分配给广大电视用户，这就是电缆电视系统 CATV（CableTV）。从这个意义上讲，共用天线电视系统属于电缆电视的范畴。但由于它们都简称 CATV，因此有时也不加以区别而混用。实际上，它们是两种不同的系统。一般来讲，电缆电视在前端有接收、处理信号的功能，传输分配网络的规模和复杂程度，以及用户终端数量等方面不比共用天线电视系统复杂得多。 3. 传输方式 应用电视和广播有线电视均采用同轴电缆或光缆以及微波和卫星作为电视信号的传输介质。电视信号在传输过程中普遍采用两种传输方式：一种是射频信号传输，又称高频传输/频带传输；另一种是视频信号传输，又称低频传输/基带传输。应用电视系统的终端通常是工业级的图像监视器，信号采用视频输入方式，所以在传输距离较近、视频信号路数较少时，常常采用视频信号传输方式；而广播有线电视系统的终端为电视接收机，信号的输入方式为射频，所以通常采用射频信号传输方式，且保留着无线广播制式和信号调制方式。 广播有线电视系统在中近距离传输时，通常采用隔频（道）传输、邻频（道）传输、增补频道传输、双向传输等方式，其传输媒质一般是同轴电缆、光缆、平衡电缆等有线介质。而在较远距离传输时，除用光缆和同轴电缆—光缆混合方式（Hybrid Fiber Coax/Coaxial cable 同轴电缆，简称 HFC）外，还常用微波和卫星等无线传输媒质。 4. 工作频段及频道 （1）有线电视的工作频段及频道分布（标准频道用 DS、增补频道用 Z 表示）。 （2）隔频（道）传输与邻频（道）传输。开路广播采用隔频传输，有线电视系统也可采用隔/邻频传输方式。国内大多数用户的电视机高频头，都是具有 AFC 功能的电调谐高频头，中频滤波器采用选择性高的声表面波滤波器（SAWF），对邻频的抑制度可达 40dB 以上，且采用同步检波方式，基本上可以做到没有邻频干扰，直观收看效果可达 4 级以上，要实现邻频传输需要解决问题的是有线前端设备发射的频谱要纯。

w3556843u 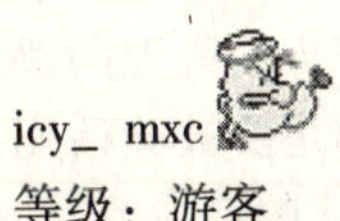 等级：贵宾	第 4 楼 SYKV－9 或－5 不同规格不同导线的衰减量而已，所以常常－9 线用于干线，－5 线用于末端！
 icy_ mxc 等级：游客	第 5 楼 SYKV 型号名称是电缆分配系统用纵孔聚乙烯绝缘聚（氯）乙烯护套同轴电缆 SYWV 型号名称是物理发泡聚乙烯绝缘聚（氯）乙烯护套同轴电缆。敷设长度：－5 不长于 150m，－7 不长于 400m，－9 不长于 600m。现在民用建筑中，有线电视系统我们都用 SYWV。
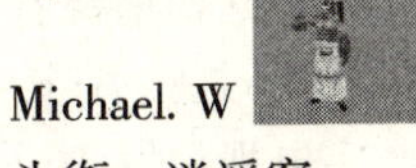 玄黄 等级：贵宾	第 6 楼 SYV-75-5 与 SYWV-75-5 他们都是 CATV 同轴视频线，同为 96 编织双屏蔽。包装为 305 米/轴。区别是：SYV-75-5：是物理发泡，实心聚乙芯绝缘；而 SYWV-75-5 为物理不发泡，屏蔽层：铝塑复合膜及 34 线规铝镁合金丝编织，聚氯乙烯或耐日光聚氯乙烯护套，通过 UL 垂直托架燃烧试验。SYV-75-5 是视频线，外皮一般是黑色，主要传输固定视频信号，比如摄像机信号和 VCD 和录像机的视频输出，编织网一般为铜，有 96 编、128 编等多种规格，包装种类也有很多种，普通成盘的有 100m、200m、300m；轴包装的有 400m、500m 等，可以定做包装；SYWV-75-5 是射频线，外皮一般是白色，主要用于有线电视信号和 VCD 和录像机的射频信号传输，编织网一般为铝镁合金丝，也有铜网，一般为 64 编和 96 编，也有 120 编，包装方式与 SYV-75-5 相同。

5-9 关于卫星天线系统的设计

Michael. W  头衔：逍遥客 等级：五星客人	楼主 关于卫星天线系统的设计： 这方面的设计，大家有没有什么具体的经验？以及哪些地方需要考虑的？还有，卫星天线的那个锅盖选几个有没有什么说法的！是不是，设计了卫星天线的话，就可以不要有线电视的进线了？我现在脑子里一片空白！
gdsjy 头衔：中立奇迹 等级：版主	第 2 楼 总体思路是：1. 设计了卫星天线也应该做有线。两者在机房混合后送出。2. 做用户需求调查，看看在有线转送节目之外需要收看哪几个台，当然应在安全局和广电允许范围。3. 根据节目套数确定天线个数接收机个数。4. 就得看你设计的深度要求了，看出图出到什么程度。

eman 头衔：少侠令狐冲 等级：版主	第3楼 另补充说明，卫星锅应该快被淘汰了。到不是说产品而是说这个形式。在浙江已经不再审批新锅了，现在的数字有线电视完全可以胜任。国家许可的卫星节目数字电视里全部含盖了。当然其中还包括当地有线电视节目（非加密）。最近做了2个义乌的工程，甲方意识比我们还超前。我们初步设计是做卫星+有线电视的，甲方说等他的建筑造起来都3~4年以后了人家都在拆锅我们还建锅不是要被笑话死了。所以陪甲方去了趟当地广电中心，嘿还真有对商业的有线节目。节目价格按每套/每月×每个点算钱。数字电视很简单就跟普通的有线电视做法一致，只要在前端加解码器其数量按甲方购买节目数而定。一般一套要一个解码器（注：一套一般是节目套餐，一般都会有几个卫星节目）。这样就可以不必再设计卫星了，甲方想要哪套卫星节目只要在当地广电节目单上一查购买了解码器就可以看了。而且不须要经过有关部门的批准，一般好像连施工都是广电包了。
Michael. W 头衔：逍遥客 等级：五星客人	第4楼 机房内一般有什么设备？是否需要有人值班呢？大概会要求多大面积？设置位置有没有什么具体的规定？还有，对于接收电视节目的套数，这个套数是什么样的一个概念？比如说，CCTV-8是不是就叫一套，还是可以几个合在一起叫一个套数？因为我不知道套数的概念，就更无从去说什么天线的个数了。还问，接收天线跟所选看的那个台有关吗？昨天有一高人说，看甲方是要看哪里的台，香港的还是日本的还是欧美的。更是一片迷茫！望能继续帮忙，谢谢了！按3楼少侠的意思，我们目前所有的有线电视的设计都可以直接就该换成数字电视了是不是？比如说，现在我的宾馆设计的过程中还是按传统的有线电视的设计方法，真的如果要看别的节目的话，那么在这个前端加上几个解码器就行了是不是？同样，如果对于我们的个人家庭如果要看的话，可以在入户线端加上一个解码器也就可以看了是不是？另外，数字电视对于我们的电视机有没有什么要求？还有数字电视的做法成熟吗？能否再具体讲一下你们的那个数字电视的设计思路！谢谢了！
 eman 头衔：少侠令狐冲 等级：版主	第5楼 数字电视的国家标准还没正式出台。全国不敢说，起码在浙江数字电视就是在原有线电视基础上发展过来的。也就是再加了N套加密频道，和加密的其他数据。如股票信息，游戏，还包括Internet。好像在杭州200多元一个月的可以把所有数字电视的功能包括卫星全部拿下。家庭部分只要去开个户然后买个机顶盒即可（因为国家标准还没出来，

<table>
<tr><td>
eman
头衔：少侠令狐冲
等级：版主</td><td>数字电视机顶盒有局限性。也就是说在杭州买的到了上海就没办法用。有个通用性的问题不过幸好跟设计没太大关系）。在设计上数字电视和现在普通的有线电视做法没什么不同，唯一不同的就是放大器选型时选双向的。在系统表示的时候前端机房表示出有机顶盒就可以了，数量按节目数确定。如果是宾馆可以在数字电视后机顶盒再混合内部的电视节目。住宅的话就按目前的有线电视设计即可，因为机顶盒是装在终端面板之后。其实数字电视这块市场很大，电信运行商也想分杯羹。按设备来说其实机顶盒可以是直接通过原有线电视线路的，也可通过 TCP 总线的。但是电信没有电视及电影经营及播放的权利，所以一直没太大动作。不过常上网的人都知道，其实很多卫星电视在网上都能看到当然是不加密的，不然谁还去装锅和数字电视。所以现在做初步设计的时候我觉得应该给业主灌输数字电视的理念。当然业主一时拿不定主意的时候可以把卫星做上。但是卫星部分可以只上管线不上设备，等建筑盖好了数字电视还不明朗那就装锅。不然就直接上数字这样业主投资也不会浪费，设计也比较容易做。数字电视按道理说电视机的清晰度提高了，据说音响效果都是立体声的大家都知道现在的有线电视声音是单声道的。你现在想看数字电视的话个人认为还早。等国家标准出来再说，包括现在的数字电视机的标准都是厂家各自为政也无从比较。都说自己是 HDTV 呵呵，但是说起标准就都说不清楚了。不过这东西是离我们不远了，估计享受上也就这1～2年的事。耐心等待吧。</td></tr>
<tr><td>Michael. W
头衔：逍遥客
等级：五星客人</td><td>第 6 楼
疑问继续当中！那就是说可以不要设计锅了？我觉得可能问题没那么简单吧。你看啊，锅的作用就是为了接收卫星的信号，都不用锅了，那还有必要用电视卫星发射电视信号吗？请解释一下！</td></tr>
<tr><td>
eman
头衔：少侠令狐冲
等级：版主</td><td>第 7 楼
晕，我从来没说把锅这产品淘汰，我只是说锅这种设计形式。当然不做锅了，接收器也不做了啊。意思就是设计宾馆的时候只进有线电视即可，不用设计卫星接收了。但是我没说不要卫星发射，卫星节目当然还有的。只是都统一由广电部门接收和发射然后通过有线电视或者叫数字电视的方式传输给终端用户。</td></tr>
<tr><td>Michael. W 
头衔：逍遥客
等级：五星客人</td><td>第 8 楼
这下我明白了！那做锅的情况怎么处理？你们提条件给别的专业的时候怎么提？有没有范例参考一下，少侠！发一份图纸给我参考一下，行吗？
谢谢了，太谢谢了，非常的谢谢！</td></tr>
</table>

 eman 头衔：少侠令狐冲 等级：版主	第 9 楼 一般给电气就只要把平面给电气专业，建筑的话就要求在屋顶要一个卫星接收机房。施工图的时候把锅的选型定下来后，在屋顶把位置定了，出一张基座安装图即可。其他好像不设计其他专业了吧。另一图纸已经发了，查收一下。
Michael. W 头衔：逍遥客 等级：五星客人	第 10 楼 再次感谢少侠！疑问还有，卫星接收机房有没有什么特别要求？可以从什么书上看到？面积大概多大？是否跟接收机的多少有关？电气设计的时候，是否就按弱电控制室的要求考虑用电？预留电量有无要求？ 我问题太多了！望继续帮忙，少侠！谢谢了！非常！
eman 头衔：少侠令狐冲 等级：版主	第 11 楼 先回答你短信的问题，卫星天线后的馈线到卫星接收机之间不能大于 30m，如果你弱电中心在 30m 范围内可以合用，反之不可以。接收机房大小 $10m^2$ 即可，无人职守。强电我不懂，我们好像这块也没提出什么特别的供电要求。其他好像没再特殊的要求了。具体你可以看一下《建筑弱电工程设计手册》共用天线电视和卫星电视接收系统部分。
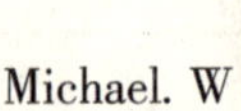 Michael. W 头衔：逍遥客 等级：五星客人	第 12 楼 收到！受益匪浅！谢了少侠！不过关于那个大锅盖的安装基础图，你有的话，可不可以再给我发一份看看！对于这个锅盖除了在远处有看过之外，近距离目击还没看过呢，就更不用说什么基础图了！所以，迫切，非常的迫切，迫切的迫切需要一套图纸！谢了先！还有，关于大锅盖的直径选择，看设计手册，一阵迷茫，那些名词都没有听说过，所以有什么经验公式没有！
 eman 头衔：少侠令狐冲 等级：版主	第 13 楼 锅大小一般按卫星分的，好像亚太有几颗星直接覆盖亚洲。只要用 8 寸的小锅即可，其他一般都使用大锅。具体我也不大会选。找个装卫星锅的问问。

5-10 光纤至信息插座应如何连接

lkine 头衔：武术爱好者 等级：一星客人	楼主 光纤至信息插座应如何连接？ 我是初学者，希望能和大家学点知识。请问光纤进线至信息插座都应经过哪些设备呢？希望能详细介绍一下。是不是通过一个光纤收发器，再经过一个交换机，再由交换机用超5类双绞线接至插座就可以了呢？
 eman 头衔：少侠令狐冲 等级：版主	第2楼 光缆到终端插座叫做FTTD（光缆到桌面）。一般是核心交换光缆-楼层交换-光配线架-终端面板-光网卡或光点转换到普通铜缆网卡。以上路径可跳过楼层交换直接由核心交换拉光缆至终端面板。这个就看这个终端的重要程度而定，不能一概而论。如果是铜缆到桌面：核心交换机-（光缆）铜缆-楼层交换机-铜缆跳线-（模块式）110卡接式配线架-水平子系统（5类或6类屏蔽或非屏蔽4对双绞线）-终端面板。另外1. 交换机要配置光模块不用光收/发器。2. 有时可能会做到3层交换，在水平子系统的时候再做一层交换。比如说你办公室有3个人，但是给你们的局域网线只有1根5类线。你们3个人都要上局域网所以要加交换机，一般3～4层交换被认为是桌面交换。
 lkine 头衔：武术爱好者 等级：一星客人	第3楼 交换机要配置光模块不用光收/发器是什么意思？是交换机带光收/发器吗？配一个光收发器再配个交换机不也可以吗？
 eman 头衔：少侠令狐冲 等级：版主	第4楼 交换机是交换光发/收器是光发/收器不是一个概念。网络里不使用光发/收器。使用的是交换机，交换机要用到光缆的时候要一个模块这个模块就叫光模块。这样才能把光缆的ST头或SC头插进交换机里进行光电转换。光发/收器一般可用在监控上，距离较长时敷设铜轴电缆不行的时候使用光缆。倒不是说一定不能用光发/收器只是你看看人家网络上惯用的设备，设计可以有独特的见解但是要有自己的理由。你要能说出光发/收器比交换机好我就支持你的说法。但是事实是交换机本身加装一个模块就可以做到的你非得再加个设备才能作到的，那你看应该按那种做法呢？另据我了解光发/收器并不是专门为网络而设计的，交换机的设计初衷就是网络交换。那你说应该是用交换机还是光发/收器？

FJCY  等级：四星客人	第 5 楼 从原理上说，光模块本身就相当于一个光接发器！版主所说是相对于普通用户站型网络而言，如果是带 DNS 解释的门户站就有必要用单独的光接发器，这样可减少网络的物理资源开销。
 eman 头衔：少侠令狐冲 等级：版主	第 6 楼 某品牌的光接发器 http：//www. imcnetworks. com. cn/MiniMc. htm，其实就是光电转换器。这东西价格估计比交换机光模块高。某品牌的光交换机 http：//www. koncord. com. cn/ koncord/net/gangwan/uHammer355048. htm。一个或二个光模块带 24～48 个 10/100 铜缆口。甚至还有 2 级的全光交换，那请问楼上为什么不用光交换而去使用光接发器?
jauni  等级：游客	第 7 楼 普通的多模光纤收发器在 500 元左右，光端模块约 2000 元左右。当然性能价格不一，收发器也有上万的，而光模块也有便宜的。当然 12 光口全光交换价格就更吓死人了。我做的工程讲求便宜可靠。根据实际情况比较后而确定。
FJCY  等级：四星客人	第 8 楼 请注意：我说的是相当而不是全等于！就是说其光电转换的结果是相同的！这个道理实际很容易理解。许多主板都集成声卡，但是大家由于用途的侧重不同，同样有许多人还是买单独的声卡而不用集成的。
eman 头衔：少侠令狐冲 等级：版主	第 9 楼 嘿嘿，有一个问题如果是用光收发的话。大家都知道交换机为什么要用光缆那是因为和上一级的带宽采用铜缆（100M）不够的情况下。一般都是跑 1000M 的才用光（距离不够的情况另当别论），但是这些交换机的铜缆级连口都只有 100M 的（起码我看过的几个产品没有级连用千兆铜缆的），那么请问你光电转换出来的 1000M 铜缆接入到级连口或接入任何一个口好了，那都是 100M 的如何做到级连的 1000M?这就是为什么选光模块而非光收发器。并不是光电转换一下就性行的也要考虑一下交换机的情况。直接有千兆铜缆接入的恐怕只有核心交换了吧。如果是距离不够采用光缆而非带宽的原因到是可以采用光电转换的。

lkine 头衔：武术爱好者 等级：一星客人	第 10 楼 我现在用单模光缆进线，要一个二十四口的交换机，如果要带光模块的，能帮我选个型号吗？
 eman 头衔：少侠令狐冲 等级：版主	第 11 楼 没说用在什么位置只能把汇聚层级和桌面级的都列出来给你了：AVAYA 的汇聚层级 P333T 有 2 个扩展口可加装 2 个光模块或一个光模块一个堆叠模块支持堆叠。光模块支持 1000M，北京的参考价：￥3XXXX 不含模块。桌面级：P133T 有 2 个扩展口可加装 2 个光模或一个光模块一个堆叠模块支持堆叠。光模块支持 100M。参考价：￥1XXXX 不含模块。国产港湾交换机：汇聚层级：FlexHammer24 有 2 个扩展口可加装 2 个光模或一个光模块一个堆叠模块支持堆叠，光模块支持 1000M。背板交换能力：15Gbps。市场报价：￥25520。不含模块。桌面级：uHammer1024，1 个扩展槽，可以扩接 10/100Base 铜缆或光缆模块。市场报价：￥7635 不含模块。以上都是可带 100 或 1000 光模块的交换机均为 24 口的。建议使用国产的交换机以上型号交换机均为带网管型。要不带网管型号桌面级的建议使用 DLINK 之类的品牌有不错的价格竞争。我不是厂家的拖啊，呵呵自己常选这几款交换机港湾的东西不错口碑很好的。自己单位里就用港湾的产品。http：//www. koncord. com. cn/koncord/ net/gangwan. htm 港湾的地址有兴趣自己查查。另带网管型和不带网管型价格相差很多。比如说桌面级的 24 口 2 个扩展槽带网管的起码上千，不带的话几百就可以搞定了按需要选把，不过汇聚层级的建议带网管型的桌面级的就别带了节省造价。

5-11 大对数双绞线电缆的用途

 lm888 等级：两星客人	楼主 大对数双绞线电缆的用途问题。 大对数电缆只用于电话吗？用于布线网络用于什么情况，垂直主干线吗，到管理间后大对数中的每一对分别到一个 HUB 吗？请热心人解答！
 eman 头衔：少侠令狐冲 等级：版主	第 2 楼 大对数可以做数据但是不可以做数据主干。可以在配线架到配线架之间用。配线架到配线架，不是核心交换到配线架，意义不同的。在规范里这样的配线叫转接而不是主干，而且终端和大对数的对数是1：1 的关系。

lm888 等级：两星客人	第 3 楼 听专搞弱电的说绞线的绞缠是很有讲究的，每次网络需分支时都需用 HUB，是这样吗？还有垂直干线用大对数做，直接接配线架是不行吧？垂直干线这么做合适呢？干线用大对数做，直接接配线架是不行吧？
eman 头衔：少侠令狐冲 等级：版主	第 4 楼 大对数做数据主干如何从交换机里出来，又如何接到交换机里去？呵呵我到要请教一下了！还是直接从交换机里出来直接用大对数接到配线架上？这样算主干？交换机是如何级连大家知道否？那么大一把线如何做级连？唯一的可能就是交换机出来直接打到配线架上，那就不是主干而是转接。大家认为在垂直部分走的就叫垂直主干了？概念搞混了吧。
liuhinly 头衔：4P 等级：三星客人	第 5 楼 没见过大对数做干线的。
eman 头衔：少侠令狐冲 等级：版主	第 6 楼 呵呵，我也在疑惑中，这样的设计如何施工？可以没人愿意解答。比如有大开间的办公室，考虑办公室 2 次装修并未布点，只预留配线架。从楼层配线架拉 5 类大对数到大开间办公室的配线架。是配线架到配线架而不是从楼层配线架到办公室的交换机哦，记住我再次强调这个。
kai_ qi 等级：一星客人	第 7 楼 大对数的另外一个问题似乎大家都没有提及，就是大对数的带宽问题。真正做到 100 兆似乎很难的（不能满足 100 兆带宽要求）。所以建议不采用大对数作为 100 兆传输介质。
我这一辈子 等级：游客	第 8 楼 可以看看《综合布线系统工程设计施工图集》02 × 101-3，讲的还算清楚。

eman  头衔：少侠令狐冲 等级：版主	第 9 楼 3 类大对数用来做语音主干，5 类大对数可以用做集合点之间的水平线缆而非楼上说的数据主干。
lkine  头衔：武术爱好者 等级：一星客人	第 10 楼 各位高人，在一楼内留 16 个信息插座，进线用超 5 类双绞线，那进线如何选择呀？选什么规格的？超 5 类电缆：25×2×0.5 是什么意思啊？那是几根 5 类 4 对对绞电缆呢？6 根吗？是不是 6 根 5 类对绞电缆 =25 对 5 类电缆？
eman  头衔：少侠令狐冲 等级：版主	第 11 楼 25 对大对数和超 5 类线 2 个概念。超 5 类线是一根 8 芯的线就是俗称的网线。而大对数按带宽分 3 类，5 类，按对数分有 25 对，50 对，100 对。你的设计建议按超 5 类线设计，不要按大对数电缆设计。
xm204  头衔：华山派风清扬 等级：贵宾	第 12 楼 超 5 类电缆：25X2X0.5 是什么意思啊？超 5 类线执行的线径不是按如上的标法，上述标法只能说明是大对数线，其他意见同 eman。
孤狼  头衔：狼大王 等级：三星客人	第 13 楼 25 对 0.5 的线解释对。你说的五类线与此不符，不应混淆。
eman  头衔：少侠令狐冲 等级：版主	第 14 楼 一般大家说的 5 类超 5 类指的是 5 类或超 5 类的 4 对屏蔽或非屏蔽双绞线而 N 类非大对数电缆概念不同。从楼层配线架到终端之间的线缆不使用大对数线缆，而使用 5 类或超五类 4 对屏蔽或非屏蔽线缆。1. 水平子系统，水平系统时从楼层配线架到终端面板应使用 4 对双绞线而非大对数电缆。2. 垂直主干，一般为核心交换到楼层交换，或楼层交换到桌面交换之间的线缆。当数据量不大的时候可选 4 对双绞线，反之选光缆。3. 采用集合点或转接点，一般为楼层配线架到现场预留配线架的线缆一般可选 5 类大对数电缆。对数按所带终端个数 1：1 配置。以上所说的都是数据而没涉及到语音，语音主干采用大对数电缆一般采用 3 类大对数而非 5 类大对数。

5-12 弱电管道的手孔井

大鼻山 头衔：最逍遥 等级：版主	楼主 弱电管道的手孔井问题： 1. 弱电管道的以下位置应设置人（手）孔： （1）管道分歧点；（2）交叉路口；（3）直线段每隔 80~100m，最大不得超过 150m；（4）道路坡度较大的转折处。 2. 管道穿越桥梁、铁路、明渠等，在其两侧宜设置人（手）孔。 3. 主干管道弯曲时的弯曲半径不宜小于 36m。同一段内，不应有 S 形弯曲或 U 形弯曲。 4. 人（手）孔的规格，应按远期管孔数确定： （1）管孔不大于 3 孔的管道及放置落地式交接箱的位置，用手孔。 （2）管孔为 4~8 孔时用小号人孔。 （3）管孔为 9~23 孔时用中号人孔。 （4）管孔为 24~42 孔时用大号人孔。 （5）超过 43 孔时，可另行设计。 5. 人孔的形状应按分歧状况、管道交互偏转角确定： （1）在直线管道上或两段管道的偏转角小于 22.5°时采用直通型人孔。 （2）两段管道的偏转角在 22.5°~67.5°之间时，采用斜通型人孔。 （3）两断管道的偏转角在 67.5°~90°之间，或管道作 T 字形分歧处，采用三通型人孔。 （4）管道作十字形分歧处，采用四通型人孔。 我的那段文字，只是本市常规的市政设计方法；没有严格的规范可依。目前关于市政电气规范，很少。
 luozi8250 头衔：明教掌旗使 等级：贵宾	第 2 楼 上次一个住宅小区，和市政配合，看他们的图纸，光标手孔 1、2 等，没有剖面。在那之前，自己画过（施工图深度），老总也通过了。但就是想看看别人的！
 大鼻山 头衔：最逍遥 等级：版主	第 3 楼 因为市政电力基本走电缆沟，所以以上帖子只是针对弱电管道而言，与强电无关。未见国标图集，各个设计院（尤其是市政设计院）都有自己的一套图纸。 手孔的规格很少，3、4 种吧。而人孔的规格很多，10 多种。

luozi8250 头衔：明教掌旗使 等级：贵宾	第4楼 《建筑电气安装工程图集》(吕光大主编) 里有，很清楚。你指的是《建筑电气安装工程图集》(一) 中的 JD5 的 10kV 及以下电缆线路吗？那能叫手孔吗？应该是叫小号人孔吧！还有通讯、广电这些弱电手孔呢？请指正！
LJH7788 等级：实习会员	第5楼 在弱电管道设计中，有手孔井和人孔井两种，手孔井面积尺寸小些，标高也较小；人孔井则大些，深些，且根据管道孔数的多少，分有大中小号。
freeway 等级：实习会员	第6楼 手孔一般是指那些内径 40cm 左右，标高 50cm 左右的小的工作井，用于分支线路上，而且井内所穿过的电缆不多，主要的作用是做一个室外的过渡作用。

5-13 闭路电视监控系统多个摄像机可否共用一根视频线

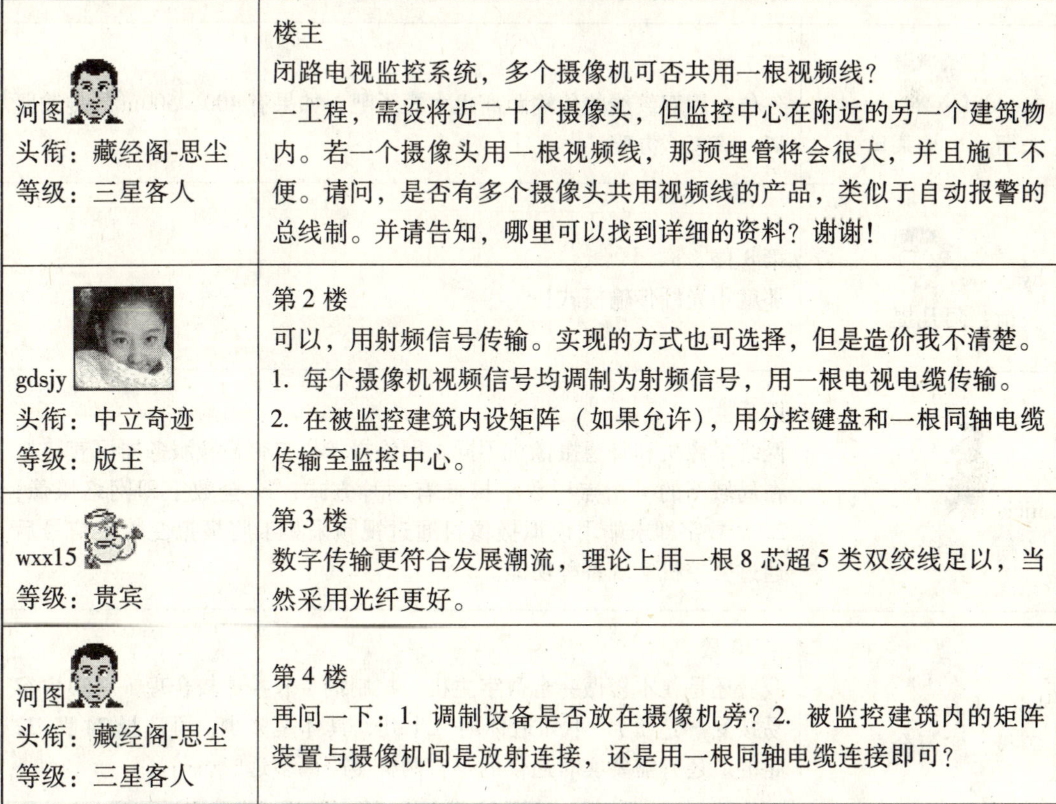

河图 头衔：藏经阁-思尘 等级：三星客人	楼主 闭路电视监控系统，多个摄像机可否共用一根视频线？ 一工程，需设将近二十个摄像头，但监控中心在附近的另一个建筑物内。若一个摄像头用一根视频线，那预埋管将会很大，并且施工不便。请问，是否有多个摄像头共用视频线的产品，类似于自动报警的总线制。并请告知，哪里可以找到详细的资料？谢谢！
gdsjy 头衔：中立奇迹 等级：版主	第2楼 可以，用射频信号传输。实现的方式也可选择，但是造价我不清楚。 1. 每个摄像机视频信号均调制为射频信号，用一根电视电缆传输。 2. 在被监控建筑内设矩阵（如果允许），用分控键盘和一根同轴电缆传输至监控中心。
wxx15 等级：贵宾	第3楼 数字传输更符合发展潮流，理论上用一根 8 芯超 5 类双绞线足以，当然采用光纤更好。
河图 头衔：藏经阁-思尘 等级：三星客人	第4楼 再问一下：1. 调制设备是否放在摄像机旁？2. 被监控建筑内的矩阵装置与摄像机间是放射连接，还是用一根同轴电缆连接即可？

njluotao 等级：四星客人	第 5 楼 建议用 5 类 8 芯线，数字传输，系统简单，布线少。
wxx15 等级：贵宾	第 6 楼 不建议采用调制解调方式。用网络线解决有两种方式： 1. 采用数字摄像机，摄像机可简单理解为综合布线系统中的一个信息点，经网络交换设备传输到监控中心。 2. 采用传统的模拟摄像机，本楼中设数字监控主机（可不设控制设备和显示设备，但最好设视频服务器）。数字监控主机与监控中心间采用综合布线。 第一种方式造价高，但系统灵活，扩充性强。简单估算：一个摄像机图象经压缩后带宽 < 2M，要是百兆网络的话，理论上一根双绞线可带 50 个摄像机。实际上按 60% 计应该不成问题。另外要是有视频服务器，由于监控中心不可能同时监视所有摄像机，一根双绞线带的摄像机更多。提醒：图像压缩后所占带宽跟图像质量关系很大；用双绞线还是用光纤不仅看带宽，还要依据综合布线的根本要求，比如线路距离和网络需求。
cnmtdflf 头衔：小小菜鸟	第 7 楼 各位，用双绞线的传输距离也太短了吧，如果有 400 ~ 500m 的传输距离，该怎么办呢？
hys_ nc 头衔：阿凡提	第 8 楼 那就用光纤传输模式！
njcjs 头衔：学者	第 9 楼 网络摄像机和普通摄像机不同，网络摄像机自带视频服务器可直接接在局域网的一个点！数字摄像有两种方式：1. 全数字即网络摄像；2. 半数字即末端用模拟摄像机通过视频采集卡将模拟变数字信号后通过公控机实现各种功能。
lele_ fj 等级：实习会员	第 10 楼 我看还是在本楼做一台数字主机，控制端装分控比较合理，客户也容易接受（造价）。不知道你的二十几，具体是多少，可选择 24 路/32 路的。还有需要实时通信的吗？两栋楼距离多远？……。

 sx 等级：两星客人	第 11 楼 理论上可以，好像实际中没有这么做的。在没有厂家资料的前提下还是按常规做保险。我前不久刚画了共用视频线的，被甲方批了一顿。问做监控的哥们儿，他也说没这么做的。
 eman 头衔：少侠令狐冲 等级：版主	第 12 楼 支持 lele_ fj 的说法，明明用数字硬盘录像机的主控和分控可以解决的，大家怎么都没想到？大家的 CCTV 系统都怎么做的？难道都是 N 个 m^2 机一根线的？
神杀海 头衔：翩翩少年狼 等级：一星客人	第 13 楼 所谓一线通也就是这个，看起来和有线电视很像，可以把每个摄像头看作一个节目源（电视台），也就相当于有 N 个电视台。一个电视机的东西！1. 用一根 12 或者 9 的同轴做主干，有分之器一路接过去，每个监控头加个分支器。2. 摄像头还是有普通黑白的，不过应该加调制器。3. 考虑主干信号衰减，主干加放大器，考虑控制信号也可以用来传输，所以放大器是双向的。4. 主机房加 16/24/32/64 路解调器对视频压缩信号解码！调制解调，技术上是很成熟的，也就是个调频调幅，高通低通的组合，你看收音机也是解调的，成本呢，很少！个人看法，这些工程我有做过！不过旁人对我的图纸也没有什么意见！希望大家看看，如果有错就改，免得今后把笑话搞大了！

5-14 住宅楼内弱电箱

张日伟 等级：三星客人	楼主 住宅楼内弱电箱。请问，住宅楼内可不可以将电视，电话，对讲，网络一起放在一个弱电箱内？忘了，电视是不是要单独放置？
绿橄榄 等级：游客	第 2 楼 住宅楼内可以将电视、电话、对讲、网络放在家庭多媒体智能箱里。
hero206 等级：常客	第 3 楼 对于一梯 2（或 3，4）户这种可否设一个过线箱，讲弱电的分线设备都放一起，不晓得这种做法怎么样？TCL 有一款家居多媒体布线箱，集中了你要的东西。

hys_ nc 头衔：阿凡提 等级：两星客人	第 4 楼 要考虑甲方的承受能力，有的甲方很抠门的，碰上这种甲方如果还用的话肯定要挨骂！
大宗师 头衔：齐物论 等级：两星客人	第 5 楼 甲方一般无意见；现在集成的箱子很多，就是把转换模块放在里面就是了，关键是电信、有线、电话几家单位“分赃”能否达成一致。
luozi8250 头衔：烈火旗小旗兵 等级：佳客	第 6 楼 技术上没问题，相信住户也乐意，就是验收：各个垄断部门的利益？
w3556843u 等级：常客	第 7 楼 现在有这样的智能弱电箱，它们也是模块形式的组合，能满足你设计和用户要求。
gdsjy 头衔：中立奇迹 等级：版主	第 8 楼 一般我把可视对讲单做。
hanzhi 等级：常客	第 9 楼 同意 5 楼的说法，采用这种方案关键在于这几个系统的管理部门能否达成一致意见。通常业主在建筑物竣工之后才想着联系这几个部门，所以要谨慎以免造成被动。
hys_ nc 头衔：阿凡提 等级：两星客人	第 10 楼 呵呵，我倒没想到有这么复杂，还是不用算了！省得这么麻烦！
tw1180 等级：四星客人	第 11 楼 鸿雁、TCL 均有此箱，上海地区要求安防（对讲）单独设置。此箱目前价格 RMB200 多。

xcs3350 头衔：狼猫 等级：一星嘉宾	第 12 楼 形式上是绝对可以，但是各家是行业垄断啊，不会互利共用的，除非你是大领导指定哪。
coolcool 等级：游客	第 13 楼 呵呵，多媒体信息箱就是这样的啊，语音，数据，电视全部进到该箱内再从它到室内房间的面板的。
cpav 等级：一星客人	第 14 楼 住宅规范修订版要求在每户内做弱电总箱，至于户外，要看建设方的协调能力了。
qqw 等级：常客	第 15 楼 技术上可行，相关配套产品也有，就是可操作性不强，毕竟涉及到好几个部门，不好办。
LMG2002 等级：一星客人	第 16 楼 做的国外的项目都没问题的，为什么到了我们国家牵扯到部门多了就这么难搞？
mausern 等级：游客	第 17 楼 可以的啊，我最近做的住宅楼就是这样画的，特别是跃层的用信息箱设计施工有很好的优越性！

5-15　什么情况下才必须采用屏蔽电缆

wys-3638 头衔：风清网 等级：版主	楼主 什么情况下才必须采用屏蔽电缆？
liujy_ 8888 头衔：天亮了 等级：两星客人	第 2 楼 需要保密、过多干扰环境。从 7 类起，全部线缆将是屏蔽的。

eman  头衔：少侠令狐冲 等级：版主	第 3 楼 7 类，天啊。我 6 类系统都没用几个就出 7 类了。哎，老外在骗钱呢。有多少需要达到 7 类布线的要求？6 类的都不是很多。普通办公超 5 类最多了，医院还做做 6 类。那么有钱做 7 类还全屏蔽的不如走全光缆，起码技术还成熟些。
wqsyp 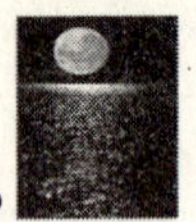 头衔：苏苏 等级：三星客人	第 4 楼 是啊，前几天一个 AVAYA 的朋友告诉我，他们厂家线缆制造成本其实比国内还便宜！一是采购成本低，另外，人力方面由于自动程度高，所以产品单位不比国内贵，也就是说，AVAYA 等名牌线不过 ￥150 元的成本，国内的工艺提高了就不用那些很贵线了。
枫-舞之九天 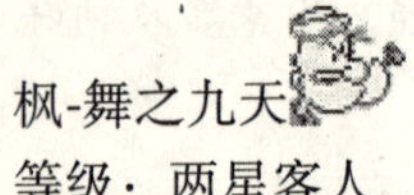 等级：两星客人	第 5 楼 呵呵，我指的是一般严格的物理隔离很难做到，线槽独立敷设（且有一定的间距要求）就我们一般的走道宽度很难达到要求，所以使用屏蔽电缆。
liujy_ 8888  头衔：天亮了 等级：两星客人	第 6 楼 关于这个，我觉得没啥定准。由于保密方面涉及太多了……人民大会堂里要求的显示器辐射也有要求，结果，用的是 IBM 的机器……够郁闷的。投票时，人民大会堂供电电桩下有武警，也是由于电线的电磁辐射会泄露某些信息。还是光缆好，可惜，缺点太多。
eman  头衔：少侠令狐冲	第 7 楼 屏蔽线比不屏蔽的难施工，要是屏蔽施工不好的话整个网络都不通。
zhaokaikai 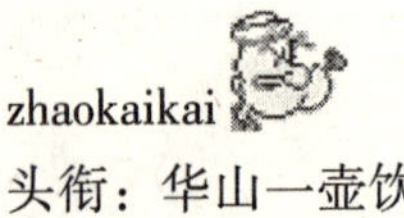 头衔：华山一壶饮 等级：版主	第 8 楼 哈哈，我想知道。用不用屏蔽是甲方要求还是规范规定呀。我做过一个银行，用了屏蔽。好像银行内部有一个规定，保密的，我有一份，不在手边。可别的建筑是不是凭设计人员自己定呢？我没做过施工。少侠能谈谈难点在哪吗？要注意啥呀？谢谢。

大鼻山 头衔：最逍遥	第 9 楼 慎用（其实是尽量不用）屏蔽电缆；因为施工很难做到全程彻底的屏蔽，只要任何一个细节没处理好，就将前功尽弃——浪费了钱财，还得不到预期的效果。
eman 头衔：少侠令狐冲	第 10 楼 呵呵，屏蔽线屏蔽没做好整个 PDS 布线等于没做。不信你问问 liujy_ 8888，再说屏蔽线你屏蔽做不好还做什么屏蔽？干脆就做非屏蔽的。
zhaokaikai 头衔：华山一壶饮 等级：版主	第 11 楼 我想知道屏蔽施工上没有标准的做法吗？为啥会做不好呢？是做法不成熟，还是施工人员素质的问题？
eman 头衔：少侠令狐冲	第 12 楼 其实有点跟有线电视一样的，屏蔽一定要好，不然有线电视也看不了。
zyzzyz 等级：二星客人	第 13 楼 屏蔽线总比非屏蔽线好，不过价格也好。
神杀海 头衔：翩翩少年狼 等级：一星客人	第 14 楼 据小可了解的是这样的：屏蔽贯通外还要接地才能有效消除两传输线路间的串模干扰！具体设计我们基本不用做，只是图纸说明中提及即可。其他工作都是施工过程中完成的！

5-16　住宅楼或办公室大都将强弱电插座并列安装在一起

 linjianming 头衔：江南小生 等级：版主	楼主 住宅楼或办公室大都将强弱电插座并列安装在一起？ 大家都知道：电源插座与电话、有线电视、网络（电脑）等插座规范（标准）要求有一定距离，但一般住宅楼或办公室大都将强弱电插座并列安装在一起。你是怎么看的？

wl220 等级：一星客人	第 2 楼 影响不会很大。
 eman 头衔：少侠令狐冲 等级：版主	第 3 楼 其干扰小的能让你感觉不出来。
Wantahutu 头衔：天山派潜水员 等级：游客	第 4 楼 毕竟弱电设备仍然是电气设备，和强电插座应该放在附近，距离就不用并排那么亲密吧！
eman 头衔：少侠令狐冲 等级：版主	第 5 楼 综合布线上的规定是动力线路和 PDS 线路之间的距离，而且同在一个金属桥架里最小间距好像小的几乎就贴在一起了。所以个人觉得照明线路的影响可以更小。所以觉得没必要太教条了，按电磁干扰来说肯定是有，但是我觉得应该用网络的时候感觉不出来。当然希望各位搞电气设计的时候能按规范要求离开 0.3m。不过估计 2 次装修的时候又挨一块了呵呵。
 liujy_ 8888 头衔：天亮了 等级：两星客人	第 6 楼 0.3m 距离，30 ~ 15cm 以内并行长度不超过 2m，走桥架、套钢管、接地做好的没这个规定。桥架分强电、弱电桥架，不可能强弱电公用桥架，桥架距离没有固定要求（接地），只有便于安装的考虑。强电、信息插座设计距离为水平 0.3m。

5-17 UTP 线缆配管问题

 linjianming 头衔：江南小生 等级：版主	楼主 UTP 线缆配管问题： 在综合布线设计中，大家对于 UTP-5 线缆的配管平时是怎么做的？是用钢管还是 PVC8 管？16 的管子穿几根线？16 线要穿多大的管？请高手指点指点。谢谢！

 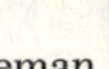 eman 头衔：少侠令狐冲 等级：版主	第 2 楼 最小用 PVC20 的管子，从来不用 PVC16 的。PVC20 可以穿 2 根 5 类线。 也可根据规范按截面积算一下。
leyu2003 头衔：小菜飞刀 等级：一星客人	第 3 楼 我们这里 PVC16 的管子很少用了。
 zbyjxp 等级：一星客人	第 4 楼 按规定 40%，达不到吧！但现在施工都乱用，穿过去就行。
eman 头衔：少侠令狐冲 等级：版主	第 5 楼 是吗？别忘记现场有设备监理的。就算穿过去了怎么样到时候用数据点调试不出来，施工验收如何通过。你给了红包交了房人家业主可不答应。
liujy_ 8888 头衔：天亮了 等级：两星客人	第 6 楼 信息系统我一般用钢管做预埋，可以屏蔽各种干扰，走明管可用 PVC，为了节约成本也用 PVC 预埋。

5-18 中继器与集线器

xm204 头衔：华山派风清扬 等级：贵宾	楼主 中继器与集线器： 1. 中继器 中继器（RPrepeater）是连接网络线路的一种装置，常用于两个网络节点之间物理信号的双向转发工作。中继器是最简单的网络互联设备，主要完成物理层的功能，负责在两个节点的物理层上按位传递信息，完成信号的复制、调整和放大功能，以此来延长网络的长度。由丁存在损耗，在线路上传输的信号功率会逐渐衰减，衰减到一定程度时将造成信号失真，因此会导致接收错误。中继器就是为解决这一问题而设计的。它完成物理线路的连接，对衰减的信号进行放大，保持与原数据相同。

xm204  头衔：华山派风清扬 等级：贵宾	一般情况下，中继器的两端连接的是相同的媒体，但有的中继器也可以完成不同媒体的转接工作。从理论上讲中继器的使用是无限的，网络也因此可以无限延长。事实上这是不可能的，因为网络标准中都对信号的延迟范围作了具体的规定，中继器只能在此规定范围内进行有效的工作，否则会引起网络故障。以太网络标准中就约定了一个以太网上只允许出现5个网段，最多使用4个中继器，而且其中只有3个网段可以挂接计算机终端。 2. 集线器 集线器（HUB）是中继器的一种形式，区别在于集线器能够提供多端口服务，也称为多口中继器。集线器产品发展较快，局域网集线器通常分为5种不同的类型，它将对LAN交换机技术的发展产生直接影响。 (1) 单中继网段集线器：在硬件平台中，第一类集线器是一种简单中继LAN网段，最好的例子是叠加式以太网集线器或令牌环网多站访问部件（MAU）。某些厂商试图在可管理集线器和不可管理集线器之间划一条界限，以便进行硬件分类。这里忽略了网络硬件本身的核心特性，即它实现什么功能，而不是如何简易地配置它。 (2) 多网段集线器：多网段集线器是从第一类集线器直接派生而来的，采用集线器背板，这种集线器带有多个中继网段。多网段集线器通常是有多个接口卡槽位的机箱系统。然而，一些非模块化叠加式集线器现在也支持多个中继网段。多网段集线器的主要技术优点是可以将用户分布于多个中继网段上，以减少每个网段的信息流量负载，网段之间的信息流量一般要求独立的网桥或路由器。 (3) 端口交换式集线器：端口交换式集线器是在多网段集线器基础上将用户端口和多个背板网段之间的连接过程自动化，并通过增加端口交换矩阵（PSM）来实现的。PSM提供一种自动工具，用于将任何外来用户端口连接到集线器背板上的任何中继网段上。这一技术的关键是“矩阵”，一个矩阵交换机是一种电缆交换机，它不能自动操作，要求用户介入。它不能代替网桥或路由器，并不提供不同LAN网段之间的连接性，其主要优点就是实现移动、增加和修改的自动化。 (4) 网络互联集线器：端口交换式集线器注重端口交换，而网络互联集线器在背板的多个网段之间实际上提供一些类型的集成连接。这可以通过一台综合网桥、路由器或LAN交换机来完成。目前，这类集线器通常都采用机箱形式。

xm204 头衔：华山派风清扬 等级：贵宾	（5）交换式集线器：目前，集线器和交换机之间的界限已变得模糊。交换式集线器有一个核心交换式背板，采用一个纯粹的交换系统代替传统的共享介质中继网段。此类产品已经上市，并且混合的（中继/交换）集线器很可能在以后几年控制这一市场。应该指出，集线器和交换机之间的特性几乎没有区别。
LXJ 头衔：风 等级：两星客人	第 2 楼 请教风前辈：若某一信息点到机房的距离超过 90m，是不是得用中继器？它怎么安装？尺寸是多少？大概价位？谢谢！前段时间碰到这样一问题，经销商说不能用中继器，最后只得改了路径。
hualingzsf 等级：游客	第 3 楼 室内的话可以，其实一般情况下 5 类线可以支持 120m。要是室外可以改用同轴或者光纤，中继器好像要加电源的要考虑防水什么的，有点麻烦。最好是不要加中继器。
xm204 头衔：华山派风清扬 等级：贵宾	第 4 楼 哇！其实比我利害的很多的！小风妹妹：原则上是可以的，但在综合布线的相关规范中不提倡，如果超出的距离不是很远，100m 左右，且点数不多时，可以直接，但最好还是测试一下。
LXJ 头衔：风 等级：两星客人	第 5 楼 我也知道五类线可以超过 90m，但规范好像不允许吧，甲方就是不让做到超出 90m，测了一下是有些衰减，就改了路径。
xm204 头衔：华山派风清扬 等级：贵宾	第 6 楼 此部分内容规范中所用的字眼是不应，严格要求，所以……。

5-19　讨论一体化公寓弱电设计

hhui  等级：一星客人	楼主 讨论一体化公寓弱电设计： 现今，最好的现代化办公，小区一体化公寓弱电设计是怎样的？大体构想！不计较成本，希望大家说具体一点，尽量把可行的最好的方案说出来，谢谢大家了！

<table>
<tr><td>
eman
头衔：少侠令狐冲
等级：版主</td><td>第 2 楼
无线上网其实受到很多限制的，比如发射功率采用大功率发射还要无管会审批。何况现在家庭大多采用台机采用无线的代价较高。笔记本的迅驰技术已经被国家给封杀了，所以今后本本要上无线还得重新买新标准的卡。而且这样设计势必让人人都必须无线上网了。所以无线并没太大的意义，尤其在住宅和办公室里这样大面积设计。</td></tr>
<tr><td>hhui 
等级：一星客人</td><td>第 3 楼
你说对了，我现在的一个课题就是调研最好的方案，让冤大头老板实施，他要求楼盘现代化成度高，有亮点，明年实施，我晕！哈哈！网络我也赞成不上无线，倒不是造价的问题，而是受限制太多，和其他系统挂接也不好挂接，我采纳六类线，eman 兄说的比较具体，有没有再高档的楼盘，国外最好的楼盘是什么样的？</td></tr>
<tr><td>
eman
头衔：少侠令狐冲
等级：版主</td><td>第 4 楼
楼控：在办公室或每个分隔的房间增加红外探头，按人数多少计算该房间所需要的制冷/热量。当人员离开自动切断风机盘管的电源。所以在新加坡一个空调或一个新风机有 10～20 个控制点。还可跟户内的照明控制连动，人员离开一定时间将该房间的照明电源切断。这个产品我设计过，但是没设计到那么高的高度。以上都是新加坡过来的技术人员跟我讲的。其实还可以做物流控制。具体不是很清楚。好像是说比如医院，护士在控制器上输入如需要某种药品，一会儿从取物处可得到她刚才需要的药品。这个系统机关也适用，可将所需要的文件从远端传送过来。比较方便。具体我也没见过人家说在新加坡这玩意做过几个。在国外人工的费用比较昂贵，所以人家喜欢全自动化的。国内刚好相反下岗人员，最好多解决几个，不需要那么多的自动化。其实楼上说的才是真正意义上的综合布线，不过按国内的国情行不通。记得去年 AVAYA 在中国巡展介绍万兆光缆举例就是如楼上所说的——把所有的系统都做进光缆这才用的着万兆。国外？呵呵，我只知道新加坡一个楼 BA 能做到 1000 多个控制点，这个楼要在国内估计最多也就 300～400 个控制点。其他的不是很清楚。楼主要这些信息干吗？打算将国内的智能化和 WTO 接轨？哪个业主那么冤大头？</td></tr>
</table>

hhui 等级：一星客人	第 5 楼 楼控能做成什么样的，还有远程控制可做到什么程度，增加一卡通，多媒体（触摸屏）都能到什么高度？
 eman 头衔：少侠令狐冲 等级：版主	第 6 楼 办公做六类 PDS 布线，主干采用万兆光缆。BA 没特别的，门禁可采用指纹，CCTV，CATV，PAS 都没什么大的可说的。可以采用 LONWORKS 做系统的总线将门禁，BA 有机地整合。公寓可以做户内的家用电器的远程控制，楼宇采用可视 + 刷卡，户门采用指纹 + 刷卡方式开门，电梯采用梯控制。可和户门及楼宇为一张卡。采用 LONWORKS 总线可将户内各控制模块盒户门的门禁系统有机的整合。我只比较粗略地说了一下，其实做过一个比较高档的楼盘（写字楼 + 公寓）就采用上面这个思路。
zhaokaikai 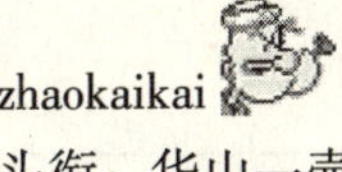 头衔：华山一壶饮 等级：版主	第 7 楼 我倒是听说，只是听说，所有的信息通路都采用光缆，比如语音，数据，有线电视，视频点播等等，然后加各种适配器。不过我可没这么做过，一是不清楚怎么画，二是没有甲方有这么大个的脑袋。
hhui  等级：一星客人	第 8 楼 eman 兄所说的物流可统凑到一卡通里，只是信息通路的问题我没想过，脑子里已固化六类线了。还有集控怎么做？
ttt001 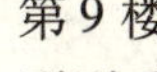 头衔：般若禅师 等级：管理员	第 9 楼 刚刚看到这个话题，很有意思，大家说得过于泛泛了。我也泛泛谈几句吧！要具体设计一个弱电系统，不能够离开具体建筑去谈，也不能够离开业主需要去谈。不全是钱的事情，也有环保、心理、社会等诸多因素。我们不需要设计新的 window 系统，给比尔的新家增加烦恼。对于每天在网络不足一个小时的家庭，也没有意义做成光纤网络。多技术在今天，并不意味着好！各种智能设备的使用，并不是我们关心的设计。如同裁缝给人做新衣服，有最好的款式吗？有最好的布料吗？有最好的衣服吗？……统统没有的！没有最好的，只有合适的。

zhaokaikai 头衔：华山一壶饮 等级：版主	第 10 楼 我认为 3t 大师是有道理的，这个道理其实我们都懂。包括甲方也不傻，要是他自己的房子，他自己掏钱，他决不会做的。可是我们大家都知道，政绩工程，取宠工程之类，就怕用的不是最好的。我知道一个厂家给一个政要装修别墅照明部分，光照明花了 400 多万，我晕！不知道大家知道是咋做得吗？讨论一下呀。据说全部采用间接照明，一个灯也看不着，清华一个搞照明设计的哥们说。灯少是装饰照明的趋势，那我看该领导的房子就是教程了。
jtao0451 头衔：电老虎 等级：一星客人	第 11 楼 本人觉得智能建筑这块，不是选用的各系统的设备最贵最全就是最好，关键的技术在于各系统的集成，能够采用最通用的通信协议和最常见的通信介质把各系统有机地集成到一个平台上，在通过简单可操作的人机界面友好的应用系统软件，让业主实现简捷方便的操作控制。才算得上最好的方案，希望楼主可在这方面多考察一下。
 hhui 等级：一星客人	第 12 楼 其实我想要的是老虎兄弟说的效果，我把情况再具体一下：开发商的老板，其开发理念是建设一座数字化社区，注意是数字化而不是智能化，针对的客户群是白领阶层，我要设计的是弱电系统，其要求是尽可能地给物业一个数字化平台，我的初步设想是：1. 住户能在任何地方可控（如电视，门，煤气等）；2. 信息一屏触摸；3. 物业管理平台先进（可配送）；4. 一卡通消费、节算；5. 针对商家，办公，银行，学校等平台我没想好，希望大家谈谈。设计目的希望平台是一体的，我不知现在最好的物业平台是怎样的，达到了什么水平。
xm204 头衔：华山风清扬 等级：贵宾	第 13 楼 数字化，我想到的是远程的控制，如在办公室可以看到家里的情况，可以人还未进家之前，空调温度就可以设置好了等等，工作平台是否可以考虑在以太网上，还没深入研究，其他还要慢慢去想想！

 eman 头衔：少侠令狐冲 等级：版主	第 14 楼 其实现在家用电器已经很智能了。如果你想回家的时候房间是暖/凉的，电饭煲里的饭已经做好，完全没必要通过家居控制系统来完成。一般每个人下班时间和到家时间是固定的，在上班前将家用电器定时即可完成掌门说的回家空调已经开了呵呵。 TOOEASY！而且当时我们设计的高档住宅当时也是你这样想的，哪里知道被业主老板一票否决，说这些都是用人做的事我们别去干涉或管理，好像说的也有道理。家居产品远控采用 TCP/IP 的是不难，但是如果住户是要通过广域网来控制呢？不然这个远控有什么意义在小区局域网里控制？呵呵。还有如果可直接对公网发布，那是由谁负责发布？物业，住户？住户肯定没这个能力和技术。物业也不一定有这个技术和能力，即使有也不一定会去做。因为这个事情我觉得是吃力不讨好的，万一服务器被黑客攻击家里乱成一团，责任肯定归物业；而且当时我做的系统连家庭安防的门禁控制都在自己家的控制器里的，按你这样直接对外发布，那黑客只要知道你家住哪里把你家的门开了，报警装置关闭。那你家不是跟他家一样来去自如？安全问题首当其冲。所以远控家居用 TCP 的我觉得还有些问题。不过这个是趋势，谁都想自己的家跟比尔盖茨家一样智能化。

5-20 光纤至信息插座应如何连接

lkine 头衔：武术爱好者 等级：一星客人	楼主 光纤至信息插座应如何连接？ 我是初学者，希望能和大家学点知识。请问光纤进线至信息插座都应经过哪些设备呢？希望能详细介绍一下。是不是通过一个光纤收发器，再经过一个交换机，再由交换机用超 5 类双绞线接至插座就可以了呢？
 eman 头衔：少侠令狐冲 等级：版主	第 2 楼 光缆到终端插座叫做 FTTD（光缆到桌面）。一般是核心交换光缆-楼层交换-光配线架-终端面板-光网卡或光点转换到普通铜缆网卡。以上路径可跳过楼层交换直接由核心交换拉光缆至终端面板。这个就看这个终端的重要程度而定，不能一概而论。 如果是铜缆到桌面：核心交换机-（光缆）铜缆-楼层交换机-铜缆跳线-（模块式）110 卡接式配线架-水平子系统（5 类或 6 类屏蔽或非屏蔽 4 对双绞线）-终端面板。

 eman 头衔：少侠令狐冲 等级：版主	另外：1. 交换机要配置光模块不用光收/发器。 2. 有时可能会做到 3 层交换，在水平子系统的时候再做一层交换。比如说你办公室有 3 个人，但是给你们的局域网线只有 1 根 5 类线。你们 3 个人都要上局域网所以要加交换机，一般 3 ~ 4 层交换被认为是桌面交换。
 lkine 头衔：武术爱好者 等级：一星客人	第 3 楼 交换机要配置光模块不用光收/发器。是什么意思？是交换机带光收/发器吗？配一个光收发器再配个交换机不也可以吗？
 eman 头衔：少侠令狐冲 等级：版主	第 4 楼 交换机是交换光发/收器与光发/收器不是一个概念。网络里不使用光发/收器。使用的是交换机，交换机要用到光缆的时候要一个模块，这个模块就叫光模块。这样才能把光缆的 ST 头或 SC 头插进交换机里进行光电转换。光发/收器一般可用在监控上，距离较长时敷设铜轴电缆不行的时候使用光缆。倒不是说一定不能用光发/收器只是你看看人家网络上惯用的设备，设计可以有独特的见解但是要有自己的理由。你要能说出光发/收器比交换机好，我就支持你的说法。但是事实是交换机本身加装一个模块就可以作到的你非得再加个设备才能做到的，那你看应该按那种做法呢？另据我了解光发/收器并不是专门为网络而设计的，交换机的设计初衷就是网络交换。那你说应该是用交换机还是光发/收器？
FJCY 等级：四星客人	第 5 楼 从原理上说，光模块本身就相当于一个光接发器！版主所说是相对于普通用户站型网络而言，如果是带 DNS 解释的门户站就有必要用单独的光接发器，这样可减少网络的物理资源开销。
 eman 头衔：少侠令狐冲 等级：版主	第 6 楼 某品牌的光接发器 http：//www. imcnetworks. com. cn/MiniMc. htm，其实就是光电转换器。这东西价格估计比交换机光模块高。某品牌的光交换机 http://www. koncord. com. cn /koncord/net/gangwan/uHammer 355048. htm。一个或二个光模块带 24 ~ 48 个 10/100 铜缆口。甚至还有 2 级的全光交换，那请问楼上为什么不用光交换而去使用光接发器。

jauni 等级:游客	第 7 楼 普通的多模光纤收发器在 500 元左右,光端模块约 2000 元左右。当然性能价格不一,收发器也有上万的,而光模块也有便宜的。当然 12 光口全光交换价格就更吓死人了。我做的工程讲求便宜可靠。根据实际情况比较后而确定。
FJCY 等级:四星客人	第 8 楼 请注意:我说的是相当而不是全等于!就是说其光电转换的结果是相同的!这个道理实际很容易理解。许多主板都集成声卡,但是由于用途的侧重不同,同样有许多人还是买单独的声卡而不用集成的。
eman 头衔:少侠令狐冲 等级:版主	第 9 楼 嘿嘿,有一个问题如果是用光收发的话。大家都知道交换机为什么要用光缆,那是因为和上一级的带宽采用铜缆(100M)不够的情况下。一般都是跑 1000M 的才用光(距离不够的情况另当别论),但是这些交换机的铜缆级连口都只有 100M 的(起码我看过的几个产品没有级连用千兆铜缆的),那么请问你光电转换出来的 1000M 铜缆接入到级连口或接入任何一个口好了,那都是 100M 的如何做到级连的 1000M?这就是为什么选光模块而非光收发器。并不是光电转换一下就行的也要考虑一下交换机的情况。直接有千兆铜缆接入的恐怕只有核心交换了吧。如果是距离不够采用光缆而非带宽的原因到是可以采用光电转换的。
lkine 头衔:武术爱好者 等级:一星客人	第 10 楼 我现在用单模光缆进线,要一个 24 口的交换机,如果要带光模块的,能帮我选个型号吗?
eman 头衔:少侠令狐冲 等级:版主	第 11 楼 没说用在什么位置只能把汇聚层级和桌面级的都列出来给你了:AVAYA 的汇聚层级 P333T 有 2 个扩展口可加装 2 个光模块或一个光模块一个堆叠模块支持堆叠。光模块支持 1000M,北京的参考价:¥3XXXX 不含模块。桌面级:P133T 有 2 个扩展口可加装 2 个光模或一个光模块一个堆叠模块支持堆叠。光模块支持 100M。参考价:¥1XXXX 不含模块。国产港湾交换机:汇聚层级:FlexHammer24 有 2 个扩展口可加装 2 个光模或一个光模块一个堆叠模块支持堆叠,光模块支持 1000M。背板交换能力:15Gbps。市场报价:¥25520。不含模块。桌面级:uHammer1024,1 个扩展槽,可以扩接 10/100Base 铜缆或光缆模块。市场报价:¥7635 不含模块。

eman  头衔:少侠令狐冲 等级:版主	以上都是可带 100 或 1000 光模块的交换机均为 24 口的。建议使用国产的交换机以上型号交换机均为带网管型。要不带网管型号桌面级的建议使用 DLINK 之类的品牌有不错的价格竞争。我不是厂家的拖啊,呵呵自己常选这几款交换机港湾的东西不错口碑很好的。自己单位里就用港湾的产品。http://www. koncord. com. cn/koncord /net/gangwan. htm 港湾的地址有兴趣自己查查。另带网管型和不带网管型价格相差很多。比如说桌面级的 24 口 2 个扩展槽带网管的起码上千,不带的话几百就可以搞定了按需要选吧,不过汇聚层级的建议带网管型的桌面级的就别带了节省造价。

6　行业话题

6-1　一个审图人的真心告白

大鼻山 头衔：最逍遥 等级：版主	楼主 一个审图人的真心告白。 审图人也有苦衷的。一点意见不写吧，对不起审图费和良心；意见写多了呢，设计人员又烦你。我作为设计人兼审图人，总结经验就是：设计人一定要和审图人提前沟通，99%的审图人还是讲道理的。一些问题其实他提了，设计人也不用改的，只是下次注意修改就行。但一定要尊重审图人的劳动。
快刀浪子 等级：五星嘉宾	第2楼 但愿我能碰到你这样的审图人员呵呵！
cccccc 头衔：戒律院首座 等级：版主	第3楼 只要你愿意去沟通，审图人员都是很通情达理的。 我每次审图意见下来都会主动与审图人沟通的。
ttt001 头衔：般若禅师 等级：管理员	第4楼 这点我同意。我有个住宅项目，审核图纸后进行了沟通，后来只留下了几个诸如卫生间洗手盆上插座宜放在右侧之类的问题。而同一个项目的结构专业，官司居然打到了规范编制组也没有解决。态度很重要。
SJM1972 头衔：翠羽黄衫 等级：版主	第5楼 插座放在右侧这样的问题，审图也提，真是太细心了！

小小新人 头衔：呵呵俩星啦 等级：三星客人	第 6 楼 我也交流过，不过只是问一些怎么改的问题，要说不改也成，打死我也不敢啊，嘿嘿尊重老前辈嘛。其实还是技术经验搬不过人家，学习嘛。
ROSE 头衔：掌门-天虹剑 等级：版主	第 7 楼 看来做设计的人审图才能达到这样的境地。当然是指审图的同时还在画图的人，不是那种只搬着规范脱离实际的审图人。
zhaokaikai 头衔：华山一壶饮 等级：版主	第 8 楼 倒不是没道理，可是我碰到过审图标准不统一的。比如防雷，算着不够，就有的审图的要求做。有时干活之前就要先问哪审，我们听过审图人员培训。我们单位老总和另一个单位的老总主讲。一个上午，一个下午，讲的好多矛盾。可想哪些小单位的审图人员怎么去掌握呀。
大鼻山 头衔：最逍遥 等级：版主	第 9 楼 我审图还把握一个原则就是：尽量不让设计人重新绘制蓝图，力争用修改通知单就解决问题。毕竟我自己也是设计出身嘛，充分理解设计人的心情和难处。
luozi8250 头衔：明教掌旗使 等级：贵宾	第 10 楼 我愿意审图多提意见，这样我能进步更快！但每次我都提前沟通，主要是大的问题（系统、消防）据理力争，小的方面改也无所谓！ROSE 姐所说的“当然是指审图的同时还在画图的人”那是我的最爱。我的老总就是这样。所以我的图给他看时，只要合乎规范，表达清晰，一般都没有问题；当然有些更好的方案、做法，时间允许我就改！
电气工程师 等级：一星客人	第 11 楼 大鼻版主所做的正是大部分审图工程师们所做的，我们这些工程师都是经过高等教育出身的，虽然严谨但不失情理，只有做过的才知道绘图的不易！只要我们尽快和审图沟通，没有什么不容易解决的问题的，在这里我向各位审图的老工程师们致敬，需要好好向你们学习的！

<table>
<tr><td>gdsjy 
头衔：中立奇迹
等级：版主</td><td>第 12 楼
审图意见必须答复，审图建议可以不答。</td></tr>
<tr><td>Huazanbin
等级：一星客人</td><td>第 13 楼
我愿意审图多提意见，这样我能进步更快！但每次我都提前沟通，主要是大的问题（系统、消防）据理力争，小的方面改也无所谓。</td></tr>
<tr><td>杰哥
等级：一星客人</td><td>第 14 楼
前几天一个女孩做一个 35kV 变电站的设计，其实小女孩基本上不懂怎么设计，根本不知道怎么计算。稀里糊涂地做完了后就拿去审图了。其实做的设计许多东西是对的，但是就是不知道是怎么得来的。审图的人问她为什么这样，计算结果怎么样，提了一大堆问题。她一无所知，就哭了。回到单位后，单位的人也不知道怎么办，就四处求人帮她解决问题。结果找到我们院了，我们院让我帮她看看。结果计算出了问题，但是发现除直流容量选小了外，其余都不是什么大问题。但是审图的人却没有发现最重要的问题，就是设备布置，根本就不对，也不知道审图的是干什么吃的。该说的没说，真正错误的没有说。</td></tr>
<tr><td>jtao0451
头衔：电老虎
等级：一星客人</td><td>第 15 楼
审图容易做图难，天下没有完美的设计，哪个设计都或多或少有问题，不过通过高人的指点而弥补自己的不足也是好事，可气的是遇到一个××。</td></tr>
<tr><td>
luozi8250
头衔：明教掌旗使
等级：贵宾</td><td>第 16 楼
还有，审图记录单和答复意见单最好都集中保留。每次做图前看一看，可以少犯很多同样的错误！</td></tr>
<tr><td>开花的树
等级：游客</td><td>第 17 楼
请问老大，怎么沟通呀？我刚入行，不明白步骤。是设计人员出了蓝图再交给审图人吗？还是先有一个方案就去审？至于加强沟通，以老大的意思，在自己定稿之前就先征求审稿人意见还是怎么的？不好意思，很菜的问题。</td></tr>
</table>

ROSE  头衔：掌门-天虹剑 等级：版主	第 18 楼 在自己定稿之前就先征求审图人意见那不是审稿人的工作，楼上说法是指审图意见下来以后可以与他们沟通。
zhoushu8 头衔：达摩院寺监 等级：版主	第 19 楼 我是即搞设计又搞审图的人，我不赞成某些观点。审图有外部审图与内部审图之分，我们很多审图人员内外不分，特别要不得的。因为外部审图结论是要给建设单位看的，建设单位是外行，很容易引起误解，影响一个院的声誉，这不能乱来的，审图的若没有规范依据提问题，会挫伤优秀的设计人员的积极性（菜鸟当然无所谓，反正面子不值钱，还可以多学点知识），所以外部审图者要千万注意。不可以跟内部审图样随意指手划脚的。我觉得，审图办设立的目的就是执行国家工程建设强制性条文，可很多审图的非得把自己的观点强加于人，一些不违反规范的做法，外部审图是无权提的，比如 TTT001 说的插座放在右边之类，这样的审图者就不值得尊重。相反，内部审图应该严厉，因为不牵涉到面子问题，为提高设计水平，可以争论一些非规范的问题，没有把握的问题也可以探讨，关起门来一家人什么话都好说，图纸违反规范过不了外部审图关的话，就应该由内部审图者负一定的责任。内部审图可以提插座放左还是右的问题，不违反规范的只要是不合理的都该提，也可以拿《技术措施》来审图。而外部审图是不能拿《技术措施》来说话的。

6-2 注册电气工程师专家工作组成员

潇潇秋风 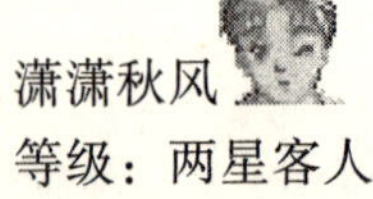 等级：两星客人	楼主 注册电气工程师专家工作组成员！ 组长：李爱民中国电力规划设计协会副理事长； 副组长：周以国西北电力设计院国家设计大师、高工；黄宝生中机中电设计院副院长、高工；金宗圣山东电力工程咨询院高工； 成员：周晓波西北电力设计院高工；王旭朝西北电力设计院高工；薛更新西北电力设计院高工；丁新良西北电力设计院高工；王葵山东电力工程咨询院高工；郑舒贵西北电力设计院高工；张晓江西北电力设计院高工；荆永茂山东电力工程咨询院高工；郭宝海水利部天津勘测设计研究院高工；李勇伟西北电力设计院高工；宋志昂山东电力王程咨询院高工；杨林西北电力设计院高工；曹永振西北电力设计院高工；王瑞琴

潇潇秋风 等级：两星客人	山东电力工程咨询院高工；杨月红西北电力设计院高工；孙旺林西北电力设计院高工；邵晓钢北京有色冶金设计研究总院高工；张蜂蜜西北电力设计院高工；刘培国铁道第三勘察设计院高工；朱镇东北京钢铁设计研究总院高工；曾涛北京煤炭设计研究院高工；弓普站中国寰球化学工程公司高工；张彦彬沈阳煤炭设计研究院高工；王瑞军西北电力设计院高工；温伯银上海现代建筑设计〈集团〉有限公司高工；董义彩天津市建筑设计研究院高工；尹秀伟天津市建筑设计院高工。
 zongneng 等级：贵宾	第 2 楼 西北电力设计院人也太多了点，他哪里水平最高？这也搞裙带关系，好端端的东西被糟蹋了。
 xm204 头衔：华山派风清扬	第 3 楼 建筑院很少啊！
 大鼻山 头衔：最逍遥	第 4 楼 这是搞笑的名单吧？或者说是“电力工程师专家组”，和建筑电气无关的。他们要是出题，咱们建筑院的死定了。
 白丁 等级：一星客人	第 5 楼 统计一下：共 31 人。建筑行业：3；煤炭：2；化工：1；有色冶金：1；钢铁：1；铁道：1；水利：1。除了这 10 个人以外，剩下的 21 个都是电力行业，在这 21 个里面，又有 14 个属于西北电力设计院。2/3属于电力行业，1/3 属于其他行业，应该说这个比例还算可以，毕竟电力行业是电气工程师最集中的地方，不过这么多西北电力设计院的就让人有点疑问了，不知道电力行业里的几个院到底技术水平谁高谁低，难道西北院的技术水平已经到了这么高的地步？难道电力行业的标准都是他们编的？
麦克 头衔：香积橱大师傅 等级：版主	第 6 楼 西北院怎么了？没偏向你们就叫裙带作风？还有楼上一些搞建筑电气的，该懂的强电知识你才弄懂多少？以为会给灯配个线就叫电气工程师了！说话直了点，你们将就看吧！我以为，专家组成员的选择必有其道理，说不定以后会轮流由各地方出题，不存在偏向的问题。再者西北地区一向不掌握话语权的，朝庭中向来无人撑腰，这次多了几个

麦克 头衔：香积橱大师傅 等级：版主	西北院的专家看把你们那些小人心态暴露的！真要有本事就不要任何一个院出的题。我经常看到论坛上有搞建筑电气的同行在夸耀自己的出活速度有多快。速度快意味着什么？要么就是太不严谨了，要么就是根本没什么难度，你还不如直接夸耀自己的挣钱速度来的直接一点！这次电力院出题我觉得起码有一点是好事：给大家补补课，省得您的良好感觉继续膨胀下去。
 tianyi 头衔：长空无忌 等级：贵宾	第 7 楼 呵呵，麦克老弟你是西北的很好，这网站本是全国各地的朋友都有，谁都希望西北好，祖国好！任何全国性的组织，某一地方的人员过多都不正常，更何况是一个设计院，出过一本手册就可出题？呵呵，不要搞笑了。如此多西北院的人和由她出题有一定关系。西北院是纯电力系统而我们还是希望各有专攻。当然如何决定我们只有接受，但怕者何来。
 SJM1972 头衔：翠羽黄衫 等级：版主	第 8 楼 好像电力、电气传动、建筑智能是三个出题班子，楼主所列恐怕只是电力部分的。我现在最烦恼的是没时间复习。尤其基础考试真要命，毕业这么多年了，早忘了。
c45n 等级：版主	第 9 楼 西北院和山东院是考核、考试的试题组织单位，但并不是所有试题都是他们出。国家电力公司所属的西北院、东北院等几个老设计院，在电力系统内部是比较有名的，实力不俗。由于建设部把注册电气工程师扔了出来（建筑、结构、设备都归建设部管），划归电力系统负责，那么电力院的人较多也就是顺理成章的事了。如果事情反过来，那么电力系统的同行是不是也有意见？没有绝对合理的事，计较这些没有意义，大家还是安下心来，准备复习考试吧。
大鼻山 头衔：最逍遥 等级：版主	第 10 楼 麦克兄弟，你也不要太激动。我个人觉得电力设计院和建筑院里面的电气设计内容可以说差别万里，而且复杂程度肯定是电力院要强得多。所以，如果让电力院主导出考题，明显会让建筑院电气人员死定，这是客观的，我们必须正视这种差别，不存在谁能、谁不能的问题。我认为应该专划出一个名称：注册电力工程师，专门供电力院的同仁使用。撇开试题不说，客观而言，一个设计院占了大部分的专家比例，肯定是不太正常。最后说一句，从事建筑电气的工程师，许多是“电力系统及其自动化”毕业（说实话，连照明配电，我都是毕业后才学会的）的，因此你的言语也不用过激呀，毕竟大家还是同道。

潇潇秋风 等级：两星客人	第 11 楼 首先声明我不是西北院的，初次见到名单也是非常的奇怪。现在想来这样想来或许有它的道理，今年西北的多，明年也许是杭州的多啊。不管怎么样现在已成定局，既然我们改变不了别人，为什么不能来改变自己呢。况且听说这次的考试通过率是各省独立的，它西北的电气设计师给我们也没什么竞争啊，这或许还是一件好事呢！
fenglee 头衔：自游人 等级：一星客人	第 12 楼 严重支持麦克白。首先要明确电气工程师的意义，建筑电气从业人员占电气专业从业人员的比例我想不会大到哪儿去，至少我们当年一个系同一届毕业的同学里，从事建筑电气专业的不过极少数几个，其余基本都在电力系统或制造行业或院校的电力系。从这方面来讲，建筑电气占 3 个名额已经够多了。其次从考试的性质来讲，电气工程师不同于注册建筑师、注册结构师和注册设备师，以上均为面向建筑行业，而注册电气工程师是面向各个行业的电气从业人员，其覆盖面要广很多很多。单是从设计行业来说，除了建筑电气设计，还有机械、电力、水利、石化、化工、医药、轻工、纺织、有色、黑色冶金、煤炭、农林等专业设计院，建筑电气何德何能要占更重的比例。再次从专业内部来说，因为本人也是其中一分子，在各个建筑电气论坛里也混了好一阵，有一大致了解。首先，这一行门槛实在太低，不论什么来路，连继电保护、功率因数、电机绕组甚或是电流、电压和功率的关系等基础知识都不知何物的“电气设计师”都混杂其中，诚如一位版主所言，来论坛的没有真正的高人，建筑电气的没有，其他行业电气专业的更没有，我不知其他人有没有这种认识，因此，我们连起码的评论这份名单的资格恐怕都成问题。最后顺便说说东南与西北方或者说经济较发达地区与欠发达地区建筑电气设计行业的一些差异。本人从欠发达地区来较发达地区已有 7 年之多，大致有些了解。因为发达地区建筑业的真正繁荣也好，虚假繁荣也好，行业的机会较内地多很多，大家忙于炒更赚钱，心态普遍比较浮躁，甚少有人钻研专业，当然不排除也出了很多为了评职称而制造出来的论文。而内地，一个小小的项目，也不是刚毕业的专业人士能吃卜的，一大批老同志（据我所知至少专业基础一般有相当功底）引经据典，反复论证才定出方案，图纸深度和标准化恐怕在南方很少见到。在这种形势下，我们就更别拿西北院的专家们说事了——不配呢。

hanzhi 等级：一星客人	第 13 楼 确实是这样，电气专业面是宽了点，我觉得最早分七个专业是比较公平的，但建设部不同意搞这么细因此不可能面面都能兼顾，只能以主要的（电力系统）为主。责任主要在最高决策层对电气专业的片面理解。有怨言也是可以理解的，我有半年多的时间为此一直感到不公平，现在已成事实一切都不能改变了，如果你没有能力改变它就只能去适应它，再说谁能保证自己一辈子都搞电气，如果能跳出这个怪圈，外面的世界或许更精彩。
yndlj 等级：一星客人	第 14 楼 我希望题难点，考核的人多刷掉点，大家都来应考，毕竟是注册嘛，不能又变成评职称，看看现在电力系统的一些高工，我看还没有农村电工懂得多，与他们共同拥有这样的职称很憋闷，还是应考注册才好。
潇潇秋风 等级：两星客人	第 15 楼 知识面前人人平等，不管谁命题，都跑不掉大纲内容，与其埋怨一些客观的事实，不如扎扎实实地打好基础！一切都解决了！

6-3　与要参加基础考试的朋友共勉

liypxy 等级：一星客人	楼主 各位朋友，目前大纲已经有了，我觉得大家还是摆正心态抓紧复习吧。大纲是有些不合理，什么理论力学，材料力学，流体力学（本人在大学里只学过一门工程力学），什么普通化学，学得再好也用不上。但是，终究胳膊扭不过大腿啊，你改变不了什么。你会因为它不合理就罢考吗？你在这行辛苦了多年，难道就不想拿个证吗？
电气工程师 等级：一星客人	第 2 楼 我上学的时候什么力学都没学过，中国荒谬的应试教育源自错误的考试导向，悲哀！
蓝天白云 等级：游客	第 3 楼 我认为基础还是很重要的，在我们院的电气人员中还是比较明显的。有些专科生一般工作还不错，但讨论方案时，遇到理论问题往往不如本科生可以更深入。请不要以为我是歧视某些人，其实学历确实会对工作产生一定影响。所以，我认为作为一个合格的电气人员，应该具有一定的基础，否则只有通过时间来积累经验，就进步得太慢了，我

蓝天白云 等级：游客	们总不至于像电工那样靠经验来进行设计吧，当然，我不否认经验也是相当重要的。其实，在电气设计中，有许多问题作为电气设计人员是应该相当熟悉的，可在实际工作中，确经常碰到“文不对题”的事，实在令人遗憾。总之，我认为基础考试是必要的，应该考。
wanboo 等级：游客	第 4 楼 我听说要考高数，物理，化学就已经快吃不消了，再加上 n 多门我在学校从来没学过的专业课，我已经在精神崩溃的边缘.... 我专业不很对口，刚毕业，有哪位师哥师姐能帮我在专业方面指条路，不胜感激！
ROSE 头衔：掌门-天虹剑 等级：版主	第 5 楼 不好瞎说，害怕误人前程。
liypxy 等级：一星客人	第 6 楼 告诉你一个不幸的消息：1995 年毕业的要考基础。我也是 1995 年毕业的，所以也很关心这个问题，曾经打电话到勘察设计注册工程师电气专业管理委员会秘书处咨询过，说仍按（人发［2003］25 号）文件执行。
树袋熊 头衔：天山 颗草 等级：一星客人	第 7 楼 命苦不能怨社会，只能怨自己。我们单位有 7 个考核过的，现在真正搞设计的只有 3 个，没有办法，任何事情到了中国都被打上中国特色。只有努力看书了。

6-4 单项工程变配电所设计如何收费

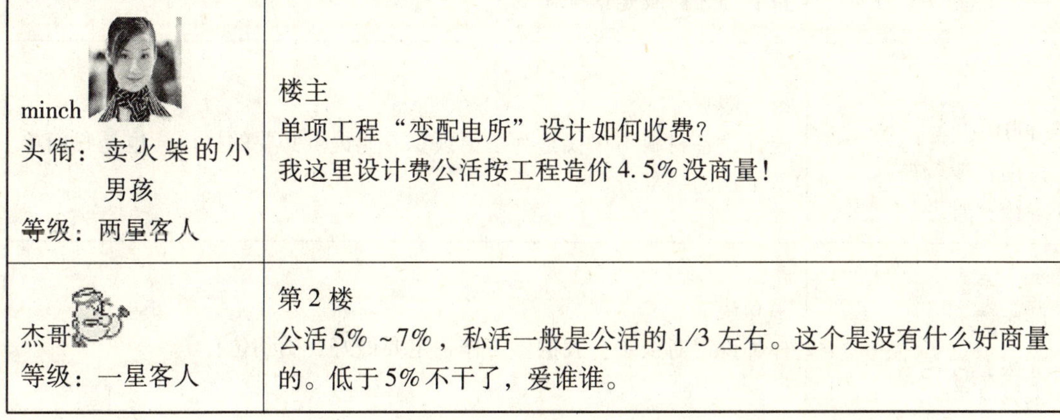

minch 头衔：卖火柴的小男孩 等级：两星客人	楼主 单项工程“变配电所”设计如何收费？ 我这里设计费公活按工程造价 4.5% 没商量！
杰哥 等级：一星客人	第 2 楼 公活 5% ~7%，私活一般是公活的 1/3 左右。这个是没有什么好商量的。低于 5% 不干了，爱谁谁。

FJCY 等级：四星客人	第 3 楼 是私活还是公活？公活是按要得造价的 2% ~3%。私活是你自己看着办。3% 是 110kV 级别院子目前收费的行价，许多 500kV 级别院做 110kV 时收的也是这价，而且这价格还包含了许多不可说的费用在内的。而且也涵盖土建费用。如果二楼有不包括灰色费用的工程，你可以 1.5% 给我做都可以（不含 10kV 的用户站）。

6-5 有没有必要出设备材料表

limit 头衔：透视迷雾 等级：一星客人	楼主 有没有必要出设备材料表？ 我是觉得有没有必要出设备材料表。以前见别人的图纸没有做。轮到我出图的时候就让统计所有电缆、电线、设备的数目（工业用电）。我在想我们这样做了，那预算的不就是很容易吗？
cqpzc 等级：一星客人	第 2 楼 材料表可以不出，但设备表还是要出的，主要设备表还应注明相应的技术指标。
zhoushu8 头衔：达摩院寺监 等级：版主	第 3 楼 设备只不过是变压器等大家伙。
微风 等级：常客	第 4 楼 施工图设计应该出详细的设备材料表，初步设计和科研可以出主要设备明细表。我是这样做的。
ttt001 头衔：般若禅师 等级：管理员	第 5 楼 统计设备材料不仅仅是为了给预算专业提供必要的接口，也是我们本份工作的一部分。
微风 等级：常客	第 6 楼 禅师说得对极了！我们做工作一定要做好、做到位！

zhoushu8 头衔：达摩院寺监 等级：版主	第 7 楼 编制深度规定可以不列材料表，确实是这样。
XLPE 头衔：紫衫龙王 等级：版主	第 8 楼 编制深度规定：设计文件应包括主要设备表，注明主要设备名称、型号、规格、单位、数量。有个问题不明白：设备表与材料表有何区别？
luochihuaI 等级：一星客人	第 9 楼 我想设备指的是诸如开关，变压器之类。材料只的是电缆等只起单一作用的东西吧！
sx 等级：一星客人	第 10 楼 做不做设备材料表，预算的也都是自己量、自己数。这东西主要是我们设计的要求。
天空的幻想 等级：游客	第 11 楼 我觉得这个主要设备表可以做也可以不做的，一般搞预算的时候还要自己数的，有的时候我们出图比较急，数的都不怎么准确的，甚至有的时候都不数的，直接把以前的拿过来都不改的。所以预算时候并不以我们列的数目为依据的。
SJM1972 头衔：翠羽黄衫 等级：版主	第 12 楼 有些常规的民建，比如住宅，人家招标做预算是按每平方米估算的，设材表出了也白出。但是工业项目、特殊建筑就没法估算，设计院出设备材料（主材）做概算，施工方再根据图纸、设材表、概算来做预算。
zhoushu8 头衔：达摩院寺监 等级：版主	第 13 楼 设备就是指发电机，变压器，高低压开关柜，落地式配电箱，母线槽等大家伙，此定义在规范里是有的，我不记得是哪本书了。也就是说，开关，插座，灯具，导线，管子，不要列出来的，但你必须注明型号规格，所以列出来还简单些。

AIHH 头衔：aihh00 等级：两星客人	第 14 楼 是光说统计设备型号呢？还是所有数量都要呢？变压器等大家伙还好，开关、插座等用软件也能统计，可导线和电缆的数量如何统计？是拿尺子量呢还是省略不填？刚参加设计时我还算过，现在导线数量我一律以现场为准。
ppyqql 头衔：赤脚汉 等级：常客	第 15 楼 应该列出详细材料设备表，因为这是设计工作的一部分，也是对设备采购、技经、制造、施工等相关工作的支持，其实技经本来主要也是设计院在参与。
dannysj 等级：游客	第 16 楼 就我个人体会认为还是在每一个卷册里都有设备材料表，这样最后的汇总会省去许多工作量，而且在确定设备采购的数量不容易出错。
shjcll 等级：常客	第 17 楼 参照设计深度要求，可只做到统计主要设备。
limit 头衔：透视迷雾 等级：一星客人	第 18 楼 不好意思，忙着看电气工程师报名去了，还没有照顾过来。不光是大件统计了，就连管线长度都统计了，看来实在是没有必要这样麻烦！
chinaren 头衔：领导：	第 19 楼 管线，电缆都应该统计的。在 cad 量好不就行了吗？不怎么费劲。
hanzhi 等级：常客	第 20 楼 民用项目可以不出材料表，工业项目根据各自行业的不同，有的要求出材料表，但总的看来出材料表的意义不太大，除非是总承包项目。
hero206 等级：常客	第 21 楼 我们好像可以没有具体数量，因为施工单位自己肯定会数一遍，其他什么型号，规格都必须要清楚！
126lg 头衔：俗家弟子 等级：游客	第 22 楼 我认为应该全部列清楚，避免给甲方和施工单位定货、结算时造成不必要的麻烦，设计规范里就有电缆的估计方法。这是设计人员的责任。最好在加一句具体数量以实际发生量为准。

巴中土哥 等级：两星客人	第 23 楼 我在一甲级设计院工作 10 年，工业和民用建筑配电均做过不少的设计，根据我的经验，对工业项目施工图要列出详细的设备和材料，包括名称、规格和型号、数量和单位，对民用建筑也要列出设备和材料名称、规格和型号、数量和单位，但对导线、电缆和穿线管的数量没必要详细列出，因为你统计跟施工实际有出入，做预算时预算师还要量。我也咨询过别的设计院能做到我所说的程度的很少。
ROSE 头衔：掌门-天虹剑 等级：版主	第 24 楼 在工业设计院，设备材料表式是要很详细的，所有设备、材料数量虽然不是绝对准确，也不能差得很多。不过对于民用设计，我认为给出主要设备就可以了，因为现在的工程多数大包，图纸上的数量已经不重要了。
wuchun345 头衔：打字员候补 等级：三星客人	第 25 楼 我也是甲级设计院的，不过我是搞地铁设计的，反正地铁设计是要求有很详细的数量表的，包括电缆导线灯具反正图上有的东西都必须统计出数量，虽然其实施工单位招标时候都是自已在图纸上算出数量，但是我们还是要出的，我们这边搞概预算的不会做设备专业的概预算，连概预算都是我们做了提给人家的哦，所以不能一概而论，总之没人要你出就别出了，要你出就出吧，算个大概的数字然后乘个系数就可以了。
张杨 bob 头衔：天山疯丐 等级：常客	第 26 楼 设备。材料的规格型号及其他的技术参数给出即可，写上数量对施工方用处不大，但对建设方可以作参考之用。
lm888 等级：一星客人	第 27 楼 说出来大家都会为我抱屈：以前单位领导就让我们列出材料表，具体到数量，预算员就用我们的数去做预算，施工单位有时找来，说数量少 1～2m，预算员说我们没算准！什么世道！
lhh1296 头衔：旋舞者 等级：常客	第 28 楼 设备主要指，变配电的等大型的，材料表，就小到导线，灯具了！出材料表也用不了多少时间啊！养成一个好习惯不是很好啊！

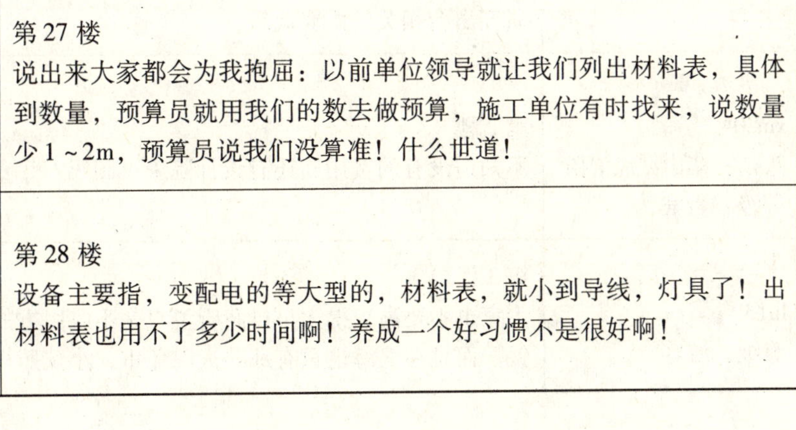

小小新人 头衔：呵呵俩星啦 等级：两星客人	第 29 楼 现在不是有软件吗？一算就全出来了。不过，像管、线这样的东西我还真是不知道怎么搞定。一般就不写了。好像有一个什么公式类了，就是统计导线的，谁知道啊？我也想做好点，做一名任劳任怨的电气小子。呵！

6-6　上海施工图审查将取消收费

ROSE 头衔：掌门-天虹剑 等级：版主	楼主 上海施工图审查将取消收费日期：2004. 02. 05 建筑时报讯：记者近日获悉，上海将对工程施工图审查制度进行重大改革，不再将审图作为建设项目的审批环节，并取消收费。同时，有关部门正考虑通过设计保险、引进社会监管机制等方式，为工程设计质量保险，最终实现社会信用机制等对设计企业、设计质量的监管。改革将在试点的基础上逐步推行。该市于 2001 年根据国务院和建设部有关规定开始实施这项制度，先后确立了 15 家受政府委托的审图机构。尽管作为工程建设程序中领取施工许可证关键要素，施工图审图机制对提高工程设计质量，尤其是对制止违反国家强制性标准、防范重大安全质量隐患起到了积极作用，但由于工程建设中现行的建设单位付费、审图机构获利、设计单位承担责任的体制，加上执行中审图周期较长、重复审图和收费较高等问题，使审图机构的角色存在始终备受争议。此次上海为深化行政审批制度改革、坚持依法行政，对审图制度的重大改革，具体内容包括：改变审图方式、明确责任主体、取消收费环节、加强政府监管、完善配套政策。明确，施工图审查不再作为建设项目审批的环节，而是作为设计单位完善内部质量保证体系、确保设计质量的管理环节。同时明确，设计单位是建设工程设计质量的责任主体，应对设计质量负总责。据悉，有关部门近期将研究出台相关的配套政策。
xm204  头衔：华山派风清扬 等级：贵宾	第 2 楼 不知道没有的费用，还有设计院来审图吗？
lu139 等级：游客	第 3 楼 大家也不要高兴得太早，我听说只是不收甲方的钱，改成收设计院的钱。而且在上海也只有那些大院免审，小院照样审。

王李斌 头衔：大头菜 等级：两星嘉宾	第 4 楼 从目前来看，取消施工图审查的前提是：在工程设计中引入设计保险及信用制，如果没有满足这前提，估计短期内不会有大的变动。不过，总的来说是好的，至少上海已经揭开遮羞布，把这个问题摆上桌面来谈了。
zhoushu8 头衔：达摩院寺监 等级：版主	第 5 楼 审图关键是要建立审查者的约束机制，审查者审查意见错误或没有依据时，应该承担责任，或者成立由专家组成的督察机构，专门审查审图者的审查意见，设计人员也可以找督察机构评理，有“冤”可申，避免审图者以权压人，筛选出低水平的审图“南郭先生”。
wl220 等级：一星客人	第 6 楼 我想他说的是多层住宅，并没有消防水管的情况。现在非多属在卫生间的引用增加，一定要在卫生间加个 MEB 真的不知有没有用，且现实情况没有装修的工程基本上也都没有用上局部等电位的接线。
ttt001 头衔：般若禅师 等级：管理员	第 7 楼 本来就是个权宜之计，看来是上海人先想明白了。

6-7 电气工程师考试的挂靠

langji88 等级：一星客人	楼主 电气工程师考试：请问如何报名参加电气工程师考试，我在私营企业工作的，没有职称指标。
lingyan 等级：两星客人	第 2 楼 如果不在设计单位的话，可能不行，你去找一个设计单位挂靠。
zhoushu8 头衔：达摩院寺监 等级：版主	第 3 楼 设计单位的同志们，千万不要允许别人挂靠啊，否则我们这个本来就别人看不起的行业将被内外夹击，日子会更难过，不要做自杀的事，大家从我做起，维权要从自己做起，坚决杜绝挂靠行为！

lm888 等级：两星客人	第 4 楼 你这样不好吧，就你设计院的有水平，而且强烈要求取消这些条条框框，电气的工作处处皆是，所有只要是干电气工作的就应该能考。
Wangqizhi 等级：实习会员	第 5 楼 贤能为师，庸才充军，设计单位的同志们要有自信啊！现在是市场经济，优胜劣汰！敢于竞争！
zhoushu8 头衔：达摩院寺监 等级：版主	第 6 楼 挂靠本身就是违规的，你们怎么没有是非观念啊！

6-8　干私活 = 挖墙脚

westwindo 等级：一星客人	楼主 干私活 = 挖墙脚？ 目前，几乎所有的设计师都在干私活，这等于是挖自己的墙脚。干私活收费很低，设计院和设计所的收费很高，市场当然倾向于低收费，造成"你的收费高，我就找收费低的干"这种局面，收费越来越低。这样就扰乱了市场。应该怎么解决呢？以前网站上有"大街上随便找一个人来就能出电气图纸"的语言，大家看了不寒心吗？这不单单涉及到收费体制的问题，还涉及到我们的地位。
月牙 等级：两星客人	第 2 楼 对，干私活的开始以为是挖了别人的墙角，到后来实际是挖自己的墙角。
ttt001 头衔：般若禅师 等级：管理员	第 3 楼 这个话题很严肃，也是个个人利益与行业利益的分配问题。搞得不好，是恶性循环，搞得好，是良性循环。要想有行业出路，要团结、要同盟，要树立凡是我同行，都是手心手背的肉。技术、性格无论怎么争，不要让其他行业的人看笑话，看不起。

kkkooo 头衔：Svaka 等级：三星客人	第 4 楼 这是一个严肃的社会话题。这个问题存在已久，问题简单，但是它的根源很深。不是领导讲道理或者单位改制能解决的。问题涉及社会范围之广，任何公司或单位都不能避免。
hdq 头衔：刺桐城主 等级：版主	第 5 楼 实际上，推广井来这只不过是我们社会的一个缩影而已：谁都有几份工作在同时搞——这也就意味着你的本职工作做的不够专业，做的不够深入，因此，官员经商，教授炒更，硕士打杂，……，一个人搞一份工作养不活（或者说养的不够滋润）自己和家庭，社会的悲哀！
城市边缘 头衔：缘空和尚 等级：版主	第 6 楼 这个问题很难解决，除非到了做公司的活比做外面的活赚得多，而且公司业务饱满的时候，私活才会慢慢退出市场。

6-9 消防考试求教

The^boy 等级：一星客人	楼主 消防考试求教：单位决定让我以后做消防设计，于九月份考消防设计证，不知道要考什么内容啊？好像是考 6 本规范啊，不知道是哪 6 本啊？请过来人指点！
hpisme 头衔：潇湘生 等级：版主	第 2 楼 《高层建筑防火规范》《建筑防火规范》《自动报警规范》《地下停车场防火规范》,其次还有几本水专业的规范不过考消防电气的话不用考。
linjianming 头衔：江南小生 等级：版主	第 3 楼 只要沾上注册，通过率都很低的。

Michael. W 头衔：逍遥客 等级：三星客人	第4楼 可是现在不是说没有这个考试了吗?！说不要用这个资质！就跟防雷设计一样，原来也是要有资质，可是现在这个好像跟单位挂钩了！只看单位的设计资质就行了！
 大鼻山 头衔：最逍遥 等级：版主	第5楼 广东省又开整了，估计主要是创收的考虑；我第一年（1998年）就考了（全国卷），但到了广东不知道算数不?
 月牙 等级：两星客人	第6楼 消防最整人了，2000年全国组织了一次考试，今年我们省又组织考试，可考试大纲内竟没有GBJ 16—87，我郁闷得很，觉得缺这一部分是不可能的，但那大纲是怎么回事，也不清楚耶，而且消防设计是不是要个人有资质才能做，跟单位是否有资质没关系呀？顺便讲一句，我是湖南的。

6-10　《电气设计技术措施》不能等同规范

 大鼻山 头衔：最逍遥 等级：版主	楼主 《电气设计技术措施》编写得非常好，非常全面，其影响也越来越大，引以为据的人也越来越多，但它毕竟不能等同于国家规范呀！在有规范规定的情况下，我认为一定要以规范为准。“技术措施”毕竟只是一本参考书，其中一些观点似乎不能通用，比如，它说“环网变压器容量不宜超过1000kVA”，而我们这里早已经做到了1600kVA。还有其他一些说法，也不敢苟同。比如它说住宅小区供电半径不宜超过200m，等等，都会导致一定的迷茫性。尤其是要对付将来的电气注册考试，大家还是多翻翻规范吧。
 lengbing 头衔：苦菜汤 等级：贵宾	第2楼 我倒觉得《措施》比规范好，我国的电气规范多抄国外的，又来个中国特色，矛盾的地方多了，已见怪不怪了，《措施》至少是个比较统一的了。

tanji_hz 等级：一星客人	第 3 楼 如果《措施》和规范有矛盾的地方，应该以规范为准！
迷糊 等级：常客	第 4 楼 审图以规范为准，你设计想以啥为准呢？措施里面都还是按规范来的，只不过有了补充，例如变电所内布置之类。规范里好像就没怎么提干式变压器。还有 EPS 之类新东西。死守规范太教条。好像智能建筑设计标准就不怎么样。规范更新、补充速度太慢。王厚余他们新编的三年前就编好了，不知几时批的下来。等批下来也变老旧了。不和时宜的不应理会，只要审图通得过。国内改革也没等着先修宪法呢。
sxtyfgy 头衔：岩石忍者 等级：四星嘉宾	第 5 楼 不过现在的人见到鸡毛就当令箭，我们这里审图中心的“老前辈们”已经拿《措施》上的某些条款卡我们了，真是头痛。
ttt001  头衔：般若禅师 等级：管理员	第 6 楼 楼主题目的意见也可以认为基本是对的，但是也有可以商榷的地方。 由于历史的原因，我们国家的有关政策往往政出多门。尤其是我们电气这一有跨行业管理的地方。理论上，建筑电气属于建设部管理应该没有疑义，可执行当中，电力部、信息产业部、公安部对我们都有直接的领导职责。加上行业规范，如 CECS 等。就算是几个部联合发布的国家规范也有推荐性和强制性的区别。这还不算各地方制定的地方法规和内部规定。技术措施即使是设计院内部的规定，哪个在岗同志又能够不遵守呢？何况是国家政府明文发布的技术措施。这些对于普通设计人，只是等级不同，但是哪个都可以认为是规矩，是法，是规范。在这些东西发生矛盾时，当然有取舍的问题。这点容我另外撰文说明自己的观点。如果把法这个词进行严格的界定，我们只能认为只有人大通过的，才是法，而我们行业中，这类的法是不存在的。各级人大已经把这个权力赋予了各个执行部门。因此，有关部委正式发布的技术措施也是规范，只是等级要低。以上是我的看法。

<table>
<tr><td>小菜
等级：四星客人</td><td>第 7 楼
还是老人家讲得在理。</td></tr>
<tr><td>zhoushu8
头衔：达摩院寺监
等级：版主</td><td>第 8 楼
我打过电话给《技术措施》分册编写组，人家编写组自己都说不能以《措施》来审图，明确说以《措施》来审图是错误的。只是设计院内部可以这么做。</td></tr>
<tr><td>麦克白
头衔：香积厨大师傅
等级：版主</td><td>第 9 楼
就是，规范就像《国家药典》，按方抓药医死人也不用偿命；《措施》有点像《××健康指南》……开个玩笑，莫怪莫怪！</td></tr>
<tr><td>ttt001
头衔：般若禅师</td><td>第 10 楼
明确作为外部审核图纸的要求依据，除主管部门自行规定的外，目前我所知道的只有强条。而且，所提出的问题范围有严格的限定，可查施工图纸审查要点。</td></tr>
<tr><td>
大鼻山
头衔：最逍遥</td><td>第 11 楼
据我所知，北方（尤其是北京）的一些设计院，对于《措施》较为重视，在我们南方，呵呵，“山高皇帝远”呀。不过，这本书本身，我个人还是极为推崇的。</td></tr>
<tr><td>fenglee
头衔：自游人
等级：常客</td><td>第 12 楼
各级标准都是人写的东西，编者水平有差异，实际情况（如电气产品等）也天天在变，规范不可能完全适应。具体问题要具体分析，首先要理解规范的精神，也就是原则性的东西，细枝末节可以讨论，可以有保留意见。图纸不能违反强制性规范，因为其有法律意义，这也是出台“强制性条文”的目的和意义所在。</td></tr>
<tr><td>zwg043
等级：四星客人</td><td>第 13 楼
其实现在搞建筑电气牵涉到规范太多，各种规范又不统一，审图时又提一大堆，改图就够烦的了，新规范，新图集层不断改来改去，真烦。</td></tr>
</table>

klj  头衔：画图匠 等级：两星客人	第 14 楼 说道审图我就有气，审图的老先生们各有各的观点。今天这套图要这样改，明天要你那样改，我还要很客气地跟他们解释……唉！啥时候才能出头哦。
ROSE  头衔：掌门-天虹剑 等级：版主	第 15 楼 措施整体写得还是不错的，对设计人员来说很实用，但也有不尽人意的地方，尤其引用民规的地方，有与其他规范相矛盾的。要说审图，当然要以规范为准。
zihan3776  头衔：逍遥子 等级：一星客人	第 16 楼 规范要我们理解的地方太多，多一句他都不说，可怜我们这些刚入行的，《措施》比较好，方法、方向都有，希望多出。
hys_nc 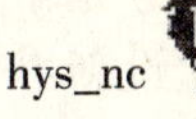 头衔：阿凡提 等级：两星客人	第 17 楼 要小心哟！否则你就变得很机械！措施只告诉你怎么做，没告诉你为什么要这样做！我的看法先要做到对规范心中有数，然后再看措施。做到不但知道所以然，还要做到知其所以然。跟甲方、监理、同行讨论时，才能以理服人！这只是本人一点的看法！当然目前我还没有做到这一步，但我正在朝这一目标前进！

6-11　本行业的发展方向在哪里

fly 等级：游客	楼主 本行业的发展方向在哪里？ 版主和各位大侠，众所周知，本行业的前景是黑暗的，本行业的大侠该如何寻求突破，努力的方向在何处，请大家谈谈吧。同时希望大家提供关于国外本行业发展状况的资料，咱们也好准备准备，不要在接轨后被淘汰掉。
迷糊  等级：一星客人	第 2 楼 前景黑暗吗？指什么呢？一言难尽。国内建筑行业与发达国家比，用吃饭打比方，就是求个饱，多快好省，大排挡的炸酱面足以。人家要求高、标准严，色香味包括卫生都必须高规格。所以人家一个工程周

<table>
<tr><td>迷糊
等级：一星客人</td><td>期长、收费高。画图像绣花，建大楼象造劳斯莱斯，一钉一铆都不差。目前广东有些地方，有些 NB 建筑设计院只做方案或初设。也出现一些专门的结构设计公司，设备专业设计公司。但还只是雏形。不过无论怎样，打工阶层的收入应该还是差不多，呵呵。</td></tr>
<tr><td>hys_nc
头衔：阿凡提
等级：三星客人</td><td>第 3 楼
最近觉得去做甲方，或者去做 ABB、SIEMENTS、施奈德的销售、技术支持是不是一种出路！还有我们有的搞电气自己当老板，拉了一帮子人开了一家设计事务所，帮房地产开发商设计房子去了！羡慕呀！何时我也能达到那种境界就爽多了！</td></tr>
<tr><td>zyzzyz
等级：三星客人</td><td>第 4 楼
我推荐一个《电气人的故事》（本人姓“电”，名“电照”）我甲级设计院自成立以来，从没级没品到丙级，到乙级……。三代设计人风尘仆仆40 年，耗尽了两代人的青春。我属第三代，也干了 17 年头。如今芳龄 38 周岁，可显暮暮之年，土建同年人或如花似玉或似周润发。我院办公楼也是40 年风雨衰败不堪。如今是市场经济，竞争激烈，为了院里的社会形象领导班子决定建设新办公楼以利发展，我自然担任了电气的设计工作。去年办公楼交付使用。搬家前搞了一个仪式，所有建设系统领导到贺，期间上级领导大加赞赏问是谁设计的？院领导一一介绍：“AA 是吾院栋梁之材，特级建筑大师，他才华横溢……。BB 是我院大顶梁柱特级结构师，他胸有万千……。下面进行下一仪式……”话未说完，上级领导见下面 4 个人神采各异，便问到：“设备是谁设计的”？院领导道：“噢，CC 是搞暖气通风的，DD 是配电照明的，您看这照明就是她搞的。”接着院领导又将本办公大楼的建筑风格的独特和结构复杂的程度大加描述后说：“配套设计我就不介绍了”。……不知不觉就到了 11 点，接着说：“11：30 分是庆功宴会，请各方领导参加，还有我院的功臣 AA 和 BB 专家。”临行前，年轻的副院长叫 CC 和我也一起去，我正犹豫去还是不去时，CC 爽快地说：“行”，旁边的院长忙道：“噢，搞配套的就算啦，现在刚好三桌 24 人，坐不下”。我见 CC 有些异样，不过他还是一笑说：“行”。……下午在会议室搞答谢和表彰会，各领导是醉熏熏地参加啦，领导和 AA 及 BB 均领奖，CC 和我自然是和全院人坐在下面鼓掌庆贺。……一年后，某上级领导搞支持设计行业的政绩时向我院索要表彰会的资料，档案科人员立刻把当年表彰</td></tr>
</table>

zyzzyz 等级：三星客人	大会的录像资料由综合布线系统传送到院长室的微机上后，院长大发雷霆。原来上有其夫人抠鼻子的动作。院长把我叫去说："你咋配的电照，我怎么不知道有摄像机！……"我还呐闷，不是院长要求说为了便于管理要在各办公场所设闭路电视系统吗？在这一年里还发生了很多事：为了改善设计人员的工作环境，说给所有设计人员的办公室装空调，可最后唯独没把设备和电气专业的6间办公室装上，原因是都装了负荷太大，线路受不了只好保重点设计办公室（建筑，结构，领导等）放弃辅助专业的办公室，还说你们要讲风度的。我心里直纳闷：我是堂堂正正的电气专业毕业的，又是我做的设计怎么就不知道多装6台空调线路要过载啦？这时候不搞电气的咋都就变为电气专家啦？还是定性定量的分析，说的有鼻子有眼的。还有一件事是三季度供电部门收电费，电费涨了好几倍，领导找我还没解释，领导又训斥说道："咋配的电照，原来办公室是1×40W日光灯现在是2个2×40W的啦，面积可一点没变呀！搞那么大干啥?，胡闹"哎，现在可没人再反映要设台灯呀。还有，只要线路一跳闸就说容量不够，你和领导解释，他根本听不进去，你说，我一个妇女家心里啥味道？今年也怪啦活特别多，小高层多，大公建多，时间还紧，经常加班顾不了孩子们和老公，家里有怨言，单位更受气：本来各专业要配和，搞好接口工作，可就没人理，出了问题都是电的事：某一类工程需要消防系统，可没消防控制室，要建筑专业加上他说节俭造价，建筑改不了，自己想办法。要设配电室，他说地下室多得很，随便放，可层高只有2.2m，叫加层高他说：谁搞建筑？给领导反映，领导说：去找项目负责人，可项目负责人又是建筑师，嗨无耐。一级负荷要设发电机室，要把面积加大，可建筑师和结构师商量后说，面积加不了，要影响结构。搞得我没法搞电气设计，到最后我也没完成设计，领导说我拖后腿：你以前可从没这样过，现在咋的啦，有情绪？还是现在搞大活水平不行？没办法，我只好说这个活我干不了，后来换人又拖了一星期交图了，业主有意见，领导训斥我。后来本工程设计图在审图中心没通过，除了结构专业外，其他专业都有问题，搞了个重大修改。院里整顿，找原因，问题都在我，说我在方案设计时没提电照要求，我反驳到通知我时，建筑结构专业施工图基本完，我不知道何时搞的方案，领导说："你傻子，都在一个楼里，还不知道要干啥？"……现在我明白了：配电的人有时不是人？有时是栋梁？有时是垃圾？还有时是替死鬼！

o_and_o  等级：游客	第 5 楼 出路在于自己。在工作的过程中不单单学技术，还要学会待人接物，人情世故，广结朋友。我常常看到论坛里的人说电气例太少，钱少得活不下去，说建筑如何霸道等等。一般来说建筑的比例是电气的三倍，但工作量往往确实没有三倍（工作量不等于图纸量），但是做一个工程的时间差不多三倍了，这一点在住宅很明显。电气做完差不多也就完了，可是建筑在做时要协调，出图后要配合，要解决现场问题等等。再说建筑设计院，就是以建筑为主的，别人造一个楼并不是说这个楼的将来的电气会很好，保证供电可靠就会造的。我觉得这种片面的眼光评价一个自己没有从事过的工种是不合适的。那些个天天抱怨的，让他去干建筑，估计又会说，天天熬夜做方案，甲方是个外行，不懂我方案的精华……。电气设计这个行业总体来说还是不错的，也算是一个回报不错的技术行业，而且可以做一辈子。国家不是傻瓜，设立注册制度并不让那些老头们赚钱的，盖章收钱的同时也在承担着风险，特别是为那些卖章公司盖章的。嫌钱少的，可以去做销售，原本的技术基础加上工作期间建立的人际关系，也能闯出一片天空。再抱怨，只能说明你是一个对自已没有信心也将一事无成的废物。

6-12　如何才能更好更快地完成设计

小刀  等级：贵宾	楼主 如何才能更好更快地完成设计？ 据我所知，这一两年设计院的活都非常紧张。仅就我而言，今年最忙的时候同时身兼六个项目，有时候一周之内同时有两个项目要求入库，在这种情况下要既保证速度又保证质量，光靠技术能力显然是不够的，我总结了几条经验，希望大家看了之后有什么感想加以补充： 1. 设计的详细程度：图纸当然越详细越好，只不过这样耗费的成本也就越高。最好的解决方法，就是收集标准图集和成品电子版图纸，分门别类整理好，形成一个个针对各种常见情况的“模块”。如果设计过程变成“组装的过程”，那么工作量必然大大减少。 2. 设计条件一直不明确：如果这时候的反应是：“等条件来了再开始干吧。”结果就是条件到你手里的时候，时间已经不多了，不得不加班加点累得半死。设计条件只要能满足一半，就按照最可能的情况往下干。修改的时间，永远少于从头开始干的时间。

小刀 等级：贵宾	3. 重视沟通：设计中耽误的时间，很多都是由于制图员错误理解设计人的意图，而设计人的意图又不被校核人所认同，导致图纸反复修改。正确的顺序，应该是制图员、设计人、校核人先找一张和目前项目最相近的样图，讨论可以采用其中的哪些部分，制图细则是怎样？以及根据目前的设计条件，应该采用什么样的方案？如果这其中涉及到其他专业或者业主，还要征得他们的同意，如果这时候嫌麻烦不和他们讨论，以后会有更大的麻烦。能在制图前讨论的，尽量得出一个共识。然后形成文字，逐条列出。制图员根据文字制图，并根据文字逐条检查后提交。设计人同样逐条检查后提交校核人。事先的沟通准备越充分，事后的修改就越少。 4. 如何估算工作量：工作量中包括很多变数，比如上“游”条件变更、临时有事、图纸在设计校核之间反复修改、工作失误、有其他项目的工作任务、出差。所以稍微大点的项目，都会延期。提交工作量的时候要说明对这些变数的假设条件，并且给自己留出一倍的时间余量。 5. 充分利用软件，能利用电脑完成的设计和计算，尽量不要用人工。 6. 充分利用厂家，能利用厂家完成的工作，尽量利用。 暂时写到这里，以后想到什么再补充吧。
 船长 头衔：博超 等级：两星客人	第 2 楼 小刀，好久不来了？可能不认识船长，船长是新人。 你忽略了一个重要的问题，设计手段。如果有一套顺手的专业电气软件，才是解决问题的根本之道。
 ttt001 头衔：般若禅师 等级：管理员	第 3 楼 好的工作方法是非常重要的，楼主的经验很值得参考。好的工具要为好人所用，cad 是工具，专业软件也是，已经有的图纸和资料更是。另外，良好的沟通能力和组织程序方面的经验往往直接决定效率，也决定了一个人在一生中究竟能够做多少事情。值得思考，鲜花！
w3556843u 等级：贵宾	第 4 楼 船长有宣传产品之嫌，但顺手的软件确也是工作进度之保证，顶一下！
微风 等级：常客	第 5 楼 不知道楼主都做了什么准备，我感觉很难做出能够多次套用的东西，我入门时间也短。

小刀 等级：贵宾	第6楼 完全套用当然不可能，但局部套用总是可以做到的。比如单线图、变电所布置图、变电所土建条件图，这些图纸其实方案变化不大，如果根据本单位的主要设计方向再进行筛选，范围会更小。准备几套最常用最全面的类型，要用的时候只要改一下名字，增减一下负荷，调整一下开关柜数量即可。一份图纸，其实包括很多方面的工作。以单线图为例，图纸内容就包括了：图例、说明，主接线方案、对各种馈线回路的表示方法、对各种电气元件的标注方式、负荷数量、元件参数。除了后两样以外，其他大部分都可以套用。我不知道其他院怎么样，至少在我们院，这种类似的工作方法早就有了。比如接到一个新项目之后，就把以前某个项目的图例、说明、方案拿过来套用。但是这样的做法只是一种很粗放随意的做法，因为已经入库的施工图，并不代表就是正确合理的图纸，很可能因为各种条件的限制，当时的设计者没有机会进一步完善。正确的做法，应该是把多个项目的图纸放在一起比较，看一张单线图，也许看不出什么问题，但如果把多个项目的单线图放在一起，就能看出什么样的画法才是最合理的，什么样的画法会导致隐患和疏漏，这样才不会重复前人的错误，能取长补短有所提高。就算什么都不能套用，至少图例和说明可以用吧？把各种情况都写进说明里，到时候根据具体情况删减就是了。
 微风 等级：常客	第7楼 谢谢小刀的指点，我手头也没有这么多图纸能够比较，虽然大多数情况也是拿老图改，可难免有漏改的地方，所以我还是能重新画的就重新画，图例表我感觉电气软件生成的已经很好了。有一次我就是改的不完全，结果平面和系统对不上号，出了回洋相，以后就小心多了。
ID2000 等级：游客	第8楼 这就体现出在专业设计网站上交流的优越性了，我就在网上收集了很多其他设计院的图纸，然后分门别类加以整理，对自己的设计工作肯定有帮助。

编 后 语

本书最初的创意来自于纪念，纪念自己和许多朋友一起在技术论坛上的技术讨论。

感谢许乘元，ROSE，大鼻山，电气美眉，gdsjy，yukanlee，笔记本，城市边缘，zhoushu8，寒秋，潇湘生，小刀，玄黄，NLB，lengbing，zhaokaikai，盗亦有道，eman，xm204，C45N，……感谢www.gotocad.com（电气设计信息网）以及所有发言的ID。没有你们的发言，就没有这本书。这本书是大家集体智慧的火花，也是我们一起进行技术讨论的岁月纪念。